Topografia para Engenharia

Teoria e Prática de Geomática

O GEN | Grupo Editorial Nacional – maior plataforma editorial brasileira no segmento científico, técnico e profissional – publica conteúdos nas áreas de ciências exatas, humanas, jurídicas, da saúde e sociais aplicadas, além de prover serviços direcionados à educação continuada e à preparação para concursos.

As editoras que integram o GEN, das mais respeitadas no mercado editorial, construíram catálogos inigualáveis, com obras decisivas para a formação acadêmica e o aperfeiçoamento de várias gerações de profissionais e estudantes, tendo se tornado sinônimo de qualidade e seriedade.

A missão do GEN e dos núcleos de conteúdo que o compõem é prover a melhor informação científica e distribuí-la de maneira flexível e conveniente, a preços justos, gerando benefícios e servindo a autores, docentes, livreiros, funcionários, colaboradores e acionistas.

Nosso comportamento ético incondicional e nossa responsabilidade social e ambiental são reforçados pela natureza educacional de nossa atividade e dão sustentabilidade ao crescimento contínuo e à rentabilidade do grupo.

IRINEU DA SILVA – PAULO C. L. SEGANTINE

Topografia para Engenharia

Teoria e Prática de Geomática

LTC

2ª edição

- Os autores deste livro e a editora empenharam seus melhores esforços para assegurar que as informações e os procedimentos apresentados no texto estejam em acordo com os padrões aceitos à época da publicação, *e todos os dados foram atualizados pelos autores até a data de fechamento do livro.* Entretanto, tendo em conta a evolução das ciências, as atualizações legislativas, as mudanças regulamentares governamentais e o constante fluxo de novas informações sobre os temas que constam do livro, recomendamos enfaticamente que os leitores consultem sempre outras fontes fidedignas, de modo a se certificarem de que as informações contidas no texto estão corretas e de que não houve alterações nas recomendações ou na legislação regulamentadora.

- Data do fechamento do livro: 31/01/2023

- Os autores e a editora se empenharam para citar adequadamente e dar o devido crédito a todos os detentores de direitos autorais de qualquer material utilizado neste livro, dispondo-se a possíveis acertos posteriores caso, inadvertida e involuntariamente, a identificação de algum deles tenha sido omitida.

- **Atendimento ao cliente: (11) 5080-0751 | faleconosco@grupogen.com.br**

- Direitos exclusivos para a língua portuguesa
  Copyright © 2023 by
  LTC | Livros Técnicos e Científicos Editora Ltda.
  Uma editora integrante do GEN | Grupo Editorial Nacional
  Travessa do Ouvidor, 11
  Rio de Janeiro – RJ – 20040-040
  www.grupogen.com.br

- Reservados todos os direitos. É proibida a duplicação ou reprodução deste volume, no todo ou em parte, em quaisquer formas ou por quaisquer meios (eletrônico, mecânico, gravação, fotocópia, distribuição pela internet ou outros), sem permissão, por escrito, da LTC | Livros Técnicos e Científicos Editora Ltda.

- Capa: Danielle Medina Fróes da Silva
- Imagem de capa: © iStockphoto | liuzishan
- Editoração eletrônica: IO Design
- Ficha catalográfica

CIP-BRASIL. CATALOGAÇÃO NA PUBLICAÇÃO
SINDICATO NACIONAL DOS EDITORES DE LIVROS, RJ

S58t
2. ed.

    Silva, Irineu da
        Topografia para engenharia : teoria e prática de geomática / Irineu da Silva, Paulo Segantine. - 2. ed. - Rio de Janeiro : LTC, 2023.

    Inclui bibliografia e índice
    ISBN 978-85-9515-920-4

    1. Topografia. 2. Geomática. 3. Agrimensura. I. Segantine, Paulo. II. Título.

22-81245   CDD: 526.98
                                  CDU: 528.425

Meri Gleice Rodrigues de Souza - Bibliotecária - CRB-7/6439

Agradecimentos

Escrever um texto técnico e acadêmico é uma tarefa árdua, que requer muita dedicação pessoal e colaboração de pessoas, sem as quais seria muito difícil alcançar nossos objetivos. Dessa forma, gostaríamos de agradecer a todos os que nos incentivaram e nos deram suporte para que esta obra fosse viável.

Agradecemos à LTC Editora pela confiança depositada.

Agradecemos particularmente ao Engenheiro Cartógrafo Herbert Erwes, em memória, primeiramente pela sua amizade, carinho e ensinamentos de uma vida dedicada às Engenharias cartográfica e de agrimensura; em seguida, pela sua valiosa colaboração na revisão dos fundamentos matemáticos e dos exemplos aplicativos e por suas valiosas sugestões técnicas e práticas. A sua experiência profissional foi primordial na composição e elaboração do texto final da obra.

Nesta segunda edição, tivemos também o prazer e a honra de contar com sugestões, correções e revisões de profissionais eminentes das áreas de ensino e pesquisa, aos quais expressamos a nossa gratidão. Muito obrigado à Professora Andrea de Seixas, ao Engenheiro Guilherme Poleszuk dos Santos Rosa, ao Professor João Francisco Galera Monico, ao Professor José Luiz Portugal, ao Professor Luiz Carlos da Silveira, ao Professor Maurício Galo e ao Professor Sergio de Camargo Rangel.

Também expressamos nossos agradecimentos aos nossos alunos de pós-graduação na elaboração das planilhas eletrônicas para conferência dos exemplos aplicativos.

Finalmente, agradecemos à Escola de Engenharia de São Carlos, da Universidade de São Paulo, pelas oportunidades proporcionadas à nossa formação profissional.

Os autores

Prefácio

Em uma época em que a informação digital, a comunicação, a navegação por meio de satélites artificiais e os aplicativos computacionais inovadores tornaram-se acessíveis a todos, a percepção do espaço pelo ser humano alterou-se radicalmente, tornando a compreensão e a utilização do ambiente em que ele vive muito mais abrangentes do que em qualquer outra época. Navegar por meios digitais, atualmente, é algo que a maioria dos seres humanos entende perfeitamente.

Embora a maior parte dos usuários não se dê conta, essa nova interpretação do espaço significa o acesso a valores de dados geoespaciais referentes ao ambiente que nos rodeia. Para o público em geral, isso se traduz pelo acesso a mapas digitais *on-line* ou a informações geocodificadas, ao passo que, para o setor profissional, traduz-se na disponibilidade de dados geoespaciais confiáveis, abrangentes e computacionalmente organizados para o uso nas diversas áreas da Engenharia.

Para que esses dados sejam disponibilizados e utilizados como citado, é necessário, entretanto, que eles sejam coletados, tratados, armazenados e sistematizados de maneira coerente para seu uso. Daí a importância da Geomática nesse novo contexto da Engenharia. Os profissionais envolvidos nessa área e que, até pouco tempo, eram considerados apenas geradores de mapas tornaram-se os gestores da geoinformação e precisam ter conhecimentos técnicos e científicos apurados e atualizados para suportarem a demanda crescente por informações geoespaciais. Os projetistas estão descobrindo rapidamente a importância de terem dados geoespaciais de qualidade na forma digital, disponíveis para a elaboração de seus projetos, e os construtores, para a implantação de suas obras. Cabe ao profissional de Geomática a responsabilidade de gerar e gerir esses dados convenientemente.

Do ponto de vista profissional, esses novos conceitos de tratamento e utilização da geoinformação têm suscitado preocupações com a formação profissional dos novos engenheiros, que precisam ter acesso a informações técnicas, científicas e metodológicas de qualidade e atualizadas para poderem responder aos anseios de seus pares.

Nesse contexto, este livro tem o objetivo de oferecer um material abrangente e atual sobre os principais aspectos da formação profissional na área da Geomática com vistas ao seu uso prático nos projetos de Engenharia. A organização do texto e seu conteúdo foram elaborados com a finalidade de prover informações relevantes para as disciplinas de Topografia ou de Geomática ensinadas nos cursos de Engenharia e nas áreas das Geociências, em geral.

Da mesma maneira que a edição anterior, esta nova edição considera os avanços tecnológicos das últimas décadas, relativas às novas tecnologias instrumentais, técnicas e métodos de medição e aplicações práticas, de modo a oferecer ao leitor informações e conceitos abrangentes sobre cada uma das áreas fundamentais do ensino e da prática de Geomática. Assim, estão incluídos no texto assuntos que são pouco tratados em literaturas na língua portuguesa, como referências geodésicas, transformações de coordenadas, modelagem numérica de terreno, projeção UTM, instrumentos topográficos modernos, erros instrumentais, varredura *laser* terrestre, aerofotogrametria e drones, entre outros.

A abrangência das seções tratadas em cada capítulo foi planejada para que o leitor possa, a princípio, aplicar os conceitos apresentados diretamente em seus problemas de Engenharia e, se necessário, utilizá-los em rotinas de programação de computador. Além disso, para auxiliar no entendimento das teorias desenvolvidas ao longo dos capítulos, estão disponibilizados no fim de cada seção exemplos aplicativos para elucidar as teorias apresentadas.

Os autores consideram que o material apresentado abrange a maioria dos assuntos referentes às disciplinas de Topografia ou Geomática a serem tratados nos cursos de Engenharia Civil, Cartográfica e Agrimensura, Geográfica, Agronomia e outros. A sequência dos capítulos foi estruturada de modo a permitir que os assuntos sejam abordados de maneira coerente com o aprendizado e com o uso prático dos métodos e das tecnologias de medição apresentados. Evidentemente, nem todos os cursos cobrirão todos os assuntos expostos. Diferentes cursos terão diferentes prioridades. Espera-se, contudo, que o conteúdo do livro permita aos professores traçarem suas prioridades sem a necessidade de adotarem bibliografias variadas.

É importante, também, esclarecer que, para a facilidade de estudo, os exemplos aplicativos apresentados ao longo dos capítulos do livro, sempre que possível, estão concatenados de modo a permitirem cálculos sequenciais. Além disso, todos os cálculos foram realizados em planilha eletrônica com todas as casas decimais, o que pode indicar valores diferentes em relação a cálculos realizados de outras formas.

Também é importante que o leitor tenha em mente que os detalhes técnicos apresentados sobre alguns instrumentos, além do constante avanço tecnológico, possuem características variadas em função dos modelos e dos fabricantes. Por essa razão, eles devem ser considerados como referências pontuais sobre as quais o leitor deverá manter-se atualizado ao longo de sua carreira.

Por fim, os autores expressam sua gratidão a todos aqueles que ajudaram a concluir esta obra, tornando-a uma ferramenta importante para o aprimoramento técnico e científico das novas gerações de profissionais da Engenharia. Os instrumentos sofisticados e a automação permitem realizar os trabalhos mais rapidamente, porém, somente o conhecimento técnico/científico permite que eles sejam utilizados adequadamente, proporcionando melhor qualidade de vida para a sociedade, em quaisquer dos segmentos do saber.

Os autores

Material Suplementar

Este livro conta com os seguintes materiais suplementares:

- Seis capítulos adicionais.
- 23 capítulos de exercícios, com resoluções/respostas (exercícios resolvidos com respectivas soluções), e exercícios propostos, com gabarito (respostas).

O acesso ao material suplementar é gratuito. Basta que o leitor se cadastre, faça seu *login* em nosso *site* (www.grupogen.com.br) e, após, clique em Ambiente de aprendizagem.

O acesso ao material suplementar online fica disponível até seis meses após a edição do livro ser retirada do mercado.

Caso haja alguma mudança no sistema ou dificuldade de acesso, entre em contato conosco (gendigital@grupogen.com.br).

Sumário

1. Geomática, 1

1.1 Introdução, 1
1.2 Ciências e técnicas englobadas pela Geomática, 2
    1.2.1 Geodésia, 2
    1.2.2 Topografia, 3
    1.2.3 Teoria dos Erros e Estatística, 3
    1.2.4 Cartografia, 3
    1.2.5 Hidrografia, 3
    1.2.6 Fotogrametria, 4
    1.2.7 Sensoriamento Remoto, 4
    1.2.8 Desenho Assistido por Computador (CAD), 4
    1.2.9 Gerenciamento Cadastral, 4
    1.2.10 Gestão de bancos de dados, 5
    1.2.11 Sistema de Informação Geográfica (SIG), 5
    1.2.12 Sistemas de Navegação Global por Satélites (GNSS), 5
    1.2.13 Modelos de Informação da Construção (BIM), 6
1.3 Aplicações da Geomática na Engenharia, 6
    1.3.1 Especificações técnicas para coleta de dados espaciais e padronizações, 6
    1.3.2 Modelagem matemática dos dados e georreferenciamento, 6
    1.3.3 Validação dos dados espaciais, 6
    1.3.4 Determinação de coordenadas planialtimétricas de pontos de apoio, 6
    1.3.5 Levantamento de detalhes, 7
    1.3.6 Levantamento cadastral, 7
    1.3.7 Levantamento de nuvem de pontos para modelagens 3D, 7
    1.3.8 Levantamento de perfis e seções transversais de terrenos, 7
    1.3.9 Produtos fotogramétricos, 7
    1.3.10 Configuração e apresentação dos dados geoespaciais, 7
    1.3.11 Implantação de obras, 8
    1.3.12 Monitoramento geodésico de estruturas, 8
    1.3.13 Levantamento subterrâneo, 8
    1.3.14 Levantamento hidrográfico, 8
    1.3.15 Levantamento *as-built*, 8
    1.3.16 Mensuração técnica industrial, 8

xii TOPOGRAFIA PARA ENGENHARIA

1.4 Importância da Geomática para a Engenharia Civil, 9
    1.4.1 Planejamento da obra, 9
    1.4.2 Projeto da obra, 9
    1.4.3 Construção da obra, 10
    1.4.4 Gestão da obra, 10
1.5 Instituições e organizações importantes para a Geomática, 10
    1.5.1 Nacionais, 10
    1.5.2 Internacionais, 10

2. Conceitos de Geomática, 11

2.1 Introdução, 11
2.2 Medir, 11
2.3 Unidade de medida, 12
    2.3.1 Unidades de medidas de natureza linear (comprimento), 12
    2.3.2 Unidades de medidas de natureza angular, 13
    2.3.3 Conversão de unidades angulares, 14
    2.3.4 Unidade de medida de superfície, 17
    2.3.5 Unidade de medida de volume, 17
2.4 Figuras geométricas importantes para a Geomática, 17
    2.4.1 Ponto, 17
    2.4.2 Linha, 17
    2.4.3 Polígono, 17
    2.4.4 Reta, 18
    2.4.5 Plano, 18
    2.4.6 Elipse, 18
    2.4.7 Elipsoide, 18
    2.4.8 Esfera, 19
2.5 Escala, 19
2.6 Resolução gráfica, 20
2.7 Algarismos significativos, 20
2.8 Normas e regulamentações, 22

3. Referências geodésicas e topográficas, 23

3.1 Introdução, 23
3.2 Modelos da forma da Terra – superfícies de referência, 23
    3.2.1 Superfície topográfica, 24
    3.2.2 Referencial plano, 24
    3.2.3 Modelo geoidal, 25
    3.2.4 Modelo elipsoidal, 25
    3.2.5 Modelo esférico, 27
3.3 *Datum* geodésico, 28
3.4 Sistema Geodésico de Referência (SGR), 28
    3.4.1 Sistema Geodésico de Referência Planimétrica (SGRP), 29
    3.4.2 Sistema Geodésico de Referência Altimétrica (SGRA), 31
3.5 Relação entre o elipsoide e o geoide, 32
    3.5.1 Ondulação geoidal, 32
    3.5.2 Desvio da vertical, 34

4. Sistemas de coordenadas, 40

4.1 Introdução, 40
4.2 Sistema de Referência Linear (SRL), 40
4.3 Sistema de coordenadas cartesiano plano ou planorretangular, 41
4.4 Sistema de coordenadas polar plano, 42
4.5 Sistema de coordenadas triangular, 42
4.6 Sistemas de coordenadas espaciais, 44

4.7 Sistema de coordenadas geográfico, 45
4.8 Sistema de coordenadas geodésico, 45
4.9 Transformação de coordenadas, 46
    4.9.1 Transformação de coordenadas entre sistemas de coordenadas planos, 47
    4.9.2 Transformação de coordenadas espaciais, 58

5. Direção e ângulos, 72

5.1 Definições, 72
    5.1.1 Ângulo horizontal, 72
    5.1.2 Sentido do incremento da graduação do círculo de medição angular, 73
    5.1.3 Ângulo vertical, 73
    5.1.4 Direção horizontal e determinação de ângulo horizontal, 74
    5.1.5 Azimute e rumo, 75
5.2 Medição angular, 76
    5.2.1 Leituras angulares para a determinação de ângulos horizontais, 77
    5.2.2 Medição de ângulos verticais, 81
5.3 Correções das medições angulares, 82
    5.3.1 Correção angular por conta da refração atmosférica lateral, 82
    5.3.2 Correções angulares em razão do desvio da vertical, 83
5.4 Precisão das medições angulares, 84

6. Distâncias, 86

6.1 Introdução, 86
6.2 Tipos de distâncias, 86
    6.2.1 Distância inclinada e distância horizontal sobre o Plano Topográfico Local (PTL), 86
    6.2.2 Distância vertical considerando o Plano Topográfico Local (PTL), 88
    6.2.3 Elementos geométricos da medição de distâncias com uma estação total considerando o Plano Topográfico Local (PTL), 89
    6.2.4 Relação entre a distância horizontal e a distância esférica na superfície topográfica, 89
    6.2.5 Distância elipsoidal, 90
    6.2.6 Efeito da curvatura da Terra na redução da distância inclinada para distâncias horizontal e elipsoidal, 93
    6.2.7 Efeito da curvatura da Terra e da refração atmosférica vertical na redução da distância inclinada para distâncias horizontal e elipsoidal, 95
    6.2.8 Cálculo da distância elipsoidal considerando a diferença de nível entre os pontos medidos, 96
    6.2.9 Cálculo da distância elipsoidal considerando a curvatura da Terra, a refração atmosférica vertical e o desvio da vertical, 96
    6.2.10 Cálculo da distância elipsoidal por intermédio de visadas recíprocas e consecutivas, 96
    6.2.11 Cálculo do valor do coeficiente de refração vertical (k), 97
    6.2.12 Distância plana, 98

7. Medição de distâncias, 102

7.1 Introdução, 102
7.2 Métodos de medição direta de distâncias, 102
    7.2.1 Medição de distâncias pelo passo médio, 102
    7.2.2 Medição de distâncias pelo uso de um hodômetro, 102
    7.2.3 Medição de distâncias pelo uso de uma trena, 103
    7.2.4 Medição de uma distância com uma trena comum em um terreno regular e horizontal, 104
    7.2.5 Medição de uma distância com uma trena comum em um terreno regular inclinado, 104
    7.2.6 Medição de uma distância com uma trena comum em um terreno irregular, 104
    7.2.7 Medição de distâncias pelo uso de uma trena eletrônica, 107
7.3 Métodos de medição indireta de distâncias, 108
    7.3.1 Método de medição óptica de distância, 108
    7.3.2 Medições eletrônicas de distâncias, 110
    7.3.3 Medições de distâncias com a tecnologia GNSS, 117

xiv TOPOGRAFIA PARA ENGENHARIA

8. Instrumentos topográficos, 118

8.1 Introdução, 118
8.2 Principais componentes dos instrumentos topográficos, 120
    8.2.1 Corpo do instrumento – alidade, 120
    8.2.2 Tripé topográfico, 122
    8.2.3 Nível de bolha, 122
    8.2.4 Nível eletrônico, 123
    8.2.5 Base nivelante, 124
    8.2.6 Luneta, 126
8.3 Teodolito eletrônico e estação total, 127
    8.3.1 Círculos graduados para a medição angular com uma estação total, 128
    8.3.2 Distanciômetro eletrônico, 129
    8.3.3 Estação total robótica – servomotores, 129
    8.3.4 Módulo de reconhecimento automático de prisma, 130
    8.3.5 Estação total assistida por imagens, 131
    8.3.6 Estação total com varredura *laser*, 132
    8.3.7 Características operacionais de uma estação total, 133
    8.3.8 Classificação das estações totais, 133
8.4 Acessórios de uma estação total, 135
    8.4.1 Prisma refletor, 135
    8.4.2 Bastão de prisma, 138
8.5 Nível topográfico, 138
    8.5.1 Nível óptico, 139
    8.5.2 Nível digital, 140
    8.5.3 Nível *laser*, 141
8.6 Miras graduadas utilizadas em conjunto com os níveis topográficos, 143

9. Erros instrumentais e operacionais, 145

9.1 Introdução, 145
9.2 Erros instrumentais e operacionais de uma estação total, 146
    9.2.1 Erros angulares sistemáticos, 146
    9.2.2 Erros angulares acidentais, 154
    9.2.3 Erros sistemáticos de medição de distâncias, 157
9.3 Quando calibrar o instrumento, 158
9.4 Erros instrumentais e operacionais de um nível topográfico, 159
    9.4.1 Erros sistemáticos, 159
    9.4.2 Erros acidentais, 161
9.5 Comentários sobre calibração de níveis topográficos, 164

10. Cálculos topométricos, 165

10.1 Introdução, 165
10.2 Cálculo de azimute e distância por meio de coordenadas conhecidas, 165
10.3 Cálculo de um ponto lançado ou irradiação, 167
10.4 Transporte de azimute, 168
10.5 Transporte de coordenadas, 169
10.6 Orientação de azimute por meio de visadas múltiplas, 170
10.7 Determinação de elementos de implantação planimétrica de pontos por meio de coordenadas conhecidas, 172
10.8 Interseção a ré (ou recessão), 173
10.9 Interseção a ré com redundância de visadas, 174
10.10 Interseção a vante, 177
10.11 Interseção a vante com redundância de visadas, 178
10.12 Bilateração, 181
10.13 Multilateração, 182
10.14 Estação excêntrica, 184

10.15 Distância entre um ponto e uma reta, 185
10.16 Interseção de dois segmentos de reta com orientações conhecidas, 186
10.17 Centro e raio de um círculo definido por três pontos de coordenadas conhecidas, 187
10.18 Interseção de uma reta com um círculo, 188
10.19 Coordenadas do ponto de tangência de uma reta com um círculo, 188
10.20 Determinação de coordenadas cartesianas espaciais (3D), 189
    10.20.1 Método polar para medição de coordenadas cartesianas espaciais (3D) com medição de distâncias, 190
    10.20.2 Método multipolar do ponto médio para determinação de coordenadas cartesianas espaciais (3D) sem medição de distâncias, 191

11. Apoio topográfico – Poligonação, 194

11.1 Introdução, 194
11.2 Poligonação, 195
    11.2.1 Poligonais livres, 195
    11.2.2 Poligonais apoiadas, 198
    11.2.3 Erros de fechamento e balanceamento de poligonais, 198
    11.2.4 Poligonais fechadas, 208
11.3 Reconhecimento de campo para o estabelecimento de uma poligonal topográfica, 219
11.4 Fontes de erros na determinação de pontos de apoio por poligonação, 219
11.5 Tolerâncias para os erros de fechamento angular e linear de uma poligonal, 220
    11.5.1 Tolerâncias para o erro de fechamento angular, 220
    11.5.2 Tolerâncias para o erro de fechamento linear, 222
11.6 Detecção de erros grosseiros em uma poligonal, 224
    11.6.1 Detecção do erro grosseiro de fechamento angular, 224
    11.6.2 Detecção do erro grosseiro de fechamento linear, 225
11.7 Determinação de pontos de apoio em rede, 226
    11.7.1 Rede de triangulação, 226
    11.7.2 Rede de trilateração, 226

12. Altimetria, 227

12.1 Introdução, 227
12.2 Nivelamento topográfico, 227
12.3 Nivelamento geométrico, 229
    12.3.1 Nivelamento geométrico simples, 231
    12.3.2 Nivelamento geométrico composto, 233
12.4 Verificação do erro de nivelamento, 237
    12.4.1 Nivelamento e contranivelamento, 237
    12.4.2 Nivelamento apoiado, 238
    12.4.3 Nivelamento com caminhamento duplo, 238
    12.4.4 Nivelamento de um ponto nodal, 239
12.5 Nivelamento de precisão – séries de leituras, 240
12.6 Avaliação da qualidade de um nivelamento geométrico, 241
    12.6.1 Tolerâncias para o erro de fechamento, 241
    12.6.2 Precisão do nivelamento geométrico, 242
    12.6.3 Fontes de erro em um nivelamento geométrico em função das condições ambientais e geométricas, 243
    12.6.4 Nivelamento geométrico recíproco e simultâneo, 246
12.7 Compensação do erro de fechamento, 247
    12.7.1 Compensação do erro de fechamento em função da quantidade de desníveis medidos, 247
    12.7.2 Compensação do erro de fechamento em função das distâncias dos desníveis, 247
    12.7.3 Compensação do erro de fechamento em função dos valores absolutos dos desníveis, 247
12.8 Procedimentos para a verificação da qualidade de níveis topográficos, 249
12.9 Nivelamento trigonométrico, 249
    12.9.1 Fórmula rigorosa para o nivelamento trigonométrico, 251
    12.9.2 Nivelamento trigonométrico recíproco e simultâneo, 253
    12.9.3 Caminhamento com nivelamento trigonométrico, 254
12.10 Nivelamento com a tecnologia GNSS, 255
12.11 Nivelamento com nível *laser*, 257

xvi TOPOGRAFIA PARA ENGENHARIA

13. Representação do relevo, 258

13.1 Introdução, 258
13.2 Representação do relevo por meio de perfis e seções transversais do terreno, 258
    13.2.1 Desenho do perfil ou da seção transversal do terreno por meio de um nivelamento topográfico, 259
    13.2.2 Desenho do perfil ou da seção transversal por intermédio da interpolação de pontos sobre uma representação gráfica com curvas de nível, 260
    13.2.3 Desenho do perfil ou da seção transversal por intermédio de um Modelo Numérico de Terreno (MNT), 261
    13.2.4 Escalas para o desenho do perfil ou da seção transversal, 261
13.3 Representação do relevo por meio de pontos cotados ou nuvem de pontos, 261
13.4 Representação do relevo por meio de curvas de nível, 261
    13.4.1 Principais características das curvas de nível, 263
    13.4.2 Procedimentos de campo para a coleta de dados para a representação do relevo por meio de curvas de nível, 264
    13.4.3 Desenho das curvas de nível, 265
    13.4.4 Traçado de curvas de nível sobre o terreno, 266
13.5 Representação por vista em perspectiva, 267
13.6 Bacia de contribuição, 267

14. Levantamento de detalhes, 269

14.1 Introdução, 269
14.2 Especificações técnicas para o levantamento de detalhes, 269
    14.2.1 Objetivos do levantamento, 269
    14.2.2 Precisão das medições, 269
    14.2.3 Tipo de detalhe a ser levantado, 270
    14.2.4 Tratamento e armazenamento dos detalhes levantados, 271
14.3 Reconhecimento de campo e planejamento do trabalho, 271
14.4 Procedimentos de campo para o levantamento de detalhes, 272
    14.4.1 Levantamento de detalhes com estação total, 272
    14.4.2 Levantamento de detalhes com receptores GNSS, 275
    14.4.3 Levantamento de detalhes com escâner *laser* terrestre, 276
14.5 Documentação técnica a ser apresentada em um trabalho de levantamento de detalhes, 278

15. Implantação de obras, 280

15.1 Introdução, 280
15.2 Métodos geométricos de implantação de obras, 281
    15.2.1 Uso de gabarito de madeira, 281
    15.2.2 Determinação de perpendiculares, 282
    15.2.3 Uso de teodolitos ou estações totais, 282
    15.2.4 Escavação de valas, 285
    15.2.5 Controle vertical, 286
15.3 Métodos analíticos de implantação de obras, 288
    15.3.1 Implantação com estações totais, 288
    15.3.2 Implantação com receptores GNSS, 290
    15.3.3 Implantação com controle de máquinas, 291
15.4 Exigências de qualidade na implantação de obras, 292

16. Áreas, 293

16.1 Introdução, 293
16.2 Métodos geométricos para o cálculo de áreas, 293
    16.2.1 Área de um triângulo qualquer (Método de Heron), 293
    16.2.2 Área de um trapézio, 295
    16.2.3 Área de um quadrilátero, 295

16.3 Métodos analíticos para o cálculo de áreas, 295
    16.3.1 Área de triângulos radiais – levantamento por irradiações, 296
    16.3.2 Levantamento por coordenadas polares, 296
    16.3.3 Método de Gauss – cálculo da área pelas coordenadas retangulares totais, 297
16.4 Método mecânico para o cálculo de áreas, 298
16.5 Uso de computadores para o cálculo de áreas, 298
16.6 Divisão de áreas, 299
    16.6.1 Divisão de áreas triangulares, 299
    16.6.2 Divisão de áreas quadriláteras, 300
    16.6.3 Divisão de polígono partindo de um ponto de coordenadas conhecidas, 301
    16.6.4 Divisão de polígono por meio de um alinhamento com azimute conhecido, 303

17. Cálculo de volume, 305

17.1 Introdução, 305
17.2 Cálculo de volume por meio de seções transversais, 305
    17.2.1 Método trapezoidal ou método de Bezout, 306
    17.2.2 Método prismoidal ou regra de Simpson, 307
    17.2.3 Cálculo de volume de trechos mistos (corte e aterro), 308
    17.2.4 Cálculo de volume em trechos curvos, 310
17.3 Cálculo de volume por meio de troncos de prismas, 311
    17.3.1 Cálculo de volume para uma malha regular de pontos, 311
    17.3.2 Cálculo de volume para uma malha irregular de pontos, 314
17.4 Cálculo de volume por meio de superfícies geradas por curvas de nível, 316
17.5 Cota de passagem, 316
17.6 Cálculo de volume por meio de modelos numéricos de terreno, 317
    17.6.1 Método da triangulação, 318
    17.6.2 Método da malha regular, 318

18. Modelo númerico de terreno (capítulo *online* disponível integralmente no Ambiente de aprendizagem), e-1

18.1 Introdução, e-1
18.2 Coleta dos dados de campo, e-3
18.3 Estruturação dos dados, e-4
    18.3.1 Estruturação dos dados em uma malha regular, e-4
    18.3.2 Estruturação dos dados em uma malha irregular, e-5
18.4 Modelagem da superfície – funções de interpolação, e-7
    18.4.1 Métodos de interpolação tridimensional pontual, e-7
    18.4.2 Métodos de interpolação tridimensional regional, e-8
18.5 Visualização do modelo, e-10
    18.5.1 Representação por meio de curvas de nível, e-11
    18.5.2 Representação por relevo sombreado, e-11
    18.5.3 Representação por meio de vistas em perspectiva, e-11
18.6 Interpretação dos resultados, e-11
18.7 Aplicações de um MNT – produtos derivados, e-11
    18.7.1 Traçado de curvas de nível por meio de um MNT, e-12
    18.7.2 Traçado de perfis de alinhamentos a partir de um MNT, e-14
    18.7.3 MNT como auxílio para o projeto de vias de transporte, e-15
18.8 Acurácia de um MNT, e-15

19. Projeção cartográfica (capítulo *online* disponível integralmente no Ambiente de aprendizagem), e-16

19.1 Introdução, e-16
19.2 Classificação das projeções cartográficas, e-16
    19.2.1 Classificação em função da grandeza geométrica preservada, e-16
    19.2.2 Classificação em função da posição do centro de projeção, e-17
    19.2.3 Classificação em função do tipo de superfície de projeção, e-17

xviii TOPOGRAFIA PARA ENGENHARIA

19.2.4 Classificação em função da orientação da superfície de projeção, e-18
19.2.5 Classificação em função da posição relativa da superfície de projeção, e-19
19.3 Sistema de Projeção UTM (Universal Transversa de Mercator), e-19
19.3.1 Características da Projeção UTM, e-19
19.3.2 Determinação do valor do meridiano central do fuso do Sistema de Projeção UTM, e-22
19.4 Transformações de coordenadas do Sistema de Projeção UTM, e-22
19.4.1 Transformação de coordenadas geodésicas (ϕ_g, λ_g) para coordenadas UTM (N, E), e-22
19.4.2 Transformação de coordenadas UTM (N, E) para coordenadas geodésicas (ϕ_g, λ_g), e-24
19.5 Convergência meridiana na Projeção UTM (γ), e-26
19.5.1 Cálculo aproximado da convergência meridiana em função das coordenadas geodésicas, e-27
19.5.2 Cálculo rigoroso da convergência meridiana em função das coordenadas geodésicas, e-27
19.6 Redução à corda (δ), e-28
19.7 Fator de escala da Projeção UTM, e-**29**
19.7.1 Cálculo aproximado do fator de escala em função das coordenadas UTM, e-30
19.7.2 Cálculo rigoroso do fator de escala em função das coordenadas geodésicas, e-30
19.8 Azimutes a serem considerados no Sistema de Projeção UTM, e-33
19.9 Sistema de Projeção Transverso de Mercator (TM), e-34
19.10 Utilização de coordenadas UTM em projetos de Engenharia, e-36
19.10.1 Determinação de coordenadas dos pontos de apoio em coordenadas UTM, e-36
19.10.2 Transposição de fusos UTM, e-38
19.10.3 Elaboração de um projeto de Engenharia em coordenadas planas UTM, e-40
19.10.4 Implantação de um projeto de Engenharia elaborado em coordenadas UTM, e-40
19.11 Compatibilização entre o sistema de coordenadas UTM e os sistemas de referências locais, e-40
19.11.1 Transformação de coordenadas UTM (N, E) para coordenadas no PTL (X_L, Y_L) por meio da aplicação da transformação de Helmert 2D, e-41
19.11.2 Transformação de coordenadas cartesianas geocêntricas (X, Y, Z) para coordenadas cartesianas topocêntricas no PGL (X_L, Y_L), e-41
19.11.3 Transformação de coordenadas geodésicas para coordenadas planorretangulares no Sistema Geodésico Local (SGL), segundo as equações disponibilizadas na NBR nº 14166/1998, e-41
19.11.4 Projeção TM de Baixa Distorção (PBD), e-42
19.11.5 Transformação de coordenadas planas (UTM) para coordenadas planas locais (X_L, Y_L) por meio de reduções cartográficas, e-43

20. Sistemas de navegação global (GNSS) (capítulo *online* disponível integralmente no Ambiente de aprendizagem), e-47

20.1 Introdução, e-47
20.2 Estrutura dos sistemas GNSS, e-47
20.3 Composição dos sistemas GNSS, e-48
20.3.1 Sistema GPS, e-48
20.3.2 Sistema GLONASS, e-50
20.3.3 Sistema GALILEO, e-51
20.3.4 Sistema BeiDou, e-51
20.3.5 Sistema QZSS, e-51
20.3.6 Sistema IRNSS, e-51
20.3.7 Sistemas SBAS, e-52
20.4 Vantagens dos sistemas GNSS para a Geomática, e-52
20.5 Princípios do posicionamento de pontos por meio da tecnologia GNSS, e-52
20.5.1 Cálculo das distâncias entre a antena receptora e os satélites, e-54
20.6 Métodos de posicionamento com a tecnologia GNSS, e-56
20.6.1 Método de posicionamento absoluto, e-57
20.6.2 Método de posicionamento relativo, e-58
20.6.3 Método de posicionamento diferencial, e-62
20.7 Formatos de intercâmbio de dados GNSS, e-63
20.7.1 Formato NMEA 0183, e-63
20.7.2 Formato RINEX, e-63
20.7.3 Protocolo RTCM SC104, e-63
20.7.4 Protocolo NTRIP, e-64

SUMÁRIO **xix**

20.8 Composição de um instrumento GNSS, e-64
20.9 Levantamento topográfico ou geodésico com a tecnologia GNSS, e-66
    20.9.1 Planejamento do levantamento, e-66
    20.9.2 Método de posicionamento, instrumentação e operações para o levantamento de campo, e-67
    20.9.3 Processamento dos dados coletados em campo, e-71
    20.9.4 Relatório final do trabalho, e-71
20.10 Qualidade dos levantamentos topográficos e geodésicos com a tecnologia GNSS, e-72
    20.10.1 Erros instrumentais, e-72
    20.10.2 Erros atmosféricos, e-72
    20.10.3 Erros operacionais, e-73

21. Tecnologia de varredura *laser* (capítulo *online* disponível integralmente no Ambiente de aprendizagem), e-75

21.1 Introdução, e-75
21.2 Componentes de um instrumento de varredura *laser* terrestre, e-76
    21.2.1 Medição da distância, e-77
    21.2.2 Medição angular, e-79
    21.2.3 Sistema de deflexão do feixe *laser*, e-79
    21.2.4 Câmera digital interna, e-80
21.3 Georreferenciamento – determinação das coordenadas 3D, e-80
    21.3.1 Georreferenciamento direto, e-81
    21.3.2 Georreferenciamento indireto, e-82
    21.3.3 Comparação entre métodos de georreferenciamento, e-84
21.4 Vetorização e modelagem espacial, e-84
21.5 Qualidade das medições por varredura *laser*, e-86
21.6 Fontes de erros nas medições por varredura *laser*, e-86
    21.6.1 Erros instrumentais sistemáticos, e-87
    21.6.2 Erros resultantes das propriedades da superfície refletora, e-87
    21.6.3 Erros decorrentes de fatores ambientais, e-88
    21.6.4 Erros de georreferenciamento, e-88
21.7 Exemplos de instrumentos de varredura *laser*, e-88

22. Aerofotogrametria (capítulo *online* disponível integralmente no Ambiente de aprendizagem), e-89

22.1 Introdução, e-89
22.2 Definição de fotogrametria digital, e-89
22.3 Imagem digital, e-90
22.4 Aquisição de imagens digitais aéreas, e-94
    22.4.1 Sensores de quadro (*frame*), e-94
    22.4.2 Sensores de varredura linear (*pushbroom*), e-94
22.5 Voo fotogramétrico, e-96
22.6 Estereoscopia, e-98
22.7 Marca flutuante e paralaxe, e-99
22.8 Modelo fotogramétrico, e-99
    22.8.1 Orientação interior – parâmetros intrínsecos, e-100
    22.8.2 Refinamento dos valores das coordenadas medidas nas imagens, e-100
    22.8.3 Orientação exterior – parâmetros extrínsecos, e-101
22.9 Equações fundamentais da fotogrametria digital, e-101
    22.9.1 Equações projetivas (equações de colinearidade), e-102
22.10 Determinação dos parâmetros de orientação exterior do modelo fotogramétrico, e-105
    22.10.1 Determinação indireta dos parâmetros de orientação por meio de pontos de controle, e-105
    22.10.2 Determinação direta dos parâmetros de orientação por meio de georreferenciamento GNSS e sistema inercial (IMU), e-106
22.11 Aerotriangulação, e-107
22.12 Correlação de imagens, e-110
    22.12.1 Algoritmos de correlação de imagens, e-110
22.13 Calibração de câmeras fotogramétricas, e-111
    22.13.1 Calibração em laboratório, e-112
    22.13.2 Calibração terrestre (*in situ*), e-112
    22.13.3 Autocalibração, e-112
    22.13.4 Calibração do ângulo de *boresight* e dos *off-sets* da antena GNSS e do sensor IMU (*lever arms*), e-113

TOPOGRAFIA PARA ENGENHARIA

22.14 Estação fotogramétrica digital, e-113
22.15 Produtos gerados pela fotogrametria digital, e-114
  22.15.1 Restituição fotogramétrica – mapa de linhas, e-114
  22.15.2 Criação de malha de pontos, e-115
  22.15.3 Ortofoto, e-115
22.16 Coleta de dados por meio de sistemas VANT, e-118
  22.16.1 Definição de sistema VANT, e-118
  22.16.2 Classificação dos veículos aéreos não tripulados, e-119
  22.16.3 Dispositivos para orientação do voo e posicionamento da aeronave, e-120
  22.16.4 Estação GNSS, e-120
  22.16.5 Dispositivos de coleta de dados, e-120
  22.16.6 Sistema de comunicação, e-121
  22.16.7 Estação de controle terrestre, e-122
22.17 Classificação dos sistemas VANT segundo a aplicação em Geomática, e-122
  22.17.1 Sistema VANT para inspeção aérea da infraestrutura, e-122
  22.17.2 Sistema VANT para sensoriamento remoto, e-122
  22.17.3 Sistema VANT para fotogrametria, e-122
22.18 Processamento de dados com a tecnologia VANT, e-122
  22.18.1 Requerimentos legais e de segurança, e-123
  22.18.2 Planejamento do voo, e-123
  22.18.3 Pontos de controle, e-124
  22.18.4 Aquisição das imagens, e-124
  22.18.5 Importação das imagens, e-124
  22.18.6 Processamento das imagens, e-125
  22.18.7 Qualidade posicional, e-126
  22.18.8 Geração de produtos, e-126

23. Curvas horizontais e verticais (capítulo *online* disponível integralmente no Ambiente de aprendizagem), e-127

23.1 Introdução, e-127
23.2 Curvas horizontais circulares, e-128
  23.2.1 Curva horizontal circular simples, e-128
  23.2.2 Curva horizontal circular composta, e-129
  23.2.3 Curva horizontal circular reversa, e-130
  23.2.4 Estaqueamento do alinhamento, e-130
23.3 Curvas horizontais com transição, e-131
  23.3.1 Coordenadas de um ponto em uma clotoide, e-132
23.4 Curvas verticais, e-134
  23.4.1 Equação da parábola, e-135
  23.4.2 Altitudes e posições das estacas do (PCV) e (PTV), e-136
  23.4.3 Pontos de máximo e de mínimo da curva vertical, e-136
  23.4.4 Cálculo das altitudes e flechas da parábola simples, e-136
23.5 Implantação dos elementos geométricos do traçado de uma via, e-138
  23.5.1 Implantação da rede de pontos de apoio, e-138
  23.5.2 Implantação de curvas horizontais circulares simples, e-139
  23.5.3 Implantação de uma curva de transição, e-145
  23.5.4 Implantação de curvas verticais, e-147

Referências bibliográficas, 320

Índice alfabético, 324

1 Geomática

1.1 Introdução

Como parte de suas atribuições, o engenheiro depara-se, em muitos casos, com situações nas quais ele necessita determinar a localização, a dimensão e a forma de objetos sobre a superfície terrestre, ou próximo a ela, e representá-las por meio de *plantas, cartas, mapas, modelos numéricos de terrenos* e/ou *de superfícies, perfis* e outros meios de representação que as tornem geometricamente coerentes para o uso em projetos de Engenharia. Da mesma forma, no caso inverso, podem ocorrer situações em que ele necessita implantar elementos geométricos na superfície terrestre, oriundos de um projeto de Engenharia. Diz-se correntemente, nesses casos, que ele se depara com um problema de *Topografia*. Evidentemente, embora de uso corrente, o emprego desse termo já não é suficiente para descrever todas as atividades enumeradas. Em razão dos avanços científicos, tecnológicos e metodológicos das últimas décadas, as atividades descritas fazem parte de conhecimentos científicos que englobam ciências, técnicas e métodos que vão muito além da Topografia. Por esta razão, houve a necessidade de criar um termo com um significado mais amplo, que englobasse as ciências, as técnicas e os métodos, que tratassem da *coleta*, da *organização*, do *armazenamento*, da *modelagem matemática*, do *georreferenciamento*, da *qualificação*, da *representação cartográfica*, da *gestão em bancos de dados* e do *posicionamento de dados espaciais na superfície terrestre*, de forma a agrupá-las em uma matéria de estudo coerente com as novas tecnologias e necessidades das Geociências e da Engenharia. Daí o advento do termo internacionalmente aceito: *Geomática*.[1] Explica-se, dessa forma, o título deste livro: *Topografia para Engenharia – teoria e prática de Geomática* como uma conjunção entre os termos *Topografia* e *Geomática*.

Geomática é, portanto, um termo abrangente, que descreve tanto uma área de conhecimento quanto uma atividade profissional. Assim, para situar o leitor no campo de abrangência da Geomática, apresentam-se a seguir as atribuições mais relevantes creditadas a ela:

- desenvolver normas, padrões e especificações que permitam regular a produção e o uso de dados espaciais nas diversas áreas de aplicação das Geociências e das Engenharias;
- desenvolver teorias, técnicas e métodos que permitam modelar matematicamente dados espaciais com a finalidade de torná-los adequados para uso nas mais diversas aplicações das Geociências e das Engenharias;
- desenvolver teorias, técnicas e métodos que permitam determinar os modelos de representação da forma da Terra[2] e estabelecer todas as condições necessárias para definir o tamanho, a posição e os contornos de qualquer parte da superfície terrestre;
- desenvolver teorias, técnicas e métodos que permitam determinar atributos geométricos e geográficos de objetos no espaço, sobre ou sob a superfície terrestre, e representá-los nas formas de plantas, cartas, mapas, arquivos digitais ou qualquer outro tipo de armazenamento eletrônico, para posterior planejamento e administração do uso da terra, do espaço físico cadastral e da construção, por meio de Sistemas de Gestão Territorial (SGT), de Sistemas de Informação Geográfica (SIG) e de Modelos da Informação da Construção (BIM);

---

[1] O termo Geomática foi criado na década de 1980 pela Universidade de Laval, no Canadá.

[2] Conforme indicado no *Capítulo 3 – Referências geodésicas e topográficas*, para os propósitos da Geomática, a Terra é representada por diferentes modelos matemáticos, que definem sua forma e suas dimensões para diferentes propósitos.

- desenvolver técnicas e métodos que permitam implantar elementos geométricos sobre ou sob a superfície terrestre, de acordo com informações predefinidas oriundas de projetos de Engenharia;
- desenvolver teorias, técnicas e métodos que permitam monitorar a movimentação no espaço de estruturas artificiais ou naturais submetidos a ações de cargas ou efeitos ambientais que causem deformações e/ou deslocamentos;
- desenvolver teorias, técnicas, equipamentos e aplicativos informatizados que permitam o avanço da Geomática e/ou facilitem sua aplicação.

De acordo com o exposto, a Geomática preocupa-se com a gestão de dados espaciais, preferencialmente, com os geoespaciais. Um dado, como o próprio nome indica, significa algo conhecido, algo fornecido ou, em outras palavras, algo que pode ser explicado e sobre o qual se podem fazer inferências. Ele é espacial quando sua localização pode ser estabelecida em um espaço definido e geoespacial quando esse espaço refere-se a um planeta – no caso específico deste livro, o planeta Terra. Diz-se, nesse caso, que o dado está georreferenciado. Em resumo, um dado espacial descreve um fenômeno associado a alguma dimensão espacial que pode, portanto, ser uma entidade jurídica, como os clientes de uma loja ou como uma entidade geométrica formada, conceitualmente, por pontos, linhas, polígonos e volumes e, fisicamente, por objetos, como ruas, lotes, edifícios etc. A Geomática, evidentemente, preocupa-se com as entidades geométricas, definindo *dado espacial* como um termo genérico que indica, numericamente, o valor de uma grandeza física que representa a localização, a orientação, a dimensão e a forma de uma entidade geométrica no espaço. Quando se associa um atributo (descrição) ao dado espacial, se tem uma informação, de onde se originam os termos *informações geoespaciais* e *geoinformação*. Outros termos correlatos são: geodata, dado geográfico, dado topográfico e dado geodésico. Defini-los todos não faz parte do escopo deste livro.

O uso do termo *dado espacial*, ou *geoespacial*, para a Engenharia é recente. Ele é resultado dos avanços tecnológicos dos processos de medição e tratamento das informações geográficas, que permitiram sua manipulação em um ambiente 3D e por meios computacionais, em vez do seu uso restrito em representação gráfica 2D. Até pouco tempo, a representação gráfica era o único meio de armazenamento e de representação das informações geoespaciais. Hoje, ela é apenas um atributo.

O valor de um dado geoespacial é determinado em função de relações físicas e geométricas e de modelos matemáticos, que estabelecem relações numéricas entre as entidades geoespaciais de modo a permitir seu armazenamento e uso subsequente. Dessa forma, para que ele represente uma informação geoespacial confiável, ele precisa ser determinado e modelado matematicamente segundo preceitos de ciências e técnicas das Geociências, que incluem disciplinas de formação acadêmica variadas e abrangentes, como:

- Geodésia;[3]
- Topografia;
- Teoria dos Erros e Estatística;
- Cartografia;
- Hidrografia;
- Fotogrametria;
- Sensoriamento Remoto;
- Desenho Assistido por Computador (CAD);
- Gerenciamento Cadastral;
- Gestão de bancos de dados;
- Sistemas de Informação Geográfica (SIG);
- Sistemas de Navegação Global por Satélites (GNSS);
- Modelos de Informação da Construção (BIM), entre outros.

Apresenta-se a seguir uma breve descrição de cada uma delas no contexto da Geomática.

1.2 Ciências e técnicas englobadas pela Geomática

1.2.1 Geodésia

Entre as disciplinas envolvidas com a Geomática, a *Geodésia* ocupa uma posição de destaque por ser aquela que provê os fundamentos matemáticos para as demais. Etimologicamente, ela é uma palavra originada do grego, cujo significado é "dividir a Terra" (*geo = terra, daiein = dividir*). Como disciplina de estudo, ela é a ciência e a arte que tem por finalidade a determinação dos modelos de representação das formas, das dimensões e do *campo gravitacional* da Terra, e a definição dos sistemas de referência e sua materialização na superfície terrestre. Ela compreende o estudo das operações para as medições de campo, também conhecidas como *levantamentos geodésicos*,[4] assim como o estudo dos modelos matemáticos e métodos de cálculos aplicados para as respectivas determinações.

---

[3] Este termo é também designado *Geodesia* em alguns países de língua portuguesa.

[4] A palavra levantamento, em Geodésia ou em Topografia, significa o conjunto de operações e medições necessárias para a coleta do valor de um dado espacial.

Os levantamentos geodésicos baseiam-se em medições angulares e lineares, em medições gravimétricas e em medições processadas por meio de informações emitidas por satélites artificiais. Em função do tipo de medição e de sua aplicação, historicamente, classifica-se a Geodésia em três áreas de estudo, conforme apresentado a seguir:

- **Geodésia geométrica:** preocupa-se com a determinação do tamanho e do modelo de representação da forma geométrica da Terra e com o posicionamento preciso de pontos em relação a esse modelo, os quais são utilizados como pontos de apoio para trabalhos geodésicos e topográficos.
- **Geodésia espacial:** abrange as técnicas de utilização de astros ou objetos espaciais para a determinação de informações geodésicas sobre elementos da superfície terrestre. Isso inclui o processamento de sinais de satélites artificiais captados por antenas receptoras para a determinação de suas posições geográficas e movimentações no espaço.
- **Geodésia física:** utiliza medições e propriedades físicas da gravidade terrestre para determinar o modelo de representação da forma da Terra e, em combinação com medições de arcos terrestres, o seu tamanho.

A amplitude e a importância da Geodésia como conhecimento científico são muito maiores do que resumido anteriormente. Seu estudo detalhado é deixado, portanto, para os geodesistas. Este livro trata apenas dos conceitos primordiais da Geodésia para seu uso em projetos de Engenharia.

1.2.2 Topografia

Historicamente, Topografia é uma ciência mais antiga que a Geodésia e foi formulada com o objetivo de prover meios para a localização, descrição e representação de objetos e elementos da superfície topográfica terrestre por intermédio de técnicas, métodos e instrumentos topográficos. Etimologicamente, assim como a Geodésia, ela é uma palavra de origem grega, advindo das raízes *topos*, que significa "lugar", e *graphein*, que significa "descrever".

No contexto atual das Geociências, ela deve ser entendida como a disciplina da Geomática, que, baseando-se em pontos fundamentais do *sistema geodésico* de um país ou de uma região, conforme apresentado no *Capítulo 3 – Referências geodésicas e topográficas*, gera dados geoespaciais que permitem descrever, gerenciar e representar objetos e elementos da *superfície topográfica*. Advém daí os termos *medição topográfica*, *levantamento topográfico*, *planta topográfica* e *cálculo topográfico*. Ao profissional que realiza as atividades cotidianas de um levantamento topográfico, denomina-se *topógrafo*.

1.2.3 Teoria dos Erros e Estatística

As medições que são realizadas com o uso de instrumentos topográficos ou geodésicos sempre contêm imprecisões ou erros inevitáveis que, independentemente da qualidade dos instrumentos e da habilidade do operador, sempre existirão e deverão ter suas causas e seus efeitos conhecidos para que os resultados obtidos possam ser validados segundo tolerâncias preestabelecidas e reconhecidas por todos. Existe, por isso, uma disciplina da Geomática que cuida exatamente da análise dos erros cometidos durante as medições de campo e de sua confiabilidade para saber se eles são estatisticamente aceitáveis e se suas magnitudes são inferiores a determinados limites impostos por normas técnicas e regulamentações específicas. Em seguida, elas devem ser ajustadas, de acordo com as condições geométricas ou outras condições envolvidas no processo de observação, para que se obtenha, finalmente, a melhor determinação da grandeza medida. A essa disciplina dá-se o nome de *Teoria dos Erros*.

1.2.4 Cartografia

Segundo a definição estabelecida em 1966 pela Associação Cartográfica Internacional (ICA), a "Cartografia é o conjunto de estudos e de observações científicas, artísticas e técnicas que, por meio de resultados de observações diretas ou da exploração de documentos, elabora plantas, cartas, mapas, planos e outros modos de expressão, assim como sua utilização". A carta, vista como um meio de transcrição gráfica dos fenômenos geográficos, constitui o objeto principal da Cartografia. O objetivo primordial é, portanto, a pesquisa de técnicas e métodos de elaboração e utilização de plantas, cartas e mapas, além do estudo exaustivo de seu conteúdo.

No Brasil, o uso do termo Cartografia passou a ter um significado mais amplo que a definição oficial estabelecida pela Associação Cartográfica Internacional, uma vez que ele passou a designar uma carreira profissional com formação acadêmica mais vasta que o preconizado pela Associação. Assim, a partir de 2013, houve a fusão entre a Engenharia Cartográfica e a Engenharia de Agrimensura, e criou-se a formação profissional denominada "Engenharia Cartográfica e de Agrimensura", cuja área de estudo envolve, fundamentalmente, as disciplinas relacionadas à Geomática.

1.2.5 Hidrografia

A Hidrografia é a ciência que tem por objetivo a determinação de dados espaciais que permitam a descrição, gestão e representação da superfície terrestre submersa. Em vários aspectos, ela é similar à Topografia, pois ambas utilizam técnicas de medições em comum. Alguns fatores, entretanto, as diferenciam, o que torna a Hidrografia uma ciência à parte. A natureza do meio ambiente marítimo ou mesmo fluvial é o principal fator que as diferenciam. Em razão das condições operacionais das medições, a rugosidade do fundo de um oceano é muito mais difícil de ser medida que a rugosidade da superfície topográfica

TOPOGRAFIA PARA ENGENHARIA

terrestre. O movimento dos oceanos ou das correntezas fluviais exige técnicas especiais para a localização de pontos. O sistema estático da Topografia deve ser substituído por um sistema dinâmico. Existe, por isso, uma série de técnicas e instrumentos especiais – denominados "instrumentos hidrográficos" – que substituem as técnicas e os instrumentos topográficos.

As principais técnicas de medição aplicadas à Hidrografia são a *Telemetria* e a *Batimetria*. A Telemetria é aplicada para a localização de pontos, enquanto a Batimetria é usada para a representação da profundidade de oceanos, mares, lagos e rios.

1.2.6 Fotogrametria

A Fotogrametria é a técnica que permite a coleta de dados e o estudo das informações geoespaciais da superfície terrestre, baseando-se em medições realizadas por meio de imagens digitais. A característica principal dessa técnica é que ela permite o registro, quase instantâneo, do estado de um dado geoespacial, possibilitando uma posterior exploração de suas características físicas e geométricas em condições, geralmente, mais favoráveis que aquelas permitidas em levantamentos de campo. Além disso, ela permite a obtenção de informações sobre a amplitude espectral das imagens, o que possibilita realizar análises de fenômenos não detectados pela vista humana, como o infravermelho, por exemplo. Mais detalhes sobre este assunto são apresentados no *Capítulo 22 – Aerofotogrametria.*

1.2.7 Sensoriamento Remoto

O Sensoriamento Remoto é definido como técnica de observação a distância por meio da medição e do tratamento de sinais eletromagnéticos emitidos ou refletidos por objetos da superfície terrestre, com o objetivo de obter informações concernentes à sua natureza, às suas propriedades e ao seu estado. Ele baseia-se fundamentalmente na medição da variação da *energia eletromagnética*[5] captada por sensores fotoelétricos instalados em plataformas orbitais, aéreas e terrestres. A energia assim captada é gravada em meio digital apropriado e disponibilizada em forma de imagem para usos diversos em projetos de Engenharia. As denominações das imagens, em geral, estão relacionadas ao nome do satélite portador do sensor, como LANDSAT, SPOT, IKONOS, QUICKBIRD e CBERS.[6]

É importante salientar que, embora o sensoriamento remoto possa ser usado para se obter informações geométricas de objetos da superfície terrestre, em termos topográficos, ele tem sido usado, primordialmente, na geração de *mapas temáticos.* Esse tipo de informação pode ser utilizado com grandes vantagens na fase de anteprojeto de obras de Engenharia Civil, por exemplo, nos projetos de drenagem, portos, aeródromos e rodovias ou, então, no planejamento do uso do solo. Além disso, o sensoriamento remoto permite o estudo espectral das imagens para análises da matéria, como as energias caloríficas ou químicas, que permitem a identificação de objetos no solo, o reconhecimento das variedades da cobertura vegetal, doenças em plantações e outras características de fenômenos inerentes à superfície terrestre.

1.2.8 Desenho Assistido por Computador (CAD)

O Desenho Assistido por Computador (CAD) é uma técnica de desenho geométrico que surgiu na década de 1980. Em razão de suas vantagens evidentes, ela foi rapidamente incorporada por engenheiros, arquitetos, agrimensores e outros profissionais que utilizam o desenho como base para seus projetos. Ela substituiu completamente as técnicas antigas para desenho, que utilizavam papel, canetas a nanquim, normógrafos, réguas e escalas. Trata-se, fundamentalmente, de um sistema de edição gráfica composto por um computador, um programa operacional CAD, um monitor gráfico, um *mouse* e um equipamento para impressão. Por meio de um cursor comandado pelo *mouse* e que aparece no monitor gráfico, é possível realizar todas as tarefas de um desenho técnico, em vistas no formato 2D ou 3D, na tela do computador para posterior plotagem em papel.

Por intermédio das ferramentas disponíveis nos programas operacionais CAD, foram desenvolvidos programas aplicativos, que as associam com rotinas de cálculo específicas, para o auxílio no desenvolvimento de projetos de Engenharia. Para a Geomática, em particular, existem inúmeros programas aplicativos que permitem automatizar desde a coleta de dados até a edição gráfica final. Eles variam desde rotinas simples de exportação para um programa CAD a programas elaborados para projetos de Engenharia Civil. Dependendo do programa, do instrumento topográfico e da agilidade do operador, é possível automatizar grande parte do processo de coleta de dados espaciais, no campo, e da edição gráfica, no escritório.

1.2.9 Gerenciamento Cadastral

Segundo a Federação Internacional de Geômetras (FIG), "cadastro consiste num sistema de informação territorial atualizado, baseado em parcelas, contendo um registro de interesses relacionados ao território. Geralmente, inclui uma descrição geométrica das parcelas em conjunto com outros registros que descrevem a natureza dos interesses, o direito à propriedade ou controle desses interesses e, frequentemente, o valor da parcela e suas benfeitorias" (FIG Statement on the Cadastre, FIG Publication № 11, 1995). Ao procedimento de coleta de dados para um cadastro dá-se o nome de *levantamento cadastral.*

---

[5] É a energia transportada por um campo eletromagnético. Os campos elétrico e magnético, ao se propagarem no espaço, transportam energia sob a forma de radiação eletromagnética.

[6] Para mais detalhes, recomenda-se que o leitor consulte textos especializados no assunto.

Em geral, as informações de interesse contidas em um cadastro excedem àquelas relativas a um dado geoespacial, contendo informações complementares, como confrontantes e limites das parcelas, possessão (direitos de propriedade e aluguéis), benfeitorias, valores dos terrenos, entre outros. Além disso, dependendo do objetivo do cadastro, podem também conter outras informações, como:

- dados imobiliários referentes às edificações;
- informações relacionadas à agricultura (classificação da capacidade dos terrenos e uso do solo);
- informações florestais;
- infraestrutura (atendimento quanto a água potável, esgoto, eletricidade e telefonia);
- dados referentes à qualidade do meio ambiente;
- dados demográficos (estatísticas da população).

O gerenciamento cadastral é, portanto, uma atividade multidisciplinar que inclui profissionais da área de Geomática, bem como profissionais de áreas diversas, como registro de imóveis, advocacia e gestores municipais. Os profissionais de Geomática, na maioria dos casos, responsabilizam-se pelo levantamento cadastral, pela atualização e pela manutenção do cadastro.

Para mais detalhes sobre procedimentos para o gerenciamento cadastral, recomenda-se consultar as *Normas e Procedimentos de Engenharia Recomendados ao Cadastro Urbano no Brasil (CONFEA – CREA– MINISTÉRIO DAS CIDADES)*, que expõe as normas e os procedimentos de Engenharia sobre esse assunto.

1.2.10 Gestão de bancos de dados

Um banco de dados pode ser compreendido, em sua essência, como um programa aplicativo de computador desenvolvido para compor e manipular conjuntos de dados espaciais armazenados em estruturas de dados digitais. Ele é composto por dois sistemas distintos: o sistema de manipulação de dados e o sistema de armazenamento de dados, que se comunicam de modo a gerar respostas aos questionamentos de seus usuários. Por sua natureza, eles são construídos para garantirem a integridade, a exatidão e a disponibilidade dos dados, independentemente de atualizações recorrentes.

Como elemento de gestão de dados, os bancos de dados provêm recursos importantes para a Geomática, tanto na etapa de armazenamento das informações colhidas em campo como na gestão dos dados espaciais. Por esses motivos e em razão da quantidade crescente de dados espaciais disponibilizada pelos instrumentos de medição, é fundamental que os profissionais da área de Geomática tenham conhecimento adequado para a manipulação desses sistemas, tanto em sua estruturação quanto em sua utilização.

São exemplos de bancos de dados as estruturas computacionais do tipo SQL, gerenciadas por meio de sistemas especializados, como Oracle Database, Microsoft Access e MySQL, entre outros.

1.2.11 Sistema de Informação Geográfica (SIG)

Dá-se o nome de Sistema de Informação Geográfica (SIG) ao conjunto de equipamentos e programas de computador integrados de forma a permitir a composição, a manipulação, as análises e a disponibilização de qualquer tipo de informação geoespacial.

A base fundamental de um SIG é a sua característica de estabelecer relações espaciais entre elementos gráficos de uma planta topográfica, ao mesmo tempo em que os relaciona com informações alfanuméricas armazenadas em um banco de dados. A esta característica de relacionar elementos gráficos dá-se o nome de *Topologia*. É por meio dela que se descrevem as relações de conectividade, contiguidade e circunscrição entre os pontos, as linhas e os polígonos, que representam as figuras geométricas de um dado espacial. Por intermédio da Topologia e do relacionamento das entidades gráficas com o banco de dados alfanumérico, o usuário poderá buscar informações associadas a elas, por meio de questionamentos diretos, analíticos ou que exijam o cruzamento ou a análise dos dados armazenados. Em resumo, um SIG pode ser entendido como uma *planta topográfica inteligente*, por meio da qual o usuário pode obter informações descritivas e/ou geométricas para auxiliar sua tomada de decisão.

As aplicações de um SIG são diversas, como gerenciamento de recursos naturais, localização e gerenciamento de instalações, análise demográfica, análise para atendimento de emergências, gerenciamento de infraestruturas, monitoramento ambiental, gerência urbana e rural, e muitos outros.

1.2.12 Sistemas de Navegação Global por Satélites (GNSS)

Os Sistemas de Navegação Global por Satélites (*Global Navigation Satellite Systems* – GNSS) definem uma tecnologia de posicionamento espacial que permite determinar a posição geográfica, a velocidade e a hora local de um receptor de sinais de satélites localizado em qualquer ponto da superfície terrestre ou próximo a ela. Por conta dessas características, eles têm sido utilizados nos mais diversos ramos de atividades humana, que variam desde a simples navegação de pedestres e automóveis a localizações precisas de pontos no espaço. Para a Geomática, ela tem sido utilizada com grande sucesso tanto para levantamentos topográficos e geodésicos quanto para implantação de obras, além de aplicações especiais como o controle de máquinas de construção civil e o monitoramento de estruturas, entre outros. Mais detalhes sobre este assunto são apresentados no *Capítulo 20 – Sistemas de navegação global (GNSS)*.

1.2.13 Modelos de Informação da Construção (BIM)

Os Building Information Modeling (BIM) são programas de computador estruturados em bases de dados digitais com informações sobre uma obra de Engenharia, que permitem aos usuários acederem e acrescentarem informações relevantes sobre o processo de construção da obra, em um ambiente CAD com visualização 3D. A finalidade de um BIM é permitir a gestão da informação durante todo o ciclo de vida da obra em construção ou finalizada. Como elemento de gestão, eles são considerados gestores a n-dimensões pela inclusão de fatores como tempo, caracterizado pela capacidade de retratar o estado da construção em diferentes épocas, o custo e outros, de acordo com a finalidade da obra.

A inclusão de recursos da Geomática na gestão BIM dá-se pela necessidade de mapeamentos recorrentes dos processos de construção de uma obra de Engenharia. A Geomática provê, portanto, os recursos necessários para a coleta e gestão dos dados espaciais de um BIM.

1.3 Aplicações da Geomática na Engenharia

Com o objetivo de esclarecer as aplicações da Geomática na Engenharia, apresenta-se a seguir uma breve descrição de suas principais práticas relacionadas à Engenharia Civil.

1.3.1 Especificações técnicas para coleta de dados espaciais e padronizações

A coleta de dados espaciais em um projeto de Engenharia deve seguir regras básicas de procedimentos de campo, assim como padrões e normas nacionais e internacionais. Além disso, os bancos de dados para o armazenamento de tais informações devem ser estruturados adequadamente para que eles possam ser usados para diferentes aplicações e para o intercâmbio de dados em um mesmo projeto. Dessa forma, é atribuição da Geomática preparar as especificações para a coleta dos dados espaciais para os projetos de Engenharia, incluindo métodos, instrumentos e tolerâncias aceitáveis; estruturar e padronizar os bancos de dados; e indicar instruções para a modelagem matemática dos dados, o georreferenciamento e a disponibilização dos dados em formatos gráficos e alfanuméricos.

1.3.2 Modelagem matemática dos dados e georreferenciamento

Após a coleta dos dados no campo, eles devem ser modelados e georreferenciados de acordo com modelos matemáticos e sistemas de coordenadas apropriados para que contenham dados geoespaciais adequados para o uso em projetos de Engenharia. A modelagem matemática dos dados é realizada por intermédio de cálculos topométricos, que dependem do método de medição utilizado no campo. O georreferenciamento significa conectar os dados modelados com o sistema de referência topográfico ou geodésico considerado para o trabalho. Isso pode ser feito por meio de coordenadas geodésicas, projeções cartográficas ou sistemas de coordenadas planorretangulares em um Sistema Geodésico Local (SGL) ou em um Plano Topográfico Local (PTL), conforme apresentado no *Capítulo 19 – Projeção cartográfica*. É função do profissional da Geomática indicar a modelagem matemática e o processo de georreferenciamento mais adequado para cada aplicação.

1.3.3 Validação dos dados espaciais

Após a modelagem e o georreferenciamento dos dados, eles precisam ser avaliados quanto à sua qualidade tanto interna como externa. A qualidade interna representa o nível de similaridade entre os dados produzidos e aqueles considerados verdadeiros, ou seja, que deveriam ter sido produzidos. Trata-se, nesse caso, da garantia da melhor conexão possível entre o modelo conceitual (modelo matemático) e o modelo físico. Esse tipo de avaliação somente pode ser feito por meio de valores adotados como referências. Paralelamente a esse conceito, a qualidade externa refere-se ao nível de adequação do dado geoespacial produzido às necessidades do usuário. A validação, nesse caso, depende do objetivo para o qual o dado geoespacial foi gerado e somente pode ser concretizada por meio de avaliações realizadas pelo usuário. Insere-se neste conceito de validação dos dados e a geração dos metadados.

Um *metadado* significa, literalmente, "dados de um dado", ou seja, a descrição sobre um dado que permita sua utilização de acordo com as prerrogativas de sua criação. Por exemplo, a informação de que um ponto de apoio topográfico possui determinada precisão, foi estabelecido por meio de poligonação topográfica, em determinada data, é um metadado. Prover essa informação juntamente com os dados é outro recurso que deve ser requerido para a validação dos dados espaciais.

Adicionalmente aos conceitos citados, é importante que os produtos gerados estejam em acordo com as especificações do projeto, com as prerrogativas de normas técnicas nacionais e internacionais e aos aspectos jurídicos de proteção à manipulação e difusão de dados geoespaciais.

1.3.4 Determinação de coordenadas planialtimétricas de pontos de apoio

Essa prática diz respeito à determinação da posição planimétrica e altimétrica de marcos geodésicos ou topográficos, sobre o terreno, para o estabelecimento de redes de pontos de apoio, que serão utilizados como referências físicas para a implantação de projetos de Engenharia. Para a determinação planimétrica, aplicam-se técnicas de posicionamento topográfico baseadas nas medições angulares e lineares ou por intermédio do uso da tecnologia GNSS. A determinação da componente vertical é realizada por intermédio da medição da diferença de altura entre pontos do terreno, aplicando-se métodos de nivelamento topográfico ou, dependendo da precisão desejada, técnicas de medições com o uso da tecnologia GNSS.

1.3.5 Levantamento de detalhes

O levantamento de detalhes ou, como é conhecido genericamente, levantamento topográfico, é realizado com a finalidade de coletar dados de campo para a aplicação em modelos matemáticos com o objetivo de prover informações para a elaboração de mapeamentos ou bancos de dados espaciais de um projeto de Engenharia. Os dados são coletados, nesse caso, em função dos pontos de apoio preestabelecidos no terreno e aplicando-se técnicas de medições topográficas, medições por intermédio da tecnologia GNSS, técnicas de levantamentos aerofotogramétricos ou técnicas de medições com instrumentos de varredura *laser* terrestres.

1.3.6 Levantamento cadastral

Conforme descrito na *Seção 1.2.9 – Gerenciamento cadastral*, dá-se o nome de levantamento cadastral ao conjunto de operações de medições para a coleta de dados geoespaciais planimétricos ou planialtimétricos e de registros de informações alfanuméricas descritivas de seus atributos para o estabelecimento de documentos geométricos e descritivos sobre um dado geoespacial. De forma semelhante ao levantamento de detalhes, esse tipo de levantamento é realizado por intermédio de pontos de apoio preestabelecidos sobre o terreno, aplicando-se técnicas de medições topográficas, medições por intermédio da tecnologia GNSS, técnicas de levantamentos aerofotogramétricos ou técnicas de medições com instrumentos de varredura *laser* terrestre.

1.3.7 Levantamento de nuvem de pontos para modelagens 3D

Dá-se o nome de nuvem de pontos a qualquer agrupamento de pontos com coordenadas espaciais conhecidas obtido por meio de levantamentos topográficos de alta densidade de pontos, como as técnicas fotogramétricas e os escaneamentos *laser* aéreos ou terrestres. A modelagem de superfícies por meio de tais agrupamentos de pontos é um recurso da Geomática, que vem se destacando para as mais diversas aplicações da Engenharia e que merecem, por isso, a atenção do leitor. Mais detalhes sobre este assunto são apresentados no *Capítulo 21 – Tecnologia de varredura laser* e no *Capítulo 22 – Aerofotogrametria*.

1.3.8 Levantamento de perfis e seções transversais de terrenos

O levantamento de perfis e de seções transversais de terrenos pode ser considerado como um caso particular de levantamento planialtimétricos de detalhes. O trabalho, nesse caso, consiste em estabelecer as altitudes ou diferenças de níveis entre pontos notáveis do terreno situados ao longo de um alinhamento, denominado *perfil longitudinal* ou, transversal a ele, denominado *seção transversal*. As técnicas de medições empregadas para esse tipo de levantamento são as mesmas indicadas para o levantamento de detalhes.

1.3.9 Produtos fotogramétricos

A geração de dados geoespaciais por intermédio de técnicas fotogramétricas é outra prática da Geomática utilizada com grande destaque na Engenharia. Incluem-se nesta categoria a geração de nuvens de pontos com coordenadas espaciais conhecidas, as ortofotos e a geração de mapas digitais (mapas de linhas), entre outros, conforme apresentado no *Capítulo 22 – Aerofotogrametria*.

1.3.10 Configuração e apresentação dos dados geoespaciais

Para serem úteis para projetos de Engenharia, os dados espaciais devem ser configurados e apresentados de forma racional. O principal método de apresentação de dados espaciais é sua representação gráfica digital em ambiente CAD. Nesse tipo de representação, o usuário tem acesso a qualquer informação planimétrica do conjunto de dados, incluindo as coordenadas (X, Y) de qualquer ponto representado no desenho. No entanto, ele tem poucas informações sobre a terceira dimensão, o que torna necessário considerar a utilização de uma modelagem numérica de terreno ou de superfície para que se conheça o valor da altitude ortométrica (H) de qualquer ponto na superfície do terreno, em função de suas coordenadas planimétricas (X, Y) representadas no desenho. Mais detalhes sobre a modelagem numérica de terreno são apresentados no *Capítulo 18 – Modelo numérico de terreno*.

Outra forma de apresentação de dados espaciais de destaque no cenário atual da Geomática é a representação gráfica por meio de imagens digitais ortorretificadas, isto é, imagens digitais representadas em projeção ortogonal, georreferenciadas, nas quais as deformações inerentes a uma imagem fotográfica são suprimidas, conforme apresentado no *Capítulo 22 – Aerofotogrametria*.

TOPOGRAFIA PARA ENGENHARIA

Nos últimos anos, a apresentação de dados espaciais sob a forma de modelos 3D contribuiu enormemente para o desenvolvimento de um novo tipo de representação de dados espaciais, o qual é baseado em conjuntos de pontos, conforme descrito na *Seção 1.3.7 – Levantamento de nuvem de pontos para modelagens 3D*.

1.3.11 Implantação de obras

A implantação ou locação de uma obra consiste basicamente na materialização, sobre o terreno, dos elementos de construção de um objeto ou de uma obra civil, cujas informações estejam disponíveis em um projeto de Engenharia. Trata-se, por exemplo, da implantação sobre o terreno dos vértices de um edifício, dos eixos dos pilares de uma ponte, dos elementos geométricos de uma via de transporte, e até mesmo de uma peça mecânica, entre outros. O trabalho de campo, nesse caso, consiste em orientar o posicionamento de um ponto ou um elemento geográfico (linha, curva etc.) por meio da indicação de ângulos e/ou distâncias em relação a pontos ou alinhamentos de referência predeterminados sobre o terreno.

Para casos de obras especiais, como terraplenagem, construção de rodovias, entre outros, tem-se utilizado os denominados sistemas de controle de máquinas, que permitem o controle dimensional dos trabalhos por meio da automação de máquinas. A utilização desse tipo de sistema aumenta a produtividade e diminui os custos, principalmente em grandes obras.

1.3.12 Monitoramento geodésico de estruturas

Monitorar uma estrutura, em Geomática, significa realizar medições de controle dimensional, com o intuito de conhecer seu comportamento estrutural ao longo do tempo. Por meio de medições topográficas e geodésicas, é possível determinar as coordenadas espaciais de pontos específicos de uma estrutura para, por meio delas, calcular suas deformações ou seus deslocamentos ao longo do tempo. Dessa forma, pode-se monitorar o comportamento geométrico de construções arrojadas, como obras de arte de Engenharia, barragens, pontes, viadutos, diques, taludes e outros. Praticamente todas as grandes obras civis exigem acompanhamento de rotina ou medições em condições críticas de carga, as quais podem ser realizadas por intermédio de instrumentos topográficos, como estações totais, sensores de inclinação, níveis topográficos digitais, instrumentos de varredura *laser* e receptores GNSS.

1.3.13 Levantamento subterrâneo

Dá-se o nome de levantamento subterrâneo ao conjunto de operações topográficas realizadas em obras subterrâneas de Engenharia, como levantamento de galerias ou túneis, exploração do subsolo (minas) etc. As condições inerentes a esse tipo de trabalho não permitem, na maioria das vezes, que se apliquem diretamente as técnicas de medições clássicas. Elas exigem a aplicação de técnicas específicas, porém baseadas nos princípios das medições topográficas convencionais.

1.3.14 Levantamento hidrográfico

De acordo com a definição de Hidrografia apresentada na *Seção 1.2.5 – Hidrografia*, um levantamento hidrográfico consiste nas operações de campo realizadas com a finalidade de estabelecer plantas, cartas e mapas de bacias hidrográficas e do fundo de lagos, rios, mares, oceanos e outros corpos de água. As linhas costeiras podem ser desenhadas, as superfícies submersas podem ser determinadas, o fluxo das águas de um rio pode ser estimado e outras informações relativas à navegação, controle de enchentes e desenvolvimento de projetos de recursos hídricos podem ser obtidas por meio de um levantamento hidrográfico.

1.3.15 Levantamento *as-built*

O levantamento *as-built* é uma variável do levantamento de detalhes. Trata-se de um levantamento particular, uma vez que ele é realizado durante ou após a construção de uma obra de Engenharia. Seu objetivo é retratar o estado de uma construção em determinado momento. Em geral, é realizado para verificar se a construção foi ou está sendo executada de acordo com as especificações do projeto, uma vez que ela pode sofrer alterações durante a execução, seja por dificuldades técnicas, seja por opção do projetista.

1.3.16 Mensuração técnica industrial

Em alguns casos de construções civis particulares, como as industriais, ou na montagem de máquinas ou equipamentos especiais como navios, turbinas e comportas de barragens, plataformas petrolíferas ou qualquer outro tipo de objeto industrial de grandes dimensões, pode ser necessário aplicar técnicas de medições de um ramo específico da Topografia, denominado *Topografia Industrial* ou *Topografia Técnico-industrial*. Para alcançar o alto nível de precisão exigido para esses tipos de levantamentos, a Topografia Industrial baseia-se em sistemas de medições compostos por equipamentos especiais e programas de computadores desenvolvidos essencialmente para a determinação e a análise de pontos no espaço (metrologia 3D). Os equipamentos mais comuns usados para este fim são os teodolitos eletrônicos, as estações totais de alta precisão e os interferômetros a *laser*.

1.4 Importância da Geomática para a Engenharia Civil

Em relação à área de Engenharia Civil, a Geomática preocupa-se com a coleta de dados geoespaciais relativos a objetos naturais e artificiais da superfície terrestre e com suas apresentações, em formatos adequados, para que os engenheiros e arquitetos possam utilizá-los em seus projetos. Fornecendo a posição, a forma e a natureza dos dados geoespaciais, por meio de métodos e tecnologias topográficas e geodésicas, a Geomática é a interface entre a Engenharia e o mundo real, desempenhando um papel importante desde os estágios iniciais do projeto até o fim da obra.

Nesse contexto, para demonstrar a importância da Geomática para a Engenharia Civil, considerem-se as etapas do fluxo de trabalho de uma obra de construção civil de grande porte e as interações da Geomática nesse fluxo, conforme indicado na Figura 1.1.

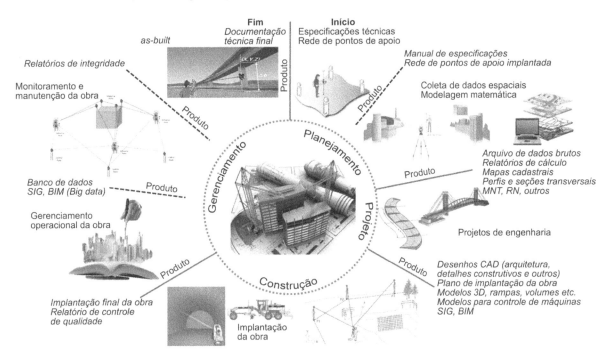

FIGURA 1.1 • Interações da Geomática no fluxo de trabalho de uma obra de Engenharia Civil.
Fonte: adaptada de Silva (2020).

Descrevem-se a seguir os detalhes de cada uma das etapas e suas interrelações, conforme apresentado na Figura 1.1.

1.4.1 Planejamento da obra

Nenhum projeto de Engenharia Civil pode ser desenvolvido sem informações detalhadas sobre a área onde ele será implantado. Além disso, nenhum projeto de Engenharia Civil pode ser executado sem a existência de uma rede de pontos de apoio. As atividades dos profissionais da Geomática, nessa fase de trabalho, incluem basicamente a preparação das especificações técnicas para a coleta dos dados espaciais; padronização dos bancos de dados e indicações das tolerâncias dos valores medidos e calculados; instruções para a modelagem matemática dos dados; georreferenciamento e, finalmente, a disponibilização dos dados espaciais em formatos gráficos e alfanuméricos. Os produtos disponibilizados nessa fase podem incluir: diretrizes para a coleta de dados; marcos implantados das redes de pontos de apoio horizontal e vertical; relatórios de medições; banco de dados com informações espaciais primárias e derivadas; plantas cadastrais; malhas de pontos 3D; perfis e seções transversais do terreno, Modelo Numérico do Terreno (MNT) ou Modelo Numérico de Superfície (MNS); e pontos de Referência de Nível (RN).

1.4.2 Projeto da obra

Após a conclusão da etapa de planejamento, os engenheiros devem ter à sua disposição um conjunto completo de dados geoespaciais suficientes para elaborarem seus projetos. Na maioria das vezes, isso significa representações gráficas em ambiente CAD, com informações dos dados geoespaciais referenciados a um *datum*[7] específico. Os projetistas têm assim todas as informações e dados geoespaciais disponíveis para desenvolverem e gerenciarem o *layout* das instalações, projetos de infraestrutura, de transportes, de edificações, incluindo projetos arquitetônicos e detalhes construtivos, visualizações 3D, terraplenagem, cálculo de volume, diagramas de massa, elementos para suporte de controle automático de máquinas, controle ambiental e muitos outros, dependendo do tipo de projeto e da sua vida útil. As metodologias dos Sistemas de Informação Geográfica

---

[7] Ver definição de *datum* no *Capítulo 3 – Referências geodésicas e topográficas*.

(SIG) e dos Modelos de Informação da Construção (BIM) também são iniciadas nessa etapa. Nesse ponto, quanto maior for a interação entre todos os profissionais envolvidos no projeto, maiores serão as chances de sucesso.

1.4.3 Construção da obra

Na fase da construção da obra, a informação precisa ser consideravelmente ampliada e a informação topográfica deve ser suficientemente boa para controlar o progresso da construção no seu dia a dia. A coleta de dados geoespaciais em tempo real e procedimentos automatizados são necessários para o gerenciamento do progresso diário da construção. Ao mesmo tempo, dá-se início aos procedimentos de implantação da obra, em que as estacas, os alinhamentos, as rampas e outros tipos de informações geométricas são estabelecidos para controlarem o trabalho de construção e garantirem que cada elemento da obra seja construído na posição e no nível corretos. A utilização de equipamentos automatizados melhora a qualidade dos serviços prestados. Execução e certificação de controles de qualidade e relatórios de produção também são tarefas imperativas realizadas nesta fase do projeto.

1.4.4 Gestão da obra

A fase de gestão da obra engloba a gestão dos elementos da construção, o monitoramento da estabilidade do terreno e das estruturas e a execução de medições *as-built*. As tecnologias SIG e BIM são essenciais para esse tipo de gestão e substituem efetivamente os bancos de dados relacionais utilizados no passado. Sensores de medição em tempo real, câmeras digitais, drones e transmissão de dados via internet são tecnologias disponíveis para garantir a qualidade e a eficácia da construção e do monitoramento estrutural. Desnecessário dizer que metadados, codificação e padronização do protocolo de comunicação tornam-se indispensáveis para a realização da integração das informações nesse estágio. Finalmente, a conclusão da construção é mapeada por uma medição *as-built*, a fim de apresentar a situação final da obra.

1.5 Instituições e organizações importantes para a Geomática

Em razão da abrangência científica e à variedade de campos de aplicação da Geomática, existem várias instituições e organizações nacionais e internacionais que buscam racionalizar o desenvolvimento e o uso das diversas disciplinas envolvidas com a Geomática. Por meio de portais da internet, elas disponibilizam informações variadas que podem conter, entre outros, modelos matemáticos variados, aplicativos informatizados, imagens, mapas, literatura, fóruns de discussões etc. Nesse sentido, para orientar o leitor em suas buscas via internet, apresenta-se a seguir uma lista de portais de instituições e organizações governamentais e civis de destaque para a Geomática.

1.5.1 Nacionais

- www.ibge.gov.br/ – Instituto Brasileiro de Geografia e Estatística (IBGE); pesquisar em Geociências
- www.cartografia.org.br/ – Sociedade Brasileira de Cartografia (SBC)
- www.igc.sp.gov.br/ – Instituto Geográfico e Cartográfico do Estado de São Paulo (IGC)
- www.incra.gov.br/ – Instituto Nacional de Colonização e Reforma Agrária (Incra)

1.5.2 Internacionais

- www.fig.net/ – Fédération Internationale des Géomètres (FIG)
- www.aagsmo.org – The American Association for Geodetic Surveying (AAGS)
- www.navcen.uscg.gov – U.S. Coast Guard Navigation Center (NAVCEN)
- https://www.cnmoc.usff.navy.mil/usno/ – U.S. Naval Observatory (USNO)
- www.asprs.org – American Society for Photogrammetry and Remote Sensing (ASPRS)
- www.asce.org – American Society of Civil Engineers (ASCE)
- www.isprs.org/ – International Society for Photogrammetry and Remote Sensing (ISPRS)
- www.ordnancesurvey.co.uk – The Ordnance Survey
- www.ngs.noaa.gov/ – National Geodetic Survey (NGS)
- www.iers.org – International Earth Rotation and Reference Systems Service
- http://itrf.ign.fr/ – International Terrestrial Reference Frame
- www.igs.org – International GNSS Service
- www.jpl.nasa.gov/ – Jet Propulsor Laboratory – NASA/USA
- www.iso.org/committee/53732/x/catalogue/ – ISO/TC 172/SC 6 Secrétariat
- https://www.din.de/en – DIN *standards*
- https://www.transportation.org/ – American Association of State Highway and Transportation Officials (AASHTO)
- https://galileognss.eu/ – Galileo
- https://glonass-iac.ru/en/about_glonass/ – Glonass home page

2 Conceitos de Geomática

2.1 Introdução

Conforme descrito no primeiro capítulo deste livro, a Geomática deve ser compreendida como a disciplina que agrupa os conceitos matemáticos e os procedimentos metodológicos e tecnológicos que podem ser utilizados para a gestão de dados espaciais. Isso significa a compreensão dos conceitos e procedimentos, tanto para a aquisição de dados de campo, por intermédio de instrumentos topográficos, quanto para a determinação de dados espaciais, por intermédio de relações algébricas entre as grandezas medidas. Nesse contexto, antes de iniciar qualquer processo de medição ou de modelagem matemática, é necessário entender os conceitos básicos que fundamentam tais procedimentos. Para tanto, apresentam-se neste capítulo os conceitos matemáticos básicos que o leitor deve conhecer para realizar a coleta de dados espaciais ou geoespaciais para uso em seus projetos de Engenharia.

2.2 Medir

Coletar um dado em campo para os propósitos da Geomática significa, primordialmente, realizar uma medição, ou seja, medir algo. Mas o que exatamente significa medir?

Medir é um ato corriqueiro que as pessoas realizam praticamente todos os dias. Em cada comparação entre grandezas físicas, atitudes, valores, sentimentos etc., se está realizando uma forma de medição. Medir é, portanto, uma faculdade humana que permite ao homem compartilhar seus sentimentos de equidade e ser justo – justeza social, bem como justeza dimensional. Para a Geomática, contudo, medir significa comparar uma grandeza com outra, de mesma natureza, tomada como padrão. Para isso, naturalmente, é necessário estabelecer um método de medição e um procedimento de medição. Como *método de medição*, entende-se a sequência lógica de operações, descritas genericamente, para a execução das medições; *procedimento de medição*, por outro lado, é o conjunto de operações, descritas especificamente, para a execução das medições, de acordo com o método estabelecido. Nesse contexto, surge outra questão: *o que é medição?*

Medição é o conjunto de operações necessárias para determinar o valor final de uma grandeza. A esse valor final dá-se o nome de *medida*, ou seja, *medida é o resultado de um conjunto de operações (medição) que tem como objetivo determinar o valor de uma grandeza mensurável*.

Segundo o Instituto Nacional de Metrologia, Normalização e Qualidade Industrial (Inmetro), grandeza (mensurável) é o atributo de um fenômeno, corpo ou substância que pode ser qualitativamente distinguido e quantitativamente determinado, ou seja, estabelecido por meio de um valor numérico obtido pela comparação do atributo com uma quantidade de referência. A essa quantidade de referência dá-se o nome *padrão de medida*. A partir de um padrão de medida define-se uma *unidade de medida*, conforme descrito na *Seção 2.3 – Unidade de medida*.

Outras definições importantes:

- *Equipamento de medição:* dispositivo usado para a realização de medições com o objetivo de fornecer informações a respeito do atributo do fenômeno medido, ou seja, da grandeza física mensurada.
- *Calibração:* conjunto de operações que estabelece, sob condições específicas, a relação entre os valores indicados por um instrumento de medição e os valores correspondentes das grandezas estabelecidas como padrão. A calibração é realizada

TOPOGRAFIA PARA ENGENHARIA

por intermédio da comparação dos valores medidos com um padrão de exatidão conhecida. O padrão, nesse caso, pode ser uma medida materializada, um instrumento de medição, um material de referência ou um sistema de medição destinado a definir, realizar, conservar ou reproduzir uma unidade de medida. O resultado da calibração geralmente é registrado em um documento específico, denominado *certificado de calibração*. Esse certificado deve apresentar informações acerca do desempenho metrológico do sistema de medição analisado e descrever claramente os procedimentos realizados.

- *Verificação:* comparação periódica simplificada da qualidade de um equipamento, em relação a um padrão, para verificar se não houve mudanças nos resultados das medições quando comparadas com os limites especificados ou com os resultados das últimas calibrações. Em resumo, verificação pode ser entendido como o conjunto de ações realizadas para confirmar que as propriedades relativas ao desempenho ou aos requisitos técnicos de um equipamento são satisfeitas.
- *Ajuste:* conjunto de operações realizadas para a manutenção de um equipamento com o objetivo de torná-lo adequado para realizar as medições para as quais ele foi projetado.
- *Metrologia:* nome dado à ciência que agrupa os conhecimentos sobre as técnicas e métodos de medir e interpretar as medições realizadas. Abrange todos os aspectos teóricos e práticos relativos às medições, qualquer que seja a incerteza, independentemente do campo da ciência ou da tecnologia.

2.3 Unidade de medida

Unidade de medida é um conceito abstrato usado para expressar o valor unitário da medida de uma grandeza. Geralmente, é fixada por definição e é independente de condições físicas. Ela define a referência em relação à qual se está medindo uma determinada grandeza. Dessa forma, cada unidade de medida tem um símbolo que a designa, de acordo com a grandeza mensurada. Ao conjunto de unidades de medidas de diferentes espécies, agrupadas de maneira a permitir o uso racional das unidades de medidas, dá-se o nome de *Sistema de Unidades de Medidas.*

As unidades de medidas utilizadas no Brasil são as indicadas pelo *Sistema Internacional de Unidades*[1] – também conhecido por *Sistema SI* ou, simplesmente, *SI*, adotadas pela 11ª Conferência de Pesos e Medidas, realizada em Paris, na França, em 1960. O Brasil adotou-o em 1962 e indicou o Inmetro como órgão responsável pela publicação e fiscalização da aplicação do sistema no território brasileiro.

O Sistema SI está concebido de uma maneira rigorosamente científica. É composto por sete unidades de base, que o identificam e que foram escolhidas para que se possa, em princípio, medir todas as grandezas físicas conhecidas atualmente. Suas unidades derivadas formam-se sempre por meio de uma combinação das unidades de base, não exigindo a utilização de nenhum fator de conversão. O sistema está baseado em três classes de unidades:

1. *Unidades de base*, que são sete unidades bem definidas e consideradas independentes do ponto de vista dimensional: o *metro*, o *quilograma*, o *segundo*, o *ampère*, o *kelvin*, o *mole* e a *candela*.
2. *Unidades derivadas*, que podem ser formadas por meio da combinação das unidades de base, por intermédio de relações algébricas entre as grandezas correspondentes, e que podem ser substituídas por nomes e símbolos especiais.
3. *Unidades suplementares*, que contêm algumas unidades especiais.

Descrevem-se a seguir as principais unidades de medidas do SI utilizadas em Geomática.

2.3.1 Unidades de medidas de natureza linear (comprimento)

A Geomática utiliza como unidade de comprimento a unidade de base do SI denominada *metro* (símbolo m) e suas derivadas, como indicado na Tabela 2.1.

De acordo com a Resolução 6 da 11ª Conferência Geral dos Pesos e Medidas (CGPM), de 1960, a unidade *metro* é definida como segue:

TABELA 2.1 • Unidades de medidas lineares

Relação dimensional	Prefixo – Nome	Símbolo
$1.000 \ m = 10^3 \ m$	quilo – quilômetro	km
$100 \ m = 10^2 \ m$	hecto – hectômetro	hm
$10 \ m = 10^1 \ m$	deca – decâmetro	dam
$0,1 \ m = 10^{-1} \ m$	deci – decímetro	dm
$0,01 \ m = 10^{-2} \ m$	centi – centímetro	cm
$0,001 \ m = 10^{-3} \ m$	mili – milímetro	mm
$0,001 \ mm = 10^{-6} \ m$	micro – mícron[2]	μm
$0,001 \ \mu m = 10^{-9} \ m$	nano – nanômetro	ηm
$0,0001 \ \mu m = 10^{-12} \ m$	pico – picômetro	pm

A unidade de base 1 metro é o comprimento do trajeto percorrido pela luz, no vácuo, durante 1/299.792.458 segundos.

---

[1] Para mais detalhes sobre o Sistema Internacional de Unidades (SI), recomenda-se consultar o portal do Inmetro na internet.

[2] Termo controverso. Pode ser encontrado como micrometro, micrómetro e micrômetro, com plural mícrones, micra, micrometros etc.

2.3.2 Unidades de medidas de natureza angular

Para o caso de medições angulares planas, existem três unidades de medidas definidas pelo SI: o *radiano*, o *grau* e o *gon* (*grado*).

A unidade angular *radiano* (símbolo rad) é definida como segue:

> O valor 1 radiano equivale ao ângulo central que intercepta, sobre uma circunferência, um arco de comprimento igual ao raio dessa circunferência.

Por se tratar de uma relação entre comprimentos, o radiano é uma unidade angular adimensional que permite relacionar o comprimento de um arco com seu raio, conforme indicado na equação (2.1).

$$s = d * \alpha \,[\text{rad}] \tag{2.1}$$

Sendo:

s = comprimento do arco;

d = comprimento do raio;

α = ângulo central do arco, em radianos.

Para relacionar o radiano com outras unidades angulares, utiliza-se a constante *pi* (símbolo π), que define a relação entre o perímetro de uma circunferência e seu diâmetro. Como mostra a Figura 2.1, uma circunferência completa possui um ângulo equivalente a 2π rad, ou seja, 6,283185306 rad, o que permite calcular o valor do arco de qualquer ângulo da circunferência, em qualquer unidade angular.

O número pi é um número irracional, com sequência infinita. Para os cálculos da Geomática, entretanto, aceita-se seu valor com nove casas decimais. Assim, tem-se: 1π = 3,141592653.

A unidade angular grau é uma unidade *sexagesimal*, na qual a circunferência é dividida em 360 partes iguais, como mostra a Figura 2.2, sendo cada parte equivalente a um ângulo de 1° (um grau). Cada grau é subdividido em 60 partes iguais, em que cada parte corresponde a um ângulo de 1' (um minuto). Cada minuto é subdividido em 60 partes iguais, sendo que cada parte corresponde a um ângulo de 1'' (um segundo). Assim, por definição:

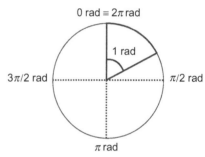

FIGURA 2.1 • Representação dos 4 quadrantes da unidade angular radiano sobre a circunferência.

> O valor 1 grau equivale ao ângulo central, que intercepta sobre uma circunferência, um arco de comprimento igual a 1/360 dessa circunferência.

Para a unidade angular grau sexagesimal, indicam-se os graus, minutos e segundos com o símbolo de grau para o valor dos graus, um acento agudo para o valor dos minutos e aspas para o valor dos segundos, colocados na parte superior direita do número correspondente. Assim: 135°26'42'', lê-se: 135 graus, 26 minutos e 42 segundos.

Uma alternativa para o uso do grau sexagesimal é em sua forma decimal, em que os minutos e os segundos são indicados como frações decimais, conforme indicado na *Seção 2.3.3 – Conversão de unidades angulares.*

A unidade angular gon é uma unidade decimal definida como indicado a seguir:

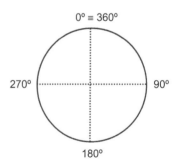

FIGURA 2.2 • Representação dos 4 quadrantes da unidade angular sexagesimal sobre a circunferência.

> O valor 1 gon equivale ao ângulo central, que intercepta sobre uma circunferência, um arco de comprimento igual a 1/400 dessa circunferência.

Nesse caso, a circunferência é dividida em 400 partes iguais, como mostra a Figura 2.3, sendo cada parte equivalente a um ângulo de 1^g (um gon). Cada gon é dividido em 100 partes iguais, em que cada parte equivale a um ângulo de 1 centigon ou 1 *minuto centesimal*. Cada centigon ou cada minuto centesimal é dividido em 100 partes iguais, em que cada parte equivale a um ângulo de 1 miligon ou 1 *segundo centesimal*. Assim: $135,6342^g$ corresponde a 135 gons, 63 centigons e 42 miligons ou 135 gons, 63 minutos centesimais e 42 segundos centesimais.

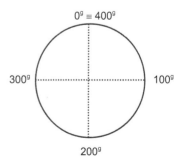

FIGURA 2.3 • Representação dos 4 quadrantes da unidade angular *gon* sobre a circunferência.

14 TOPOGRAFIA PARA ENGENHARIA

Outra unidade de medição angular utilizada em Engenharia é o *por mil de artilharia* ou *milésimo angular*. Nesse caso, a circunferência está dividida em $6.400\permil$ (por mil), ou seja,

$$6.400\permil = 2\pi \text{ rad} \tag{2.2}$$

$$1\permil = \frac{2\pi \text{ rad}}{6.400} = 0,982 \text{ rad} \tag{2.3}$$

Em artilharia, o *milésimo angular* é arredondado para 1 rad/1.000. Isso significa dizer que o ângulo $1\permil$ intercepta um arco de 1 metro a 1 km de distância. Notar que esta unidade de medida angular não é reconhecida pelo sistema SI.

2.3.3 Conversão de unidades angulares

Por se tratar de relações geométricas sobre a circunferência, pode-se converter os valores angulares de uma unidade para outra, como indicado na Tabela 2.2.

Para efetuar as conversões de grau sexagesimal para outras unidades é preferível converter, primeiramente, o valor original para grau decimal antes de efetuar a conversão final. Para isso, pode-se proceder como indicado na sequência.

Para se manter em conformidade com as designações encontradas nas calculadoras científicas, indica-se grau decimal como *dd.ddddddddd* e grau sexagesimal como *dd.mm.ssss*. Assim, tem-se:

dd.ddddddddd = *dd* + *mm*/60 + *ssss*/3.600

Para o caso inverso, deve-se proceder conforme indicado a seguir:

dd = parte inteira de *dd.ddddddddd*
mm = parte inteira de [(*dd.ddddddddd*-*dd*)*60]
ssss = *dd.ddddddddd* *3.600 – *dd**3.600 – *mm**60

TABELA 2.2 • Conversão de ângulos

Grau sexagesimal		Grau decimal
Grau decimal		Grau sexagesimal
Grau		Gon
Gon	para	Grau
Radiano		Grau
Grau		Radiano
Radiano		Gon
Gon		Radiano

As conversões entre as demais unidades podem ser realizadas aplicando o princípio da regra de três, que fornece as relações algébricas indicadas a seguir:

1. Para a conversão da unidade grau para gon, basta dividir o ângulo que está em grau por 0,9 para obtê-lo em gon.
2. Para a conversão da unidade gon para grau, basta multiplicar o ângulo que está em gon por 0,9 para obtê-lo em grau.
3. A conversão da unidade radiano para grau ou para gon pode ser realizada considerando as relações algébricas indicadas na Tabela 2.3.

TABELA 2.3 • Conversão de radiano para *grau* ou *gon*

2π rad = $360°$	2π rad = 400^g
$1 \text{ rad} = \dfrac{180°}{\pi} = 57°17'44,8062''$	$1 \text{ rad} = \dfrac{200^g}{\pi} = 63,661977237^g$

Usualmente, o ângulo 1 rad, quando expresso em outra unidade angular, é designado pela letra grega ρ (*rho*), como mostra a Tabela 2.4.

Dessa forma, para converter um ângulo dado em radiano para grau ou gon, basta multiplicá-lo pelo valor correspondente de (ρ) na unidade de conversão. Para converter um ângulo dado em grau ou gon para a unidade radiano, basta dividi-lo pelo valor de (ρ) correspondente na unidade de conversão.

TABELA 2.4 • Valores correspondentes da unidade radiano em outras unidades angulares

	$57,295779513°$	=	$\rho°$	
$1 \text{ rad} =$	$3.437,7467708'$	=	ρ'	$1 \text{ rad} = 63,661977237^g = \rho^g$
	$206.264,8062''$	=	ρ''	

Observações:
1. A fim de evitar confusões, para a indicação de valores angulares sexagesimais, recomenda-se utilizar zeros à direita para preencher os espaços decimais sem unidades, conforme indicado a seguir: $54°\ 00'\ 07,1234''$.
2. Para a indicação de valores de latitudes e longitudes em graus sexagesimais, deve-se considerar quatro casas decimais para os segundos, pois, como se verifica no Exemplo aplicativo 2.2, um segundo de arco corresponde, na superfície da Terra, a um arco de aproximadamente 31 metros. Assim, um arco de $0,0001''$ corresponde a 0,3 mm. Na conversão para grau decimal, isso significa um valor com nove casas decimais.
3. Para distâncias de ordem topográfica até, por exemplo, 10 km, é suficiente operar com arcos da ordem de $0,01''$.

Exemplo aplicativo 2.1

Calcular o comprimento (s) de um arco interceptado por um ângulo (α) a uma distância (d) para diferentes valores de (d) e (α), conforme indicado na Figura 2.4.

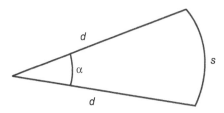

FIGURA 2.4 • Relações geométricas do arco.

■ *Solução:*
Considerando a equação (2.1) e os valores indicados para (α) e (d), têm-se os seguintes valores para (s):

$\alpha = 1°$ $d = 10,000$ m $s = d * \dfrac{\alpha°}{\rho°} = 10,000 * \dfrac{1°}{57,295779513} = 0,175$ m

$\alpha = 1'$ $d = 100,000$ m $s = d * \dfrac{\alpha'}{\rho'} = 100,000 * \dfrac{1'}{3.437,7467708'} \cong 3,0$ cm

$\alpha = 1''$ $d = 1.000,000$ m $s = d * \dfrac{\alpha''}{\rho''} = 1.000,000 * \dfrac{1''}{206.264,8062''} \cong 5$ mm

De acordo com os resultados do Exemplo aplicativo 2.1, têm-se os seguintes valores derivados:

- 1 segundo de arco ($1''$) intercepta 5 mm de arco a 1 km de distância;
- 1 segundo de arco ($1''$) intercepta 1 mm de arco a 206,265 m de distância;
- 1 minuto de arco ($1'$) intercepta 3 cm de arco a 103,132 m de distância;
- 1 minuto de arco ($1'$) intercepta 1 cm de arco a 34,377 m de distância.

Exemplo aplicativo 2.2

Calcular o ângulo no centro da Terra que intercepta, na superfície, um arco igual a 31 metros, em um local onde o raio médio da Terra (R_0), considerada uma esfera, é igual a 6.371 km.

■ *Solução:*
De acordo com a equação (2.1), tem-se:

$$\alpha'' = \dfrac{s[\text{m}]}{R_0[\text{m}]} * \rho'' = \dfrac{31}{6.371.000} * 206.264,8062'' = 1''$$

Exemplo aplicativo 2.3

Calcular o ângulo no centro da Terra que intercepta, na superfície, um arco igual a 1,852 km, em um local onde o raio médio da Terra (R_0), considerada uma esfera, é igual a 6.371 km.

■ *Solução:*
De acordo com a equação (2.1), tem-se:

$$\alpha' = \dfrac{s[\text{km}]}{R_0[\text{km}]} * \rho' = \dfrac{1,852}{6.371} * 3.437,7467708 = 1'$$

O valor 1,852 km equivale a uma milha marítima, ou seja, uma milha marítima é a distância, na superfície terrestre, que corresponde a um ângulo de $1'$ no centro da Terra.

Exemplo aplicativo 2.4

Converter 65° 12' 46" para a unidade angular grau decimal.

■ *Solução:*
De acordo com a regra de conversão indicada na Seção 2.3.3 – Conversão de unidades angulares, têm-se:

$$65° 12' 46'' = 65 + \left(\dfrac{12}{60}\right) + \left(\dfrac{46}{3.600}\right) = 65,2128°$$

16 TOPOGRAFIA PARA ENGENHARIA

Exemplo aplicativo 2.5

Converter 45,3215° para a unidade grau sexagesimal.

■ *Solução:*

De acordo com a sequência de cálculos indicada na Seção 2.3.3 – Conversão de unidades angulares, têm-se:

dd = parte inteira de 45,3215° = 45

mm = parte inteira de [(45,3215° – 45)*60] = 19′

ssss = 45,3215 * 3.600 – 45 * 3.600 – 19 * 60 = 17,4″

Portanto, 45,3215° = 45°19′17,4″

Exemplo aplicativo 2.6

Converter 32° 22′30″ para a unidade angular *gon*.

■ *Solução:*

Para realizar essa conversão de ângulos, primeiramente, é necessário converter a unidade angular sexagesimal para a unidade angular decimal para, em seguida, convertê-la para gon. Assim, têm-se:

$$32°\,22′30″ = 32 + \left(\frac{22}{60}\right) + \left(\frac{30}{3.600}\right) = 32,3750°$$

$$\alpha^g = \frac{32,3750°}{0,9} = 35,9722^g$$

Exemplo aplicativo 2.7

Converter 103,6368° para a unidade angular sexagesimal.

■ *Solução:*

Para realizar essa conversão de ângulos, é necessário, primeiramente, converter o ângulo indicado em gon para grau decimal. Assim, tem-se:

$$\alpha° = 103,6368^g * 0,9 = 93,2731°$$

Em seguida, converte-se a unidade grau decimal para grau sexagesimal, conforme indicado no Exemplo aplicativo 2.5. Assim, tem-se:

$$103,6368^g = 93,2731° = 93°\,16′23,2″$$

Exemplo aplicativo 2.8

Converter 127°18′54″ para a unidade angular radiano.

■ *Solução:*

Para realizar essa conversão de ângulos, é necessário converter a unidade angular sexagesimal para a unidade angular decimal e, em seguida, convertê-la para radiano. Assim, têm-se:

$$127°18′54″ = 127° + \frac{18′}{60} + \frac{54″}{3.600} = 127,3150°$$

$$\frac{127,3150°}{57,295779513°} = 2,222065937 \text{ rad} = 0,707305556\pi \text{ rad}$$

> **Exemplo aplicativo**   **2.9**

Converter 2,7535481 rad para a unidade angular sexagesimal.

■ *Solução:*
Para realizar essa conversão de ângulos, é necessário, primeiramente, converter a unidade radiano para a unidade grau decimal e, em seguida, convertê-la para grau sexagesimal. Assim, tem-se:

$$\alpha° = 2{,}7535481 * 57{,}295779513° = 157{,}7666848°$$

Para realizar a conversão de grau decimal para sexagesimal, basta seguir a sequência de cálculos indicada na Seção 2.3.3 – Conversão de unidades angulares. Assim, tem-se $2{,}7535481$ *rad* $= 157{,}7666848° = 157° \, 46' \, 0{,}1''$.

2.3.4 Unidade de medida de superfície

Para a medida de superfície, as unidades adotadas em Geomática são as unidades derivadas e suplementares do sistema SI indicadas na Tabela 2.5.

TABELA 2.5 • Unidades de medida de superfície

1 centiare (*ca*)	1 m^2 (quadrado de 1 × 1 m)
1 are (*a*)	100 m^2 (quadrado de 10 × 10 m)
1 hectare (*ha*)	10.000 m^2 (quadrado de 100 × 100 m)

As unidades *are* e *hectare* não fazem parte do SI, mas ele autoriza sua utilização como unidades especiais. O Brasil adota a unidade hectare como unidade oficial. Em alguns casos, utilizam-se ainda unidades de superfície antigas, que variam entre regiões, como o *alqueire paulista*, que equivale a 24.200 m².

2.3.5 Unidade de medida de volume

De acordo com o Sistema Internacional de medidas, o *metro cúbico* (m³) é a unidade derivada adotada para as medidas de volume. Seus submúltiplos são o decímetro cúbico (dm³) e o centímetro cúbico (cm³). Em Geomática, ela é a unidade de medida utilizada nos projetos de Engenharia que envolvem os cálculos de volume de terraplenagem, volume de reservatórios, volume de concreto para construção civil e outros.

Em Engenharia, utiliza-se também a unidade de medida litro e seus submúltiplos, que não são unidades de volume, mas, sim de capacidade e tampouco pertencem ao Sistema Internacional de medidas. Em geral, elas são utilizadas para indicar a quantidade de líquidos que cabe em um recipiente. Por definição, 1 litro equivale a exatamente a quantidade de líquido que cabe em um cubo com volume igual a 1 dm³.

2.4 Figuras geométricas importantes para a Geomática

As figuras geométricas importantes para a Geomática são aquelas definidas pela Geometria Euclidiana, como ponto, linha, polígono, plano, cubo, esfera etc. Em geral, elas possuem uma dimensão, ou seja, definem um espaço, mas também podem ser adimensionais. Apresenta-se a seguir uma breve descrição sobre aquelas mais importantes para a Geomática.

2.4.1 Ponto

O ponto é a primitiva geométrica mais importante para a Geomática. Ele é definido como a figura geométrica adimensional que ocupa um lugar único no espaço, representado por um conjunto de coordenadas relacionadas a um sistema de coordenadas predefinido. Um ponto não é, portanto, um objeto, mas, sim um lugar. Na prática, é impossível estabelecer um ponto sem dimensão, uma vez que ele precisa ser visual. Assim, a marca de caneta sobre um piquete ou o centro da cruz desenhada sobre um marco geodésico são exemplos práticos de ponto para a Geomática. O mesmo pode-se dizer da representação de um ponto sobre um desenho. Em um banco de dados, entretanto, um ponto é representado por um identificador e suas coordenadas.

2.4.2 Linha

Uma linha é uma figura geométrica unidimensional formada por uma sequência de semirretas definidas por uma sequência de pontos, ditos colineares, que definem seus vértices. Ela não possui espessura e pode ser infinita ou possuir um comprimento. Pode ser reta ou curva. Em Geomática, ela é usada para representar arestas de objetos ou elementos geográficos de características lineares, como eixos de vias, cursos d'água etc. Graficamente, ela é representada por um traço desenhado sobre uma superfície. Em SIG, ela é muitas vezes denominada arco. Em um banco de dados, é representada por um identificador e pelas coordenadas de seus vértices.

2.4.3 Polígono

Um polígono é uma figura geométrica bidimensional formada por uma linha fechada, ou seja, cujos pontos inicial e final são coincidentes, representada sobre um plano. Em Geomática, ele é utilizado para representar objetos geográficos que possuam uma área, como um terreno, uma construção etc.

2.4.4 Reta

Reta é uma linha de raio e comprimento infinitos. Dela advém os termos *semirreta*, que significa uma reta com início, mas sem fim; e *segmento de reta*, que é a parte de uma reta compreendida entre dois pontos. Algebricamente, ela é definida pela equação (2.4).

$$y = ax + b \tag{2.4}$$

Sendo:
x, y = coordenadas do espaço cartesiano;
a = inclinação da reta em relação ao eixo x;
b = ponto de interseção da reta com o eixo y.

2.4.5 Plano

Um plano é uma figura geométrica bidimensional gerada pelo deslocamento lateral de uma reta. Entre os infinitos planos do espaço euclidiano, o horizontal e o vertical são de interesse particular para a Geomática pelo fato de serem os planos de projeção utilizados pela Engenharia para a elaboração de seus projetos. Um plano horizontal é definido como aquele perpendicular à linha de prumo em determinado ponto. Um plano vertical é aquele perpendicular ao plano horizontal. Algebricamente, ele é definido pela equação paramétrica (2.5).

$$z = a_0 + a_1 x + a_2 y \tag{2.5}$$

Sendo:
x, y, z = coordenadas do espaço cartesiano;
a_i = coeficientes da equação.

De acordo com a equação (2.5), três pontos definem um plano, ou seja, permitem determinar os valores dos coeficientes (a_i).

2.4.6 Elipse

Uma elipse é uma figura geométrica bidimensional formada pelo conjunto de pontos cuja soma das distâncias (r_1 e r_2) entre qualquer um deles e os dois pontos focais ($F1$) e ($F2$) da elipse é igual a $2\,a$. Ver ilustração da Figura 2.5. Algebricamente, ela é definida pela equação (2.6).

$$\frac{x^2}{a^2} + \frac{y^2}{b^2} = 1 \tag{2.6}$$

Sendo:
x, y = coordenadas de qualquer ponto da elipse;
a, b = tamanhos dos semieixos da elipse sobre os eixos de coordenadas (x) e (y), respectivamente;
(a) é o semieixo maior e (b) o semieixo menor.

Existem ainda vários outros parâmetros da elipse que são utilizados em cálculos geodésicos, os quais estão definidos na *Seção 3.2.4 – Modelo elipsoidal*.

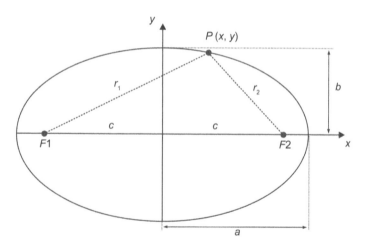

FIGURA 2.5 • Elipse.

2.4.7 Elipsoide

Um elipsoide é uma figura geométrica tridimensional formada pela rotação de uma elipse sobre um de seus semieixos (a, b) (ver Fig. 2.6). Algebricamente, ele é definido pela equação (2.7).

$$\frac{x^2}{a^2} + \frac{y^2}{a^2} + \frac{z^2}{b^2} = 1 \tag{2.7}$$

Sendo:
x, y, z = coordenadas de qualquer ponto do elipsoide;
a, b = semieixos maior e menor da elipse geratriz, respectivamente.

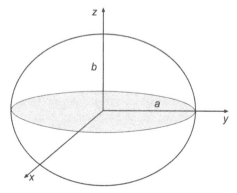

FIGURA 2.6 • Elipsoide.

Sua importância para a Geomática reside no fato de a representação da forma geométrica da Terra para os estudos geodésicos considerá-la como um elipsoide formado pela rotação da elipse em torno do seu semieixo menor (*b*). A figura da Terra, nesse caso, possui o plano equatorial perpendicular ao eixo dos polos, com a circunferência do equador possuindo raio com dimensão igual ao semieixo maior (*a*) da elipse. A seção de cada meridiano é perpendicular ao plano do Equador e possui a forma da elipse geratriz, conforme definido na seção anterior. O estudo detalhado do uso do elipsoide em Geomática é apresentado na *Seção 3.2.4 – Modelo elipsoidal*.

2.4.8 Esfera

Uma esfera é uma figura geométrica tridimensional uniformemente curvada, formada pelo conjunto de pontos cujas distâncias até seu centro é constante. Ver ilustração da Figura 2.7. Algebricamente, ela é definida pela equação (2.8).

$$(x-a)^2 + (y-b)^2 + (z-c)^2 = R^2 \qquad (2.8)$$

Sendo:
x, y, z = coordenadas de qualquer ponto da esfera;
a, b, c = coordenadas do centro da esfera;
R = raio da esfera.

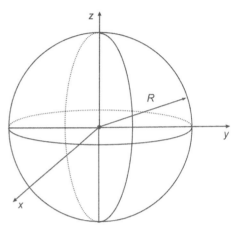

FIGURA 2.7 • Esfera.

Sua importância para a Geomática reside no fato de a representação da forma geométrica da Terra, em alguns casos, ser considerada como uma esfera.

2.5 Escala

Após a execução das medições no terreno e o posterior tratamento matemático, muitas vezes, o engenheiro necessita apresentar os resultados dos valores medidos em uma forma gráfica impressa em papel. Para tanto, torna-se necessário lançar mão do conceito de *escala*.

Uma *escala* (*E*) é definida como a relação constante entre o tamanho de uma imagem (*i*) e o tamanho real do objeto, que está sendo representado (*o*). Ou seja,

$$E = \frac{i}{o} \qquad (2.9)$$

Assim, diz-se que a escala é, por exemplo, igual a 1:1.000 ou 1/1.000. Ela é representada por uma fração do tipo 1/*M*, em que (*M*) é denominado *módulo da escala*. Uma escala é pequena quando o valor de (*M*) é grande e vice-versa. Assim, a escala igual a 1:50.000 é uma escala pequena e a escala igual a 1:1.000 é uma escala grande.

De acordo com a equação (2.9), obtém-se:

$$E = \frac{1}{M} = \frac{i}{o} \qquad (2.10)$$

De onde:

$$o = i * M \qquad (2.11)$$

A equação (2.11) permite calcular o valor da dimensão de um objeto representado em uma planta, por meio do conhecimento do módulo da escala da planta e da dimensão do objeto nessa escala.

O conceito de *escala* pode também ser aplicado às medições de áreas e volumes. O leitor deve notar, nesses casos, que as grandezas são, respectivamente, funções quadráticas e cúbicas.

Exemplo aplicativo 2.10

Mediu-se em uma planta, desenhada na escala 1/100.000, o comprimento de uma pista de aeroporto obtendo-se um valor igual a 3 cm. Calcular o comprimento estimado dessa pista no terreno.

▪ *Solução:*
Aplicando a equação (2.11), tem-se:

$o = 3 * 100.000 = 300.000$ cm $= 3.000,00$ m

20 TOPOGRAFIA PARA ENGENHARIA

> **Exemplo aplicativo** **2.11**

Seja uma distância medida no terreno igual a 453,279 metros. Considere que se deseja desenhá-la na escala 1/2.000. Calcular seu comprimento no desenho.

■ *Solução:*
Aplicando a equação (2.11), tem-se:

$$i = \frac{453,279}{2.000} = 0,227 \text{ m} = 22,7 \text{ cm}$$

Em relação às escalas, é importante salientar as diferentes denominações utilizadas para os diferentes tipos de representações gráficas. São elas:

Mapa	*Nome dado à representação gráfica de uma superfície que compreende uma região geográfica político-administrativa bem definida tal como, um país, um estado ou um município, como um mapa-múndi.*
Carta	*Nome dado à representação gráfica parcelada de um mapa, como as cartas do IBGE, que estão na escala 1:50.000.*
Planta	*Nome dado à representação gráfica de áreas parceladas de uma carta como chácaras, sítios, fazendas, jazidas minerais, obras civis (estradas, edifícios, barragens, túneis) e outros.*

2.6 Resolução gráfica

Denomina-se *resolução gráfica* de uma escala a menor grandeza susceptível de ser representada em um desenho por meio dessa escala. No passado, esse tema era relevante. Porém, com o advento e o uso intensivo dos sistemas CAD, ele já não possui a mesma importância. Os sistemas CAD operam sem a necessidade da indicação de escalas. Por meio do uso das funções de *zoom*, o usuário pode variar a escala do desenho na tela do computador e representar graficamente qualquer detalhe. A resolução gráfica passa, então, a ter apenas uma importância relativa para os casos em que o usuário necessita imprimir o seu desenho. Como orientação técnica, apresentam-se a seguir alguns comentários sobre a resolução gráfica na impressão de um desenho.

As normas de desenho aceitam como 1/5 de milímetros (0,2 mm) a menor grandeza gráfica possível de ser apreciada a olho nu, denominada *erro de graficismo*.[3] Desse modo, conhecendo a escala do desenho, pode-se calcular a menor dimensão possível de ser representada, conforme indicado na equação (2.12), nesse caso indicado em metros.

$$d = 0,0002 * M \tag{2.12}$$

Como exemplo, nas escalas 1:1.000, 1:2.000 e 1:5.000, as menores dimensões possíveis de serem representadas são as seguintes:

$$d_1 = 0,0002 * 1.000 = 0,2 \text{ m} = 20 \text{ cm}$$
$$d_2 = 0,0002 * 2.000 = 0,4 \text{ m} = 40 \text{ cm}$$
$$d_3 = 0,0002 * 5.000 = 1 \text{ m} = 100 \text{ cm}$$

Assim, em princípio, nenhum elemento gráfico com dimensão menor que os valores indicados anteriormente poderá ser representado na respectiva escala.

2.7 Algarismos significativos

Conforme já descrito, a operação de medição de uma grandeza consiste em comparar o atributo da grandeza mensurável com uma quantidade de referência. Essa comparação, quando repetida, poderá produzir valores diferentes indicando uma indecisão sobre o valor verdadeiro da grandeza mensurada. O valor da medida, nesse caso, é composto por uma sequência de algarismos exatos, mais um duvidoso. A soma da quantidade de algarismos exatos mais o duvidoso indica a quantidade de algarismos significativos de um número. Como exemplo, considere-se o caso da medição de uma barra por meio de uma régua graduada, conforme indicado na Figura 2.8.

Nesta figura, nota-se que a primeira leitura é facilmente definida como sendo igual a 10,6 unidades de medida. A incerteza é quanto ao valor do segundo decimal que, neste caso, pode ser 4, 5 ou 6. Nesse caso, os três primeiros dígitos são considerados exatos e o quarto é um valor estimado, mas ainda um algarismo significativo. A medida possui, portanto, quatro algarismos significativos.

---

[3] ABNT NBR 13133/1994: "(...) erro máximo na elaboração de desenho topográfico para lançamento de pontos e traçados de linhas, com o valor de 0,2 mm, que equivale a duas vezes a acuidade visual".

Define-se assim algarismos significativos como a quantidade de algarismos de um número necessário para dar significado físico ao valor de uma medida.

Para conhecer a quantidade de algarismos significativos de um número, basta seguir as regras práticas indicadas a seguir:

1. Todo número diferente de zero é um algarismo significativo.
2. Zeros entre não zeros são sempre algarismos significativos.
3. Zeros antes de não zeros nunca são algarismos significativos.
4. Zeros à direita de não zeros e localizados após o ponto decimal são algarismos significativos.
5. Em uma notação científica do tipo $N*10^x$, os dígitos de N são significativos e o número 10 e (x) não são significativos.
6. Os zeros que completam números múltiplos de potências de 10 são ambíguos. A notação não permite dizer se eles são ou não significativos. O número 200, por exemplo, pode ter um algarismo significativo (2), dois algarismos significativos (20) ou três algarismos significativos (200). Essa ambiguidade pode ser corrigida especificando quais são os algarismos significativos ou adotando-se a notação científica. Assim, para o valor 200, deve-se especificar a quantidade de algarismos significativos ou apresentar o resultado na notação científica, ou seja, $2*10^2$ terá um algarismo significativo, $2,0*10^2$ terá dois algarismos significativos e $2,00*10^2$ terá três algarismos significativos.

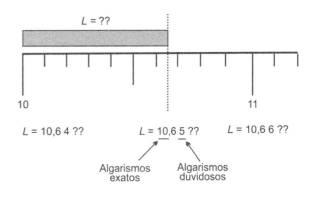

FIGURA 2.8 • Definição dos algarismos significativos de uma medida.

A Tabela 2.6 apresenta exemplos de algarismos significativos.

Evidentemente, algarismos significativos não podem ser criados arbitrariamente. Por isso, para garantir a compatibilidade da quantidade de algarismos significativos nas operações matemáticas, deve-se realizar os cálculos com a quantidade total de dígitos envolvidos nos números e arredondar o valor final da operação para a quantidade de algarismos do número com a menor resolução.[4]

Como os cálculos, em geral, são realizados por meio de calculadoras ou planilhas eletrônicas, tem-se sempre um resultado com pelo menos 8 casas decimais e o técnico menos experiente tem a tendência de achar que quanto mais casas decimais tiver, mais exata será a indicação do valor calculado. Isso não é verdade. Em nenhum caso os resultados podem ter resoluções maiores que os dados de entrada. Se, por exemplo, as coordenadas de dois pontos forem dadas com resolução centimétrica, a distância calculada entre eles não poderá ser dada com resolução milimétrica. Seria, inclusive, uma falta de bom senso. Para os cálculos sequenciais, contudo, recomenda-se armazenar os resultados com pelo menos um algarismo a mais da quantidade de algarismos significativos e arredondar o valor do último cálculo. Para esclarecimentos sobre este assunto, apresentam-se a seguir algumas regras a serem seguidas.

Nas adições e subtrações, os cálculos devem ser realizados considerando todos os algarismos significativos dos valores envolvidos. A resposta final deverá ser indicada em função do valor com a menor resolução.

TABELA 2.6 • Exemplos de algarismos significativos

Regra	Medida	Algarismos significativos
1	124,386	6
2	102,004	6
3	0,000249	3
4	0,20	2
5	$3,102*10^4$	4
6	520,000	6

Exemplo aplicativo 2.12

Calcular o resultado da operação indicada na sequência do exercício e indicar a quantidade de algarismos significativos do valor obtido.

302,568 + 1,23 − 147,250 − 32,589 = ???

■ *Solução:*
De acordo com as regras da adição e da subtração, o resultado da operação matemática é igual a 123,959. *Em função da menor resolução dos valores envolvidos, a resposta correta é* 123,96 m.

Na multiplicação e na divisão, a quantidade de algarismos significativos da resposta deve ser igual à quantidade de algarismos significativos do valor com a menor resolução. No caso de uma multiplicação ou divisão por uma constante exata, ela não influencia a quantidade de algarismos significativos.

---

[4] Resolução é o menor valor que se pode medir com um instrumento de medição. Entende-se, nesse caso, como a quantidade máxima de algarismos que deve ser utilizado para a indicação de um valor medido.

22 TOPOGRAFIA PARA ENGENHARIA

Exemplo aplicativo   **2.13**

Calcular o volume de um reservatório cilíndrico sabendo-se que seu diâmetro interno é igual a 2,52 metros e sua altura é igual a 34,214 metros. Indicar quantos algarismos significativos possui o resultado da operação.

■ *Solução:*
De acordo com as explanações apresentadas, tem-se:

$$V = \pi * R^2 * h = 3,141592653 * 2,52^2 * 34,214 = 682,582 \ \text{m}^3$$

Em função do valor com a menor resolução, a resposta correta é 682,58 m³, o qual possui 5 algarismos significativos.

Além do cuidado com a quantidade de algarismos significativos, é importante também analisar como os arredondamentos devem ser realizados para apresentação do resultado da operação. A esse respeito, a regra geral tem sido arredondar para baixo os decimais entre 1 e 4 e para cima aqueles entre 6 e 9. O problema ocorre quando o decimal é o número 5. Para este caso, alguns profissionais adotam a prática de arredondar para cima, o que pode causar um desvio sistemático dos resultados. Para evitar essa ocorrência, pode-se adotar a prática de arredondar para cima quando o decimal anterior ao 5 for ímpar e para baixo quando for par. Dessa forma, aplicando esse critério, ambos os valores 32,835 e 32,845 devem ser arredondados para 32,84.

2.8 Normas e regulamentações

No Brasil, a profissão de engenheiro está reconhecida por meio do Decreto Federal nº 23.569/1933 e o exercício profissional, por meio da Lei nº 5.194/1966. As atividades das diferentes modalidades de Engenharia estão discriminadas na Resolução nº 218/1973 do Conselho Federal de Engenharia e Agronomia (Confea). Para que um profissional possa exercer suas atividades profissionais, ele também precisa estar devidamente regulamentado segundo o Conselho Regional de Engenharia e Agronomia (Crea) de um estado federativo.

Além das regulamentações apresentadas, o engenheiro deve ter a consciência que, em suas atividades profissionais, suas decisões técnicas devem ser amparadas por normas ou instruções técnicas. As normas técnicas não têm força de lei, mas garantem ao profissional um amparo técnico e jurídico. Para tanto, apresenta-se a seguir um conjunto de normas técnicas, decretos e especificações disponíveis no Brasil, que podem ser úteis para auxiliar o engenheiro na elaboração de seus projetos. São elas:

- Decreto-lei nº 89.317/1984 – Instruções reguladoras das normas técnicas da cartografia nacional;
- ABNT NBR 13133/2021 – Execução de levantamento topográfico – Procedimento;
- ABNT NBR 14166/1998 – Rede de referência cadastral municipal – Procedimento;
- ABNT NBR 14645-1 (2001) – Elaboração do "como construído" (*as-built*) para edificações – Parte 1: Levantamento planialtimétrico e cadastral de imóvel urbanizado com área até 25.000 m², para fins de estudos, projetos e edificação – Procedimento;
- ABNT NBR 14645-2 (2005) – Elaboração do "como construído" (*as-built*) para edificações – Parte 2: Levantamento planimétrico para registro público, para retificação de imóvel urbano – Procedimento;
- ABNT 14645-3 (2011): Elaboração do "como construído" (*as-built*) para edificações – Parte 3: Locação topográfica e controle dimensional da obra – Procedimento;
- ABNT NBR 15777 – Convenções topográficas para cartas e plantas cadastrais – Escalas 1:10.000, 1: 5.000, 1:2.000 e 1:1.000 – Procedimento;
- Confea/Crea/Ministério das Cidades. Normas e procedimentos de Engenharia recomendados ao Cadastro Urbano no Brasil, 2018;
- DNIT. Diretrizes Básicas para elaboração de estudos e projetos rodoviários – Instruções para acompanhamento e análise. Publicação IPR – 739, 2010;
- IBGE. Especificações e normas gerais para levantamentos geodésicos. Resolução PR nº 22/1983, publicada no Boletim de Serviço nº 1.602/1983 de Lei nº 243/1967;
- IBGE. Especificações e normas gerais para levantamentos GPS: versão preliminar – complementar ao capítulo II das Especificações e normas gerais para levantamentos geodésicos, 1993;
- IBGE. Recomendações para levantamentos relativos estáticos – GPS, 2008;
- IBGE. Especificações e normas para levantamentos geodésicos associados ao sistema geodésico brasileiro, 2017;
- IBGE. Padronização de marcos geodésicos, 2008;
- IBGE. Orientações para instalação de estações de monitoramento contínuo GNSS compatíveis com a RBMC, 2ª ed., 2013;
- IBGE. Instruções para homologação de estações estabelecidas por outras instituições. Documento sobre a homologação de marcos geodésicos, 2018;
- INCRA. Norma técnica para georreferenciamento de imóveis rurais, 3ª ed., 2013;
- INCRA. Manual técnico de posicionamento – Georreferenciamento de imóveis rurais. 1ª ed., 2013.

3 Referências geodésicas e topográficas

3.1 Introdução

Após a coleta dos dados de campo, eles precisam ser modelados matematicamente e a entidade correspondente precisa ser georreferenciada para que, enfim, se tenha uma informação geoespacial que possa ser utilizada em projetos de Engenharia.

Um modelo matemático é definido como o conjunto de regras que permite descrever situações do mundo real, suas interações e suas dinâmicas por meio de equações matemáticas. No caso da Geomática, trata-se do estabelecimento das relações geométricas e algébricas entre os dados coletados em campo necessárias para determinar o valor de um dado geoespacial. Para abordar esse problema, é necessário, primeiramente, estabelecer a geometria do espaço em que os dados estão inseridos para, em seguida, desenvolver as equações matemáticas que regem as relações euclidianas[1] e topológicas[2] do modelo matemático adotado. O estudo dos principais conceitos relativos à geometria do espaço e da concepção de um dado geoespacial é o objetivo deste capítulo.

Vários conceitos apresentados neste capítulo estão relacionados a conceitos apresentados no *Capítulo 4 – Sistemas de coordenadas*. Por esta razão, recomenda-se que os leitores menos habituados com os termos utilizados ao longo do texto, consultem esse capítulo sempre que necessário.

3.2 Modelos da forma da Terra – superfícies de referência

Considerando que os dados geoespaciais tratados em Geomática estão localizados na superfície da Terra ou próximos a ela, o espaço geométrico em que eles se inserem está relacionado à forma e às dimensões da Terra e, sobretudo, aos modelos geométricos utilizados para a representação da sua superfície.

A preocupação com essa questão não é recente. Documentos históricos mostram que os gregos antigos já se preocupavam com a determinação da forma e do tamanho da Terra. Dentre os vários ensaios realizados ao longo dos tempos, o que realmente contribuiu para os estudos e que chegou até os nossos dias foi a ideia de uma Terra esférica proposta por Pitágoras (~580-500 a.C.), defendida por Aristóteles (384-322 a.C.) e comprovada por Eratóstenes (276-195 a.C.).

Eratóstenes era o bibliotecário da biblioteca de Alexandria e, por volta do ano 240 a.C., determinou o valor do raio da Terra durante o solstício de verão, medindo a altura do Sol ao meio-dia em duas cidades do Egito (Alexandria e Siena, atual Assuã). Ele sabia que, no dia do solstício de verão, o Sol estava na vertical sobre Siena, pois ele refletia-se no fundo dos poços d'água. Ele mediu então, naquele dia, ao meio-dia, o comprimento da sombra de um obelisco em Alexandria e calculou o ângulo entre a direção dos raios solares e o obelisco, obtendo um valor igual a 7°12′. Como ele sabia que a distância entre Alexandria e Siena era cerca de 5 mil estádios egípcios,[3] ele estimou a circunferência terrestre como sendo igual a 250 mil estádios. A Figura 3.1 ilustra a geometria da medição realizada.

Embora Alexandria e Siena não estejam sob o mesmo meridiano, os eruditos estimam que houve erro inferior a 2 % no resultado obtido por Eratóstenes – considerado extremamente pequeno mesmo para os padrões atuais de medição. De toda forma, o método estava estabelecido e foi aperfeiçoado e usado muitas vezes ao longo dos séculos.

---

[1] Aquelas baseadas na geometria euclidiana.

[2] Aquelas relacionadas à disposição de objetos no espaço.

[3] A palavra estádio advém do grego *stadium*. No Egito, ela era uma unidade de medida linear equivalente a 157,5 metros.

TOPOGRAFIA PARA ENGENHARIA

Mesmo tendo sido comprovado por Eratóstenes, parece que a ideia de uma Terra esférica deixou de ser consenso ao longo dos anos no mundo ocidental, e somente com a viagem de Fernão de Magalhães (1480-1521), no século XVI, é que ela foi comprovada e aceita definitivamente.

A ideia da Terra esférica durou até fins do século XVII, quando Christiaan Huygens (1629-1695) e, depois, Isaac Newton (1642-1727) afirmaram que a Terra possuía a forma de um *elipsoide de revolução*.

A Teoria de Newton durou até meados do século XIX, quando se deu início às *medições gravimétricas*[4] e constatou-se que havia divergências entre o modelo geométrico elipsoidal e as medições realizadas sobre a superfície terrestre. Estudos da época mostraram que essas divergências deviam-se às anomalias da gravidade, cujas variações foram atribuídas às irregularidades das massas e das suas densidades na crosta terrestre. A partir desta constatação, ficou latente a necessidade da criação de um modelo mais realístico para a forma da Terra. Coube ao alemão Johann Benedict Listing (1808-1882) identificar esse modelo, ao qual ele deu o nome de *geoide*.

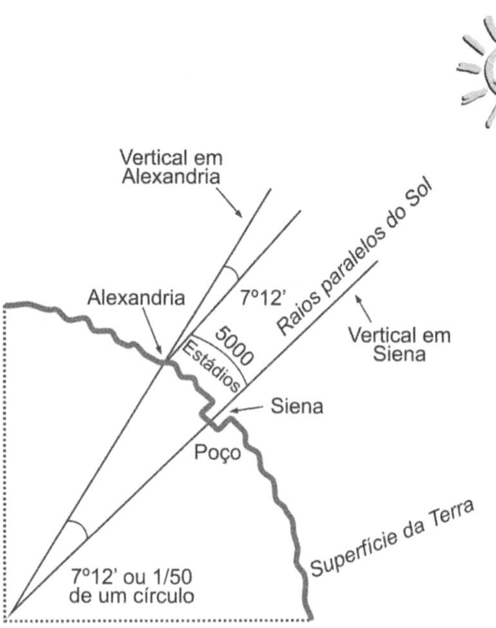

Além dos modelos elipsoidal e geoidal citados, em várias situações de aplicações da Geomática aceita-se, ainda, adotar um modelo plano como referencial geométrico para representar pequenas

FIGURA 3.1 • Experiência de Eratóstenes para determinação da forma e do tamanho da Terra.

porções da Terra. Esse é evidentemente o referencial preferido pelos engenheiros em razão de sua facilidade de uso. Todos os referenciais, contudo, possuem suas vantagens e limitações, que serão brevemente discutidas ao longo deste livro.

Para compreender o significado dos referenciais adotados para os modelos da forma da Terra, é necessário, evidentemente, considerar a esfericidade e a rugosidade da superfície terrestre. Nesse contexto, apresentam-se a seguir as superfícies e os referenciais adotados para a modelagem matemática dos dados geoespaciais em Geomática.

3.2.1 Superfície topográfica

A superfície topográfica[5] é a superfície da Terra mais importante para a Geomática, uma vez que é sobre ela que se realizam as medições topográficas e geodésicas e sobre a qual são implantados os projetos de Engenharia. Sua irregularidade, contudo, não permite que ela seja utilizada como uma superfície de referência, exigindo que as medições realizadas nela sejam projetadas em outra superfície, sobre a qual serão realizados os cálculos correspondentes. Assim, a superfície topográfica é aquela sobre a qual se realizam as operações de campo e a superfície de referência é aquela sobre a qual se efetuam os cálculos topográficos e geodésicos correspondentes.

3.2.2 Referencial plano

Adotar um referencial plano como superfície de referência significa adotar uma superfície plana, tangente à superfície curva da Terra, como referência geométrica para os cálculos topográficos. Trata-se de um referencial local, com origem definida pelo usuário e que substitui a superfície esférica topográfica por um plano horizontal situado ao nível da *superfície topográfica*, onde está localizado o dado geoespacial. Dessa forma, para sua localização em relação à superfície da Terra, é necessário definir o ponto de tangência e sua orientação espacial em relação aos eixos da Terra.

O ponto de tangência, em geral, é um ponto da superfície topográfica localizado no centro da área de projeto, com coordenadas espaciais adotadas pelo usuário. A orientação espacial é definida posicionando o plano de referência perpendicular à linha normal ou à vertical do lugar, conforme apresentado na *Seção 3.5.1 – Ondulação geoidal*. Quando perpendicular à linha normal do lugar, ele é denominado *Plano Geodésico Local* (PGL), e quando perpendicular à vertical do lugar, ele é denominado *Plano Topográfico Local* (PTL). Ver Figuras 3.2 e 3.3. Em ambos os casos, trata-se de uma superfície hipotética, cuja utilização para os projetos de Engenharia deve ser avaliada com cuidado em razão das deformações geométricas que ocorrerão por conta da planificação da calota terrestre correspondente. Os detalhes sobre os valores dessas deformações são discutidos no *Capítulo 6 – Distâncias*.

Os referenciais planos geodésicos ou topográficos também são denominados, genericamente, *referenciais topocêntricos* em contraposição aos *referenciais geocêntricos* definidos na *Seção 4.6 – Sistemas de coordenadas espaciais*.

---

[4] Medições da aceleração local da gravidade feitas por meio de um instrumento denominado *gravímetro*.
[5] Também definida como Superfície Física da Terra.

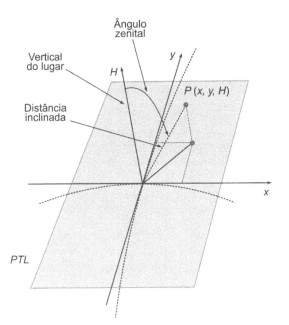

FIGURA 3.2 • Referencial plano topográfico local.

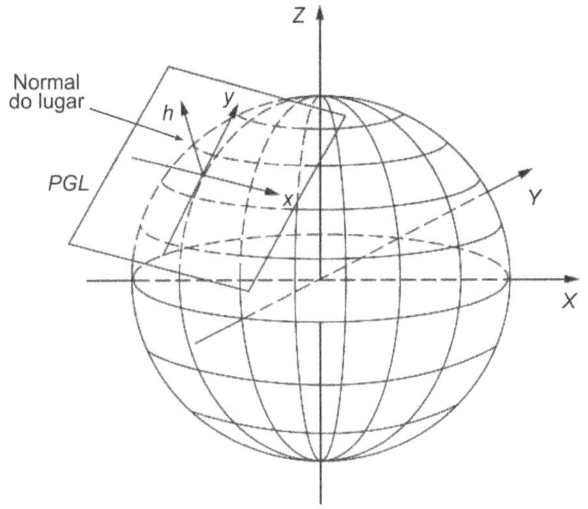

FIGURA 3.3 • Referencial plano geodésico local.

3.2.3 Modelo geoidal

Conceitualmente, o *geoide* é a superfície de nível do campo gravitacional[6] terrestre, gerada pela perpendicular à vertical do lugar (linha de prumo) em cada ponto da superfície terrestre, na altitude média do nível dos mares. Ele pode ser entendido como a superfície equipotencial[7] que melhor se adapta à superfície do nível médio não perturbado dos mares, prolongado através dos continentes. A superfície do nível médio dos mares não é uma superfície equipotencial, uma vez que, além da força da gravidade, outras, como o vento, a salinidade, a temperatura etc., alteram a sua forma. O geoide, por sua vez, é definido apenas pela gravidade. Dessa forma, em decorrência da variação da distribuição das massas e dos efeitos da rotação da Terra, ele possui uma forma geométrica irregular sem definição matemática rigorosa, conforme ilustrado na Figura 3.4.

A determinação matemática da superfície do geoide não é simples, visto que ela depende das ondulações geoidais, acarretadas pela variação pontual da direção da vertical do lugar, ao longo da superfície terrestre. Por esta razão, ela não é adequada para o posicionamento horizontal de dados geoespaciais, sendo utilizada, primordialmente, para a determinação do componente vertical (altitude), ou seja, o geoide é a superfície de nível primário a ser considerada como referência para a determinação das altitudes dos objetos ou dos marcos geodésicos e topográficos utilizados nos projetos de Engenharia.

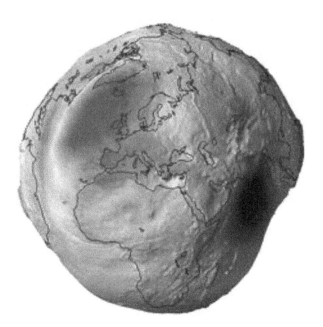

FIGURA 3.4 • Modelo geoidal da forma da Terra.
Fonte: adaptada da NASA 1990 (exagero 15.000).

3.2.4 Modelo elipsoidal

Para contornar o problema da indeterminação matemática rigorosa do geoide e a dificuldade de se usar o referencial topocêntrico como superfícies de referência planimétrica para grandes áreas, os geodesistas propuseram adotar o elipsoide de revolução, já conhecido desde o século XVII, como superfície de referência. A essa superfície deu-se o nome de *elipsoide de referência*. Dela deriva o termo *superfície elipsoidal*. Ela é a superfície matemática que mais bem se adapta à forma irregular do geoide.

---

[6] Região de perturbação gravitacional que um corpo gera ao seu redor, ou seja, no caso da Terra, o campo vetorial que representa a atração gravitacional que a Terra exerce sobre outros corpos.

[7] Superfície de potencial gravitacional constante, ou seja, a intensidade da força gravitacional em qualquer ponto dessa superfície é constante.

Para a Geodésia, um elipsoide de referência pode ser global ou regional. Ele é considerado global quando abrange toda a superfície terrestre e regional quando é determinado para abranger apenas uma porção dela. Ele é denominado global e geocêntrico quando seu centro coincide com o centro de massa da Terra. Nesse caso, a diferença entre seus semieixos (a, b) é da ordem de 25 km. A Figura 3.5 ilustra uma comparação gráfica 2D entre um elipsoide global geocêntrico e o geoide. Notar que a ondulação do geoide está realçada por uma linha pontilhada para melhor percepção gráfica. Para se ter uma ideia da diferença entre o geoide e o elipsoide, tomando o elipsoide GRS80 como referência (Tab. 3.1), ele está 85 metros acima do elipsoide, na região Oeste da Irlanda, e 106 metros abaixo na região Norte do Sri Lanka.

O primeiro elipsoide terrestre, considerado preciso, foi determinado pelo astrônomo alemão Friedrich Wilhelm Bessel (1784-1846), em 1841. A partir daí vários outros pesquisadores ocuparam-se do problema e foram determinados vários outros elipsoides. A Tabela 3.1 apresenta os parâmetros geométricos daqueles mais representativos para a América do Sul.

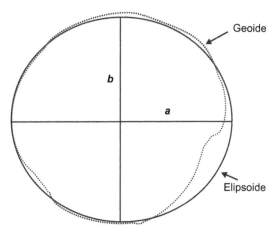

FIGURA 3.5 • Comparação ilustrativa entre o elipsoide e o geoide.

TABELA 3.1 • Elipsoides de destaque para a América do Sul

Nome	Valores dos parâmetros geométricos[8]	
Internacional de 1924 (Hayford)	a = 6.378.388,000 m	f = 1/297
Elipsoide de Referência 1967	a = 6.378.160,000 m	f = 1/298,25
Geodetic Reference System 1980 (GRS80)	a = 6.378.137,000 m	f = 1/298,257222101
World Geodetic System 1984 (WGS84)	a = 6.378.137,000 m	f = 1/298,257223563
a = semieixo maior da elipse f = achatamento da elipse		

Para a Geomática, existe uma série de parâmetros geométricos da elipse e do elipsoide, que são utilizados rotineiramente nos cálculos geodésicos. Os mais importantes deles, e que serão utilizados ao longo deste livro, estão apresentados na Tabela 3.2.

TABELA 3.2 • Parâmetros geométricos[9] da elipse e do elipsoide utilizados em cálculos geodésicos

f = achatamento polar da elipse: $f = \dfrac{a-b}{a}$	(3.1)	e' = segunda excentricidade: $e' = \dfrac{\sqrt{a^2-b^2}}{b}$	(3.5)
b = semieixo menor da elipse: $b = a*(1-f)$	(3.2)	e'^2 = segunda excentricidade quadrática: $e'^2 = \dfrac{a^2-b^2}{b^2} = \dfrac{e^2}{1-e^2}$	(3.6)
e = primeira excentricidade: $e = \dfrac{\sqrt{a^2-b^2}}{a}$	(3.3)	M = raio de curvatura da seção meridiana: $M = \dfrac{a*(1-e^2)}{(1-e^2*\text{sen}^2\phi g)^{3/2}}$	(3.7)
e' = primeira excentricidade quadrática: $e^2 = \dfrac{a^2-b^2}{a^2} = 2f - f^2$	(3.4)	N = raio de curvatura do primeiro vertical:[10] $N = \dfrac{a}{\sqrt{(1-e^2*\text{sen}^2\phi g)}}$	(3.8)
a = semieixo maior da elipse geratriz ϕg = latitude geodésica			

---

[8] Notar a não conformidade na quantidade de casas decimais indicadas para os parâmetros geométricos dos elipsoides. Os valores indicados estão em conformidade com os indicados nos textos oficiais que definem os parâmetros geométricos de cada elipsoide.
[9] As descrições de cada parâmetro e suas utilizações estão apresentadas ao longo deste capítulo.
[10] Também denominado grande normal.

REFERÊNCIAS GEODÉSICAS E TOPOGRÁFICAS **27**

Por conta do uso frequente que se faz ao longo deste livro dos parâmetros geométricos do elipsoide, apresentam-se na Tabela 3.3 seus valores referentes ao elipsoide GRS80.

TABELA 3.3 • Parâmetros geométricos do elipsoide GRS80

Parâmetro	Valor	Parâmetro	Valor
b = semieixo menor da elipse	6.356.752,3140 m	e' = segunda excentricidade	0,082094438
e = primeira excentricidade	0,081819191	e'^2 = segunda excentricidade quadrática	0,006739497
e^2 = primeira excentricidade quadrática	0,006694380		

3.2.5 Modelo esférico

Os cálculos geodésicos sobre o elipsoide exigem aplicações de conceitos de geometria esférica, muitas vezes excessivos para a ordem de grandeza das medições realizadas para os projetos de Engenharia. Por isso, em muitos casos, ele é substituído por uma esfera, cujo modelo matemático é muito mais simples. Assim, considerando que os projetos de Engenharia, na sua maioria, abrangem uma região limitada do globo terrestre, a superfície elipsoidal dessa região é substituída por uma superfície esférica com um raio de curvatura calculado em função do raio de curvatura do elipsoide na direção Norte-Sul, denominado *raio de curvatura da seção meridiana* (M) e do raio de curvatura na direção Leste-Oeste, denominado *raio de curvatura do primeiro vertical* (N). Os valores desses raios dependem da latitude (ϕ_g) do ponto central da área considerada. Existem, assim, dois raios de curvatura que são utilizados para a definição das dimensões do esferoide: o *raio médio local da terra* (neste livro denotado por R_0) e o *raio da seção normal de azimute* α, (neste livro denotado por R_α). O uso de (R_α) restringe-se aos casos em que se tem uma direção preferencial para o cálculo do raio médio. Apresentam-se a seguir as equações para os cálculos de cada um deles.

$$R_0 = \sqrt{M \star N} = \frac{a \star \sqrt{1-e^2}}{1-e^2 \star \text{sen}^2\left(\phi g\right)} \tag{3.9}$$

$$R_\alpha = \frac{M \star N}{M \star \text{sen}^2\left(Azg\right) + N \star \cos^2\left(Azg\right)} \quad \text{ou} \quad \frac{1}{R_\alpha} = \frac{\cos^2\left(Azg\right)}{M} + \frac{\text{sen}^2\left(Azg\right)}{N} \tag{3.10}$$

Sendo:
a = semieixo maior da elipse;
e^2 = primeira excentricidade quadrática;
Azg = azimute geodésico do alinhamento considerado.

Em algumas situações, utiliza-se o valor do raio médio local da terra como sendo igual à média ponderada dos eixos do elipsoide, conforme indicado a seguir:

$$R_0 = \frac{2a+b}{3} = a \star \left[\frac{2}{3} + \frac{\sqrt{1-e^2}}{3}\right] \tag{3.11}$$

Assim, para o caso do elipsoide GRS80, esse valor seria igual a aproximadamente 6.371 km, ou seja, este é o valor que se pode adotar quando não se tem condições de calcular o raio médio local com maior precisão. Na literatura, o leitor encontrará, ainda, outras definições para o raio médio, as quais são de menor interesse para a Engenharia.

Exemplo aplicativo **3.1**

Com os valores indicados na Tabela 3.3, calcular os parâmetros geométricos indicados na sequência deste exercício, para um local de latitude geodésica igual a –22° 00″ 17,8160″ e com direção preferencial no alinhamento com azimute geodésico[11] igual a 283°33′ 22,4158″.

Calcular:
    a) raio de curvatura da seção meridiana (M);
    b) raio de curvatura do primeiro vertical (N);
    c) raio médio local da Terra;
    d) raio da seção normal de azimute (α).

---

[11] Para mais detalhes sobre latitude geodésica e azimute geodésico, ver *Capítulo 4 – Sistemas de coordenadas*.

■ Solução:

O raio de curvatura da seção meridiana é calculado de acordo com a equação (3.7).

$$M = \frac{6.378.137,000 * (1 - 0,006694380)}{\left[1 - 0,006694380 * sen^2 \left(-22°00'17,8160''\right)\right]^{3/2}} = 6.344.381,135\,m$$

O raio de curvatura do primeiro vertical é calculado de acordo com a equação (3.8).

$$N = \frac{6.378.137,000}{\sqrt{1 - 0,006694380 * sen^2 \left(-22°00'17,8160''\right)}} = 6.381.136,280\,m$$

O raio médio da Terra para o local em questão é calculado de acordo com a equação (3.9).

$$R_0 = \sqrt{6.344.381,135 * 6.381.136,280} = 6.362.732,167\,m \cong 6.362.732\,m$$

O raio médio da seção normal em azimute para o local em questão é calculado de acordo com a equação (3.10).

$$R_\alpha = \frac{6.344.381,135 * 6.381.136,280}{6.344.381,135 * sen^2 \left(283°33'22,4158''\right) + 6.381.136,280 * cos^2 \left(283°33'22,4158''\right)} = 6.379.105,785\,m \cong 6.379.106\,m$$

Nota: é importante salientar que, para os cálculos topográficos e geodésicos aplicados em Engenharia, não é necessário considerar as casas decimais dos valores do raio médio local da Terra. Neste livro, em alguns casos, mantêm-se as casas decimais para auxiliar o leitor na conferência de seus cálculos.

3.3 *Datum* geodésico

Após definir a superfície de referência, ou seja, o espaço geométrico para a modelagem matemática dos dados espaciais, é preciso também definir um sistema de coordenadas, com origem e orientação bem definidos, o qual será utilizado para georreferenciar os dados espaciais de forma unívoca. Ao conjunto formado pela superfície de referência e o sistema de coordenadas dá-se o nome, em Geomática, de *datum*.[12]

Conforme já citado, o *datum* mais simples utilizado em Geomática é aquele definido por uma superfície de referência plana e por um sistema de coordenadas cartesiano definido pelo usuário. Este é o caso, por exemplo, de um *datum* local definido para o projeto de uma obra de Engenharia, cujas dimensões permitam adotar um referencial plano local sem afetar a qualidade dos valores envolvidos no projeto. Diz-se, nesse caso, que se tem um *datum topográfico local* ou um *datum geodésico local*, conforme definição indicada na *Seção 3.2.2 – Referencial plano*.

À medida que a área de projeto aumenta ou deseja-se representar uma área extensa da Terra, o referencial plano, evidentemente, não serve aos propósitos da Geomática e adota-se, nesse caso, um *datum* denominado *datum geodésico*, o qual considera o elipsoide como superfície de referência.

Existem dois tipos de data: *datum horizontal* e *datum vertical*. O *datum* horizontal é a referência usada para determinar as posições planimétricas dos dados geoespaciais. O *datum* vertical é a referência usada para determinar as *altitudes* em que se encontram os dados geoespaciais. Esses dois conceitos serão discutidos em detalhes na sequência do texto.

3.4 Sistema Geodésico de Referência (SGR)

Após a definição matemática do *datum* local ou do *datum* geodésico, procede-se à implantação de uma rede de pontos com coordenadas planimétricas e altimétricas referenciadas a eles. A esse procedimento dá-se o nome de *realização do sistema de referência*. Ao conjunto de informações que descrevem o *datum* mais a rede de pontos de coordenadas conhecidas, materializados sobre a superfície topográfica terrestre, dá-se o nome de *Sistema Topográfico Local* (STL), *Sistema Geodésico Local* (SGL) ou *Sistema Geodésico de Referência* (SGR).[13] Assim, de modo semelhante ao *datum*, os sistemas de referências podem ser planimétricos ou altimétricos (vertical).

Para o caso do *STL* ou do *SGL*, os sistemas planimétricos e altimétricos são desenvolvidos para situações particulares, não cabendo nenhuma análise generalista. Já para o caso dos sistemas de referência geodésicos, ao longo dos anos, foram desenvolvidos vários sistemas planimétricos e altimétricos para diferentes regiões da Terra. Descreve-se nas próximas seções as principais características dos mais importantes, entre eles para a região da América do Sul.

---

[12] A palavra *datum* (plural *data*) é um termo latino cujo significado, em Engenharia, pode ser entendido como uma referência geométrica – um ponto, uma linha ou uma superfície, por exemplo.

[13] Além das redes altimétricas e planimétricas, um sistema geodésico de referência é composto também pela rede gravimétrica.

É importante o leitor notar a importância de utilizar-se um sistema de referência único para os projetos de Geomática. Agindo dessa maneira, todos os levantamentos de campo estarão relacionados a uma única rede de pontos de referência e isso significa que todos os levantamentos (novos e antigos) combinam-se perfeitamente para garantir a continuidade de projetos contíguos. Grandes projetos podem ser subdivididos em levantamentos independentes, desconectados fisicamente, porém conectados computacionalmente pelo fato de compartilharem a mesma rede de pontos de referência. Da mesma forma, diferentes dados podem ser compartilhados entre diferentes projetos, uma vez que todos estão no mesmo sistema de referência. Além de todas essas vantagens, é importante salientar que pelo uso de um sistema de referência único, nenhum ponto estará perdido, uma vez que ele poderá sempre ser recuperado por intermédio de suas coordenadas conhecidas.

3.4.1 Sistema Geodésico de Referência Planimétrica (SGRP)

Os sistemas geodésicos de referência planimétrica[14] de destaque para a Geomática e para a região da América do Sul são apresentados a seguir.

3.4.1.1 Sistema geodésico ITRS

O sistema geodésico de referência *International Terrestrial Reference System* (ITRS) é um sistema geodésico de referência global e dinâmico, cujo *datum* baseia-se em um sistema de coordenadas cartesiano espacial[15] com origem coincidente com o centro de massa da Terra e com seus eixos orientados segundo os eixos de orientação da Terra, ou seja, o eixo vertical (Z) coincide com o eixo de rotação da Terra, o eixo-X coincide com a direção do meridiano astronômico de Greenwich e o eixo-Y é perpendicular ao eixo-X. O elipsoide de referência adotado para os cálculos das latitudes e longitudes, nesse sistema, é o GRS80 (Tab. 3.3). A realização e manutenção desse sistema é de responsabilidade do *International Earth Rotation and Reference Systems Service* (IERS),[16] que mantém uma rede de pontos de coordenadas conhecidas, por meio de técnicas de medições espaciais modernas, como VLBI, LLR, SLR, GNSS, DORIS[17] e outras.

A rede de pontos de coordenadas conhecidas do sistema ITRS é denominada *International Terrestrial Reference Frame* (ITRF), que significa Rede de Pontos de Referência Internacional. Ela consiste em uma rede internacional de pontos geodésicos materializados sobre toda a superfície terrestre, com precisões da ordem do centímetro.

As realizações sucessivas do ITRF são denominadas ITRFyy e estão disponíveis no portal de internet https://itrf.ign.fr/en/homepage.

3.4.1.2 Sistema geodésico WGS84

O World Geodetic System 1984 (WGS84) é um sistema de referência terrestre definido e realizado inicialmente pela *Defense Mapping Agency* (DMA), do Departamento de Defesa dos EUA. Ele é um sistema geodésico de referência mundial, tridimensional, geocêntrico e com seus eixos orientados segundo os eixos da Terra. Utiliza como referência geodésica o elipsoide WGS84 (Tab. 3.1). A determinação da sua rede de pontos de referência geodésica apoia-se nas medições realizadas pelo IERS.

A importância do WGS84 para a Geomática decorre do fato de ele ser o sistema geodésico de referência utilizado pelo sistema de posicionamento *Global Positioning System* (GPS). Assim, por conta do fato de o sistema GPS sofrer refinamentos periódicos, da mesma forma que o ITRS, o WGS84 possui diferentes realizações da sua rede de pontos de referência, em função das necessidades do sistema GPS.

O leitor deve notar que a sigla WGS84 é utilizada tanto para indicar o elipsoide quanto o sistema geodésico de referência.

3.4.1.3 Sistema Geodésico Brasileiro (SGB) – Datum planimétrico

O primeiro Sistema Geodésico adotado no Brasil utilizou como referência o elipsoide Internacional de Hayford (Tab. 3.1) e, como ponto fundamental, o vértice de Córrego Alegre (VT-Córrego Alegre). Esse sistema ainda está presente na cartografia nacional de algumas regiões do país, porém não é mais indicada a sua aplicação. A partir de 1983, por meio da Resolução PR nº 22 – Especificações e normas gerais para levantamentos geodésicos –, o IBGE definiu o Elipsoide de Referência Internacional de 1967 (Tab. 3.1) como o elipsoide de referência para o Sistema Geodésico Brasileiro, designado por South American Datum 1969 (SAD69).

Até 2015, o Brasil possuía dois sistemas geodésicos oficiais. O primeiro estava baseado no sistema geodésico SAD69 e o segundo, baseado no *Sistema de Referência Geocêntrico para as Américas* (SIRGAS), em sua realização do ano 2000 (SIRGAS2000), e que tem como elipsoide de referência o elipsoide GRS80. A partir de 2015, o Brasil passou a contar oficialmente com apenas o sistema SIRGAS2000 (documento nº 1/2005 do IBGE). Apresentam-se, a seguir, as principais características desse sistema geodésico:

---

[14] Notar que o termo referência planimétrica, nesse caso, é apenas coloquial, uma vez que ela não se refere a um plano propriamente dito.

[15] Para mais detalhes, ver *Seção 4.6 – Sistema de coordenadas espaciais*.

[16] Para mais informações sobre o IERS, consultar www.iers.org/IERS/EN/Home/home_node.html.

[17] Para mais detalhes sobre essas técnicas de medição, ver bibliografias especializadas.

a) Sistema Geodésico de Referência: Sistema de Referência Terrestre Internacional (ITRS);
b) Figura geométrica para a Terra: Elipsoide do Sistema Geodésico de Referência de 1980 (Geodetic Reference System 1980 – GRS80);
c) *Datum* vertical: Imbituba (litoral do estado de Santa Catarina);
d) Origem do sistema: centro de massa da Terra;
e) Orientação: polos e meridiano de referência consistentes em $\pm 0,005''$ com as direções definidas pelo Bureau International de l'Heure (BIH), em 1984,0;
f) Época de referência das coordenadas: 2000,4;
g) Materialização: por intermédio de todas as estações que compõem a Rede Geodésica Brasileira, implantadas a partir das estações de referência que compõem o sistema SIRGAS2000.

A implantação do SIRGAS2000 foi realizada por intermédio de observações da tecnologia GNSS utilizando pontos de referência localizados em quase todos os países do continente americano (América do Sul, América Central, América do Norte e Caribe). Ele consiste, fundamentalmente, de novos pontos agregados à rede geodésica ITRF.

É importante salientar que embora o sistema SIRGAS2000 adote o elipsoide GRS80 como figura geométrica da Terra, o IBGE considera que existe uma compatibilidade entre ele e o elipsoide WGS84 ao nível do centímetro. Dessa forma, para fins práticos e sempre que a determinação das coordenadas planimétricas não exigir qualidade superior ao centímetro, é totalmente indiferente usar quaisquer dos dois elipsoides, não sendo, portanto, necessário a realização de transformação de coordenadas entre eles.

Pelo fato de o SIRGAS2000 ter sido adotado recentemente, muitas vezes, pode ser necessário realizar transformações de coordenadas entre ele e o Sistema Geodésico SAD69. Para esses casos, o IBGE recomenda utilizar o modelo de transformação com 3 parâmetros, conforme apresentado na *Seção 4.8.2.2.1 – Transformação de coordenadas espaciais com 3 parâmetros*. Assim, de acordo com os documentos do IBGE nº 23/1989 e nº 1/2005, tem-se:

$$\begin{bmatrix} X \\ Y \\ Z \end{bmatrix}_{SAD69} = \begin{bmatrix} X \\ Y \\ Z \end{bmatrix}_{SIRGAS2000} + \begin{bmatrix} 67,35 \\ -3,88 \\ 38,22 \end{bmatrix} m \qquad (3.12)$$

A rede de pontos planimétricos do sistema geodésico brasileiro é composta por um conjunto de pilares (ou marcos) geodésicos e pela rede de estações de referência GNSS de rastreamento contínuo[18] do IBGE, conforme ilustrado na Figura 3.6.

(a) Pilar geodésico.   (b) Estação RBMC/GNSS de monitoramento contínuo.

FIGURA 3.6 • Exemplos de marcos geodésicos utilizados pelo IBGE. Cortesia: IBGE.

No passado, os pilares (ou marcos) geodésicos eram dispostos em distâncias de 30 a 50 km entre si. Eles eram, geralmente, implantados em locais elevados do terreno com uma precisão da ordem de alguns centímetros e formavam os vértices de uma rede de triângulos fundamentais de um país ou região, denominada *Rede de Triangulação Geodésica* ou, ainda, *Rede de*

---
[18] Para mais detalhes, ver *Seção 20.2 – Estrutura dos sistemas GNSS*.

Triangulação de Primeira Ordem. Esses pontos fundamentais sempre foram determinados por meio da combinação de visadas astronômicas e pelo estabelecimento de uma rede de triangulação terrestre. Mais recentemente, as redes de triangulação foram praticamente eliminadas e os pontos fundamentais das redes geodésicas passaram a ser determinados por intermédio de medições com a tecnologia GNSS. Dessa forma, as coordenadas dos vértices da rede de triangulação existente foram reajustadas, de acordo com as observações GNSS, e os valores das coordenadas dos novos marcos são determinados exclusivamente por intermédio de observações GNSS ajustadas em rede. A partir desse novo conceito de rede geodésica, o IBGE classifica os pontos geodésicos (segundo a PR nº 22/83 do IBGE) da seguinte forma:

a) *Levantamentos geodésicos de alta precisão (de âmbito nacional)*: subdividem-se segundo os fins aos quais se destinam, em científico e fundamental. O primeiro é voltado ao atendimento de programas de pesquisas internacionais e o segundo, ao estabelecimento de pontos primários no suporte de trabalhos geodésicos de menor precisão e às aplicações em Cartografia.

b) *Levantamentos geodésicos de precisão (de âmbito regional)*: condicionam-se ao grau de desenvolvimento socioeconômico. Quanto mais valorizado é o solo na região, mais precisos deverão ser seus resultados.

c) *Levantamentos geodésicos para fins topográficos (de características locais)*: dirigem-se ao atendimento dos levantamentos no horizonte topográfico; correspondem aos critérios em que a exatidão prevalece sobre implicações impostas pela figura da Terra.

Apresentam-se na Tabela 3.4 alguns sistemas geodésicos de destaque para os países da América do Sul.

TABELA 3.4 • Sistemas geodésicos de destaque para os países da América do Sul

Nome e elipsoide de referência	Sigla	*Datum* horizontal	Valores dos elementos geométricos do elipsoide de referência	
Brasileiro (antigo) Internacional de 1924 (Hayford)	SGB-CA	VT-Córrego Alegre	$a = 6.378.388$ m	$f = 1/297$
Brasileiro e Sul-Americano Elipsoide de Referência 1967	SAD69	VT-Chuá	$a = 6.378.160$ m	$f = 1/298,25$
Brasileiro (Atual) GRS80	SIRGAS2000	Rede de pontos	$a = 6.378.137$ m	$f = 1/298,257222101$

3.4.2 Sistema Geodésico de Referência Altimétrica (SGRA)

Os sistemas geodésicos de referência altimétrica possuem a função exclusiva de estabelecer as referências para as determinações dos valores das altitudes dos dados geoespaciais. É necessário, entretanto, esclarecer que, enquanto os sistemas clássicos planimétricos são de natureza puramente geométrica, os altimétricos são de natureza física, uma vez que são dependentes do campo gravítico terrestre, ou seja, ligados à noção complexa do geoide.

Para a Geomática, entretanto, por simplificação, a definição de um sistema geodésico de referência altimétrica baseia-se na adoção do nível médio do mar como aproximação adequada da superfície equipotencial primordial, isto é, o geoide, sobre o qual é definido um ponto de altitude arbitrária, denominado *ponto fundamental* ou *datum vertical*. A altitude desse ponto corresponde à altitude média do nível do mar, determinada em um lugar apropriado da costa de um país ou região, durante um período definido e calculada por meio de registros de um marégrafo. A determinação e a implantação da rede de pontos de referência altimétrica são realizadas por intermédio de uma rede de nivelamento geométrico[19] complementada por observações gravimétricas para considerar o fato de as superfícies equipotenciais não serem paralelas entre si nas posições niveladas. Aos marcos dessa rede de pontos altimétricos dá-se o nome *Referência de Nível (RN)*. Os detalhes sobre os componentes da rede de pontos altimétricos estão apresentados na *Seção 3.5.1 – Ondulação geoidal*.

3.4.2.1 *Sistema Geodésico Brasileiro – Datum altimétrico*

No Brasil, o primeiro *datum* vertical utilizado como referência para as redes de nivelamento geodésicos foi o de Torres, situado na cidade de mesmo nome, no estado do Rio Grande do Sul. Ele foi definido levando em consideração apenas informações de observações maregráficas realizadas entre 1919 e 1920.

A partir de 1949, o Serviço Geodésico Interamericano (IAGS) iniciou a implantação de uma rede de estações maregráficas ao longo do litoral brasileiro. Além dessas estações, o IBGE utilizou informações coletadas pela estação localizada no litoral do estado de Santa Catarina, na Baía de Imbituba e definiu que, a partir de 1959 até os dias de hoje, o *datum* vertical do Sistema Geodésico Brasileiro é o *Datum* de Imbituba. A definição desse ponto levou em conta a média dos níveis médios do mar anuais entre 1949 e 1957.

---

[19] Para mais informações sobre nivelamento geométrico, ver *Capítulo 12 – Altimetria*.

Para a região do Amapá, em função da impossibilidade de travessia do baixo curso do Rio Amazonas com nivelamento de alta precisão, o IBGE adotou o *Datum* de Santana como referencial altimétrico para essa região. Têm-se, assim, no Brasil, dois *data* altimétricos.

No caso do Brasil, o IBGE disponibiliza as altitudes e a localização dos pontos da rede altimétrica em seu portal da internet. Dentre as várias ações desenvolvidas por esse órgão, destaca-se o estabelecimento de um conjunto homogêneo de marcos altimétricos com altitudes de alta precisão em todo o território nacional. Esse conjunto de marcos altimétricos é formalmente denominado Rede Altimétrica de Alta Precisão (RAAP) do Sistema Geodésico Brasileiro e são materializados no terreno, conforme o exemplo apresentado na Figura 3.7. Outros órgãos governamentais, muitas vezes, fazem o mesmo. O leitor deve, contudo, prestar muita atenção aos *RN* disponibilizados pelos diferentes órgãos, uma vez que eles nem sempre são consistentes entre si.

FIGURA 3.7 • Exemplo de marco de *RN* reconhecido pelo IBGE.
Fonte: adaptada de IBGE.

É importante salientar que, em 2018, o IBGE realizou um novo ajuste da rede altimétrica brasileira, considerando agora o campo gravitacional real, gerando novos valores de altitudes para a rede altimétrica brasileira, conforme descrito no *Relatório de Reajustamento da Rede Altimétrica com Números Geopotenciais* (REALT-2018), publicado por esse órgão.

Para obter informações sobre localizações, disponibilidade e outros dados pertinentes aos marcos geodésicos, estações de referência *GNSS* de rastreamento contínuo e *RN* do Sistema Geodésico Brasileiro, o leitor deverá consultar o endereço do portal de internet: https://www.ibge.gov.br/geociencias/informacoes-sobre-posicionamento-geodesico/rede-geodesica.

Os detalhes referentes ao uso do *datum* altimétrico em Geomática são apresentados no *Capítulo 12 – Altimetria*.

3.5 Relação entre o elipsoide e o geoide

Conforme já discutido, o elipsoide e o geoide são duas referências distintas utilizadas para diferentes propósitos em Geomática. Pelo fato de a superfície equipotencial, que define o geoide, ser de difícil definição matemática e a verticalidade das estruturas e o escoamento da água ocorrer em decorrência da ação da força de gravidade, as determinações de elevações sobre o terreno são realizadas sobre uma superfície matemática próxima ao geoide, denominada *quase-geoide*. Por outro lado, para o posicionamento horizontal de dados espaciais, utiliza-se o elipsoide. Assim, como elas não são superfícies coincidentes e, na maioria das vezes, nem paralelas, existem dois componentes geométricos que devem ser considerados para a compatibilização das medições topográficas ou geodésicas realizadas sobre a superfície terrestre e sua modelagem matemática sobre a superfície de referência elipsoidal. São elas: a altura geoidal e o desvio da vertical. Apresentam-se a seguir os detalhes geométricos e algébricos dessas duas grandezas.

3.5.1 Ondulação geoidal

Em decorrência da variação das massas do globo terrestre e pelo fato de algumas partes da Terra serem mais densas que outras, a soma dos vetores de gravidade afeta a forma das superfícies equipotenciais, tornando-as irregulares. Essa irregularidade faz com que as linhas ortogonais às superfícies do elipsoide e do geoide não sejam coincidentes e possuam, por isso, denominações diferentes. Conforme indicado na Figura 3.8, a reta perpendicular ao elipsoide é denominada *linha normal*, a linha ortogonal ao geoide (e às demais equipotenciais verdadeiras) é denominada *vertical do lugar* e a linha ortogonal à superfície do elipsoide (e demais equipotenciais normais, ou esferoidais) é denominada *vertical normal*.

No território brasileiro, até meados de 2018, a rede de pontos de referência altimétrica disponibilizada pelo IBGE, baseava-se em valores de altitude calculados por intermédio de nivelamentos geométricos de precisão, considerando o *Datum* Vertical Brasileiro (DVB) como superfície de referência. Pela dificuldade de se conhecer exatamente a posição do DVB em relação ao geoide, considerava-se que ambas eram coincidentes. Além disso, em razão da carência de informação gravimétrica nas referências de nível (RRNN), utilizava-se a gravidade normal (ou teórica), calculado com as fórmulas internacionais vigentes, e as altitudes calculadas sobre o DVB eram denominadas altitudes ortométricas. Tinha-se, assim, um modelo simplificado de elevações, conforme indicado na Figura 3.9. A partir de 2018, conforme já citado, houve um ajustamento da rede altimétrica com números geopotenciais e o modelo a ser considerado é o ilustrado na Figura 3.8.

Das Figuras 3.8 e 3.9 observa-se que a *altura elipsoidal* ou *geométrica* (h_p) é a distância (sobre a linha normal) entre o ponto (P), da superfície topográfica, e o ponto (Q), situado sobre o elipsoide. A *altitude ortométrica* (H_p) é a distância (sobre a linha vertical do lugar) entre o ponto (P), da superfície topográfica, e o ponto (P_0), situado sobre o geoide. A *altitude normal* (H_p^N) é a distância (sobre a vertical normal) entre o ponto (P), da superfície topográfica, e o ponto (Q_0'), situado sobre o *quase-geoide*. Esta última está vinculada à superfície elipsoidal pela anomalia de altura (ζ) e não é uma superfície equipotencial como o geoide. Este assunto envolve vários conceitos que são próprios da Geodésia Física, os quais não serão discutidos neste livro. Recomenda-se aos leitores interessados consultarem bibliografias especializadas.

Ressalta-se que as curvaturas indicadas nas linhas representativas da *vertical do lugar* e da *vertical normal*, ilustradas nas Figuras 3.8 e 3.9, ocorrem por conta do não paralelismo das superfícies equipotenciais e, no caso da vertical do lugar, também pela distribuição heterogênea das massas terrestres. Esse assunto é tratado com mais detalhes no *Capítulo 12 – Altimetria*.

O fato importante a ser ressaltado, nesse contexto, é que, a partir de 30 de julho de 2018, as altitudes divulgadas pelo IBGE já não são as altitudes ditas ortométricas, e sim as altitudes normais.

A altura elipsoidal possui significado puramente geométrico, uma vez que ela refere-se à figura matemática do elipsoide. Seu valor pode ser calculado por intermédio de medições com instrumentos da tecnologia GNSS, que permitem determinar os valores das coordenadas cartesianas geocêntricas de qualquer ponto na superfície terrestre ou próximo a ela. Assim, conforme descrito na *Seção 4.9.2.3.2 – Transformação de coordenadas cartesianas espaciais geocêntricas para geodésicas*, desde que se tenha um elipsoide relacionado ao sistema cartesiano, pode-se calcular o valor da altura elipsoidal (h).

A altitude ortométrica e a altitude normal possuem significado físico, pois se relacionam com o potencial gravimétrico do ponto. Conforme já citado, elas são determinadas por meio de nivelamentos topográficos e medições gravimétricas. Por isso, elas são as altitudes tomadas como referência para os trabalhos de Engenharia.

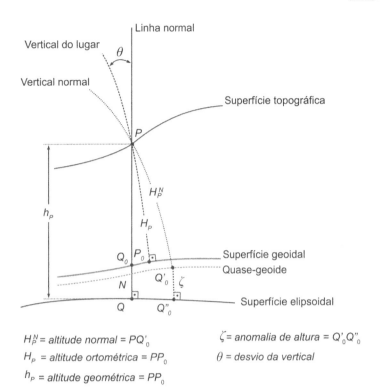

H_p^N = altitude normal = PQ_0'
H_p = altitude ortométrica = PP_0
h_p = altitude geométrica = PP_0
ζ = anomalia de altura = $Q_0'Q_0''$
θ = desvio da vertical

FIGURA 3.8 • Relação entre altura elipsoidal, altitude ortométrica e altitude normal.

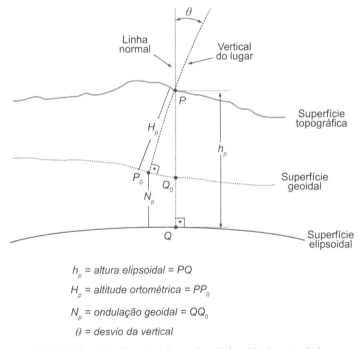

h_p = altura elipsoidal = PQ
H_p = altitude ortométrica = PP_0
N_p = ondulação geoidal = QQ_0
θ = desvio da vertical

FIGURA 3.9 • Relação entre altura elipsoidal e altitude ortométrica.

Pelo fato de a altura elipsoidal e as altitudes ortométrica e normal possuírem superfícies de referência diferentes, tem-se uma diferença de altura entre elas. Essa diferença, quando relacionada ao geoide, é denominada *ondulação geoidal* ou *altura geoidal*, denotada pela letra (N), e quando relacionada ao quase-geoide, conforme já citado, é denominada *anomalia de altura*. Assim, de acordo com as Figuras 3.8 e 3.9, têm-se:

$$h = N + H * \cos\theta \tag{3.13}$$

$$h = \zeta + H^N \tag{3.14}$$

Como o valor do desvio da vertical (θ) é de apenas alguns segundos de arco, ele pode ser ignorado e, nesse caso, adota-se:

$$h \cong N + H \qquad (3.15)$$

Os valores de (N) e de (ζ) podem ser positivos ou negativos. Eles são positivos quando a superfície geoidal ou a quase-geoidal estiverem acima da elipsoidal.

O conhecimento do valor de (N) ou de (ζ) permite, portanto, compatibilizar as medições altimétricas realizadas com a tecnologia GNSS com aquelas realizadas por meio de nivelamentos topográficos. Por essa razão, geralmente, os institutos geodésicos ou organizações de mapeamento de vários países têm se preocupado com o desenvolvimento de modelos, mais ou menos precisos, que permitam determinar esses valores. Para o Brasil, o IBGE é a instituição governamental oficial responsável por essas determinações.

O IBGE disponibiliza, atualmente, um modelo de ondulação geoidal denominado MAPGEO2015. Ele possui

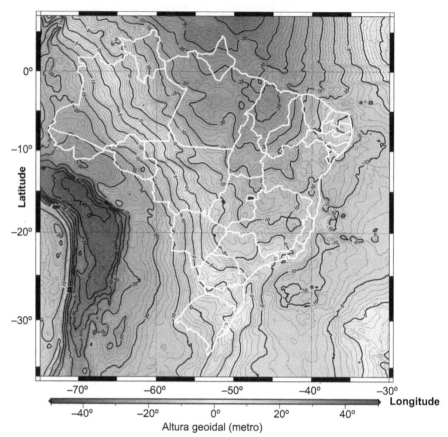

FIGURA 3.10 • Representação das curvas de isovalores de alturas geoidais para o Brasil e parte da América do Sul.

Fonte: PTR/EPUSP.

uma resolução de 5' e foi calculado pela Universidade de São Paulo (USP) utilizando cerca de 950 mil pontos de gravimetria terrestre para a América do Sul e permite obter a ondulação geoidal de um ponto ou de um conjunto de pontos, para o SIRGAS2000.

A Figura 3.10 apresenta o mapa de ondulação geoidal para a América do Sul, realizado pelo Laboratório de Topografia e Geodésia do Departamento de Engenharia de Transportes da Escola Politécnica da USP (EPUSP).

Nesse ponto, é importante que o leitor entenda claramente que não se pode usar instrumentos da tecnologia GNSS para nivelamentos sem que se conheça o valor de (N) ou de (ζ). Esse tema é tratado em detalhes no *Capítulo 20 – Sistemas de navegação global (GNSS)*.

As ferramentas para as conversões entre as diferentes altitudes estão em processo de finalização pelo IBGE. O leitor interessado poderá obter mais informações sobre a validação e formas de acesso ao modelo de ondulação geoidal brasileiro e às ferramentas de conversão, consultando o portal de internet do IBGE: www.ibge.gov.br.

3.5.2 Desvio da vertical

Outro efeito geométrico importante, decorrente da inconsistência geométrica entre o geoide e o elipsoide, é o *desvio da vertical* ou *deflexão da vertical*, que deve ser entendido como a diferença angular entre a direção da linha normal à superfície elipsoidal e a direção da linha de prumo (vertical do lugar), neste livro representado pela letra grega (θ), conforme ilustrados nas Figuras 3.9 e 3.11. Essa diferença angular ocorre em função da variação da inclinação da superfície geoidal em relação ao elipsoide de referência, ou seja, em função da energia equipotencial do lugar.

O desvio da vertical possui uma direção qualquer em relação aos pontos cardeais e nunca passa de alguns segundos de arco. Em geral, em torno de 5'' em regiões planas ou pouco onduladas, podendo alcançar, excepcionalmente, 30'' em regiões montanhosas. O cálculo do desvio da vertical pode ser realizado considerando os seus dois componentes ortogonais, sendo um na direção Norte-Sul do meridiano do lugar, denominado *componente meridiana* (ξ-qsi), e o outro na direção Leste-Oeste no plano que contém o círculo da primeira vertical, denominado *componente primeiro vertical* (η-eta).

A componente meridiana (ξ) é positiva quando situar-se ao Norte da normal ao elipsoide. O componente primeiro vertical (η) é positivo quando situar-se a Leste da normal ao elipsoide, ou seja, quando a vertical considerada estiver a Norte e a Leste da normal do lugar, conforme indicado na Figura 3.11.

O desvio da vertical é pouco utilizado nos trabalhos correntes da Geomática. Existem casos, contudo, em medições de alta precisão, que seu valor deve ser conhecido, por exemplo:

a) na transformação de coordenadas astronômicas para geodésicas, ou vice-versa;
b) na transformação de azimutes determinados por giroteodolitos[20] para azimutes geodésicos;
c) na redução de direções horizontais e ângulos verticais medidos na superfície terrestre para o elipsoide;
d) na redução das distâncias topográficas inclinadas (d') para distância elipsoidal (d_0);[21]
e) na determinação de diferenças de altura por meio de ângulos verticais e distâncias inclinadas, em casos de medições de alta precisão;
f) na correção de desníveis calculados por intermédio de nivelamento geométrico.

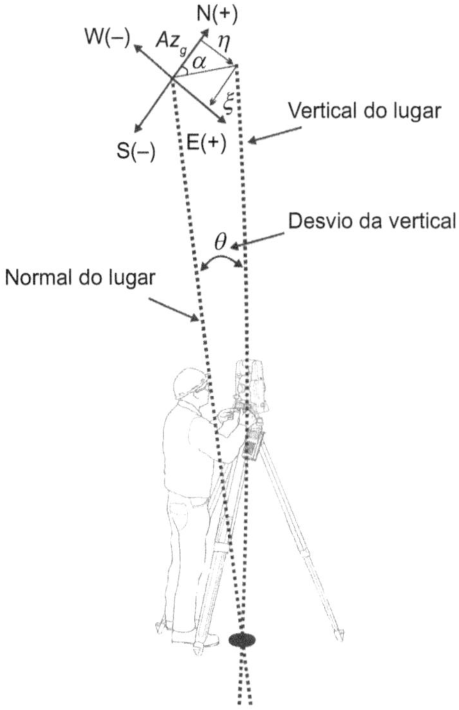

Os componentes do desvio da vertical (ξ, η) podem ser calculados pelo Método Clássico, de acordo com as equações indicadas a seguir, as quais fazem uso do conceito de *latitude e longitude astronômica* e *latitude e longitude geodésica*, entre outros. Recomenda-se aos leitores menos familiarizados com os conceitos utilizados nesta seção consultarem os capítulos subsequentes deste livro.

Considerando que o componente (ξ) situa-se sobre a linha meridiana, ele pode ser calculado de acordo com a equação (3.16):

$$\xi = \phi_a - \phi_g \tag{3.16}$$

FIGURA 3.11 • Componentes do desvio da vertical.

Sendo:

ϕ_a = a latitude astronômica;

ϕ_g = a latitude geodésica.

Da mesma forma, como o componente (η) situa-se sobre a perpendicular à seção meridiana, ele pode ser calculado de acordo com a equação (3.17).

$$\eta = \left(\lambda_a - \lambda_g\right) * \cos\left(\phi\right) \tag{3.17}$$

Notar o uso da latitude (ϕ) no lugar de (ϕ_a) ou (ϕ_g). Esta simplificação é decorrente do fato de a diferença entre as latitudes geodésica e astronômica ser muito pequena e, por isso, a latitude usada na equação pode ser qualquer uma das duas. De acordo com a Figura 3.12 e as equações (3.16) e (3.17), deduz-se que:

$$\theta = \sqrt{\xi^2 + \eta^2} \tag{3.18}$$

$$\theta = \xi * \cos\left(Az_g\right) + \eta * \text{sen}\left(Az_g\right) \tag{3.19}$$

$$Az_g = \text{arctg}\left(\frac{\eta}{\xi}\right) \tag{3.20}$$

$$\phi_g = \phi_a - \xi \tag{3.21}$$

$$\lambda_g = \lambda_a - \eta * \sec\left(\phi_g\right) \tag{3.22}$$

Sendo, (Az_g) = o azimute geodésico.

Da equação (3.22) deriva-se a *Equação de Laplace*, indicada pela equação (3.23), que permite converter um azimute astronômico em azimute geodésico.

$$Az_g = Az_a - \left(\lambda_a - \lambda_g\right) * \text{sen}\left(\phi\right) = Az_a - \eta * \text{tg}\left(\phi\right) \tag{3.23}$$

---

[20] Instrumento de medição topográfica composto de um giroscópio acoplado a um teodolito e utilizado para determinações da orientação do azimute verdadeiro de uma direção.

[21] Para mais detalhes, ver *Capítulo 6 – Distâncias*.

Sendo:

λ_a, λ_g = longitude astronômica e geodésica;

Az_a = azimute astronômico.

Conforme já citado, a utilização do método clássico exige o conhecimento das latitudes e longitudes geodésicas e astronômicas. As primeiras podem ser obtidas com a utilização da tecnologia GNSS, porém as astronômicas exigem observações astronômicas.

Outra solução para esse caso é calcular o desvio da vertical por intermédio do Método de Helmert, que se baseia no cálculo das diferenças entre os ângulos verticais zenitais geodésicos (z_g) e astronômicos (z_a) de um conjunto de medições a partir de um ponto de referência (P) a vários pontos (Q_i), conforme ilustração da Figura 3.12. Assim, tem-se:

$$\theta = z_g - z_a = -\frac{\Delta N_{PQ}}{d_0} \qquad (3.24)$$

Sendo:

ΔN_{PQ} diferença da ondulação geoidal entre os pontos (P) e (Q);
d_0 = distância elipsoidal.

A equação (3.24) considera que a distância entre os pontos (P) e (Q) é suficientemente pequena para que se possa considerar uma variação linear do desvio da vertical no ponto (P). Da mesma forma, em geral, pode-se também considerar a distância elipsoidal (d_0) como sendo igual à distância inclinada entre os pontos (P) e (Q). Assim, considerando a equação (3.19), tem-se:

$$\theta = -\frac{\Delta N_{PQ}}{d_0} = \xi * \cos(Az_{g_{PQ}}) + \eta * \text{sen}(Az_{g_{PQ}}) \qquad (3.25)$$

Sendo:

$$\Delta N_{PQ} \cong N_P - N_Q = (h_P - H_P) - (h_Q - H_Q) \qquad (3.26)$$

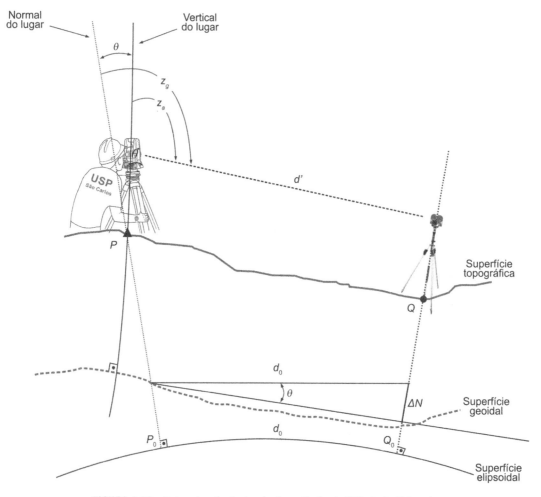

FIGURA 3.12 • Determinação do desvio da vertical pelo Método de Helmert.

REFERÊNCIAS GEODÉSICAS E TOPOGRÁFICAS **37**

Da equação (3.26), conclui-se que o desvio da vertical pode ser calculado independentemente do conhecimento das ondulações geoidais, sendo necessário apenas o conhecimento das alturas geométricas e ortométricas e as distâncias elipsoidais entre os pontos considerados no cálculo. O leitor deve notar, contudo, que se trata de um método aproximado, cuja precisão depende das precisões com que se mediram as altitudes e do valor médio da distância elipsoidal (d_0), conforme indicado na equação (3.27).

$$s_\theta = \sqrt{\frac{s_{\Delta H}^2 + s_{\Delta h}^2}{d_0^2}}$$
(3.27)

Sendo:
s_θ = precisão do desvio da vertical;
$s_{\Delta H}$ = precisão do nivelamento geométrico;
$s_{\Delta h}$ = precisão do nivelamento GNSS.

Considerando uma distância de 1 km e precisões $s_{\Delta H}$ = 1 mm e $s_{\Delta h}$ = 10 mm, por exemplo, tem-se uma precisão s_θ = ±2,1″.

Para a aplicação prática do Método de Helmert, deve-se escolher um ponto (P) da superfície terrestre, a partir do qual se possa realizar irradiações a um conjunto de pontos (Q_i), distribuídos ao redor dele. Por meio de medições com receptores GNSS, pode-se determinar as coordenadas geodésicas do ponto (P) e de todos os pontos irradiados (Q_i) e, por conseguinte, os azimutes geodésicos correspondentes. Em seguida deve-se realizar um nivelamento geométrico entre o ponto (P) e cada ponto (Q_i). Têm-se, assim, os valores das alturas elipsoidais e ortométricas de cada ponto, os quais permitem estabelecer um sistema de equações do tipo (3.25), que depois de solucionado, indicam os valores dos componentes (ζ, η) do desvio da vertical.

Pelo fato de haver duas incógnitas, são necessários, pelo menos, dois pontos irradiados. Recomenda-se, contudo, utilizar mais pontos e, de preferência, distribuídos nas direções *N-S* e *E-W*. O cálculo dos valores das incógnitas, nesse caso, será dado por intermédio da aplicação de um método de resolução de sistemas de equações não lineares.

Exemplo aplicativo 3.2

Para a determinação do valor do desvio da vertical em um ponto (P), foram realizadas duas campanhas de observações de latitudes e longitudes astronômicas e geodésicas. Os valores obtidos estão indicados na Tabela 3.5. Considerando os resultados das observações, calcular os valores dos componentes meridiana e primeiro vertical e o desvio da vertical para o ponto (P).

TABELA 3.5 • Valores de latitude e longitude do ponto (P)

	Latitude	Longitude
Geodésica	–21° 58′ 57,65″	–47° 52′ 21,71″
Astronômica	–21° 58′ 54,32″	–47° 52′ 37,81″

■ *Solução:*

Para o cálculo do componente meridiana, aplica-se a equação (3.16), conforme indicado a seguir:

$$\xi = -21°\ 58'\ 54,32'' - \left(-21°\ 58'\ 57,65''\right) = 3,33''$$

Isso significa que a componente meridiana encontra-se ao Sul da linha normal do ponto.

Para o cálculo do primeiro vertical, aplica-se a equação (3.17), conforme indicado a seguir:

$$\eta = \left[-47°\ 52'37,81'' - \left(-47°\ 52'21,71''\right)\right] * \cos\left(-21°\ 58'\ 57,65''\right) = -14,93''$$

Isso significa que o componente primeiro vertical encontra-se a Oeste da normal do ponto. O valor do desvio da vertical é dado pela equação (3.18). Assim, tem-se:

$$\theta = \sqrt{\left(3,33\right)^2 + \left(-14,93\right)^2} = 15,30''$$

Exemplo aplicativo 3.3

Para avaliar o valor do desvio da vertical em um ponto (P), estabeleceu-se uma rede de pontos com a tecnologia GNSS, por intermédio da qual se obteve as coordenadas geodésicas, as alturas geométricas (elipsoidais) dos pontos da rede e os azimutes geodésicos entre o ponto (P) e os demais pontos da rede. Realizou-se também um nivelamento trigonométrico dessa rede, por intermédio do qual se obteve as altitudes ortométricas de todos os pontos. Os valores determinados estão indicados na Tabela 3.6. Com base nesses valores, calcular o desvio da vertical no ponto (P) pelo Método de Helmert.

38 TOPOGRAFIA PARA ENGENHARIA

TABELA 3.6 • Valores medidos em campo e calculados

Ponto	Azimute geodésico	Distância inclinada [m]	Altura elipsoidal (h) [m]	Altitude ortométrica (H) [m]	N [m] (h-H)	ΔN [m]
P			832,136	838,456	$-6,320$	---
Q_1	24° 27′ 14,3930″	477,221	833,878	840,250	$-6,372$	$-0,052$
Q_2	204° 27′ 22,0694″	559,679	840,797	847,158	$-6,361$	$-0,041$
Q_3	305° 05′ 22,5471″	249,673	838,008	844,376	$-6,368$	$-0,048$
Q_4	108° 33′ 30,8734″	162,166	822,967	829,327	$-6,360$	$-0,040$

■ *Solução:*

Em razão do comprimento das distâncias medidas, para a solução deste exercício, a distância elipsoidal será considerada igual à distância inclinada em cada irradiação. Assim, têm-se:

$$\left(\frac{-0,052}{477,221}\right) = \xi * \cos\left(24°27'14,3930''\right) + \eta * \mathrm{sen}\left(24°27'14,3930''\right)$$

$$\left(\frac{-0,041}{559,679}\right) = \xi * \cos\left(204°27'22,0694''\right) + \eta * \mathrm{sen}\left(204°27'22,0694''\right)$$

$$\left(\frac{-0,048}{249,673}\right) = \xi * \cos\left(305°05'22,5471''\right) + \eta * \mathrm{sen}\left(305°05'22,5471''\right)$$

$$\left(\frac{-0,040}{162,166}\right) = \xi * \cos\left(108°33'30,8734''\right) + \eta * \mathrm{sen}\left(108°33'30,8734''\right)$$

Adotando,

$$a_i = \cos\left(Az_{g_i}\right) \qquad b_i = \mathrm{sen}\left(Az_{g_i}\right) \qquad c_i = -\frac{\Delta N_{PQ}}{d_0}$$

Pode-se indicar as equações apresentadas na forma de matrizes, conforme indicado a seguir:

$$\underbrace{\begin{bmatrix} a_1 & b_1 \\ a_2 & b_2 \\ \vdots & \vdots \\ a_n & b_n \end{bmatrix}}_{A} * \underbrace{\begin{bmatrix} \xi \\ \eta \end{bmatrix}}_{X} = \underbrace{\begin{bmatrix} c_1 \\ c_2 \\ \vdots \\ c_n \end{bmatrix}}_{B} \tag{3.28}$$

Ou seja,

$$AX = B \tag{3.29}$$

A solução para o sistema de equações (3.28) pode ser obtida conforme indicado a seguir:

$$X = \begin{bmatrix} \xi \\ \eta \end{bmatrix} = \left[A^T A\right]^{-1} A^T B \tag{3.30}$$

Assim, têm-se:

$$A = \begin{bmatrix} \cos\left(Az_{g_{PQ1}}\right) & \mathrm{sen}\left(Az_{g_{PQ1}}\right) \\ \cos\left(Az_{g_{PQ2}}\right) & \mathrm{sen}\left(Az_{g_{PQ2}}\right) \\ \cos\left(Az_{g_{PQ3}}\right) & \cos\left(Az_{g_{PQ3}}\right) \\ \cos\left(Az_{g_{PQ4}}\right) & \cos\left(Az_{g_{PQ4}}\right) \end{bmatrix} = \begin{bmatrix} 0,910293929 & 0,413962515 \\ -0,910278522 & -0,413996392 \\ 0,574856686 & -0,818254112 \\ -0,318274003 & 0,947998765 \end{bmatrix} \qquad B = \begin{bmatrix} -\dfrac{\Delta N_{PQ1}}{d_{0PQ1}} \\ -\dfrac{\Delta N_{PQ2}}{d_{0PQ2}} \\ -\dfrac{\Delta N_{PQ3}}{d_{0PQ3}} \\ -\dfrac{\Delta N_{PQ4}}{d_{0PQ4}} \end{bmatrix} = \begin{bmatrix} -\left(\dfrac{-0,052}{477,221}\right) \\ -\left(\dfrac{-0,041}{559,679}\right) \\ -\left(\dfrac{-0,048}{249,673}\right) \\ -\left(\dfrac{-0,040}{162,166}\right) \end{bmatrix} = \begin{bmatrix} 0,000108964 \\ 0,000073256 \\ 0,000192251 \\ 0,000246661 \end{bmatrix}$$

$$\begin{bmatrix} A^T A \end{bmatrix}^{-1} = \begin{bmatrix} 0,478738511 & 0,004615186 \\ 0,004615186 & 0,523330886 \end{bmatrix} \qquad A^T B = \begin{bmatrix} 0,000064517 \\ 0,000091303 \end{bmatrix}$$

De onde se obtém:

$$X = \begin{bmatrix} \xi \\ \eta \end{bmatrix} = \begin{bmatrix} 6,5'' \\ 9,9'' \end{bmatrix}$$

E, por conseguinte: $\theta = \sqrt{(6,5)^2 + (9,9)^2} = 11,8''$

Considerando $s_{\Delta H} = 5$ mm, $s_{\Delta h} = 10$ mm e a distância elipsoidal média igual a 362,184 m, tem-se $s_\theta = \pm 6,4''$, ou seja, o desvio da vertical é igual a $\theta = 11,8'' \pm 6,4''$.

4 Sistemas de coordenadas

4.1 Introdução

Como visto no capítulo anterior, a modelagem matemática para a definição de um dado geoespacial baseia-se, fundamentalmente, na adoção de um sistema de referência, por meio do qual se posiciona, ou seja, georreferencia-se o dado no espaço. Georreferenciar, nesse caso, significa determinar as coordenadas de pontos por meio de relações matemáticas entre valores de grandezas previamente conhecidos ou medidos em campo, em relação a um sistema de coordenadas e uma superfície de referência, estabelecidos de maneira a garantir que todos os pontos tenham uma posição unívoca e atemporal.[1]

No *Capítulo 3 – Referências geodésicas e topográficas*, foram apresentadas as superfícies de referência utilizadas em Geomática para o posicionamento de um dado geoespacial. Neste capítulo, discutem-se os sistemas de coordenadas.

O uso de um sistema de coordenadas possui várias vantagens para a Engenharia. Em primeiro lugar, ele facilita e permite a padronização dos métodos de cálculos para que cada ponto seja posicionado de maneira unívoca e não existam propagações de erros entre os valores determinados. Em segundo lugar, o uso de um sistema de coordenadas permite a unificação de vários sistemas individuais em um único sistema geral, o que simplifica a identificação e o gerenciamento dos dados espaciais em um projeto. Por essas razões, todos os projetos geométricos de Engenharia são elaborados baseando-se em um sistema de coordenadas e uma superfície de referência, ou seja, em um sistema de referência topográfico ou geodésico.

Existem sete sistemas de coordenadas a serem considerados em Geomática:

- sistema de Referência Linear (SRL);[2]
- sistema de coordenadas cartesiano plano ou sistema planorretangular;
- sistema de coordenadas polar plano;[3]
- sistema de coordenadas triangular;
- sistema de coordenadas espaciais;
- sistema de coordenadas geográfico;
- sistema de coordenadas geodésico.

Apresentam-se a seguir os detalhes geométricos e algébricos de cada um deles.

4.2 Sistema de Referência Linear (SRL)

O *Sistema de Referência Linear* (SRL) pode ser considerado como um sistema de coordenadas unidimensional, no qual os dados espaciais estão localizados ao longo de uma linha e posicionados em relação a uma origem e uma direção preestabelecidos, conforme ilustrado na Figura 4.1.

---

[1] O conceito de uma posição atemporal deve ser visto com resguardo. O movimento da crosta terrestre tem se mostrado significativo o suficiente para que as coordenadas dos pontos sobre a superfície terrestre sejam determinadas com uma quarta grandeza – o tempo.
[2] *Linear Referencing System* (LSR), em inglês.
[3] Alguns autores preferem o termo "coordenadas esféricas".

Em Engenharia, esse sistema é usado para determinar a localização de eventos ou objetos sobre estruturas lineares, como rodovias, ferrovias, redes elétricas, redes de distribuição de água, coleta de esgoto e outros. Ele é, sobretudo, utilizado em projetos de vias de transportes e em mapas de rotas utilizados por aplicativos para dispositivos móveis via internet e navegação por satélite, entre outros.

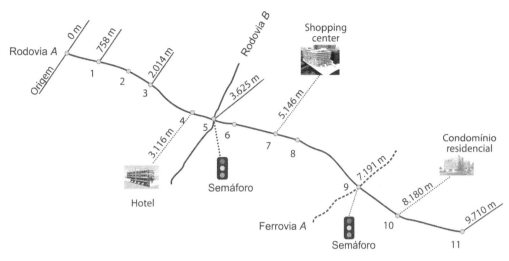

FIGURA 4.1 • Sistema de Referência Linear.

4.3 Sistema de coordenadas cartesiano plano ou planorretangular

O sistema de coordenadas mais utilizado em Engenharia é o *Sistema de coordenadas cartesiano plano*. Ele é baseado no Sistema de Coordenadas Cartesiano criado pelo filósofo francês René Descartes (1596-1650), cujo nome em latim era Renatus Cartesius, o que explica o termo "Sistema Cartesiano". Ele é também denominado por alguns autores como *Sistema de coordenadas planorretangular*.

Esse sistema de coordenadas consiste em dois eixos geométricos localizados em um mesmo plano e perpendiculares entre si, formando quatro quadrantes, conforme indicado na Figura 4.2. O cruzamento dos dois eixos é a origem do sistema. O eixo primário, localizado na horizontal, é denominado *abscissa* e frequentemente designado pela letra (X). O eixo secundário, localizado na vertical, perpendicular ao eixo das abscissas, é denominado *ordenada* e frequentemente designado pela letra (Y). Os dois eixos são igualmente graduados de acordo com a escala definida para o sistema. O eixo (Y) é positivo da origem "para cima" e o eixo (X) é positivo da origem "para a direita".

Um segmento de reta, nesse sistema, é definido por dois pontos e uma semirreta por um ponto e uma direção. A direção, nesse caso, é indicada pelo ângulo (α) formado pela paralela a um dos eixos, tomado como referência, e a direção da semirreta. Para a matemática, os valores positivos para as direções é o sentido anti-horário e a referência angular é o eixo positivo das abscissas, conforme indicado na Figura 4.2. Nesse caso, a direção da semirreta PQ encontra-se no primeiro quadrante (IQ). Ao sistema assim configurado dá-se o nome de *Sistema de coordenadas cartesiano plano matemático*.

As coordenadas de um ponto nesse sistema são dadas por dois números que correspondem às suas projeções geométricas sobre o eixo das abscissas e sobre o eixo das ordenadas. Ao par de valores (X,Y) dá-se o nome de *coordenadas cartesianas planas* ou *coordenadas planorretangulares*.

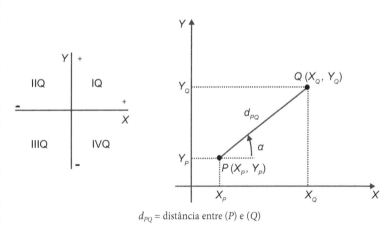

d_{PQ} = distância entre (P) e (Q)

FIGURA 4.2 • Sistema de coordenadas cartesiano plano matemático.

Em Geomática, adota-se o eixo vertical como eixo de referência para as direções e o sentido angular horário como positivo,[4] conforme indicado na Figura 4.3. O sistema de coordenadas assim configurado é denominado *Sistema de coordenadas cartesiano plano topográfico*. A direção, nesse caso, é indicada pelo ângulo de orientação (Az)[5] formado pela paralela ao eixo vertical e a direção do alinhamento considerado.

---

[4] Alguns países invertem os eixos X e Y, porém mantêm o sentido horário como sendo positivo.

[5] A utilização da denominação do ângulo de orientação como (Az) tem o propósito de introduzir o leitor ao conceito de azimute, discutido em detalhes nos *Capítulos 5 – Direção e ângulos* e *10 – Cálculos topométricos*.

Notar que, devido aos diferentes referenciais que podem ser adotados para o sistema de coordenadas cartesiano plano, alguns programas aplicativos gráficos permitem alterar as configurações de seus parâmetros, de acordo com as necessidades do usuário.

Pelo fato de o sistema cartesiano plano posicionar os dados espaciais no espaço euclidiano e, portanto, permitir que se opere com relações geométricas e trigonométricas planas, ele é o preferido para a elaboração de projetos de Engenharia. Como o leitor terá ocasião de verificar ao longo deste texto, a maioria das relações geométricas para a determinação do valor de um dado espacial é estabelecida com base nesse sistema de coordenadas.

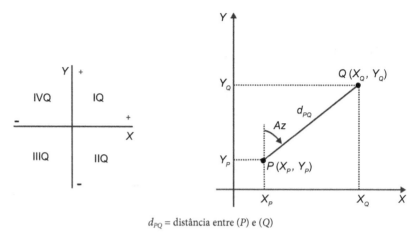

d_{PQ} = distância entre (P) e (Q)

FIGURA 4.3 • Sistema de coordenadas cartesiano plano topográfico.

4.4 Sistema de coordenadas polar plano

O *Sistema de Coordenadas Polar Plano* (ou coordenadas esféricas) é determinado por um ponto fixo (O), denominado *origem* ou *polo*, por um ângulo (α_P), em relação a um eixo de referência e por uma distância (ρ_P) entre a origem e o ponto (P), cujas coordenadas devem ser determinadas. A posição do ponto desejado é definida por meio da indicação do ângulo (α_P), denominado *ângulo polar*, e da distância (ρ_P), denominada *raio vetor*. Ao par de valores (α_P, ρ_P) dá-se o nome de *coordenadas polares planas*. Também, nesse caso, os matemáticos mantêm o ângulo polar como tendo valor positivo no sentido anti-horário, e em Geomática inverte-se o sentido, conforme indicado nas Figuras 4.4 e 4.5.

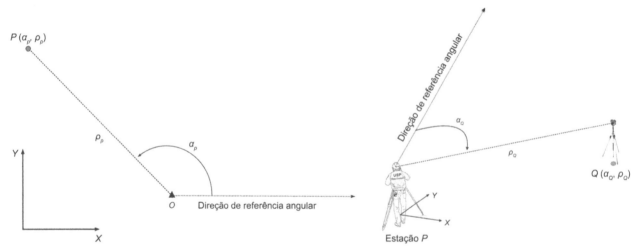

FIGURA 4.4 • Sistema de coordenadas polar plano matemático.

FIGURA 4.5 • Sistema de coordenadas polar plano topográfico.

O sistema de coordenadas polar plano topográfico é empregado em praticamente todas as observações de campo efetuadas com instrumentos topográficos, que medem direções, ângulos e distâncias. O ângulo polar (α_Q), indicado na Figura 4.5, é determinado pela diferença angular entre a direção do ponto visado e a direção de referência.[6] O raio vetor (ρ_Q) é obtido pela medição da distância horizontal entre os pontos (P) e (Q). Embora empregado nas observações de campo, esse sistema de coordenadas é pouco utilizado diretamente nos projetos de Engenharia. Em geral, as coordenadas polares são transformadas em coordenadas planorretangulares para seu uso efetivo em um projeto.

4.5 Sistema de coordenadas triangular

No caso de um elemento triangular, o sistema natural de coordenadas adotado é o sistema denominado *Sistema de coordenadas triangular*. Ele é definido como aquele em que as coordenadas de um ponto (P), em relação a um dado triângulo, são indicadas em função das distâncias entre cada um dos vértices do triângulo e o ponto (P), conforme indicado na Figura 4.6.

---

[6] Este assunto está apresentado em detalhes no *Capítulo 5 – Direção e ângulos*.

Esse sistema de coordenadas tem sido aplicado em diversos ramos da Engenharia, em que se trabalha com elementos finitos. Em Geomática, a principal aplicação é no desenvolvimento de modelos matemáticos para a modelagem numérica de superfícies, principalmente no que se refere a interpolações sobre elementos triangulares.

As relações geométricas entre as coordenadas (L_1, L_2, L_3) podem ser calculadas em função das áreas dos triângulos correspondentes, conforme indicado a seguir:

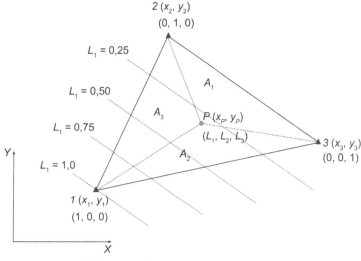

FIGURA 4.6 • Sistema de coordenadas triangular.

$$L_1 = \frac{A_1}{A}; \quad L_2 = \frac{A_2}{A}; \quad L_3 = \frac{A_3}{A} \qquad (4.1)$$

Sendo:

A = área do triângulo 123;
A_i = área do triângulo Pjk oposto ao vértice (i).

As relações entre as coordenadas cartesianas planas dos vértices do triângulo, as coordenadas cartesianas planas do ponto (P) e as coordenadas triangulares do ponto (P) são dadas pelo sistema matricial indicado a seguir:

$$\begin{bmatrix} 1 \\ x_P \\ y_P \end{bmatrix} = \begin{bmatrix} 1 & 1 & 1 \\ x_1 & x_2 & x_3 \\ y_1 & y_2 & y_3 \end{bmatrix} * \begin{bmatrix} L_1 \\ L_2 \\ L_3 \end{bmatrix} \qquad (4.2)$$

De onde se obtêm:

$$1 = L_1 + L_2 + L_3 \qquad (4.3)$$

$$x_P = L_1 * x_1 + L_2 * x_2 + L_3 * x_3 \qquad (4.4)$$

$$y_P = L_1 * y_1 + L_2 * y_2 + L_3 * y_3 \qquad (4.5)$$

A inversa é dada pelo sistema matricial indicado a seguir:

$$\begin{bmatrix} L_1 \\ L_2 \\ L_3 \end{bmatrix} = \frac{1}{2A} \begin{bmatrix} x_2 * y_3 - x_3 * y_2 & y_2 - y_3 & x_3 - x_2 \\ x_3 * y_1 - x_1 * y_3 & y_3 - y_1 & x_1 - x_3 \\ x_1 * y_2 - x_2 * y_1 & y_1 - y_2 & x_2 - x_1 \end{bmatrix} * \begin{bmatrix} 1 \\ x_P \\ y_P \end{bmatrix} \qquad (4.6)$$

Exemplo aplicativo 4.1

Seja o elemento triangular plano cujas coordenadas cartesianas de seus vértices estão indicadas na Tabela 4.1. Considerando os valores indicados nesta tabela, calcular as coordenadas triangulares (L_1, L_2, L_3) de um ponto (P) situado no interior do triângulo e com coordenadas cartesianas planas iguais a (3,0 e 5,0).

TABELA 4.1 • Coordenadas conhecidas

Vértice	X [m]	Y [m]
1	2,0	2,0
2	4,0	2,0
3	3,0	6,0

■ *Solução:*

As coordenadas triangulares do ponto (P) podem ser calculadas aplicando a equação (4.6). Assim, tem-se:

$$\begin{bmatrix} L_1 \\ L_2 \\ L_3 \end{bmatrix} = \frac{1}{2*4,0} \begin{bmatrix} 18 & -4 & -1 \\ -6 & 4 & -1 \\ -4 & 0 & 2 \end{bmatrix} * \begin{bmatrix} 1 \\ 3,0 \\ 5,0 \end{bmatrix} = \begin{bmatrix} 0,125 \\ 0,125 \\ 0,750 \end{bmatrix}$$

E, da mesma forma:

$$\begin{bmatrix} 1 \\ x_P \\ y_P \end{bmatrix} = \begin{bmatrix} 1 & 1 & 1 \\ 2,0 & 4,0 & 3,0 \\ 2,0 & 2,0 & 6,0 \end{bmatrix} * \begin{bmatrix} 0,125 \\ 0,125 \\ 0,750 \end{bmatrix} = \begin{bmatrix} 1 \\ 3,0 \\ 5,0 \end{bmatrix}$$

4.6 Sistemas de coordenadas espaciais

A posição espacial de um ponto pode ser determinada, em um sistema cartesiano, adicionando um terceiro eixo (Z) ao sistema de coordenadas cartesiano plano ou por meio da adição de um segundo ângulo ao sistema de coordenadas polar plano, conforme indicado nas Figuras 4.7 e 4.8. No caso do sistema cartesiano, o eixo (Z) é adicionado perpendicularmente ao plano estabelecido pelos eixos (X,Y). No caso do sistema polar, o segundo ângulo é adicionado perpendicularmente ao plano de rotação do primeiro ângulo. A Figura 4.8 refere-se ao sistema polar espacial matemático. Sobre o sistema polar espacial topográfico, ver Figura 4.18.

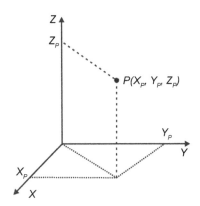

FIGURA 4.7 • Sistema de coordenadas cartesiano espacial.

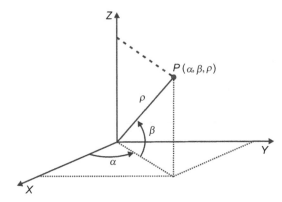

FIGURA 4.8 • Sistema de coordenadas polar espacial matemático.

Naturalmente, o sistema de coordenadas cartesiano espacial é adequado para os casos em que se deseja determinar a posição de pontos no espaço. Por muito tempo, ele foi pouco utilizado em Geomática pelo fato de a Engenharia preferir trabalhar com os planos horizontal e vertical, separadamente. Mais recentemente, contudo, com o advento de novas tecnologias de medição, as coordenadas dos pontos passaram também a ser determinadas diretamente no espaço 3D, estabelecendo uma nova conduta de trabalho. Um exemplo típico é a determinação das coordenadas espaciais de pontos medidos com instrumentos de varredura *laser* terrestre e aéreo. Outro exemplo clássico é o posicionamento das antenas receptoras de sinais GNSS sobre a superfície terrestre.

Os sistemas de coordenadas cartesianos espaciais podem, portanto, ser topocêntrico ou geocêntrico. Ele é considerado topocêntrico quando possuir sua origem e as direções dos eixos definidos arbitrariamente pelo usuário, conforme citado no *Capítulo 3 – Referências geodésicas e topográficas*. Ele é geocêntrico quando definido de maneira que sua origem coincida com o centro de massa da Terra, os eixos (X,Y) pertençam ao plano do Equador, o eixo (Z) coincida com o eixo médio de rotação da Terra e o eixo (X) seja direcionado de maneira a interceptar um meridiano adotado como referência – em geral, o Meridiano de Greenwich. Ao sistema definido dessa forma dá-se o nome *Sistema de coordenadas cartesiano espacial geocêntrico*.

Quando se trabalha com sistemas geodésicos, as coordenadas cartesianas espaciais geocêntricas são a base para o cálculo de todas as demais coordenadas de um dado geoespacial. Por essa razão é que, em muitos casos, elas são as coordenadas primárias armazenadas em um banco de dados. Além disso, esse sistema de coordenadas possui a vantagem de os valores de suas coordenadas serem independentes do modelo geométrico adotado para a forma da Terra.

A Figura 4.9 ilustra o exemplo de um sistema de coordenadas cartesiano espacial local (topocêntrico) e a Figura 4.10, a posição do sistema de coordenadas cartesiano espacial geocêntrico em relação a um elipsoide de referência.

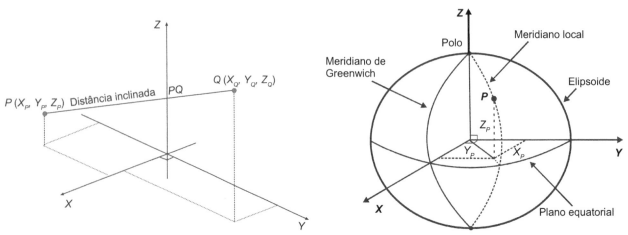

FIGURA 4.9 • Sistema de coordenadas cartesiano espacial local.   **FIGURA 4.10** • Sistema de coordenadas cartesiano espacial geocêntrico.

Conforme ilustrado na Figura 4.10, o leitor deve notar a diferença geométrica entre a coordenada (Z_P) e a altura elipsoidal (h_P) em um sistema de coordenadas cartesiano espacial geocêntrico. A coordenada (Z_P) é perpendicular ao plano do Equador enquanto a altura elipsoidal (h_P) é normal à superfície de referência. Assim, um aumento no valor de (h_P) não produzirá um aumento igual em (Z_P) (exceto nos polos).

Como exemplo, a Tabela 4.2 apresenta as coordenadas cartesianas espaciais geocêntricas da estação GNSS da Escola de Engenharia de São Carlos – USP (EESC-USP) e do pilar Euno, situados, respectivamente, nas Áreas I e II do *campus* da USP em São Carlos (SP).

TABELA 4.2 • Exemplo de coordenadas cartesianas espaciais geocêntricas

Nome do ponto	X [m]	Y [m]	Z [m]
EESC[7]	3.967.006,974	– 4.390.247,372	– 2.375.229,939
Euno[8]	3.965.000,938	– 4.392.462,961	– 2.374.512,814

4.7 Sistema de coordenadas geográfico

Dá-se o nome de *coordenadas geográficas* às coordenadas espaciais determinadas sobre uma superfície de referência esférica, na qual os pontos são posicionados em função de valores angulares de arcos medidos convenientemente sobre ela.

Para a definição das coordenadas em um sistema de coordenadas geográfico, tomam-se como referências os dois polos gerados pela interseção do eixo de rotação da Terra com a superfície da esfera. A partir deles são traçados arcos sobre a superfície da esfera, denominados *meridianos*. Os meridianos geram grandes círculos, todos com diâmetro igual ao da circunferência geratriz. Em seguida, são traçados arcos paralelos ao plano do equador, os quais são denominadas *paralelos*. Os paralelos geram círculos, cujo círculo máximo é o plano equatorial, conforme indicado na Figura 4.11.

Tomando um meridiano particular e o plano do equador como referências, determinam-se arcos sobre a superfície de referência, aos quais se dá o nome de *latitude e longitude* (ver Fig. 4.12). Por serem arcos, eles são indicados por meio de unidades angulares, na maioria das vezes, no formato sexagesimal (graus, minutos e segundos).

As coordenadas cartesianas espaciais são suficientes para localizarem um ponto no espaço. Elas são, contudo, pouco expressivas em termos de localização. É consensual que é muito mais fácil localizar-se por meio de coordenadas geográficas do que por meio de coordenadas cartesianas. Daí o uso frequente que se faz das coordenadas geográficas para sistemas de navegação terrestres.

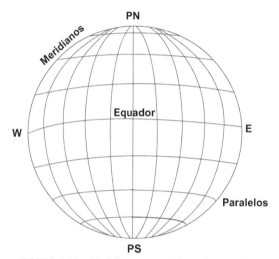

FIGURA 4.11 • Meridianos e paralelos sobre a esfera.

4.8 Sistema de coordenadas geodésico

Dá-se o nome de *sistema de coordenadas geodésico* ao sistema de coordenadas espacial cuja superfície de referência é um elipsoide. Alguns autores preferem o termo *coordenadas elipsoidais* ou, ainda, *coordenadas curvilíneas*. Neste texto, contudo, será utilizado o primeiro. Fundamentalmente, o sistema baseia-se no semieixo menor de rotação (b) do elipsoide de referência e no plano perpendicular a ele, denominado genericamente de *plano do equador*. Igualmente ao sistema de coordenadas geográfico, têm-se os meridianos e os paralelos, os quais definem as latitudes e as longitudes geodésicas. Em Geomática, a *latitude geodésica* é representada pela letra grega (ϕg – *fi*) e a *longitude geodésica* pela letra grega (λg – *lambda*). Assim, conforme indicado na Figura 4.12, têm-se as seguintes definições:

> **A latitude geodésica (ϕg) de um ponto na superfície terrestre é o valor angular do arco formado pela reta normal à superfície elipsoidal, que passa pelo ponto, e a reta definida pela projeção da normal no plano do equador.**

As latitudes geodésicas são referenciadas a partir do plano do equador de 0° a 90°, no Hemisfério Norte, e de 0° a –90°, no Hemisfério Sul ou, simplesmente, de 0° a 90° seguido da indicação da palavra Norte ou Sul ou de suas iniciais (*N*) e (*S*). Assim, um ponto situado no Hemisfério Sul teria, por exemplo, uma latitude igual a –22°00′18″ ou 22°00′18″ *S*.

---

[7] Esse ponto faz parte da Rede Brasileira de Monitoramento Contínuo (RBMC) do IBGE e está instalado em uma torre metálica sobre a laje de cobertura da caixa d'água do prédio do Laboratório de Estradas do Departamento de Engenharia de Transportes da EESC-USP.

[8] Esse ponto situa-se sobre um dos pilares que fazem parte de uma linha de calibração de distâncias, instalado na Área II do *campus* da USP em São Carlos (SP).

> A longitude geodésica (λg) de um ponto da superfície terrestre é o valor do ângulo diedro que forma o plano meridiano, que passa pelo ponto, com o plano que passa pelo meridiano de origem (Greenwich).

As longitudes geodésicas são referenciadas ao Meridiano de Greenwich. Elas podem ser posicionadas de duas maneiras:

1. De 0° a 360°, positivo na direção Leste (E).
2. De 0° a 180°, positivo para Leste (E) e negativo para Oeste (W).

Assim, um ponto situado a Oeste (W) de Greenwich, por exemplo, teria uma longitude igual a –47°53′57″ ou 47°53′57″ W. Notar que, devido à forma achatada do elipsoide de referência, a reta normal, que define a latitude geodésica do ponto (P), não passa pelo centro do elipsoide.

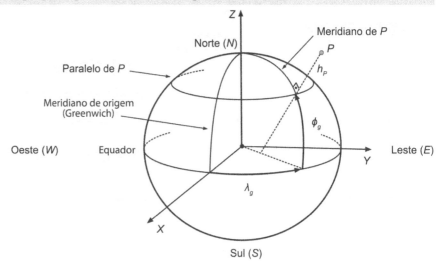

FIGURA 4.12 • Sistema de coordenadas geodésico.

Como exemplo, a Tabela 4.3 apresenta as coordenadas geodésicas em relação ao sistema geodésico SIRGAS2000, da estação GNSS da EESC-USP e do pilar EUNO, situados respectivamente nas Áreas I e II do *campus* da USP em São Carlos (SP).

Além da latitude e da longitude geodésicas, existem ainda a latitude e a longitude geocêntricas (ϕ_c, λ_c), que são aquelas estabelecidas pela reta que intercepta o ponto (P), na superfície elipsoidal e passa pelo centro (O) do elipsoide; e a latitude e a longitude astronômica (ϕ_a, λ_a), que são aquelas estabelecidas pela vertical do lugar no ponto (P), ou seja, estabelecidas em relação ao geoide. A Figura 4.13 ilustra a ocorrência das latitudes geodésica, geocêntrica e astronômica sobre o elipsoide de referência.

TABELA 4.3 • Exemplo de coordenadas geodésicas

Ponto	Latitude	Longitude	h [m]
EESC	–22°00′17,8160″	–47°53′57,0497″	824,590
EUNO	–21°59′52,5520″	–47°53′57,0497″	833,825

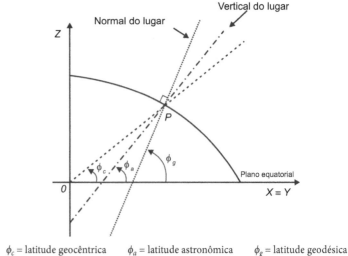

ϕ_c = latitude geocêntrica ϕ_a = latitude astronômica ϕ_g = latitude geodésica

FIGURA 4.13 • Ilustração das latitudes geodésicas, geocêntricas e astronômicas.

4.9 Transformação de coordenadas

Em muitas situações de aplicações da Geomática é necessário transformar as coordenadas dos pontos de um sistema para outro ou mesmo indicar as coordenadas dos mesmos pontos em mais de um sistema. Diz-se, nesse caso, que se realiza uma *transformação* ou uma *conversão de coordenadas*. Em geral, conversão refere-se à passagem de um sistema de coordenadas para outro dentro de um mesmo *datum* e transformação quando a passagem é realizada entre dois *data* diferentes. Neste texto, porém, para se manter de acordo com a utilização popular, será adotado o termo "transformação" para ambos os casos.

Define-se assim transformação ou conversão de coordenadas como a operação matemática que consiste em relacionar dois sistemas de coordenadas, com o objetivo de expressar a posição de um ponto, conhecido em um dos sistemas, no outro.

Apresentam-se a seguir as principais transformações de coordenadas utilizadas em Geomática.

4.9.1 Transformação de coordenadas entre sistemas de coordenadas planos

As principais transformações de coordenadas entre sistemas de coordenadas planos é a transformação de coordenadas do sistema cartesiano para o sistema polar e entre dois sistemas de coordenadas cartesianos. Apresentam-se a seguir as formulações matemáticas relacionadas a esses dois tipos de transformações de coordenadas.

4.9.1.1 Transformação de coordenadas planorretangulares para coordenadas polares planas e vice-versa

O exemplo mais simples de transformação de coordenadas no plano é a transformação de coordenadas retangulares para coordenadas polares e vice-versa. Além de simples, ela é frequentemente utilizada em Geomática pelo fato de as medições topográficas, realizadas no campo para a coleta de dados com estações totais, basearem-se em um sistema de coordenadas polares e as coordenadas dos dados espaciais, em geral, basearem-se em um sistema de coordenadas planorretangular. A Figura 4.14 ilustra as relações geométricas existentes entre o sistema de coordenadas planorretangular e o sistema de coordenadas polar plano.

De acordo com a Figura 4.14, têm-se as seguintes relações matemáticas para a transformação de coordenadas retangulares para coordenadas polares e vice-versa:

$$Az_{PQ} = Az_{ref} + \alpha_{PQ} \tag{4.7}$$

$$X_Q = X_P + d_{PQ} * \text{sen}(Az_{PQ}) \tag{4.8}$$

$$Y_Q = Y_P + d_{PQ} * \cos(Az_{PQ}) \tag{4.9}$$

$$Az_{PQ} = \text{arctg}\left(\frac{\Delta X}{\Delta Y}\right) \pm 180\alpha \tag{4.10}$$

$$d_{PQ} = \sqrt{\Delta X^2 + \Delta Y^2} \tag{4.11}$$

$$d_{PQ} = \Delta X * \text{cosec}(Az_{PQ}) \tag{4.12}$$

$$d_{PQ} = \Delta Y * \text{sec}(Az_{PQ}) \tag{4.13}$$

$$\text{sen}(Az_{PQ}) = \frac{\Delta X}{d_{PQ}} \tag{4.14}$$

$$\cos(Az_{PQ}) = \frac{\Delta Y}{d_{PQ}} \tag{4.15}$$

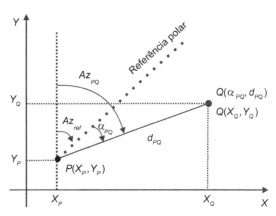

Az_{PQ} = ângulo de referência do alinhamento PQ
Az_{ref} = ângulo de referência do alinhamento da referência polar
α_{PQ} = ângulo polar do alinhamento PQ
d_{PQ} = distância horizontal entre os pontos (P) e (Q)

FIGURA 4.14 • Posição de um ponto no sistema de coordenadas planorretangular e no sistema de coordenadas polar plano.

O valor (α) da equação (4.10) é usado para adequar o valor angular calculado ao quadrante respectivo, como se verá em detalhes no *Capítulo 10 – Cálculos topométricos*.

Exemplo aplicativo 4.2

Considerando os dados indicados na Tabela 4.4, calcular as coordenadas planorretangulares do ponto (Q).

- *Solução:*
Aplicando as equações (4.8) e (4.9), têm-se:

$$X_Q = 5.378,161 + 734,931 * \text{sen}(34°23'56'') = 5.793,361 \text{m}$$

$$Y_Q = 10.954,487 + 734,931 * \cos(34°23'56'') = 11.560,897 \text{m}$$

TABELA 4.4 • Valores conhecidos

Grandeza	X [m]	Y [m]
P	5.378,161	10.954,487
Az_{PQ}	34°23'56''	
Distância horizontal PQ	734,931 m	

Exemplo aplicativo 4.3

Dadas as coordenadas planorretangulares de dois pontos (A) e (B), conforme indicado na Tabela 4.5, calcular a distância horizontal entre eles e o ângulo de referência (Az) do alinhamento AB.

■ *Solução:*
Aplicando a equação (4.11), tem-se:

$$d_{AB} = \sqrt{(-424,414)^2 + (-936,733)^2} = 1.028,395 \text{ m}$$

TABELA 4.5 • Coordenadas conhecidas

Ponto	X [m]	Y [m]
A	2.389,762	14.178,269
B	1.965,348	13.241,536
Diferença (B − A)	−424,414	−936,733

Para o cálculo do ângulo de referência (Az) do alinhamento AB, aplica-se a inversa da equação (4.10). Assim, desconsiderando o quadrante da direção AB, calcula-se inicialmente um valor intermediário para (Az_{AB}), indicado aqui como (Az'_{AB}), obtendo-se:

$$tg(Az'_{AB}) = \frac{-424,4140}{-936,7330} = 0,486858128 \quad \rightarrow \quad Az'_{AB} = 0,425411428 \text{ rad} = 24°22'27''$$

Por ser uma tangente, é preciso analisar o quadrante ao qual pertence o alinhamento AB para se obter o valor final do ângulo de referência (Az_{AB}). Nesse caso, o alinhamento encontra-se no terceiro quadrante. Assim, tem-se:

$$Az_{AB} = Az'_{AB} + 180° = 24°22'27'' + 180° = 204°22'27''$$

4.9.1.2 *Transformação entre sistemas de coordenadas cartesianos planos*

Existem basicamente quatro métodos de transformação de coordenadas entre sistemas de coordenadas cartesianos planos utilizados em Geomática. São eles:

- transformação ortogonal ou de semelhança – Helmert 2D;
- transformação ortogonal com excesso de pontos homólogos;
- transformação Afim;
- transformação Afim com excesso de pontos homólogos.

Apresentam-se a seguir as condições geométricas e as equações matemáticas relativas a cada um deles.

4.9.1.2.1 Transformação ortogonal ou de semelhança – Helmert 2D

No caso da transformação de coordenadas entre dois sistemas de coordenadas cartesianos planos (X',Y') e (X,Y), existem três etapas de transformação a serem consideradas, conforme indicado na Figura 4.15. São elas:

1. Rotação dos eixos (X',Y') para torná-los paralelos aos eixos (X,Y). Notar o sentido horário do ângulo (α).
2. Alteração da escala para adequar as dimensões do sistema (X',Y') ao sistema (X,Y).
3. Translação da origem do sistema (X',Y') para coincidir com a origem do sistema (X,Y).

Apresentam-se a seguir as relações algébricas referentes a cada uma das etapas citadas.

Rotação dos eixos

De acordo com a Figura 4.15, nota-se que para tornar os dois sistemas de coordenadas (X',Y') e (X,Y) paralelos entre si, é necessário girar o sistema (X',Y'), no sentido horário, com um ângulo de rotação igual a (α). Tem-se, assim, um novo sistema de coordenadas (X'_α, Y'_α), paralelo ao sistema (X,Y), conforme indicado a seguir:

$$X'_\alpha = X'*\cos\alpha - Y'*\text{sen}\alpha \qquad (4.16)$$

$$Y'_\alpha = X'*\text{sen}\alpha + Y'*\cos\alpha \qquad (4.17)$$

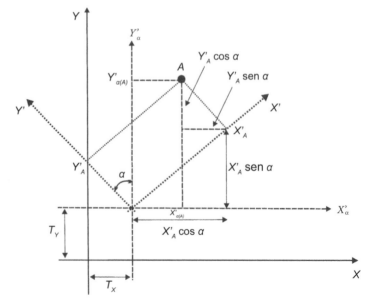

FIGURA 4.15 • Relações geométricas para a transformação de coordenadas entre sistemas de coordenadas cartesianos planos.

Para simplificação das notações e facilidade de cálculo, as bibliografias a respeito das transformações de coordenadas utilizam a forma matricial para a representação das equações. Este também será o procedimento adotado neste livro. Por essa razão, recomenda-se que o leitor menos experiente com o uso de matrizes faça uma rápida revisão sobre o assunto antes de aplicar as equações indicadas na sequência. Assim, considerando as equações (4.16) e (4.17), tem-se:

$$\boldsymbol{X}'_\alpha = \boldsymbol{R}*\boldsymbol{X}' \qquad (4.18)$$

Sendo $X'_\alpha = \begin{bmatrix} X'_\alpha \\ Y'_\alpha \end{bmatrix}$, $R = \begin{bmatrix} \cos\alpha & -\text{sen}\,\alpha \\ \text{sen}\,\alpha & \cos\alpha \end{bmatrix}$ e $X' = \begin{bmatrix} X' \\ Y' \end{bmatrix}$

A matriz R é denominada *matriz de rotação*.

Fator de escala

Após girar o sistema (X', Y'), é necessário, em seguida, torná-lo dimensionalmente equivalente ao sistema (X, Y). Isso é feito multiplicando as coordenadas do sistema (X'_α, Y'_α) por um fator de escala (k), do qual se obtém um novo sistema de coordenadas (X'_k, Y'_k), paralelo e dimensionalmente equivalente ao sistema (X, Y). Assim, considerando a equação (4.18), tem-se:

$$X'_k = k * R * X' \tag{4.19}$$

Translação dos eixos

Da mesma forma, e ainda de acordo com a Figura 4.15, também é necessário transladar a origem do sistema (X', Y') para que ela coincida com a origem do sistema (X, Y). Aplicam-se, assim, as translações (T_X, T_Y) ao sistema de coordenadas (X'_k, Y'_k) para obter, enfim, as coordenadas de (X', Y') no sistema (X, Y). Assim, considerando a equação (4.19), tem-se:

$$X = k * R * X' + T \tag{4.20}$$

Sendo $T = \begin{bmatrix} T_X \\ T_Y \end{bmatrix}$

A equação matricial final é dada conforme indicado a seguir:

$$\begin{bmatrix} X \\ Y \end{bmatrix} = k \begin{bmatrix} \cos\alpha & -\text{sen}\,\alpha \\ \text{sen}\,\alpha & \cos\alpha \end{bmatrix} \begin{bmatrix} X' \\ Y' \end{bmatrix} + \begin{bmatrix} T_X \\ T_Y \end{bmatrix} \tag{4.21}$$

Uma transformação desse tipo é dita *transformação linear ortogonal* ou *de semelhança*. A condição de ortogonalidade ocorre pelo fato de a matriz de rotação (R) ser uma matriz ortogonal, ou seja, $R^T = R^{-1}$. Isso significa que ambos os eixos, nos dois sistemas de coordenadas, são ortogonais entre si e permanecem ortogonais após a transformação.

Por se tratar de uma transformação de coordenadas com quatro parâmetros de transformação, é necessário que se tenha pelo menos dois pontos homólogos distintos nos dois sistemas de coordenadas. Cada ponto permitirá escrever duas equações de transformação do tipo (4.22) e (4.23). Nos casos em que se têm mais de dois pontos homólogos, a transformação poderá ser efetuada por meio da aplicação de um método de ajustamento de observações ou por meio da rotina de cálculo apresentada na *Seção 4.9.1.2.2 – Transformação ortogonal com excesso de pontos homólogos.*

Os parâmetros de transformação (α, k, T_X, T_Y) podem ser calculados por meio da solução do sistema de equações matricial (4.21) ou aplicando as equações algébricas indicadas na sequência. Assim, desenvolvendo a expressão matricial (4.21), têm-se:

$$X = k * (X' * \cos\alpha - Y' * \text{sen}\,\alpha) + T_X \tag{4.22}$$

$$Y = k * (X' * \text{sen}\,\alpha + Y' * \cos\alpha) + T_Y \tag{4.23}$$

Para simplificação, considere-se,

$$a = k * \cos\alpha \tag{4.24}$$

$$b = k * \text{sen}\,\alpha \tag{4.25}$$

$$c = T_X \tag{4.26}$$

$$d = T_Y \tag{4.27}$$

Têm-se assim as equações simplificadas indicadas a seguir:

$$X = aX' - bY' + c \tag{4.28}$$

$$Y = bX' + aY' + d \tag{4.29}$$

Para a solução do sistema das equações (4.28) e (4.29), considere-se a existência de dois pontos homólogos nos dois sistemas de coordenadas: (X'_1, Y'_1), (X'_2, Y'_2) e (X_1, Y_1), (X_2, Y_2). Os quatro parâmetros a serem determinados são o fator de escala (k), o ângulo de rotação (α) e as duas translações (T_X, T_Y), que são descritos pelos elementos (a, b, c, d) do sistema de equações (4.28) e (4.29). A solução típica, nesse caso, consiste em resolver o sistema de quatro equações com quatro incógnitas ou aplicando as equações indicadas na sequência. Notar que se está transformando as coordenadas do sistema (X', Y') para o sistema (X, Y). Assim, têm-se:

TOPOGRAFIA PARA ENGENHARIA

$$\Delta X = X_2 - X_1 \tag{4.30}$$

$$\Delta Y = Y_2 - Y_1 \tag{4.31}$$

$$\Delta X' = X'_2 - X'_1 \tag{4.32}$$

$$\Delta Y' = Y'_2 - Y'_1 \tag{4.33}$$

$$a = \frac{\Delta X * \Delta X' + \Delta Y * \Delta Y'}{\Delta X'^2 + \Delta Y'^2} \tag{4.34}$$

$$b = \frac{\Delta X' * \Delta Y - \Delta Y' * \Delta X}{\Delta X'^2 + \Delta Y'^2} \tag{4.35}$$

$$c = X_1 - aX'_1 + bY'_1 \tag{4.36}$$

$$d = Y_1 - bX'_1 - aY'_1 \tag{4.37}$$

$$k = \sqrt{a^2 + b^2} \tag{4.38}$$

$$\alpha = \operatorname{arctg}\left(\frac{b}{a}\right) \tag{4.39}$$

O inverso da equação (4.21) é dado conforme indicado a seguir:

$$\begin{bmatrix} X' \\ Y' \end{bmatrix} = \frac{1}{k^2} \begin{bmatrix} a & b \\ -b & a \end{bmatrix} \begin{bmatrix} X - c \\ Y - d \end{bmatrix} \tag{4.40}$$

Por se tratar de uma transformação ortogonal, ela possui duas características importantes:

- os comprimentos dos mesmos elementos geométricos nos dois sistemas de coordenadas (original e transformado) diferem de um fator de escala igual a (k);
- a transformação não deforma os ângulos, ou seja, ela é uma transformação conforme.

Exemplo aplicativo 4.4

Conforme indicado na Tabela 4.6, as coordenadas dos pontos ($E010$) e ($E020$) são conhecidas nos sistemas de coordenadas (X', Y') e (X, Y), e as coordenadas do ponto ($E011$) são conhecidas somente no sistema (X', Y'). Nessas condições, calcular as coordenadas do ponto ($E011$) no sistema (X, Y).

TABELA 4.6 • Coordenadas conhecidas

Ponto	X' [m]	Y' [m]	X [m]	Y [m]
E010	204.729,0177	7.560.947,1156	152.596,0920	254.100,8250
E020	204.584,4814	7.559.967,1848	152.433,3026	253.124,3034
E011	204.543,5922	7.560.971,5163	?	?
Diferenças (E020-E010)	−144,5363	−979,9308	−162,7894	−976,5216

■ *Solução:*

Para a solução do problema, é necessário, inicialmente, calcular os valores dos elementos (a, b, c, d) e dos parâmetros (k) e (α), de acordo com as equações (4.34) a (4.39). Assim, têm-se:

$a = 0{,}000283962$ $b = -0{,}018732541$ $c = -193.622{,}0808\,\text{m}$ $d = -7.297.597{,}2690\,\text{m}$

$k = 0{,}999459526$ $\alpha = -0{,}0187437681\,\text{rad} = -1°04'26{,}2''$

Para a solução final do problema, aplicam-se as equações (4.28) e (4.29). Assim, têm-se:

$$X_{E011} = (0{,}999283962 * 204.543{,}5922) - (-0{,}018732541 * 7.560.971{,}5163) + (-193.622{,}0808) = 152.411{,}2564\,\text{m}$$

$$Y_{E011} = (-0{,}018732541 * 204.543{,}5922) + (0{,}999283962 * 7.560.971{,}5163) + (-7.297.597{,}2690) = 254.128{,}6817\,\text{m}$$

Na forma matricial, a solução do problema se dá conforme indicado a seguir:

$$\begin{bmatrix} X \\ Y \end{bmatrix}_{E011} = 0{,}999459526 * \left\{ \begin{bmatrix} 0{,}999824341 & 0{,}018742671 \\ -0{,}018742671 & 0{,}999824341 \end{bmatrix} \begin{bmatrix} 204.543{,}5922 \\ 7.560.971{,}5163 \end{bmatrix} \right\} + \begin{bmatrix} -193.622{,}0808 \\ -7.297.597{,}2690 \end{bmatrix} = \begin{bmatrix} 152.411{,}2564 \\ 254.128{,}6817 \end{bmatrix}_{[m]}$$

4.9.1.2.2 Transformação ortogonal com excesso de pontos homólogos

São poucas as situações em que se admite o uso de uma transformação de coordenadas planorretangulares com apenas dois pontos homólogos. Esse tipo de transformação, além de não garantir boa qualidade dos resultados, não permite conhecer as precisões dos valores calculados. Por essas razões é que se recomenda a aplicação de uma transformação com mais de dois pontos homólogos, ou seja, com excesso de pontos homólogos.

Conforme já citado, o método clássico para solucionar o problema da transformação de coordenadas retangulares com excesso de pontos homólogos é por intermédio da aplicação de um método de ajustamento de observações. O estudo dos métodos de ajustamento não faz parte do escopo deste livro, razão pela qual se apresenta na sequência um procedimento de cálculo algebricamente mais simples, baseado na translação dos centros geométricos dos (n) pontos homólogos dos sistemas de coordenadas, de forma a torná-los coincidentes.

Sejam então dois sistemas de coordenadas planorretangulares (X',Y') e (X,Y), conforme indicado na Figura 4.16. Considere-se também que existam $n > 2$ pontos homólogos entre os dois sistemas. No caso da figura, os pontos (1, 2, 3, 4, 5).

Assim, adotando a forma matricial para as formulações matemáticas, têm-se:

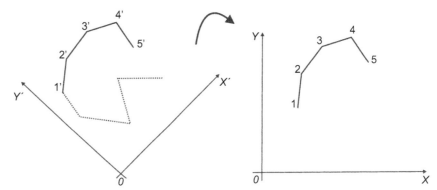

FIGURA 4.16 • Sistemas de coordenadas cartesianos planos com excesso de pontos homólogos.

Centro de gravidade dos n pontos P_i: $X_0 = \dfrac{e^T X}{e^T e}$ $Y_0 = \dfrac{e^T Y}{e^T e}$ (4.41)

Centro de gravidade dos n pontos P_i: $X_0' = \dfrac{e^T X'}{e^T e}$ $Y_0' = \dfrac{e^T Y'}{e^T e}$ (4.42)

Sendo:

X_0, Y_0, X_0', Y_0' = centros de gravidade dos pontos homólogos respectivos

$e^T = \begin{bmatrix} 1 & 1 & \cdots & 1 \end{bmatrix}$ = vetor unitário

$X = \begin{bmatrix} X_1 \\ X_2 \\ X_3 \\ \vdots \\ X_n \end{bmatrix}$ = vetor das coordenadas X $Y = \begin{bmatrix} Y_1 \\ Y_2 \\ Y_3 \\ \vdots \\ Y_n \end{bmatrix}$ = vetor das coordenadas Y

$X' = \begin{bmatrix} X_1' \\ X_2' \\ X_3' \\ \vdots \\ X_n' \end{bmatrix}$ = vetor das coordenadas X' $Y' = \begin{bmatrix} Y_1' \\ Y_2' \\ Y_3' \\ \vdots \\ Y_n' \end{bmatrix}$ = vetor das coordenadas Y'

O leitor deve notar que $\dfrac{e^T X}{e^T e} = \dfrac{\sum X_i}{n}$, sendo (n) a quantidade de pares de pontos homólogos.

As coordenadas dos pontos (P_i) e (P_i'), em relação aos seus centros de gravidade, são respectivamente:

$\varepsilon = X - X_0$ com $e^T \varepsilon = 0$ (4.43)

$\eta = Y - Y_0$ com $e^T \eta = 0$ (4.44)

$\varepsilon' = X' - X_0'$ com $e^T \varepsilon' = 0$ (4.45)

$\eta' = Y' - Y_0'$ com $e^T \eta' = 0$ (4.46)

Sendo $\varepsilon, \eta, \varepsilon'$ e η' os vetores das diferenças de valores entre as coordenadas dos pontos (P_i) e (P_i') em relação aos seus respectivos centros de gravidade. Ou seja,

$$\varepsilon = \begin{bmatrix} \varepsilon_1 \\ \varepsilon_2 \\ \varepsilon_3 \\ \vdots \\ \varepsilon_n \end{bmatrix} \qquad \eta = \begin{bmatrix} \eta_1 \\ \eta_2 \\ \eta_3 \\ \vdots \\ \eta_n \end{bmatrix} \qquad \varepsilon' = \begin{bmatrix} \varepsilon_1' \\ \varepsilon_2' \\ \varepsilon_3' \\ \vdots \\ \varepsilon_n' \end{bmatrix} \qquad \eta' = \begin{bmatrix} \eta_1' \\ \eta_2' \\ \eta_3' \\ \vdots \\ \eta_n' \end{bmatrix}$$

Nessas condições, mostra-se que os elementos (a, b, c, d) e os parâmetros (k) e (α) podem ser calculados pelas equações matriciais apresentadas a seguir:

$$a = \frac{\varepsilon'^T * \varepsilon + \eta'^T * \eta}{\varepsilon'^T * \varepsilon' + \eta'^T * \eta'} \tag{4.47}$$

$$b = \frac{\varepsilon'^T * \eta - \eta'^T * \varepsilon}{\varepsilon'^T * \varepsilon' + \eta'^T * \eta'} \tag{4.48}$$

$$c = X_0 - aX_0' + bY_0' \tag{4.49}$$

$$d = Y_0 - bX_0' - aY_0' \tag{4.50}$$

$$k = \sqrt{a^2 + b^2} \tag{4.51}$$

$$\alpha = \text{arctg}\left(\frac{b}{a}\right) \tag{4.52}$$

As coordenadas transformadas (X, Y) podem ser calculadas de acordo com as equações (4.28) e (4.29), aplicando agora os parâmetros determinados pelas equações (4.47) a (4.50). Assim, têm-se:

$$X = aX' - bY' + c \tag{4.53}$$

$$Y = bX' + aY' + d \tag{4.54}$$

Da mesma forma, têm-se:

$$X = a\varepsilon' - b\eta' + X_0 \tag{4.55}$$

$$Y = b\varepsilon' + a\eta' + Y_0 \tag{4.56}$$

Notar que, por intermédio das equações (4.55) e (4.56), pode-se calcular os valores de (X, Y) sem a intervenção das translações (c) e (d). Da mesma forma, denominando as coordenadas ajustadas dos pontos conhecidos como sendo $(\overline{X}, \overline{Y})$, têm-se:

$$\overline{X}_0 = a\varepsilon_0' - b\eta_0' + X_0 \tag{4.57}$$

$$\overline{Y}_0 = b\varepsilon_0' + a\eta_0' + Y_0 \tag{4.58}$$

E, assim, como evidentemente, $\varepsilon_0' = 0$ e $\eta_0' = 0$, têm-se:

$$\overline{X}_0 = X_0 \tag{4.59}$$

$$\overline{Y}_0 = Y_0 \tag{4.60}$$

Este resultado mostra que o centro de gravidade $G'(X_0', Y_0')$ transforma-se no centro de gravidade $G(X_0, Y_0)$, ou seja, a Transformação de Helmert coloca em coincidência os centros de gravidade dos (n) pontos homólogos dos dois sistemas de coordenadas (G') e (G). Em seguida, como existem mais coordenadas do que as estritamente necessárias para uma solução unívoca, haverá uma diferença entre as coordenadas transformadas $(\overline{X}, \overline{Y})$ e as coordenadas conhecidas do sistema (X, Y) para cada ponto homólogo. A esta diferença de coordenadas dá-se o nome de *erro residual*. Assim, em representação matricial, têm-se:

$$V_X = \overline{X} - X \tag{4.61}$$

$$V_X = \overline{X} - X \tag{4.62}$$

$$\text{Sendo: } V_X = \begin{bmatrix} v_{X_1} \\ v_{X_2} \\ v_{X_3} \\ \vdots \\ v_{X_n} \end{bmatrix} \qquad V_Y = \begin{bmatrix} v_{Y_1} \\ v_{Y_2} \\ v_{Y_3} \\ \vdots \\ v_{Y_n} \end{bmatrix}$$

Substituindo as equações (4.53) e (4.54) em (4.61) e (4.62), têm-se,

$$V_X = aX' - bY' + c - X \tag{4.63}$$

$$V_Y = bX' + aY' + d - Y \tag{4.64}$$

Pela Lei de Propagação dos Erros Médios Quadráticos, mostra-se que a precisão da observação padrão de peso igual a 1 é dada pela equação (4.65).

$$s_0 = \pm \sqrt{\frac{V_X^T V_X + V_Y^T V_Y}{2n-4}} \tag{4.65}$$

Sendo (n) igual ao número de pares de pontos homólogos usados no cálculo da transformação.
O leitor deve notar que $V_X^T V_X = \Sigma V_X^2$.
Considerando que todas as coordenadas possuem pesos iguais, tem-se:

$$s_X = s_Y = s_0 \tag{4.66}$$

A precisão do vetor resultante dos erros em (X,Y) é dada pela equação (4.67).

$$s_p = \pm s_0 \sqrt{2} \tag{4.67}$$

Ainda pela Lei de Propagação dos Erros Médios Quadráticos, é possível calcular as precisões de cada parâmetro da transformação. Assim, têm-se:

$$s_K = s_a = s_b = \pm s_0 \sqrt{\frac{1}{\varepsilon'^T \varepsilon' + \eta'^T \eta'}} \tag{4.68}$$

$$s_\alpha = \pm \frac{s_K}{k} * \rho \tag{4.69}$$

Notar que (ρ) é o fator de conversão de radianos para grau sexagesimal, conforme descrito na *Seção 2.3.3 – Conversão de unidades angulares*.
Da mesma forma,

$$s_{X_0} = s_{Y_0} = \pm \frac{s_0}{\sqrt{n}} \tag{4.70}$$

Finalmente, tem-se a precisão da coordenada transformada, dada pela equação (4.71).

$$s_{\bar{X}_i} = s_{\bar{Y}_i} = \pm s_0 \sqrt{\frac{1}{n} + \frac{\varepsilon_i'^2 + \eta_i'^2}{\varepsilon'^T \varepsilon' + \eta'^T \eta'}} \tag{4.71}$$

Os cálculos das precisões devem ser repetidos para cada coordenada particular.

Exemplo aplicativo   **4.5**

Sejam dados quatro pontos homólogos nos sistemas (X',Y') e (X,Y) e os pontos ($E011$) e ($E014$) conhecidos apenas no sistema (X',Y'), conforme indicado na Tabela 4.7. Com os valores indicados, calcular as coordenadas dos pontos ($E011$) e ($E014$) no sistema (X,Y).

▪ *Solução:*
Para a solução do problema, é necessário calcular, inicialmente, os centros de gravidade dos pontos homólogos, conforme indicado na sequência.

TABELA 4.7 • Coordenadas conhecidas

Ponto	X' [m]	Y' [m]	X [m]	Y'[m]
E007	204.031,2178	7.560.476,9482	151.889,9871	253.644,0658
E010	204.729,0177	7.560.947,1156	152.596,0920	254.100,8250
E020	204.584,4814	7.559.967,1848	152.433,3026	253.124,3034
E031	203.446,7804	7.560.309,7056	151.302,8407	253.487,8928
Somatórios	816.791,4973	30.241.700,9542	608.222,2224	1.014.357,0870
E011	204.543,5922	7.560.971,5163	?	?
E014	203.551,8201	7.560.860,4734	?	?

$$X_0 = \frac{608.222,2224}{4} = 152.055,5556 \, m \qquad Y_0 = \frac{1.014.357,0870}{4} = 253.589,2718 \, m$$

$$X_0' = \frac{816.791,4973}{4} = 204.197,8743 \, m \qquad Y_0' = \frac{30.241.700,9542}{4} = 7.560.425,2386 \, m$$

54 TOPOGRAFIA PARA ENGENHARIA

As coordenadas dos pontos em relação aos seus centros de gravidade são calculadas por intermédio das equações (4.43) a (4.46). Os resultados dos valores calculados estão apresentados na Tabela 4.8.

Em seguida, calculam-se os elementos (a, b, c, d) e os parâmetros (k) e (α) aplicando as equações (4.47) a (4.52). Assim, têm-se:

TABELA 4.8 • Diferenças calculadas

Ponto	$\varepsilon_i = X_i - X_0$ [m]	$\eta_i = Y_i - Y_0$ [m]	$\varepsilon_i' = X_i' - X_0'$ [m]	$\eta_i' = Y_i' - Y_0'$ [m]
E007	−165,5685	54,7940	−166,6565	51,7097
E010	540,5364	511,5532	531,1434	521,8771
E020	377,7470	−464,9684	386,6071	−458,0537
E031	−752,7149	−101,3790	−751,0939	−115,5329

$$a = \frac{102.6094,6501 + 494.494,3877}{102.3494,7967 + 498.190,6436} = 0,999279481$$

$$b = \frac{158.961,3934 - 187.466,9957}{1.023.494,7967 + 498.190,6436} = -0,018732914$$

$$c = 152.055,5556 - (0,9992792481 * 204.197,8743) + (-0,018732914 * 7.560.425,2386) = -193.623,9849 \, \text{m}$$

$$d = 253.589,2718 - (-0,018732914 * 204.197,8743) - (0,999279481 * 7.560.425,2386) = -7.297.563,3188 \, \text{m}$$

$$k = \sqrt{0,999279481^2 + (-0,018732914)^2} = 0,999455054$$

$$\alpha = \text{arctg}\left(\frac{-0,018732914}{0,999279481}\right) = -0,018744225 \, \text{rad} = -1°04'26,3''$$

Por fim, obtêm-se as coordenadas dos pontos (E011) e (E014) no sistema (X, Y) aplicando as equações (4.53) e (4.54), conforme indicado a seguir:

$$X_{E011} = (0,999279481 * 204.543,5922) - (-0,018732914 * 7.560.971,5163) + (-193.623,9849) = 152.411,2578 \, \text{m}$$

$$Y_{E011} = (-0,018732914 * 204.543,5922) + (0,999279481 * 7.560.971,5163) + (-7.297.563,3188) = 254.128,6796 \, \text{m}$$

$$X_{E014} = (0,999279481 * 203.551,8201) - (-0,018732914 * 7.560.860,4734) + (-193.623,9849) = 151.418,1201 \, \text{m}$$

$$Y_{E014} = (-0,018732914 * 203.551,8201) + (0,999279481 * 7.560.860,4734) + (-7.297.563,3188) = 254.036,2955 \, \text{m}$$

Na forma matricial (equação (4.21)), a solução do problema se dá conforme indicado a seguir:

$$\begin{bmatrix} X_{E011} & X_{E014} \\ Y_{E011} & Y_{E014} \end{bmatrix} = 0,999455054 * \begin{bmatrix} 0,999824332 & 0,018743128 \\ -0,018743128 & 0,999824332 \end{bmatrix} \begin{bmatrix} 204.543,5922 & 203.551,8201 \\ 7.560.971,5163 & 7.560.860,4734 \end{bmatrix} +$$

$$+ \begin{bmatrix} -193.623,9849 & -193.623,9849 \\ -7.297.563,3188 & -7.297.563,3188 \end{bmatrix}$$

$$\begin{bmatrix} X_{E011} & X_{E014} \\ Y_{E011} & Y_{E014} \end{bmatrix} = \begin{bmatrix} 152.411,2578 & 151.418,1201 \\ 254.128,6796 & 254.036,2955 \end{bmatrix}_{[\text{m}]}$$

Para o cálculo dos erros residuais dos pontos homólogos, primeiramente, é necessário calcular os valores de suas coordenadas transformadas, cujos resultados estão indicados na Tabela 4.9. Em seguida, deve-se aplicar as equações (4.61) e (4.62) ou (4.63) e (4.64). Assim, têm-se os resultados também indicados na Tabela 4.9.

A precisão do ponto genérico é calculada aplicando a equação (4.65), sendo os vetores (V_X) e (V_Y), compostos pelos valores indicados na Tabela 4.9. Assim, tem-se:

TABELA 4.9 • Coordenadas transformadas e erros residuais

Ponto	$\bar{X}_i$ [m]	$\bar{Y}_i$ [m]	$V_{X_i} = \bar{X}_i - X_i$ [cm]	$V_{Y_i} = \bar{Y}_i - Y_i$ [cm]
E007	151.889,9878	253.644,0661	0,07	0,03
E010	152.596,0926	254.100,8229	0,06	−0,21
E020	152.433,3034	253.124,3058	0,08	0,24
E031	151.302,8386	253.487,8922	−0,21	−0,06
		$V^T V = \Sigma V^2$	0,06 cm²	0,10 cm²

$$s_0 = \pm\sqrt{\frac{0,06 + 0,10}{4}} = \pm 0,20 \, \text{cm} = 2,0 \, \text{mm}$$

A precisão do vetor resultante dos erros em (X,Y), é calculada aplicando a equação (4.67).

$$s_p = \pm 2,0\sqrt{2} = \pm 2,9 \text{ mm}$$

A precisão de cada parâmetro da transformação é calculada aplicando as equações (4.68) e (4.69).

$$s_K = \pm 0,002022\sqrt{\frac{1}{1.023.494,7967 + 498.190,6436}} = \pm 0,000001639 \,{}^{\text{m}}\!/\!_{\text{m}} = \pm 1,6\,{}^{\text{mm}}\!/\!_{\text{km}} \text{ ou } \pm 1,6 \text{ ppm}$$

$$s_\alpha = \pm \frac{0,000001639}{0,999455054} * 206.264,8062'' = \pm 0,3''$$

As precisões das coordenadas transformadas são calculadas aplicando as equações (4.70) e (4.71). Assim, tem-se:
Para o centro de gravidade, aplicando a equação (4.70):

$$s_{X_0} = s_{Y_0} = \pm \frac{0,20}{\sqrt{4}} = \pm 0,10 \text{ cm}$$

Para os pontos, os resultados estão indicados na Tabela 4.10. Segue o cálculo realizado para o ponto (E010), aplicando a equação (4.71):

TABELA 4.10 • Precisões das coordenadas transformadas

Ponto	$s_{\bar{X}} = s_{\bar{Y}}$ [cm]	Ponto	$s_{\bar{X}} = s_{\bar{Y}}$ [cm]
E007	0,11	E020	0,14
E010	0,16	E031	0,16

$$s_{\bar{X}_{E007}} = s_{\bar{Y}_{E007}} = \pm 0,20\sqrt{\frac{1}{4} + \frac{-166,5685^2 + 54,7940^2}{102.3494,7967 + 498.190,6436}} = 0,11 \text{ cm}$$

4.9.1.2.3 Transformação Afim

A *Transformação de coordenadas Afim* é também uma transformação de coordenadas linear. Nesse caso, porém, a matriz de rotação não satisfaz a condição de ortogonalidade, ou seja, a Transformação Afim não conserva os ângulos e tampouco as áreas.

O tratamento matemático para a Transformação Afim é semelhante ao da Transformação Ortogonal. Nesses termos, considerando a Figura 4.17, têm-se as seguintes equações para a Transformação Afim:

$$X = k_X * X' * \cos(\alpha_X) - k_Y * Y' * \text{sen}(\alpha_Y) + c \tag{4.72}$$

$$Y = k_X * X' * \text{sen}(\alpha_X) + k_Y * Y' * \cos(\alpha_Y) + f \tag{4.73}$$

Sendo:

k_X = fator de escala no eixo X;
k_Y = fator de escala no eixo Y;
α_X = ângulo de rotação do eixo X;
α_Y = ângulo de rotação do eixo Y;
c = translação em relação à direção X;
f = translação em relação à direção Y.

A Transformação Afim é, portanto, uma transformação de seis parâmetros, enquanto a Transformação Ortogonal é uma transformação de quatro parâmetros. Os valores dos parâmetros dessa transformação de coordenadas são calculados conforme indicado a seguir:

$$a = k_X * \cos(\alpha_X) \tag{4.74}$$

$$b = k_Y * \text{sen}(\alpha_Y) \tag{4.75}$$

$$d = k_X * \text{sen}(\alpha_X) \tag{4.76}$$

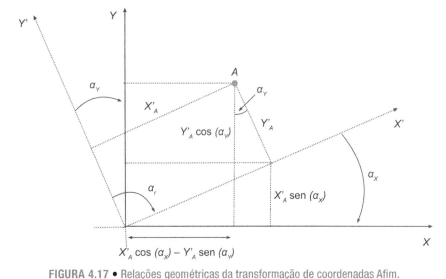

FIGURA 4.17 • Relações geométricas da transformação de coordenadas Afim.

$$e = k_Y * \cos(\alpha_Y) \tag{4.77}$$

$$c = X_0 - aX'_0 + bY'_0 \tag{4.78}$$

$$f = Y_0 - dX'_0 - eY'_0 \tag{4.79}$$

Conhecendo os valores dos parâmetros (a, b, c, d, e, f), têm-se:

$$X = aX' - bY' + c \tag{4.80}$$

$$Y = dX' + eY' + f \tag{4.81}$$

Na forma de matriz, as equações (4.80) e (4.81) são escritas conforme apresentado a seguir:

$$\begin{bmatrix} X \\ Y \end{bmatrix} = \begin{bmatrix} a & -b \\ d & e \end{bmatrix} * \begin{bmatrix} X' \\ Y' \end{bmatrix} + \begin{bmatrix} c \\ f \end{bmatrix} \tag{4.82}$$

ou, ainda,

$$\begin{bmatrix} X \\ Y \end{bmatrix} = \begin{bmatrix} X' & Y' & 1 & 0 & 0 & 0 \\ 0 & 0 & 0 & X' & Y' & 1 \end{bmatrix} \begin{bmatrix} a \\ -b \\ c \\ d \\ e \\ f \end{bmatrix} \tag{4.83}$$

O inverso da equação (4.82) é dado conforme indicado a seguir:

$$\begin{bmatrix} X' \\ Y' \end{bmatrix} = \begin{bmatrix} a & -b \\ d & e \end{bmatrix}^{-1} * \begin{bmatrix} X - c \\ Y - f \end{bmatrix} \tag{4.84}$$

Por se tratar de uma transformação de coordenadas com seis parâmetros, é necessário que se tenham pelo menos três pontos homólogos nos dois sistemas de coordenadas. Cada ponto permitirá escrever duas equações de transformação do tipo (4.80) e (4.81). Nos casos em que se têm mais de três pontos homólogos, da mesma forma que a transformação ortogonal, a solução pode ser obtida aplicando um método de ajustamento de observações ou as equações indicadas na sequência para a *Transformação Afim com excesso de pontos homólogos*.

4.9.1.2.4 Transformação Afim com excesso de pontos homólogos

Sejam então dois sistemas de coordenadas (X', Y') e (X, Y), conforme indicado na Figura 4.16. Considere-se que existam $n > 3$ pares de pontos homólogos entre os dois sistemas.

Analogamente ao caso da transformação de coordenadas ortogonal, inicialmente, deve-se calcular as coordenadas dos centros geométricos dos (n) pontos homólogos em cada sistema, conforme indicado nas equações (4.41) e (4.42). Nessas condições, mostra-se que os elementos (a, b, d, e) podem ser calculados aplicando as equações indicadas a seguir:

$$a = \frac{(\eta'^T * \eta' * \varepsilon'^T * \varepsilon) - (\varepsilon'^T * \eta' * \eta'^T * \varepsilon)}{(\varepsilon'^T * \varepsilon' * \eta'^T * \eta') - (\varepsilon'^T * \eta')^2} \tag{4.85}$$

$$b = -\left[\frac{(\varepsilon'^T * \varepsilon' * \eta'^T * \varepsilon) - (\varepsilon'^T * \eta' * \varepsilon'^T * \varepsilon)}{(\varepsilon'^T * \varepsilon' * \eta'^T * \eta') - (\varepsilon'^T * \eta')^2} \right] \tag{4.86}$$

$$d = \frac{(\eta'^T * \eta' * \varepsilon'^T * \eta) - (\varepsilon'^T * \eta' * \eta'^T * \eta)}{(\varepsilon'^T * \varepsilon' * \eta'^T * \eta') - (\varepsilon'^T * \eta')^2} \tag{4.87}$$

$$e = \frac{(\varepsilon'^T * \varepsilon' * \eta'^T * \eta) - (\varepsilon'^T * \eta' * \varepsilon'^T * \eta)}{(\varepsilon'^T * \varepsilon' * \eta'^T * \eta') - (\varepsilon'^T * \eta')^2} \tag{4.88}$$

Com os elementos (a, b, d, e) conhecidos, pode-se calcular os parâmetros ($c, f, kx, ky, \alpha x, \alpha y, \alpha r$). Assim, tem-se a seguinte sequência de cálculo:

Os parâmetros (c) e (f) podem ser calculados de acordo com as equações (4.78) e (4.79).

$$kx = \sqrt{a^2 + d^2} \tag{4.89}$$

$$k_Y = \sqrt{b^2 + e^2} \qquad (4.90)$$

$$\alpha_X = \text{arctg}\left(\frac{d}{a}\right) \qquad (4.91)$$

$$\alpha_Y = \text{arctg}\left(\frac{b}{e}\right) \qquad (4.92)$$

$$\alpha_r = 90^\circ + \alpha_Y - \alpha_X \qquad (4.93)$$

Analogamente ao caso da transformação ortogonal, têm-se:

$$X = aX' - bY' + c \qquad (4.94)$$

$$Y = dX' + eY' + f \qquad (4.95)$$

Considerando novamente os erros residuais de acordo com as equações (4.65) e (4.66), tem-se:

$$s_0 = \pm\sqrt{\frac{V_X{}^T V_X + V_Y{}^T V_Y}{2n-6}} = s_X = s_Y \qquad (4.96)$$

Sendo (n) igual ao número de pares de pontos homólogos usados no cálculo da transformação.

Mais uma vez, notar que se admitiu que todas as coordenadas possuem a mesma precisão. No caso de haver precisões diferentes, é necessário considerar os pesos respectivos para o cálculo de (s_0).

De forma semelhante à transformação ortogonal, a precisão do vetor resultante dos erros em (X,Y) é dado pela equação (4.67).

Notar que, na maioria das bibliografias, a equação (4.80) possui o sinal de (b) como sendo positivo. Neste texto, preferiu-se considerá-lo negativo para se manter de acordo com a equação (4.28).

Exemplo aplicativo　4.6

Considerando os valores apresentados no Exemplo aplicativo 4.5, calcular as coordenadas dos pontos ($E011$) e ($E014$) no sistema (X,Y), por meio de uma transformação Afim com excesso de pontos homólogos.

■ *Solução:*
Para a solução do problema, é necessário, primeiramente, calcular os valores dos elementos (a, b, c, d, e, f) por intermédio das equações (4.85) a (4.88), (4,78) e (4,79). Assim, têm-se:

$$a = \frac{(498.190,6436 * 1.026.094,6501) - (178.263,0635 * 187.466,9957)}{(1.023.494,7967 * 498.190,6436) - (178.263,0635)^2} = 0,999277378$$

$$b = -\left[\frac{(1.023.494,7967 * 187.466,9957) - (178.263,0635 * 1.026.094,6501)}{(1.023.494,7967 * 498.190,6436) - (178.263,0635)^2}\right] = -0,018733288$$

$$d = \frac{(498.190,6436 * 158.961,3934) - (178.263,0635 * 494.494,3877)}{(1.023.494,7967 * 498.190,6436) - (178.263,0635)^2} = -0,018733888$$

$$e = \frac{(1.023.494,7967 * 494.494,3877) - (178.263,0635 * 158.961,3934)}{(1.023.494,7967 * 498.190,6436) - (178.263,0635)^2} = 0,999284018$$

Pelas equações (4.78) e (4.79), têm-se:

$$c = 152.055,5556 - (0,999277378 * 204.197,8743) + (-0,018733288 * 7.560.425,2386) = -193.626,3874 \, \text{m}$$

$$f = 253.589,2718 - (-0,018733888 * 204.197,8743) - (0,999284018 * 7.560.425,2386) = -7.297.597,4158 \, \text{m}$$

Os fatores de escalas e os ângulos de rotação de cada eixo são calculados por intermédio das equações (4.89) a (4.93). Assim, têm-se:

$$k_X = \sqrt{(0,999277378)^2 + (-0,018733888)^2} = 0,999452969$$

$$k_Y = \sqrt{(-0,018733288)^2 + (0,999284018)^2} = 0,999459596$$

$$\alpha_X = \operatorname{arctg}\left(\frac{-0{,}018733888}{0{,}999277378}\right) = -0{,}01874524 \text{ rad} = -1°04'26{,}5''$$

$$\alpha_Y = \operatorname{arctg}\left(\frac{-0{,}018733288}{0{,}999284018}\right) = -0{,}01874452 = -1°04'26{,}3''$$

$$\alpha_r = 90° + (-1°04'26{,}3338'') - (-1°04'26{,}4832'') = 89°59'59{,}9''$$

Para o cálculo das coordenadas, procede-se de forma análoga à transformação ortogonal utilizando as equações (4.94) e (4.95), obtendo-se os valores indicados na Tabela 4.11.

Para o cálculo dos erros residuais dos pontos homólogos, primeiramente, é necessário calcular os valores de suas coordenadas transformadas, cujos resultados estão indicados na Tabela 4.12. Em seguida, deve-se aplicar as equações (4.61) e (4.62) ou (4.63) e (4.64). Assim, têm-se os resultados também indicados na Tabela 4.12.

TABELA 4.11 • Coordenadas calculadas

Ponto	X [m]	Y [m]
E011	152.411,2572	254.128,6817
E014	151.418,1216	254.036,2981

As precisões das coordenadas são calculadas aplicando a equação (4.96). Assim, tem-se:

$$s_0 = s_X = s_Y = \pm\sqrt{\frac{1{,}70 + 0{,}69}{2*4-6}} = \pm 1{,}09 \text{ cm}$$

A precisão do vetor resultante dos erros em (X,Y) é calculada aplicando a equação (4.67). Assim, tem-se:

$$s_p = \pm 1{,}09\sqrt{2} = \pm 1{,}55 \text{ cm}$$

TABELA 4.12 • Coordenadas transformadas e erros residuais

Ponto	$\bar{X}_i$ [m]	$\bar{Y}_i$ [m]	$V_{X_i} = \bar{X}_i - X_i$ [cm]	$V_{Y_i} = \bar{Y}_i - Y_i$ [cm]
E007	151.889,9882	253.644,0665	1,10	0,70
E010	152.596,0916	254.100,8248	−0,37	−0,24
E020	152.433,3025	253.124,3033	−0,15	−0,10
E031	151.302,8401	253.487,8924	−0,58	−0,37
		$V^T V = \Sigma V^2$	1,70 cm²	0,69 cm²

4.9.2 Transformação de coordenadas espaciais

Para a Geomática, as principais transformações de coordenadas entre sistemas de coordenadas espaciais são as seguintes:

- transformação de coordenadas cartesianas espaciais para polares espaciais e vice-versa;
- transformação de coordenadas entre sistemas cartesianos espaciais;
- transformação de coordenadas cartesianas espaciais para geodésicas e vice-versa;
- transformação de coordenadas cartesianas geocêntricas e geodésicas para coordenadas cartesianas topocêntricas e vice-versa.

A seguir, são apresentadas as formulações matemáticas de cada uma delas.

4.9.2.1 *Transformação de coordenadas retangulares espaciais para coordenadas polares espaciais e vice-versa*

As transformações de coordenadas cartesianas espaciais para polares espaciais e vice-versa são similares às transformações planas apresentadas na *Seção 4.9.1 – Transformação de coordenadas entre sistemas de coordenadas planos*. Para o caso presente, referir-se à Figura 4.18.

Notar que, nesse caso, a orientação polar refere-se ao eixo (Y) e que o ponto (P) situa-se na origem do sistema de coordenadas. Nessas condições, têm-se as seguintes relações matemáticas para a transformação de coordenadas:

$$X_Q = X_P + d'_{PQ} * \operatorname{sen}(z_{PQ}) * \operatorname{sen}(Az_{PQ}) \qquad (4.97)$$

$$Y_Q = Y_P + d'_{PQ} * \operatorname{sen}(z_{PQ}) * \cos(Az_{PQ}) \qquad (4.98)$$

$$Z_Q = Z_P + d'_{PQ} * \cos(z_{PQ}) \qquad (4.99)$$

$$d'_{PQ} = \sqrt{\Delta X_{PQ}^2 + \Delta Y_{PQ}^2 + \Delta Z_{PQ}^2} \qquad (4.100)$$

$$Az_{PQ} = \operatorname{arctg}\left(\frac{\Delta X_{PQ}}{\Delta Y_{PQ}}\right) \pm 180° \qquad (4.101)$$

$$z_{PQ} = \arccos\left(\frac{\Delta Z_{PQ}}{d'_{PQ}}\right) \qquad (4.102)$$

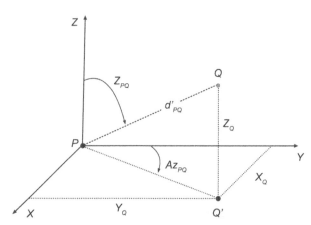

FIGURA 4.18 • Relações geométricas entre coordenadas cartesianas espaciais e polares espaciais.

Exemplo aplicativo 4.7

Considerando os dados da Tabela 4.13, calcular as coordenadas polares espaciais do ponto (Q).

■ *Solução:*
De acordo com as equações (4.100) a (4.102), têm-se:

$$d'_{PQ} = \sqrt{(173{,}787^2 + 34{,}268^2 + 15{,}369^2)} = 177{,}799 \text{ m}$$

$$Az_{PQ} = \text{arctg}\left(\frac{173{,}787}{34{,}268}\right) = 1{,}376110001 \text{ rad} = 78°50'43''$$

$$z_{PQ} = \arccos\left(\frac{15{,}369}{177{,}799}\right) = 1{,}484247927 \text{ rad} = 85°02'28''$$

TABELA 4.13 • Coordenadas cartesianas espaciais conhecidas

Ponto	X [m]	Y [m]	Z [m]
P	1.000,000	1.000,000	1.000,000
Q	1.173,787	1.034,268	1.015,369
Diferença Q - P	173,787	34,268	15,369

Exemplo aplicativo 4.8

Considerando as coordenadas cartesianas espaciais do ponto (P) e as coordenadas polares espaciais calculadas para o ponto (Q) do exemplo aplicativo anterior, calcular as coordenadas cartesianas espaciais do ponto (Q).

■ *Solução:*
De acordo com as equações (4.97) a (4.99), têm-se:

$$X_Q = 1.000{,}000 + 177{,}799 * \text{sen}(85°02'28'') * \text{sen}(78°50'43'') = 1.173{,}787 \text{ m}$$

$$Y_Q = 1.000{,}000 + 177{,}799 * \text{sen}(85°02'28'') * \cos(78°50'43'') = 1.034{,}268 \text{ m}$$

$$Z_Q = 1.000{,}000 + 177{,}799 * \cos(85°02'28'') = 1.015{,}369 \text{ m}$$

4.9.2.2 Transformação entre sistemas de coordenadas cartesianos espaciais

As transformações de coordenadas entre sistemas cartesianos espaciais (X',Y',Z') e (X,Y,Z), de forma semelhante às transformações no plano, também se dão em três etapas, conforme indicado na Figura 4.19. São elas:

1. Rotação dos eixos (X',Y',Z') para torná-los paralelos aos eixos (X,Y,Z).
2. Alteração da escala para adequar as dimensões do sistema (X',Y',Z') ao sistema (X,Y,Z).
3. Translação da origem do sistema (X',Y',Z') para coincidir com a origem do sistema (X,Y,Z).

A seguir, são apresentadas as relações algébricas para cada uma das etapas citadas.

Rotação dos eixos

No caso das rotações, elas ocorrem em cada eixo individualmente e são, geralmente, realizadas em uma sequência determinada, conforme indicado na Figura 4.20.

Considerando (ω) como a rotação em torno do eixo (X), (φ) como a rotação em torno do eixo (Y) e (κ) como a rotação em torno do eixo (Z), as matrizes parciais de rotação são dadas como indicado na sequência.

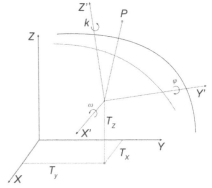

FIGURA 4.19 • Ilustração da transformação de coordenadas entre sistemas de coordenadas cartesianos espaciais.

$$R\kappa = \begin{bmatrix} \cos\kappa & \text{sen}\kappa & 0 \\ -\text{sen}\kappa & \cos\kappa & 0 \\ 0 & 0 & 1 \end{bmatrix} \quad R\varphi = \begin{bmatrix} \cos\varphi & 0 & -\text{sen}\varphi \\ 0 & 1 & 0 \\ \text{sen}\varphi & 0 & \cos\varphi \end{bmatrix} \quad R\omega = \begin{bmatrix} 1 & 0 & 0 \\ 0 & \cos\omega & \text{sen}\omega \\ 0 & -\text{sen}\omega & \cos\omega \end{bmatrix} \quad (4.103)$$

Considerando a sequência de aplicação das rotações como sendo $R(3)_\kappa * R(2)_\varphi * R(1)_\omega = R(\kappa, \varphi, \omega)$,[9] tem-se a matriz de rotação final indicada a seguir:

$$R(\kappa, \varphi, \omega) = \begin{bmatrix} \cos\varphi * \cos\kappa & \text{sen}\omega * \text{sen}\varphi * \cos\kappa + \cos\omega * \text{sen}\kappa & -\cos\omega * \text{sen}\varphi * \cos\kappa + \text{sen}\omega * \text{sen}\kappa \\ -\cos\varphi * \text{sen}\kappa & -\text{sen}\omega * \text{sen}\varphi * \text{sen}\kappa + \cos\omega * \cos\kappa & \cos\omega * \text{sen}\varphi * \text{sen}\kappa + \text{sen}\omega * \cos\kappa \\ \text{sen}\varphi & -\text{sen}\omega * \cos\varphi & \cos\omega * \cos\varphi \end{bmatrix} \quad (4.104)$$

---

[9] Notar que em algumas bibliografias os autores preferem utilizar a ordem transposta desta matriz de rotação, ou seja, $R(\omega, \phi, \kappa)$.

A forma resumida da matriz de rotação é dada pela equação (4.105).

$$R(\kappa, \varphi, \omega) = \begin{bmatrix} r_{11} & r_{12} & r_{13} \\ r_{21} & r_{22} & r_{23} \\ r_{31} & r_{32} & r_{33} \end{bmatrix} \quad (4.105)$$

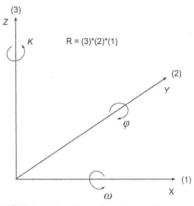

FIGURA 4.20 • Rotações (ω, φ, κ) em torno dos eixos (X, Y, Z) de um sistema de coordenadas cartesiano espacial.

Fator de escala e translação

O fator de escala e as translações ocorrem de forma semelhante ao caso da transformação de coordenadas planas. Da mesma forma, a transformação pode ser ortogonal ou não ortogonal, ou seja, os eixos (X', Y', Z') e (X, Y, Z) podem ser ortogonais ou não ortogonais.

O fator de escala, em muitos casos, é dado em *ppm* em vez de uma constante de multiplicação. Nesses casos, é necessário transformá-lo na constante de multiplicação (k) antes de aplicá-lo nas formulações indicadas na sequência. Assim, tem-se:

$$k = 1 + \frac{\text{valor dado em ppm}}{1.000.000} \quad (4.106)$$

O leitor não habituado com o termo *ppm* deve entendê-lo como mm/km, ou seja, 1 mm em 1 milhão de milímetros, que é igual a 1 mm em 1 km.

O principal uso das transformações de coordenadas entre sistemas cartesianos espaciais em Geomática é na transformação de coordenadas entre diferentes *data*. Em geral, quando se deseja transformar as coordenadas geodésicas (latitude e longitude) de um sistema de referência geodésico para outro, realiza-se, primeiramente, a transformação das coordenadas geodésicas em cartesianas espaciais, em seguida, transforma-as em coordenadas cartesianas espaciais no outro sistema e, finalmente, volta-se para as coordenadas geodésicas no novo sistema. Existem para isso três métodos de transformação de coordenadas que são empregados em Geomática, conforme apresentados na sequência.

4.9.2.2.1 Transformação de coordenadas espaciais com três parâmetros

A transformação de coordenadas espaciais com três parâmetros considera que os eixos de coordenadas dos dois sistemas são paralelos e que não existe nenhum fator de escala entre eles. A transformação consiste, portanto, em aplicar apenas as translações (T_X, T_Y, T_Z) entre as origens dos dois sistemas. Assim, tem-se:

$$\begin{bmatrix} X \\ Y \\ Z \end{bmatrix} = \begin{bmatrix} X' \\ Y' \\ Z' \end{bmatrix} + \begin{bmatrix} T_X \\ T_Y \\ T_Z \end{bmatrix} \quad (4.107)$$

4.9.2.2.2 Transformação de coordenadas espaciais com cinco parâmetros – Transformação de Molodensky

Uma variante da transformação com três parâmetros é a transformação de coordenadas com cinco parâmetros, denominada *Transformação de Molodensky*. Nesse caso, pode-se transformar diretamente as coordenadas geodésicas de um sistema para outro, sem intervenção da transformação cartesiana entre elas. Ela permite transformar diretamente as coordenadas (ϕ_g, λ_g, h) do sistema (A) para o sistema (B), desde que se conheçam os valores de (T_X, T_Y, T_Z) e as diferenças (Δa, Δf) entre os parâmetros geométricos (a) e (f) de ambos os elipsoides. Assim, têm-se:

$$\Delta \phi_g = \frac{1}{M+h} * \begin{bmatrix} -T_X * \text{sen} \phi_g * \cos \lambda_g - T_Y * \text{sen} \phi_g * \text{sen} \lambda_g + T_Z * \cos \phi_g + \dfrac{N * e^2 * \text{sen} \phi_g * \cos \phi_g * \Delta a}{a} + \\ \text{sen} \phi_g * \cos \phi_g * \left(M * \dfrac{a}{b} + N * \dfrac{b}{a} \right) * \Delta f \end{bmatrix} \quad (4.108)$$

$$\Delta \lambda_g = \frac{1}{(N+h) * \cos \phi_g} * (-T_X * \text{sen} \lambda_g + T_Y * \cos \lambda_g) \quad (4.109)$$

$$\Delta h = T_X * \cos \phi_g * \cos \lambda_g + T_Y * \cos \phi_g * \text{sen} \lambda_g + T_Z * \text{sen} \phi_g - \frac{a}{N} * \Delta a + \frac{N * b * \text{sen}^2 \phi_g * \Delta f}{a} \quad (4.110)$$

Sendo:

a = semieixo maior do elipsoide do sistema (A);
b = semieixo menor do elipsoide do sistema (A);
h = altura elipsoidal dos pontos no sistema (A);
M = raio de curvatura da seção meridiana do elipsoide do sistema (A), dado pela equação (3.7);
N = raio de curvatura do primeiro vertical do elipsoide do sistema (A), dado pela equação (3.8);
ϕ_g, λ_g = latitude e longitude geodésicas dos pontos no sistema (A);
(T_X, T_Y, T_Z) = translações nas direções (X, Y, Z) entre os sistemas (B) e (A), ou seja, (B–A);
Δa = diferença entre o eixo maior do elipsoide (B) e do elipsoide (A);
Δf = diferença entre o achatamento do elipsoide (B) e do elipsoide (A).

Os valores obtidos pelas equações (4.108) a (4.110) deverão ser adicionados algebricamente às coordenadas geodésicas do ponto do sistema (A) para obtê-las no sistema (B).

Exemplo aplicativo — **4.9**

Seja o ponto ($SPC1$) (RBMC – Campinas) cujas coordenadas cartesianas espaciais geocêntricas e geodésicas no sistema de referência SAD69 estão apresentadas na Tabela 4.14. Com base nesses valores e nos parâmetros de transformação indicados na Tabela 4.15, calcular as coordenadas cartesianas espaciais geocêntricas do ponto ($SPC1$) no sistema de referência SIRGAS2000, por meio de uma transformação de coordenadas espaciais com três parâmetros e suas respectivas coordenadas geodésicas, por meio de uma transformação de coordenadas espaciais com cinco parâmetros.

TABELA 4.14 • Coordenadas cartesianas e geodésicas do ponto (*SPC1*) no sistema de referência SAD69

Ponto	X [m]	Y [m]	Z [m]
	4.007.282,457	–4.306.654,074	–2.458.182,340
SPC1	**Latitude**	**Longitude**	h [m]
	–22°48′56,8851″	–47°03′44,0596	630,156

TABELA 4.15 • Parâmetros de transformação de coordenadas SAD69 para SIRGAS2000 (IBGE)

Translação	Valor [m]
T_X	–67,350
T_Y	3,880
T_Z	–38,220

■ *Solução:*

1. Cálculo das coordenadas cartesianas geocêntricas por meio de uma transformação de coordenadas espaciais com três parâmetros:

Considerando os parâmetros de transformação indicados na Tabela 4.15 e aplicando a equação (4.107), têm-se os seguintes valores para as coordenadas do ponto (SPC1) no sistema geodésico SIRGAS2000:

$$\begin{bmatrix} X \\ Y \\ Z \end{bmatrix}_{SIRGAS2000} = \begin{bmatrix} X' \\ Y' \\ Z' \end{bmatrix}_{SAD69} + \begin{bmatrix} T_X \\ T_Y \\ T_Z \end{bmatrix} = \begin{bmatrix} 4.007.282,457 \\ -4.306.654,074 \\ -2.458.182,340 \end{bmatrix} + \begin{bmatrix} -67,350 \\ 3,880 \\ -38,220 \end{bmatrix} = \begin{bmatrix} 4.007.215,107 \\ -4.306.650,194 \\ -2.458.220,560 \end{bmatrix}_m$$

2. Cálculo das coordenadas geodésicas por meio da transformação de coordenadas espaciais com cinco parâmetros:

Para o cálculo das coordenadas geodésicas, primeiramente, é necessário calcular a diferença entre os semieixos (a) e entre os achatamentos (f) dos elipsoides GSR80 e o Internacional de 1967, que são os elipsoides de referência do SIRGAS200 e do SAD69, respectivamente (ver Tab. 3.1). Assim, tem-se:

$$\Delta a = a_{GRS80} - a_{Internacional 1967} = -23,000 \text{ m}$$

$$\Delta f = f_{GRS80} - f_{Internacional 1967} = -8,118805 * 10^{-8}$$

Em seguida, é necessário calcular o raio da seção meridiana e o raio de curvatura do primeiro vertical do ponto desejado em relação ao elipsoide Internacional de 1967, conforme indicado a seguir:

$$M = \frac{6.378.160,000 * (1 - 0,006694542)}{\left[1 - 0,006694542 * \text{sen}^2 (-22°48′56,8851″) \right]^{3/2}} = 6.345.039,367 \text{ m}$$

$$N = \frac{6.378.160,000}{\sqrt{1 - 0,006694542 * \text{sen}^2 (-22°48′56,8851″)}} = 6.381.372,642 \text{ m}$$

62 TOPOGRAFIA PARA ENGENHARIA

Para o cálculo de $\Delta\lambda$, $\Delta\phi$ e Δh deve-se empregar as equações (4.108) a (4.110). Assim, têm-se:

$$\Delta\phi_g = -8,462 * 10^{-6} \text{ rad} = -1,7454''$$

$$\Delta\lambda_g = -7,932 * 10^{-6} \text{ rad} = -1,6362''$$

$$\Delta h = -7,176 \text{ m}$$

Finalmente, obtêm-se as coordenadas geodésicas do ponto (SPC1) no sistema geodésico SIRGAS2000:

$$\phi_{SIRGAS2000} = \phi_{SAD69} + \Delta\phi_g = -22°48'56,8851'' + (-1,7454'') = -22°48'58,6305''$$

$$\lambda_{SIRGAS2000} = \lambda_{SAD69} + \Delta\lambda_g = -47°03'44,059'' + (-1,6362'') = -47°03'45,6958''$$

$$h_{SIRGAS2000} = h_{SAD69} + \Delta h = 630,156 + (-7,176) = 622,980 \text{ m}$$

4.9.2.2.3 Transformação de coordenadas espaciais com sete parâmetros – Helmert 3D ou Transformação de Bursa-Wolf

Neste caso, considera-se que existem três rotações, três translações e um fator de escala único para todos os eixos. A transformação possui, portanto, sete parâmetros. A formulação matricial, nesse caso, possui a seguinte forma:

$$\begin{bmatrix} X \\ Y \\ Z \end{bmatrix} = k * R(\kappa, \varphi, \omega) * \begin{bmatrix} X' \\ Y' \\ Z' \end{bmatrix} + \begin{bmatrix} T_X \\ T_Y \\ T_Z \end{bmatrix} \tag{4.111}$$

Sendo:

k = fator de escala único;
$R(\kappa, \varphi, \omega)$ = matriz de rotação;
(T_X, T_Y, T_Z) translações nas direções X, Y, Z.

Nesse tipo de transformação, somente a escala dos elementos geométricos é modificada. Mantém-se a forma. Trata-se, portanto, de uma transformação conforme.

Considera-se que essa é a transformação de coordenadas espacial mais adequada para as redes geodésicas tridimensionais. Ela é semelhante à transformação de Helmert no plano e permite a transformação ou a comparação de coordenadas sem que ocorram deformações entre os dois sistemas de coordenadas ortogonais.

Além das transformações de coordenadas apresentadas, existem outras de menor interesse para a Geomática, que são a Transformação de coordenadas espaciais com 9 parâmetros e a transformação de coordenadas espaciais com 12 parâmetros. No primeiro caso, considera-se que existe um fator de escala diferente para cada eixo e, no segundo, considera-se que os eixos não são ortogonais, adicionando-se assim mais 3 parâmetros de não ortogonalidade no sistema de equações. Esses dois métodos de transformação de coordenadas não serão tratados neste livro. Os leitores interessados devem consultar outras bibliografias especializadas.

Exemplo aplicativo   **4.10**

Considerando os dados do exemplo aplicativo anterior e os parâmetros de transformação indicados na Tabela 4.16, calcular as coordenadas cartesianas geocêntricas do ponto (*SPC1*) no sistema geodésico SIRGAS2000, aplicando a Transformação de Helmert 3D.

TABELA 4.16 • Parâmetros de transformação de coordenadas do sistema de referência geodésico SAD69 para o SIRGAS2000 com valores de rotação e fator de escala

Translação	Valor [m]	Rotação	Valor	Fator de escala
T_X	−67,350	ω	−0,001″	
T_Y	3,880	φ	−0,001″	$k = 0,005$ ppm
T_Z	−38,220	κ	−0,003″	

▪ *Solução:*
O primeiro passo para a solução deste exercício é calcular os elementos da matriz de rotação. Assim, tem-se:

$$R(\kappa, \varphi, \omega) = \begin{bmatrix} 1 & 1,454441046*10^{-8} & 4,848136741*10^{-9} \\ -1,454441043*10^{-8} & 1 & 4,848136882*10^{-9} \\ -4,848136811*10^{-9} & -4,848136811*10^{-9} & 1 \end{bmatrix}$$

Em seguida, deve-se transformar o valor do fator de escala (k) dado em ppm para decimal. Assim, tem-se:

$$k = 1 + \left(\frac{0,005}{1.000.000} \right) = 1,000000005 = 1 + 0,5 * 10^{-8}$$

Assim, de acordo com a equação (4.111), tem-se:

$$k * R(\kappa,\varphi,\omega) * \begin{bmatrix} X \\ Y \\ Z \end{bmatrix} = (1+0,5*10^{-8}) * \begin{bmatrix} 1 & 1,45444*10^{-8} & 4,84814*10^{-9} \\ -1,45444*10^{-8} & 1 & 4,84814*10^{-9} \\ -4,84814*10^{-9} & -4,84814*10^{-9} & 1 \end{bmatrix} * \begin{bmatrix} 4.007.282,457 \\ -4.306.654,074 \\ -2.458.182,340 \end{bmatrix} =$$

$$= \begin{bmatrix} 4.007.282,402 \\ -4.306.654,142 \\ -2.458.182,393 \end{bmatrix}_{[m]}$$

De onde se obtêm os seguintes resultados:

$$\begin{bmatrix} X \\ Y \\ Z \end{bmatrix}_{SIRGAS\,2000} = \begin{bmatrix} 4.007.282,402 \\ -4.306.654,142 \\ -2.458.182,393 \end{bmatrix} + \begin{bmatrix} -67,35 \\ 3,88 \\ -38,22 \end{bmatrix} = \begin{bmatrix} 4.007.215,052 \\ -4.306.650,262 \\ -2.458.220,613 \end{bmatrix}_{[m]}$$

4.9.2.3 *Transformação de coordenadas do sistema geodésico para o sistema cartesiano geocêntrico e vice-versa*

Com o advento dos sistemas de navegação *GNSS*, os profissionais da área de Geomática tiveram que se adaptar às constantes necessidades de realizar transformações de coordenadas cartesianas espaciais para geodésicas e vice-versa. A razão dessa necessidade é o fato dos sistemas *GNSS* determinarem as posições dos pontos no espaço em coordenadas cartesianas espaciais (*X, Y, Z*) e os engenheiros necessitarem das coordenadas planas (*N, E*)[10] para seus projetos de Engenharia. Devido a esse fato, na maioria das vezes, as coordenadas cartesianas espaciais são primeiramente transformadas em coordenadas geodésicas (ϕ_g, λ_g) para, em seguida, serem transformadas em coordenadas planas. Apresentam-se, a seguir, as equações utilizadas para a transformação de coordenadas geodésicas para coordenadas cartesianas espaciais e vice-versa.

4.9.2.3.1 Transformação de coordenadas geodésicas para cartesianas espaciais geocêntricas

Para a transformação de coordenadas geodésicas para cartesianas espaciais geocêntricas, pode-se utilizar as equações indicadas a seguir:

$$X = (N+h) * \cos(\phi_g) * \cos(\lambda_g) \tag{4.112}$$

$$Y = (N+h) * \cos(\phi_g) * \operatorname{sen}(\lambda_g) \tag{4.113}$$

$$Z = [N(1-e^2)+h] * \operatorname{sen}(\phi_g) \tag{4.114}$$

Sendo:

X, Y, Z = coordenadas cartesianas espaciais;
N = raio de curvatura do primeiro vertical, dado pela equação (3.8);
h = altura elipsoidal (ou altura geométrica);
(ϕ_g, λ_g) = latitude e longitude geodésica;
e^2 = primeira excentricidade quadrática, dada pela equação (3.4).

4.9.2.3.2 Transformação de coordenadas cartesianas espaciais geocêntricas para geodésicas

Para a transformação de coordenadas cartesianas espaciais geocêntricas para geodésicas, existem vários modelos matemáticos que podem ser aplicados. Os modelos mais simples são aqueles baseados em conjuntos de equações, que permitem calcular diretamente os valores das coordenadas geodésicas, sem nenhum processo iterativo. Esses modelos são considerados aproximados, uma vez que, dependendo do modelo, os resultados podem atingir acurácias de ordem do centímetro. Os modelos iterativos produzem resultados mais consistentes e são, por isso, considerados melhores que os anteriores. Apresentam-se a seguir as equações matemáticas relativas a esse modelo.[11]

Por se tratar de um modelo iterativo, a solução é obtida aplicando as seguintes etapas de cálculo:

1. Cálculo do valor da longitude:

$$\operatorname{tg}(\lambda_g) = \frac{Y}{X} \quad \rightarrow \quad \lambda_g = \operatorname{arctg}\left(\frac{Y}{X}\right) \tag{4.115}$$

---

[10] Para mais detalhes, ver Seção *19.3.1 – Características da projeção UTM*.

[11] A literatura apresenta vários outros modelos para este tipo de transformação de coordenadas. O leitor interessado em mais informações deverá consultar bibliografias especializadas.

64 TOPOGRAFIA PARA ENGENHARIA

2. Cálculo do parâmetro "p":

$$p = \sqrt{X^2 + Y^2} \tag{4.116}$$

3. Cálculo de um valor aproximado para (ϕ_0):

$$\phi_0 = \text{arctg}\left[\frac{Z}{p*(1-e^2)}\right] \tag{4.117}$$

4. Cálculo de um valor aproximado para (N_0):

$$N_0 = \frac{a^2}{\sqrt{a^2 * \cos^2(\phi_0) + b^2 * \text{sen}^2(\phi_0)}} \tag{4.118}$$

5. Cálculo da altura elipsoidal aproximada:

$$h_0 = \frac{p}{\cos\phi_0} - N_0 \tag{4.119}$$

6. Cálculo de (ϕ_g):

$$\phi_g = \text{arctg}\left\{\frac{Z}{p} * \frac{1}{1-\left[e^2*\left(\dfrac{N_0}{N_0+h_0}\right)\right]}\right\} \tag{4.120}$$

7. Verificar se $\phi_g = \phi_0$. Em caso afirmativo, o cálculo está concluído. Caso contrário, é necessário fazer outra iteração a partir do passo 4, tendo o devido cuidado de utilizar o valor da latitude calculado no passo 6.

Exemplo aplicativo   **4.11**

Sabendo que as coordenadas geodésicas do ponto (*SPC1*) (RBMC – Campinas) no sistema geodésico SIRGAS2000 indicadas no portal de internet do IBGE são iguais a:

$$\phi_g = -22°48'58,63052'' \qquad \lambda_g = -47°03'45,69584'' \qquad h = 622,980\text{m}$$

Calcular os valores de suas coordenadas cartesianas geocêntricas correspondentes.

▪ *Solução:*
Para a solução deste problema, é necessário considerar o valor da primeira excentricidade quadrática para o SIRGAS2000 (ver Tab. 3.3) e calcular o raio da primeira vertical local, conforme indicado a seguir:

$$N = \frac{6.378.137,000}{\sqrt{\left[1-0,006694380*\text{sen}^2(-22°48'58,63052'')\right]}} = 6.381.349,682\text{ m}$$

Assim, aplicando as equações (4.112) a (4.114), têm-se:

$$X = (6.381.1349,682 + 622,980) * \cos(-22°48'58,63052'') * \cos(-47°03'45,69584'') = 4.007.215,107\text{ m}$$

$$Y = (6.381.1349,682 + 622,980) * \cos(-22°48'58,63052'') * \text{sen}(-47°03'45,69584'') = -4.306.650,194\text{ m}$$

$$Z = \left[6.381.149,682 * (1-0,006694380) + 622,980\right] * \text{sen}(-22°48'58,63052'') = -2.458.220,560\text{ m}$$

Exemplo aplicativo   **4.12**

Considerando os valores das coordenadas (X, Y, Z) do ponto (*SPC1*) calculadas no exemplo aplicativo anterior, calcular as coordenadas geodésicas correspondentes aplicando as equações do modelo iterativo.

▪ *Solução:*
Para a solução deste exercício, deve-se aplicar os passos indicados a seguir:

1. $\lambda_g = \text{arctg}\left(\dfrac{-4.306.650,194}{4.007.215,107}\right) = -0,821398953\text{ rad} \quad \rightarrow \quad \lambda_g = -47°03'45,6958''$

2. $p = \sqrt{4.007.215,107^2 + (-4.306.650,194)^2} = 5.882.602,2140$ m

3. $\phi_0 = \text{arctg}\left(\dfrac{-2.458.220,560}{5.882.602,214 * (1 - 0,006694380)}\right) = -22°48'58,6790''$

4. $N_0 = \dfrac{6.378.137,000^2}{\sqrt{6.378.137,000^2 * \cos^2(-22°48'58,67902'') + 6.356.752,314 * \text{sen}^2(-22°48'58,67902'')}} = 6.381.349,6853$ m

5. $h_0 = \dfrac{5.882.602,2140}{\cos(-22°48'58,67902'')} - 6.381.349,6853 = 623,6078$ m

6. $\phi_g = \text{arctg}\left(\dfrac{-2.458.220,560}{5.882.602,2140} * \dfrac{1}{1 - 0,006694380 * \dfrac{6.381.349,6853}{6.381.349,6853 + 623,6078}}\right) = -22°48'58,63047''$

Notar que $\phi_g \neq \phi_0$. Nesse caso, deve-se voltar ao passo 4 e iniciar o processo iterativo. Os resultados das iterações sucessivas estão indicados na Tabela 4.17.

TABELA 4.17 • Resultados das iterações sucessivas

Parâmetros	1ª iteração	2ª iteração	3ª iteração
N_i	6.381.349,6853 m	6.381.349,6817 m	6.381.349,6817 m
h_i	623,6078 m	622,9794 m	622,9794 m
ϕ_g	-22°48'58,63047''	-22°48'58,63052''	-22°48'58,63052''

4.9.2.4 Transformação de coordenadas do sistema cartesiano geocêntrico para o sistema geodésico cartesiano topocêntrico e vice-versa

Um Sistema de Coordenadas Cartesiano Topocêntrico é um Sistema Geodésico Local (SGL) de coordenadas espaciais, ortogonais, com origem em um ponto (P) situado na superfície terrestre, cujas coordenadas geodésicas (ϕ_P, λ_P, h_P)[12] são conhecidas, conforme indicado na Figura 4.21.

Para o diferenciar do sistema cartesiano geocêntrico (X, Y, Z), seus eixos são denominados (e, n, u). O eixo (u) é coincidente com a normal do lugar, em relação ao elipsoide de referência e positivo na direção zenital. O eixo (n) é perpendicular ao eixo (u), coincidente com a direção do meridiano do lugar e positivo na direção Norte. O eixo (e) é perpendicular aos eixos (n, u) formando um sistema dextrogiro.

A transformação de coordenadas, nesse caso, está baseada nas rotações e translações indicadas na sequência.

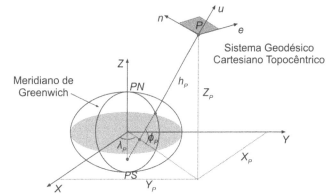

FIGURA 4.21 • Relações geométricas entre o Sistema de Coordenadas Cartesiano Geocêntrico e o Sistema de Coordenadas Cartesiano Topocêntrico.

4.9.2.4.1 Transformação de coordenadas cartesianas geocêntricas para cartesianas topocêntricas

Para esse tipo de transformação de coordenadas, considerando a Figura 4.21, primeiramente é necessário transladar o sistema (X, Y, Z) com os valores (T_X, T_Y, T_Z) para fazer com que sua origem coincida com a origem do sistema (e, n, u). Assim procedendo, tem-se um novo sistema, cujas coordenadas são denominadas (X_1, Y_1, Z_1), conforme indicado a seguir:

$$\begin{bmatrix} X_1 \\ Y_1 \\ Z_1 \end{bmatrix} = \begin{bmatrix} X \\ Y \\ Z \end{bmatrix} - \begin{bmatrix} T_X \\ T_Y \\ T_Z \end{bmatrix} \qquad (4.121)$$

Em seguida, para tornar os dois sistemas de coordenadas paralelos, é necessário, primeiramente, girar o sistema (X_1, Y_1, Z_1) com um ângulo (κ) igual a ($\lambda_P + 90°$) em torno do eixo (Z_1) para tornar o eixo (X_1) perpendicular ao plano do meridiano e coincidente com a direção (e). De acordo com a matriz de rotação ($R\kappa$), apresentada anteriormente, e aplicando a função trigonométrica correspondente, obtém-se um novo sistema de coordenadas (X_2, Y_2, Z_2), conforme indicado a seguir:

$$\begin{bmatrix} X_2 \\ Y_2 \\ Z_2 \end{bmatrix} = \begin{bmatrix} -\text{sen}\,\lambda_P & \cos\lambda_P & 0 \\ -\cos\lambda_P & -\text{sen}\,\lambda_P & 0 \\ 0 & 0 & 1 \end{bmatrix} * \begin{bmatrix} X_1 \\ Y_1 \\ Z_1 \end{bmatrix} \qquad (4.122)$$

---

[12] Notar que, para facilidade de notação, não será utilizado o índice "g" nesta seção para indicar as coordenadas geodésicas do ponto (P).

66 TOPOGRAFIA PARA ENGENHARIA

Em seguida, deve-se realizar uma nova rotação do sistema (X_2, Y_2, Z_2), com um ângulo (ω) igual a $(90° - \phi_P)$, em torno do eixo (X_2) para tornar o eixo (Z_2) coincidente com o eixo (u). Obtém-se assim um novo sistema de coordenadas (X_3, Y_3, Z_3), conforme indicado a seguir:

$$\begin{bmatrix} X_3 \\ Y_3 \\ Z_3 \end{bmatrix} = \begin{bmatrix} 1 & 0 & 0 \\ 0 & \mathrm{sen}\phi_P & \cos\phi_P \\ 0 & -\cos\phi_P & \mathrm{sen}\phi_P \end{bmatrix} * \begin{bmatrix} X_2 \\ Y_2 \\ Z_2 \end{bmatrix} \tag{4.123}$$

Combinando as duas rotações, tem-se:

$$\begin{bmatrix} X_3 \\ Y_3 \\ Z_3 \end{bmatrix} = \begin{bmatrix} -\mathrm{sen}\,\lambda_P & \cos\lambda_P & 0 \\ -\cos\lambda_P * \mathrm{sen}\phi_P & -\mathrm{sen}\,\lambda_P * \mathrm{sen}\phi_P & \cos\phi_P \\ \cos\lambda_P * \cos\phi_P & \mathrm{sen}\,\lambda_P * \cos\phi_P & \mathrm{sen}\phi_P \end{bmatrix} * \begin{bmatrix} X_1 \\ Y_1 \\ Z_1 \end{bmatrix} \tag{4.124}$$

Por fim, considerando as translações, tem-se:

$$\begin{bmatrix} e \\ n \\ u \end{bmatrix} = \begin{bmatrix} -\mathrm{sen}\,\lambda_P & \cos\lambda_P & 0 \\ -\cos\lambda_P * \mathrm{sen}\phi_P & -\mathrm{sen}\,\lambda_P * \mathrm{sen}\phi_P & \cos\phi_P \\ \cos\lambda_P * \cos\phi_P & \mathrm{sen}\,\lambda_P * \cos\phi_P & \mathrm{sen}\phi_P \end{bmatrix} * \begin{bmatrix} X - T_X \\ Y - T_Y \\ Z - T_Z \end{bmatrix} \tag{4.125}$$

Cuja forma final é dada pela equação (4.126).

$$\begin{bmatrix} e \\ n \\ u \end{bmatrix} = R(\phi, \lambda) * \begin{bmatrix} X - T_X \\ Y - T_Y \\ Z - T_Z \end{bmatrix} \tag{4.126}$$

O cálculo da transformação é realizado para diferentes pontos (Q_i) em relação ao ponto de origem (P). Assim, tem-se:

$$\begin{bmatrix} X - T_X \\ Y - T_Y \\ Z - T_Z \end{bmatrix} = \begin{bmatrix} X_Q - X_0 \\ Y_Q - Y_0 \\ Z_Q - Z_0 \end{bmatrix} = \begin{bmatrix} \Delta X \\ \Delta Y \\ \Delta Z \end{bmatrix} \tag{4.127}$$

De onde se obtém:

$$\begin{bmatrix} \Delta e \\ \Delta n \\ \Delta u \end{bmatrix} = R(\phi, \lambda) * \begin{bmatrix} \Delta X \\ \Delta Y \\ \Delta Z \end{bmatrix} \tag{4.128}$$

E, assim,

$$\Delta e = (-\Delta X * \mathrm{sen}\,\lambda_P) + (\Delta Y * \cos\lambda_P) \tag{4.129}$$

$$\Delta n = (-\Delta X * \cos\lambda_P * \mathrm{sen}\phi_P) - (\Delta Y * \mathrm{sen}\,\lambda_P * \mathrm{sen}\phi_P) + (\Delta Z * \cos\phi_P) \tag{4.130}$$

$$\Delta u = (\Delta X * \cos\lambda_P * \cos\phi_P) + (\Delta Y * \mathrm{sen}\,\lambda_P * \cos\phi_P) + (\Delta Z * \mathrm{sen}\phi_P) \tag{4.131}$$

Os valores finais das coordenadas cartesianas topocêntricas são obtidos somando os valores de $(\Delta e, \Delta n, \Delta u)$ ao valor das coordenadas locais adotadas para o ponto de origem (P), conforme indicado a seguir:

$$\begin{bmatrix} e \\ n \\ u \end{bmatrix} = \begin{bmatrix} \Delta e \\ \Delta n \\ \Delta u \end{bmatrix} + \begin{bmatrix} e_P \\ n_P \\ u_P \end{bmatrix} \tag{4.132}$$

Esse tipo de transformação de coordenadas tem sido usado, em Geomática, para compatibilizar as coordenadas geradas por meio do uso da tecnologia GNSS com as coordenadas estabelecidas sobre o plano topográfico local, por meio de observações terrestres. Mais detalhes sobre esse tipo de aplicação são apresentados na *Seção 19.11 – Compatibilização entre o sistema de coordenadas UTM e sistemas de referências locais.*

Notar que as diferenças $(\Delta e, \Delta n, \Delta u)$ também podem ser calculadas aplicando parcialmente as equações (4.97) a (4.99), desde que se conheçam os valores angulares, a distância correspondente e apliquem-se as correções necessárias, quais sejam, a curvatura terrestre, a refração atmosférica, o desvio da vertical etc.

SISTEMAS DE COORDENADAS **67**

Exemplo aplicativo   4.13

Deseja-se transformar as coordenadas cartesianas espaciais geocêntricas (X, Y, Z) de dois pontos ($E011$) e ($E014$) em coordenadas cartesianas espaciais topocêntricas (e, n, u). Considerando os valores das coordenadas indicadas nas Tabelas 4.18 e 4.19 e adotando o ponto ($E010$) como ponto de origem da transformação, calcular as coordenadas cartesianas espaciais topocêntricas do ponto ($E011$) e ($E014$).

TABELA 4.18 • Coordenadas cartesianas espaciais geocêntricas dos pontos ($E010$), ($E011$) e ($E014$)

Ponto	X [m]	Y [m]	Z [m]
E010	3.969.275,4490	−4.386.776,4898	−2.377.946,7276
E011	3.969.145,4939	−4.386.908,3527	−2.377.920,9607
E014	3.968.379,3952	−4.387.541,8844	−2.378.002,7274
Diferença E011-E010	−129,9551	−131,8629	25,7669
Diferença E014-E010	−896,0538	−765,3946	−55,9998

TABELA 4.19 • Coordenadas geodésicas SIRGAS2000 dos pontos ($E010$) e ($E011$)

Ponto	Latitude (ϕ_g)	Longitude (λ_g)	h [m]
E010	−22°01'52,5299"	−47°51'37,2336"	866,868
E011	−22°01'51,6174"	−47°51'43,6780"	?
E014	−22°01'51,6192"	−47°52'18,3045"	?

■ *Solução:*

Para a solução deste exercício, deve-se aplicar a equação (4.128). Assim, para o ponto (E011), tem-se:

$$
\begin{bmatrix} \Delta e \\ \Delta n \\ \Delta u \end{bmatrix} = \begin{bmatrix} 0,741511627 & 0,670940018 & 0,000000000 \\ 0,251677881 & -0,278150162 & 0,926979359 \\ 0,621947547 & -0,687365972 & -0,375112341 \end{bmatrix} * \begin{bmatrix} -129,9551 \\ -131,8629 \\ 25,7669 \end{bmatrix} = \begin{bmatrix} -184,8353 \\ 27,8562 \\ 0,1473 \end{bmatrix}_{[m]}
$$

Adotando as coordenadas cartesianas topocêntricas para o ponto (E010) dadas a seguir:

$$e_{E010} = 152.596,0920 \text{ m} \qquad n_{E010} = 254.100,8250 \text{ m} \qquad u_{E010} = 866,868 \text{ m}$$

Têm-se as seguintes coordenadas cartesianas topocêntricas para o ponto (E011):

$$e_{E011} = -184,8355 + 152.596,0920 = 152.411,2567 \text{ m}$$

$$n_{E011} = 27,8562 + 254.100,8250 = 254.128,6812 \text{ m}$$

$$u_{E011} = 0,1471 + 866,868 = 867,015 \text{ m}$$

Seguindo o mesmo raciocínio dos cálculos anteriores, têm-se as seguintes coordenadas espaciais topocêntricas do ponto (E014):

$$e_{E014} = -1.177,9682 + 152.596,0920 = 151.418,1238 \text{ m}$$

$$n_{E014} = -64,5329 + 254.100,8250 = 254.036,2921 \text{ m}$$

$$u_{E014} = -10,1860 + 866,868 = 856,682 \text{ m}$$

4.9.2.4.2 Transformação de coordenadas cartesianas topocêntricas para cartesianas geocêntricas

De acordo com o sistema de equação (4.126) e sabendo-se que a matriz (R) é ortogonal, tem-se:

$$
\begin{bmatrix} X \\ Y \\ Z \end{bmatrix} - \begin{bmatrix} T_X \\ T_Y \\ T_Z \end{bmatrix} = R^T(\lambda, \phi) * \begin{bmatrix} e \\ n \\ u \end{bmatrix} \tag{4.133}
$$

De onde se obtém o sistema de equações final da transformação das coordenadas cartesianas topocêntricas para geocêntricas, conforme indicado a seguir:

$$
\begin{bmatrix} X \\ Y \\ Z \end{bmatrix} = \begin{bmatrix} -\text{sen}\,\lambda_P & -\text{sen}\,\phi_P * cos\,\lambda_P & cos\phi_P * cos\lambda_P \\ cos\lambda_P & -\text{sen}\,\phi_P * \text{sen}\,\lambda_P & cos\phi_P * \text{sen}\,\lambda_P \\ 0 & cos\phi_P & \text{sen}\,\phi_P \end{bmatrix} * \begin{bmatrix} e \\ n \\ u \end{bmatrix} + \begin{bmatrix} T_X \\ T_Y \\ T_Z \end{bmatrix} \tag{4.134}
$$

68 TOPOGRAFIA PARA ENGENHARIA

Igualmente ao caso anterior, têm-se:

$$\Delta X = (-\Delta e * \operatorname{sen} \lambda_p) - (\Delta n * \operatorname{sen} \phi_p * \cos \lambda_p) + (\Delta u * \cos \phi_p * \cos \lambda_p) \tag{4.135}$$

$$\Delta Y = (\Delta e * \cos \lambda_p) - (\Delta n * \operatorname{sen} \phi_p * \operatorname{sen} \lambda_p) + (\Delta u * \cos \phi_p * \operatorname{sen} \lambda_p) \tag{4.136}$$

$$\Delta Z = (\Delta n * \cos \phi_p) + (\Delta u * \operatorname{sen} \phi_p) \tag{4.137}$$

Exemplo aplicativo 4.14

Com os resultados do exemplo aplicativo anterior, calcular as coordenadas cartesianas geocêntricas do ponto ($E011$) a partir das coordenadas cartesianas topocêntricas do ponto ($E010$).

■ *Solução:*

A solução deste exercício, dá-se pela inversa da solução do Exemplo aplicativo 4.13. Para tanto, é necessário aplicar a equação (4.134). Assim, tem-se:

$$\begin{bmatrix} X \\ Y \\ Z \end{bmatrix}_{E011} = \begin{bmatrix} 0,741511627 & 0,251677881 & 0,621947547 \\ 0,670940018 & -0,278150162 & -0,687365972 \\ 0 & 0,926979359 & -0,375112341 \end{bmatrix} * \begin{bmatrix} -184,8353 \\ 27,8562 \\ 0,1473 \end{bmatrix} + \begin{bmatrix} 3.969.275,4490 \\ -4.386.776,4898 \\ -2.377.946,7276 \end{bmatrix} = \begin{bmatrix} 3.969.145,4939 \\ -4.386.908,3527 \\ -2.377.920,9607 \end{bmatrix}_{E011}$$

4.9.2.5 *Transformação de coordenadas geodésicas para coordenadas cartesianas topocêntricas*

As coordenadas cartesianas topocêntricas de um ponto podem também ser obtidas diretamente a partir das coordenadas geodésicas dos pontos envolvidos, utilizando as equações apresentadas a seguir:

$$\begin{bmatrix} \Delta n \\ \Delta e \\ \Delta u \end{bmatrix} = \begin{bmatrix} M + h & 0 & 0 \\ 0 & (N + h)*\cos \phi_g & 0 \\ 0 & 0 & 1 \end{bmatrix} * \begin{bmatrix} \Delta \phi_g \\ \Delta \lambda_g \\ \Delta h \end{bmatrix} \tag{4.138}$$

Sendo:

M = raio de curvatura da seção meridiana, dado pela equação (3.7);
N = raio de curvatura do primeiro vertical, dado pela equação (3.8);
Δh = diferença entre as alturas elipsoidais dos pontos, considerando ($h_Q - h_p$).

As coordenadas cartesianas topocêntricas do ponto (Q) são obtidas por intermédio da soma algébrica das coordenadas cartesianas topocêntricas adotadas para o ponto (P) com os valores obtidos pela equação (4.138).

Exemplo aplicativo 4.15

Considerando os valores das coordenadas geodésicas apresentados na Tabela 4.19 do Exemplo aplicativo 4.13, calcular as coordenadas cartesianas topocêntricas do ponto ($E011$).

■ *Solução:*

A solução deste exercício é dada aplicando a equação (4.138). Assim, têm-se:

$$M = \frac{6.378.137,000 * (1 - 0,006694380)}{[1 - 0,006694380 * \operatorname{sen}^2 (-22°01'52,5229'')]^{3/2}} = 6.344.401,4869 \, \text{m}$$

$$N = \frac{6.378.137,000}{\sqrt{1 - 0,006694380 * \operatorname{sen}^2 (-22°01'52,5229'')}} = 6.381.143,1030 \, \text{m}$$

$$\Delta h = h_{E011} - h_{E010} = 867,015 - 866,868 = 0,147 \, \text{m}$$

$$\begin{bmatrix} \Delta n \\ \Delta e \\ \Delta u \end{bmatrix} = \begin{bmatrix} 6.345.268,3549 & 0 & 0 \\ 0 & 5915991,5110 & 0 \\ 0 & 0 & 1 \end{bmatrix} * \begin{bmatrix} 4,389988*10^{-6} \\ -3,124333*10^{-5} \\ 0,147 \end{bmatrix} = \begin{bmatrix} 27,8557 \\ -184,8353 \\ 0,1470 \end{bmatrix}_{[\text{m}]}$$

Assim,

$e_{E011} = -184,8353 + 152.596,0920 = 152.411,2567$ m

$n_{E011} = 27,8557 + 254.100,8250 = 254.128,6807$ m

$u_{E011} = 0,1470 + 866,8680 = 867,0150$ m

4.9.2.6 Transformação das coordenadas geodésicas para coordenadas planorretangulares no Sistema Geodésico Local (SGL) segundo as equações disponibilizadas na (NBR nº 14166/1998) e vice-versa

A NBR nº 14166/1998 apresenta um método de transformação de coordenadas baseado na adoção de um Plano Geodésico Local (PGL) tangente a um ponto da superfície terrestre tomado como referência para a transformação de coordenadas. Baseando-se nas equações indicadas na Norma, apresentam-se a seguir as sequências de cálculo para a transformação de coordenadas geodésicas para coordenadas planorretangulares e vice-versa.

4.9.2.6.1 Transformação de coordenadas geodésicas para coordenadas planorretangulares no SGL

Nessa transformação de coordenadas, os pontos transformados para o *SGL* são representados pelas coordenadas planorretangulares (X_L, Y_L). As dimensões da área de projeção recomendadas pela ABNT são iguais a 100 × 100 km, conforme ilustrado na Figura 4.22. As equações para a realização da transformação de coordenadas estão apresentadas na sequência. Para se manter de acordo com as constantes e convenções de sinais adotados neste livro, algumas equações são diferentes daquelas indicadas pela (NBR 14166/1998). Os resultados, contudo, são exatamente os mesmos.

Nesse contexto, seja considerado o ponto (*P*) com coordenadas geodésicas (ϕ_P, λ_P) conhecidas em um Sistema Geodésico de Referência predeterminado e o ponto (*O*), adotado como ponto de referência, com coordenadas (ϕ_0, λ_0) conhecidas no mesmo Sistema Geodésico de Referência e com coordenadas (X_{L_0}, Y_{L_0}) conhecidas ou adotadas no SGL. Assim têm-se:

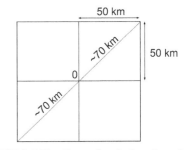

FIGURA 4.22 • Dimensões da área de projeção.

$$XL_P = XL_0 + \Delta x_P \tag{4.139}$$

$$YL_P = YL_0 + \Delta y_P \tag{4.140}$$

Sendo:

$$\Delta x_P = \frac{\Delta x'_P}{k_{alt}} \tag{4.141}$$

$$\Delta x'_P = \frac{\Delta \lambda_1 * \cos(\phi_P) * N_P}{\rho''} \tag{4.142}$$

$k_{alt} = \dfrac{R_0}{R_0 + H_m}$. Conforme equação (6.11). Para mais detalhes, ver *Capítulo 6 – Distâncias*.

$$\Delta \lambda_1 = \Delta \lambda'' * \left[1 - \left(\frac{\Delta \lambda''^2}{6 \rho''^2} \right) \right] \tag{4.143}$$

$$\Delta \lambda'' = \lambda_P - \lambda_0 \tag{4.144}$$

$$\Delta y_P = \frac{\Delta y'_P}{k_{alt}} \tag{4.145}$$

$$\Delta y'_P = \frac{1}{B} * [\Delta \phi_1 + C * \Delta x'^2_P + D * (\Delta \phi_1)^2 + E * (\Delta \phi_1) * \Delta x'^2_P + E * C * \Delta x'^4_P] \tag{4.146}$$

$$\Delta \phi_1 = \Delta \phi'' * \left[1 - \left(\frac{\Delta \phi''^2}{6 \rho''^2} \right) \right] \tag{4.147}$$

$$\Delta \phi'' = \phi_P - \phi_0 \tag{4.148}$$

$$B = \frac{\rho''}{M_0} \tag{4.149}$$

70 TOPOGRAFIA PARA ENGENHARIA

$$C = \frac{t_g(\phi_0) * \rho''}{2M_0 * N_0} \tag{4.150}$$

$$D = \frac{3e^2 * \text{sen}(\phi_0) * \cos(\phi_0)}{[1 - e^2 * \text{sen}^2(\phi_0)] * 2\rho''} \tag{4.151}$$

$$E = \frac{1 + 3\text{tg}^2(\phi_0)}{6N_0^2} \tag{4.152}$$

Sendo:

M_0 = raio de curvatura da seção meridiana do elipsoide de referência em (O) (origem do sistema) – equação (3.7);
N_0 = raio de curvatura da primeira vertical principal do elipsoide de referência em (O) – (eq. 3.8);
N_P = raio de curvatura da primeira vertical principal do elipsoide de referência em (P) – (eq. 3.8);
R_0 = raio médio local da Terra na área de medição (dado pela eq. 3.9);
H_m = altitude média no local na área de medição;
λ_0 = longitude geodésica do ponto (O);
ϕ_0 = latitude geodésica do ponto (O);
λ_P = longitude geodésica do ponto (P);
ϕ_P = latitude geodésica do ponto (P);
e^2 = excentricidade quadrática do elipsoide de referência (dado pela eq. 3.4);
$\rho'' = 206.264{,}8062''$ (fator de conversão de radiano para segundo de arco).

Na aplicação das equações, deve-se considerar as latitudes com valores negativos para o Hemisfério Sul e as longitudes com valores negativos a Oeste do Meridiano de Greenwich, conforme indicado na *Seção 4.8 – Sistema de coordenadas geodésico*. As observações obtidas no sistema geodésico local têm como orientação o Norte da quadrícula do sistema. Por essa razão, elas estão rotacionadas em relação ao Norte verdadeiro de acordo com a convergência meridiana[13] do local. A convergência meridiana somente será nula para aqueles pontos situados ao longo do meridiano da origem do sistema. O valor da convergência meridiana, neste sistema, pode ser determinado pelas equações apresentadas a seguir (NBR 14166/1998):

$$\gamma_p = -\left[\Delta\lambda'' * \text{sen}(\phi_P) * \sec\left(\frac{\Delta\phi}{2}\right) + F * (\Delta\lambda'')^3\right] \tag{4.153}$$

Sendo: $\quad F = \dfrac{\text{sen}(\phi_P) * \cos(\phi_P)}{12\rho''^2} \tag{4.154}$

Exemplo aplicativo 4.16

Considerando os dados da Tabela 4.20, calcular as coordenadas planorretangulares dos pontos ($E011$) e ($E014$) no SGL aplicando as equações indicadas na seção anterior. Adotar o ponto ($E010$) como origem do sistema local.

TABELA 4.20 • Coordenadas conhecidas (sistema geodésico SIRGAS2000)

Ponto	Latitude (ϕ_g)	Longitude (λ_g)	XL [m]	YL [m]	H [m]
E010	−22°01′52,5229″	−47°51′37,2336″	152.596,0920	254.100,8250	866,868
E011	−22°01′51,6174″	−47°51′43,6780″	?	?	?
E014	−22°01′54,6192″	−47°52′18,3045	?	?	?

■ *Solução:*

A Tabela 4.21 apresenta os cálculos preliminares da solução do problema. Para o cálculo do fator de escala altimétrico, adotou-se a altitude média do local como sendo igual a 869,891 m.

TABELA 4.21 • Cálculos preliminares para obtenção das coordenadas planas topográficas locais do ponto (E011)

$H_{E010} = 869{,}891$ m	$M_{E010} = 6.344.401{,}4869$ m	$N_{E010} = 6.381.143{,}1030$ m	$R_0 \approx 6.362.745{,}000$ m
$k_{alt} = 0{,}999863302$	$N_{E011} = 6.381.142{,}0378$ m	$\Delta\lambda'' = -6{,}4444''$	$\Delta\lambda_1 = -6{,}4444''$
$\Delta\phi'' = 0{,}9055''$	$\Delta\phi_1 = 0{,}9055''$	$B = 0{,}032511310$	$C = -1{,}030854292 * 10^{-9}$
$D = -1{,}694404851 * 10^{-8}$	$E = 6{,}103833182 * 10^{-15}$	$\Delta x'_{E011} = -184{,}8105$ m	$\Delta x_{E011} = -184{,}8358$ m
$\Delta y'_{E011} = 27{,}8508$ m	$\Delta y_{E011} = 27{,}8546$ m		

Sabendo que o ponto (E010) possui as coordenadas planorretangulares no SGL indicadas na Tabela 4.20, têm-se as coordenadas planorretangulares para o ponto (E011) indicadas a seguir:

$$X_{LE011} = 152.596{,}0920 - 184{,}8358 = 152.411{,}2562\,\text{m} \qquad Y_{LE011} = 254.100{,}8250 + 27{,}8546 = 254.128{,}6796\,\text{m}$$

---

[13] Para mais detalhes, ver *Seção 19.5 – Convergência meridiana na Projeção UTM*.

SISTEMAS DE COORDENADAS **71**

Seguindo o mesmo raciocínio de cálculo para o ponto (E014), têm-se:

$$X_{LE014} = 152.596,0920 - 1.177,9727 = 151.418,1193\,\text{m} \qquad Y_{LE014} = 254.100,8250 - 64,5319 = 254.036,2931\,\text{m}$$

4.9.2.6.2 Transformação de coordenadas planorretangulares no SGL para coordenadas geodésicas

O desenvolvimento da transformação de coordenadas utilizado pela NBR 14166/1998 permite também o cálculo inverso, ou seja, a obtenção das coordenadas geodésicas em função das coordenadas planorretangulares no *SGL*. Assim, considerando que se conhecem as coordenadas planorretangulares (XL_P, YL_P) do ponto (P) e as coordenadas planorretangulares (XL_0, YL_0) e geodésicas (ϕ_0, λ_0) do ponto (O), tem-se a sequência de cálculo indicada a seguir:

$$\Delta X_L = XL_P - XL_0 \tag{4.155}$$

$$\Delta Y_L = YL_P - YL_0 \tag{4.156}$$

Cálculo da latitude do ponto

$$\omega = \frac{k_{alt}}{B} \tag{4.157}$$

$$\varepsilon = \Delta Y_L - (\omega * C * \Delta X_L^2) - (\omega * E * C * \Delta X_L^4) \tag{4.158}$$

$$\tau = \omega + (D * \varepsilon) + (\omega * \Delta X_L^2 * E) \tag{4.159}$$

$$\Delta\phi'' = \frac{\varepsilon}{\tau * \left[1 - 3,9173^{-12} * \left(\dfrac{\varepsilon}{\tau}\right)^2\right]} \tag{4.160}$$

$$\phi_P = \phi_0 + \Delta\phi'' \text{ (notar necessidade de compatibilização de unidades)} \tag{4.161}$$

Cálculo da longitude do ponto

$$\Delta\lambda_1'' = \frac{\Delta X_L * \rho''}{\cos(\phi_P) \times N_P * k_{alt}} \tag{4.162}$$

$$\Delta\lambda'' = \frac{\Delta\lambda_1''}{(1 - 3,9173^{-12} * \Delta\lambda_1''^2)} \tag{4.163}$$

$$\lambda_P = \lambda_0 + \Delta\lambda'' \text{ (notar necessidade de compatibilização de unidades)} \tag{4.164}$$

Exemplo aplicativo	**4.17**

Considerando os dados da Tabela 4.22, calcular as coordenadas geodésicas do ponto $(E011)$, aplicando as equações indicadas na seção anterior. Adotar o ponto $(E010)$ como origem do sistema local.

TABELA 4.22 • Coordenadas conhecidas (sistema geodésico SIRGAS2000)

Ponto	X_L [m]	Y_L [m]	Latitude (ϕ_g)	Longitude (λ_g)	H [m]
E010	152.596,0920	254.100,8250	–22°01'52,5229"	–47°51'37,2336"	866,868
E011	152.411,2563	254.128,6796	?	?	

■ *Solução:*

O primeiro passo é calcular as diferenças de coordenadas planorretangulares entre o ponto (E010) e o ponto (E011). Assim, têm-se:

$$\Delta X_L = 152.411,2563 - 152.596,0920 = -184,8357\,\text{m}$$

$$\Delta Y_L = 254.128,6796 - 254.100,8250 = 27,8546\,\text{m}$$

Em seguida, pode-se calcular a latitude do ponto (E011), aplicando as equações (4.157) a (4.161), cujos resultados estão apresentados na Tabela 4.23.

TABELA 4.23 • Resultados dos cálculos

$k_{alt} = 0,999863302$	$\omega = 30,754321781$	$\varepsilon = 27,855683116$	$\tau = 30,754321317$	$\Delta\phi'' = 0,905748645$
$N_{E011} = 6.381.143,0378\,\text{m}$	$\Delta\lambda_1'' = -6,446159475$	$\Delta\lambda'' = -6,446179989$	$\phi_{E011} = -22°01'51,6172"$	$\lambda_{E011} = -47°51'43,6798"$

5 Direção e ângulos

5.1 Definições

Conforme o leitor já teve oportunidade de verificar nos capítulos anteriores e terá oportunidade de confirmar nos capítulos subsequentes, os ângulos e as distâncias são as duas grandezas fundamentais para a Geomática. O posicionamento de pontos na superfície terrestre, as determinações de diferenças de níveis e as orientações de alinhamentos nos trabalhos de campo são realizados em função de medições angulares e de distâncias. Neste capítulo, são apresentados detalhes relativos às determinações de valores angulares. Os detalhes sobre as determinações de distâncias são abordados no *Capítulo 6 – Distâncias*.

A respeito dos ângulos, existem várias definições na literatura. Para a Geometria, um ângulo é definido como o espaço entre duas retas concorrentes. Para a Trigonometria, um ângulo é definido como o valor da rotação necessária para colocar duas retas em coincidência. *Para a Geomática, um ângulo é definido como a diferença entre as direções de duas retas que se interceptam no espaço.* Direção, nesse caso, é definida como a relação posicional espacial, indicada em valores angulares, entre uma reta e um eixo de referência. Além disso, para adequação aos modelos matemáticos utilizados em Geomática, os ângulos espaciais assim definidos são decompostos em *ângulos horizontais* e *ângulos verticais*, conforme descrito na sequência.

5.1.1 Ângulo horizontal

Um ângulo horizontal é o ângulo diedro entre dois planos verticais que contêm duas direções espaciais quaisquer.

A Figura 5.1 ilustra a situação geométrica da ocorrência de um ângulo horizontal entre duas direções espaciais PQ e PR, contidas em dois planos verticais (π) e (π'). Os pontos (Q') e (R') são as projeções de (Q) e (R) sobre o plano horizontal que contém o ponto (P). Define-se, assim, as direções horizontais PQ' e PR'. O ângulo horizontal é o ângulo diedro (α) entre os dois planos verticais.

A noção de ângulo horizontal é aplicável a duas direções espaciais quaisquer, desde que coincidentes em um vértice comum. O valor angular correspondente é o resultado da diferença entre as direções horizontais dos planos verticais (π) e (π').

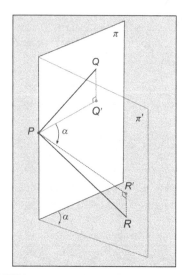

FIGURA 5.1 • Definição de ângulo horizontal.

5.1.2 Sentido do incremento da graduação do círculo de medição angular

O valor de um ângulo horizontal pode ser positivo ou negativo dependendo do resultado do cálculo da diferença entre os valores angulares das direções horizontais PR' e PQ', lidos sobre um círculo graduado. Além disso, também é preciso considerar que a graduação do círculo pode estar gravada de forma a aumentar no sentido horário como no sentido anti-horário. Se a graduação aumentar no sentido horário, diz-se que o ângulo horizontal calculado é um *ângulo horizontal horário*. No caso inverso, diz-se que o ângulo horizontal calculado é um *ângulo horizontal anti-horário*. Na prática, porém, deve-se evitar operações com ângulos horizontais anti-horários e valores angulares negativos. Sempre que o resultado do cálculo de um ângulo resultar em um valor negativo, deve-se somar 360° para transformá-lo em um valor positivo.

5.1.3 Ângulo vertical

Um ângulo vertical é a diferença entre as direções de duas retas não paralelas situadas, ou projetadas, sobre um mesmo plano vertical.

Para a Geomática, conforme ilustrado na Figura 5.2, distinguem-se dois tipos de ângulos verticais:

- *Ângulo vertical de altura*: ângulo em relação ao plano horizontal do lugar que passa pelo vértice das medições angulares, conforme ilustrado na Figura 5.2.
- *Ângulo vertical zenital*: ângulo em relação à linha vertical do lugar que passa pelo vértice das medições angulares, considerando a direção zenital.

Alguns autores citam também o ângulo vertical nadiral como mais um tipo de ângulo vertical. Na prática, porém, esse tipo de ângulo é raramente empregado e, por esse motivo, não será considerado neste livro.

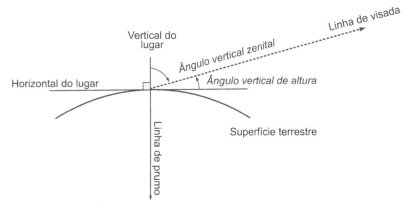

FIGURA 5.2 • Ângulo vertical em relação à vertical e à horizontal do lugar considerando a superfície esférica da Terra.

Apresentam-se a seguir as relações geométricas e os conceitos matemáticos relacionados a cada um dos ângulos citados.

5.1.3.1 Ângulo vertical de altura

O ângulo vertical de altura (β) de uma direção espacial PQ ou PR é o ângulo vertical (β) que ela faz com sua projeção no plano horizontal, que contém o vértice das medições angulares. Esse ângulo é, por convenção, positivo para cima e negativo para baixo do plano horizontal, conforme indicado na Figura 5.3. O vértice das medições angulares, neste caso, é o centro óptico do instrumento de medição ilustrado na figura.

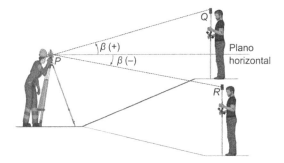

FIGURA 5.3 • Ângulo vertical de altura.

5.1.3.2 Ângulo vertical zenital

O ângulo vertical zenital (z) de uma direção espacial PQ contida em um plano vertical (π) é o ângulo vertical (z) que ela faz com a linha vertical zenital que contém o vértice das medições angulares, tomando o sentido zenital como referência angular, conforme ilustrado na Figura 5.4.

Como se verá no *Capítulo 8 – Instrumentos topográficos*, as medições angulares são realizadas por meio de instrumentos topográficos denominados *teodolito*, que podem ser mecânicos ou eletrônicos, ou por meio de estações totais, que são eletrônicos. Os círculos verticais dos teodolitos mecânicos são graduados em função do ângulo zenital para evitar a ocorrência de ângulos verticais negativos, enquanto nas estações totais e nos teodolitos eletrônicos o usuário pode configurar o tipo de ângulo vertical. O leitor deve notar que a soma do ângulo vertical de altura com o ângulo vertical zenital deve ser igual a 90°, ou seja, $\beta + z = 90°$.

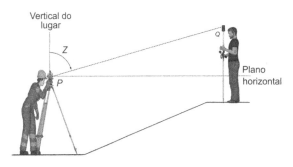

FIGURA 5.4 • Ângulo vertical zenital.

5.1.4 Direção horizontal e determinação de ângulo horizontal

Dá-se o nome de *direção horizontal* à projeção de uma direção espacial de uma semirreta sobre o plano horizontal. Em Geomática, essa direção é o valor angular lido sobre um círculo horizontal graduado[1] de um instrumento topográfico nivelado,[2] conforme ilustrado na Figura 5.5.

A Figura 5.5 ilustra a situação de um operador executando duas observações de direções angulares (L_1) e (L_2) para a definição do ângulo horizontal (α) entre elas. Para o cálculo do ângulo correspondente, é necessário estabelecer qual delas é a direção de referência. Considerando que a observação (L_1) é a direção de referência, o valor de (α) é calculado de acordo com a equação (5.1).

$$\alpha = L_2 - L_1 \tag{5.1}$$

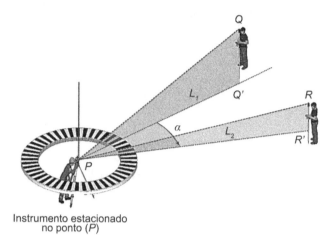

FIGURA 5.5 • Direções horizontais sobre um círculo graduado.

Diz-se, nesse caso, que se tem um *ângulo horizontal para a direita,* que corresponde a um ângulo horizontal horário.

Em Geomática, na maioria dos casos, trabalha-se com ângulos horizontais horários. Assim, generalizando, a determinação do valor de um ângulo é dada pela relação indicada a seguir:

Ângulo horizontal = direção à direita – direção à esquerda

$$\alpha = L_D - L_E \tag{5.2}$$

Ao se observar uma direção, como indicado, é de uso corrente em Geomática dizer que se realizou uma *visada*, uma vez que a observação de uma direção subentende direcionar a luneta do instrumento topográfico na direção de um ponto conhecido sobre o terreno, ou seja, visar[3] o ponto. No jargão popular, é comum, portanto, denominar a direção à esquerda como *direção ré* ou *visada ré* e a direção à direita como *direção vante* ou *visada vante*.

Além do ângulo horizontal horário citado, em algumas situações, pode ser adequado utilizar o prolongamento da direção ré em vez da própria direção ré para a definição do ângulo horizontal. Tem-se assim um ângulo horizontal denominado *ângulo de deflexão*, conforme ilustrado na Figura 5.6.

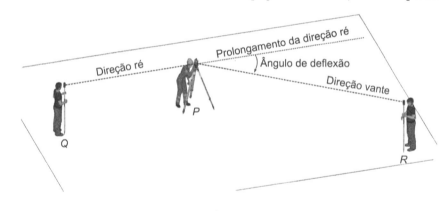

FIGURA 5.6 • Ângulo de deflexão.

Exemplo aplicativo 5.1

Para determinar o valor de um ângulo horizontal entre dois alinhamentos, um operador visou, com uma estação total, dois pontos sobre o terreno e obteve as direções $L_1 = 321°10'54''$ e $L_2 = 24°40'04''$. Considerando que o círculo graduado do instrumento está configurado para aumentar a graduação no sentido horário e que a leitura (L_1) corresponde à visada ré e a leitura (L_2) corresponde à visada vante, calcular o valor do ângulo horizontal horário entre as direções observadas.

- *Solução:*

O valor do ângulo horizontal horário é calculado de acordo com a equação (5.1). Assim, tem-se:

$$\alpha = 24°\,40'04'' - 321°10'54'' = -296°\,30'50'' = 63°\,29'10''$$

---

[1] Para mais detalhes, ver *Seção 5.2 – Medição angular*.
[2] Aquele cujo círculo horizontal graduado encontra-se no plano horizontal do observador.
[3] Visar um ponto em Geomática significa direcionar a luneta de um instrumento topográfico na direção desse ponto. O mesmo que mirar.

O leitor deve notar que a determinação de um ângulo horizontal com um instrumento topográfico é realizada em função de duas direções observadas. Assim, os ângulos horizontais são calculados e não medidos. Já no caso dos ângulos verticais, a direção de referência é fixa (a horizontal ou a vertical do lugar). Dessa forma, a rigor, pode-se considerar que, em Geomática, os ângulos verticais são medidos, uma vez que o valor indicado pelo instrumento já é o valor do ângulo vertical observado.

5.1.5 Azimute e rumo

De acordo com o exposto, o valor de um ângulo é o resultado da diferença entre duas direções quaisquer. Ocorre, entretanto, que quando a primeira direção está referenciada a um alinhamento específico de referência geográfica, o ângulo determinado pela segunda direção é denominado *azimute* ou *rumo*, conforme descrito na sequência.

5.1.5.1 *Azimute*

Dá-se o nome de *azimute* (Az_{ij}) ao ângulo horizontal horário, compreendido entre a direção do alinhamento paralelo ao eixo (Y) de um sistema de referência e a direção da semirreta *ij*, conforme ilustrado na Figura 5.7. A amplitude do azimute varia de 0° a 360° e deve ser indicado sempre com um valor positivo. Notar que (Az_{ij}) significa o ângulo no vértice (*i*).

O eixo (Y) adotado como referência pode ser um alinhamento qualquer adotado pelo usuário e, nesse caso, o azimute referenciado a ele é denominado *azimute adotado*. Ele pode também ser considerado coincidente com o Norte Magnético, passando pelo ponto (*i*), dado pela agulha de uma bússola magnética e, nesse caso, o azimute referenciado a ele é denominado *azimute magnético*.

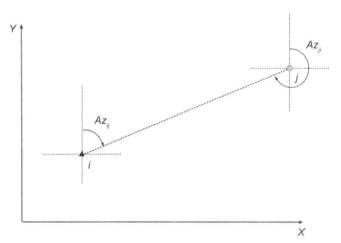

FIGURA 5.7 • Definição de azimute do alinhamento *ij*.

Como se verá na *Seção 19.8 – Azimutes a serem considerados no Sistema de Projeção UTM*, existem também o *azimute geodésico* e o *azimute da quadrícula*, discutidos em detalhes naquele capítulo.

Conforme ilustrado na Figura 5.7, a diferença entre o azimute de vante (Az_{ij}) e o azimute de ré (Az_{ji}) é igual a 180°. Assim, de acordo com a figura, tem-se:

$$Az_{ji} = Az_{ij} \pm 180° \tag{5.3}$$

Se $Az_{ij} < 180°$, somar 180° para obter Az_{ji}.
Se $Az_{ij} > 180°$, subtrair 180° para obter Az_{ji}.

Notar que o eixo (Y), tomado como referência, diz respeito ao eixo das ordenadas do sistema cartesiano de coordenadas adotado para a área de projeto. Dessa forma, ele se mantém fixo para todas as referências azimutais do projeto.

Exemplo aplicativo 5.2

Sabendo que o azimute de um alinhamento *PQ* é $Az_{PQ} = 321°10'54''$, calcular o valor do azimute Az_{QP}.

■ *Solução:*

Como o valor do azimute Az_{PQ} é maior que 180°, deve-se subtrair 180° para se obter o valor do azimute Az_{QP}. Assim, tem-se:

$$Az_{QP} = 321°10'54'' - 180° = 141°10'54''$$

A Figura 5.8 ilustra os valores dos azimutes calculados para os alinhamentos PQ e QP.

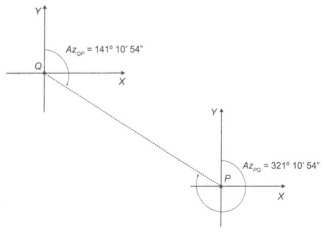

FIGURA 5.8 • Azimute de vante e de ré para os alinhamentos *PQ* e *QP*.

5.1.5.2 Rumo

Dá-se o nome de *rumo* (R) ao ângulo horizontal agudo, indicado no sentido horário ou anti-horário, compreendido entre a direção de um alinhamento de referência e a direção de uma semirreta *ij* qualquer. A amplitude do rumo varia de 0° a 90° e deve ser indicado sempre com um valor positivo. Ele é referido tanto às direções NE e NW como às direções SE e SW, conforme ilustrado na Figura 5.9.

A seguir, são apresentados alguns exemplos de indicações de rumos para os quatro quadrantes do círculo.

$R_{PA} = 45°32'15'' NE$ ou $R_{PA} = N 45°32'15'' E$
$R_{PB} = 45°32'15'' SE$ ou $R_{PB} = S 45°32'15'' E$
$R_{PC} = 45°32'15'' SW$ ou $R_{PC} = S 45°32'15'' W$
$R_{PD} = 45°32'15'' NW$ ou $R_{PD} = N 45°32'15'' W$

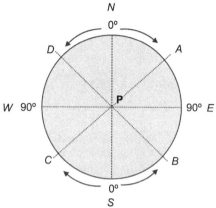

FIGURA 5.9 • Representação de uma bússola de rumo com seus respectivos quadrantes.

Conforme ilustrado na Figura 5.9 e apresentado nos exemplos citados, a indicação do quadrante é dada tanto com o valor angular seguido pela notação NE, NW, SE e SW, como pela indicação do valor angular, antecedido pela indicação da direção N ou S e precedido pela indicação das direções E ou W.

Da mesma forma que o azimute, dependendo do tipo de alinhamento geográfico adotado como referência, um rumo pode ser denominado *rumo geodésico*, *rumo da quadrícula*, *rumo magnético* ou *rumo adotado*.

Quando referidos ao mesmo alinhamento de referência, os azimutes e os rumos podem ser relacionados conforme indicado na Tabela 5.1.

TABELA 5.1 • Relação entre azimute e rumo

Quadrante	Relação
I	$R(NE) = Az$
II	$R(SE) = 180° - Az$
III	$R(SW) = Az - 180°$
IV	$R(NW) = 360° - Az$

Exemplo aplicativo 5.3

Executar as conversões de azimutes para rumos, de acordo com os valores indicados na primeira coluna da Tabela 5.2.

TABELA 5.2 • Azimutes e rumos calculados

Azimutes	Rumos		
$Az = 35°14'56''$	$R(NE) = Az$	$\rightarrow$	$R = 35°14'56'' NE$
$Az = 118°26'31''$	$R(SE) = 180° - Az$	$\rightarrow$	$R = 61°33'29'' SE$
$Az = 245°44'09''$	$R(SW) = Az - 180°$	$\rightarrow$	$R = 65°44'09'' SW$
$Az = 311°52'27''$	$R(NW) = 360° - Az$	$\rightarrow$	$R = 48°07'33'' NW$

Exemplo aplicativo 5.4

Executar as conversões de rumos para azimutes, de acordo com os valores indicados na primeira coluna da Tabela 5.3.

TABELA 5.3 • Rumos e azimutes calculados

Rumos	Azimutes		
$R = 45°04'16'' NE$	$Az = R(NE)$	$\rightarrow$	$Az = 45°04'16''$
$R = 18°46'51'' SE$	$Az = 180° - R(SE)$	$\rightarrow$	$Az = 161°13'09''$
$R = 45°24'59'' SW$	$Az = 180° - R(SW)$	$\rightarrow$	$Az = 225°24'59''$
$R = 11°42'37'' NW$	$Az = 360° - R(NW)$	$\rightarrow$	$Az = 348°17'23''$

5.2 Medição angular

A medição de valores angulares em Geomática é realizada por intermédio de instrumentos topográficos munidos de dois círculos graduados instalados nas posições horizontal e vertical, em relação ao eixo vertical do instrumento, conforme apresentado na *Seção 8.3.1 – Círculos graduados para a medição angular com uma estação total*.

De forma genérica, pode-se imaginar que as medições angulares com um instrumento topográfico ocorrem por intermédio de um *index* preso a uma luneta giratória, cujos eixos de giro coincidem com os centros dos círculos graduados. Referindo-se a esse *index*, o operador do instrumento pode ler sobre os círculos as direções horizontal e vertical, de um alinhamento, cujas extremidades sejam o centro do círculo graduado (P) e o ponto observado (Q), conforme ilustrado na Figura 5.10.

No caso da leitura angular sobre o círculo horizontal, o valor lido corresponde à direção horizontal do alinhamento. No caso da leitura vertical, considera-se que o *index* "zero" do círculo vertical está coincidente com a vertical do lugar e o valor angular vertical lido já corresponde ao valor do ângulo vertical do alinhamento.

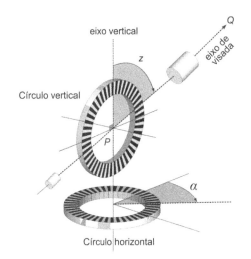

FIGURA 5.10 • Posições relativas dos círculos horizontal e vertical de um instrumento topográfico.

5.2.1 Leituras angulares para a determinação de ângulos horizontais

Os procedimentos a serem realizados para as leituras angulares de direções para a determinação de ângulos horizontais com um instrumento topográfico dependem da quantidade de ângulos a serem determinados e da sequência das observações a partir de uma mesma estação. Assim, considerando que as observações angulares serão realizadas por intermédio de um instrumento topográfico eletrônico, pode-se considerar as seguintes técnicas de medições angulares:

- observação direta e inversa;
- observação simples;
- combinação de observações;
- observação por série de ângulos.

5.2.1.1 *Observação direta e inversa*

Dá-se o nome de *observação direta e inversa*, (*Ld*) e (*Li*), à técnica de medição angular baseada em uma série de observações realizadas em duas posições simétricas do círculo horizontal ou vertical de um instrumento topográfico para a determinação do valor da direção ou do ângulo vertical de um alinhamento (Fig. 5.11). O procedimento de campo consiste em efetuar uma primeira leitura angular da direção do alvo procedida de uma segunda leitura com a luneta e a alidade[4] girados simultaneamente de 180°, de forma a visar o mesmo alvo. Essa técnica de medição angular, além de dobrar a quantidade de leituras, permite eliminar vários erros instrumentais, conforme descritos na *Seção 9.2.1.2 – Erros de eixos*.

Apresentam-se a seguir os procedimentos de campo para a realização dessa técnica de medição angular.

1. Visar o ponto (Q) e efetuar a leitura inicial na posição direta da luneta (*Ld*). Assim, tem-se: $Ld = a_0$.
2. Em seguida, girar a luneta do instrumento em torno do seu eixo até que ela aponte para o sentido oposto do ponto (Q). Em seguida, girar o instrumento em torno do seu eixo vertical e visar novamente o ponto (Q), agora com um valor angular horizontal aproximadamente igual ao valor inicial mais 180°. Tem-se, assim, a leitura na posição inversa da luneta (*Li*), dado por: $Li \approx a_0 + 180°$.
3. Repetir o procedimento quantas vezes considerar necessário.

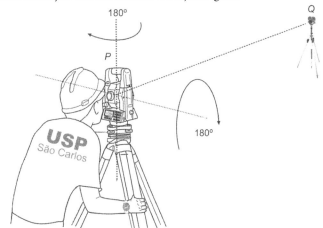

FIGURA 5.11 • Observação direta e inversa.

---

[4] Para mais detalhes sobre os componentes de um instrumento topográfico, ver *Seção 8.2 – Principais componentes dos instrumentos topográficos*.

Dessa forma, o valor final da direção horizontal, na posição direta da luneta, é dado pela equação (5.4).

$$\overline{L} = \frac{\sum L_d + \sum L_i}{2n} \pm 90° \qquad (5.4)$$

Deve-se subtrair 90° quando a leitura direta for menor que 180° e somar quando a leitura direta for maior que 180°.

Sendo:

$\overline{L}$ = valor final da direção horizontal na posição direta da luneta;
L_d = leitura angular na posição direta da luneta;
L_i = leitura angular na posição inversa da luneta;
n = número de pares de repetições diretas e inversas.

Para o caso da direção vertical, ver *Seção 5.2.2 – Medição de ângulos verticais*.

É importante enfatizar que se deve efetuar essa técnica de medição sempre que for possível e, principalmente, nos trabalhos considerados de alta precisão, independentemente da qualidade do instrumento. A quantidade de repetições depende do tipo de trabalho realizado. Em trabalhos correntes de Engenharia, uma única repetição é suficiente.

Exemplo aplicativo 5.5

Para a determinação da direção horizontal de um alinhamento com um instrumento topográfico, foram efetuadas as observações diretas e inversas indicadas na Tabela 5.4. Com base nos valores indicados, calcular o valor final da direção do alinhamento na posição direta da luneta.

TABELA 5.4 • Leituras angulares direta e inversa medidas em campo

Estação	Ponto visado	Leitura direta	Leitura inversa
P	Q	46°14'08"	226°14'10"
	Q	46°14'07"	226°14'04"
	Q	46°14'13"	226°14'17"
	Q	46°14'17"	226°14'19"
	Q	46°14'14"	226°14'16"
Soma		231°10'59"	1.131°11'06"

■ *Solução:*
De acordo com os valores indicados na Tabela 5.4, nota-se que foram realizados cinco pares de repetições e que a leitura na posição direta da luneta é inferior a 180°. Assim, tem-se:

$$\overline{L} = \frac{231°10'59" + 1.131°11'06"}{2*5} - 90° = 46°14'12,5"$$

5.2.1.2 Determinação de ângulo por observação simples de direções

A técnica de medição angular para a determinação de um ângulo por observações simples de direções consiste em realizar observações individuais de direções, conforme indicado na Figura 5.12. O procedimento de campo, nesse caso, consiste em estacionar e nivelar o instrumento topográfico sobre o ponto que estabelece o vértice dos ângulos a serem determinados, visar o ponto de ré (referência) e, em seguida, visar os pontos de vante na sequência desejada. Os ângulos entre os pares de direções observadas podem ser calculados aplicando a equação (5.1).

Alguns operadores preferem "zerar" o círculo horizontal do instrumento sobre as visadas de referência. Esse procedimento, contudo, não apresenta vantagens uma vez que o valor angular gravado no instrumento pode variar no momento da gravação.[5]

No caso da Figura 5.12, considera-se que as observações são realizadas por pares independentes. Assim, têm-se:

$$\alpha_1 = L_2 - L_1 \qquad \alpha_2 = L_3 - L_2 \qquad \alpha_3 = L_4 - L_3$$

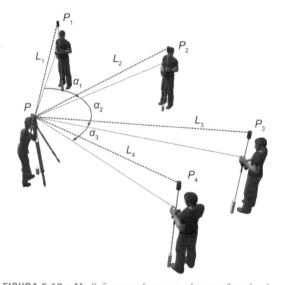

FIGURA 5.12 • Medições angulares por observações simples.

---

[5] Depende do fabricante de instrumento.

DIREÇÃO E ÂNGULOS **79**

Exemplo aplicativo **5.6**

Tomando como referência a ilustração da Figura 5.12 e considerando os valores das direções medidas em campo indicados na Tabela 5.5, calcular os ângulos horizontais entre os pares de visadas.

■ *Solução:*
Os resultados dos ângulos determinados estão indicados na coluna destacada da Tabela 5.5.

TABELA 5.5 • Valores medidos em campo e ângulos calculados

Estação	Ponto visado	Direção horizontal (*Li*)	Ângulo (L_{i+1}-L_i)
P	P_1	15°10'05"	
	P_2	54°20'35"	39°10'30"
	P_3	117°18'59"	62°58'24"
	P_4	138°50'42"	21°31'43"

5.2.1.3 *Determinação de ângulos pela combinação de observações (Método de Schreiber)*

A determinação de ângulos pelo método de observações simples de direções é fácil de aplicar e exige pouco esforço em campo. Entretanto, ele não permite nenhum controle de qualidade dos valores angulares calculados. Por essa razão, sempre que se tem mais de um ângulo para ser determinado, recomenda-se aplicar o método de determinação de ângulos pela combinação de observações, conforme descrito a seguir.

Considere-se a situação da necessidade da determinação dos valores dos ângulos (α_1), (α_2) e (α_3) ilustrados na Figura 5.13. O procedimento recomendado, nesse caso, é medir todos os pares de direções possíveis, como indicado na figura. Assim, pode-se estabelecer uma sequência de leituras, por intermédio das quais se determinam, respectivamente, os ângulos (α_1), (α_2) e (α_3). A quantidade de pares de observações possíveis de serem realizadas é calculada pela equação (5.5).

$$pares = \frac{n*(n-1)}{2} \tag{5.5}$$

Sendo:

n = quantidade de pontos visados.

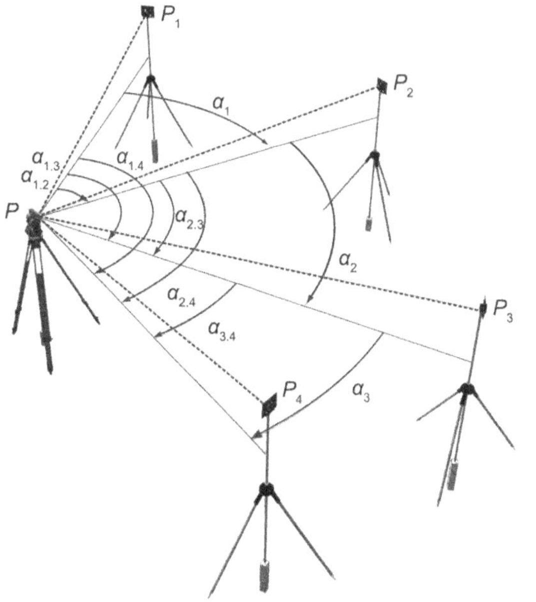

FIGURA 5.13 • Ilustração de medições angulares pela combinação de observações.

Os valores dos ângulos (α_1), (α_2) e (α_3) são calculados pela média ponderada indicada na sequência.

$$\alpha_1 = \frac{2*\alpha_{1.2} + (\alpha_{1.3} - \alpha_{2.3}) + (\alpha_{1.4} - \alpha_{2.4})}{4} \tag{5.6}$$

$$\alpha_2 = \frac{2*\alpha_{2.3} + (\alpha_{1.3} - \alpha_{1.2}) + (\alpha_{2.4} - \alpha_{3.4})}{4} \tag{5.7}$$

$$\alpha_3 = \frac{2*\alpha_{3.4} + (\alpha_{1.4} - \alpha_{1.3}) + (\alpha_{2.4} - \alpha_{2.3})}{4} \tag{5.8}$$

Notar o peso igual a 2 para os pares de observações ($\alpha_{1.2}$), ($\alpha_{2.3}$) e ($\alpha_{3.4}$).

Exemplo aplicativo **5.7**

Considerando os valores das direções angulares horizontais medidas em campo e indicadas na Tabela 5.6, calcular os valores dos ângulos das visadas consecutivas pelo Método de Schreiber.

TABELA 5.6 • Valores medidos em campo

Estação	Ponto visado	Direção horizontal medida		
		Série 1	Série 2	Série 3
P	P_1	L_1 = 53°18'38"		
	P_2	L_2 = 125°29'20"	L_5 = 125°29'27"	
	P_3	L_3 = 166°03'57"	L_6 = 166°04'03"	L_8 = 166°03'58"
	P_4	L_4 = 201°51'25"	L_7 = 201°51'30"	L_9 = 201°51'27"

Solução:

Para a solução deste exercício, recomenda-se calcular primeiramente os ângulos relacionados aos pares de observações conforme indicado na Tabela 5.7.

TABELA 5.7 • Pares de observações

$\alpha_{1.2} = L_2 - L_1$	72°10'42"	$\alpha_{2.3} = L_6 - L_5$	40°34'36"	$\alpha_{3.4} = L_9 - L_8$	35°47'29"
$\alpha_{1.3} = L_3 - L_1$	112°45'19"	$\alpha_{2.4} = L_7 - L_5$	76°22'03"		
$\alpha_{1.4} = L_4 - L_1$	148°32'47"				

Obtêm-se, assim, os valores dos ângulos α_1, α_2, e α_3 conforme indicado a seguir:

$$\alpha_1 = \frac{2*72°10'42'' + (112°45'19'' - 40°34'36'') + (148°32'47'' - 76°22'03'')}{4} = 72°10'43''$$

$$\alpha_2 = \frac{2*40°34'36'' + (112°45'19'' - 72°10'42'') + (76°22'03'' - 35°47'28'')}{4} = 40°34'36''$$

$$\alpha_3 = \frac{2*35°47'28'' + (148°32'47'' - 112°45'19'') + (76°22'03'' - 40°34'36'')}{4} = 35°47'28''$$

5.2.1.4 Determinação de ângulo por série de observações (giro do horizonte)

A técnica de medição angular por série de direções (ou giro do horizonte) consiste em observar todas as direções desejadas, no sentido horário, até completar a volta inteira no círculo graduado e observar a primeira direção (referência) novamente, conforme indicado na Figura 5.14. Dessa forma, como foram observadas todas as direções angulares, a soma dos ângulos calculados deve ser igual a 360°.

A diferença entre a soma e o valor 360° é o erro de fechamento (e) das observações, e esse erro deve ser inferior a uma tolerância preestabelecida. Esse processo permite controlar as medições realizadas, as quais devem ser repetidas caso o erro de fechamento seja superior à tolerância predefinida. Para melhorar a qualidade dos ângulos calculados, recomenda-se ainda realizar as observações de cada direção nas posições direta e inversa da luneta.

Como a leitura da direção inicial (L_1) foi observada duas vezes, o erro de fechamento é dado pela equação (5.9).

$$e = L1_{final} - L1_{inicial} \tag{5.9}$$

A sequência de cálculo para a obtenção dos demais ângulos é a seguinte:

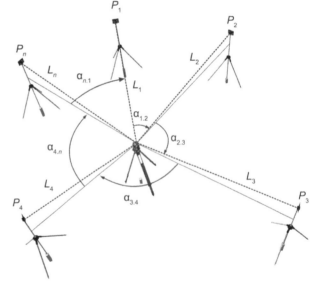

FIGURA 5.14 • Ilustração de medições angulares por série de ângulos.

1. calcular o erro de fechamento (e) de acordo com a equação (5.9);
2. calcular o novo valor da observação de referência de acordo com a equação (5.10);

$$\overline{L}_1 = \frac{L1_{final} + L1_{inicial}}{2} \tag{5.10}$$

3. calcular o novo valor de cada observação de acordo com a equação (5.11).

$$\overline{L}_i = L_i - \overline{L}_1 \tag{5.11}$$

A observação ($\overline{L}_1$) torna-se, então, igual a zero e as demais são corrigidas de acordo com o erro de fechamento.
Recomenda-se, nesse caso, que a primeira direção (L_1) escolhida seja a de distância mais longa e de melhor visibilidade.

Exemplo aplicativo 5.8

Foi realizado um levantamento de direções pela técnica das medições angulares por série de ângulos, obtendo-se os valores indicados na Tabela 5.8. Considerando os valores das direções indicados, calcular os respectivos ângulos pelo método do giro do horizonte.

TABELA 5.8 • Direções angulares medidas em campo

Estação	Ponto visado	Direção horizontal medida
P	P_1	26°15'06"
	P_2	83°18'46"
	P_3	207°14'06"
	P_4	319°08'09"
	P_1	26°15'08"

■ *Solução:*
Pelo fato de as medições terem sido realizadas com giro do horizonte, pode-se calcular o erro de fechamento aplicando-se a equação (5.9). Assim, tem-se:

$e = 26°15'08'' - 26°15'06'' = 2''$

De acordo com a equação (5.10), o valor médio da leitura de referência é igual a:

$$\overline{L}_1 = \frac{26°15'08'' + 26°15'06''}{2} = 26°15'07''$$

Os valores das observações individuais podem ser calculados de acordo com a equação (5.11). Os resultados obtidos estão indicados na Tabela 5.9.

Por fim, os ângulos horizontais podem ser calculados aplicando-se a equação (5.1).

$\alpha_{1,2} = L_2 - L_1 = 57°03'39''$

$\alpha_{2,3} = L_3 - L_2 = 123°55'20''$

$\alpha_{34} = L_4 - L_3 = 111°54'03''$

$\alpha_{41} = L_1 - L_4 = 67°06'58''$

$\alpha_{12} + \alpha_{23} + \alpha_{34} + \alpha_{41} = 360°00'00''$

TABELA 5.9 • Valores compensados

Estação	Ponto visado	Direção horizontal compensada
P	P_1	00°00'00"
	P_2	57°03'39"
	P_3	180°58'59"
	P_4	292°53'02"

5.2.2 Medição de ângulos verticais

A medição de ângulos verticais, em Geomática, é realizada por intermédio de um círculo vertical graduado instalado em um plano paralelo ao plano que contém o eixo vertical do instrumento, conforme indicado na Figura 5.14. O círculo vertical, nesse caso, permite que sejam realizadas medições angulares no plano vertical entre a direção de um alinhamento no espaço e a horizontal do lugar ou a vertical do lugar, dependendo do referencial adotado, como ilustram as Figuras 5.2 e 5.3.

O procedimento de medição angular, nesse caso, consiste em manter um *index* de leitura fixo na alidade e girar o círculo graduado, com o valor zero coincidente com o eixo da luneta, em torno do eixo horizontal do instrumento. O valor angular indicado pelo *index* fixo é o valor do ângulo vertical observado, conforme ilustrado na Figura 5.15. Nesse caso, um valor aproximadamente igual a 60°.

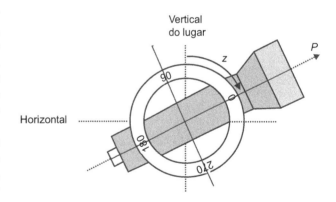

FIGURA 5.15 • Ilustração da medição de um ângulo vertical.

Conforme citado na *Seção 5.2.1.1 – Observação direta e inversa*, durante a medição de um ângulo vertical, também se pode aplicar a técnica de medição angular direta e inversa. Nesse caso, considerando um instrumento com o *index* de medição vertical posicionado na direção zenital, tem-se a seguinte relação matemática para o cálculo de um ângulo vertical, repetido (*n*) vezes nas posições direta e inversa da luneta:

$$\overline{z}_D = \frac{n360° + \sum z_D - \sum z_I}{2n} \qquad (5.12)$$

Sendo:

$\bar{z}_D$ = valor final do ângulo vertical na posição direta da luneta;
z_D = leitura angular na posição direta da luneta;
z_I = leitura angular na posição inversa da luneta;
n = número de pares de repetições de cada ângulo.

Exemplo aplicativo 5.9

Foi realizada uma série de leituras de ângulos verticais zenitais, para um mesmo alvo, nas posições direta e inversa da luneta. Considerando os valores indicados na Tabela 5.10, calcular o valor final do ângulo vertical na posição direta da luneta.

TABELA 5.10 • Leituras angulares verticais nas posições direta e inversa da luneta

Estação	Ponto visado	Leitura direta	Leitura inversa
	B	88°16'42"	271°43'04"
	B	88°16'51"	271°43'03"
A	B	88°16'42"	271°43'10"
	B	88°16'38"	271°43'08"
	B	88°16'40"	271°43'14"
Soma		441°23'33"	1.358°35'39"

■ *Solução:*
De acordo com a tabela e aplicando a equação (5.12), tem-se:

$$\bar{z}_D = \frac{5*360° + 441°23'33'' - 1.358°35'39''}{2*5} = 88°16'47''$$

5.3 Correções das medições angulares

As medições angulares em Geomática, como já citado, são sempre realizadas por intermédio de instrumentos topográficos. Por isso, a maioria dos erros que ocorre durante as medições angulares está relacionada ao emprego desses instrumentos. Tais erros são denominados *erros instrumentais* e de *operação*, e podem ser tanto *sistemáticos* como *acidentais*. Além deles, ocorrem também os erros sistemáticos relacionados à refração atmosférica e ao desvio da vertical. Os erros instrumentais e de operação não serão tratados neste capítulo, mas serão detalhados no *Capítulo 9 – Erros instrumentais e operacionais*. O erro por conta da refração atmosférica vertical está apresentado no *Capítulo 6 – Distâncias* e *Capítulo 12 – Altimetria*. As correções dos erros sistemáticos angulares por conta da refração atmosférica lateral e do desvio da vertical estão apresentadas a seguir.

5.3.1 Correção angular por conta da refração atmosférica lateral

Pelo fato de as visadas para as medições angulares serem realizadas por meio de instrumentos ópticos, é necessário considerar que quando o feixe luminoso, que emana do ponto visado, atravessa as camadas da atmosfera, ele sofre o efeito da diferença de densidade das camadas de ar por onde ele se propaga, o que faz com que ele se curve em função do gradiente de temperatura e mova-se na direção do ar mais quente, no qual a velocidade da luz é maior. Esse efeito, conforme ilustrado na Figura 5.16, faz com que a onda eletromagnética realize um caminho curvo e a direção da visada AB observada no instrumento de medição se torne AB´, ocorrendo, portanto, uma variação igual a $(\delta\alpha)$.

No caso do deslocamento lateral, a variação angular ocorre, por exemplo, quando um alinhamento está sendo medido muito próximo (cerca de ± 1 m) de uma estrutura linear longa, com variação de temperatura lateral ao longo dela, como no caso da parede de um edifício, de um túnel, perto de transformadores e outros. Considera-se, nesse caso, que a variação do gradiente de temperatura é constante ao longo de todo o alinhamento.

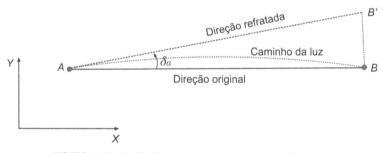

FIGURA 5.16 • Variação angular por conta da refração lateral.

A correção angular $(\delta\alpha)$ aproximada a ser aplicada, nesse caso, segundo as recomendações do US Army Corps of Engineers, 2018, é dada pela equação (5.13).

$$\delta\alpha = \frac{8''*P*d^2}{T^2} * \frac{\partial t}{\partial y} \qquad (5.13)$$

Sendo:

d = distância medida, em m;

P = pressão atmosférica, em mbar;

T = temperatura, em Kelvin (273,17 + t°C);

$\dfrac{\partial t}{\partial y}$ = gradiente de temperatura na direção perpendicular à propagação da onda eletromagnética (°C/m).

Notar que, para a aplicação da equação (5.13), é necessário medir o gradiente lateral de temperatura ao longo da linha de visada, o que não é fácil de ser realizado. Por esse motivo, poucas vezes realiza-se esse tipo de correção. Porém, como a variação angular que ocorre nesses casos não é desprezível, recomenda-se, sempre que possível, evitar realizar medições nessas condições e procurar métodos alternativos.

Usando o exemplo apresentado no Manual do US Corps of Engineers, para $\partial t/\partial y$ = 0,1 °C/m, d = 500 m, P = 1.000 mbar e t = 27 ºC, obtém-se $\delta\alpha$ = 4,4″.

5.3.2 Correções angulares em razão do desvio da vertical

Toda vez que se mede uma direção angular ou o ângulo vertical com uma estação total ou um teodolito, eles estão sendo medidos em relação à linha vertical do lugar, pelo fato de os instrumentos topográficos serem nivelados em função do vetor da gravidade local. Isso significa que se for necessário projetá-los sobre o elipsoide para cálculos geodésicos posteriores, eles precisarão ser corrigidos pelo desvio da vertical. Essa correção é igual a de um erro de verticalidade do eixo principal de uma estação total ou de um teodolito, ou seja, ela aumenta proporcionalmente com a inclinação da luneta. Para mais detalhes, ver *Seção 9.2.1.2.3 – Erro de verticalidade do eixo principal*. Existem, assim, duas correções a serem feitas, conforme indicado a seguir.

5.3.2.1 *Correção da direção angular horizontal para redução ao elipsoide*

A correção da direção horizontal reduzida ao elipsoide deve ser aplicada sempre que o instrumento de medição e o alvo não possuírem a mesma altura elipsoidal (h). O valor da direção horizontal corrigida (L_{geo}), nesse caso, é dado pela equação (5.14).

$$L_{geo} = L_{top} - \left[\xi * \text{sen}(L_{top}) - \eta * \cos(L_{top}) \right] * \cotg(z_{top}) \tag{5.14}$$

Sendo:

L_{geo} = direção angular horizontal geodésica (sobre o elipsoide);

L_{top} = direção angular horizontal topográfica (lida no instrumento);

ξ = componente meridiana do desvio da vertical;

η = componente primeiro vertical do desvio da vertical;

z_{top} = ângulo vertical zenital topográfico (lido no instrumento).

5.3.2.2 *Correção do ângulo vertical zenital para redução ao elipsoide*

Pelas mesmas razões do caso anterior, também é necessário corrigir os ângulos verticais zenitais medidos com um instrumento topográfico quando se necessita reduzi-lo para o elipsoide. Assim, tem-se:

$$z_{geo} = z_{top} - \xi * \cos(z_{top}) + \eta * \text{sen}(z_{top}) \tag{5.15}$$

Sendo:

z_{geo} = ângulo vertical zenital geodésico (sobre o elipsoide);

z_{top} = ângulo vertical zenital topográfico (lido no instrumento).

Exemplo aplicativo 5.10

Considere a Figura 5.17, em que uma estação total foi instalada no ponto (P) e foram visados os pontos (A) e (B). Nessas condições, foram obtidos os seguintes valores angulares:

Direção angular $PA = 15°08'12''$
Direção angular $PB = 110°20'53''$
Ângulo vertical zenital
$PA = 88°32'15''$
Ângulo vertical zenital
$PB = 86°52'42''$

Sabe-se que a componente meridiana do desvio da vertical no local é igual a $-13,80''$ e o componente primeiro vertical é igual a $14,62''$. Com base nos valores indicados, calcular os valores do ângulo horizontal geodésico entre as direções PA e PB e os ângulos verticais zenitais geodésicos de ambas as direções.

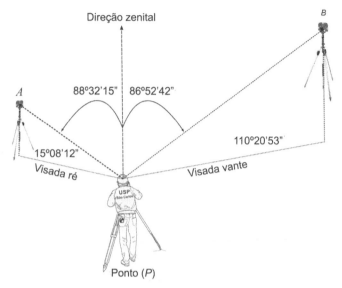

FIGURA 5.17 • Ilustração da situação geométrica do levantamento de campo.

■ *Solução:*
De acordo com a equação (5.14), têm-se os seguintes valores corrigidos para as direções horizontais PA e PB:

$$Lgeo_A = 15°08'12'' - [-13,8'' * sen(15°08'12'') - 14,62'' * cos(15°08'12'')] * cotg(88°32'15'') = 15°08'12,5''$$

$$Lgeo_B = 110°20'53'' - [-13,8'' * sen(110°20'53'') - 14,62'' * cos(110°20'53'')] * cotg(86°52'42'') = 110°20'53,4''$$

Assim, o ângulo horizontal geodésico (α_{AB}) entre os alinhamentos PA e PB é dado conforme indicado a seguir:

$$\alpha_{AB} = 110°20'53,4'' - 15°08'12,5'' = 95°12'41,0''$$

Os ângulos verticais zenitais corrigidos dos alinhamentos PA e PB são calculados utilizando-se a equação (5.15). Assim, têm-se:

$$zgeo_A = 88°32'15'' - (-13,8'') * cos(88°32'15'') + 14,62'' * sen(88°32'15'') = 88°32'30,0''$$

$$zgeo_B = 86°52'42'' - (-13,8'') * cos(86°52'42'') + 14,62'' * sen(86°52'42'') = 86°52'57,3''$$

5.4 Precisão das medições angulares

Para o caso específico das medições angulares, a determinação da precisão de um instrumento topográfico é realizada de acordo com as especificações da Norma DIN 18723 ou sua equivalente ISO 17123-3. Não é objetivo deste livro discutir os detalhes dessas normas, mesmo porque todos os procedimentos de medição e de tratamento dos dados estão especificados em seus textos. O leitor interessado deverá consultar os portais específicos na internet. Discute-se, contudo, neste livro, vários detalhes sobre os erros instrumentais e operacionais dos instrumentos topográficos, os quais estão apresentados no *Capítulo 9 – Erros instrumentais e operacionais*.

No caso das medições angulares, existem dois parâmetros que devem ser considerados para a indicação da qualidade de um instrumento topográfico: a resolução e a precisão. Em termos de resolução, as especificações técnicas dos instrumentos topográficos de medição angular atuais indicam valores da ordem de $0,1''$ e, em termos de precisão, valores variando entre $0,5''$ e $7''$.

O leitor deve estar ciente que o valor da precisão angular indicado pelos fabricantes de instrumentos topográficos refere-se à precisão da direção da visada em posições direta e inversa da luneta. Não é a precisão do ângulo determinado com esse instrumento. Dessa forma, segundo a teoria de Propagação de Erros Médios Quadráticos, a precisão (s_α) de um ângulo determinado por meio de observações diretas e inversas a duas direções é dado pela equação (5.16).

$$s_\alpha = \sqrt{2}s_L \qquad (5.16)$$

Sendo (S_L) a precisão nominal do instrumento indicada pelo fabricante.

Caso o ângulo seja determinado por meio de observações com apenas uma posição da luneta, o valor da precisão (s_α) do ângulo determinado é dado pela equação (5.17).

$$s_\alpha = \sqrt{4} s_L \tag{5.17}$$

Assim, quando se indica que um instrumento topográfico possui precisão angular nominal igual $5''$, isso quer dizer que as séries de medições de várias direções horizontais e verticais, nas posições direta e inversa da luneta, resultaram em um desvio padrão para a direção horizontal e para o ângulo vertical, inferiores a $5''$. Dessa forma, considerando que a determinação de um ângulo é realizada em função de duas observações de direções, se elas forem realizadas nas posições direta e inversa da luneta, a precisão esperada deve ser da ordem de $5'' \sqrt{2} \cong 7''$. Se elas forem realizadas em apenas uma posição da luneta, deve-se esperar uma precisão da ordem de $5'' \sqrt{2} * \sqrt{2} = 10''$. Notar que alguns fabricantes já indicam a precisão angular nominal do instrumento relacionado a leitura em apenas uma face. Nesse caso, o cálculo da precisão angular deve desconsiderar a segunda raiz de dois.

6 Distâncias

6.1 Introdução

Conforme já explicitado, as medições de distâncias, em conjunto com as medições angulares, são fundamentais para a determinação da posição de um ponto no espaço, em Geomática, bem como para a implantação de pontos em uma obra de Engenharia. Além disso, as medições de distâncias, em particular, são essenciais para a definição da escala de redes de pontos de apoio topográficas ou geodésicas, conforme apresentado no *Capítulo 11 – Apoio topográfico – Poligonação*.

Embora fundamental para a Geomática, por muito tempo, medir uma distância foi uma operação trabalhosa e que demandava tempo para que se pudesse obter acurácias aceitáveis para a maioria dos trabalhos topográficos e geodésicos. Instrumentos relativamente simples de operar e com boa acurácia para a medição angular já existiam no século XVII, enquanto o problema da medição acurada da distância somente foi solucionado no século XX. Além disso, sempre houve o problema da influência da curvatura da Terra, que impõe restrições aos tipos de distâncias usados nos projetos de Engenharia, em função do sistema de referência adotado. Por essa razão, é fundamental que, além de um amplo conhecimento das técnicas e métodos de medição, o engenheiro civil tenha clareza sobre os diferentes tipos de distâncias utilizados em Geomática, a fim de poder aplicá-los convenientemente em seus projetos de Engenharia. O estudo dos conceitos matemáticos relacionados às medições de distâncias em Geomática, para aplicações em Engenharia, é o objetivo deste capítulo.

6.2 Tipos de distâncias

Para os propósitos da Geomática, existem cinco tipos de distâncias a serem considerados para a determinação de um dado geoespacial, que variam em função do sistema de referência adotado para os cálculos topográficos ou geodésicos. São eles:

- distância inclinada;
- distância horizontal;
- distância vertical;
- distância elipsoidal[1] ou geodésica;
- distância plana.

Apresentam-se a seguir os detalhes geométricos e os conceitos matemáticos a respeito de cada uma delas.

6.2.1 Distância inclinada e distância horizontal sobre o Plano Topográfico Local (PTL)

Adotar o Plano Topográfico Local (PTL) para as reduções das distâncias medidas na superfície topográfica significa considerar a superfície da Terra, naquele local, como um plano horizontal perpendicular à vertical do lugar, ou seja, adotar o referencial plano topográfico como superfície de referência. Nessas condições, todos os pontos determinados sobre a superfície topográfica são projetados sobre um mesmo plano horizontal de referência, localizado na altura do observador, conforme ilustrado na Figura 6.1.

---

[1] Na literatura, encontra-se também o termo *distância elipsóidica*.

O Plano Topográfico Local (PTL), nesse caso, contém o ponto (P), tomado como referência, e é perpendicular à vertical que passa por ele. A esse plano dá-se também o nome de *plano horizontal do observador*.

Se a partir do ponto (P) for medida uma distância até outro ponto (Q) qualquer do espaço, a essa distância denomina-se *distância inclinada* (d'_{PQ}). A projeção da distância inclinada sobre o PTL gera o que denomina-se *distância horizontal* (d_{PQ}), também denominada *distância horizontal topográfica*. Essa é a distância utilizada nos cálculos para a determinação de coordenadas ou para a implantação de obras. Assim, de acordo com a Figura 6.1, têm-se:

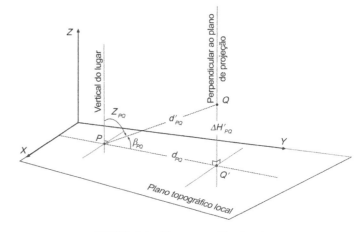

FIGURA 6.1 • Plano topográfico local.

d'_{PQ} = distância inclinada entre os pontos (P) e (Q);

d_{PQ} = distância horizontal entre os pontos (P) e (Q);

$\Delta H'_{PQ}$ = distância vertical (ou componente trigonométrica) entre os pontos (P) e (Q);

β_{PQ} = ângulo vertical de altura do alinhamento PQ;

z_{PQ} = ângulo vertical zenital do alinhamento PQ.

Notar que se os pontos (P) e (Q) localizarem-se a uma mesma altura em relação ao PTL, ou seja, se a distância $\Delta H'_{PQ} = 0$, as distâncias inclinada e horizontal são iguais. Notar também que o ponto (Q') situa-se sobre o plano de projeção, ou seja, na mesma altura do ponto (P).

Pelo fato de se adotar o PTL como superfície de referência, as verticais aos pontos (P) e (Q) são consideradas paralelas, ou seja, desconsidera-se a convergência da direção das linhas de prumo em relação ao centro de massa da Terra (ver Fig. 5.2). A distância horizontal assim gerada é um dos componentes do triângulo retângulo formado pela distância inclinada, o que permite estabelecer as relações matemáticas indicadas na equação (6.1). Notar que para o seu cálculo é necessário conhecer o valor da distância inclinada e do ângulo vertical zenital ou de altura, os quais são medidos em campo por meio de um instrumento topográfico (ver Fig. 6.1).

$$d_{PQ} = d'_{PQ} * \cos(\beta_{PQ}) \quad \text{ou} \quad d_{PQ} = d'_{PQ} * \text{sen}(z_{PQ}) \tag{6.1}$$

Adotar o PTL como superfície de referência gera, evidentemente, erros sistemáticos que podem ser expressivos à medida que o plano topográfico adotado se expande em relação ao ponto de tangência com a superfície terrestre ou à medida que a diferença de altura entre os pontos medidos acima ou abaixo dele aumenta. Para mais detalhes sobre esses assuntos, ver *Seção 6.2.6 – Efeito da curvatura da Terra na redução da distância inclinada para distâncias horizontal e elipsoidal*.

Embora afetados por erros sistemáticos, dependendo das dimensões da área de projeto e das diferenças de nível dos pontos medidos, eles podem ser desprezados e, por isso, muitos projetos de Engenharia Civil são elaborados considerando o PTL como superfície de referência. É importante, contudo, ressaltar que essa simplificação de referencial geodésico para referencial plano topográfico deve ser avaliada com cuidado e somente adotada para projetos de dimensões reduzidas e de contexto local, como é o caso da maioria dos projetos de Engenharia. Para os demais casos, é necessário considerar a curvatura da Terra e a refração atmosférica vertical, e aplicar judiciosamente os conceitos de coordenadas planas locais ou de projeções cartográficas, conforme descrito no *Capítulo 19 – Projeção cartográfica*.

6.2.1.1 *Precisão da distância horizontal reduzida ao PTL*

De acordo com a equação (6.1), o valor da distância horizontal calculada é função da distância inclinada e do ângulo vertical medidos. A precisão da distância horizontal calculada (s_d) depende, portanto, da precisão ($s_{d'}$) com que se mediu a distância inclinada, da precisão (s_z ou s_β) com que se mediu o ângulo vertical e dos valores da distância inclinada (d') e do ângulo vertical (z ou β). Assim, pelo Princípio de Propagação de Erros Médios Quadráticos, tem-se:

$$s_d = \pm\sqrt{\text{sen}^2(z) * s_{d'}^2 + \left[d' * \cos(z)\right]^2 * s_z^2} = \pm\sqrt{\cos^2(\beta) * s_{d'}^2 + \left[d' * \text{sen}(\beta)\right]^2 * s_\beta^2} \tag{6.2}$$

Exemplo aplicativo 6.1

Conforme indicado na Figura 6.2, foi realizada uma medição de uma distância inclinada (d'_{PQ}) entre os pontos (P) e (Q), obtendo-se os valores indicados na sequência do exemplo. Com base nos valores indicados e considerando que as distâncias medidas serão projetadas sobre o plano horizontal do observador, tangente à vertical do lugar no ponto (P), calcular o valor da distância horizontal topográfica (d_{PQ}) correspondente e sua precisão.

$d'_{PQ} = 1.045,022\,\text{m} \pm 4,1\,\text{mm}$

$\beta_{PQ} = 5°\,27'02'' \pm 5''$

$z_{PQ} = 84°\,32'58'' \pm 5''$

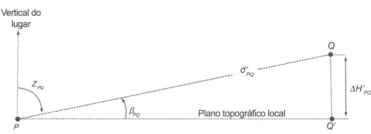

FIGURA 6.2 • Geometria do levantamento de campo.

■ *Solução:*
Aplicando as equações (6.1) e (6.2), obtêm-se:

$d_{PQ} = 1.045,022 * \cos(5°\,27'02'') = 1.040,297\,\text{m}$
$= 1.045,022 * \text{sen}(84°\,32'58'') = 1.040,297\,\text{m}$

$$s_{d_{PQ}} = \pm\sqrt{\text{sen}^2(84°\,32'58'')*\left(\frac{4,1}{1.000}\right)^2 + \left[1.045,022 * \cos(84°\,32'58'')\right]^2 * \left(\frac{5''}{206.264,8062}\right)^2} =$$
$\pm\, 0,0047\,\text{m} = 4,7\,\text{mm} \approx \pm 4,6\,\text{ppm}$

6.2.2 Distância vertical considerando o Plano Topográfico Local (PTL)

De forma genérica, dá-se o nome de distância vertical à distância medida ou projetada sobre a linha vertical do local da medição. Quando se considera o Plano Topográfico Local como superfície de referência, conforme ilustrado na Figura 6.1, a distância vertical entre os pontos (P) e (Q) é igual à projeção da distância inclinada (d'_{PQ}) sobre o cateto oposto formado pelo triângulo retângulo contido no plano vertical, que contém os pontos (P) e (Q). Assim, tem-se:

$$\Delta H'_{PQ} = d'_{PQ} * \text{sen}\,\beta_{PQ} \quad \text{ou} \quad \Delta H'_{PQ} = d'_{PQ} * \cos z_{PQ} \tag{6.3}$$

Sendo ($\Delta H'_{PQ}$) a distância vertical entre os pontos (P) e (Q).

6.2.2.1 Precisão da distância vertical calculada

Seguindo o mesmo raciocínio do cálculo da precisão da distância horizontal calculada, tem-se a seguinte equação geral para a determinação do valor da precisão da distância vertical calculada:

$$s_{\Delta H'} = \pm\sqrt{\cos^2(z)*s_{d'}^2 + \left[d'*\text{sen}(z)\right]^2 * s_z^2} = \pm\sqrt{\text{sen}^2(\beta)*s_{d'}^2 + \left[d'*\cos(\beta)\right]^2 * s_\beta^2} \tag{6.4}$$

Exemplo aplicativo 6.2

Com os dados do Exemplo aplicativo 6.1, calcular a distância vertical ($\Delta H'_{PQ}$) entre os pontos (P) e (Q) e a sua precisão, considerando o plano horizontal do observador tangente à vertical do lugar no ponto (P).

■ *Solução:*
Aplicando as equações (6.3) e (6.4), obtêm-se:

$\Delta H'_{PQ} = 1.045,022 * \text{sen}(5°\,27'02'') = 1.045,022 * \cos(84°\,32'58'') = 99,263\,\text{m}$

$$s_{\Delta H'_{PQ}} = \pm\sqrt{\cos^2(84°\,32'58'')*\left(\frac{4,1}{1.000}\right)^2 + \left[1.045,022 * \text{sen}(84°\,32'58'')\right]^2 * \left(\frac{5''}{206.264,8062}\right)^2} =$$
$\pm\, 0,0252\,\text{m} = \pm\, 25,2\,\text{mm}$

Notar a maior influência da precisão do ângulo vertical no resultado do cálculo da precisão da distância vertical calculada.

6.2.3 Elementos geométricos da medição de distâncias com uma estação total considerando o Plano Topográfico Local (PTL)

No caso da medição de distâncias com uma estação total considerando o PTL como superfície de referência, o leitor deve notar que o plano horizontal de referência se situa na altura do centro óptico do instrumento, ponto (*I*), conforme ilustrado na Figura 6.3. A distância inclinada medida, nesse caso, é a distância espacial entre o ponto (*I*) e o ponto (*R*), situado no centro do prisma refletor.[2] Os pontos (*P*) e (*Q*) estão localizados no terreno e na vertical dos pontos (*I*) e (*R*). Em geral, o que se busca é determinar as distâncias horizontal e vertical entre eles.

Conforme indicado na Figura 6.3, a distância vertical entre os pontos (*P*) e (*I*) é igual a h_i (altura do instrumento) e entre os pontos (*Q*) e (*R*) é igual a h_r (altura do prisma). Pelo fato de essas duas alturas poderem ser diferentes, haverá duas distâncias verticais a serem consideradas quando se mede a distância inclinada por meio de uma estação total: a primeira delas é a distância vertical ($\Delta H'_{IR}$), entre os pontos (*I*) e (*R*), a qual é puramente geométrica e não tem significado geográfico, razão pela qual alguns autores a denominam *componente trigonométrica* da medição; a segunda é a distância vertical (ΔH_{PQ}), entre os pontos (*P*) e (*Q*), a qual representa a distância vertical entre os pontos no terreno e sobre os quais foram instalados a estação total e o bastão de prisma. Essa é a distância vertical que, geralmente, se deseja determinar em uma medição topográfica.

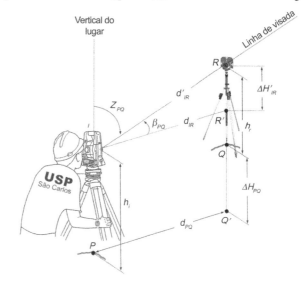

FIGURA 6.3 • Elementos geométricos da medição de distâncias com estação total.

Notar que, por se tratar de uma projeção ortogonal sobre o PTL, a distância horizontal (d_{PQ}) entre os pontos (*P*) e (*Q*) é igual à distância horizontal (d_{IR}) entre os pontos (*I*) e (*R*). O mesmo não é verdade para a distância vertical, ou seja, os valores de ($\Delta H'_{IR}$) e (ΔH_{PQ}) são diferentes. Eles somente são iguais se $h_i = h_r$.

Além dos elementos geométricos indicados, deve-se também observar o ângulo vertical zenital (z_{PQ}) e o ângulo vertical de altura (β_{PQ}) medidos pela estação total.

Os valores da distância horizontal (d_{IR}) e da componente trigonométrica ($\Delta H'_{IR}$) podem ser calculados por intermédio das equações (6.1) e (6.3). Já o valor da distância vertical (ΔH_{PQ}) entre os pontos (*P*) e (*Q*) deve ser calculado considerando as equações indicadas na *Seção 12.9 – Nivelamento trigonométrico*.

6.2.4 Relação entre a distância horizontal e a distância esférica na superfície topográfica

Para que se possa avaliar a influência da curvatura da Terra nos projetos de Engenharia é importante relacionar o valor da distância horizontal projetada sobre o Plano Topográfico Local e o seu respectivo arco projetado sobre a superfície curva da Terra, conforme ilustrado na Figura 6.4. Por simplificação, a superfície curva da Terra, nesse caso, está associada a uma esfera com raio igual ao raio médio da Terra na latitude do ponto (*P*).

De acordo com a Figura 6.4, (d_{PQ}) é a distância horizontal obtida pela redução da distância inclinada sobre o Plano Topográfico Local. A sua projeção sobre a esfera terrestre que contém o ponto (*P*), ou seja, na altitude do ponto (*P*), gera a distância esférica ($de_{PQ'}$) e a corda ($c_{PQ'}$). Assim têm-se:

Q' = projeção de (*Q*) sobre a superfície esférica terrestre na altitude do ponto (*P*);
d_{PQ} = distância horizontal em (*P*);
$de_{PQ'}$ = distância esférica ao nível do ponto (*P*);
$c_{PQ'}$ = corda do segmento PQ';
H_P = altitude do ponto (*P*);
R_0 = raio médio local da Terra;
H_0 = altitude da superfície de referência (igual a zero);
γ = ângulo no centro da esfera;
C = centro da esfera.

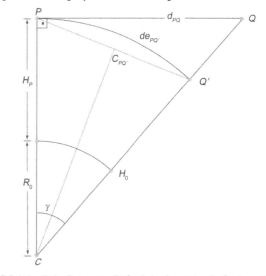

FIGURA 6.4 • Relações entre distância horizontal e distância esférica na superfície terrestre.

---
[2] Para mais detalhes, ver *Capítulo 8 – Instrumentos topográficos*.

As relações geométricas entre os elementos da figura permitem determinar as seguintes equações:

Arco PQ': $de_{PQ'} = (R_0 + H_P) * \gamma$ (6.5)

Corda PQ': $c_{PQ'} = 2 * (R_0 + H_P) * \text{sen}\left(\dfrac{\gamma}{2}\right)$ (6.6)

Tangente PQ: $d_{PQ} = (R_0 + H_P) * \text{tg}(\gamma)$ (6.7)

As diferenças entre a corda PQ' e o arco PQ', entre a tangente PQ e o arco PQ' e entre a tangente PQ e a corda PQ' estão relacionadas na Tabela 6.1. Para os cálculos dos valores indicados na tabela, considerou-se $R_0 = 6.371.000$ metros e $H_P = 800$ metros.

Constata-se, por meio da Tabela 6.1, que para distâncias inferiores a 10 km, a diferença entre o arco e a corda, na superfície da Terra, é da ordem de 1 mm, ou seja, 1:10.000.000. O mesmo ocorre para a diferença entre a tangente (distância horizontal) e o arco para distâncias inferiores a 5 km. Nessas condições, para os trabalhos práticos da Geomática, considera-se que a distância horizontal e a distância esférica terrestre confundem-se para distâncias inferiores a 10 km. Para tanto, ao se projetar uma distância inclinada de até 10 km, medida sobre a superfície terrestre, sobre o plano horizontal obtém-se diretamente a distância esférica ao nível do ponto de referência da projeção [ponto (P) da Fig. 6.4]. Além disso, deve-se também considerar que, na prática, os profissionais de Geomática, em trabalhos correntes de topográfica, dificilmente medem distâncias superiores a 2 km, o que enfatiza ainda mais a despreocupação com a diferença entre a distância horizontal e a distância esférica e entre a distância horizontal e a corda, ou seja, a distância horizontal, a distância esférica e a corda podem ser consideradas iguais para aplicações correntes da Engenharia.

TABELA 6.1 • Diferenças de distâncias entre o arco, a corda e a tangente na superfície terrestre

Tangente [m] d_{PQ}	Diferença entre o arco e a corda [mm] $de_{PQ'} - c_{PQ'}$	Diferença entre a tangente e o arco [mm] $d_{PQ} - de_{PQ'}$	Diferença entre a tangente e a corda [mm] $d_{PQ} - c_{PQ'}$
1.000	0,00	0,01	0,01
2.000	0,01	0,07	0,07
3.000	0,03	0,22	0,25
5.000	0,13	1,03	1,15
10.000	1,03	8,21	9,24

6.2.5 Distância elipsoidal

Conforme discutido em capítulos anteriores, quando não é recomendado utilizar o PTL como superfície de referência, adota-se o modelo elipsoidal, ou seja, a superfície de um elipsoide de revolução como superfície de referência. Como se sabe, trata-se de uma superfície puramente matemática, que, na maioria das vezes, está próxima do nível do mar, acima ou abaixo da superfície geoidal, em função do valor da ondulação geoidal (N). Assim, como as medições topográficas ou geodésicas são sempre realizadas sobre a superfície da Terra, para utilizar a superfície elipsoidal como superfície de referência é necessário projetar os valores medidos na superfície da Terra sobre a superfície do elipsoide adotado como referência, por exemplo, sobre o elipsoide GRS80. Obtém-se, assim, as denominadas *distâncias elipsoidais* ou *distâncias geodésicas*.

Para a análise dessa relação de distâncias, seja considerada a situação em que se tem uma distância esférica conhecida sobre a superfície da Terra obtida, por exemplo, em função da distância horizontal, conforme indicado na seção precedente. Deseja-se conhecer o valor da projeção dessa distância sobre o elipsoide, ou seja, a distância elipsoidal correspondente à distância topográfica esférica conhecida.

Por simplificação de cálculo e considerando que as magnitudes das distâncias medidas em Geomática são pequenas em relação ao raio da Terra, muitas vezes permite-se adotar o modelo esférico para a projeção das distâncias no lugar do modelo elipsoidal. Demonstra-se que essa simplificação não altera os resultados para distâncias de até 50 km. Assim, no lugar da superfície elipsoidal, considera-se uma superfície esférica correspondente com um raio de curvatura igual ao raio médio local da Terra (R_0) na latitude do ponto considerado, conforme já discutido na *Seção 3.2.5 – Modelo esférico*. Tem-se, assim, a situação geométrica ilustrada na Figura 6.5, cujos elementos geométricos são:

h_P = altura elipsoidal do ponto (P);
h_Q = altura elipsoidal do ponto (Q);
R_0 = raio médio local da Terra na latitude do ponto (P);
$de_{PQ'}$ = distância esférica ao nível do ponto (P);
$de_{QP'}$ = distância esférica ao nível do ponto (Q);
d_0 = distância elipsoidal;
C = centro da esfera.

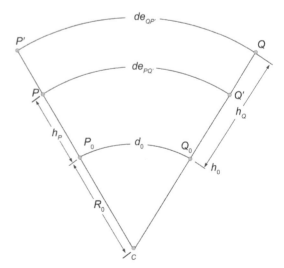

FIGURA 6.5 • Relações geométricas entre superfícies esféricas.

As superfícies indicadas na Figura 6.5 são esferas concêntricas, as quais permitem obter as relações matemáticas indicadas a seguir:

$$\frac{d_0}{R_0} = \frac{de_{PQ'}}{R_0 + h_P} = \frac{de_{QP'}}{R_0 + h_Q} \rightarrow d_0 = \frac{de_{PQ'} * R_0}{R_0 + h_P} = \frac{de_{QP'} * R_0}{R_0 + h_Q} \tag{6.8}$$

A projeção da distância esférica topográfica ($de_{PQ'}$) sobre o elipsoide gera a distância elipsoidal (d_0), cujo valor pode ser calculado por intermédio de um fator de redução (Red) em ppm (partes por milhão) ou por um fator de escala altimétrico (k_{alt}), conforme apresentados na sequência.

Para o cálculo do fator de redução (Red) em ppm, tem-se a seguinte equação:

$$Red = -\frac{h_P}{R_0 + h_P} * 10^6 \text{ ppm} \tag{6.9}$$

A distância elipsoidal é, então, calculada pela equação (6.10).

$$d_0 = de_{PQ'} + \left(de_{PQ'} * Red\right) \tag{6.10}$$

Notar a necessidade da compatibilização dimensional entre a distância ($de_{PQ'}$) e o fator de redução (Red) na equação (6.10).

O cálculo da redução por meio de um fator de escala é realizado aplicando a equação (6.11). Assim, tem-se o *fator de escala altimétrico* (k_{alt}) ou *fator de elevação* (FE), conforme indicado na sequência.

$$FE = k_{alt} = \frac{R_0}{R_0 + h_P} \tag{6.11}$$

Nesse caso, a distância elipsoidal é obtida aplicando a equação (6.12).

$$d_0 = de_{PQ'} * k_{alt} \tag{6.12}$$

As equações (6.10) e (6.12) permitem calcular o valor da distância elipsoidal, em função do valor da elevação do ponto de referência (P) e do raio médio local da Terra. Se for utilizada a altitude ortométrica (H), a redução é realizada sobre a superfície do geoide. Se for utilizada a altura elipsoidal (h), a redução é realizada sobre a superfície de referência elipsoidal. A rigor, deve-se utilizar a altura elipsoidal e a altura do instrumento (h_i), porém, como na maioria das vezes se conhece o valor da altitude ortométrica e não a altura elipsoidal, se a ondulação geoidal do local for pequena, pode-se utilizá-la em substituição à altura elipsoidal. Caso se deseje considerar a influência da ondulação geoidal e da altura do instrumento, deve-se adotar a equação (6.13) para o cálculo do fator de escala.

$$FE = k_{alt} = \frac{R_0}{R_0 + H_P + N + h_i} \tag{6.13}$$

Sendo (N) o valor da altura geoidal.[3]

Para auxiliar o leitor na decisão de se considerar ou não a ondulação geoidal e a altura do instrumento, considere-se a equação (6.14), pela qual se pode calcular o valor da variação de (d_0) em função da variação do valor da altitude do ponto considerado e da variação do valor do raio médio local da Terra.

$$\delta d_0 = \sqrt{\left[\frac{H}{\left(R_0 + H\right)^2}\right]^2 * \Lambda R_0^{\ 2} + \left[\frac{-R_0}{\left(R_0 + H\right)^2}\right]^2 * \Delta H^2} \tag{6.14}$$

Sendo:

δd_0 = variação de (d_0);

H = altitude ortométrica do ponto;

R_0 = raio médio local da Terra;

ΔR_0 = variação do raio médio local da Terra;

ΔH = variação da altitude do ponto.

---

[3] Notar que o valor de (N) pode ser obtido por intermédio de aplicativos de interpolação geoidal, como o MAPGEO2015 do IBGE, no caso brasileiro.

92 TOPOGRAFIA PARA ENGENHARIA

Notar pela equação (6.14), que o efeito da variação do raio médio local da Terra é muito menor que o efeito da variação da elevação do ponto. Mesmo uma variação de centenas de metros no valor do raio médio da Terra causa pouco efeito no valor de (δd_0). A Tabela 6.2 mostra a influência da variação de ambos, no valor da distância elipsoidal, para diferentes valores de (R_0) e (H).

TABELA 6.2 • Variação da distância elipsoidal em função da variação de (R_0) e (H) para um local com $R_0 = 6.371.000$ m e $H = 850$ m

ΔR_0	50 km	0 m	10 km	10 km	10 km
ΔH	0 m	10 m	6 m	10 m	20 m
δd_0	1,05 ppm	1,57 ppm	0,96 ppm	1,58 ppm	3,15 ppm

Como se verifica pela Tabela 6.2, o efeito da variação do valor do raio médio local da Terra na variação da distância elipsoidal é de 1 ppm para $\Delta R_0 = 50$ km. Isso significa que se pode utilizar o valor do raio médio da Terra como sendo igual a 6.371.000 metros, na maioria dos cálculos, sem causar variação expressiva na distância elipsoidal. Já para a diferença de altitude, a variação da distância elipsoidal é da ordem de 1 ppm para $\Delta H = 6$ metros, o que indica que na maioria das regiões do Brasil, deve-se considerar a ondulação geoidal composta com a altura do instrumento para o cálculo do valor do fator de escala altimétrico (k_{alt}).

Exemplo aplicativo 6.3

Sabendo que os ponto (P) e (Q) do Exemplo aplicativo 6.1 encontram-se em um local cuja latitude é igual 22°01'49" S e que o ponto (P) possui uma altitude ortométrica igual a 700,456 metros, calcular o comprimento da distância elipsoidal (d_{0PQ}), considerando o Sistema Geodésico SIRGAS2000.

■ *Solução:*

O primeiro passo para a solução deste problema é calcular o valor do raio médio local da Terra. Para tanto, é necessário aplicar as equações (3.7), (3.8) e (3.9), de onde se obtêm os valores indicados a seguir:

$$M = 6.344.400,729 \text{ m} \qquad N = 6.381.142,849 \text{ m} \qquad R_0 = 6.362.745 \text{ m}$$

Aplicando a equação (6.9), tem-se:

$$Red = -\frac{700,456}{6.362.745 + 700,456} * 10^6 \text{ ppm} = -110,1 \text{ ppm}$$

A distância horizontal calculada no Exemplo aplicativo 6.1 é igual a 1.040,297 m. Conforme apresentado na seção anterior, essa distância pode ser considerada igual à distância esférica ao nível de (P). Assim, o valor da distância elipsoidal (do_{PQ}) pode ser calculado aplicando a equação (6.10), de onde se obtém:

$$d_{0PQ} = 1.040,297 - \left(1.040,297 * 0,000110075\right) = 1.040,182 \text{ m}$$

Outra solução para este problema é utilizar o conceito do (k_{alt}). Assim, aplicando a equação (6.11), tem-se:

$$k_{alt} = \left(\frac{6.362.745}{6.362.745 + 700,456}\right) = 0,999889925$$

O valor da distância elipsoidal é calculado aplicando a equação (6.12). Assim, tem-se:

$$d_{0PQ} = 1.040,297 * 0,999889925 = 1.040,182 \text{ m}$$

Notar que neste exemplo foi utilizada a altitude ortométrica. Como se sabe que a ondulação geoidal no local é igual a –6,29 m e a altura do instrumento em (P) foi igual a 1,295 m, o cálculo da distância elipsoidal utilizando a altura elipsoidal e a altura do instrumento produz um resultado $d_{0PQ} = 1.040,297*0,999890710 = 1.040,183$ m, ou seja, uma diferença de 1 mm em relação ao valor anterior (aproximadamente, 1 ppm).

Como indicação da ordem das grandezas das reduções sobre o elipsoide, apresentam-se na Tabela 6.3 as diferenças entre a distância esférica topográfica e a distância elipsoidal sobre o elipsoide GRS80 para diferentes valores de alturas elipsoidais, considerando o raio médio local da Terra como $R_0 = 6.371.000$ metros.

De acordo com a Tabela 6.3, uma distância topográfica esférica igual a 2.000 metros que se encontre a uma altura elipsoidal igual a 1.000 metros, sofre uma redução de 0,314 metro quando reduzida ao elipsoide, ou seja, 314 ppm. Assim, o valor da distância elipsoidal, nesse caso, é igual a 1.999,686 metros.

A essa altura de seus estudos, o leitor pode estar confuso sobre a utilidade da distância elipsoidal, uma vez que, além de ser puramente matemática, localiza-se em uma altitude, na maioria das vezes, diferente da altitude do local do projeto de Engenharia, o que adiciona deformações nas distâncias medidas no terreno, em função das reduções geométricas apresentadas. Os esclarecimentos sobre esse assunto estão apresentados no *Capítulo 19 – Projeção cartográfica*.

TABELA 6.3 • Relação entre distância esférica topográfica e distância elipsoidal para diferentes valores de altura elipsoidal

Altura elipsoidal [m]	Distâncias esféricas topográficas [m]				
	1.000	2.000	3.000	5.000	10.000
500	0,078	0,157	0,235	0,392	0,785
1.000	0,157	0,314	0,471	0,785	1,569
2.000	0,314	0,628	0,941	1,569	3,138
5.000	0,784	1,568	2,353	3,921	7,842

6.2.6 Efeito da curvatura da Terra na redução da distância inclinada para distâncias horizontal e elipsoidal

Na *Seção 6.2.1 – Distância inclinada e distância horizontal sobre o Plano Topográfico Local (PTL)*, estabeleceu-se que a equação (6.1) expressa a redução da distância inclinada sobre o Plano Topográfico Local. Na *Seção 6.2.4 – Relação entre a distância horizontal e a distância esférica na superfície topográfica*, mostrou-se que a distância esférica e a corda, no nível da superfície topográfica, podem ser consideradas iguais à distância horizontal projetada no Plano Topográfico Local para distâncias inferiores a 10 km. A questão agora é saber quais os efeitos que se têm nos valores das distâncias horizontal e elipsoidal, quando se considera a curvatura da Terra. Para a análise desse efeito, considerem-se os elementos geométricos da seção da esfera representativa da forma da Terra indicados na Figura 6.6.

R_0 = raio médio local da Terra na latitude de (P);
γ = ângulo no centro da esfera para PQ;
d'_{PQ} = distância inclinada do alinhamento PQ;
β'_{PQ} = ângulo vertical de altura do alinhamento PQ;
β'_{QP} = ângulo vertical de altura do alinhamento QP;
z'_{PQ} = ângulo vertical zenital do alinhamento PQ;
z'_{QP} = ângulo vertical zenital do alinhamento QP;
$de_{PQ'}$ = arco PQ' = corda $PQ'(c_{PQ'})$;
$de_{QP'}$ = arco QP' = corda $QP'(c_{QP'})$;
h_P = altura elipsoidal do ponto (P);
h_Q = altura elipsoidal do ponto (Q);
Δh = diferença de altura elipsoidal entre P e Q;
d_0 = distância elipsoidal entre os pontos (P) e (Q);
C = centro da esfera.

Para facilitar o entendimento da geometria envolvida na Figura 6.6, considere-se a Figura 6.7, na qual está ilustrada uma ampliação do quadrilátero $P'QQ'P$ e suas respectivas cordas, consideradas iguais às suas respectivas distâncias horizontais, de acordo com os valores indicados na Tabela 6.1.

Da Figura 6.7, nota-se que o efeito da curvatura da Terra faz com que a distância horizontal ($d_{PQ'}$), ao nível de (P), e a distância horizontal ($d_{P'Q}$), ao nível de (Q), sejam diferentes. Assim, têm-se:

$$\bar{\beta} = \beta'_{PQ} + \left(\frac{\gamma}{2}\right) \quad (6.15)$$

$$\bar{\beta} = \beta'_{QP} - \left(\frac{\gamma}{2}\right) \quad (6.16)$$

Notar que não se está considerando o sinal negativo de (β_{QP}) na equação anterior.

Sendo, $\gamma = \text{arctg}\left(\dfrac{d'_{PQ}}{R_0 + h_P}\right) \quad (6.17)$

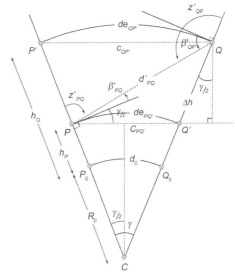

FIGURA 6.6 • Relações geométricas entre distância esférica e distância inclinada, considerando a curvatura da Terra.

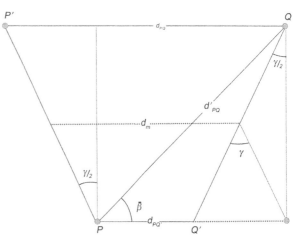

FIGURA 6.7 • Vista ampliada do quadrilátero $P'QQ'P$.

94 TOPOGRAFIA PARA ENGENHARIA

Assim, ao nível de (P), tem-se:

$$d_{PQ'} = d'_{PQ} * \cos\left(\overline{\beta}\right) - \Delta h * \operatorname{sen}\left(\frac{\gamma}{2}\right) \tag{6.18}$$

Ao nível de (Q), tem-se:

$$d_{P'Q} = d'_{PQ} * \cos\left(\overline{\beta}\right) + \Delta h * \operatorname{sen}\left(\frac{\gamma}{2}\right) \tag{6.19}$$

No nível médio entre (P) e (Q), tem-se:

$$dm = d'_{PQ} * \cos\left(\overline{\beta}\right) \tag{6.20}$$

O valor de (Δh), neste caso, a rigor, deve ser calculado empregando a equação (6.21).

$$\Delta h = d'_{PQ} * \operatorname{sen}\left(\overline{\beta}\right) * \sec\left(\frac{\gamma}{2}\right) \tag{6.21}$$

Porém, para uma distância de 5 km, por exemplo, o valor de $\sec\left(\frac{\gamma}{2}\right) = \sec\left(\dfrac{5.000}{2 * 6.371.000}\right) = 1,0000001$, o que indica que o valor de (Δh) pode ser calculado por meio da equação (6.22) sem afetar a precisão dos valores calculados posteriormente. Assim, tem-se:

$$\Delta h = d'_{PQ} * \operatorname{sen}\left(\overline{\beta}\right) \tag{6.22}$$

Nessas condições, a distância elipsoidal, considerando a curvatura da Terra, pode ser calculada de acordo com as equações indicadas na sequência.

$$d_0 = \left(\frac{R_0}{R_0 + H_P}\right) * \left[d'_{PQ} * \cos\left(\overline{\beta}\right) - \Delta h * \operatorname{sen}\left(\frac{\gamma}{2}\right)\right] \tag{6.23}$$

$$d_0 = \left(\frac{R_0}{R_0 + H_Q}\right) * \left[d'_{PQ} * \cos\left(\overline{\beta}\right) + \Delta h * \operatorname{sen}\left(\frac{\gamma}{2}\right)\right] \tag{6.24}$$

$$d_0 = \left(\frac{R_0}{R_0 + Hm}\right) * d'_{PQ} * \cos\left(\overline{\beta}\right) \tag{6.25}$$

Sendo:

$$h_m = h_p + \frac{\Delta h}{2} \quad \text{ou} \quad h_m = h_Q - \frac{\Delta h}{2} \tag{6.26}$$

Exemplo aplicativo   6.4

Considerando os dados do Exemplo aplicativo 6.1 indicados na Tabela 6.4, calcular a distância horizontal e a distância elipsoidal por meio de reduções a partir do nível de (P), de (Q) e da altitude média. Verificar que o valor da distância elipsoidal é o mesmo, independentemente da altitude considerada.

TABELA 6.4 • Valores medidos em campo

Estação	Ponto visado	Distância inclinada [m]	Ângulo vertical de altura	H [m]
P	Q	1.045,022	5°26'54,8"	700,456
Q	P		−5°27'28,7"	

■ *Solução:*

Para a solução deste exercício será considerado a ondulação geoidal igual a –6,290 m, a altura do instrumento em (P) igual a 1,295 m e em (Q) igual a 1,273 m. Tem-se assim a seguinte altura elipsoidal para o ponto (P):

$$h_p = 700,456 - 6,290 + 1,295 = 695,461 \, \text{m}$$

Em seguida, é necessário calcular o valor de (γ) por meio da equação (6.17). Assim, tem-se:

$$\operatorname{arctg}(\gamma) = \left(\frac{1.045,022}{6.362.745 + 695,461}\right) = 0°00'33,87''$$

Com o valor de (γ) conhecido, pode-se obter o valor de ($\bar{\beta}$) em (P) e em (Q) aplicando as equações (6.15) e (6.16). Considerando os valores absolutos de (β_{PQ}) e (β_{QP}), têm-se:

$$\bar{\beta}_{PQ} = 5°26'54,8'' + 0°00'16,94'' = 5°27'11,74''$$

$$\bar{\beta}_{QP} = 5°27'28,7'' - 0°00'16,94'' = 5°27'11,76''$$

$$\bar{\beta} = \frac{5°27'11,74'' + 5°27'11,76''}{2} = 5°27'11,75''$$

Para os cálculos das distâncias horizontais, é necessário conhecer o valor de (Δh) dado pela equação (6.22).

$$\Delta h = 1.045,022 * \text{sen}(5°27'11,75'') = 99,3124 \text{ m}$$

Por fim, aplicando as equações (6.18), (6.19) e (6.20), têm-se:

$$d_{PQ'} = 1.045,022 * \cos(5°27'11,75'') - 99,3124 * \text{sen}(0°00'16,94'') = 1.040,284 \text{ m}$$

$$d_{Q'P} = 1.045,022 * \cos(5°27'11,75'') + 99,3124 * \text{sen}(0°00'16,94'') = 1.040,300 \text{ m}$$

$$d_m = 1.045,022 * \cos(5°27'11,75'') = 1.040,292 \text{ m}$$

Assim, sabendo que $h_P = 695,461$ m, $h_Q = 695,461 + 99,312 = 794,773$ m e $h_m = 695,461 + \left(\dfrac{99,312}{2}\right) = 745,117$ m, aplicando as equações (6.23), (6.24) e (6.25), obtém-se a distância elipsoidal igual a $d_0 = 1.040,170$ m para as três reduções.

Notar que as distâncias horizontais em (P) e em (Q) desconsiderando a curvatura da Terra (eq. 6.1) são iguais a:

$$d_{PQ} = 1.045,022 * \cos(5°26'54,8'') = 1.040,300 \text{ m}$$

$$d_{PQ} = 1.045,022 * \cos(5°27'28,7'') = 1.040,284 \text{ m}$$

Tem-se, assim, uma diferença de aproximadamente 16 ppm entre as distâncias horizontais calculadas considerando e desconsiderando a curvatura da Terra. A mesma diferença será encontrada na distância elipsoidal calculada.

6.2.7 Efeito da curvatura da Terra e da refração atmosférica vertical na redução da distância inclinada para distâncias horizontal e elipsoidal

Na prática, quando se mede um ângulo vertical com um instrumento topográfico, ele não é o angulo ($\bar{\beta}$) nem o ângulo (β'_{PQ}) indicados nas Figuras 6.6 e 6.7. O ângulo efetivamente medido é o ângulo (β_{PQ}), o qual sofre o efeito da refração atmosférica vertical, que transforma a visada retilínea (tracejada) em uma visada curva no plano vertical (pontilhada). Isso ocorre porque a densidade das camadas da atmosfera varia com a altitude e faz com que a onda eletromagnética sofra o efeito da refração atmosférica seguindo uma linha curva.

Dessa forma, de acordo com a Figura 6.8, o ângulo (β_{PQ}) efetivamente medido com o instrumento topográfico estacionado no ponto (P) é diferente do ângulo geométrico (β'_{PQ}), ou seja:

$$\beta_{PQ} = \beta'_{PQ} + \tau \quad (6.27)$$

O ângulo (τ) é denominado *ângulo de refração* e seu valor varia com a pressão e a temperatura do local da medição, o que torna difícil estimá-lo com precisão. Observações empíricas mostraram, entretanto, que ele é proporcional à curvatura terrestre e pode ser calculado pela equação (6.28).

$$\tau = k * \left(\frac{\gamma}{2}\right) = k * \left(\frac{d'_{PQ}}{2R_0}\right) \quad (6.28)$$

Sendo (k) o coeficiente de refração vertical.

Se (R_0) é o raio médio local da Terra e (r) é o raio de curvatura do sinal eletromagnético, o coeficiente de refração vertical (k) é definido conforme indicado a seguir:

$$k = \frac{R_0}{r} \quad (6.29)$$

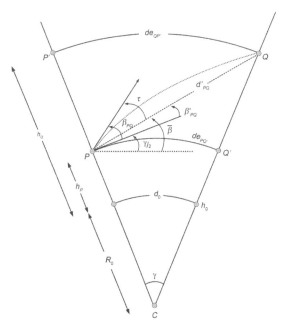

FIGURA 6.8 • Relações geométricas de uma visada inclinada considerando o efeito da refração atmosférica.

O valor de (k) varia consideravelmente em função das condições atmosféricas, podendo assumir valores diferentes de acordo com a altura que a onda eletromagnética está da superfície terrestre, de acordo com o tipo de vegetação e em diferentes períodos do dia, entre outros. Ensaios de campo mostraram valores variando entre $-2{,}3$ a $1{,}6$ para diferentes condições atmosféricas e diferentes distâncias. O valor mais frequente, contudo, tem sido $k = 0{,}13$, razão pela qual se recomenda usar esse valor sempre que não se dispuser de um valor mais preciso. Quando possível, recomenda-se diminuir a incerteza sobre o valor de (k) por meio de visadas recíprocas, conforme apresentado na *Seção 6.2.11 – Cálculo do valor do coeficiente de refração vertical (k)*.

Em razão do efeito da refração atmosférica vertical, as equações indicadas na seção anterior para o cálculo da distância elipsoidal devem ser modificadas para considerarem essa alteração do ângulo vertical medido. Existe, para isso, uma série de equações propostas por diversos autores. Para os propósitos deste livro, serão apresentadas três delas, conforme indicadas na sequência.

6.2.8 Cálculo da distância elipsoidal considerando a diferença de nível entre os pontos medidos

Quando se conhece o valor da diferença de altitude entre os pontos extremos da medição, obtida por nivelamento geométrico, o valor da distância elipsoidal pode ser calculado pela equação (6.30), a qual é considerada a equação matemática rigorosa para o cálculo da distância elipsoidal.

$$d_0 = \sqrt{\frac{\left(d'_{PQ}\right)^2 - \Delta H^2}{\left(1 + \frac{H_P}{R_0}\right) * \left(1 + \frac{H_Q}{R_0}\right)}} \tag{6.30}$$

6.2.9 Cálculo da distância elipsoidal considerando a curvatura da Terra, a refração atmosférica vertical e o desvio da vertical

Para o cálculo rigoroso da redução da distância inclinada, é preciso também considerar o efeito do desvio da vertical (θ), uma vez que a redução se faz por intermédio de medições realizadas com instrumentos topográficos nivelados em relação à vertical do lugar e projetadas sobre a superfície de referência segundo a sua linha normal. Nessas condições, tem-se:

$$d_0 = R_0 * \mathrm{arctg}\left(\frac{d'_{PQ} * \mathrm{sen}\left(z_{PQ} + \theta + \frac{k * d'_{PQ}}{2R_0}\right)}{R_0 + h_P + d'_{PQ} * \cos\left(z_{PQ} + \theta + \frac{k * d'_{PQ}}{2R_0}\right)}\right) \tag{6.31}$$

Evidentemente, a equação (6.31) pode ser aplicada para o caso em que não se conhece o valor do desvio da vertical. Nesse caso, deve-se adotar ($\theta = 0$).

6.2.10 Cálculo da distância elipsoidal por intermédio de visadas recíprocas e consecutivas

O valor do coeficiente de refração (k) utilizado nas equações apresentadas nas seções anteriores é de difícil determinação e, por isso, sempre que possível, evita-se utilizá-lo em projetos de Engenharia. Por essa razão, para eliminar o efeito da curvatura terrestre e da refração atmosférica, recomenda-se utilizar o método de medição de visadas recíprocas e consecutivas, conforme ilustrado na Figura 6.9.

Esse método de medição requer o trabalho conjunto de dois operadores com dois instrumentos topográficos estacionados nos extremos da distância a ser medida. Em um instante determinado, ambos os operadores realizam medições verticais sobre a objetiva da luneta de cada um dos instrumentos topográficos, configurando a situação geométrica indicada na Figura 6.9.

Na Figura 6.9, a linha pontilhada representa a linha de visada refratada entre os pontos (P) e (Q). Para o observador estacionado em (P), o ponto (Q) aparecerá na direção PQ'' e para o operador estacionado em (Q), o ponto (P) aparecerá na direção QP''. Como já visto, pelo fato de serem observados, simultaneamente, os ângulos $Q''PQ = PQP'' = \tau$, sendo (τ) o ângulo de refração em (P) e (Q), considerados iguais.

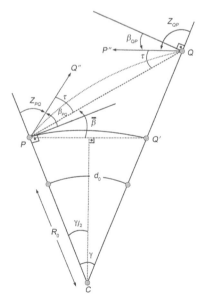

FIGURA 6.9 • Relações geométricas entre visadas recíprocas.

De acordo com a Figura 6.9 e desconsiderando o sinal negativo de (β_{QP}), tem-se:

$$90^\circ + \beta_{PQ} - \tau + \gamma + 90^\circ - \beta_{QP} - \tau = 180^\circ \tag{6.32}$$

E, assim,

$$\tau = \frac{\beta_{PQ} - \beta_{QP} + \gamma}{2} \tag{6.33}$$

Da Figura 6.8, tem-se:

$$\bar{\beta} = \beta_{PQ} + \left(\frac{\gamma}{2}\right) - \tau \tag{6.34}$$

De onde,

$$\bar{\beta} = \left(\frac{\beta_{PQ} + \beta_{QP}}{2}\right) = \left(\frac{z_{QP} - z_{PQ}}{2}\right) \tag{6.35}$$

Assim, igualmente aos casos anteriores, considerando as equações (6.18) a (6.20) e (6.23) a (6.25), obtêm-se os valores das distâncias horizontais e da distância elipsoidal sem a intervenção do valor do coeficiente de refração vertical, conforme indicado na sequência.

$$d_{PQ'} = d'_{PQ} * \cos\left(\frac{z_{QP} - z_{PQ}}{2}\right) - \Delta h * \text{sen}\left(\frac{\gamma}{2}\right) \tag{6.36}$$

$$d_{QP'} = d'_{PQ} * \cos\left(\frac{z_{QP} - z_{PQ}}{2}\right) + \Delta h * \text{sen}\left(\frac{\gamma}{2}\right) \tag{6.37}$$

$$dm = d'_{PQ} * \cos\left(\frac{z_{QP} - z_{PQ}}{2}\right) \tag{6.38}$$

$$d_0 = \left(\frac{R_0}{R_0 + h_P}\right) * \left[d'_{PQ} * \cos\left(\frac{z_{QP} - z_{PQ}}{2}\right) - \Delta h * \text{sen}\left(\frac{\gamma}{2}\right)\right] \tag{6.39}$$

$$d_0 = \left(\frac{R_0}{R_0 + h_Q}\right) * \left[d'_{PQ} * \cos\left(\frac{z_{QP} - z_{PQ}}{2}\right) + \Delta h * \text{sen}\left(\frac{\gamma}{2}\right)\right] \tag{6.40}$$

$$d_0 = \left(\frac{R_0}{R_0 + h_m}\right) * d'_{PQ} * \cos\left(\frac{z_{QP} - z_{PQ}}{2}\right) \tag{6.41}$$

Sendo, $\Delta h = d'_{PQ} * \text{sen}\left(\frac{z_{QP} - z_{PQ}}{2}\right)$ \hfill (6.42)

Nota: é importante ressaltar que a distância horizontal calculada considerando a curvatura da Terra e a refração atmosférica vertical está sempre próxima da altitude do ponto visado. Isso significa que, para um cálculo aproximado da distância elipsoidal, pode-se utilizar a distância horizontal calculada pela equação (6.1), reduzindo-a a partir da altitude do ponto visado. Ver resultado do Exemplo aplicativo 6.4.

6.2.11 Cálculo do valor do coeficiente de refração vertical (k)

O cálculo do valor do coeficiente de refração vertical é um tema ainda em discussão. Existem na literatura vários métodos propostos por diferentes autores. Para resultados precisos e seguros, recomenda-se, contudo, aplicar o método de cálculo baseado nas medições recíprocas e consecutivas, conforme apresentado na seção anterior.

6.2.11.1 Cálculo de (k) conhecendo a diferença de altitude entre os pontos medidos

Para o entendimento desse procedimento de cálculo, o leitor deve consultar o *Capítulo 12 – Altimetria*. Conforme descrito na *Seção 12.9.1 – Fórmula rigorosa para o nivelamento trigonométrico*, o valor do coeficiente de refração vertical (k) pode ser determinado empregando a equação (6.43), derivada das equações (12.44) e (12.45). Assim, tem-se:

98 TOPOGRAFIA PARA ENGENHARIA

$$k = 1 - \frac{2R_0 * \left(\Delta H_{PQ} - \Delta H'_{PQ} - h_i + h_r \right)}{d_{PQ}^2} \qquad (6.43)$$

Sendo:

R_0 = raio médio local da Terra;

ΔH_{PQ} = diferença de altitude entre os pontos (P) e (Q) calculado por nivelamento geométrico;[4]

h_i = altura do instrumento;

h_r = altura do refletor (prisma);

$\Delta H'_{PQ}$ = distância vertical entre os pontos (P) e (Q), dado pela equação (6.3);

d_{PQ} = distância horizontal entre os pontos (P) e (Q).

A princípio, o valor de (k) empregando a equação (6.43), pode ser determinado por meio de uma única medição de (P) para (Q), ou vice-versa. Ocorre, porém, que por conta de condições atmosféricas diferentes, os valores de (k) calculados a partir do ponto (P) e a partir do ponto (Q) serão diferentes. A solução, nesse caso, é realizar visadas recíprocas e consecutivas e calcular o valor de (k) como sendo a média dos valores obtidos a partir de (P) e a partir de (Q). Consultar o Exemplo aplicativo 6.5 para mais detalhes.

6.2.11.2 *Cálculo direto do valor de (k) por meio de medições recíprocas e consecutivas*

Quando se realizam medições recíprocas e consecutivas entre os pontos extremos do alinhamento, conforme ilustrado na Figura 6.9, pode-se determinar a relação matemática indicada na equação (6.44). Novamente, notar que não se está considerando o sinal negativo de (β_{QP}).

$$k * \left(\frac{\gamma}{2} \right) = \frac{\beta_{PQ} - \beta_{QP} + \gamma}{2} \qquad (6.44)$$

De onde se obtém diretamente o valor do coeficiente de refração (k).

$$k = \frac{\beta_{PQ} - \beta_{QP} + \gamma}{\gamma} = 1 + \frac{R_0}{d'_{PQ}} * \left(\beta_{PQ} - \beta_{QP} \right) = 1 + \frac{R_0}{d'_{PQ}} * \left(\pi - z_{PQ} - z_{QP} \right) = 1 - \frac{R_0}{d'_{PQ}} * \left(z_{PQ} + z_{QP} - \pi \right) \qquad (6.45)$$

Sendo (d'_{PQ}) a distância inclinada medida entre os pontos (P) e (Q).

Considerando a equação (6.45) e aplicando o Princípio de Propagação de Erros Médios Quadráticos pode-se calcular a precisão (s_k) do coeficiente de refração, em função da precisão do ângulo vertical zenital (s_z). Assim, tem-se:

$$s_k = \frac{\sqrt{2}}{\rho''} * \frac{R_0 * s_z}{d'} \qquad (6.46)$$

Sendo, $\rho'' = 206.264,8062''$ e (s_z) em segundos de arco.

Nota: como visto nas seções anteriores deste capítulo, o efeito da curvatura da Terra e da refração atmosférica vertical nas determinações de distâncias horizontais e elipsoidais depende da distância inclinada medida e da diferença de altitude entre os pontos medidos. Por essa razão, nas obras de Engenharia Civil em que os valores das distâncias medidas são de apenas algumas centenas de metros e o relevo do terreno é pouco rugoso, a adoção do Plano Topográfico Local terá pouquíssima influência nos valores das distâncias horizontais utilizados nos projetos. Já para o caso de implantação de redes de pontos de controle, recomenda-se adotar estratégias mais apuradas de cálculo. Mesmo assim, alguns profissionais preferem desconsiderar esses efeitos, aceitando-os como erros acidentais de observação nos ajustamentos ou balanceamentos de suas redes. Além disso, é importante ressaltar que a maioria das estações totais já possui equações de reduções de distâncias incorporadas em seu sistema operacional. O leitor deve estar atento a esse fato e consultar o Manual de Instruções de seu instrumento para verificar como essas reduções são aplicadas em suas medições. Além disso, é importante averiguar qual o coeficiente de refração utilizado nas equações e se o sistema operacional do instrumento permite fazer alterações nesse valor. O uso de coeficientes de refração irrealistas tende a prejudicar o valor calculado para a distância horizontal e, consequentemente, para a distância elipsoidal.

6.2.12 **Distância plana**

Para os projetos de Engenharia Civil em que não se recomenda a utilização do Plano Topográfico Local ou para a implantação de redes de pontos de controle conectadas a redes geodésicas preexistentes, é necessário reduzir a distância inclinada para o

---

[4] Para mais detalhes, ver *Seção 12.3 – Nivelamento geométrico.*

elipsoide, conforme apresentado nas seções anteriores e, em seguida, para um plano de projeção, segundo teorias de projeções cartográficas, conforme apresentado no *Capítulo 19 – Projeção cartográfica*. A nova distância reduzida sobre o plano de projeção cartográfica é denominada *distância plana*. Por se tratar de uma distância afetada por um fator de escala, que varia de um ponto a outro na superfície do elipsoide, o seu cálculo exige a aplicação de equações relacionadas à geometria do elipsoide, as quais estão apresentadas em detalhes no *Capítulo 19*.

Exemplo aplicativo 6.5

Para a aplicação das formulações matemáticas apresentadas nas seções precedentes será utilizado o levantamento de campo com visadas recíprocas e consecutivas por meio de duas estações totais localizadas entre os pontos (P) e (Q) do Exemplo aplicativo 6.1. Para as medições dos ângulos verticais, cada observador visou a luneta da estação total oposta. A distância inclinada foi medida por meio de medição eletrônica de distância, conforme apresentado na *Seção 7.3.2 – Medições eletrônicas de distâncias*.

Os valores medidos em campo estão indicados na Tabela 6.5. Realizou-se também um nivelamento geométrico entre os pontos (P) e (Q) obtendo-se as altitudes ortométricas $H_P = 700{,}456$ m e $H_Q = 799{,}736$ m. Sabe-se que o raio médio local da Terra é igual a 6.362.745 m. Considerando os valores indicados na tabela, calcular o valor da refração atmosférica e os valores das distâncias horizontal e elipsoidal aplicando cada uma das equações apresentadas neste capítulo.

TABELA 6.5 • Valores medidos em campo

Estação	Altura do instrumento [m]	Ponto visado	Ângulo vertical de altura	Ângulo vertical zenital
P	1,295	Q	5°27'02,0"	84°32'58,0"
Q	1,273	P	– 5°27'21,5"	95°27'21,5"
Distância inclinada = 1.045,022 m				

- *Solução:*

1. Cálculo do coeficiente de refração (k)

   1.1 Considerando a diferença de altitude entre os pontos medidos

   Conforme indicado na Seção 6.2.11.1 – Cálculo de (k) conhecendo a diferença de altitude entre os pontos medidos, têm-se:

$$\Delta H_{PQ} = 799{,}736 - 700{,}456 = 99{,}280 \text{ m} \qquad \Delta H_{QP} = 700{,}456 - 799{,}736 = -99{,}280 \text{ m}$$

$$\Delta H'_{PQ} = 1.045{,}022 * \cos\left(84°\,32'58{,}0''\right) = 99{,}263 \text{ m} \qquad \Delta H'_{QP} = 1.045{,}022 * \cos\left(95°27'21{,}5''\right) = -99{,}362 \text{ m}$$

   Aplicando a equação (6.43), obtêm-se:

$$k_P = 1 - \left[\frac{2 * 6.362.745{,}000 * \left(99{,}280 - 99{,}263 - 1{,}295 + 1{,}273\right)}{1.040{,}297^2}\right] = 1{,}061$$

$$k_Q = 1 - \left[\frac{2 * 6.362.745{,}000 * \left(-99{,}280 - 99{,}362 - 1{,}273 + 1{,}295\right)}{1.040{,}288^2}\right] = -0{,}218$$

$$k = \left[\frac{1{,}061 + \left(-0{,}218\right)}{2}\right] = 0{,}422$$

1.2 Por meio de medições recíprocas e consecutivas

   Aplicando a equação (6.45), obtém-se diretamente o valor de (k). Assim, tem-se:

$$k = 1 - \left[\frac{6.362.745{,}000}{1.045{,}022} * \left(1{,}475666186 + 1{,}666021006 - \pi\right)\right] = 0{,}424$$

   Sabendo que a precisão angular do instrumento utilizado é igual a 1" pode-se calcular a precisão de (k) aplicando-se a equação (6.46). Assim, tem-se:

$$s_k = \frac{\sqrt{2}}{206.264{,}8082} * \frac{6.362.745 * 1''}{1.045{,}022} = \pm 0{,}042$$

2. Cálculo da distância elipsoidal
2.1 Considerando a diferença de nível entre os pontos medidos

Aplicando a equação (6.30), tem-se:

$$d_0 = \sqrt{\frac{1.045,022^2 - 99,280^2}{\left(1 + \dfrac{700,456}{6.362.745,000}\right) * \left(1 + \dfrac{799,736}{6.362.745,000}\right)}} = 1.040,173\,\text{m}$$

2.2 Aplicando a equação (6.31)

Neste trabalho de campo não se têm dados suficientes para a determinação do desvio da vertical. Assim, considerando o desvio da vertical igual a zero, tem-se o seguinte valor para a distância elipsoidal:

Partindo de (P)

$$d_0 = 6.362.745,000 * \text{arctg} \left[\frac{1.045,022 * \text{sen}\left(1,475666186 + \dfrac{0,424 * 1.045,022}{2 * 6.362.745,000}\right)}{6.362.745,000 + 695,461 + 1.045,022 * \cos\left(1,475666186 + \dfrac{0,424 * 1.045,022}{2 * 6.362.745,000}\right)} \right] = 1.040,170\,\text{m}$$

Partindo de (Q)

$$d_0 = 6.362.745,000 * \text{arctg} \left[\frac{1.045,022 * \text{sen}\left(1,666021006 + \dfrac{0,424 * 1.045,022}{2 * 6.362.745,000}\right)}{6.362.745,000 + 794,719 + 1.045,022 * \cos\left(1,666021006 + \dfrac{0,424 * 1.045,022}{2 * 6.362.745,000}\right)} \right] = 1.040,170\,\text{m}$$

2.3 Por intermédio de visadas recíprocas e consecutivas

Nesse caso, deve-se utilizar as equações (6.39) a (6.42), das quais se obtêm:

$$\Delta H = 1.045,022 * \text{sen}\left(\frac{95° \, 27' \, 21,5'' - 84° \, 32' \, 58,0''}{2}\right) = 99,3124 \text{ m}$$

$$d_0 = \left(\frac{6.362.745,000}{6.362.745,000 + 695,461}\right) * \left[1.045,022 * \cos\left(\frac{95° \, 27' \, 21,5'' - 84° \, 32' \, 58,0''}{2}\right) - 99,3124 * \text{sen}\left(0° \, 00' \, 16,9''\right)\right] = 1.040,170 \text{ m}$$

$$d_0 = \left(\frac{6.362.745,000}{6.362.745,000 + 794,719}\right) * \left[1.045,022 * \cos\left(\frac{95° \, 27' \, 21,5'' - 84° \, 32' \, 58,0''}{2}\right) + 99,3124 * \text{sen}\left(0° \, 00' \, 16,9''\right)\right] = 1.040,170 \text{ m}$$

$$d_0 = \left(\frac{6.362.745,000}{6.362.745,000 + 745,090}\right) * 1.045,022 * \cos\left(\frac{95° \, 27' \, 21,5'' - 84° \, 32' \, 58,0''}{2}\right) = 1.040,170 \text{ m}$$

As distâncias horizontais em (P) e em (Q), considerando a curvatura da Terra e a refração atmosférica vertical, podem ser calculadas por meio da distância elipsoidal. Assim, têm-se:

$$d_{PQ} = 1.040,170 * \frac{6.3627.45,000 + 695,461}{6.3627.45,000} = 1.040,284\,\text{m}$$

$$d_{QP} = 1.040,170 * \frac{6.3627.45,000 + 794,719}{6.3627.45,000} = 1.040,300\,\text{m}$$

Se a curvatura da Terra e a refração atmosférica fossem desconsideradas, as distâncias horizontais calculadas pela equação (6.1) seriam iguais aos valores indicados a seguir:

$$d_{PQ} = 1.045,022 * \text{sen}\left(84° 32'58,0''\right) = 1.040,297 \, \text{m} \qquad d_{QP} = 1.045,022 * \text{sen}\left(95° 27'21,5''\right) = 1.040,288 \, \text{m}$$

Os valores anteriores indicam que a não consideração da curvatura da Terra e da refração atmosférica causaria um erro de 12,3 ppm na distância horizontal calculada pela equação (6.1).

Notar que, à medida que a distância inclinada e a diferença de altitude entre os pontos extremos da medição diminuem, o erro cometido pela não consideração da curvatura da Terra e da refração atmosférica também diminui. Para o caso hipotético das medições deste exemplo serem $d'_{PQ} = 500,000$ m e $\beta = 2°00'00''$, o erro cometido seria da ordem de 3 ppm.

7 Medição de distâncias

7.1 Introdução

Medir uma distância consiste em realizar um conjunto de operações para determinar a dimensão linear de um objeto ou o comprimento de um alinhamento entre dois pontos na superfície terrestre. Para isso, o engenheiro tem disponível uma série de instrumentos de medição, cuja escolha dependerá de vários fatores, como a acurácia desejada, o tipo de terreno ou o tipo de objeto a ser medido, o comprimento da distância a ser medida e a habilidade dos operadores que executarão as medições. Desta forma, para os propósitos da Geomática, existem basicamente dois métodos de medição que podem ser utilizados, os quais estão classificados de acordo com os instrumentos disponíveis para realizar a comparação das grandezas. São eles:

- métodos de medição direta de distâncias;
- métodos de medição indireta de distâncias.

Apresentam-se a seguir os detalhes geométricos e os conceitos matemáticos de cada um deles.

7.2 Métodos de medição direta de distâncias

Dá-se o nome de medição direta de distância ao método de medição que consiste em comparar diretamente a distância a ser mensurada com um padrão de medida preestabelecido, usualmente por meio de leitura direta sobre uma escala. A esse respeito existem vários procedimentos que podem ser utilizados, dentre as quais se destacam os indicados na sequência.

7.2.1 Medição de distâncias pelo passo médio

Esse método de medição de distâncias pode ser considerado prático e satisfatório quando se deseja apenas estimar a distância entre dois pontos. O valor do passo varia com a estatura, o modo de caminhar, a resistência física do operador e o relevo do terreno. Estima-se que o passo médio de um homem de 1,70 metro de altura é da ordem de 80 centímetros, e para cada 5 centímetros de diferença de estatura, aumenta-se ou diminui-se em 1 centímetro o tamanho do passo. Estudos mostram que esse procedimento de medição alcança uma acurácia da ordem de 1/50 dependendo do relevo do terreno, da vegetação de cobertura e da anotação correta do número de passos executados.

Para a anotação do número de passos existem instrumentos contadores de passos, denominados *passômetros* ou *podômetros*, que são instrumentos munidos de uma engrenagem e um circuito eletrônico, que permitem registrar o movimento do operador e, por conseguinte, a quantidade de passos.

7.2.2 Medição de distâncias pelo uso de um hodômetro

Dá-se o nome de *hodômetro* ao instrumento de contagem do número de voltas inteiras de uma roda, utilizada para medir o comprimento do caminho percorrido por ela, conforme indicado na Figura 7.1.

FIGURA 7.1 • Exemplo de hodômetro.

Multiplicando o número de rotações da roda pelo comprimento correspondente de seu desenvolvimento, obtém-se a distância percorrida. Esses equipamentos oferecem acurácias da ordem de 1/200 quando o relevo do local da medição for suave, como em uma rodovia.

7.2.3 Medição de distâncias pelo uso de uma trena

A medição de distâncias por intermédio de uma trena é um procedimento clássico utilizado no dia a dia do profissional de Geomática. Embora o uso de trenas eletrônicas e de estações totais tenha se tornado corrente, em muitos casos, o engenheiro ainda prefere utilizar uma trena comum, em razão da praticidade de uso.

No caso de levantamentos topográficos, a maioria das medições de distâncias é realizada por intermédio de uma estação total. Já no caso da implantação de uma obra, ou em medições de distâncias curtas de apenas algumas dezenas de metros, pode ser mais prático utilizar uma trena comum ou, em casos específicos, uma trena eletrônica.

Nesse contexto, apresentam-se a seguir alguns detalhes técnicos e operacionais relevantes sobre o uso de uma trena comum e de uma trena eletrônica nas medições de distâncias em Engenharia.

7.2.3.1 *Trenas comuns de fibra de vidro*

As trenas de fibra de vidro, conforme o próprio nome indica, são confeccionadas em fibra de vidro unidas com polivinil clorídrico que lhe garante robustez, flexibilidade e pouca alteração do comprimento em razão das variações bruscas de temperatura e umidade. São apresentadas na forma de uma fita graduada em metros, centímetros e milímetros, enrolada no interior de um recipiente protetor, conforme ilustrado na Figura 7.2.

Os comprimentos das trenas de fibra de vidro variam entre 20, 30 e 50 metros. O tamanho mais utilizado nos trabalhos de Engenharia é de 30 metros. A acurácia alcançada na medição de uma distância com esse tipo de trena depende do tipo de distância, da forma do objeto a ser medido e da experiência do operador. Em média, considera-se que uma trena de fibra de vidro permite alcançar acurácias da ordem de 1/1.000 a 1/5.000.

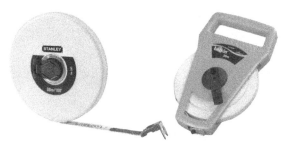

FIGURA 7.2 • Exemplos de trenas de fibra de vidro.

7.2.3.2 *Trenas comuns de aço*

As trenas de aço são confeccionadas em lâminas de aço e apresentadas na forma de uma fita graduada em metros, centímetros e milímetros, enrolada no interior de um recipiente protetor. Elas são geralmente confeccionadas em comprimentos de 3 a 5 metros, para as *trenas de bolso*, e de 20 e 30 metros, para as *trenas topográficas* (ver Fig. 7.3). Elas possuem acurácia superior às trenas de fibra de vidro, porém são mais difíceis de serem manipuladas e sofrem alterações expressivas por conta da variação de temperatura. Em média, considera-se que uma trena de aço permite alcançar acurácias que variam de 1/1.000 a 1/10.000.

Medir uma distância no campo com uma trena não é uma tarefa simples. O procedimento de medição a ser empregado varia em função da distância a ser medida e do tipo e inclinação do terreno, conforme indicado na sequência.

FIGURA 7.3 • Exemplos de trenas de aço.

7.2.4 Medição de uma distância com uma trena comum em um terreno regular e horizontal

Se o terreno sobre o qual se realizará a medição da distância é regular e horizontal, conforme ilustrado na Figura 7.4, o procedimento de medição com uma trena comum é razoavelmente simplificado. A maneira mais simples para realizar a medição, neste caso, é estender a trena sobre o terreno e ler a distância horizontal diretamente na extremidade da trena. A acurácia obtida com esse tipo de procedimento é da ordem de ±5 mm para uma distância de 50 metros.

FIGURA 7.4 • Medição de uma distância em um terreno regular e horizontal.

7.2.5 Medição de uma distância com uma trena comum em um terreno regular inclinado

Se o terreno é regular e inclinado, é possível repetir o procedimento de medição de distância do caso anterior, desde que seja possível calcular a inclinação do terreno. Assim, medindo a distância inclinada (d'_{PQ}) e conhecendo a inclinação ($i\%$) do terreno, pode-se calcular a distância horizontal (d_{PQ}) aplicando a equação (7.1).

$$d_{PQ} = \frac{d'_{PQ}}{\sqrt{1+i^2}} \quad (7.1)$$

Considera-se que a acurácia obtida com esse tipo de medição é da ordem de ±10 mm para uma distância de 50 metros.

Exemplo aplicativo 7.1

Em um terreno com inclinação média igual a 2 %, foi medida uma distância inclinada de 254,785 metros. Calcular a distância horizontal correspondente.

■ *Solução:*
Aplicando a equação (7.1), tem-se:

$$d = \frac{254,785}{\sqrt{1+(0,02^2)}} = 254,734\,\mathrm{m}$$

Para a verificação da equação (7.1), esse problema também pode ser resolvido por trigonometria considerando que a tangente de uma reta representa a sua inclinação. Assim, tem-se:

$$\mathrm{tg}(\beta) = 2\,\% = 0,02 \;\rightarrow\; \beta = 1°08'45''$$

Por trigonometria, tem-se:

$$d = d' * \cos(\beta) = 254,785 * \cos(1°08'44'') = 254,734\ \mathrm{m}$$

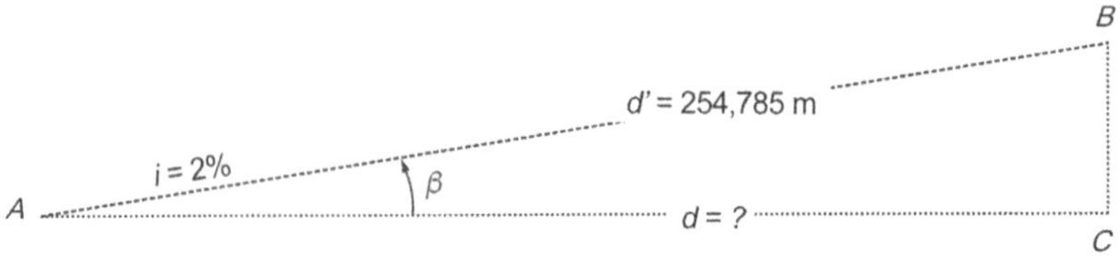

FIGURA 7.5 • Ilustração da geometria da medição.

7.2.6 Medição de uma distância com uma trena comum em um terreno irregular

Se o terreno é acidentado, não é possível usar nenhum dos procedimentos de medição indicados nas seções anteriores. Os operadores deverão, nesses casos, usar uma baliza e um nível cantoneira, conforme ilustrado na Figura 7.6, e aplicar o procedimento de medição indicado nas Figuras 7.7 e 7.8.

Notar que, dependendo da habilidade do operador, pode-se substituir a baliza da esquerda da Figura 7.7 por um fio de prumo. Esse recurso, entretanto, dependendo da inclinação do terreno, pode tornar o trabalho de medição muito mais lento e impreciso, em razão da dificuldade de se manter o fio de prumo sobre o ponto de medição.

Para a medição, o operador situado na extremidade mais alta do terreno deverá posicionar a extremidade da trena diretamente sobre o ponto de medição. O operador situado na extremidade mais baixa do terreno deverá posicionar uma baliza sobre o ponto de medição e aprumá-la com o uso do nível cantoneira. Em seguida, movendo a extremidade da trena no plano vertical sobre a baliza, obtém-se a distância horizontal, que é a menor distância obtida durante a movimentação da extremidade da trena sobre a baliza (ver Fig. 7.8).

FIGURA 7.6 • Nível cantoneira e balisa.

FIGURA 7.7 • Medição da distância com trena em um terreno irregular.

FIGURA 7.8 • Determinação da menor distância para medição com trena.

A qualidade desse procedimento de medição depende da prática dos operadores e das precauções adotadas em campo, conforme indicadas na sequência. Nos melhores dos casos, considera-se que é possível obter acurácias da ordem de ±10 mm para distâncias de até 50 metros.

Apresentam-se a seguir as principais fontes de erro que intervêm na qualidade das medições com uma trena.

Engano no número de trenadas: trata-se de um erro grosseiro comum na medição de grandes distâncias e que pode ser evitado por intermédio do uso de procedimentos robustos de contagem das trenadas.

Erros de leituras: trata-se também de um erro grosseiro decorrente da falta de atenção do operador. Para evitar esse tipo de erro, recomenda-se que o operador habitue-se a observar os algarismos adjacentes na trena durante a leitura.

Dificuldade de leitura na baliza em razão da sua espessura: trata-se de um erro acidental decorrente da dificuldade do operador em utilizar o eixo da baliza como linha de referência. Infelizmente não existe um procedimento padrão que permita evitar esse tipo de erro. A única maneira de evitá-lo é realizar as medições cuidadosamente, buscando o eixo da baliza em ambas as extremidades do alinhamento a ser medido ou usar um fio de prumo no lugar da baliza.

Erro por conta da alteração no comprimento da trena: apesar de as trenas serem fabricadas com relativo rigor, elas podem possuir comprimento maior ou menor que o valor gravado nela, principalmente quando são utilizadas por tempo muito longo. Para evitar esse tipo de erro sistemático, recomenda-se aferir a trena periodicamente.

Erro por conta da variação de temperatura: as trenas são fabricadas e aferidas para uma temperatura padrão indicada pelo fabricante. A temperatura de aferição varia, geralmente, de 15 a 20 °C. Assim, ao submetê-las a uma temperatura diferente daquela de sua aferição, ocorrerá variação no seu comprimento (erro sistemático) que pode ser calculado pela equação (7.2). Uma temperatura maior significa que o comprimento medido é menor que o lido na trena e vice-versa. Assim, tem-se:

$$\Delta d = d_0 * \delta * \Delta t \tag{7.2}$$

Sendo:

Δd = correção do comprimento da trena no momento da medição;

d_0 = comprimento nominal da trena;

δ = coeficiente de dilatação linear do material. Para o caso de trenas de aço, esse coeficiente é igual a 0,0000116/°C;

Δt = diferença de temperatura entre a temperatura padrão indicada pelo fabricante e a temperatura no local da medição.

Erro de catenária: trata-se de um erro sistemático decorrente da dificuldade de se manter a trena totalmente esticada durante a medição. Em razão do peso próprio da trena, ocorre a formação de uma curva entre os pontos extremos da trena, denominada *catenária* ou *flecha*, conforme indicado na Figura 7.9.

A consequência da ocorrência dessa curva é que a distância horizontal medida é maior que a distância horizontal real entre os pontos. Existem na literatura formulações específicas para a correção da catenária, que não foram inseridas neste texto por serem consideradas irrelevantes para os objetivos deste livro. O leitor interessado deverá consultar outras bibliografias especializadas.

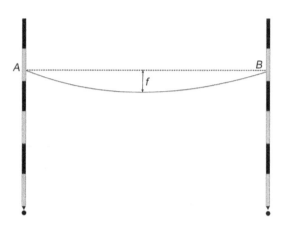

FIGURA 7.9 • Erro de medição de distância por conta da catenária da trena.

Erro correspondente à tensão na trena: uma trena, ao ser aferida, é sujeita a determinada tensão nas suas extremidades (geralmente informada pelo fabricante). Dessa forma, sempre que for aplicada uma tensão superior, ela se estenderá provocando um aumento do seu comprimento (erro sistemático). O leitor interessado também poderá encontrar formulações específicas para a correção dessa distância consultando outras bibliografias especializadas.

Erro por conta da inclinação da baliza: esse é um tipo de erro acidental frequente e que ocorre por conta da falta de verticalidade da baliza no momento da medição, conforme ilustrado na Figura 7.10.

Para reduzi-lo, o operador deverá utilizar um nível cantoneira, conforme ilustrado na Figura 7.6 e, sempre que possível, realizar a medição utilizando a parte mais baixa da baliza. Notar que mesmo com o uso de um nível cantoneira nem sempre é possível manter a verticalidade da baliza, principalmente em terrenos íngremes ou em medições com muito vento.

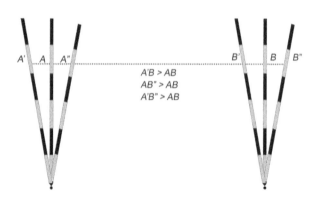

FIGURA 7.10 • Erro de medição com trena por conta da falta de verticalidade das balizas.

Erro em razão do desvio lateral das balizas intermediárias: trata-se de um erro acidental proveniente da má orientação das balizas intermediárias em relação às balizas extremas do alinhamento da distância a ser medida.

Neste caso, em vez de se medir uma linha reta, mede-se uma linha em zigue-zague, logicamente, com uma distância maior que a distância correta do alinhamento. Esse tipo de erro é facilmente evitado visando com cuidado as balizas extremas e alinhando cuidadosamente as intermediárias na linha de visada, conforme ilustrado na Figura 7.11.

Esse tipo de erro, em geral, tem pouca influência no comprimento total da distância. Considerando (*e*) como erro de alinhamento e (*d*) como o comprimento medido, o valor da variação do comprimento da medida é dado pela equação (7.3).

$$\Delta d = \frac{e^2}{2d} \qquad (7.3)$$

Assim, se houver, por exemplo, um erro de alinhamento lateral igual a 32 cm em uma distância de 50 metros, cometeu-se um erro na distância medida igual a 1,0 mm. A distância a ser considerada é, portanto, igual a 49,999 metros. Notar que um erro de alinhamento da ordem de 30 cm deve ser considerado um erro grosseiro enorme.

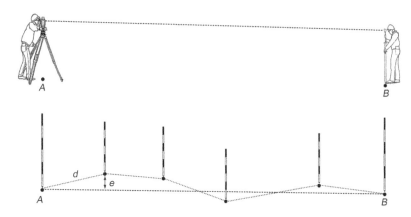

FIGURA 7.11 • Erro de medição de distância em razão do desvio lateral das balizas intermediárias.

Em resumo, considerando todos os erros possíveis de serem cometidos, pode-se considerar que as medições com trenas comuns alcançam acurácias da ordem de 1:1.000 se apenas as correções grosseiras forem corrigidas, e da ordem de 1:10.000, se as demais correções forem empregadas. Em trabalhos especiais, pode-se alcançar acurácias da ordem de 1:50.000.

O leitor também deve notar que, no caso de implantação de obras, o valor das correções a serem aplicadas possui o sinal inverso aos calculados pelas equações indicadas anteriormente.

Exemplo aplicativo 7.2

Foi medido o comprimento de um alinhamento com uma trena de aço com comprimento nominal de 20 metros, cuja temperatura de aferição foi de 20 °C. No momento das medições, a temperatura ambiente era de 29,8 °C e o valor do comprimento medido foi de 115,985 metros. Com base nesses dados, calcular o valor real do comprimento do alinhamento.

■ *Solução:*
Primeiramente, é necessário determinar o valor da correção por conta da temperatura para cada trenada realizada. Considerando que para este caso $\Delta t = 9,8$ °C aplicando a equação (7.2), tem-se:

$$\Delta d = 20 * 0,0000116 * 9,8 = 0,00227 \, m = 2,3 \, mm$$

Para a medição do comprimento do alinhamento foram necessárias 5,8 trenadas e, portanto, a correção total a ser considerada para corrigir o valor medido é igual a –13,3 mm. Assim, o comprimento real do alinhamento é igual a 115,972 metros.

7.2.7 Medição de distâncias pelo uso de uma trena eletrônica

As trenas eletrônicas foram lançadas no mercado mundial na década de 1990 e rapidamente foram incorporadas pelos profissionais que realizam medições de distâncias em seus trabalhos diários. Elas podem ser definidas como instrumentos de medição de distâncias portáteis operados por intermédio de um pulso *laser* visível, emitido pelo instrumento e refletido pelo anteparo localizado na extremidade da distância a ser medida, conforme ilustrado na Figura 7.12.

As medições com trenas eletrônicas não podem ser classificadas como um método de medição direta de distância. Mesmo assim, considerando que elas são substitutas diretas das trenas comuns, foram inseridas nesta seção para facilidade de estudo do leitor.

A qualidade e o alcance da medição com uma trena eletrônica variam em função do fabricante, podendo atingir precisões da ordem de 2 mm + 2 ppm e alcance que variam de 30 metros, para os instrumentos de uso comum, até 500 metros para aqueles de alto desempenho. Por se tratar de instrumentos eletrônicos, elas possuem dimensões semelhantes a um telefone celular e são compostas por um visor VGA e uma série de teclas para funcionalidades diversas do instrumento.

FIGURA 7.12 • Medição de distância com uma trena eletrônica *laser*.

A funcionalidade principal de uma trena eletrônica é medir distâncias inclinadas sem o contato físico com o objeto de medição. Alguns fabricantes, contudo, incorporam dispositivos diversos com o objetivo de facilitarem as medições de distâncias horizontais e verticais. Além disso, por serem instrumentos eletrônicos, elas possuem funções trigonométricas incorporadas em suas funcionalidades, que possibilitam que o operador realize cálculos matemáticos expeditos durante o processo de medição, como cálculos de áreas e volumes dos objetos medidos.

7.3 Métodos de medição indireta de distâncias

Dá-se o nome de *medição indireta de distância* ao método de medição que consiste em calcular uma distância por meio da medição de outras grandezas, que permitam calculá-la sem a necessidade de percorrer o alinhamento para compará-la com uma grandeza padrão. A esse método de medição dá-se o nome de *Taqueometria* ou *Taquimetria*, que significa *medições rápidas* e é derivada do grego *takhys* (rápido) e *metren* (medição). A esse respeito, existem três métodos de medição que devem ser destacados para as aplicações em Geomática. São eles: medição óptica, medição eletrônica e medição com a tecnologia *GNSS*. Apresentam-se a seguir os detalhes de cada um deles.

7.3.1 Método de medição óptica de distância

Esse método de medição baseia-se no conceito da semelhança de triângulos, conforme ilustrado na Figura 7.13.

Pela semelhança entre os triângulos $\triangle ACB$ e $\triangle DCE$, tem-se:

$$\frac{CG}{CF} = \frac{AB}{DE} \rightarrow CG = AB * \frac{CF}{DE} \qquad (7.4)$$

Dessa forma, conhecendo as distâncias AB, CF e DE, obtém-se o valor de CG, ou seja, a distância entre os pontos inicial e final da medição.

Considerando esse princípio, foram desenvolvidos dois métodos de medição: o primeiro baseou-se no uso de uma barra horizontal de distância AB fixa (2 metros), a qual permitia alcançar acurácias nas medições de distâncias da ordem de 1/5.000 a 1/10.000, dependendo da precisão da medição angular (γ) e da distância CG; o segundo baseou-se no uso de uma mira graduada vertical no lugar da barra horizontal e no uso do *princípio estadimétrico*, desenvolvido pelo engenheiro de minas William Green, em 1778. Mais tarde, o engenheiro mecânico alemão Georg von Reichenbach (1771-1826) construiu uma luneta composta por um tubo com três fios horizontais, denominados *fios estadimétricos*, posicionados na extremidade do tubo, que na Figura 7.13 correspondem aos pontos (D), (F) e (E). A esse instrumento ele deu o nome de *Estadia* (ver Fig. 7.14). Dessa forma, posicionando uma régua graduada vertical na extremidade AB é possível conhecer a distância vertical AB por intermédio da projeção das imagens dos pontos (D) e (E) da Figura 7.13 sobre ela. Assim, como as distâncias CF e DE são fixas e a distância vertical AB é medida sobre a mira graduada, substituindo a equação (7.4) em (7.5) obtém-se a equação (7.6), a qual permite calcular a distância CG, em função da distância vertical AB medida.

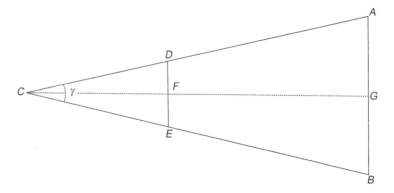

FIGURA 7.13 • Princípio geométrico do método de medição óptica de distância.

$$\frac{CF}{DE} = \text{constante} = g \qquad (7.5)$$

$$CG = AB * g \qquad (7.6)$$

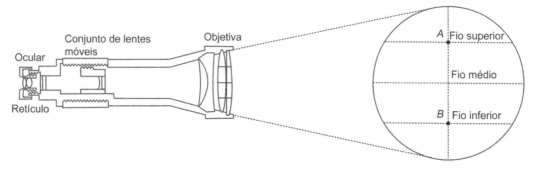

FIGURA 7.14 • Fios estadimétricos superior, médio e inferior de uma estádia.

Para facilidade de cálculo, as lunetas são construídas de forma que o valor de (g) seja igual a 100.

Com o passar dos anos, os fabricantes de instrumentos topográficos aperfeiçoaram o princípio estadimétrico e construíram lunetas com arranjos de lentes de alta precisão, que melhoraram a qualidade e a facilidade da medição. A esses instrumentos deu-se o nome de *Taqueômetros Ópticos*. Apresenta-se a seguir o princípio matemático empregado para a medição de uma distância horizontal por meio do uso de um instrumento desse tipo.

Seja o caso da medição de uma distância entre dois pontos (P) e (Q), conforme indicado na Figura 7.15.

A luneta de medição, situada sobre o ponto (P), é a luneta de um teodolito e a régua graduada, posicionada sobre o ponto (Q), é uma mira semelhante àquela apresentada na *Seção 8.6 – Miras graduadas utilizadas em conjunto com os níveis topográficos*. Os três traços horizontais indicados sobre a régua graduada no interior do círculo à direita da Figura 7.15 são os fios estadimétricos, por meio dos quais se mede a distância (L).

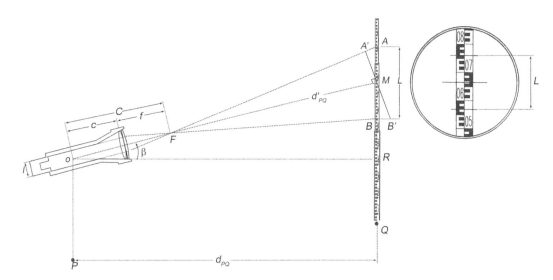

FIGURA 7.15 • Geometria da medição de distâncias por estadimetria e exemplo de leitura na mira graduada.

De acordo com a Figura 7.15, têm-se:

l = distância entre os dois fios estadimétricos superior e inferior no anel do retículo;
f = distância focal da objetiva;
F = ponto focal da objetiva;
c = distância entre o centro óptico do instrumento e a objetiva;
$C = c + f$ constante aditiva do aparelho, cujo valor vem sempre indicado nas caixas dos instrumentos. Geralmente igual a zero;
β = ângulo vertical de altura da visada;
d'_{PQ} = distância inclinada entre o centro óptico do instrumento e o ponto (M) na régua graduada;
d_{PQ} = distância horizontal entre o centro óptico do instrumento e a régua graduada;
$AB = L$: diferença entre as leituras da projeção dos fios estadimétricos superior e inferior sobre a mira graduada;
M = leitura do valor da projeção do fio estadimétrico médio sobre a mira graduada.

Os feixes ópticos incidem obliquamente sobre a mira atingindo-a nos pontos (A), (M) e (B). Traçando o segmento $A'B'$, perpendicular a OM no ponto (M), de tal forma que (A') se situe sobre o prolongamento de FA e (B') sobre o segmento FB, ficam construídos os triângulos $AA'M$ e $BB'M$. Nestes dois triângulos, os ângulos que têm como vértice o ponto (M) são iguais a (β), pois têm lados perpendiculares a ele. Por simplificação de cálculo e em razão das distâncias MA' e MB' serem muito pequenas em relação às distâncias OA' e OB', os ângulos em (A') e em (B') são considerados ângulos retos. Assim, considerando os lados MB' e MA' como catetos do triângulo retângulo correspondente, e MB e MA como hipotenusas, têm-se:

$$MA' = MA * \cos(\beta) \tag{7.7}$$

$$MB' = MB * \cos(\beta) \tag{7.8}$$

$$MA' + MB' = (MA + MB) * \cos(\beta) \tag{7.9}$$

$$MA' + MB' = A'B' \tag{7.10}$$

$$MA + MB = L \tag{7.11}$$

$$A'B' = L * \cos(\beta) \tag{7.12}$$

Em seguida, considerando o triângulo OMR retângulo em (R), tem-se:

$$OR = OM * \cos(\beta) \tag{7.13}$$

E assim, de acordo com a equação (7.6), tem-se:

$$OM = g * A'B' + C$$

Ou seja,

$$OM = 100 * A'B' + C \tag{7.14}$$

Substituindo (7.12) em (7.14), têm-se:

$$OM = 100L * \cos(\beta) + C \tag{7.15}$$

$$OR = \left[100L * \cos(\beta) + C\right] * \cos(\beta) \tag{7.16}$$

Como $OR = d_{PQ}$, tem-se:

$$d_{PQ} = 100L * \cos^2(\beta) + C * \cos(\beta) \tag{7.17}$$

Se a luneta for construída de forma que $C = 0$, a equação (7.17) torna-se:

$$d_{PQ} = 100L * \cos^2(\beta) = 100L * \text{sen}^2(z) \tag{7.18}$$

Sendo (z) o ângulo vertical zenital da medição.

A precisão desse método de medição depende fundamentalmente da precisão da leitura do ângulo vertical do teodolito e da qualidade das leituras na mira. Um erro de apenas 1 mm na leitura da mira provoca um erro de 10 cm na distância horizontal, independentemente do comprimento da distância medida e da precisão da leitura angular.

Esse método de medição de distância foi largamente empregado antes da popularização dos distanciômetros eletrônicos. Atualmente, ele é pouco empregado e deve ser considerado uma opção somente para os casos em que o operador não dispõe de outro instrumento mais preciso.

Exemplo aplicativo   **7.3**

Com o objetivo de determinar a distância horizontal entre dois pontos (P) e (Q), utilizou-se um teodolito com luneta munida de fios estadimétricos e uma mira graduada instalados sobre os pontos (P) e (Q), respectivamente. As leituras estadimétricas realizadas sobre a mira foram iguais a: FS = 3.286 mm, FM = 2.940 mm e FI = 2.594 mm. O ângulo vertical de altura medido foi igual a 5°32′. Considerando os valores medidos, calcular a distância horizontal entre os pontos (P) e (Q).

■ *Solução:*
Considerando que o aparelho utilizado na medição possui constante aditiva g = 100 e C = 0, aplicando a equação (7.18), tem-se:

$$d_{PQ} = 100 * (3,286 - 2,594) * \cos^2(5° 32') = 68,557 \, \text{m}$$

7.3.2 Medições eletrônicas de distâncias

As medições eletrônicas de distâncias são realizadas por intermédio de um instrumento denominado *distanciômetro eletrônico* ou EDM (*Electronic Distance Meter*), introduzido no mercado na década de 1960. O princípio de medição baseia-se na observação direta ou indireta do tempo de deslocamento de um sinal transportado por uma onda eletromagnética. Dessa forma, para se conhecer a distância entre dois pontos (A) e (B), posiciona-se o distanciômetro sobre o ponto (A) e um anteparo sobre o ponto

(B), conforme ilustrado na Figura 7.16. O anteparo pode ser um prisma óptico ou um anteparo natural, como uma parede ou a superfície do terreno, por exemplo. Quando se utiliza um prisma óptico como anteparo, diz-se que se realiza uma medição com prisma, e quando se utiliza um anteparo natural, diz-se que se realiza uma medição sem prisma (*reflectorless*, em inglês).

A medição eletrônica de distância é um método simples de ser usado e permite alcançar precisões elevadas com um custo relativamente baixo. Os instrumentos topográficos disponíveis no mercado, também denominados genericamente *Taquímetros Eletrônicos*, operam atualmente por meio de três métodos de medição eletrônica de distância: o *método de pulso*, o *método de diferença de fase* e o *método baseado na tecnologia WFD*. Apresentam-se a seguir os detalhes de funcionamento de cada um deles.

FIGURA 7.16 • Medição de uma distância com estação total.

7.3.2.1 *Medição eletrônica de distância pelo método de pulso ou* time of flight

Esse método baseia-se na medição direta do tempo de deslocamento de um pulso de radiação *laser* entre um emissor e um refletor, conforme ilustrado na Figura 7.17.

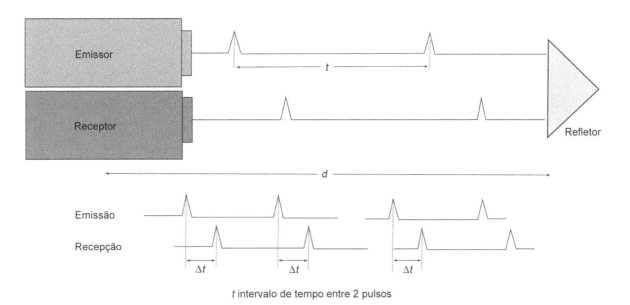

FIGURA 7.17 • Medição de distância pelo método do pulso.

O emissor posicionado sobre o ponto inicial da medição emite um pulso de radiação *laser* de alta intensidade, que é refletido pelo anteparo posicionado sobre o ponto final da medição. A distância (d) é calculada por meio da medição da diferença entre os tempos de deslocamento (Δt) do pulso, conforme indicado na equação (7.20). Assim, têm-se:

$$2d = c * \Delta t \tag{7.19}$$

$$d = c * \frac{\Delta t}{2} \tag{7.20}$$

Sendo (c) a velocidade de deslocamento do pulso *laser*.

No vácuo, as ondas eletromagnéticas têm um comportamento uniforme e propagam-se a uma velocidade constante $c = 299.792.458$ m/s. Na atmosfera, essa velocidade é diminuída em função do índice de refração, que é aproximadamente igual a $n = 1,0003$. Considerando que a velocidade de uma onda eletromagnética é da ordem de 300.000 km/s, medindo-se o tempo com uma resolução de 1 ns (10^{-9} s), seria possível estimar uma distância com uma precisão da ordem de 15 cm, o que não é suficiente para os propósitos da Geomática. Para melhorar essa precisão, é necessário utilizar medidores de tempo com melhor resolução, os quais são baseados em técnicas de processamento de sinal eletrônico,[1] que permitem medir o tempo com uma resolução de um picossegundo ($ps = 10^{-12}$ s), alcançando precisões da ordem do milímetro.

O alcance e a velocidade da medição de uma distância por pulso dependem da potência do pulso emitido e do tipo de refletor. Quando são usados prismas ópticos, o alcance pode chegar a 10 km, com um tempo de medição regular da ordem de 2 a 3 segundos. Quando são usadas superfícies naturais do terreno (medições sem prisma), o alcance pode chegar a 2 km, com um tempo de medição da ordem de 10 a 12 segundos.[2]

7.3.2.2 Medição eletrônica de distância pelo método de diferença de fase

Esse método de medição de distâncias baseia-se na medição da diferença de fase ($\Delta\lambda$) entre duas ondas eletromagnéticas de mesma frequência: uma emitida e outra refletida, conforme Figura 7.18.

No processo de medição, o emissor posicionado sobre o ponto (A) emite uma onda eletromagnética de comprimento de onda igual a (λ), que é separada em dois feixes. Um dos feixes é dirigido ao refletor posicionado sobre o ponto (B) e o outro, denominado *feixe de referência*, é dirigido para um contador de fase, interno ao instrumento. O primeiro feixe de ondas é refletido e retorna ao emissor.

Em razão do deslocamento da onda no espaço, haverá uma defasagem ($\Delta\lambda$) entre a onda de referência e a refletida. Por intermédio da medição dessa defasagem e da contagem da quantidade (N) de ondas inteiras existentes entre o emissor e o refletor, calcula-se a distância (d) entre os pontos (A) e (B), conforme indicado na equação (7.22).

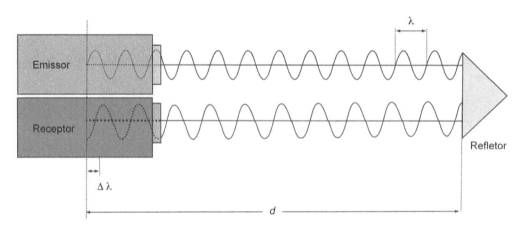

FIGURA 7.18 • Medição de distância pelo método da diferença de fase.

De acordo com a Figura 7.18, têm-se:

$$2d = N * \lambda + \Delta\lambda \tag{7.21}$$

$$d = \frac{N * \lambda}{2} + \frac{\Delta\lambda}{2} \tag{7.22}$$

---

[1] As técnicas de medição do tempo com base no processamento de sinal eletrônico foram desenvolvidas por volta de 1985. Seu uso em equipamentos topográficos, porém, ocorreu somente no ano 2000.

[2] Valores diferentes podem ser indicados por diferentes fabricantes de instrumentos. Considerando que o avanço desse tipo de tecnologia é bastante rápido, aconselha-se ao leitor buscar informações atualizadas sempre que necessário.

A medição efetiva da diferença de fase ($\Delta\lambda$) é realizada por meio de um processo eletrônico denominado *quadratura da onda*. A defasagem é medida por intermédio da oscilação de um cristal de quartzo (E'), conforme ilustrado na Figura 7.19.

Os equipamentos atuais permitem medir a defasagem de uma onda eletromagnética com resolução da ordem de 1:10.000. Assim, se forem usadas ondas com comprimentos entre 5 e 10 metros, é possível medir a defasagem com uma precisão da ordem de 0,5 a 1 mm. Ocorre, entretanto, que para transmitir uma onda dessa ordem de grandeza seria necessário utilizar um transmissor com dimensões desproporcionais se comparadas aos instrumentos topográficos. Dessa forma, para solucionar o problema, a onda de medição é modulada[3] com uma onda de frequência muito mais alta, denominada *onda portadora*. Assim, a onda portadora é a onda transmitida, mas a medição da defasagem é feita sobre a onda de medição (agora denominada *onda modulada*) como se ela tivesse sido transmitida diretamente pelo sistema.

Após medir a diferença de fase, é preciso ainda resolver a ambiguidade do sistema, ou seja, calcular a quantidade de ondas inteiras (N) existentes entre o emissor e o refletor. Em seguida, combinando os resultados, obtém-se o valor da distância medida. A quantidade (N) de ondas inteiras é calculada pela emissão contínua de várias ondas de comprimentos diferentes, até que se obtenha o valor definitivo de (N), conforme ilustrado na Figura 7.20.

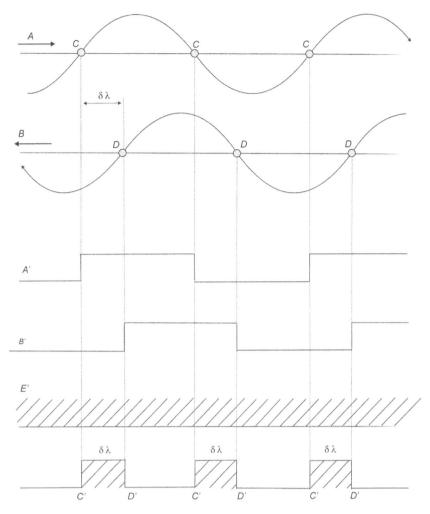

FIGURA 7.19 • Método de medição de fase de uma onda.

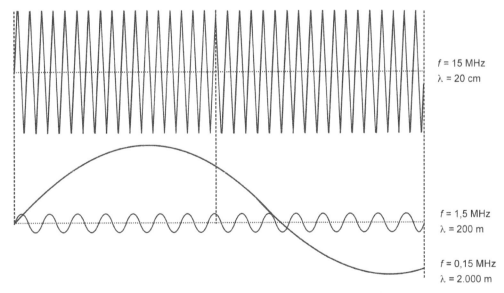

FIGURA 7.20 • Princípio da medição eletrônica de distância.

---

[3] Modular uma onda significa combinar o formato do seu sinal com o de uma onda portadora, modificando o sinal da portadora de forma que, ao ser transmitida, ela transporte a informação desejada da onda modulada.

Em geral, a modulação é realizada com duas ou três ondas de comprimentos deferentes. A primeira delas, de frequência mais alta, determina, em grande parte, a precisão da medida e as demais são utilizadas para resolver a ambiguidade (valor de N). No caso da Figura 7.20, considere-se que foi emitida uma primeira onda com frequência (f = 15 MHz) (λ = 20 cm) e que a diferença de fase medida foi igual a 0,6821 λ, ou seja, igual a 6,821 metros para meia onda. Em seguida, emitiu-se uma segunda onda com frequência (f = 1,5 MHz) (λ = 200 m) e obteve-se uma diferença de fase igual a 0,2672 λ, ou seja, igual a 26,72 metros para meia onda, o que significa 2 ondas inteiras de 10 metros. Em seguida, emitiu-se uma terceira onda com frequência (f = 0,15 MHz) (λ = 2.000 m) e obteve-se uma diferença de fase igual a 0,627 λ, ou seja, igual a 627 metros para meia onda, o que significa 6 ondas inteiras de 100 metros. Nessas condições, a distância medida é calculada de acordo com os valores indicados na Tabela 7.1.

TABELA 7.1 • Valores parciais para o cálculo da distância medida com o EDM

Frequência	Meio comprimento de onda [m]	Defasagem convertida em distância [m]
15 MHz	10	6,821
1,5 MHz	100	2*10 = 20,00
0,15 MHz	1.000	6*100 = 600,00
Distância total = 626,821 metros		

O alcance e a velocidade de uma medição de distâncias por diferença de fase dependem da qualidade do instrumento empregado e do tipo de refletor. Quando são usados prismas refletores ópticos, o alcance pode chegar a 12 km, com um tempo de medição de 0,5 segundo. Quando são usadas superfícies naturais de terreno (medições sem prisma), o alcance pode chegar a 2.000 metros, com um tempo de medição da ordem de 2 segundos.

7.3.2.3 Tecnologia WFD

Mais recentemente, uma nova tecnologia de medição de distância foi incorporada nos equipamentos de medição eletrônica de distância. Trata-se da tecnologia WFD (*Wave Form Digitizing*), a qual combina as duas tecnologias de medição de distâncias descritas nas seções precedentes. O princípio de medição, neste caso, é baseado no cálculo do tempo de propagação de um determinado pulso, detectado no feixe de referência, com seu homólogo no feixe refletido, por meio de uma correlação da forma senoidal dos pulsos emitidos e recebidos. Daí o nome *digitalização da forma da onda*. A distância é obtida pela acumulação de várias medições com diferentes pulsos. Ver detalhes na Figura 7.21.

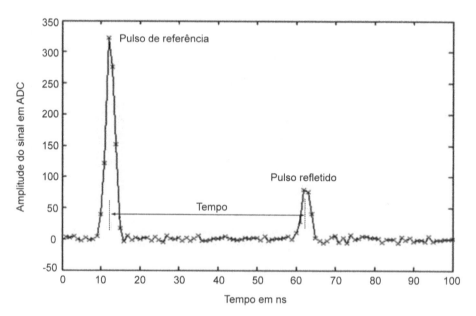

FIGURA 7.21 • Princípio da medição de distância com a tecnologia WFD.

Considera-se que esse tipo de medição de distância é mais rápido, mais acurado e permite alcançar maiores distâncias quando comparado com seus precedentes.

7.3.2.4 Correções das distâncias medidas com um distanciômetro eletrônico

A distância medida com um distanciômetro eletrônico deve ser corrigida, basicamente, considerando-se dois tipos de correções:

- correções geométricas;
- correções atmosféricas.

Ambas as correções são consideradas erros sistemáticos do instrumento de medição. A discussão sobre as correções geométricas está apresentada na *Seção 9.2.3 – Erros sistemáticos de medição de distâncias*. Os efeitos das correções atmosféricas são apresentados na próxima seção.

7.3.2.4.1 Correções atmosféricas na medição de distâncias

Conforme já discutido, o princípio básico da medição de distâncias com um distanciômetro eletrônico é a propagação de uma onda eletromagnética entre os pontos extremos da distância a ser medida. Assim, considerando que a potência do sinal é reduzida à medida que ele se propaga na atmosfera, é necessário considerar esse efeito no cálculo da distância medida.

Sabe-se que a velocidade de propagação de uma onda eletromagnética na atmosfera varia em função da pressão, da temperatura e da umidade do ar do ambiente em que ela se propaga. Em geral, os instrumentos são calibrados para pressão atmosférica igual a 760 mmHg (1.013,25 mb), temperatura do ar igual a 12 °C e umidade relativa do ar igual a 60 %. Nestas condições, a correção atmosférica é igual a zero. Para medições em outras condições atmosféricas, é necessário corrigir o valor medido. Cada fabricante de distanciômetro eletrônico indica uma formulação matemática para correção da distância medida. A fórmula empírica (7.23) indicada por Barrel e Sears é a que mais se aproxima da maioria das formulações indicadas pelos fabricantes. Assim, tem-se:

$$\Delta d = 281,5 - \left(\frac{0,29035p}{1+0,00366t} \right) + \left(\frac{11,27hr}{100\left(273,16+t\right)} * 10^x \right) \tag{7.23}$$

Sendo:

Δd = correção atmosférica, em ppm;
p = pressão atmosférica, em mb;
t = temperatura, em °C;
hr = umidade relativa, em %.

$$x = \left(\frac{7,5t}{237,3+t} \right) + 0,7857$$

A correção, quase sempre positiva, é proporcional à distância e é somada ao valor da distância inclinada medida pelo instrumento. Assim, o valor indicado no visor do instrumento já considera a correção efetuada.

Exemplo aplicativo   7.4

Foi realizada uma medição eletrônica de distância em um local cuja pressão atmosférica, naquele momento, era igual a $p = 745$ mmHg $= 993$ mb e a temperatura ambiente e a umidade relativa do ar eram, respectivamente, iguais a 32 °C e 80 %. Com base nesses valores, calcular o valor da correção atmosférica para a distância medida.

■ *Solução:*
Aplicando a equação (7.23), tem-se:

$$\Delta d = 281,5 - \left[\frac{0,29035 * 993}{1+0,00366 * 32} \right] + \left[\frac{11,27 * 80}{100 * \left(273,16+32\right)} * 10^x \right]$$

O parâmetro (x) é calculado conforme indicado a seguir:

$$x = \frac{7,5 * 32}{237,3+32} + 0,7857 = 1,68$$

Substituindo o valor encontrado para (x) na expressão de (Δd), tem-se:

$$\Delta d = 281,5 - \frac{\left(0,29035 * 993\right)}{\left(1+0,00366 * 32\right)} + \frac{11,27 * 80}{100 * \left(273,16+32\right)} * 10^{1,68} = 281,5 - 258,09 + 1,40 = 24,8 \text{ ppm}$$

Os equipamentos eletrônicos modernos já possuem a equação de correção atmosférica incorporada na sua memória e exigem apenas que os valores da pressão atmosférica e da temperatura ambiente do local da medição sejam indicados para que eles calculem o valor da correção em ppm. Em geral, como regra básica, considera-se que:

- variação de 1 °C na temperatura causa uma variação de 1,4 ppm na distância medida;
- variação de 1,0 mb na pressão causa uma variação de 0,3 ppm na distância medida;
- considerando o valor da umidade relativa do ar igual a 60 % é suficiente para manter a variação da correção atmosférica na ordem de ±2 ppm para temperaturas de até 40 °C.

7.3.2.5 *Precisão das medições com distanciômetro eletrônico*

Geralmente, a precisão de um distanciômetro eletrônico é indicada, pelo fabricante, com um valor absoluto mais um valor variável em função da distância medida, no formato $\pm (a$ [mm] $+ b$ [ppm]). O valor absoluto (a) é independente da distância a ser medida e ocorre em razão de fatores internos ao instrumento. O valor de (b) é proporcional à distância a ser medida. Ele é produto da incerteza da medição da velocidade da luz no vácuo, da incerteza da determinação do coeficiente de refração atmosférica e do erro proveniente da inconsistência do oscilador.

Os fabricantes de instrumento, geralmente, indicam o valor da precisão linear como igual a $s_d = \pm(a + b * d[\text{km}])$mm. Se os coeficientes ($a$) e ($b$), entretanto, forem considerados como erros acidentais, segundo a Lei de Propagação de Erros Médios

Quadráticos, a precisão linear deve ser calculada como igual a $s_d = \pm\sqrt{a^2 \text{mm} + \left(b * d\left[\text{km}\right]\right)^2}\, \text{mm}$. Assim, por exemplo, para o caso da medição de uma distância de 1,3 km com um instrumento cuja precisão linear nominal é igual a $\pm(1$ mm + 1,5 ppm), a precisão da distância medida, segundo o fabricante, seria igual a $\pm(1 + 1{,}5*1{,}3) = \pm 3{,}0$ mm e, segundo o Princípio de Propagação de Erros Médios Quadráticos seria igual a $\pm\sqrt{1^2 + \left(1{,}5 * 1{,}3\right)^2} = \pm 2{,}2$ mm. A rigor, embora contra a segurança, deve-se utilizar a propagação de erros.

A Tabela 7.2 apresenta exemplos de precisões indicadas em catálogos técnicos de fabricantes para os três métodos de medição de distância.

TABELA 7.2 • Máximas precisões alcançadas por medições com e sem prisma (Desvio Padrão ISO 17123-4)

Método de medição	Precisão	
	Com prisma	Sem prisma
Diferença de fase	$\pm(1$ mm+ 2 ppm)	$\pm(2$ mm+ 2 ppm)
Pulso	$\pm(2$ mm+ 2 ppm)	$\pm(3$ mm+ 2 ppm)
WFD	$\pm(1$ mm+ 1,5 ppm)	$\pm(2$ mm+ 2 ppm)

7.3.2.6 *Medições de distâncias eletrônicas sem prisma*

Depois da invenção do distanciômetro eletrônico na década de 1960, outra inovação importante na medição de distâncias ocorreu na década de 1990, com o aparecimento do método de medição eletrônica de distâncias sem prisma. A partir desse momento, o engenheiro passou a contar com um instrumento de medição que lhe proporcionou a possibilidade de medir pontos remotos até então inacessíveis e, com o avanço da tecnologia, a possibilidade de utilizar instrumentos com capacidade de varredura *laser*, conforme apresentado no *Capítulo 21 – Tecnologia de varredura laser*.

O paradigma da medição de distâncias sem prisma sempre foi o alcance do feixe *laser* usado para realizar a medição. A esse respeito, para padronizar as comparações do alcance entre diferentes tecnologias, adota-se o uso de placas refletivas padronizadas, conhecidas como Kodak White e Kodak Gray, que possuem uma taxa de reflexão igual a 90 e 18 %, respectivamente. Atualmente, as medições sem prisma podem alcançar distâncias da ordem de 2.000 m para placas Kodak White e 600 m para placas Kodak Gray. No mundo real, entretanto, as superfícies possuem refletividades diferentes, além de elas serem altamente influenciadas pelo ângulo de incidência do feixe *laser*, das condições de rugosidade e da umidade da superfície, o que torna difícil estabelecer uma regra segura para o alcance das medições sem prisma.

Além do alcance do feixe *laser*, outro fator a ser considerado na medição de distâncias sem prisma é a dimensão do ponto de incidência do feixe sobre o anteparo. Ela varia consideravelmente em função do tipo de *laser*, da distância do anteparo e do ângulo de incidência na superfície. Com a tecnologia atual, os instrumentos disponíveis para as medições sem prisma produzem pontos de incidência *laser* com dimensões variáveis, dependendo do fabricante e do tipo de instrumento. Um caso típico é um ponto *laser* com dimensões da ordem de 8 × 20 mm para uma distância de 50 metros.

A dimensão do ponto de incidência do feixe *laser* é um fator importante a ser considerado quando o operador necessita medir distâncias cujas superfícies refletoras são cantos, bordas ou elementos pequenos de uma estrutura. A superfície abrangida pelo feixe *laser* definirá o valor da distância medida. Se várias superfícies diferentes forem abrangidas pelo feixe, o valor resultante da medição será uma combinação das distâncias medidas. Logo, quanto menor for o diâmetro do ponto de incidência, mais acurada será a distância medida.

Outro fator importante a ser considerado no caso de uma medição sem prisma é a classificação do feixe *laser*. A esse respeito, os *lasers* usados nos instrumentos topográficos estão classificados em Classe 1, Classe 2 e Classe 3R, conforme descrito a seguir:

- *Laser Classe 1* é classificado como um produto seguro para o olho humano, mesmo incidindo diretamente no olho por meio de um aparelho óptico;
- *Laser Classe 1M* é classificado como seguro para todas as condições, exceto quando passar por algum dispositivo de aumento óptico, como uma luneta, por exemplo;
- *Laser Classe 2* emite radiações no espectro visível e é classificado com um produto perigoso caso atinja diretamente o olho humano. A maioria das estações totais e dos prumos *laser*[4] usa esse tipo de feixe *laser*;
- *Laser Classe 2M* possui as mesmas características do *Laser* Classe 1M;

---

[4] Para mais detalhes, ver *Seção 8.2.5 – Base nivelante*.

- *Laser Classe 3R* é classificado com um *laser* de alta potência e, por isso, de longo alcance, porém também altamente perigoso para o olho humano. O uso desse tipo de feixe *laser* é regido por regras de segurança, que não permitem seu uso indiscriminado.

Os instrumentos com capacidade para medição sem prisma geralmente também medem com prisma. As constantes de adição de ambos os métodos de medição, conforme descrito na *Seção 9.2.3.1 – Constante de adição*, são diferentes e o operador deve configurá-las corretamente no instrumento em função do método utilizado. O anteparo para a reflexão do feixe *laser* pode ser qualquer estrutura que possua dimensão maior que a dimensão do ponto *laser*.

7.3.3 Medições de distâncias com a tecnologia GNSS

O princípio de funcionamento básico dos sistemas de navegação por satélite é gerar coordenadas cartesianas tridimensionais geocêntricas de pontos no espaço. Por intermédio dessas coordenadas, pode-se calcular as distâncias entre os pontos rastreados. A distância assim calculada representa o vetor relativo entre as antenas receptoras, transportado para os pontos no terreno, conforme ilustrado na Figura 7.22.

A distância vetorial calculada pelas coordenadas geradas pela tecnologia *GNSS* é igual a distância inclinada entre os pontos rastreados, conforme indicado na equação (4.100). Dessa forma, ela pode ser utilizada para medir distâncias desde que sejam tomados os

FIGURA 7.22 • Definição da linha base (vetor) entre duas estações GNSS.

devidos cuidados envolvidos na sua utilização, conforme descrito no *Capítulo 20 – Sistemas de navegação global (GNSS)*.

A acurácia alcançada por esse método de medição de distâncias depende de alguns fatores, como o tempo de coleta dos dados, o tipo de instrumento utilizado, o método de posicionamento dos pontos, do local onde são coletados os dados, das condições da geometria dos satélites no momento da coleta dos dados e das técnicas de processamento e ajustamento dos dados. Geralmente, atingem-se acurácias da ordem de ±(3 mm + 0,1 ppm) em medições no modo relativo estático (sem considerar os erros operacionais).

Exemplo aplicativo 7.5

Foi realizado um rastreamento com a tecnologia GNSS nos pontos (P) e (Q) do Exemplo aplicativo 6.4, obtendo-se as coordenadas cartesianas geocêntricas indicadas na Tabela 7.3. Com base nos valores de coordenadas obtidos, calcular a distância inclinada entre eles.

TABELA 7.3 • Coordenadas determinadas por intermédio de observações GNSS

Estação	X [m]	Y [m]	Z [m]
P	3.964.001,2561	−4.390.918,1127	−2.378.632,3622
Q	3.964.666,6981	−4.390.900,8861	−2.377.826,7893
Diferença Q-P	665,4420	17,2266	805,5729

■ *Solução:*
Para o cálculo da distância inclinada em função das coordenadas cartesianas geocêntricas, deve-se aplicar a equação (4.100). Assim, tem-se:

$$d'_{PQ} = \sqrt{665,4420^2 + 17,2266^2 + 805,5729^2} = 1.045,0156 \text{ m}$$

Notar que o valor calculado acima possui uma diferença igual a −6,4 mm, ou seja, aproximadamente 6,1 ppm *quando comparado com a distância inclinada medida com a estação total indicada no Exemplo aplicativo 6.4.*

8 Instrumentos topográficos

8.1 Introdução

Dá-se o nome genérico de *instrumento topográfico*, a qualquer equipamento utilizado em campo para efetuar um *levantamento topográfico*. Eles variam desde simples aparelhos de medição e seus acessórios a instrumentos sofisticados de alta tecnologia. Conhecer as especificidades de cada um deles é, portanto, fundamental para que o engenheiro tenha subsídios para escolher o mais adequado para atender às necessidades impostas por um projeto de Engenharia. Somas importantes de recursos financeiros e humanos podem ser economizadas se o engenheiro souber integrar o uso dos equipamentos e as equipes de campo com o cronograma e as necessidades de seu projeto. A questão fundamental, nesse caso, é saber quais aspectos técnicos dos instrumentos ele precisa considerar para garantir a escolha adequada. Para auxiliá-lo nessa decisão, são apresentadas a seguir algumas recomendações importantes que devem ser consideradas para a escolha do instrumento adequado. São elas:

- o instrumento deve garantir que a acurácia dos valores medidos esteja totalmente de acordo com as necessidades do projeto. O engenheiro não pode ter dúvidas de que os resultados estão corretos;
- o instrumento deve garantir a estabilidade dos resultados medidos, sem que seja necessário realizar manutenções e/ou calibrações recorrentes;
- o instrumento deve ser simples de usar sem perder, porém, recursos que garantam eficácia nas operações de campo. Ele deve ter todos os recursos que o engenheiro necessita para o desenvolvimento de seu projeto. Além disso, ele deve possuir facilidades de customização para permitir o desenvolvimento de aplicativos, em função das necessidades do projeto. Evitar, sempre que possível, "caixas pretas" de soluções controladas pela indústria e exclusivas de marcas e/ou modelos especificados por fabricantes;
- o instrumento deve ser suficientemente robusto para ser usado em situações adversas das condições ambientais de trabalhos de campo;
- verificar a existência de oficinas de manutenção sediadas no país, disponibilidade de peças, custos adequados e rapidez na prestação dos serviços;
- o instrumento deve garantir confiabilidade de armazenamento dos dados coletados e de transferência para outras mídias e formatos diversos, sem perder a estrutura dos dados. O engenheiro não pode estar diante da situação de trabalhar o dia inteiro e perder os dados no final do dia ou estar restrito a formatos de dados exclusivos de fabricantes. A edição em escritório deve ser a mínima possível;
- o instrumento deve garantir rapidez, eficiência e facilidades para coletar dados estruturados, em campo, e facilidades para exportação para programas aplicativos, no escritório;
- nunca se esquecer de que um levantamento topográfico é um conjunto de operações, que inclui os instrumentos, seus acessórios, a metodologia de trabalho, as técnicas de medições, o operador e seus auxiliares. Combinar adequadamente todos esses parâmetros é a chave do sucesso de qualquer tipo de levantamento.

A escolha do instrumento mais adequado nem sempre é uma tarefa fácil. Ela depende do tipo e da quantidade de dados a serem medidos, dos propósitos da medição, da acurácia necessária, do tempo disponível para o trabalho, das condições do local e das tecnologias de medição disponíveis. Para auxiliar o engenheiro nessa escolha, apresenta-se no Quadro 8.1 uma classificação das tecnologias de medição disponíveis, em função do tipo de dado a ser medido e os respectivos instrumentos mais utilizados em cada classe.

QUADRO 8.1 • Classificação das tecnologias de medições topográficas e geodésicas atualmente disponíveis.
Fonte: adaptado de Silva (2020).

Pontual	Nuvem de pontos	Pixel
Estação total	Varredura *laser* aérea	Fotogrametria terrestre
Tecnologia *GNSS*	Varredura *laser* terrestre estática	Fotogrametria aérea
Nível topográfico	Varredura *laser* dinâmica	Sensoriamento Remoto

A classificação "pontual" está relacionada com os métodos e os instrumentos utilizados para o levantamento de pontos individuais. Incluem-se nessa classificação as medições realizadas com estações totais, instrumentos da tecnologia GNSS, níveis topográficos e outros. As medições realizadas nessa classificação exigem maior tempo para a coleta dos dados no campo, porém, garantem melhor qualidade dos valores coletados quando comparados com as demais classes. A acurácia, nesse caso, pode ser da ordem do milímetro.

A classificação "nuvem de pontos" está relacionada com os métodos e os instrumentos que possuem capacidade para coletar grandes quantidades de pontos em uma única medição. Diz-se, nesse caso, que se mediu uma nuvem de pontos. Os pontos medidos trazem consigo a informação espacial (X, Y, H) bem como informações relativas à qualidade do sinal refletido pela superfície escaneada. As medições dessa classe baseiam-se em instrumentos que fazem uso da tecnologia *Light Detection and Ranging* (LiDAR), conforme descrito no *Capítulo 21 – Tecnologia de varredura laser*. As técnicas de medição dessa classe permitem alcançar acurácias da ordem do centímetro, tanto na componente horizontal quanto na vertical.

Quanto à classificação "*pixel*", ela está relacionada com os métodos e os instrumentos que realizam medições por intermédio de imagens digitais. Por meio dos métodos e instrumentos dessa classe é possível obter informações tanto geométricas como radiométricas sobre os objetos medidos. As imagens digitais podem ser obtidas a curtas distâncias, no terreno, ou por meio de aeronaves ou satélites, definindo o que se denominam Fotogrametria terrestre, Fotogrametria aérea e Sensoriamento Remoto.

Nas próximas seções deste capítulo serão discutidas as características mais importantes dos instrumentos e acessórios relacionados com a classe "pontual". Os detalhes técnicos sobre os instrumentos das outras classes estão apresentados nos capítulos correspondentes à descrição de suas tecnologias. Não serão discutidos os detalhes do manuseio dos instrumentos, uma vez que eles variam para diferentes marcas e modelos. A esse respeito, os usuários deverão consultar os manuais que acompanham os instrumentos.

TOPOGRAFIA PARA ENGENHARIA

Antes, porém, para facilitar a leitura, apresenta-se na sequência o significado de alguns termos específicos relacionados com a operação dos instrumentos topográficos, que são usados pelos profissionais de Geomática e aplicados ao longo deste texto. São eles:

- *Ponto de estação* ou simplesmente *estação* – ponto materializado no terreno e sobre o qual está instalado um instrumento topográfico;
- *Ponto de medição* – ponto materializado ou não sobre o qual se realiza uma visada para as medições topográficas;
- *Ponto de nivelamento* – ponto do terreno sobre o qual se realiza uma visada para determinação de altitude ou cota;
- *Nivelar o instrumento* – procedimento de campo que consiste em posicionar o eixo vertical do instrumento em coincidência com a linha vertical do lugar;
- *Centrar o instrumento* – procedimento de campo que consiste em posicionar o eixo vertical do instrumento topográfico em coincidência com o ponto de estação;
- *Estacionar ou instalar o instrumento* – procedimento de campo que consiste em nivelar e centrar o instrumento topográfico sobre o ponto de estação;
- *Linha de visada* – linha imaginária coincidente com o eixo de visada da luneta de um instrumento topográfico.

Pelo fato de os instrumentos topográficos modernos serem quase todos eletrônicos, é importante também caracterizá-los em relação à classe de proteção quanto a entrada de sólidos e água em seu interior. A esse respeito, eles são classificados de acordo com a norma da Comissão Eletrotécnica Internacional (IEC) 60.529/2005, que indica uma tabela de proteção, denominada *IP* (*International Protection*). A informação do grau de proteção é constituída por dois dígitos, o primeiro refere-se às medidas que foram tomadas para impedir a entrada de objetos sólidos ou de poeira e o segundo dígito às medidas que foram tomadas para impedir o ingresso de líquidos no interior do instrumento. As Tabelas 8.1 e 8.2 apresentam os valores dos dígitos referentes aos códigos IP dos graus de proteção mais importantes para os instrumentos topográficos.

Antes de iniciar a apresentação dos instrumentos de medição propriamente ditos, apresentam-se a seguir os detalhes técnicos dos principais componentes que, geralmente, fazem parte dos instrumentos da classe "pontual". São eles:

- corpo do instrumento – alidade;
- tripé;
- nível de bolha;
- nível eletrônico;
- base nivelante;
- luneta.

TABELA 8.1 • Graus de proteção – objetos sólidos

Primeiro dígito	Graus de proteção (códigos IP) – primeiro dígito	
	Descrição	Corpos que não devem ingressar no interior do instrumento
0 a 4	Não se aplica para instrumentos topográficos.	
5	Protegido contra ingresso de poeira.	O ingresso de poeira não é totalmente evitado, mas a poeira não deve ingressar em quantidade que possa interferir na operação do equipamento ou prejudicar sua segurança.
6	Totalmente protegido contra o ingresso de poeira.	Nenhum ingresso de poeira.

TABELA 8.2 • Graus de proteção – líquidos

Segundo dígito	Graus de proteção (códigos IP) – segundo dígito	
	Descrição	Corpos que não devem ingressar no interior do instrumento
0 a 2	Não se aplica para instrumentos topográficos.	
3	Protegido contra água aspergida.	Água aspergida em um ângulo de até 60º de cada lado da vertical contra o instrumento não deve provocar efeitos prejudiciais.
4	Protegido contra projeções de água.	Água esguichada contra o instrumento em qualquer direção não deve provocar efeitos prejudiciais.
5	Protegido contra jatos de água.	Água projetada em jatos contra o instrumento em qualquer direção não deve provocar efeitos prejudiciais (com vazão de 12,5 l/min).
6	Não se aplica para instrumentos topográficos.	
7	Sob determinadas condições de tempo e pressão, não há ingresso de água.	Quando o instrumento estiver imerso temporariamente em água sob condições padronizadas de pressão (profundidade de 1,0 m) e tempo (30 min), não deve ser possível o ingresso de água em quantidade que cause efeitos prejudiciais.
8	Adequado à submersão contínua sob condições específicas.	Adequado à submersão contínua sob condições específicas.

8.2 Principais componentes dos instrumentos topográficos

8.2.1 Corpo do instrumento – alidade

Segundo a ISO 9849/2017, *alidade* é um dispositivo que permite observar um objeto a distância e utilizar a linha de visada para realizar algum tipo de operação. A mesma norma indica também que alidade é o nome dado para a parte de um instrumento topográfico que suporta uma luneta, os círculos de medição angular e um sistema de eixos, composto pelos três eixos de giro, conforme ilustrado no exemplo do teodolito eletrônico da Figura 8.1. Trata-se, portanto, do corpo do instrumento onde estão inseridos todos os componentes que permitem realizar medições angulares e lineares com um instrumento topográfico.

O eixo que solidariza a alidade com a parte inferior do instrumento (base) é denominado *eixo principal* ou *eixo vertical*. Sua função é permitir que o instrumento, quando nivelado, gire perpendicularmente à vertical do lugar, ou seja, sobre o plano horizontal do lugar. Para tanto, ele é fabricado em material com alta estabilidade estrutural e balanceado para garantir que o instrumento gire em torno de si mesmo sem deformações angulares. Para permitir a movimentação da linha de visada do instrumento em qualquer direção no espaço, a alidade possui dois montantes que suportam um segundo eixo, perpendicular ao *eixo principal*, denominado *eixo secundário*, em torno do qual gira a luneta, a qual, por sua vez, define um terceiro eixo, desta vez perpendicular ao eixo secundário, denominado *eixo de visada*, conforme ilustrado na Figura 8.1.

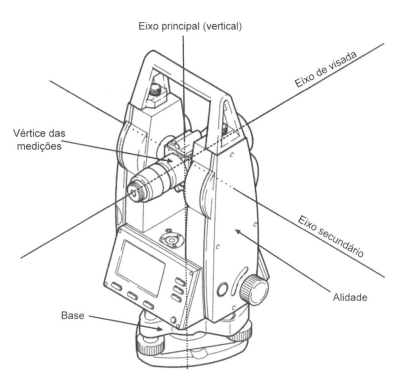

FIGURA 8.1 • Ilustração da alidade e dos eixos de um instrumento topográfico.

Os três eixos do instrumento são concorrentes em um único ponto, que é o vértice das medições angulares e denominado centro do instrumento.

No interior do corpo do instrumento estão localizados os vários componentes eletrônicos que comandam as suas funções e que interagem com o operador por intermédio de uma tela LCD/VGA[1] ou outra forma de interface, como coletores de dados externos e computadores. O corpo do instrumento, na maioria das vezes, suporta ainda a luneta (combinada ou não com medidores de distância), os dois círculos graduados para as medições angulares (horizontal e vertical) e dois parafusos tangenciais, denominados *parafusos de chamada*, conforme exibidos na Figura 8.2a.

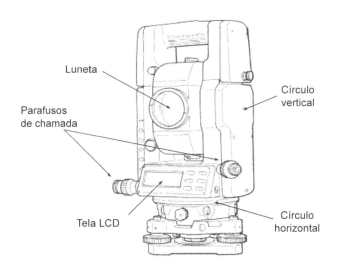

(a) Principais componentes inseridos na alidade de um instrumento topográfico.

(b) Operador manipulando os parafusos de chamada do instrumento topográfico.

FIGURA 8.2 • Alidade e seus componentes.

---

[1] Alguns fabricantes disponibilizam instrumentos com diferentes qualidades VGA para a tela de interface com o usuário, por exemplo: QVGA, HVGA e full-VGA.

Um dos parafusos de chamada permite girar a alidade em torno do seu eixo vertical, enquanto o outro gira a luneta em torno do eixo secundário. Por intermédio desses dois movimentos, o operador posiciona a linha de visada da luneta exatamente em coincidência com o alvo de medição (ver Fig. 8.2b).

Como será visto nos próximos capítulos deste livro, existem variações nos tipos de componentes inseridos na alidade dos instrumentos topográficos. A concepção geral é a mesma; porém, a quantidade de eixos, de círculos de medição angular, de parafusos de chamada e o tipo de luneta podem variar entre as diferentes classes de instrumentos.

8.2.2 Tripé topográfico

O *tripé topográfico* é o suporte utilizado para instalar instrumentos topográficos no terreno. Em geral, ele possui os seguintes componentes: três pernas telescópicas; uma base superior (cabeça lisa); travas rápidas e parafusos borboletas para travarem as pernas na posição desejada e auxiliar no nivelamento do instrumento e as ponteiras metálicas que ficam em contato com o terreno (ver Fig. 8.3).

Os tripés utilizados em Geomática são fabricados em madeira, em fibra de vidro ou em alumínio. De acordo com a Norma ISO 12858-2:1999, eles podem ser classificados em leves e pesados. Um tripé é considerado pesado quando seu peso é maior que 5,5 kg. Esse tipo de tripé pode suportar um instrumento topográfico de até 15 kg. Geralmente, ele é fabricado em madeira ou em fibra de vidro. Os tripés leves, geralmente fabricados em alumínio, são apropriados para instrumentos pesando até 5 kg. A mesma ISO especifica que a cabeça do tripé não deve sofrer movimento vertical maior que 0,05 mm quando ele for carregado com o dobro do seu peso máximo de carga. Além disso, ela especifica ainda que todo o conjunto deve ter rigidez para suportar os efeitos de torsão durante a operação do instrumento, não ultrapassando 3″ de arco para os tripés pesados e 10″ de arco para os tripés leves.

O operador muitas vezes prefere utilizar tripés leves, em razão da facilidade de transporte e manipulação. Não se deve esquecer, entretanto, que nos trabalhos de precisão, a estabilidade do conjunto instrumento/tripé é fundamental e, nesses casos, a robustez do tripé é um fator importante a ser considerado. Outro problema que às vezes ocorre com os tripés é a perda de rigidez de seus componentes, em razão do afrouxamento das conexões. Recomenda-se, por isso, que o operador inspecione regularmente todas as conexões do tripé e em nenhuma circunstância deve-se usar um tripé que não esteja com todas as suas junções bem fixas.

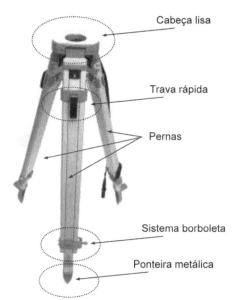

FIGURA 8.3 • Tripé topográfico.

8.2.3 Nível de bolha

O *nível de bolha* é um dispositivo usado para o nivelamento de peças e objetos em geral. Ele é composto de um suporte metálico, que envolve um bulbo cilíndrico de vidro ou cristal, hermeticamente fechado, no interior do qual se encontra uma mistura de álcool com éter. Junto a essa mistura é deixado um espaço vazio que, por ebulição do líquido, forma uma bolha de vapor, a qual, em razão da gravidade da Terra, aloja-se sempre na parte mais elevada do recipiente de vidro, conforme indicado na Figura 8.4. A utilização de um nível desse tipo é intuitiva e a maioria das pessoas entende os princípios de uso imediatamente. Por essa razão, eles são usados nas mais diversas situações em que é preciso manter uma peça ou um instrumento nivelado.

Para a Geomática, existem dois tipos de níveis de bolha a serem considerados:

- nível de bolha esférico;
- nível de bolha tubular.

Dá-se o nome de *nível de bolha esférico* ao nível de bolha cujo cilindro de vidro possui sua parte superior em forma de uma calota esférica, sobre a qual se aloja a bolha de vapor. Sobre essa calota é gravado um círculo com diâmetro um pouco maior que o diâmetro da bolha de vapor, o qual é tomado como referência para o nivelamento do *nível*, conforme indicado na Figura 8.4. Como a bolha pode se deslocar em qualquer direção, é possível usá-la para a determinação de planos tangentes. O plano tangente à parte superior da calota é denominado *plano diretor do nível de bolha*. Quando a bolha de vapor está localizada no centro do círculo gravado sobre a calota, considera-se que o plano diretor está na horizontal. Nessas condições, sempre que o nível estiver solidário a um instrumento, considera-se que ele estará nivelado quando a bolha ocupar o centro do círculo.

FIGURA 8.4 • Nível de bolha esférico.

Pelo fato de o raio de curvatura da calota esférica ser pequeno, geralmente cerca de 7 a 8 metros, os níveis de bolha esféricos são pouco sensíveis e são usados para nivelamentos de baixa precisão. No caso de um teodolito ou de uma estação total, a bolha esférica é um componente do instrumento que está fixa na base nivelante[2] e por intermédio da qual se realiza o nivelamento grosseiro, ou primeiro nivelamento, do instrumento. Esse tipo de nível é também usado para aplumar miras e bastões de prismas, conforme indicado na *Seção 8.4.2 – Bastão de prisma* e na *Seção 8.6 – Miras graduadas utilizadas em conjunto com os níveis topográficos*.

O *nível de bolha tubular* diferencia-se do nível de bolha esférico pela forma tubular do recipiente de vidro. Nesse caso, em razão da forma alongada do recipiente, a bolha de vapor também toma uma forma alongada no seu interior e somente pode se deslocar em uma direção.

Para o controle do nivelamento com um nível tubular, é gravado sobre o cilindro uma série de linhas de graduação, espaçadas, por norma, a cada 2 mm, as quais permitem localizar a bolha no seu interior, conforme indicado na Figura 8.5. Por conta do fato de a bolha deslocar-se em apenas uma direção, para a definição do plano tangente, é necessário verificar o nivelamento da bolha em duas posições perpendiculares. O plano tangente é o plano definido pelo nível nessas duas posições. A sensibilidade (σ) de um nível de bolha tubular é função do raio de curvatura do cilindro (r) e do intervalo entre as linhas de graduação (a), conforme indicado pela equação (8.1). Quanto maior é o raio de curvatura do bulbo cilíndrico, mais sensível é o nível de bolha e também mais difícil de calar o instrumento acoplado a ele.

FIGURA 8.5 • Nível de bolha tubular.

$$\sigma = \frac{a}{r} = \frac{2[\mathrm{mm}]}{r[\mathrm{mm}]} \tag{8.1}$$

Em geral, os níveis de bolha usados nos instrumentos topográficos possuem raios de curvatura iguais a 21 metros ($\sigma = 20''$), 42 metros ($\sigma = 10''$) e 84 metros ($\sigma = 5''$), dependendo da classificação do instrumento.

Em alguns instrumentos de nivelamento topográfico, a visualização da bolha do nível tubular é feita por intermédio de um sistema de prismas ópticos, que permitem que o operador veja as duas metades da bolha, em vez da bolha inteira. Quando o operador coloca as imagens das duas metades em coincidência, considera-se que o plano diretor do nível está na horizontal. Esse método de posicionamento da bolha é 3 a 4 vezes mais preciso do que o método das linhas graduadas (ver Fig. 8.6).

Quando usado como um componente de um teodolito ou de uma estação total, o nível de bolha tubular é fixo na alidade do instrumento. Ele é, geralmente, usado para o nivelamento final.

Para garantia de sua qualidade, os níveis de bolha devem ser ajustados periodicamente para garantir a sua horizontalidade em relação aos eixos do instrumento. Para tanto, eles possuem parafusos em suas extremidades que permitem movimentá-los verticalmente. Recomenda-se que os ajustes sejam realizados em laboratórios certificados e de acordo com o Manual do Instrumento.

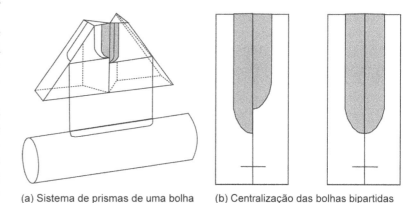

(a) Sistema de prismas de uma bolha tubular bipartida.

(b) Centralização das bolhas bipartidas para o nivelamento do instrumento.

FIGURA 8.6 • Nível de bolha tubular bipartida.

8.2.4 Nível eletrônico

A partir da década de 1990, os fabricantes de instrumentos topográficos eletrônicos substituíram o nível de bolha tubular por um nível eletrônico. Nesse caso, em vez de usar um nível tubular preso à alidade, o instrumento utiliza um *compensador eletrônico* instalado no interior do seu corpo, conforme ilustrado na Figura 8.7a. O procedimento de nivelamento, nesse caso, é similar ao procedimento adotado para o nível de bolha tubular, com a vantagem de ser mais simples, uma vez que o operador não necessita girar a alidade do instrumento para verificação da horizontalidade. Todo o procedimento é feito por intermédio de uma imagem do nível eletrônico exibida na tela do instrumento, conforme indicado na Figura 8.7b.

---

[2] Ver *Seção 8.2.5 – Base nivelante*.

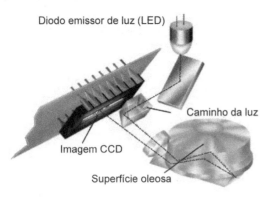

(a) Compensador eletrônico usado nos instrumentos da empresa Leica Geosystems.

(b) Nível eletrônico exibido na tela do instrumento.

FIGURA 8.7 • Exemplos de compensador eletrônico e nível eletrônico.
Fonte: adaptada de catálogos de instrumentos da Leica Geosystems.

O compensador eletrônico indicado na Figura 8.7a consiste em uma linha de padrões gravada sobre um prisma que, ao ser iluminada, é refletida duas vezes pela superfície horizontal de um líquido refletor. Cada imagem refletida da linha de padrões é lida por um arranjo linear de sensores CCD[3] (*Charged Coupled Device*) ou CMOS[4] (*Complementary Metal Oxide Semiconductor*), por meio da qual se determinam matematicamente os dois componentes de inclinação do instrumento. Os valores determinados são usados, em seguida, para as correções dos valores angulares medidos e que sofrem interferência da não verticalidade do instrumento, conforme apresentado na *Seção 9.2.1.2.3 – Erro de verticalidade do eixo principal*. Geralmente, um compensador desse tipo tem um intervalo de operação da ordem de 4' e precisão máxima de nivelamento da ordem de 0,5".

8.2.5 Base nivelante

A *base nivelante* é a parte inferior de um instrumento topográfico, por meio da qual ele é acoplado ao tripé e por intermédio da qual ele é centrado e nivelado sobre o ponto de estação no terreno. Em geral, ela consiste em uma base inferior presa ao tripé e em uma placa superior presa ao instrumento, conectadas entre si por intermédio dos *parafusos calantes*, localizados a 120° entre si, conforme indicado na Figura 8.8a. A placa superior pode se mover verticalmente em relação à base inferior por meio de giros dos parafusos calantes. À medida que eles são girados, diferencialmente, o operador coloca o plano que contém a placa superior paralelo ao plano que contém a base inferior (Fig. 8.8b). A inclinação da placa superior, por sua vez, é controlada, em uma primeira aproximação, pelo nível de bolha esférico solidário a ela e, com maior precisão, por um nível de bolha tubular ou eletrônico instalado na alidade do instrumento. Considera-se assim que instrumento está nivelado quando a placa superior da base nivelante está na horizontal indicada pelo nível de bolha.

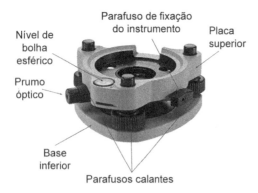

(a) Componentes de uma base nivelante.

(b) Ilustração dos movimentos dos parafusos calantes durante o nivelamento de um instrumento topográfico.

FIGURA 8.8 • Base nivelante.
Fonte: adaptada de catálogos de instrumentos da Leica Geosystems.

---

[3] Sensor de imagem formado por uma rede de elementos eletrônicos sensíveis a luz. Ver *Capítulo 22 – Aerofotogrametria* para mais detalhes.
[4] Sensor de imagem semelhante aos sensores CCD, com características de transmissão de dados diferentes daquelas utilizadas pelos sensores CCD.

A estabilidade entre o tripé e a base nivelante é o primeiro fator a ser considerado para garantir medições confiáveis. A fixação do instrumento ao tripé é feita acoplando-o à sua base nivelante e fixando o conjunto (instrumento + base) no tripé por intermédio de um parafuso com rosca 5/8'', conforme indicado nas Figuras 8.9a e 8.9b. O instrumento, uma vez posicionado sobre o tripé, pode ser centrado sobre o ponto de estação por meio do *prumo óptico* (Fig. 8.8c) fixo na base nivelante ou por meio de um *prumo laser* ou um *prumo digital* (imagem digital) incorporado na alidade do instrumento, conforme ilustrado na Figura 8.9d. O posicionamento sobre o ponto de estação no terreno é feito movendo a base nivelante sobre a base do tripé. Considera-se que a precisão da centragem do instrumento com um prumo óptico de boa qualidade é da ordem de ±0,5 mm a 1,5 m de altura, com um prumo *laser* da ordem de 1,5 mm a 1,5 m de altura e com um prumo digital da ordem de 0,5 mm a 1,55 m de altura.

A verticalidade de qualquer um dos três tipos de prumos disponíveis deve ser ajustada periodicamente e, de preferência, em um laboratório certificado. Os Manuais do Usuário dos instrumentos também indicam os procedimentos para essa operação.

Para garantir a qualidade das bases nivelantes, elas são fabricadas seguindo padrões da Norma ISO 12858-3:2005. Dentre as recomendações dessa norma é importante destacar a rigidez à torsão (histerese[5]) que elas devem possuir para garantir a precisão angular do instrumento, principalmente, quando ela é usada

(a) Instalação do instrumento sobre o tripé.

(b) Fixação da base nivelante ao tripé.

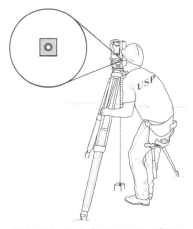

(c) Instalação do instrumento sobre o ponto de estação com prumo óptico.

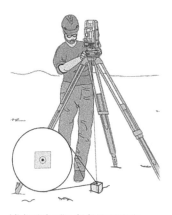

(d) Instalação do instrumento sobre o ponto de estação com prumo *laser* ou digital.

FIGURA 8.9 • Instalação de um instrumento topográfico sobre um ponto no terreno.

em conjunto com uma estação total robótica.[6] O efeito da histerese em uma base nivelante ocorre quando há um deslocamento da placa superior em relação à base inferior e esse efeito deve ser o mínimo possível. Nas bases de alta qualidade, ele não deve ultrapassar 1 segundo de arco.

Em geral, o corpo principal do instrumento pode ser retirado da base nivelante, conforme indicado na Figura 8.10a. Esse procedimento permite que a mesma base, uma vez instalada sobre o ponto de medição, seja utilizada para a fixação de prismas refletores, ou outros acessórios, exatamente na mesma posição em que estava o instrumento, evitando assim erros de centragem. Além disso, no caso de medições repetidas, ele permite que o instrumento ou outros acessórios ocupem as mesmas posições em diferentes etapas da medição. A este procedimento dá-se o nome de *centragem forçada*.

Para a instalação de prismas refletores ou de antenas GNSS sobre um tripé e por meio de uma base nivelante são utilizados adaptadores especiais fabricados exclusivamente para esse fim. Para mais detalhes, recomenda-se consultar catálogos de fabricantes.

A técnica de centragem forçada é utilizada em medições de alta precisão em um caminhamento[7] com estação total ou para medições com o instrumento instalado sobre um pilar de concreto, conforme indicado na Figura 8.10b. O topo do pilar, neste caso, possui uma placa metálica com um orifício que permite fixar a base nivelante por meio de um *pino metálico de centragem forçada*, conforme ilustrado na Figura 8.10c. Esse é o caso, por exemplo, das medições para o monitoramento geodésico de estruturas, em que o instrumento precisa ser instalado repetidamente ou mantido fixo sobre o mesmo ponto de centragem por longos períodos.

---

[5] Histerese é o nome dado à propriedade dos equipamentos mecânicos de deformar-se quando solicitados por uma força externa, voltando ao seu estado original após o esforço.

[6] Ver *Seção 8.3 – Teodolito eletrônico e estação total*.

[7] Para mais detalhes, ver *Capítulo 11 – Apoio topográfico – Poligonação*.

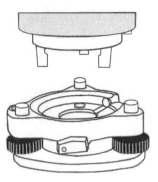
(a) Acoplamento do instrumento à base nivelante.

(b) Instalação do instrumento sobre um pilar de concreto com centragem forçada.

(c) Instrumento instalado sobre um pilar de concreto com centragem forçada.

FIGURA 8.10 • Instrumento topográfico sobre pilar de centragem forçada.

8.2.6 Luneta

A luneta é o componente do instrumento topográfico que define o eixo de visada e possibilita a visualização do ponto a ser medido. Ela é composta por um sistema óptico formado por uma objetiva, uma ocular e um conjunto de lentes de alta qualidade e relativamente complexo, que permite que o operador realize medições em condições difíceis de visibilidade. Além do sistema óptico, ela possui ainda um grupo de retículos gravados em uma placa de vidro localizada junto com a objetiva, uma mira de pontaria, situada na parte superior do seu corpo, e dois controles de foco, sendo um deles para focar o ponto visado e outro para focar os retículos. A focagem correta dos dois sistemas de lentes é importante para evitar a ocorrência do efeito da *paralaxe*, ou seja, a ocorrência de um movimento aparente do objeto visado em relação ao retículo, em função do movimento da posição do olho do observador. Esse efeito deve ser eliminado antes de cada medição. A Figura 8.11a apresenta um desenho esquemático da luneta convencional de um teodolito com seus principais componentes. A reta que passa pelo centro da objetiva e pelo cruzamento dos retículos define a linha de visada. A Figura 8.11b apresenta um exemplo de retículos de uma luneta.

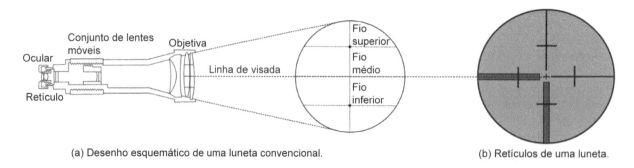

(a) Desenho esquemático de uma luneta convencional.

(b) Retículos de uma luneta.

FIGURA 8.11 • Ilustração da luneta de um teodolito e de seus retículos.

Além dos componentes mecânicos da luneta, existem dois outros fatores relacionados com o sistema óptico que interferem na sua qualidade. São eles: o *aumento* e o *campo de visão da luneta*, conforme descritos a seguir.

Aumento da luneta

Dá-se o nome de *aumento de uma luneta* à relação entre a dimensão do objeto visto a olho nu e a dimensão do objeto visto através da luneta. Na prática, ele corresponde à relação existente entre a distância focal da objetiva e a distância focal da ocular. Em geral, o aumento é da ordem de 30 vezes para os instrumentos convencionais.

Campo de visão

O campo de visão da luneta corresponde à abertura do cone de visão proporcionado por ela. Geralmente, ele é da ordem de 1,5°, ou seja, 27 metros para uma distância de 1 km.

Embora o termo luneta signifique um dispositivo para visadas ópticas, em muitos instrumentos topográficos ela deve ser entendida como o dispositivo por intermédio do qual se define o eixo de referência de uma medição. Por essa razão, em muitos instrumentos ela é o meio pelo qual se realizam as medições de distâncias, as capturas de imagens e emitem-se os feixes *laser* de alinhamento e de colimação horizontal. Em alguns instrumentos da categoria "pontual", ela, inclusive, não permite nenhuma visualização óptica.

Tendo sido apresentado os principais componentes dos instrumentos topográficos, serão apresentados a seguir, os detalhes técnicos dos instrumentos mais importantes da categoria "pontual", que são os teodolitos eletrônicos, as estações totais e os níveis topográficos.

8.3 Teodolito eletrônico e estação total

O *teodolito eletrônico* e a *estação total* são os instrumentos topográficos mais conhecidos e os mais utilizados em Geomática. O teodolito eletrônico é utilizado, primordialmente, para as medições de direções e ângulos verticais, enquanto a estação total, além das direções e dos ângulos, mede também distâncias. O formato físico de ambos é praticamente o mesmo. A concepção de um teodolito é, evidentemente, mais simples e pode ser compreendida em função da descrição dos componentes da estação total, razão pela qual se discute nas próximas seções apenas as características técnicas relacionadas com a estação total.

O princípio de medição de ângulos e distâncias com uma estação total está ilustrado na Figura 8.12.

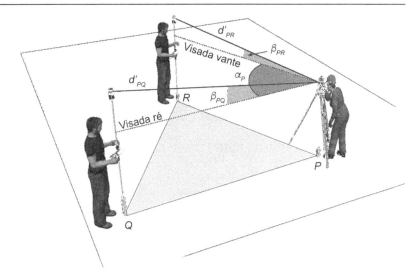

FIGURA 8.12 • Princípio de medição com uma estação total.

Em termos gerais, pode-se dizer que a estação total é o instrumento topográfico mais completo para realizar medições de campo do tipo pontual. Conforme ilustrado na Figura 8.13, ela possui todos os componentes de um instrumento topográfico, que são: alidade, luneta, distanciômetro eletrônico, círculo vertical, círculo horizontal, teclado, tela LCD/VGA, parafusos de chamada, prumo de centragem e três eixos. Alguns instrumentos possuem também sistemas para o reconhecimento automático de prisma e câmeras digitais para captura de imagens, conforme descrito nas próximas seções deste capítulo.

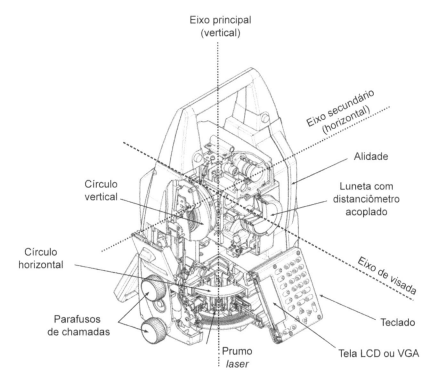

FIGURA 8.13 • Componentes básicos de uma estação total.
Fonte: adaptada de Leica Geosystems.

8.3.1 Círculos graduados para a medição angular com uma estação total

Os círculos graduados e o distanciômetro eletrônico são os elementos fundamentais de uma estação total. Eles estão protegidos no interior da alidade e localizam-se em relação aos eixos do instrumento, de modo a permitirem observações de direções horizontais, de ângulos verticais e de distâncias, conforme descritos em capítulos anteriores.

O círculo horizontal está localizado na parte inferior da alidade de maneira que seu centro coincida com o eixo vertical do instrumento. O círculo vertical está localizado no montante vertical da alidade, de maneira que seu centro coincida com o eixo secundário do instrumento. Isso significa dizer que quando o instrumento está nivelado, o círculo horizontal está paralelo ao plano horizontal, que passa pelo centro do instrumento, e o círculo vertical está paralelo ao plano vertical, perpendicular ao horizontal (ver Fig. 8.14a).

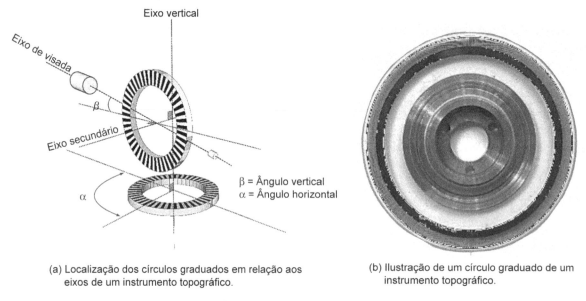

(a) Localização dos círculos graduados em relação aos eixos de um instrumento topográfico.

(b) Ilustração de um círculo graduado de um instrumento topográfico.

FIGURA 8.14 • Círculos graduados de um instrumento topográfico.

Para a realização das leituras angulares, a maioria dos instrumentos utiliza um sistema de medição composto por uma placa circular de vidro com diâmetro variável de 70 a 100 mm, gravada com marcas codificadas sobre setores da placa e com capacidade para definir valores com décimos de segundos angulares (ver Fig. 8.14b). A leitura é realizada por intermédio da iluminação do círculo codificado, por meio de um arranjo de LED, que projeta a porção iluminada sobre uma rede de sensores CMOS. A imagem projetada sobre os sensores é codificada e transformada em informação angular. Uma primeira aproximação do valor do ângulo é obtida com uma precisão da ordem de 16 segundos de arco. O valor angular preciso é obtido por meio da posição do centroide das linhas de código atingidas pelo feixe de luz. Geralmente são usadas 30 linhas e 4 arranjos de sensores para permitir uma interpolação precisa. Existem dois tipos de codificadores para leitura angular: absoluto e incremental. A principal diferença entre eles é que no codificador absoluto a posição do limbo corresponde sempre a uma posição zero fixa, enquanto no incremental essa posição varia e o codificador exibe sempre a diferença entre a posição presente e a prévia. Por meio desses processos de medição, ou de variações deles, tem-se conseguido alcançar precisões angulares da ordem de 0,5″, ou menores. Os valores observados são, em seguida, indicados na tela do instrumento. A Figura 8.15a ilustra o princípio do sistema de medição angular e a Figura 8.15b mostra uma vista 3D da montagem completa desse sistema.

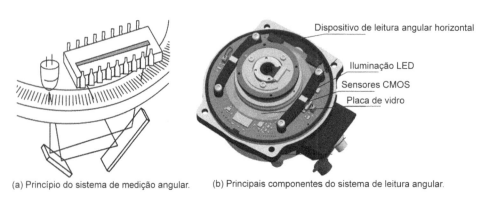

(a) Princípio do sistema de medição angular.

(b) Principais componentes do sistema de leitura angular.

FIGURA 8.15 • Sistema de medição angular de uma estação total.

Fonte: adaptada de Leica Geosystems.

8.3.2 Distanciômetro eletrônico

Durante muitos anos, os instrumentos mais usados em Geomática para as medições topográficas foram o teodolito, para a medição de ângulos e, em algumas situações especiais, também para a medição de distâncias estadimétricas e a trena para a medição de distâncias. As anotações eram feitas em cadernetas de campo e os dados coletados em campo transferidos, manualmente, para uma planilha de cálculo ou para um programa de computador. A primeira grande evolução nas medições topográficas ocorreu a partir do advento dos instrumentos com capacidade para a medição eletrônica de distâncias, conforme apresentado na *Seção 7.3.2 – Medições eletrônicas de distâncias*. Por se tratar de um equipamento de medição autônomo, inicialmente, para seu uso nos levantamentos topográficos, eles eram acoplados na luneta do teodolito permitindo assim que as medições angulares e as medições de distâncias fossem feitas quase que simultaneamente. Ver detalhes na Figura 8.16.

Na década de 1980, o distanciômetro foi inserido no interior da luneta do teodolito, coaxial com o eixo de visada, formando um conjunto único para as medições angulares e de distâncias. Quase ao mesmo tempo, com o avanço dos microprocessadores, esse novo instrumento passou também a gravar os dados medidos em campo, associados aos atributos do ponto de estação do instrumento e dos pontos medidos, em uma memória interna do instrumento ou em uma coletora de dados externa. Nasceu assim a estação total. Como resultado dessa nova tecnologia, as medições de campo passaram a ser mais estruturadas e muito mais rápidas se comparadas aos métodos anteriores (ver Fig. 8.17).

As estações totais atuais possuem três modos de medição de distâncias, que são: padrão, rápido e rastreio. A diferença entre eles está no tempo de medição da distância e na precisão do valor medido. A Tabela 8.3 mostra um exemplo da relação entre esses valores.

(a) Exemplo de distanciômetro eletrônico.

(b) Distanciômetro eletrônico acoplado na luneta de um teodolito óptico mecânico e de um teodolito eletrônico.

FIGURA 8.16 • Distanciômetro eletrônico.
Fonte: adaptada de Wild Heerbrug. Disponível em: https://wbk.wild-heerbrugg.com/en/produkte/geod%C3%A4sie-geodesy. Acesso em: 21 jan. 2021.

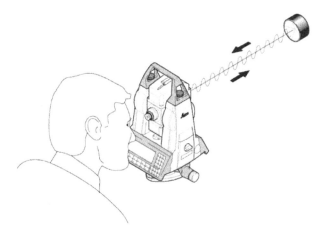

FIGURA 8.17 • Estação total em processo de medição de distância.

TABELA 8.3 • Modos de medição de distâncias com uma estação total

Instrumento	Modo de medição de distância	Precisão	Tempo de medição
Trimble 3600	Padrão	1 mm + 1 ppm	2 s
	Rápido	3 mm + 2 ppm	1,8 s
	Rastreio	5 mm + 2 ppm	0,4 s

8.3.3 Estação total robótica – servomotores

Dá-se o nome de *estação total robótica* (RTS) ao instrumento com capacidade para mover automaticamente sua alidade e sua luneta 360° em torno de seus eixos. Esses movimentos são realizados por meio de servomotores[8] ou por meio de piezo motores,[9] montados, na maioria das vezes, diretamente nos eixos do instrumento. Tais motores permitem dirigir a linha de visada da estação total para uma direção qualquer indicada pelo operador. A velocidade de rotação desse tipo de motor pode chegar a 180°/s, como no caso da estação total TS30 da Leica Geosystems. Para a sua movimentação precisa, os servomotores (ou piezo motores) utilizados em estações totais operam em conjunto com os círculos horizontal e vertical do instrumento de modo a garantirem a perfeita sincronização, conforme ilustrado na Figura 8.18.

As estações totais robóticas são utilizadas, na maioria dos casos, em conjunto com dispositivos de reconhecimento automático de prismas, conforme descrito na próxima seção.

---

[8] Máquina eletromecânica com capacidade para controlar movimentos rotacionais que exijam alta precisão angular.
[9] Tipo de motor elétrico baseado na alteração da forma de materiais piezo elétricos quando perturbados por corrente elétrica.

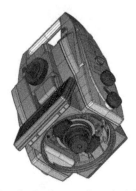
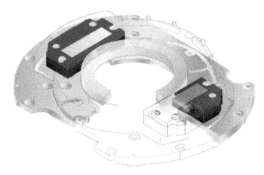

(a) Ilustração de piezo motores instalados no corpo de uma estação total.

(b) Par de piezo motores instalados em conjunto com a placa de medição angular.

FIGURA 8.18 • Ilustração da composição piezo motor e círculo de medição angular de uma estação total.
Fonte: Leica TM30.

8.3.4 Módulo de reconhecimento automático de prisma

O módulo de reconhecimento automático de prisma de uma estação total, também conhecido pela sigla ATR (*Automatic Target Recognition*), é um dispositivo com capacidade para identificar um prisma refletor no campo de visão da luneta e determinar sua posição angular com alto grau de acurácia. Ele é parte indispensável de praticamente todos os tipos de estações totais robóticas, cuja finalidade é permitir a realização de medições precisas sem pontaria manual. O princípio básico de funcionamento desse módulo é o uso de sensores CMOS, inserido no corpo do instrumento, para a captura de imagens do campo de visão da luneta. Para a localização do prisma, o instrumento emite um feixe *laser* coaxial com o eixo da luneta e com um ângulo de divergência de cerca de 1,5 grau. Quando o feixe *laser* atinge o prisma, a luz é refletida de volta para a luneta, onde um filtro de luz extrai a porção infravermelho da imagem e a dirige para o sensor CMOS. Em seguida, diferentes algoritmos avaliam a imagem e identificam o centro do ponto *laser* refletido com uma precisão da ordem do subpixel da rede de sensores.

Conhecendo a coordenada do pixel relacionado com o centro do ponto *laser*, a distância focal da luneta e a distância até o prisma, pode-se calcular a posição do ponto *laser* em relação ao centro do eixo óptico do instrumento. Combinando o desvio com valores dos sensores angulares e de inclinação do instrumento, obtém-se a direção horizontal e o ângulo vertical final do ponto em relação ao centro do prisma. Notar que a correção do ATR necessita da medição da distância até o prisma. Cada vez que a distância é medida, o instrumento corrige os valores dos *off-sets*.

Dependendo do modo de medição de distância (padrão, rápido ou rastreio) e para minimizar o tempo de medição, o sistema ATR possui um algoritmo para decidir se continua a busca ou se mede os valores angulares da posição do centro do prisma em relação ao eixo da luneta, em função dos desvios (Hz) e (*V*) da visada (ver Fig. 8.19).

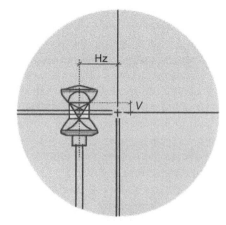

FIGURA 8.19 • Reconhecimento automático de prisma.

Isso significa que quando o operador visualiza o prisma através da luneta, ele nem sempre verá o centro do prisma coincidente com o centro de visada do instrumento, conforme ilustrado na Figura 8.19. Em alguns instrumentos, quando o operador realiza a ação de zerar o círculo horizontal, ele verá na tela do instrumento o valor angular relativo à posição da luneta; porém, internamente o instrumento grava o valor zero.

O processo de busca do prisma é feito por intermédio da movimentação automática da luneta no interior de uma janela de busca definida pelo usuário. Para acelerar o processo de busca, algumas estações totais possuem um sensor adicional instalado na parte superior da luneta que transmite um feixe *laser* com uma faixa de dimensões de 20 graus na vertical e 0,5 grau na horizontal (ver Fig. 8.20). Assim que esse feixe *laser* detecta o prisma, o

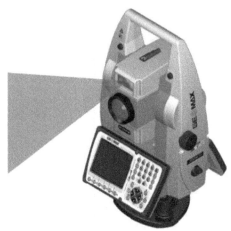

FIGURA 8.20 • Sensor *laser* para busca primária de prisma.
Fonte: Geomax AG.

instrumento aciona o módulo ATR para a busca ao longo do eixo vertical. No caso de o instrumento não encontrar o prisma, ele repete o algoritmo de busca até encontrá-lo ou emite um aviso de prisma não encontrado.

Para evitar o reconhecimento de refletores não relevantes, o módulo ATR possui algoritmos para avaliar as características da imagem e da energia refletida para confirmar se elas advêm ou não de um prisma refletor de uma estação total. No estágio atual dessa tecnologia, o desempenho dos algoritmos de detecção ainda não é infalível e o usuário de uma estação total robótica deve estar atento a essa ocorrência.

O alcance de detecção de um prisma refletor pelo módulo ATR de uma estação total depende do tipo de prisma. Ele varia de 55 metros para um prisma adesivo a 1.500 metros para um prisma circular. Recomenda-se ao leitor consultar o Manual do Usuário do seu instrumento para verificar as distâncias recomendadas.

Para se assegurar que as medições com ATR estão corretas, o operador poderá realizar uma operação de medição angular manual a um prisma distante cerca de 100 metros do instrumento, anotar o valor, em seguida mover a luneta e realizar uma medição automática. Ambos os valores medidos devem estar próximos considerando a precisão angular do instrumento.

Associado à capacidade de detecção do prisma, as estações totais robóticas podem também possuir um módulo para acompanhamento do prisma. Isso significa que a luneta move-se acompanhando o movimento do prisma, detectando a sua posição quase instantaneamente. Alguns fabricantes indicam que seus instrumentos podem acompanhar o deslocamento de um prisma a uma velocidade de até 50 km/h dependendo do tipo de prisma e da distância até o instrumento. Para um auxiliar de campo (porta prisma) deslocando-se sobre o terreno, uma velocidade da ordem de 18 km/h já é suficiente.

Em termos de precisão, os fabricantes indicam que os instrumentos robóticos alcançam os mesmos valores obtidos para as medições manuais. O leitor deve, contudo, confirmar esses valores, principalmente para diferentes tipos de prismas.

8.3.5 Estação total assistida por imagens

Outro avanço importante na área de captura de dados espaciais por meio de instrumentos topográficos foi a inclusão de sensores de imagem no interior das estações totais. Diz-se, neste caso, que se tem uma estação total assistida por imagem – IATS (*Image Assisted Total Station*). O princípio básico de funcionamento do sistema de captura de imagens consiste na inserção de uma rede de sensores CCD ou CMOS de forma coaxial com o sistema óptico da luneta do instrumento. A câmera assim instalada captura a imagem visualizada pela luneta do instrumento, com um aumento de cerca de 30 vezes, e a orienta e georreferencia a visada por meio dos valores angulares lidos pelo sistema de rotação do instrumento. Isso significa que o conjunto sensor de imagem/eixo de visada precisa ser calibrado adequadamente e o sistema óptico do instrumento deve ser do tipo autofoco. Algumas estações totais assistidas por imagem possuem até três câmeras CCD (ou CMOS) operando em conjunto, duas delas fora do corpo da luneta e a terceira coaxial com a linha de visada.

A Figura 8.21 ilustra um exemplo da configuração de uma estação total assistida por imagens com duas câmeras instaladas. A primeira delas, instalada na parte superior do corpo da luneta, captura uma imagem panorâmica da cena e a segunda, instalada no interior da luneta, captura a imagem ampliada, a qual é utilizada para os procedimentos de coleta de dados. Notar que o sistema de captura de imagens e a resolução dos sensores CCD ou CMOS variam entre fabricantes. O exemplo apresentado na Figura 8.21 é apenas ilustrativo.

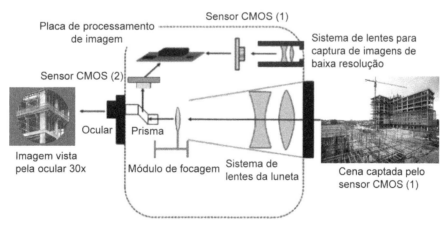

FIGURA 8.21 • Ilustração de um sistema de coleta de imagens de uma estação total assistida por imagens.
Fonte: adaptada de Leica Nova MS50 total station telescope.

O sistema de imagens de uma IATS pode ser utilizado para ajudar o operador do instrumento na busca e detecção imediata do objeto a ser medido ou na gravação das imagens para documentação ou para posterior processamento fotogramétrico, conforme descrito no *Capítulo 22 – Aerofotogrametria*. Para seu uso como sensor fotogramétrico, as estações totais assistidas por imagens devem vir acompanhadas de programas aplicativos de processamento de imagens ou as imagens geradas deverão ser importadas para programas de fotogrametria apropriados.

Pelo fato de as estações totais assistidas por imagens serem também robóticas e com capacidade de medições de distâncias sem prisma, elas permitem que o operador trabalhe quase exclusivamente por intermédio das imagens digitais exibidas na tela do instrumento. Por meio da tela sensível ao toque (*touchscreen*) do instrumento ou de uma coletora de dados externa, o operador escolhe, na imagem, o ponto que deseja medir e o instrumento dirige a linha de visada automaticamente para o ponto sem operações manuais com a luneta. Instrumentos operados totalmente por imagens e sem visor óptico já estão disponíveis no mercado, a exemplo da estação total Trimble SX10, exibida na Figura 8.22.

FIGURA 8.22 • Exemplo de estação total operada totalmente por meio de imagens digitais.
Fonte: Trimble Inc.

8.3.6 Estação total com varredura *laser*

O último estágio do desenvolvimento de estações totais da atualidade é a incorporação do recurso de varredura *laser* em conjunto com a luneta do instrumento. Tem-se assim uma estação total que combina as qualidades operacionais convencionais de coleta de dados geoespaciais com a capacidade de varredura *laser* em um único instrumento. A esse novo tipo de instrumento alguns fabricantes denominam STS (*Scanning Total Station*) e outros *Multi-station*. A varredura *laser*, neste caso, é realizada por meio do movimento robótico da estação total e medições de distâncias sem prisma sobre uma malha de pontos predefinida pelo operador ou por meio da deflexão do feixe *laser* ocasionado pela rotação de um prisma em forma de polígono,[10] instalado no interior da luneta do instrumento. A estação total Trimble SX10, ilustrada na Figura 8.22, é um exemplo de uma estação total com varredura *laser*.

Todas as estações totais com varredura *laser* disponíveis no mercado, atualmente, são assistidas por imagem. O operador pode, portanto, definir a região de varredura por intermédio da tela do instrumento, conforme ilustrado na Figura 8.23a. Na mesma tela, definem-se os demais parâmetros da varredura, como o espaçamento da malha, a distância máxima da varredura e outros. A taxa de rastreio para um instrumento com varredura baseada em piezos motores é da ordem de 1.000 pontos por segundo para uma superfície localizada a 300 metros. Para os instrumentos baseados em deflexão do feixe *laser*, essa mesma taxa é da ordem de 26 mil pontos por segundo. O espaçamento da malha de pontos varia entre fabricantes e entre os métodos de varredura (sempre na ordem de alguns milímetros a uma distância de 10 metros). Para esses e outros detalhes, recomenda-se aos leitores consultarem os catálogos dos fabricantes.

O procedimento de uma medição com varredura *laser* está apresentado na Figura 8.23b. O resultado, como descrito em detalhes no *Capítulo 21 – Tecnologia de varredura laser*, é uma nuvem de pontos com coordenadas 3D correspondentes aos pontos da malha de pontos definida pelo operador.

(a) Definição de uma região para a varredura *laser* com uma estação total. Cortesia Trimble Inc.

(b) Procedimento de medição com varredura *laser*.

FIGURA 8.23 • Procedimento de varredura *laser* com estação total.
Fonte parte b: adaptada de Leica Geosystems: https://leica-geosystems.com/pt-br/industries/monitoring-solutions/man-made-structures/dams. Acesso em: 20 jan. 2021.

---

[10] Para mais detalhes, ver *Capítulo 21 – Tecnologia de varredura laser*.

INSTRUMENTOS TOPOGRÁFICOS **133**

8.3.7 Características operacionais de uma estação total

Por ser um instrumento eletrônico, a estação total possui capacidade para armazenar todas as informações relacionadas com a sua configuração operacional, bem como os valores dos dados espaciais medidos em campo, incluindo imagens e nuvens de pontos 3D. Conforme já citado, para facilidade operacional na coleta de dados, o instrumento possui uma tela LCD/VGA ou aceita a conexão de um coletor de dados externo, o que permite controlar completamente o tipo de dado espacial coletado e a geometria da medição de campo, inclusive graficamente.

A estrutura da coleta de dados pode ser feita por meio de tabelas de códigos que, se bem estruturadas, permitem que os programas aplicativos de topografia entendam o tipo de elemento geométrico medido e desenhe-o na planta topográfica, automaticamente na tela do computador. Por meio desse recurso, o operador experiente pode coletar os dados e codificá-los para serem descarregados no programa sem a necessidade de nenhuma anotação em campo. Para esse propósito, existem basicamente dois tipos de codificações que são empregadas em função do programa aplicativo e do tipo de instrumento utilizado. São eles:

- *Código livre:* o código pode ser inserido como uma linha de informação entre as medições. O programa aplicativo entende o código como uma linha de comando a ser executada, que pode ser inserida no instrumento, manualmente, ou por comandos associados a uma lista de códigos, durante o processo de medição.
- *Códigos temáticos:* o código é gravado como um atributo opcional de um ponto, de uma linha ou de um polígono. O registro do código, nesse caso, está conectado ao elemento medido. Eles podem também ser inseridos no instrumento, manualmente, ou por comandos associados a uma lista de códigos.

Além da configuração da medição e da codificação, as estações totais permitem realizar uma série de cálculos matemáticos, em campo, utilizando os valores medidos ou inserido no instrumento. Dependendo do fabricante, o operador pode obter em campo os valores dos seguintes elementos geométricos:

- distância horizontal;
- distância vertical;
- coordenadas no plano topográfico ou projeções cartográficas;
- distâncias planas;
- azimutes;
- outros.

Além disso, elas possuem também programas aplicativos internos que permitem realizar processamentos em campo, como:

- funções de geometria de coordenadas, conforme descritas no *Capítulo 10 – Cálculos topométricos*;
- cálculos de cotas ou altitudes;
- funções para implantação de pontos no terreno;
- elementos para implantação de vias de transporte terrestre, conforme descritos no *Capítulo 23 – Curvas horizontais e verticais*;
- estação livre;
- cálculo de poligonais;
- cálculos de áreas e volumes;
- divisão de áreas;
- outros.

Todas as estações totais possuem recursos para indicações de parâmetros para as correções atmosféricas do medidor de distâncias e algumas delas possuem também recursos para indicação de parâmetros de correções geodésicas, como o fator de escala UTM.[11]

O formato dos dados brutos gravados pelas estações totais e os modos de importação e exportação de dados variam bastante entre fabricantes. Não existe ainda uma norma que especifique como os dados devem ser disponibilizados. Da mesma forma, as operações em modo *wireless* e as conexões de mídias externas variam entre as classes de instrumentos.

Os detalhes operacionais sobre como utilizar uma estação total em campo estão descritos no *Capítulo 14 – Levantamento de detalhes*.

8.3.8 Classificação das estações totais

Não existe uma classificação oficial para as estações totais. De modo geral, elas podem ser classificadas em:

- estações totais para obras de edificações na construção civil;
- estações totais para obras de construção civil de grande porte, como vias de transporte, barragens, loteamentos etc.;
- estações totais para obras subterrâneas;

---

[11] Para mais detalhes, ver *Seção 19.7 – Fator de escala da projeção UTM.*

134 TOPOGRAFIA PARA ENGENHARIA

- estações totais para levantamentos topográficos para mapeamentos em geral e trabalhos de agrimensura;
- estações totais para levantamentos topográficos ou geodésicos de precisão;
- estações totais para mensuração industrial;
- estações totais para controle de máquinas;
- estações totais para modelagem de superfícies.

As estações totais para obras de edificações possuem características próprias relacionadas com as necessidades de um canteiro de obra. Em geral, elas são concebidas para serem operadas por usuários sem experiência em Geomática, mas com conhecimento de obra. Para tanto, elas possuem menus e parâmetros de configuração relacionados com a determinação de alinhamentos e implantação de obras, exibidos de forma gráfica. Os instrumentos dessa categoria não precisam medir distâncias superiores a 1.000 metros e podem possuir precisões angulares e lineares da ordem de 7 segundos e 3 mm + 3 ppm, respectivamente. Devem possuir visor gráfico para exibir as relações geométricas das medições, capacidade para medições sem prisma e capacidade para armazenar grandes quantidades de informações sobre a obra em operação.

As estações totais para obras de construção civil de grande porte são concebidas para serem operadas por usuários experientes em Geomática. Elas devem possuir capacidade de armazenamento de dados elevada, permitir a realização de cálculos topométricos em campo e possuir processadores para aplicar correções atmosféricas nas medições angulares e lineares e correções geodésicas nas medições de distâncias. Para serem operadas em obras de construção civil, não necessitam de medições de distância maiores que 2.000 metros com prisma e 500 metros sem prisma. As precisões angulares para essa classe de estação total podem variar de 2″ a 5″. A precisão linear pode ser da ordem de 2 mm + 2 ppm. Na maioria dos casos, prefere-se estações totais de operação totalmente manuais com ou sem capacidade para conexão de computadores externos. Embora não indispensáveis, a inclusão de visor gráfico para exibir o georreferenciamento da medição e capacidade para armazenar grandes quantidades de informações sobre a obra podem melhorar o desempenho do instrumento. É também importante que o instrumento seja munido de um compensador eletrônico para correção da verticalidade do instrumento, conforme apresentado na *Seção 9.2.1.2.3 – Erro de verticalidade do eixo principal*.

As estações totais para obras subterrâneas, em geral, possuem as mesmas características básicas das utilizadas para obras de construção civil de grande porte. Dois aspectos fundamentais, contudo, as diferenciam. A primeira delas é a precisão do instrumento que, em geral, devem possuir precisão angular de 0,5″ ou 1″ e precisão linear igual a 0,6 mm + 1 ppm ou 1 mm + 1 ppm; a segunda é que, dependendo do tipo de obra, as estações totais para obras subterrâneas devem ser robotizadas, com operação via *Bluetooth*, e possuir capacidade para varredura *laser*.

As estações totais para levantamentos topográficos para mapeamento em geral devem possuir a característica especial de operações com listas de códigos e recursos para indicação de atributos dos dados espaciais medidos. Recursos de telas gráficas ou de captura de imagens são recomendados. Em geral, devem possuir longo alcance de medições de distância com e sem prisma, da ordem de 3.000 metros e 1.000 metros, respectivamente. Não precisam necessariamente ser robotizadas. Nos casos do uso em levantamentos cadastrais, é adequado que o instrumento possua capacidade para operar com *tablets* e mídias externas. As precisões angulares para essa classe de estação total podem variar de 2″ a 5″ e a precisão linear pode ser da ordem de 2 mm + 2 ppm.

As estações totais para levantamentos topográficos ou geodésicos de precisão são fabricadas para medições de longas distâncias, podendo alcançar 5 km com um prisma. Elas não precisam necessariamente possuir recursos para cadastro de dados espaciais, uma vez que são preferencialmente indicadas para medições de precisão em levantamentos geodésicos. Em geral, podem ter precisões angulares variando de 0,5″ a 1″ e precisão linear variando de 0,6 mm + 1 ppm a 1 mm + 1 ppm. Para operações de monitoramento geodésico de estruturas, elas devem ser robóticas e possuírem módulo de reconhecimento automático de prisma. Capacidade para medição de distância sem prisma é opcional. Devem possuir processadores para correções atmosféricas e geodésicas. É também importante que o instrumento seja munido de um compensador eletrônico para correção da verticalidade do instrumento.

As estações totais para mensuração industrial fazem parte de um tipo especial de instrumentos topográficos e são construídas especificamente para esse tipo de aplicação. Por não exigirem operadores especializados em Geomática, elas possuem menus e sistemas operacionais voltados para o dimensionamento industrial. Em geral, vêm acompanhadas de programas aplicativos especiais para as aplicações industriais específicas. Não necessitam de alcance de medição de distância elevado, devem possuir capacidade para medição sem prisma, não necessitam de capacidade para correções geodésicas e devem permitir conexões com mídias externas. As precisões angulares para essa classe de estação total são iguais a 0,5″ a 1″ e a precisão linear são iguais a 0,6 mm + 1 ppm ou 1 mm + 1 ppm. Esse tipo de instrumento sempre possui compensador eletrônico para correção da verticalidade do instrumento.

As estações totais utilizadas para o controle de máquinas devem prioritariamente ser instrumentos de alta precisão. Não se recomenda utilizar instrumentos com precisão angular inferior a 0,5″ e precisão linear inferior a 0,6 mm + 1 ppm. Não necessitam medir distâncias com prisma superiores a 1 km e sem prisma superiores a 500 m. Devem ser robotizadas e possuir capacidade para reconhecimento automático de prisma. Devem possuir capacidade para correções geodésicas e permitir conexões a mídias externas. Operação *Bluetooth* é recomendável. Não precisam necessariamente possuir recursos para cadastro de dados espaciais, mas devem possuir capacidade para armazenar grandes quantidades de dados de projeto e de medição. É também importante que o instrumento seja munido de um compensador eletrônico para correção da verticalidade do instrumento.

A oitava classe de estações totais é aquela composta pelos instrumentos com capacidade de varredura *laser*, conforme descrito na *Seção 8.3.6 – Estação total com varredura laser*. Seu uso mais frequente é na composição de modelos de superfícies, principalmente, nos casos de levantamentos topográficos de estruturas tridimensionais elaboradas ou para a modelagem digital de terrenos. São instrumentos de alto custo e de qualidade variada. Os parâmetros a serem considerados para essa classe de instrumento são a taxa de varredura, o alcance da medição de distância, o espaçamento mínimo da malha de pontos, a capacidade de armazenamento e outros.

8.4 Acessórios de uma estação total

A qualidade dos acessórios é de fundamental importância para se alcançar alto rendimento e precisão nos trabalhos topográficos. Os profissionais, muitas vezes, preocupam-se com o instrumento em si e esquecem-se dos acessórios. Evidentemente um acessório defeituoso ou malcuidado poderá pôr em risco a qualidade de todo o trabalho. De nada adianta utilizar um instrumento de altíssima qualidade e precisão se os acessórios não forem correspondentes. Rigor no cuidado com o instrumento, com os acessórios e com os procedimentos de campo é a chave para o sucesso de qualquer profissional. Nesse contexto, apresentam-se a seguir os detalhes técnicos mais importantes sobre o prisma refletor e o bastão, que são os dois acessórios mais importantes de uma estação total.

8.4.1 Prisma refletor

Dá-se o nome de *prisma refletor* ao acessório usado, em conjunto com uma estação total, para refletir o feixe eletromagnético enviado pelo distanciômetro eletrônico durante a medição de uma distância. Geralmente, eles são fixados na extremidade de um bastão de maneira que se conheça o *off-set* entre o centro de reflexão do feixe eletromagnético e o eixo do bastão. Os fabricantes disponibilizam atualmente vários tipos de prismas refletores, conforme indicado na Figura 8.24.

A seguir, são apresentadas as principais características dos prismas refletores indicados na Figura 8.24.

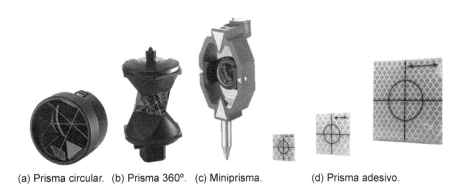

(a) Prisma circular.   (b) Prisma 360º.   (c) Miniprisma.   (d) Prisma adesivo.

FIGURA 8.24 • Tipos de prismas refletores para a medição de distâncias com estação total.
Fonte: adaptada de Leica Geosystems: https://leica-geosystems.com/pt-br/products/construction-tps-and-gnss/accessories. Acesso em: 20 jan. 2021.

8.4.1.1 *Prisma circular*

Os prismas circulares são produzidos cortando-se o canto de um cubo sólido de vidro de modo que se formem três superfícies refletoras mutuamente paralelas, que refletirão qualquer feixe eletromagnético incidente, paralelamente ao ângulo de incidência, conforme ilustrado na Figura 8.25.

Para que o prisma de vidro possa ser usado em campo, ele é protegido por uma resina e preso a um suporte, o qual permite que ele possa girar verticalmente em relação ao seu eixo horizontal e horizontalmente em relação ao eixo do bastão.

A qualidade da medição com um prisma circular depende de algumas características relacionadas com a sua construção e o seu uso, conforme indicado a seguir:

 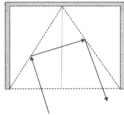

(a) Corte do cubo para fabricação de um prisma.   (b) Linhas de incidência e reflexão de um prisma.

FIGURA 8.25 • Superfícies refletoras de um prisma circular.

- constante de adição do prisma;
- desvio de paralelismo entre o feixe incidente e o feixe refletido;
- película de reflexão;
- película antirreflexo;
- qualidade do vidro.

Apresentam-se a seguir os detalhes de cada uma das características indicadas.

Constante de adição do prisma

Todas as vezes em que se realiza a medição de uma distância por intermédio de um distanciômetro eletrônico e de um prisma refletor, ela está referenciada a dois pontos: o ponto de partida, coincidente com o centro eletrônico do distanciômetro, e o ponto de chegada, coincidente com o centro de reflexão do prisma. No distanciômetro, o desvio entre o centro eletrônico e o centro mecânico é ajustado durante a fabricação do instrumento, de forma a garantir a precisão linear nominal indicada para o instrumento. No prisma, os desvios entre o centro de reflexão e o eixo vertical do bastão dependem de alguns elementos geométricos, conforme indicado na sequência.

Seja um feixe eletromagnético luminoso incidente perpendicularmente à superfície frontal do prisma. O comprimento do percurso percorrido pelo feixe luminoso é influenciado pelo índice de refração do vidro do prisma, que faz com que ele seja mais comprido. Assim, de acordo com a Figura 8.26, o comprimento do percurso do feixe eletromagnético (w) é calculado segundo a equação (8.2).

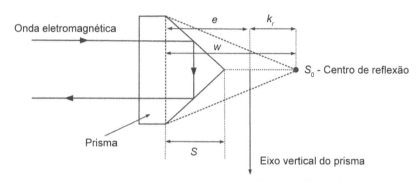

FIGURA 8.26 • Seção transversal de um prisma circular – relações geométricas.

$$w = n * s \tag{8.2}$$

Sendo:
w = distância entre a face frontal do prisma e o centro teórico de reflexão do feixe eletromagnético (s_0);
n = índice de refração do vidro do prisma;
s = distância entre a face frontal do prisma refletor e o vértice dos três prismas ópticos.

Para relacionar a distância medida com o eixo vertical do prisma, aplica-se uma constante (k_r), denominada constante de adição do prisma, dada pela equação (8.3).

$$k_r = e - (n * s) \tag{8.3}$$

Sendo:
k_r = distância entre o eixo do prisma e o centro de reflexão;
e = distância entre o eixo e a face frontal do prisma.

O valor de (k_r) é configurado pelo fabricante, em função do instrumento e do tipo de prisma. Tipicamente, eles são da ordem de –30 e –40 mm, mas podem ser também iguais a zero. O operador deverá, por isso, preocupar-se com o valor a ser inserido no instrumento toda vez que mudar o tipo de prisma.

A localização do eixo vertical do prisma varia com a inclinação da sua face frontal em relação à linha de visada. Dessa forma, quando o prisma estiver inclinado com um ângulo de inclinação igual a (α), ocorrerá um erro (Δd) na distância medida, que pode ser estimado pela equação (8.4).

$$\Delta d = e * \left[1 - \cos(\alpha)\right] - s * \left(n - \sqrt{n^2 - \text{sen}^2(\alpha)}\right) \tag{8.4}$$

Sendo:
Δd = correção da distância entre o instrumento e o prisma;
α = ângulo de inclinação do prisma;
s = distância entre a face frontal do prisma refletor e o vértice das três faces refletoras;
n = índice de refração do vidro do prisma.

Seja, por exemplo, um prisma com as seguintes características: e = 40 mm, s = 60 mm e n = 1,5.
Nesse caso, a constante de adição será k_r = –50 mm.

Se o prisma for inclinado de um ângulo α = 30°, tem-se Δd = 0,2 mm. Esse valor aumenta para 3,5 mm se a inclinação for igual a 60°. Na maioria dos casos, entretanto, o ângulo de inclinação é pequeno e pode ser desprezado, mas, mesmo assim, o operador deve cuidar para garantir que a face frontal do prisma esteja sempre perpendicular ao eixo de visada do instrumento. O próprio prisma possui uma mira de aproximação que deve ser usada para alinhar a face do prisma com a linha de visada.

Desvio de paralelismo entre o feixe incidente e o feixe refletido

A diferença angular entre os feixes incidente e refletido no prisma é denominado *desvio angular do feixe*. Se o valor desse desvio for significativo, haverá redução da potência do sinal e, como resultado, uma diminuição na distância que pode ser medida com o instrumento. Geralmente, os prismas de boa qualidade não divergem mais do que alguns segundos de arco, tipicamente, por volta de $1''$. A quantidade do desvio angular depende da qualidade e do polimento da face do vidro refletor.

Película de reflexão

O índice de reflexão de um prisma é definido como a capacidade em refletir radiações visíveis ou infravermelhas (dependendo do tipo de EDM usado pelo fabricante do distanciômetro). Esse fenômeno depende do material com o qual o prisma é fabricado e da qualidade da face refletora. Os prismas de boa qualidade geralmente possuem as faces revestidas com cobre, que alcançam um índice de refração da ordem de 75 %. O índice de refração, portanto, determina também o alcance da medição da distância.

Película antirreflexo

Durante a medição da distância, a maioria do sinal emitido pelo distanciômetro passa pelo corpo do prisma para ser refletida. Existe, porém, uma parcela da energia, que é refletida pela face frontal do prisma, perturbando a qualidade do sinal de retorno, uma vez que ela possui um tempo de retorno menor que o do feixe original, pelo fato de ela não ter penetrado no corpo do prisma.

Para evitar a ocorrência desse fenômeno, os prismas de boa qualidade possuem uma película antirreflexiva revestindo sua face frontal. Medições com prismas que não possuam essa película, ou cuja película não seja adequada para o tipo de onda eletromagnética emitida, podem ter erros de até 3 mm na distância medida. Esse fenômeno é, portanto, mais evidente à medida que as distâncias são mais curtas.

Qualidade do vidro

Para garantir a qualidade da medição, o vidro com o qual o prisma é fabricado deve possuir um índice de refração homogêneo em todo o corpo do vidro, deve possuir o mínimo possível de bolhas de ar no seu interior e deve ser robusto suficiente para suportar variações de condições climáticas sem alterar suas características físicas e geométricas.

8.4.1.2 *Prisma 360º*

O prisma 360° é um tipo especial de refletor que consiste em uma montagem de seis prismas individuais formando um arranjo que permite que o feixe eletromagnético incidente seja refletido a partir de qualquer posição de incidência, sem que seja necessário direcioná-lo para a linha de visada. Em razão dessa particularidade, esse tipo de prisma é indicado para o uso com estações totais robóticas, uma vez que o auxiliar de campo, nesse caso, não precisa se preocupar com o seu alinhamento com a linha de visada.

8.4.1.3 *Miniprisma*

Para o caso de distâncias menores e para aplicações especiais, pode-se também usar um miniprisma circular ou um miniprisma 360°. Esses tipos de prismas são adequados para situações em que a dimensão do prisma pode ser um fator limitante ou quando o uso de um refletor menor facilita o trabalho de campo, como no caso de implantações de obras, por exemplo.

8.4.1.4 *Prisma adesivo*

Como alternativa para os prismas refletores, o engenheiro pode optar pelo uso de um tipo especial de refletor denominado prisma adesivo. Trata-se de um tipo de refletor plano, confeccionado em plástico, e disponível em vários tamanhos, formatos e cores. Por ser um prisma plano, ele possui uma camada adesiva que pode ser colada sobre uma superfície plana sobre a qual se pretende medir uma distância. Geralmente, ele é usado em situações em que o refletor precisa manter-se fixo em uma posição por longos períodos. O alcance da medição de uma distância com um prisma desse tipo varia com a dimensão dele. Tipicamente, para um prisma adesivo quadrangular, com dimensão da ordem de 30 mm, o alcance é da ordem de 100 metros. Além da dimensão, outro fator importante a ser considerado na medição com um prisma adesivo é o ângulo de incidência do feixe eletromagnético. Por se tratar de uma superfície refletora plana, o alcance e a precisão da medição de uma distância podem deteriorar-se rapidamente se a visada não for feita o mais próximo possível da perpendicular ao plano do prisma.

8.4.2 Bastão de prisma

O bastão de prisma é um acessório usado em conjunto com o prisma e que tem a função de suportar o prisma, mantendo-o alinhado com a linha vertical, que passa pelo ponto cuja distância deve ser medida. Ele é fabricado em metal ou em fibra de carbono e possui comprimento variável, dependendo do fabricante. A manutenção da verticalidade do seu eixo é feita por intermédio de um nível de bolha circular preso na lateral do corpo do bastão. Considerando que ele é o prolongamento do eixo do prisma até o ponto de estação no terreno, logicamente, é imprescindível que seu eixo seja retilíneo e coincidente com o centro das suas duas extremidades. A Figura 8.27 mostra o detalhe do encaixe do prisma no bastão e o posicionamento do bastão sobre o ponto de medição.

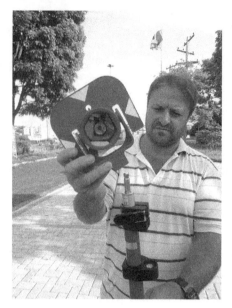
(a) Parte superior de um bastão para prisma e o encaixe do prisma.

(b) Parte inferior de um bastão para prisma sobre um ponto de medição.

FIGURA 8.27 • Partes superior e inferior de um bastão de prisma.

8.5 Nível topográfico

Dá-se o nome genérico de *nível topográfico*,[12] em Geomática, ao instrumento utilizado para estabelecer planos horizontais de referência sobre a superfície terrestre, com o objetivo de determinar a diferença de altura entre pontos de objetos espaciais situados sobre essa superfície. Recomenda-se que os leitores menos habituados com o uso desse tipo instrumento consulte a *Seção 12.3 – Nivelamento geométrico* para mais detalhes de suas aplicações.

Como descrito naquela seção, a determinação do plano horizontal se dá pela rotação da luneta do instrumento em torno de um eixo vertical solidário a base nivelante instalada sobre um tripé. Por intermédio dessa luneta pode-se realizar leituras de alturas sobre uma mira graduada, conforme ilustrado na Figura 8.28.

Os detalhes sobre as miras graduadas estão apresentados na *Seção 8.6 – Miras graduadas utilizadas em conjunto com os níveis topográficos*. Os detalhes da utilização do conjunto nível/mira estão descritos no *Capítulo 12 – Altimetria*. Nesse capítulo descrevem-se apenas os detalhes técnicos dos níveis topográficos e das miras.

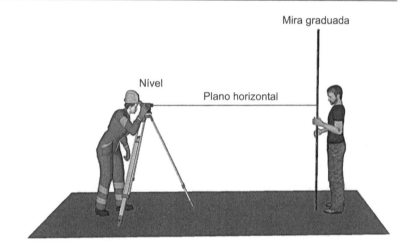
FIGURA 8.28 • Operação de medição com um nível topográfico.

Para os propósitos da Geomática, existem três tipos de níveis topográficos a serem considerados. São eles:

- nível óptico;
- nível digital;
- nível *laser*.

O princípio de funcionamento de todos eles é semelhante, variando apenas o modo operacional. Apresentam-se na sequência os principais detalhes técnicos de cada um deles.

---
[12] Também denominado *nível de luneta* ou simplesmente *nível* por alguns profissionais.

8.5.1 Nível óptico

O *nível óptico* é um instrumento topográfico utilizado para os trabalhos de nivelamento geométrico, conforme discutido na *Seção 12.3 – Nivelamento geométrico*. Ele é composto basicamente da alidade, de uma luneta, que pode girar em torno do eixo vertical do instrumento, de um parafuso de chamada para os movimentos horizontais, de um nível de bolha circular e de uma base nivelante. Ele não possui o eixo secundário e, por isso, sua luneta não se move no sentido vertical.

Os níveis ópticos são classificados em mecânicos e automáticos. Os automáticos são aqueles que possuem um compensador automático no interior do corpo da luneta (Fig. 8.29), por meio do qual a linha de visada da luneta é posta automaticamente no plano horizontal por conta da ação da gravidade. O procedimento de

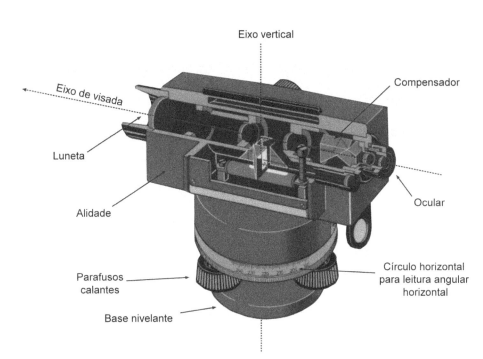

FIGURA 8.29 • Principais componentes de um nível óptico automático.
Fonte: adaptada de Leica Geosystems: Manual do usuário Leica NA720/724/728/730/730 Plus. Acesso em: 20 jan. 2021.

nivelamento do instrumento, nesse caso, consiste apenas em usar um nível de bolha esférico e os parafusos calantes para o colocar aproximadamente na horizontal para que o compensador funcione e garanta que a linha de visada se mantenha na horizontal durante sua operação. O resto é por conta do compensador. Os níveis topográficos mecânicos não possuem o compensador automático. Nesse caso, o nivelamento da linha de visada é feito por intermédio de um nível de bolha tubular, que deve ser ajustado a cada visada, mantendo assim a linha de visada na horizontal. O ajustamento é feito somente na inclinação da luneta, por intermédio de um parafuso de nivelamento próprio, que não altera a altura do instrumento, ou seja, o nivelamento de cada visada é feito sem mover os parafusos calantes.

Nos instrumentos modernos, o compensador é ajustado em fábrica a uma temperatura controlada, de forma a garantir a horizontalidade da linha de visada. Essa situação pode se alterar, entretanto, caso a temperatura varie em mais de 10 °C ou se o instrumento sofrer vibração excessiva. Quando isso ocorrer, o operador deverá inspecionar a linha de visada, para garantir a manutenção da horizontalidade. O procedimento de campo para essa inspeção está descrito na *Seção 9.4.1.2 – Erro de colimação vertical*.

Alguns níveis ópticos possuem também um círculo horizontal, com resolução de 1°, instalado abaixo da luneta e solidário a ela (ver Fig. 8.29). Embora de baixa resolução, ele pode auxiliar na medição de direções com pouca precisão, em uma obra de Engenharia Civil, por exemplo. Na face frontal da luneta estão instalados os fios estadimétricos, que definem o eixo de visada e a linha horizontal da luneta. Por meio deles, o operador pode também avaliar distâncias em função das leituras dos valores de coincidência dos fios estadimétricos superior e inferior com a mira graduada, conforme indicado na *Seção 7.3.1 – Método de medição óptica de distância*.

Igualmente à luneta de um teodolito ou de uma estação total, a luneta de um nível óptico possui dois controles de foco, sendo um deles para focar o ponto visado e outro para focar os retículos. Da mesma forma que qualquer outra luneta, o operador deve também se preocupar com a ocorrência da paralaxe dos fios estadimétricos, evitando que o plano dos fios não coincida exatamente com o plano da imagem do objeto focado.

Em termos de precisão, os níveis ópticos são classificados em função do resultado do nivelamento duplo de um caminhamento de 1 km de comprimento, conforme descrito na *Seção 12.6 – Avaliação da qualidade de um nivelamento geométrico*. A Tabela 8.4 apresenta os valores nominais de alguns níveis disponíveis no mercado atualmente.

TABELA 8.4 • Precisão nominal de um nível mecânico automático

Categoria	Desvio padrão para 1 km de nivelamento duplo (ISO 17123-2)	Aplicação
Nível de obra	2,5 mm	Canteiros de obra, levantamento de perfis.
Nível de Engenharia	1,5 a 2,0 mm	Trabalhos públicos, construção de vias de transporte.
Nível de precisão	0,7 a 1,5 mm	Construção industrial, obras civis de precisão.
Nível geodésico	0,3 a 0,5 mm	Nivelamento geodésico de precisão, monitoramento de estruturas.

8.5.2 Nível digital

A partir da década de 1990 foi introduzido no mercado um tipo especial de nível automático, cuja característica principal é a capacidade de ler digitalmente valores de altura sobre uma mira graduada gravada em formato de código de barras. Daí a denominação *nível digital*. Sua operação é igual a de um nível óptico automático, com a vantagem que o operador, nesse caso, precisa apenas visar e focar (se o instrumento não for autofoco) a mira graduada e o instrumento realiza o resto do trabalho, ou seja, realiza a leitura e grava o valor lido. Para que isso seja possível, o instrumento é munido de um arranjo linear de sensores CCD que captura a imagem da porção visualizada da mira (gravada em código de barras) e a compara com uma imagem padrão da mira gravada na memória do instrumento. Por intermédio de um método de correlação de imagens, o processador interno do instrumento encontra a melhor correlação e indica o valor da leitura na tela do instrumento, conforme ilustrado na Figura 8.30b. Em situações de condições ambientais desfavoráveis ou falta de energia, os níveis digitais também podem ser operados como um nível topográfico convencional, ou seja, por meio de leituras ópticas em miras convencionais.

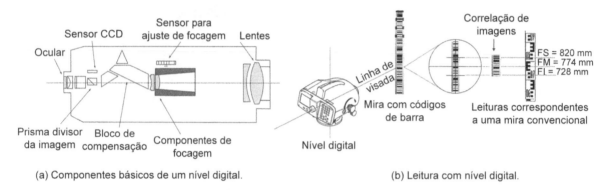

(a) Componentes básicos de um nível digital.   (b) Leitura com nível digital.

FIGURA 8.30 • Composição básica de um nível topográfico digital e leitura sobre mira com códigos de barra.

Conforme ilustrado resumidamente na Figura 8.30a, além dos eixos vertical e de visada, comuns a todos os níveis topográficos, um nível topográfico digital é composto dos seguintes componentes: conjunto de lentes com impressão dos retículos horizontal e vertical, compensador automático com sistema de controle da linha de visada, compensador de amortecimento, compensador de vibração, prisma divisor do feixe de luz, filtro espectral de radiação para a rede de sensores CCD, rede de sensores CCD, ocular, microprocessador e sensor de temperatura. A porção da mira graduada gravada pela câmera CCD é função da distância em que a mira se encontra do instrumento. Por essa razão, o nível digital mede a distância entre o instrumento e a mira, o que facilita o processo de compensação do erro de fechamento do nivelamento, conforme indicado na *Seção 12.7 – Compensação do erro de fechamento*. A distância máxima indicada para um nível digital ler a mira graduada é de 110 m com uma precisão de medição de distância da ordem de 3 a 5 mm/10 m. A precisão máxima de leitura para a diferença de altura é da ordem de 0,01 mm.

Por se tratar de um instrumento eletrônico, os níveis digitais possuem programas aplicativos internos, que permitem gravar automaticamente os valores medidos e realizar operações de altimetria de acordo com o tipo de dado gravado. Alguns instrumentos possuem também rotinas para auxiliar o usuário nas leituras de campo, por exemplo, para as linhas de nivelamento e implantação de pontos com altitudes conhecidas.

Em termos de codificação dos pontos observados, os níveis digitais utilizam os mesmos tipos de codificações usadas para as estações totais, conforme indicado na *Seção 8.3 – Teodolito eletrônico e estação total*. O processo de medição varia de acordo com o fabricante. No caso dos instrumentos da empresa Leica Geosystems, o processo é o seguinte:

- o operador visa a mira, foca a imagem e realiza a medição;
- o instrumento controla se o compensador está ativo. Alguns instrumentos possuem dispositivos para verificação da inclinação do instrumento nas direções longitudinal e transversal à linha de visada;
- o instrumento capta uma imagem infravermelho da porção da mira visualizada e calcula a distância em função da posição da lente interna de focagem;
- a imagem com tons de infravermelho é transformada temporariamente em uma imagem binária para a primeira comparação entre a imagem obtida e a imagem registrada na memória do instrumento (correlação grosseira);
- com a imagem grosseiramente posicionada, o sistema utiliza a imagem completa com tons de infravermelho de 8 bits e realiza uma busca fina da posição mais provável em relação à imagem registrada na memória do instrumento (correlação fina) e indica o resultado do cálculo efetuado.

O uso de um nível digital possui algumas vantagens e alguns inconvenientes, conforme citados na sequência.

Vantagens:
- supressão dos erros grosseiros de leitura na mira;
- supressão dos erros de anotação;
- medição automática da distância da visada, que pode auxiliar na compensação dos erros de fechamento;
- maior velocidade de trabalho no campo e no escritório. Operadores têm reportado até 50 % de redução de tempo;
- regularidade na qualidade das medições.

Inconvenientes:
- necessidade de energia para funcionamento;
- necessidade de luz infravermelho suficiente para que o instrumento possa realizar a medição;
- necessidade de visualizar uma porção grande da mira para realizar a medição. Somente a porção dos retículos não é suficiente.

Em termos de precisão, igualmente aos níveis ópticos, os níveis digitais são classificados em função do resultado do nivelamento duplo de um caminhamento de 1 km de comprimento. A Tabela 8.5 apresenta os valores nominais de alguns níveis digitais disponíveis no mercado atualmente.

TABELA 8.5 • Precisão nominal de alguns níveis digitais disponíveis no mercado

Marca/modelo	Desvio padrão para 1 km de nivelamento duplo (ISO 17123-2)	Outras características
Leica LS15	0,2 mm	Distância de medição: 1,8 a 110 m; aumento da luneta de até 32 vezes; armazenamento interno de até 30.000 linhas de nivelamento; bússola digital; nível de bolha digital; autofoco; fator de proteção IP55
Sokkia SDL1X	0,2 mm	Distância de medição: 1,6 a 100 m; aumento da luneta de até 32 vezes; armazenamento interno de até 10.000 linhas de nivelamento; autofoco; fator de proteção IP54
Trimble DiNi 0.3	0,3 mm	Distância de medição: 1,5 a 100 m; capacidade de realizar medições com apenas 30 cm de código da mira; aumento da luneta de até 32 vezes; armazenamento interno de até 30.000 linhas de nivelamento; fator de proteção IP55
Topcon DL-502	0,6 mm	Distância de medição: 1,6 a 100 m; aumento da luneta de até 32 vezes; armazenamento interno de até 2.000 linhas de nivelamento; fator de proteção IP54

8.5.3 Nível *laser*

Dá-se o nome de *nível laser* ao instrumento topográfico capaz de gerar um feixe de radiação eletromagnética do espectro luminoso amplificada, monocromática, direcional e altamente colimada, denominada LASER (*Ligth Amplification by Stimulated Emission of Radiation*). Ela pode ser do espectro visível ou infravermelho e possui a qualidade de ter um ângulo de divergência muito pequeno e com alto grau de similaridade de fase, direção e amplitude, o que a torna um excelente meio para determinar planos no espaço ou para medir distâncias sem a necessidade de prismas refletores. Baseando-se nessas características, a partir da década de 1990 foram desenvolvidos instrumentos de medição topográfica baseados no princípio da emissão de um feixe *laser* nas direções horizontal ou vertical de forma a determinarem pontos, alinhamentos ou planos no espaço.

No caso de um nível *laser*, trata-se de um emissor de feixe *laser* instalado dentro do corpo de um instrumento topográfico com características semelhantes às de um nível óptico automático, de forma a gerar linhas de visadas controladas. Embora fisicamente diferente de um nível óptico, ele pode ser entendido como um nível topográfico em que a luneta foi substituída por um diodo de emissão do feixe *laser*, operando em conjunto com um penta prisma, conforme ilustrado na Figura 8.31.

Pelas suas características físicas, os níveis *laser* são utilizados, na maioria das vezes, em obras de construção civil, como alinhamentos e nivelamentos em canteiros de obras (áreas internas e externas), terraplenagem, estabelecimentos de greides, drenagem e outros. Eles são equipamentos eletrônicos altamente automatizados e confiáveis. Podem ser nivelados manualmente ou autoniveláveis e possuem capacidade para detectar a perda de nivelamento durante a operação de campo.

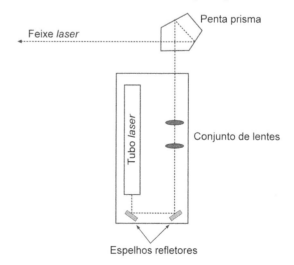

FIGURA 8.31 • Geração do feixe *laser* em um nível *laser*.

O nível *laser* mais simples é aquele em que o feixe *laser* é emitido em uma única direção, gerando alinhamentos nas direções horizontal, vertical ou inclinada, conforme ilustrando na Figura 8.32a. Uma variação desse tipo de nível *laser* é a inserção de um prisma óptico com capacidade para distribuir o feixe *laser* em faixas horizontal e vertical de forma a gerarem ângulos retos na superfície de projeção do feixe, conforme ilustrado na Figura 8.32b.

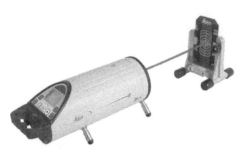

(a) Nível *laser* para orientação linear.

Fonte: adaptada de Leica Geosystems: https://leica-geosystems.com/pt-br/products/lasers/leica-piper-200-and-100. Acesso em: 20 jan. 2021.

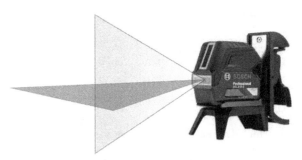

(b) Nível *laser* com faixas de luz para orientações ortogonais.

Fonte: adaptada de Bosch do Brasil: https://www.bosch-professional.com/br/pt/products/gcl-2-15-g-0601066J00. Acesso em: 19 jan. 2021.

FIGURA 8.32 • Nível *laser* com diodos fixos.

Um segundo tipo de nível *laser* utilizado em Geomática é aquele em que o penta prisma pode girar em torno do eixo principal do instrumento, gerando um plano no espaço que pode ser detectado por um dispositivo de detecção do feixe *laser*, denominado *detector laser*. O plano gerado pode ser horizontal, vertical ou inclinado (em uma ou duas direções), conforme ilustrado na Figura 8.33a.

As dimensões do detector *laser* variam em função de sua aplicação. Nos casos mais comuns de aplicações de nivelamentos em obras de Engenharia Civil, eles possuem dimensões semelhantes à de um telefone celular e podem ser usados para marcar pontos em superfícies ou serem instalados em uma mira topográfica para operações de nivelamento topográfico, conforme Figura 8.33b.

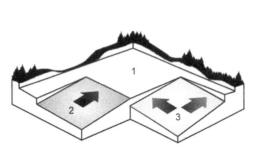

(a) Planos gerados por um nível *laser* rotativo.

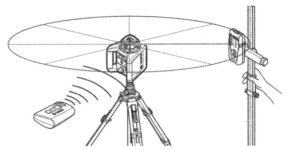

(b) Nível *laser* rotativo e detector *laser* instalado em uma mira. Cortesia: Bosch.

FIGURA 8.33 • Planos de nivelamento com nível *laser* e instalação do detector *laser*.

Em casos de automação de máquinas de construção civil, os detectores *laser* são maiores e mais robustos do que os convencionais para permitirem a sua instalação em mastros ou em implementos da máquina (ver Fig. 8.34).

Em termos de precisão, os níveis *laser* rotativo são classificados segundo a deflexão do feixe *laser* em relação à sua linha de colimação. A Tabela 8.6 apresenta os valores nominais de alguns níveis *laser* disponíveis no mercado.

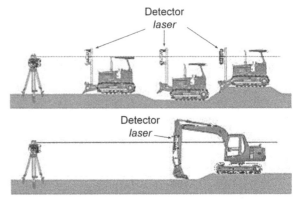

FIGURA 8.34 • Máquina de escavação equipada com detector *laser*.

TABELA 8.6 • Precisão nominal de alguns níveis *laser* rotatórios disponíveis no mercado

Modelo	Desvio do feixe *laser*	Outras características
Nível *laser* LEICA Rugby 680 com detector Rod Eye 160 digital	Precisão: ± 1,5 mm/30 m	Classe do *laser*: classe 1; rotação: 600 rpm Proteção: IP67; alcance máximo: 1.350 m Precisão da detecção: 0,5 mm
Nível *laser* TOPCON H4CRL-H4C com detector LS-80L	Precisão: ±1,5 mm/30 m	Classe do *laser*: classe 3R; rotação: 600 rpm Proteção: IP66; alcance máximo: 800 m Precisão da detecção: 1,0 mm
Nível *laser* SPECTRA PRECISION LL500 com detector HL700	Precisão: ±1,5 mm/30 m	Rotação: 600 rpm; alcance máximo: 500 m Precisão da detecção: 0,5 mm

8.6 Miras graduadas utilizadas em conjunto com os níveis topográficos

Uma mira graduada para fins de medições topográficas é uma régua graduada, geralmente fabricada em madeira ou alumínio e com comprimento de 3 ou 4 metros. Conforme ilustrado na Figura 8.35, para sua operação, ela é posicionada verticalmente sobre o ponto sobre o qual se deseja realizar uma medição de distância vertical. O posicionamento vertical é mantido por meio de um nível de bolha acoplado a ela e a medição sobre ela é realizada por meio da leitura do valor da intersecção da linha do retículo horizontal da luneta do nível topográfico sobre a numeração pintada em uma de suas faces, conforme ilustrado na Figura 8.35a. Para facilidade de leitura, a graduação é centimétrica e invertida a cada 5 cm. Geralmente, elas são fabricadas em duas partes dobráveis ou em várias partes que se encaixam umas nas outras, conforme mostra a Figura 8.35b. Para trabalhos de precisão, recomenda-se evitar as miras de encaixe.

Para os níveis digitais, as miras geralmente são fabricadas em alumínio e graduadas nos dois lados: um com código de barras e outro com algarismos arábicos (ver Fig. 8.35c).

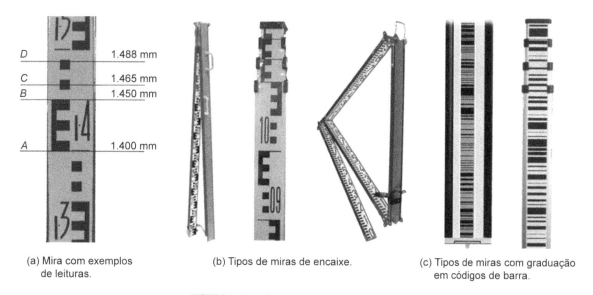

(a) Mira com exemplos de leituras.

(b) Tipos de miras de encaixe.

(c) Tipos de miras com graduação em códigos de barra.

FIGURA 8.35 • Exemplos de miras graduadas.

Citando como exemplo o caso das miras de código de barras da empresa Leica Geosystems, elas são fabricadas em bandas de 2,025 mm de largura, e 15 bandas (30,375 mm) formam um código. Os 134 códigos do sistema (aproximadamente 4,05 m) são todos diferentes. O instrumento necessita observar pelo menos 2 códigos completos (aproximadamente 70 mm da mira) para poder realizar uma medição. Tanto para a mira comum como para a mira com códigos de barra, a precisão da graduação é estimada como igual a ±0,5 mm/m e a precisão da posição dos traços é igual a ±0,15 mm.

A precisão da leitura em uma mira comum é da ordem de ±1 mm, ou seja, considera-se que o operador consegue discernir a posição do fio estadimétrico sobre a mira com uma precisão de 1 mm. Sabendo-se que o poder de separação visual da vista humana é igual a $1' = 0,0003$ rad, a distância máxima para garantir o discernimento de 1 mm sobre uma mira, a olho nu, é dada pelo seguinte cálculo:

$$d = \frac{0,001 \text{ m}}{0,0003 \text{ rad}} = 3,3 \text{ m}$$

Dessa forma, a distância máxima de leitura para garantir o discernimento de 1 mm, com uma luneta, dependerá do grau de aumento (G) da luneta. Assim,

$$d[\text{m}] = 3,3 * G \tag{8.5}$$

A Tabela 8.7 exibe a relação entre o grau de aumento da luneta e a distância máxima para discernir o valor de 1 mm sobre uma mira comum.

Para os nivelamentos de alta precisão existem miras especiais fabricadas em invar.[13] Nesse caso, a graduação é feita sobre a liga de invar e o suporte da liga é fabricado em madeira ou alumínio, de forma a evitar que a dilatação da madeira ou do alumínio afete a liga de invar. Por conta da alta precisão requerida, esse tipo de mira é fabricado em uma peça única, com graduação dupla, deslocada verticalmente, conforme indicado na Figura 8.36. O procedimento de leitura, nesse caso, consiste em usar um micrômetro acoplado à luneta do nível, por intermédio do qual se realiza um basculamento da linha de visada fazendo que ela coincida com um valor inteiro da graduação da fita de invar. O movimento do retículo para torná-lo coincidente com o valor inteiro é medido pelo micrômetro (resolução de centésimo de milímetro) e adicionado ao valor inteiro lido, permitindo que o operador tenha maior resolução na medição realizada.

TABELA 8.7 • Relação entre aumento da luneta e distância da mira graduada

Aumento da luneta	Distância máxima [m]	Distância recomendada [m]
20×	67	30
25×	83	40
30×	100	50

A escolha da mira depende diretamente da precisão do trabalho a ser realizado. O engenheiro deve sempre ter em mente que ela é um instrumento de medição e, portanto, deve ser manipulada e conservada com cuidado. Os pontos sensíveis de uma mira são:

- dilatação decorrente das condições atmosféricas;
- garantia de sua retilineidade;
- garantia da perpendicularidade da graduação em relação ao eixo da régua;
- proteção contra desgastes de base da régua.

Miras que sofreram quedas ou que apresentam encaixes defeituosos ou graduação deficiente devem ser verificadas e calibradas antes de qualquer trabalho de medição em campo.

(a) Mira de invar com sapata de apoio.

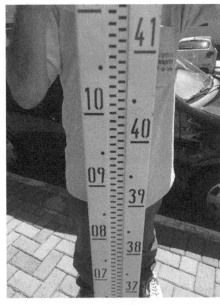
(b) Detalhe da graduação da mira de invar.

FIGURA 8.36 • Mira de invar.

---

[13] O invar é uma liga resultante da mistura de níquel e ferro que possui um coeficiente de dilatação térmica extremamente baixo.

9 Erros instrumentais e operacionais

9.1 Introdução

Toda vez que se utiliza um instrumento topográfico para realizar uma medição, é necessário considerar a qualidade com a qual ele pode realizá-la. Essa qualidade, conforme já citado em outros capítulos, depende de vários fatores, entre os quais se destacam a qualidade intrínseca do instrumento, as influências das condições ambientais e a qualidade das operações de campo. A maioria desses erros é insignificante para os trabalhos de Engenharia. Existem, contudo, vários deles que precisam ser investigados e corrigidos para garantir que os resultados estejam dentro dos limites aceitáveis para as medições topográficas do projeto ao qual elas se destinam.

A automação nas medições tem facilitado os trabalhos de campo, porém, o engenheiro deve estar ciente dos erros que ele pode cometer para estar seguro de que o trabalho realizado possui a qualidade desejada. Para tanto, ele deve ter conhecimentos suficientes para compreender os seguintes fatores relacionados com as medições com instrumentos topográficos:

- quais são os erros sistemáticos e os erros acidentais que podem ocorrer em uma medição topográfica;
- o que é precisão de um instrumento topográfico e como determiná-la;
- diferença entre visadas em uma única posição da luneta e nas posições direta-inversa;
- influência dos erros instrumentais e como determiná-los;
- influência dos erros operacionais e como determiná-los;
- influência dos erros ambientais e como mitigá-los.

Como já discutido em capítulos anteriores, as medições topográficas estão sujeitas a erros sistemáticos e erros acidentais. Os sistemáticos ocorrem, na maioria das vezes, em razão de erros instrumentais e das condições ambientais. Os acidentais ocorrem, prioritariamente, em função das condições operacionais.

Os erros sistemáticos instrumentais são verificados por meio de calibrações dos instrumentos e devem ser corrigidos sempre que detectados. Os erros sistemáticos ambientais são determinados por meio de modelos matemáticos que permitem quantificar seus valores e corrigi-los.

Calibrar um instrumento significa comparar os resultados de suas medições com um padrão. Essa operação permite determinar os desvios entre os dois valores, o medido e o padrão, para certificar se o instrumento está funcionando de acordo com as especificações técnicas indicadas pelo fabricante ou por normas técnicas específicas. Em geral, depois de calibrado, o instrumento é ajustado para reduzir os efeitos dos erros sistemáticos instrumentais nas medições subsequentes. Recomenda-se, por essa razão, que os usuários de instrumentos topográficos realizem com frequência testes de campo para verificar a qualidade de seus instrumentos. Os procedimentos para essas verificações e os respectivos ajustes são, em geral, especificados pelos fabricantes ou por normas técnicas, como as especificações ISO.

Não existe uma norma específica indicando a frequência que se deve verificar e/ou calibrar um instrumento topográfico. Recomenda-se, contudo, realizar verificações sempre que a qualidade do trabalho exigir que o instrumento opere próximo aos seus limites de precisão e realizar calibrações ao menos uma vez por ano em laboratório oficialmente acreditado.

Os erros sistemáticos ambientais somente podem ser detectados e corrigidos por meio de modelos matemáticos que parametrizam as interferências físicas ambientais nos valores medidos pelos instrumentos.

146 TOPOGRAFIA PARA ENGENHARIA

Os erros acidentais, ao contrário dos sistemáticos, são aleatórios e, por isso, não podem ser corrigidos. É por meio deles que se determinam as precisões instrumentais, cujos procedimentos de determinação estão descritos em normas técnicas específicas.

A precisão de um instrumento topográfico indica o grau de repetibilidade de suas medições, ou seja, a variação dos valores medidos com esse instrumento em relação à média de uma série de observações. Os valores dos desvios em relação à média são denominados erros acidentais e o valor do desvio padrão desses erros é considerado o indicador da precisão com as quais as medições foram realizadas. Atualmente, a qualidade dos instrumentos topográficos é indicada em termos do valor da precisão, determinado segundo a Norma ISO 17123:2018 – *Optics and optical instruments – Field procedures for testing geodetic and surveying instruments*. Os fabricantes indicam assim os valores das precisões de seus instrumentos segundo medições realizadas de acordo com as especificações dessa norma. Esses valores podem, evidentemente, ser diferentes daqueles observados em campo, os quais sofrem intervenções dos erros instrumentais e ambientais sistemáticos e da habilidade do operador. Conhecer os efeitos desses erros é, portanto, fundamental para se obter uma medida de boa qualidade.

É importante ressaltar que os erros sistemáticos, conforme já explicitado, podem ser corrigidos. Os acidentais, porém, são incontroláveis e somente podem ser tratados estatisticamente e comparados com valores previamente especificados, os quais indicarão se o trabalho realizado deve ser aceito ou rejeitado.

Ressalta-se ainda que, para a escolha de um instrumento topográfico, além da precisão, deve-se também considerar sua resolução de leitura, ou seja, o menor valor que o instrumento pode discernir entre dois valores medidos. No caso de um instrumento com indicador numérico, a resolução corresponde à quantidade de casas decimais indicadas no seu visor. Geralmente, esse valor é indicado nas especificações técnicas dos instrumentos.

Neste capítulo, apresenta-se uma breve discussão sobre os erros sistemáticos instrumentais e os erros acidentais operacionais relacionados com as estações totais e com os níveis topográficos. Os efeitos dos erros sistemáticos ambientais estão apresentados nos capítulos relacionados com as medições angulares, de distâncias e de nivelamento. Os erros sistemáticos e acidentais relacionados com os demais instrumentos topográficos apresentados neste livro estão discutidos nos capítulos correspondentes às suas descrições.

9.2 Erros instrumentais e operacionais de uma estação total

As estações totais, conforme descrito no *Capítulo 8 – Instrumentos topográficos*, medem, fundamentalmente, direções horizontais, ângulos verticais e distâncias. Dessa forma, seus erros instrumentais e operacionais estão relacionados com os erros angulares e os erros lineares. Descreve-se na sequência os detalhes geométricos de ambos.

9.2.1 Erros angulares sistemáticos

Os erros angulares sistemáticos de uma estação total estão relacionados com os erros de medição de direções horizontais e de ângulos verticais realizados por intermédio dos círculos horizontal e vertical do instrumento. São eles:

- erros de círculo;
- erros de eixos;
- erro de verticalidade do prumo (óptico, *laser* ou imagem digital);
- erro de ATR.

Para que uma estação total alcance as precisões nominais indicadas pelo fabricante, ela deve garantir as seguintes condições geométricas:

a) o plano que contém o círculo horizontal deve ser perpendicular ao eixo vertical (eixo principal de rotação do instrumento);
b) o eixo secundário deve ser perpendicular ao eixo vertical;
c) o plano que contém o círculo vertical deve ser perpendicular ao eixo secundário;
d) o eixo da luneta (eixo de visada) deve ser perpendicular ao eixo secundário;
e) o eixo vertical deve coincidir com a vertical do lugar quando o instrumento estiver nivelado;
f) os centros dos círculos horizontal e vertical devem coincidir com os centros dos eixos vertical e secundário, respectivamente;
g) a linha de visada da luneta deve estar na horizontal quando o instrumento indicar um ângulo vertical zenital igual a 90° ou 270°;
h) o eixo do distanciômetro eletrônico deve ser coincidente com o eixo de visada;
i) nas estações totais assistidas por imagens, o centro da imagem deve ser coincidente com o eixo de visada;
j) os três eixos do instrumento – vertical, secundário e de visada – devem coincidir em um mesmo ponto, que é o vértice dos ângulos medidos com o instrumento.

As condições geométricas (a), (c) e (j) dependem exclusivamente da construção do instrumento e não permitem nenhum ajuste. A condição (h) somente pode ser ajustada em laboratórios especializados. As demais podem ser verificadas e ajustadas em campo.

As condições geométricas (c), (d) e (e) são denominadas *erros de eixos*. As condições geométricas (f) e (g) são denominadas *erros de círculo*. Apresentam-se a seguir os detalhes de cada um desses erros.

9.2.1.1 *Erros de círculo*

Existem três erros de círculo a serem considerados na medição de uma direção ou do ângulo vertical com uma estação total. São eles: *erro de excentricidade do círculo e de graduação do limbo, erro de índice do círculo vertical* e *erro de índice do compensador*. Todos eles são considerados erros sistemáticos do instrumento. Descreve-se a seguir os detalhes geométricos de cada um deles.

9.2.1.1.1 Erro de excentricidade do círculo e de graduação do limbo

Para que o instrumento indique corretamente as direções observadas, o centro do círculo horizontal deve coincidir com o centro do eixo principal e o centro do círculo vertical deve coincidir com o centro do eixo secundário. Quando isso não ocorre, tem-se uma *excentricidade do círculo*. Da mesma forma, podem ocorrer erros de leitura angular em razão da existência de erros na graduação do limbo[1] do círculo. Quando isso ocorre, tem-se um *erro de graduação do limbo*.

Demonstra-se que o efeito do *erro de excentricidade do círculo* nas leituras angulares é proporcional ao valor da excentricidade e inversamente proporcional ao raio da graduação. Esses valores, entretanto, não são conhecidos, o que torna difícil estimar o valor do efeito do erro de excentricidade, que, em geral está no intervalo entre $5''$ e $10''$. A mesma dificuldade existe para a determinação do erro de graduação do círculo. Para solucionar esses problemas, ou seja, eliminar o efeito do erro de excentricidade e de graduação nas medições angulares, recomenda-se realizar leituras em dois *index* diametralmente opostos do círculo e calcular a média dos valores lidos, conforme indicado a seguir:

Com o *index L'* determina-se o ângulo α':

$$\alpha' = L_2' - L_1' \tag{9.1}$$

Com o *index L''* determina-se o ângulo α'':

$$\alpha'' = L_2'' - L_1'' \tag{9.2}$$

E, assim,

$$\alpha = \frac{\alpha' + \alpha''}{2} \tag{9.3}$$

Esse tipo de correção, contudo, elimina apenas o efeito do erro de excentricidade do círculo horizontal. Para a compensação do erro de excentricidade do círculo vertical são realizados testes de laboratório, os quais indicam uma curva de erro (senoidal). Em função dessa curva, estima-se um fator de correção, o qual é armazenado na memória do instrumento e aplicado em cada medição angular vertical.

A maioria dos instrumentos topográficos modernos já realiza a medição em dois *index* diametralmente opostos dos círculos horizontais e possui o fator de correção angular vertical gravado na memória do instrumento, não exigindo, portanto, nenhuma ação do operador para eliminar os erros correspondentes.

Além da excentricidade do círculo, também pode ocorrer um erro de leitura em decorrência da inclinação do círculo em relação ao seu eixo. A influência desse erro, contudo, é muito pequena e não é considerada nas medições das direções angulares.

9.2.1.1.2 Erro de índice do círculo vertical

Os ângulos verticais dos instrumentos topográficos eletrônicos são medidos por meio do movimento do círculo vertical, que gira solidário à luneta, e da posição de uma linha de *index* vertical fixa na alidade do instrumento.

Espera-se assim que, quando o instrumento estiver nivelado, a linha de *index* vertical coincida com a vertical do lugar e a luneta esteja na horizontal sempre que o instrumento indicar uma leitura de ângulo vertical zenital igual a 90°. Quando isso não ocorre, diz-se que existe um *erro de índice do círculo vertical (iv)*, conforme ilustrado na Figura 9.1.

---

[1] Palavra frequentemente utilizada em Geomática para indicar o local onde estão gravadas as graduações dos círculos graduados de um instrumento topográfico.

O valor de (*iv*) pode ser determinado visando um ponto bem definido no espaço, localizado a uma distância aproximada de 100 metros do instrumento e com um ângulo vertical de altura de aproximadamente ± 9°. Em seguida, deve-se realizar leituras de ângulos verticais zenitais (z_d e z_i) nas duas faces da luneta em relação a esse ponto. Realizando esse tipo de medição angular, tem-se o valor do erro de índice do círculo vertical dado pela equação (9.4).

$$iv = \frac{z_d + z_i}{2} - 180" \qquad (9.4)$$

Sendo:
z_d, z_i = ângulo vertical zenital nas posições direta e inversa da luneta.

Quando não se mede o ângulo nas duas posições da luneta, mas se conhece o erro de índice do círculo vertical, pode-se corrigir o valor do ângulo vertical zenital medido aplicando a equação (9.5).

$$zcorrigido = zmedido - iv \qquad (9.5)$$

Notar que em uma medição com uma estação total:

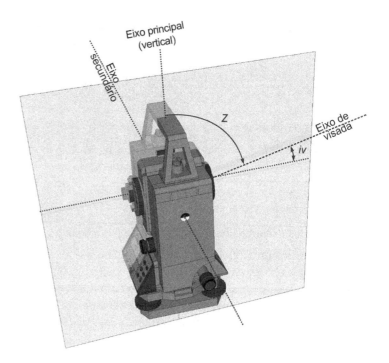

FIGURA 9.1 • Erro de índice do círculo vertical.

O erro de índice do círculo vertical fica eliminado realizando observações nas posições direta e inversa da luneta e tomando a média como valor da medida.

Exemplo aplicativo 9.1

Para a verificação do erro de índice do círculo vertical de uma estação total foram realizadas medições de ângulos verticais zenitais, nas posições direta e inversa da luneta, obtendo-se os valores apresentados na Tabela 9.1. Considerando os valores medidos, calcular o valor do erro encontrado.

TABELA 9.1 • Valores medidos e calculados

Medição	Leitura	Ângulo vertical zenital	iv
1	direta	89°25'23"	-1,5"
	inversa	270°34'34"	

■ *Solução:*
De acordo com a equação (9.4), tem-se:

$$iv = \frac{89°25'23" + 270°34'34"}{2} - 180° = -1,5"$$

O valor corrigido para a leitura direta, neste caso, seria igual a:

$$z_d = 89°25'23" - (-1,5") = 89°25'24,5"$$

Aplicando a equação (5.12), ter-se-ia: $\bar{z}_D = \dfrac{360° + 89°25'23" - 270°34'34"}{2} = 89°25'24,5"$

9.2.1.1.3 Erro de índice do compensador

Conforme apresentado na *Seção 8.2.4 – Nível eletrônico*, todo instrumento que possui um compensador eletrônico corrigirá os valores dos erros ocasionados pela não verticalidade do eixo vertical do instrumento, conforme apresentado na *Seção 9.2.1.2.3 – Erro de verticalidade do eixo principal*. A qualidade dessa correção dependerá da precisão do compensador, a qual, para as estações totais atuais varia entre 0,5" e 1,5", com um intervalo de operação variando entre 2' e 6'.

Para que o compensador possa indicar corretamente os valores de inclinação, ele precisa ser ajustado periodicamente. O ajustamento pode ser realizado em laboratórios especializados ou pelo próprio usuário, seguindo determinações do Manual Técnico do instrumento. Notar, porém, que se os valores das inclinações forem ajustados erroneamente, a leitura do compensador será falsa e isso afetará as medições angulares de forma similar ao erro de verticalidade do eixo principal.

Outro erro que deve ser observado durante as medições de campo é o erro em razão da diferença de temperatura entre o instrumento e o ambiente em torno dele, que pode afetar o funcionamento do compensador. Ele pode ser parcialmente corrigido medindo-se nas duas posições da luneta. Mesmo assim, recomenda-se deixar o instrumento acomodar-se ao meio ambiente antes de iniciar as observações angulares. Para a maioria dos instrumentos, o tempo de ajuste à temperatura ambiente é de aproximadamente 2 min/°C de diferença entre a temperatura do instrumento[2] e do meio ambiente.

9.2.1.2 *Erros de eixos*

Os erros de eixos, conforme o próprio nome indica, estão relacionados com os eixos do instrumento. Eles ocorrem quando existe um defeito de perpendicularidade entre eles, cujos efeitos alteram os valores das observações angulares e não podem, por isso, ser desconsiderados sem o risco de gerar erros sistemáticos nos valores angulares medidos com o instrumento. Têm-se assim:

- erro de perpendicularidade do eixo de visada em relação ao eixo secundário, denominado *erro de colimação horizontal*;
- erro de perpendicularidade do eixo secundário em relação ao eixo vertical, denominado *erro de horizontalidade do eixo secundário* ou *erro de basculamento da luneta*;
- erro de nivelamento do instrumento, denominado *erro de verticalidade do eixo principal*.

Os dois primeiros são erros residuais de ajuste do instrumento e podem variar ao longo do tempo. Eles são eliminados por meio de medições angulares em duas posições da luneta (direta e inversa). O erro de verticalidade do eixo principal não é um erro de ajuste; ele ocorre em razão de um defeito na instalação do instrumento e não pode, por isso, ser eliminado medindo as direções angulares horizontais em duas posições da luneta.

Apresentam-se a seguir os detalhes geométricos e as formulações matemáticas relacionadas a cada um deles.

9.2.1.2.1 Erro de colimação horizontal

Se o eixo de visada do instrumento não for perpendicular ao eixo secundário ocorrerá um erro de perpendicularidade entre eles, denominado *erro de colimação horizontal (c)*, conforme indicado na Figura 9.2a. Nessas condições, durante o basculamento da luneta, o eixo de visada descreverá um cone, em torno do eixo secundário, e influenciará nos resultados das medições das direções horizontais, em função da inclinação da luneta, conforme representado na Figura 9.2b.

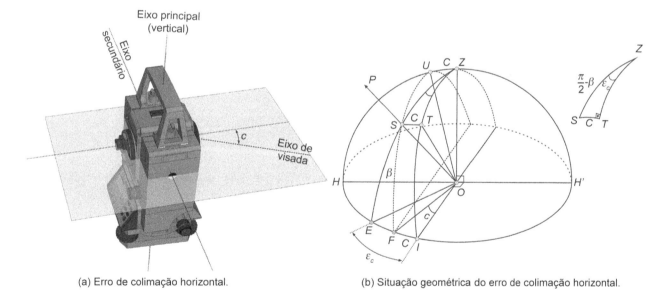

(a) Erro de colimação horizontal.   (b) Situação geométrica do erro de colimação horizontal.

FIGURA 9.2 • Erro de colimação horizontal de uma estação total.

Sendo:
c = erro de colimação horizontal;
OZ = eixo principal vertical;
HH' = eixo secundário horizontal;
OP = eixo de visada dirigido para o ponto (P);
β = ângulo vertical de altura da visada OP;
OZI = plano vertical perpendicular a HH';
OZE = plano vertical da direção OP.

---

[2] A maioria dos instrumentos topográficos possui termômetro interno para indicação da temperatura do instrumento.

150 TOPOGRAFIA PARA ENGENHARIA

Quando o eixo de visada está na horizontal, ele deveria ser perpendicular à linha HH' e passar pelo ponto (I). Porém, em razão do erro de colimação, ele passa pelo ponto (F) e, na medida em que a luneta se inclina, ele descreve um cone cujo traço será FSU. O plano vertical OZS, da visada OP, intercepta o círculo horizontal em (E), gerando o erro de leitura horizontal $IE = \varepsilon_c$.

Do triângulo esférico ZST, tem-se:

$$\frac{\operatorname{sen}(\varepsilon_c)}{\operatorname{sen}(c)} = \frac{\operatorname{sen}\left(\dfrac{\pi}{2}\right)}{\operatorname{sen}\left(\dfrac{\pi}{2} - \beta\right)} \quad \rightarrow \quad \operatorname{sen}(\varepsilon_c) = \frac{\operatorname{sen}(c)}{\cos(\beta)} \tag{9.6}$$

Como os ângulos (c) e (ε_c) são pequenos, pode-se considerar que:

$$\varepsilon_c = \frac{c}{\cos(\beta)} = \frac{c}{\operatorname{sen}(z)} \tag{9.7}$$

Sendo:
z = ângulo vertical zenital da visada OP.

Dessa forma, conclui-se que:

> **O erro de leitura de uma direção por conta de um defeito de perpendicularidade do eixo de visada, em relação ao eixo secundário, aumenta com a inclinação da visada. Ele possui sinal contrário conforme a luneta esteja em posição direta ou inversa. Ele é igual a (c) para visadas horizontais.**
> **O erro na leitura do ângulo vertical é negligenciável.**

O valor do erro de colimação horizontal (c) pode ser determinado visando um ponto nas duas faces da luneta a uma distância aproximada de 100 metros do instrumento e com um ângulo vertical de altura de aproximadamente $\pm\ 9°$. Nessas condições, as interferências dos demais erros de eixos são minimizadas e o valor do erro de colimação horizontal pode ser determinado pela equação (9.8).

$$c = \frac{L_d - \left(L_i \pm 180°\right)}{2} \tag{9.8}$$

Sendo:
L_d, L_i = direções horizontais medidas nas posições direta e inversa da luneta.

Somar $180°$ quando (L_i) for menor que $180°$.
Notar que em uma medição com uma estação total:

> **O erro de colimação horizontal fica eliminado realizando observações nas posições direta e inversa da luneta e tomando a média como valor da medida.**

Exemplo aplicativo — 9.2

Para a determinação do erro de colimação horizontal de uma estação total foram realizadas medições de direções horizontais, nas posições direta e inversa da luneta, obtendo-se os valores apresentados na Tabela 9.2. Considerando os valores medidos, calcular o valor do erro encontrado.

TABELA 9.2 • Valores medidos e calculados

Medição	Leituras	Direção horizontal	c
1	Direta	297°45′46′′	−1,5′′
	Inversa	117°45′49′′	

■ *Solução:*
De acordo com a equação (9.8), tem-se:

$$c = \frac{297°45'46'' - \left(117°45'49'' + 180°\right)}{2} = -1,5''$$

O valor corrigido para a medição da direção horizontal direta é igual a: $\alpha = 297°45'46'' + 1,5'' = 297°45'47,5''$

Aplicando a equação (5.4), ter-se-ia: $\overline{L} = \dfrac{297°45'46'' + 117°45'49''}{2} + 90° = 297°45'47,5''$

9.2.1.2.2 Erro de horizontalidade do eixo secundário ou erro de basculamento da luneta

Se o eixo secundário do instrumento não for perpendicular ao eixo principal, quando o eixo principal estiver na vertical, o eixo secundário estará inclinado com um ângulo (i), denominado *erro de horizontalidade*, conforme indicado na Figura 9.3a. Nessas condições, o eixo de visada, perpendicular ao eixo secundário, descreverá um plano inclinado durante o basculamento da luneta e influenciará nos resultados das medições das direções horizontais, em função da inclinação da luneta, conforme representado na Figura 9.3b.

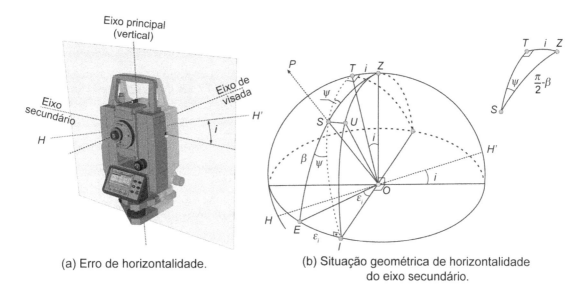

(a) Erro de horizontalidade.

(b) Situação geométrica de horizontalidade do eixo secundário.

FIGURA 9.3 • Erro de horizontalidade do eixo secundário de uma estação total.

De acordo com a Figura 9.3b, têm-se:

OZ = eixo principal vertical;

HH' = eixo secundário inclinado com um ângulo igual a (i);

i = ângulo de inclinação do eixo secundário;

OP = eixo de visada dirigido para o ponto (P);

β = ângulo vertical de altura da visada OP;

OZI = plano vertical da direção OI;

OZE = plano vertical da direção OP;

OTI = plano inclinado de basculamento da luneta (eixo de visada).

O plano vertical OZS, da visada OP, intercepta o círculo horizontal em (E), gerando o erro de leitura horizontal $IE = \varepsilon_1$. Do triângulo esférico OIE, tem-se:

$$\frac{\operatorname{sen}(i)}{\operatorname{sen}(\psi)} = \frac{\operatorname{sen}\left(\frac{\pi}{2} - \beta\right)}{\operatorname{sen}\left(\frac{\pi}{2}\right)} \rightarrow \frac{\operatorname{sen}(i)}{\operatorname{sen}(\psi)} = \cos(\beta) \tag{9.9}$$

Dos triângulos esféricos OTZ e STZ, tem-se:

$$\frac{\operatorname{sen}(i)}{\operatorname{sen}(\psi)} = \frac{\operatorname{sen}\left(\frac{\pi}{2} - \beta\right)}{\operatorname{sen}\left(\frac{\pi}{2}\right)} \rightarrow \frac{\operatorname{sen}(i)}{\operatorname{sen}(\psi)} = \cos(\beta) \tag{9.10}$$

152 TOPOGRAFIA PARA ENGENHARIA

Das equações (9.9) e (9.10), obtém-se:

$$\text{sen}(\varepsilon_i) = \text{sen}(i) * \text{tg}(\beta) \tag{9.11}$$

Como os ângulos (i) e (ε_i) são pequenos, considera-se:

$$\varepsilon_i = i * \text{tg}(\beta) = \frac{i}{\text{tg}(z)} \tag{9.12}$$

Sendo:

z = ângulo vertical zenital da visada OP.

Dessa forma, conclui-se que:

> O erro de leitura de uma direção por conta de um defeito de horizontalidade do eixo secundário é proporcional a tangente do ângulo vertical de altura. Ele possui sinal contrário conforme a luneta esteja em posição direta ou inversa. Ele é nulo para visadas horizontais.
> O erro na leitura do ângulo vertical é negligenciável.

O valor do erro de horizontalidade do eixo secundário (i) pode ser determinado visando um ponto nas duas faces da luneta a uma distância aproximada de 100 metros do instrumento, de forma análoga ao caso anterior. O ângulo vertical de altura, nesse caso, deve ser de aproximadamente ±27°. Nessas condições, existem interferências do erro de colimação e do erro de horizontalidade do eixo secundário, ou seja:

$$\frac{i}{\text{tg}(z)} + \frac{c}{\text{sen}(z)} = \frac{L_d - (L_i \pm 180°)}{2} \tag{9.13}$$

De onde se obtém a equação (9.14):

$$i = \left(\frac{L_d - (L_i \pm 180°)}{2} - \frac{c}{\text{sen}(z)} \right) * \text{tg}(z) \tag{9.14}$$

Sendo:

L_d, L_i = direções horizontais medidas nas posições direta e inversa da luneta;
c = erro de colimação horizontal;
z = ângulo vertical zenital da visada OP.

Notar que se o erro de colimação já tiver sido corrigido, a equação (9.14) torna-se:

$$i = \frac{L_d - (L_i \pm 180°)}{2} * \text{tg}(z) \tag{9.15}$$

Assim, da mesma forma que o caso anterior, em uma medição com uma estação total:

> O erro de basculamento da luneta fica eliminado realizando observações nas posições direta e inversa da luneta e tomando a média como valor da medida.

Caso o erro de colimação e o erro de horizontalidade do eixo secundário não tenham sido considerados, o efeito de ambos no valor da direção horizontal medida é calculado pela equação (9.16).

$$L_{corrigido} = L_{lido} - \frac{c}{\text{sen}(z)} - \frac{i}{\text{tg}(z)} \tag{9.16}$$

Exemplo aplicativo   9.3

Para a determinação do erro de horizontalidade de uma estação total, foram realizadas medições de direções horizontais (nas posições direta e inversa da luneta) e do ângulo zenital, obtendo-se os valores apresentados na Tabela 9.3. Considerando que essa estação total tenha o erro de colimação calculado no Exemplo aplicativo 9.2, calcular o valor do erro de horizontalidade.

TABELA 9.3 • Valores medidos

Medição	Leituras	Direção horizontal	Ângulo vertical zenital
1	Direta	79°40′45″	62°12′29″
	Inversa	259°40′37″	

■ *Solução:*
De acordo com a equação (9.14), tem-se:

$$i = \left[\frac{79°40'45'' - (259°40'37'' - 180°)}{2} - \frac{-1{,}5''}{\text{sen}(62°12'29'')}\right] * \text{tg}(62°12'29'') = 10{,}8''$$

9.2.1.2.3 Erro de verticalidade do eixo principal

Um defeito no nivelamento do instrumento produz um erro denominado *erro de verticalidade do eixo principal*, conforme indicado na Figura 9.4. O eixo principal vertical, nesse caso, não coincide com a vertical do lugar e, assim, à medida que o instrumento gira em torno do seu eixo vertical, ele produz erros nas medições das direções horizontais e dos ângulos verticais observados. Como já citado, esse tipo de erro não é considerado um erro instrumental, mas um erro de instalação do instrumento. Em sua essência, ele é um erro acidental, uma vez que ele varia a cada instalação; porém, depois de instalado, ele se torna um erro sistemático para todas as medições realizadas a partir dessa instalação.

De acordo com a Figura 9.4, por conta da inclinação do eixo vertical do instrumento, existem dois componentes desse erro que influenciam nas medições das direções horizontais e nas medições dos ângulos verticais. São eles, os componentes ortogonais longitudinal e transversal à linha de visada (*l,t*). Ambos são determinados pelo compensador eletrônico do instrumento. A inclinação (*t*) gera um erro equivalente ao erro de horizontalidade do eixo secundário e a inclinação (*l*) gera um erro equivalente ao erro de índice do círculo vertical da luneta. Seus efeitos na direção horizontal e no ângulo vertical são, portanto, tratados de acordo com as equações apresentadas nas seções relativas a esses erros.

Os instrumentos que possuem um compensador eletrônico incorporado à sua alidade calculam os valores dos componentes (*l,t*) e realizam as correções angulares correspondentes. É preciso, contudo, ressaltar que nem todos os instrumentos possuem um compensador eletrônico e, nesses casos, não realizam as correções necessárias. A solução para esta situação é manter o nível de bolha sempre calibrado e realizar o nivelamento do instrumento em campo com o maior cuidado possível.

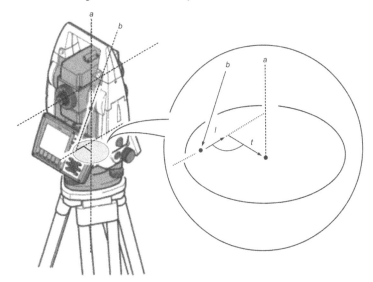

FIGURA 9.4 • Erro de verticalidade do eixo principal.

9.2.1.3 *Erro de verticalidade do prumo (óptico, laser, digital)*

Nivelar o instrumento e medir os componentes de verticalidade (*l,t*) não garantem que o eixo vertical esteja coincidente com a vertical do lugar passando pelo ponto de estação no terreno. A pseudoconexão entre o eixo vertical e o ponto no terreno ocorre por intermédio do prumo óptico (*laser* ou digital), instalado na alidade do instrumento ou na base nivelante, conforme já discutido brevemente na *Seção 8.2.5 – Base nivelante*. Para garantir que a continuidade do eixo vertical, mantenha-se até o ponto no terreno, é necessário, portanto, calibrar também esse prumo.

No caso de instrumento com prumo *laser* ou digital instalado na alidade do instrumento, a verificação da verticalidade do prumo pode ser realizada de acordo com o procedimento indicado a seguir:

Instalar e nivelar o instrumento sobre uma superfície plana; fixar uma folha de papel sobre a superfície e marcar com um lápis o centro do ponto de incidência do feixe laser sobre o papel. Em seguida, girar a alidade em torno do seu eixo vertical e verificar se a assinatura do feixe laser sobre a folha de papel se mantém fixa. Caso haja deslocamento da posição do ponto de incidência do feixe laser maior do que o especificado para o instrumento, ele deverá ser enviado para um laboratório especializado para os devidos ajustes. O mesmo procedimento pode ser realizado para o caso de prumo digital.

No caso de instrumentos com prumo óptico instalado na base nivelante, a verificação da verticalidade do prumo não pode ser realizada simplesmente girando a alidade. Nesses casos, recomenda-se utilizar o procedimento indicado a seguir:

> *Deitar o instrumento sobre um suporte que o mantenha fixo de forma que a face inferior da base nivelante posicione-se frontalmente a uma parede lisa. Marcar o ponto de interseção da visada do prumo óptico na parede. Em seguida, girar a base nivelante e verificar a assinatura do ponto de interseção na parede. Caso haja variação de posição, o instrumento deverá ser enviado para um laboratório especializado para os devidos ajustes.*

9.2.1.4 *Erros de ATR e de temperatura*

Nos instrumentos com capacidade de reconhecimento automático de prismas (ATR) ou assistidos por imagens, pode ocorrer a situação em que o alinhamento do centro da câmera CCD ou CMOS não coincide com a linha de visada da luneta. Esse tipo de erro é particularmente importante para os casos em que se mesclam medições manuais com medições automáticas. Para corrigi-lo, recomenda-se seguir as recomendações dos fabricantes, geralmente descritas no Manual do Usuário do instrumento.

9.2.2 Erros angulares acidentais

Os erros angulares acidentais que podem ser cometidos com uma estação total são os seguintes:

- erro de centragem do instrumento e do bastão do prisma;
- erro de pontaria;
- erro de nivelamento;
- erro de deriva da orientação.

Discutem-se na sequência os detalhes técnicos de cada um deles.

9.2.2.1 *Erro de centragem do instrumento e do prisma refletor*

Para que um instrumento topográfico esteja adequadamente instalado, é necessário que ele esteja nivelado e centrado sobre o ponto de estação, conforme já citado na *Seção 8.2.5 – Base nivelante*. O erro de nivelamento, como explicitado anteriormente, é corrigido pelo compensador eletrônico do instrumento. O erro de centragem, porém, não possui mecanismos de compensação e somente pode ser minimizado garantindo uma boa calibração do prumo óptico (*laser* ou digital) e uma boa acuidade visual para a centragem dos retículos do prumo sobre o centro do ponto de estação no terreno. Da mesma forma, o prisma instalado no outro ponto extremo da medição deve estar posicionado com a máxima acuidade sobre o ponto de medição. Quando uma dessas centragens é defeituosa, ou seja, excede o limite de acuidade aceitável, tem-se um *erro de centragem*, que afeta o valor do ângulo horizontal medido a partir dessa estação.

A qualidade da centragem do instrumento depende de alguns fatores, como a calibração do prumo, a qualidade do tripé, a iluminação do local, a acuidade visual do operador, o nível de *zoom* do prumo óptico e a altura do instrumento sobre o ponto. Em geral, considera-se que a instalação de um instrumento a 1,5 metro de altura com um prumo óptico permite alcançar acurácia de ± 0,5 mm e com um prumo *laser* entre ±1 e ±1,5 mm. Com um prumo digital, ela é da ordem de 0,5 mm a 1,55 metro de altura. Nos casos extremos de centragem forçada, ela pode alcançar precisões variando entre ± 0,03 e ±0,1 mm.

O erro de centragem do instrumento (e_i) afeta os valores de todas as direções horizontais observadas a partir daquela instalação e, por conseguinte, os valores dos ângulos horizontais (α) calculados com essas direções. O erro angular máximo ocorre quando o vetor do erro de centragem localiza-se na bissetriz do ângulo a ser determinado, conforme ilustrado na Figura 9.5.

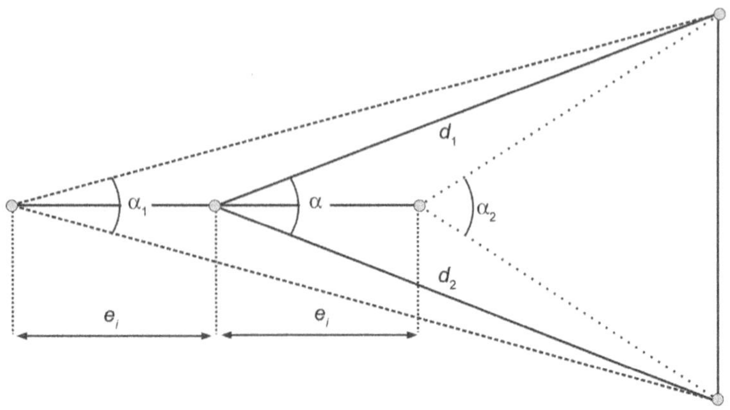

A influência do erro de centragem do instrumento no valor do ângulo horizontal calculado para duas direções observadas da mesma estação é dada pela equação (9.17).

FIGURA 9.5 ● Erro de centragem do instrumento.

$$\delta_{\alpha_i} = \pm \frac{e_i * \rho''}{d_1 * d_2} * \sqrt{d_1^2 + d_2^2 - 2 * d_1 * d_2 * \cos(\alpha)}$$

(9.17)

Sendo:

δ_{α_i} = valor da correção angular;
d_i = distância horizontal medida;
α = ângulo horizontal calculado;
ρ'' = 206.264,806" (fator de conversão de radiano para segundos de arco).

O erro de centragem do prisma (e_r) ocorre como ilustrado na Figura 9.6. O valor da correção do ângulo horizontal calculado para duas direções observadas da mesma estação, nesse caso, pode ser obtido por meio da equação (9.18).

$$\delta_{\alpha_r} = \pm * \rho'' \sqrt{\left(\frac{e_{r_1}}{d_1}\right)^2 + \left(\frac{e_{r_2}}{d_2}\right)^2} \qquad (9.18)$$

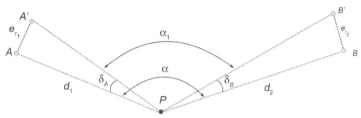

FIGURA 9.6 • Erro de centragem do prisma refletor.

Sendo:

δ_{α_i} = valor da correção angular;
e_{r_1}, e_{r_2} = erros de centragem dos prismas em (A) e (B).

A correção angular total (δ_α), considerando o instrumento e o prisma, é dada pela equação (9.19).

$$\delta_\alpha = \pm \frac{e_i * \rho''}{d_1 * d_2} * \sqrt{d_1^2 + d_2^2 - 2d_1 * d_2 * \cos(\alpha) + \left(\frac{e_{r_1}}{d_1}\right)^2 + \left(\frac{e_{r_2}}{d_2}\right)^2} \qquad (9.19)$$

Geralmente, os erros de centragem (instrumento e prismas) são difíceis de serem medidos. Assim, por simplificação, pode-se estimar o valor da correção do erro angular considerando todos eles como iguais a (e) e as distâncias entre o instrumento e o prisma como iguais a (d). Nessas condições, o valor máximo de correção ocorreria para o ângulo igual a 180°, de onde se obtém:

$$\delta_{\alpha\,máx} = \pm \rho'' \frac{\sqrt{6}}{d} * e \qquad (9.20)$$

Exemplo aplicativo 9.4

Para a determinação do valor do ângulo horizontal horário entre duas direções (L_1) e (L_2), foram realizadas as medições de campo indicadas na Tabela 9.4. Considerando que pode ter havido um erro de centragem do instrumento igual a 1,5 mm, um erro de centragem do prisma (1) igual a 4 mm e do prisma (2) igual a 4 mm, calcular o valor do ângulo horizontal corrigido.

TABELA 9.4 • Valores medidos

Observação	Direção horizontal medida	Distância horizontal calculada [m]
L_1	46°47'23"	37,322
L_2	151°11'33'	41,564

■ *Solução:*
Considerando as direções horizontais medidas e indicadas na Tabela 9.4, sabe-se que o ângulo horizontal entre elas é igual a 104°24'10". Assim, considerando os erros de centragem indicados no texto do exemplo e as distâncias horizontais indicadas na Tabela 9.4, pode-se calcular o valor da correção angular por meio da equação (9.19). Assim, tem-se:

$$\delta_\alpha = \pm \frac{0,0015 * 206.264,8062}{37,322 * 41,564} * \sqrt{37,322^2 + 41,564^2 - 2 * 37,322 * 41,564 * \cos(104°24'10'') + \left(\frac{0,004}{37,322}\right)^2 + \left(\frac{0,004}{41,564}\right)^2} = 12''$$

Conhecendo o valor da correção angular pode-se calcular o valor do ângulo horizontal horário corrigido, conforme indicado a seguir:
Ângulo horizontal corrigido = 104°24'10" − 12" = 104°23'58"

156 TOPOGRAFIA PARA ENGENHARIA

Exemplo aplicativo   9.5

Considerando que os erros indicados no Exemplo aplicativo 9.4 tenham sido todos iguais a 2,5 mm e que as distâncias entre a estação e os prismas sejam iguais a 40 metros, calcular o valor máximo da correção angular.

■ *Solução:*
De acordo com a equação (9.20), tem-se:

$$\delta_{\alpha\,máx} = \pm\,206.264,8062 * \frac{\sqrt{6}}{40} * 0,0025 = \pm\,32''$$

9.2.2.2 *Erro de pontaria*

O erro de pontaria com uma estação total corresponde ao erro que se comete no alinhamento dos fios horizontal e vertical da luneta com o centro do prisma ou com o centro do ponto visado. Trata-se de um erro acidental, que varia em função da qualidade óptica da luneta, dos limites visuais do operador, das condições atmosféricas, do tamanho e da forma do prisma ou do ponto visado, da iluminação de fundo do ponto visado e da espessura dos fios horizontal e vertical da luneta. Assim, para um ponto bem definido e em condições boas de visibilidade, considera-se que o erro de pontaria pode ser calculado pela equação (9.21).

$$e_p = \pm\,\frac{k}{M} \tag{9.21}$$

Sendo:

e_p = valor do erro de pontaria, em segundos;

k = constante variando entre $30''$ e $60''$ (em geral, utiliza-se o valor $45''$);

M = valor do aumento da luneta do instrumento.

Para minimizar o erro de pontaria, em medições de alta precisão, recomenda-se utilizar alvos especiais, desenhados especialmente para esse fim ou, se possível, utilizar sistemas de lentes adicionais que permitam aumentar o valor do aumento da luneta do instrumento que, em alguns casos, podem chegar a 59 vezes. Quando nenhum desses artifícios for possível, recomenda-se repetir as medições com um número de vezes que considerar apropriado. Vinte vezes pode ser uma quantidade de repetições adequada. Nesse caso, o desvio-padrão das medições realizadas deve ser adotado como o valor do erro de pontaria para a série de medições realizadas.

A turbulência do ar é um dos fatores principais de interferência na qualidade da pontaria, sobretudo em situações de estruturas diretamente expostas à luz solar. Muito pouco pode ser feito para minimizar esse efeito, a não ser realizar as medições em condições mais favoráveis, como no início da manhã ou no final da tarde, quando o efeito da turbulência do ar é menor.

Exemplo aplicativo   9.6

Calcular o erro de pontaria que se pode esperar na medição com a estação total TPS1200 da empresa Leica Geosystems.

■ *Solução:*
De acordo com as especificações técnicas do instrumento, sabe-se que o aumento da luneta é de 30×. Assim, aplicando a equação (9.21) e considerando k = 45'', tem-se:

$$e_p = \frac{45''}{30} = \pm\,1,5''$$

No caso de se utilizar um sistema de lentes para aumentar o valor do aumento da luneta para 59 vezes, por exemplo, ter-se-ia:

$$e_p = \frac{45''}{59} = \pm\,0,8''$$

9.2.2.3 *Erro de nivelamento do instrumento*

Quando o instrumento não possui compensador eletrônico, conforme descrito na *Seção 8.2.4 – Nível eletrônico*, haverá um erro de nivelamento dele, que varia em função da sensibilidade do nível esférico acoplado ao instrumento. O erro de inclinação do instrumento, nesse caso, é considerado como igual a um quinto da sensibilidade do nível óptico, ou seja:

$$e_i = \pm\, 0{,}2 * \gamma''$$

(9.22)

Sendo:
e_i = valor do erro de inclinação, em segundos;
γ'' = sensibilidade do nível esférico, em segundos.

O efeito do erro de inclinação na direção horizontal observada é denominado erro de nivelamento, cujo valor é dado pela equação (9.23).

$$e_n = \pm\, e_i * \text{tg}(z)$$

(9.23)

Sendo:
e_n = erro de nivelamento, em segundos;
z = ângulo vertical zenital.

Notar que esse tipo de erro aumenta à medida que a inclinação da visada aumenta. Ele é desconsiderado quando o instrumento estiver equipado com um compensador eletrônico nos dois eixos.

9.2.2.4 *Erro de deriva da orientação*

Esse é um erro decorrente da torsão do tripé, que faz com que o instrumento perca sua orientação inicial, sofrendo o que se denomina *deriva do instrumento*. Os tripés de madeira ou de alumínio possuem pouca massa e, portanto, são suscetíveis a torsões por conta das manipulações recorrentes e das dilatações diferenciais entre as suas pernas pelo efeito da variação de temperatura em decorrência do sol.

Trata-se de um tipo de erro que não pode ser corrigido, mas, sim, evitado tomando algumas precauções durante as medições, como:

* ficar com o instrumento estacionado na mesma estação o menor tempo possível;
* utilizar um guarda-sol para proteger o instrumento durante as medições;
* utilizar tripés maciços e estáveis ou, em casos possíveis, utilizar pilares de centragem forçada;
* em trabalhos de alta precisão, controlar a orientação regularmente durante o período de ocupação da estação.

9.2.3 Erros sistemáticos de medição de distâncias

De maneira semelhante aos procedimentos para a determinação da precisão angular de um instrumento topográfico, existe uma norma específica para a determinação da precisão de um EDM. Utiliza-se, nesse caso, a Norma ISO 17123-4:2012, a qual especifica os procedimentos que devem ser seguidos para a determinação do desvio padrão de uma série de medições realizadas sobre bases de calibração com distâncias conhecidas. Assim, por meio de um ajustamento de observações pelo Método dos Mínimos Quadrados, determinam-se os erros instrumentais sistemáticos e a precisão do instrumento. Alguns laboratórios realizam procedimentos simplificados baseando-se em distâncias fixas determinadas por refletores de colimação distribuídos em um ambiente fechado.

Quando realizado em ambiente externo, as bases de calibração são construídas sobre pilares de concreto com centragem forçada, conforme apresentado na *Seção 8.2.5 – Base nivelante*. Considera-se que o erro de centragem, nesse caso, não ultrapassa 0,1 mm. As medições das distâncias entre os pilares das bases devem ser realizadas com instrumentos considerados de alta precisão ou com interferômetros a *laser*. Recomenda-se também que seja verificada a estabilidade dos pilares regularmente para garantir a qualidade das calibrações. A Figura 8.10 mostra um exemplo de um dos pilares que compõem a base de calibração instalado na Área 2 do *campus* São Carlos da Escola de Engenharia de São Carlos da USP.

Os erros instrumentais sistemáticos que ocorrem em um medidor de distância eletrônico, conforme citado na *Seção 7.3.2.4 – Correções das distâncias medidas com um distanciômetro eletrônico*, são classificados em geométricos e atmosféricos. Os atmosféricos estão apresentados na *Seção 7.3.2.4.1 – Correções atmosféricas na medição de distâncias*. Os geométricos são tratados na sequência.

Existem três tipos de erros geométricos que podem afetar as distâncias medidas com um distanciômetro eletrônico. São eles:

* constante de adição;
* constante de escala;
* erro cíclico.

Descrevem-se na sequência as características técnicas de cada um deles.

9.2.3.1 *Constante de adição*

A *constante de adição* é um erro sistemático que ocorre nas medições EDM, relacionado com a combinação do EDM/prisma refletor e causado por atrasos elétricos, excentricidades do EDM e, principalmente, pelas propriedades físicas e geométricas do prisma refletor. Conforme já citado, um prisma refletor é composto de um prisma óptico e de um suporte no qual o prisma é fixado. Dependendo da solução mecânica da montagem do prisma e seu suporte, pode haver um *off-set* entre o centro óptico do prisma e o eixo vertical do suporte. A esse *off-set* dá-se o nome de constante de adição. Geralmente, os fabricantes configuram os instrumentos para que o valor dessa constante seja igual a zero. Isso pode ser feito por meio do *firmware* do instrumento ou mecanicamente, deslocando o centro óptico do prisma em relação ao eixo do conjunto suporte/prisma. Por essa razão, é importante que o operador esteja atento ao prisma usado na medição e garanta que o valor correto da constante de adição tenha sido inserido na memória do instrumento. Em casos de dúvidas, o valor da constante pode ser determinado por intermédio de medições de distâncias conhecidas sobre uma base de calibração. A constante de adição é um valor algébrico que deve ser aplicado diretamente a todas as distâncias medidas. Ele pode ocorrer nas seguintes circunstâncias:

* toda vez que houver uma mudança do prisma utilizado na medição;
* nos casos em que o instrumento sofreu choques repetidos;
* após manutenção.

Para evitar esse tipo de erro, recomenda-se que o operador utilize sempre o mesmo prisma durante todas as operações de medições no campo.

9.2.3.2 *Constante de escala*

A *constante de escala* (idealmente igual a 1,0000) é um erro sistemático que advém, primordialmente, da variação da frequência da onda de modulação usada pelo instrumento, a qual pode ser verificada em laboratório comparando a frequência efetiva com a frequência teórica do instrumento ou por intermédio de medições sobre as bases de calibração. Esse tipo de erro sofre ainda influência da falta de homogeneidade das fases e da dificuldade de se modelar corretamente as variações atmosféricas, que afetam a velocidade de propagação do feixe luminoso ao longo da distância entre a fonte geradora do sinal (estação total) e o prisma. É um erro que varia linearmente proporcional ao comprimento da distância medida (estação-prisma). Uma vez determinado, esse erro é incorporado na memória do instrumento como um fator de multiplicação a ser aplicado em todas as medições de distâncias subsequentes.

9.2.3.3 *Erro cíclico*

O *erro cíclico* é um erro sistemático que ocorre em função da dificuldade de se medir corretamente a defasagem entre as ondas emitidas e recebidas pelo instrumento, que depende do sistema eletrônico dele. É um erro que varia inversamente proporcional à potência do sinal de retorno, ou seja, ele aumenta à medida que se aumenta a distância medida. Em um instrumento bem calibrado, ele é muito pequeno, não ultrapassando 2 mm. Embora seja praticamente nulo na maioria das vezes, ele não deve ser desprezado e deve ser submetido a calibrações periódicas para controlar sua magnitude. Ele pode ser detectado por meio de medições repetidas sobre uma base de calibração.

9.3 Quando calibrar o instrumento

Os erros instrumentais são determinados e inseridos no instrumento durante o processo de fabricação. Mesmo assim, eles podem sofrer variações por conta de choques, alterações de temperaturas e outros. Por essa razão, recomenda-se calibrar o instrumento regularmente ou sempre que ocorrer uma das situações indicadas a seguir:

* antes de usá-lo pela primeira vez;
* após longos períodos sem uso;
* após mudanças bruscas de temperatura;
* após uso intensivo ou longas distâncias de transporte;
* periodicamente nos casos de trabalho de alta precisão.

A maioria dos teodolitos eletrônicos e das estações totais, depois de ajustado, possui capacidade para considerar automaticamente os efeitos dos erros instrumentais nas observações angulares e lineares. Assim, os valores indicados no visor do instrumento já consideram os erros instrumentais e o operador não precisa se preocupar com eles nas observações subsequentes. Mesmo assim, se o operador quiser garantir a qualidade das observações, ou se o trabalho for de alta precisão, recomenda-se realizar sempre as observações angulares nas duas posições da luneta – direta e inversa. Deve-se, entretanto, salientar que os erros instrumentais não são tão preocupantes como a teoria sugere. Eles são facilmente evitados desde que sejam utilizados equipamentos de boa qualidade e que sejam aplicados os procedimentos corretos de medição. Atenção especial deve ser dada aos instrumentos alugados.

É importante salientar que, pelo fato de os valores ajustados em campo influenciarem os resultados das medições, eles devem ser realizados com o máximo cuidado, como:

- evitar realizar os ajustes em condições severas de umidade e temperatura, preferencialmente durante o período da manhã ou no final da tarde;
- garantir um nivelamento do instrumento de alta precisão usando o nível eletrônico;
- garantir que a base nivelante e o tripé estejam em boas condições e bem ajustados;
- evitar que o instrumento e o tripé sejam expostos diretamente ao sol para evitar gradientes de temperatura elevado nas diferentes partes do instrumento;
- garantir que o instrumento se acomode à temperatura ambiente antes de iniciar o processo de ajuste. Um tempo de 20 minutos é considerado adequado.

9.4 Erros instrumentais e operacionais de um nível topográfico

Um nível topográfico é um instrumento de precisão que deve ser verificado e ajustado regularmente. Alguns ajustes podem ser realizados pelo próprio operador no campo, outros, entretanto, devem ser realizados em laboratórios especializados. As calibrações são realizadas por meio de instrumentos denominados autocolimadores e por meio de miras de invar. No caso de testes em campo, deve-se respeitar certas condições operacionais indicadas por normas técnicas para garantir que um provável defeito encontrado seja realmente fruto das condições do instrumento e não de uma deficiência de operação. Sobre os procedimentos para os testes de campo de níveis topográficos, o leitor deve consultar a Norma ISO 17123-2:2001.

Por ser um instrumento relativamente fácil de fabricar, existe grande variedade de níveis topográficos no mercado. O engenheiro, contudo, não deve economizar na aquisição de um instrumento de qualidade, tampouco descuidar das verificações e dos ajustes regulares.

A seguir, são apresentados os erros sistemáticos e os erros acidentais mais comuns que podem ocorrer durante as medições com um nível topográfico.

9.4.1 Erros sistemáticos

Os erros sistemáticos que podem ocorrer durante as medições com um nível topográfico podem ser categorizados como *erros sistemáticos externos* e *erros sistemáticos internos*. Os externos são aqueles relacionados com as condições ambientais e geométricas do levantamento e estão apresentados em detalhes na *Seção 12.6.3 – Fontes de erro em um nivelamento geométrico em função das condições ambientais e geométricas*. Os erros sistemáticos internos estão relacionados com os erros instrumentais, conforme descritos a seguir:

- erros de horizontalidade do retículo;
- erro de colimação;
- erro de escala da mira;
- erro de *index* da mira (erro de *off-set* zero).

Discutem-se na sequência os detalhes técnicos de cada um deles.

9.4.1.1 *Erro de horizontalidade do retículo*

Geralmente, os operadores realizam as suas leituras sobre a régua graduada (mira) centrando o retículo vertical sobre o seu eixo. Porém, podem existir casos em que esse procedimento não é possível de ser realizado. Nesses casos, se o retículo horizontal não estiver perfeitamente na horizontal, haverá erro de leitura. Para verificar a existência desse erro, o operador deve visar um ponto bem visível no terreno ou em um laboratório, fazendo coincidir uma das extremidades do retículo horizontal com ele e, em seguida, mover a luneta horizontalmente sobre esse ponto até a outra extremidade do retículo. Se durante o movimento da luneta o retículo não mantiver seu traço sobre o ponto visado na horizontal, existe um desalinhamento do retículo que deverá ser corrigido. Recomenda-se, neste caso, enviar o instrumento para um laboratório especializado para que seja realizada a devida correção.

9.4.1.2 *Erro de colimação vertical*

Conforme já apresentado na *Seção 12.6.3 – Fontes de erro em um nivelamento geométrico em função das condições ambientais e geométricas*, todo nível topográfico possui um desvio de verticalidade na sua linha de visada, denominado *erro de colimação vertical*, que nos instrumentos ordinários não deve ultrapassar o fator de colimação C = 0,1 mm/m e naqueles de alta qualidade, C = 0,03 mm/m. Esse tipo de erro é compensado quando são realizadas visadas equidistantes de ré e de vante. Porém, como nem sempre é possível manter as equidistâncias, como no nivelamento de perfis e em implantações de obras, poderá ocorrer um erro no valor medido sobre a mira, que varia em função do fator de colimação e da diferença entre as distâncias das visadas ré e vante, conforme indicado na equação (9.24).

$$e_c = C * \Delta d \tag{9.24}$$

Sendo:
e_c = erro de colimação vertical;
C = fator de colimação;
Δd = diferença entre as distâncias de visada.

Por exemplo, para um instrumento com um fator de colimação igual a 0,05 mm/m e uma diferença entre as distâncias de visadas da ordem de 3 metros, ter-se-ia um erro de colimação vertical, ou seja, de leitura na mira igual a 0,15 mm.

A determinação do valor do erro de colimação vertical e, por conseguinte, do fator de colimação pode ser feita adotando-se o procedimento de campo descrito a seguir.

Conforme ilustrado na Figura 9.7, sobre um terreno plano, posicionar uma mira graduada sobre o ponto (A) e outra sobre o ponto (D). Estacionar o nível sobre o ponto (B), a uma distância de mais ou menos 30 metros das miras e, de preferência, protegido do sol. Realizar a leitura de ré (Lr_1) sobre a mira (A) e a leitura de vante (Lv_1) sobre a mira (D). Em seguida, deslocar o instrumento para o ponto (C), localizado a uma distância de mais ou menos 10 metros do ponto (A), e realizar a leitura de ré (Lr_2) sobre a mira (A) e a leitura de vante (Lv_2) sobre a mira (D). Com os valores medidos, pode-se calcular o erro de colimação vertical de acordo com a equação (9.25).

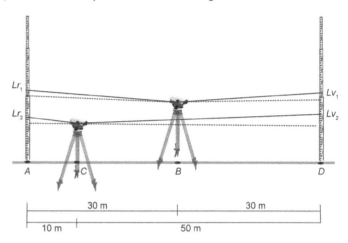

FIGURA 9.7 • Procedimento para verificação do erro de colimação vertical de um nível topográfico.

$$e_c = (Lr_1 - Lv_1) - (Lr_2 - Lv_2) \tag{9.25}$$

Por motivos práticos, propõe-se que o nivelamento seja anotado por um operador auxiliar. Dessa forma, ele poderá calcular o valor de (Lv_2) antes de ele ser lido. Assim,

$$(Lr_1 - Lv_1) - (Lr_2 - Lv_{2(calculado)}) = 0 \tag{9.26}$$

$$Lv_{2(calculado)} = (Lv_1 - Lr_1) + Lr_2 \tag{9.27}$$

Como consequência, o erro de colimação vertical pode também ser calculado pela equação (9.28).

$$e_c = Lv_{2(calculado)} - Lv_{2(lido)} \tag{9.28}$$

Com o valor do erro de colimação vertical calculado, pode-se calcular o valor do fator de colimação aplicando a equação (9.24). É importante destacar que as correções subsequentes, quando necessárias, devem ser realizadas invertendo o sinal algébrico do erro de colimação.

Para alcançar, por exemplo, um fator de colimação menor ou igual a 0,05 mm/m, o erro de colimação vertical calculado com as distâncias indicadas na Figura 9.8 não deve ser superior a 2,0 mm. Esse valor depende, obviamente, do tipo de trabalho no qual o nível será empregado. No caso de o erro ser superior ao valor preestabelecido, o instrumento deverá ser ajustado em laboratório. Para obter redundância de valores nas medições, recomenda-se repeti-las alterando a altura do instrumento (alguns centímetros) entre os pares de medições. A Norma ISO 17123-2:2001 especifica realizar medições de 10 pares de leituras ré e vante.

Exemplo aplicativo 9.7

Com um nível topográfico automático, foram realizadas as medições apresentadas na Tabela 9.5, seguindo as especificações de distâncias indicadas na Figura 9.7. Com base nos valores medidos, calcular o erro e o fator de colimação vertical para esse instrumento.

TABELA 9.5 • Valores medidos e calculados

Medições	Lr_1 [mm]	Lv_1 [mm]	Lr_2 [mm]	Lv_2 [mm]	$Lr_1 - Lv_1$ [mm]	$Lr_2 - Lv_2$ [mm]	e_c[mm]
1	1.639	1.622	1.577	1.562	17	15	2
2	1.657	1.640	1.581	1.566	17	15	2
3	1.697	1.680	1.605	1.590	17	15	2
$e_{c_{médio}}$	–	–	–	–	–	–	2

■ *Solução:*

A última coluna a direita da Tabela 9.5 apresenta os valores do erro de colimação vertical para cada par de medições da leitura ré e vante, segundo a configuração geométrica da Figura 9.7. Segue o cálculo do erro de colimação da primeira medição:

$$e_c = (1.639 - 1.622) - (1.577 - 1.562) = 2 \text{ mm}$$

Os leitores são incentivados a realizarem os cálculos dos demais pares de medições que complementam a Tabela 9.5. O erro de colimação vertical final é dado pela média dos erros parciais, cujo valor é $e_{c_{médio}}$ = 2 mm.

Fator de colimação: $C = \dfrac{2}{40} = 0,05$ mm/m

Exemplo aplicativo   9.8

O mesmo procedimento de medição do Exemplo aplicativo 9.7 foi realizado para um nível digital. Os valores medidos e calculados estão indicados na Tabela 9.6. Com base nos valores medidos, calcular o erro e o fator de colimação para esse instrumento.

TABELA 9.6 • Valores medidos e calculados

Medições	Lr_1 [mm]	Lv_1 [mm]	Lr_2 [mm]	Lv_2 [mm]	$Lr_1 - Lv_1$ [mm]	$Lr_2 - Lv_2$ [mm]	e_c[mm]
1	1.603,3	1.587,1	1.531,3	1.514,9	16,2	16,4	–0,2
2	1.631,8	1.615,6	1.557,2	1.540,7	16,2	16,5	–0,3
3	1.655,6	1.639,5	1.567,7	1.551,5	16,1	16,2	–0,1
$e_{c_{médio}}$		–	–	–	–	–	–0,2

■ *Solução:*

Repetindo a mesma sequência de cálculo do Exemplo aplicativo 9.7, têm-se os seguintes resultados:
   Erro de colimação vertical da primeira medição:

$$e_c = (1.603,3 - 1.587,1) - (1.531,3 - 1.514,9) = -0,2 \text{mm}$$

Erro de colimação vertical médio: $e_{c_{médio}}$ = –0,2 mm

Fator de colimação: $C = \dfrac{-0,2}{40} = -0,005$ mm/m

9.4.1.3 *Erros de escala e de* index *da mira*

Os erros de escala e de *index* da mira são erros sistemáticos que ocorrem em razão de um defeito na graduação da mira e do desgaste da sua base, que altera a posição da referência zero. Para o primeiro, recomenda-se calibrar a mira usando uma trena de aço. Para o segundo, o erro é compensado se for utilizada a mesma mira para as leituras de ré e de vante.

9.4.2 **Erros acidentais**

Os erros acidentais que podem ocorrer em uma medição com um nível topográfico são os seguintes:

- erro do compensador;
- erro de leitura em razão da não verticalidade da mira;
- erro de pontaria;
- erro de paralaxe;
- erro em razão do rebaixamento do nível e/ou da mira no terreno.

Discutem-se na sequência os detalhes técnicos de cada um deles.

9.4.2.1 *Erro do compensador*

Quando se nivela um nível topográfico automático, haverá um erro de nivelamento que varia em função da precisão do compensador. Os valores típicos de precisão dos compensadores utilizados nos níveis automáticos variam de 0,1″ a 0,5″, podendo ser um valor maior para níveis topográficos básicos utilizados na construção civil. O erro de nivelamento (e_n), nesse caso, é dado pela equação (9.29).

$$e_n = \pm \frac{\gamma_c''}{\rho''} * d \qquad (9.29)$$

Sendo:

γ_c'' = precisão do compensador;

d = comprimento da visada;

ρ' = 206.264,8062″ (fator de conversão de radiano para segundo de arco).

9.4.2.2 *Erro de leitura em razão da não verticalidade da mira*

O erro de leitura por conta da não verticalidade da mira depende da qualidade do nível de bolha utilizado para seu nivelamento. Conforme ilustrado na Figura 9.8, se a mira não estiver na posição vertical durante a leitura da linha de visada, o valor lido é maior que o valor original e o erro cometido pode ser calculado aplicando a equação (9.30).

$$e_m = \pm \frac{l}{2} * \left(\frac{\gamma''}{\rho''}\right)^2 \qquad (9.30)$$

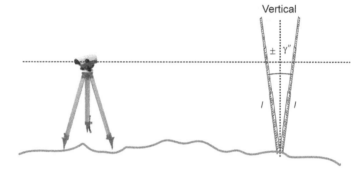

FIGURA 9.8 • Erro de leitura em razão da não verticalidade da mira.

Sendo:

e_m = valor do erro de leitura da mira;

l = valor lido na mira;

γ'' = sensibilidade do nível de bolha utilizado para o nivelamento da mira, em segundos de arco;

ρ'' = 206.264,8062″ (fator de conversão de radiano para segundo de arco).

Exemplo aplicativo 9.9

Foi realizado um nivelamento geométrico com uma mira cujo nível de bolha acoplado possuía uma sensibilidade de 20 minutos de arco. Considerando a configuração geométrica da Figura 9.8 e que tenha sido realizada uma leitura na mira igual a 2.025 mm, calcular o valor do erro de leitura da mira.

■ *Solução:*

O erro de leitura da mira pode ser calculado aplicando-se a equação (9.30). Assim, tem-se:

$$e_m = \pm \frac{2.025}{2} * \left(\frac{20'}{3.437,7468'}\right)^2 = \pm 0,03 \text{ mm}$$

9.4.2.3 *Erro de pontaria*

O erro de pontaria (e_p) em uma medição com um nível topográfico corresponde à precisão com que se pode ler valores sobre a mira graduada. Esse erro depende das condições atmosféricas, do valor do aumento da lente da luneta do instrumento e da distância entre o nível e a mira. A formulação matemática adotada para o cálculo desse erro é dada pela equação (9.31).

$$e_p = \pm \frac{k * d}{M * \rho''} \qquad (9.31)$$

Sendo:
k = constante variando entre 30″ e 60″ (em geral, utiliza-se o valor 45″);

d = comprimento da visada;

M = valor do aumento da luneta do instrumento;

ρ'' = 206.264,8062″ (fator de conversão de radiano para segundo de arco).

Exemplo aplicativo 9.10

Calcular o erro de pontaria de uma visada de 40 metros realizada com o nível automático NA720 da Leica Geosystems.

- *Solução:*
O Manual Técnico do instrumento indica que sua luneta possui um aumento de 20x. Assim, aplicando a equação (9.31), tem-se:

$$e_p = \pm \frac{45'' * 40.000}{20 * 206.264,8062} = \pm 0,4 \text{ mm}$$

9.4.2.4 Erro de paralaxe

O erro de paralaxe ocorre em razão de uma focagem malfeita sobre a mira. Ele causa um movimento aparente da mira em relação ao retículo, em função do movimento do olho do observador e pode acarretar, assim, um erro acidental de leitura sobre a mira. Não existe uma formulação matemática para representar esse erro. Na maioria das vezes, ele pode ser eliminado preocupando-se com a focagem correta do instrumento.

9.4.2.5 Erro em razão do afundamento do tripé e/ou da mira no terreno

Quando não são tomadas precauções para que o tripé do nível não se movimente ou que a mira não afunde no terreno durante o nivelamento, haverá um erro acidental de leitura em razão das ocorrências desses movimentos. É possível determiná-los; porém, é difícil quantificá-los. Por essa razão, recomenda-se, sempre que possível, usar uma sapata de apoio de mira, também denominada *sapo*, conforme indicado na Figura 9.9, e realizar um nivelamento e contranivelamento que diminuem sensivelmente o caráter sistemático do erro em razão do afundamento do tripé e/ou da mira durante o nivelamento.

FIGURA 9.9 • Sapata de apoio para nivelamento de precisão.

9.4.2.6 Erros específicos de níveis digitais

Os níveis digitais produzem um erro específico, denominado *erro de distância crítica*, que ocorre para determinada distância de visada. Investigações demonstraram que esse tipo de erro ocorre sempre que a dimensão da linha de códigos projetada na rede CCD for igual ao tamanho de um fotodiodo. Para o nível NA3000 da Leica Geosystems, por exemplo, pode ocorrer um erro de 0,8 mm quando a visada for realizada a uma distância de cerca de 15 metros da mira. Para outras marcas e modelos de instrumentos, essa distância varia. Recomenda-se ao leitor consultar os manuais técnicos dos fabricantes para mais informações sobre a ocorrência desse tipo de erro.

Além do erro da distância crítica e do erro de colimação, as medições com níveis digitais podem produzir erros relacionados com a leitura na mira. Assim, como a determinação do valor medido depende da visualização de uma determinada porção da mira, se somente uma parte dessa área for visualizada, poderá ocorrer um valor de leitura incorreto. Assim, recomenda-se evitar medições nas extremidades da mira.

Deve-se também evitar medições em locais com pouca iluminação, como em túneis, por exemplo. Nesses casos, recomenda-se utilizar uma iluminação artificial especial ou uma mira com iluminação própria. Da mesma forma, deve-se evitar leituras com sombreamentos muito escuros sobre a mira. Eles causarão o mesmo efeito de uma interferência sobre a linha de visada. Finalmente, é importante salientar que os níveis digitais não realizam medições sobre imagens desfocadas e podem ter problemas para leituras sobre miras com sujeiras ou rasuras na pintura do código de barras.

As miras com código de barras utilizadas em conjunto com os níveis digitais são calibradas em laboratório, por meio de um sistema em que a mira é nivelada sobre um dispositivo que pode se movimentar na vertical. Esse movimento é monitorado por um interferômetro a *laser*. Ao mesmo tempo, um nível digital instalado a uma distância apropriada realiza medições sobre a mira, as quais são comparadas com os valores indicados pelo interferômetro. Com base nos valores lidos, determina-se a qualidade de leitura da mira.

9.5 Comentários sobre calibração de níveis topográficos

Calibrar um nível topográfico óptico mecânico ou automático é um procedimento simples, realizado por praticamente todos os laboratórios acreditados para a calibração de instrumentos topográficos. Da mesma forma, realizar os procedimentos de verificação desse tipo de nível é uma tarefa simples de ser feita pelo próprio operador, seguindo as recomendações do fabricante. Por essas razões, recomenda-se realizar verificações rotineiras e enviar o instrumento para calibração sempre que houver indícios de mal funcionamento.

No caso dos níveis digitais, pode-se também realizar as verificações de acordo com as recomendações do fabricante; porém, a calibração somente deve ser feita em laboratório acreditado e com comprovada capacidade para calibrar esse tipo de instrumento.

10 Cálculos topométricos

10.1 Introdução

Conforme já destacado em várias ocasiões nesta obra, para a Geomática, o posicionamento de um ponto sobre a superfície terrestre está dividido em posicionamentos planimétrico e altimétrico. No caso do posicionamento planimétrico, partindo-se de pontos de apoio previamente implantados no terreno, o engenheiro realiza observações de direções horizontais, de ângulos verticais e medições de distâncias para, em seguida, determinar as coordenadas planimétricas (X,Y) ou (E,N)[1] de novos pontos referenciados a um sistema de coordenadas e a um datum predeterminados. No caso do posicionamento altimétrico, as altitudes (H) dos pontos são determinadas por meio de nivelamentos topográficos, conforme apresentado no *Capítulo 12 – Altimetria*.

É importante salientar que, em razão dos avanços tecnológicos dos instrumentos topográficos e o advento de instrumentos de varredura *laser*, como os escâneres *laser* terrestres e aéreos, a separação entre planimetria e altimetria está aos poucos sendo substituída pela determinação conjunta do terno de coordenadas (X,Y,H). Neste capítulo, contudo, serão tratados apenas os métodos de determinação planimétrica de pontos individuais. As determinações planimétricas e as planialtimétricas de conjuntos de pontos serão apresentadas no *Capítulo 11 – Apoio Topográfico – Poligonação* e no *Capítulo 21 – Tecnologia de Varredura Laser*.

Ao conjunto de métodos e técnicas de medições no terreno e de cálculos no escritório, com o objetivo de determinar coordenadas de pontos em Geomática, dá-se o nome de *Topometria* – de onde deriva o termo *cálculos topométricos* como o conjunto de formulações trigonométricas combinadas para, com base nos valores medidos em campo, determinar coordenadas de novos pontos. O estudo dos métodos de cálculos topométricos e suas aplicações em Geomática são os objetivos deste capítulo.

Como o leitor poderá notar, os cálculos topométricos apresentados ao longo do capítulo baseiam-se fundamentalmente nas relações da trigonometria plana e assim, muitos dos problemas apresentados podem ser solucionados por análises geométricas aplicando diretamente uma função trigonométrica. O fato relevante, ao se aplicar os fundamentos dos cálculos topométricos é que eles permitem racionalizar os cálculos, facilitando suas aplicações e tornando-os adequados para programação em computadores.

O leitor também deve considerar que os valores das novas coordenadas determinadas por intermédio dos cálculos topométricos, apresentados na sequência, dependem da superfície de referência em que se está realizando os cálculos. Dessa forma, antes de aplicar qualquer método de cálculo topométrico, deve-se reduzir os valores geométricos medidos sobre o terreno para o plano de referência adotado para garantir a consistência entre as coordenadas. Para as formulações matemáticas indicadas neste capítulo, considera-se que os valores medidos serão reduzidos ao Plano Topográfico Local (PTL), ou seja, os valores das distâncias utilizados nas formulações, nesse caso, são distâncias horizontais topográficas reduzidas sobre o plano horizontal do observador.

10.2 Cálculo de azimute e distância por meio de coordenadas conhecidas

Os cálculos do azimute e da distância, a partir de dois pontos de coordenadas conhecidas, é o primeiro problema fundamental da Geodésia, ao qual também se denomina cálculo inverso. Basicamente, considerando que os pontos localizam-se sobre uma

---

[1]Denominações das coordenadas no Sistema de Projeção UTM. Para mais detalhes, consultar o *Capítulo 19 – Projeção cartográfica.*

superfície de referência plana, trata-se de uma transformação de coordenadas planorretangulares para Coordenadas Polares Planas, conforme descrito na *Seção 4.9.1.1 – Transformação de coordenadas planorretangulares para coordenadas polares planas e vice-versa*. Os detalhes geométricos dessa transformação estão indicados na Figura 10.1.

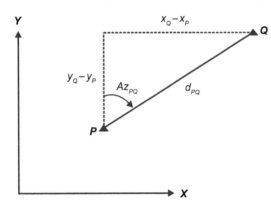

Dados:
Pontos (P) e (Q): $P: (X_P, Y_P)$
$\qquad\qquad\qquad\quad Q: (X_Q, Y_Q)$

Calcular:
Az_{PQ} = azimute do alinhamento PQ
d_{PQ} = distância horizontal entre os pontos (P) e (Q)

FIGURA 10.1 • Relações geométricas para o cálculo de azimutes e distâncias.

De acordo com a Figura 10.1, têm-se:

$$\text{tg}(Az_{PQ}) = \frac{\Delta X}{\Delta Y} = \frac{X_Q - X_P}{Y_Q - Y_P} \tag{10.1}$$

$$d_{PQ} = \sqrt{\Delta X^2 + \Delta Y^2} = \frac{\Delta X}{\text{sen}(Az_{PQ})} = \frac{\Delta Y}{\cos(Az_{PQ})} \tag{10.2}$$

As equações (10.1) e (10.2) são gerais e válidas para todos os quadrantes do círculo trigonométrico.

Para o cálculo do azimute do alinhamento PQ, deve-se calcular as diferenças de coordenadas Q-P com seus sinais algébricos. Inicialmente, calcula-se $\Delta X = X_Q - X_P$ e $\Delta Y = Y_Q - Y_P$ para se obter um valor intermediário, aqui denominado (Az), dado pela equação (10.3).

$$Az = \text{arctg}\left(\frac{\Delta X}{\Delta Y}\right) \tag{10.3}$$

Notar que em função dos sinais algébricos de (ΔX) e de (ΔY), o valor de (Az) pode ser positivo ou negativo. Assim, o azimute do alinhamento PQ é dado pela equação (10.4).

$$Az_{PQ} = Az \pm \alpha = \text{arctg}\left(\frac{X_Q - X_P}{Y_Q - Y_P}\right) \pm \alpha \tag{10.4}$$

O valor de (α) pode ser igual a 0°, 180° ou 360°, dependendo do quadrante em que o alinhamento PQ se encontra (ver Tab. 10.1). Notar que nesta tabela está sendo considerado o valor algébrico do ângulo (Az), calculado pela equação (10.3), o qual é negativo para o segundo e o terceiro quadrantes.

Nota: os cálculos de azimutes e distâncias são fundamentais para a determinação de coordenadas de pontos no plano e no espaço. Por esse motivo, é importante que o conceito de orientação espacial seja bem compreendido pelo leitor.

TABELA 10.1 • Relação entre quadrante e azimute

Quadrante	ΔX	ΔY	Az_{PQ}
I	+	+	= Az + 0°
II	+	–	= Az + 180°
III	–	–	= Az + 180°
IV	–	+	= Az + 360°

Exemplo aplicativo 10.1

Considerando as coordenadas dos pontos (P_1) e (P_2) indicadas na Tabela 10.2, calcular o azimute $(Az_{P_1P_2})$ e a distância horizontal $(d_{P_1P_2})$ entre eles.

TABELA 10.2 • Coordenadas conhecidas

Ponto	X [m]	Y [m]
P_1	7.453,743	12.743,125
P_2	6.676,216	11.633,531
Diferença $(P_2 - P_1)$	–777,527	–1.109,594

Solução:
A distância horizontal é calculada aplicando a equação (10.2). Assim, tem-se:

$$d_{P_1P_2} = \sqrt{(-777{,}527)^2 + (-1.109{,}594)^2} = 1.354{,}897 \text{ m}$$

Para o cálculo do azimute topográfico ($Az_{P_1P_2}$), deve-se aplicar primeiramente a equação (10.3).

$$Az = \text{arctg}\left(\frac{-777{,}527}{-1.109{,}594}\right) = 35°01'12''$$

Em seguida, é necessário analisar o quadrante em que se encontra o alinhamento P_1P_2. Neste caso, conforme o quadro ao lado, tem-se:

$$Az_{P_1P_2} = 35° \ 01' \ 12'' + 180° = 215° \ 01' \ 12''$$

Quadrante	ΔX	ΔY	$Az_{P_1P_2}$
III	−	−	$= Az + 180°$

10.3 Cálculo de um ponto lançado ou irradiação

O cálculo de um ponto lançado significa determinar as coordenadas de um ponto a partir do conhecimento das coordenadas de um ponto de apoio, do azimute e da distância horizontal do alinhamento entre ele e o novo ponto lançado. Tem-se, assim, o processo de cálculo denominado *cálculo direto*. Basicamente, considerando que os pontos localizam-se sobre uma superfície de referência plana, trata-se de uma transformação de coordenadas polares planas para coordenadas planorretangulares, conforme descrito na *Seção 4.9.1.1 – Transformação de coordenadas planorretangulares para coordenadas polares planas e vice-versa*. Os detalhes geométricos dessa transformação estão indicados na Figura 10.2.

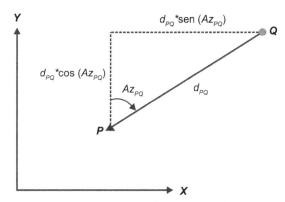

Dados:
Ponto de apoio (P): $P: (X_P, Y_P)$
Azimute PQ: (Az_{PQ})
Distância horizontal PQ: (d_{PQ})

Calcular:
Coordenadas de (Q): $Q: (X_Q, Y_Q)$

FIGURA 10.2 • Relações geométricas para o cálculo de um ponto lançado.

De acordo com a Figura 10.2, têm-se:

$$X_Q = X_P + d_{PQ} * \text{sen}(Az_{PQ}) \qquad (10.5)$$

$$Y_Q = Y_P + d_{PQ} * \cos(Az_{PQ}) \qquad (10.6)$$

As equações (10.5) e (10.6) são gerais e válidas para todos os quadrantes do círculo trigonométrico. Os valores para os cálculos das funções trigonométricas devem ser tomados com os seus sinais algébricos.

Exemplo aplicativo 10.2

Considerando as coordenadas conhecidas do ponto (P_1) do Exemplo aplicativo 10.1, calcular as coordenadas do ponto (P_3), considerando que a distância horizontal ($d_{P_1P_3}$) é igual a 1.528,125 metros e que o azimute ($Az_{P_1P_3}$) é igual a 154°45'17''.

Solução:
As coordenadas do ponto (P_3) são calculadas aplicando-se as equações (10.5) e (10.6). Assim, têm-se:

$$X_{P_3} = 7.453{,}743 + 1.528{,}125 * \text{sen}(154°45'17'') = 8.105{,}479 \text{ m}$$

$$Y_{P_3} = 12.743{,}125 + 1.528{,}125 * \cos(154°45'17'') = 11.360{,}951 \text{ m}$$

10.4 Transporte de azimute

O valor do azimute de um alinhamento pode ser determinado em função das coordenadas de dois pontos, conforme indicado na *Seção 10.2 – Cálculo de azimute e distância por meio de coordenadas conhecidas*, ou pode ser determinado em função do valor do azimute de um alinhamento anterior, denominado *azimute de ré*, e do ângulo horizontal horário (α_i) entre o alinhamento de ré e seu consecutivo. Os detalhes geométricos dessa determinação de azimute estão indicados na Figura 10.3.

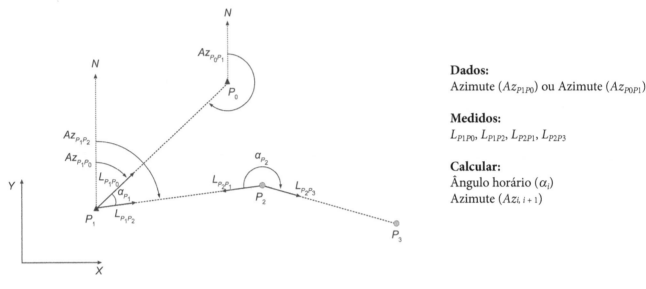

FIGURA 10.3 • Relações geométricas para o transporte de azimute.

Dados:
Azimute (Az_{P1P0}) ou Azimute (Az_{P0P1})

Medidos:
L_{P1P0}, L_{P1P2}, L_{P2P1}, L_{P2P3}

Calcular:
Ângulo horário (α_i)
Azimute ($Az_{i,\,i+1}$)

O problema, neste caso, consiste em determinar os azimutes sucessivos ($Az_{i,\,i+1}$) dos alinhamentos de um caminhamento, conhecendo o azimute ($Az_{i,\,i-1}$) ou ($Az_{i-1,\,i}$) do alinhamento anterior e as observações das orientações horizontais de ré ($L_{i,\,i-1}$) e de vante ($L_{i,\,i+1}$), no ponto (i).

Para que o transporte de azimute seja possível, é necessário ter um azimute de partida conhecido, como o azimute (Az_{P1P0}) ou (Az_{P0P1}) da Figura 10.3. Assim, por meio dos ângulos horizontais horários calculados em função das direções horizontais observadas e considerando a geometria da figura, têm-se:

$$\alpha_{P1} = L_{vante} - L_{ré} = L_{P1P2} - L_{P1P0} \tag{10.7}$$

$$Az_{P1P2} = Az_{P1P0} + \alpha_{P1} \tag{10.8}$$

que, generalizando, permite escrever a equação (10.9).

$$Az_{i,\,i+1} = Az_{i,\,i-1} + \alpha_i \tag{10.9}$$

Por outro lado, como se sabe pela equação (5.3) que,

$$Az_{i,\,i-1} = Az_{i-1,\,i} \pm 180°$$

Substituindo (5.3) em (10.9), obtém-se:

$$Az_{i,\,i+1} = Az_{i-1,\,i} + \alpha_i \pm 180° \tag{10.10}$$

> **Somar 180° se ($Az_{i-1,\,i}$) for menor que 180°.**
> **Subtrair 180° se ($Az_{i-1,\,i}$) for maior que 180°.**

Dessa forma, o azimute de vante ($Az_{i,\,i+1}$) de um alinhamento pode ser calculado de duas maneiras:

1. Somando o **azimute de ré** ($Az_{i,\,i-1}$), do alinhamento anterior, ao ângulo horizontal horário (α_i).
2. Somando o **azimute de vante** ($Az_{i,\,i-1}$), do alinhamento anterior, ao ângulo horizontal horário (α_i) e adicionando ou subtraindo 180° ao valor da soma.

Para esclarecer ainda mais as relações algébricas indicadas, considerar os detalhes das relações geométricas entre os azimutes e os ângulos horizontais horários dos alinhamentos P_1P_2 e P_2P_3 da Figura 10.4.

De acordo com a Figura 10.4, têm-se:

$$Az_{P_2P_3} = Az_{P_2P_1} + \alpha_{P_2} - 360°$$

(subtraiu-se 360° pelo fato de a soma $Az_{P_2P_1} + \alpha_{P_2}$ ser maior que 360°)

$$Az_{P_2P_3} = Az_{P_1P_2} + \alpha_{P_2} + 180°$$

(somou-se 180° pelo fato de o azimute $Az_{P_1P_2}$ ser menor que 180°)

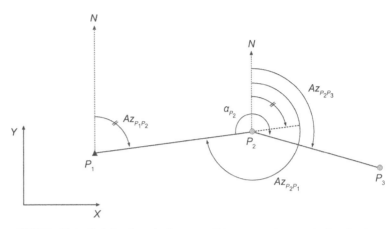

FIGURA 10.4 • Detalhe das relações geométricas para o transporte de azimutes.

O leitor deve notar que, em um transporte de azimutes, os cálculos são facilitados se os azimutes de vante forem calculados em sequência, aplicando a equação (10.10), com o devido cuidado de verificar a soma ou a subtração de 180°.

Exemplo aplicativo 10.3

Considerando as coordenadas dos pontos (P_1) e (P_2) do Exemplo aplicativo 10.1 e os dados do levantamento de campo indicado na Tabela 10.3, calcular o azimute do alinhamento P_2P_3.

TABELA 10.3 • Valores medidos em campo

Estação	Ponto visado	Direção horizontal observada
P_2	P_1	67°59'45"
	P_3	133°46'23"

- **Solução:**

De acordo com a equação (10.10), o azimute $(Az_{P_2P_3})$ pode ser calculado conhecendo o azimute $(Az_{P_1P_2})$ e o ângulo horizontal horário (α_{P_2}).

O valor do ângulo horizontal horário (α_{P_2}) pode ser calculado aplicando a equação (10.7). Assim, tem-se:

$$\alpha_{P_2} = 133°46'23'' - 67°59'45'' = 65°46'38''$$

Como se sabe pelo resultado do Exemplo aplicativo 10.1 que $Az_{P_1P_2} = 215°01'12''$, tem-se:

$$Az_{P_2P_3} = 215°01'12'' + 65°46'38'' - 180° = 100°47'50''$$

Caso se quisesse utilizar o valor do azimute $Az_{P_2P_1} = 35°01'12''$, o cálculo do azimute $(Az_{P_2P_3})$ poderia ser realizado como:

$$Az_{P_2P_3} = 35°01'12'' + 65°46'38'' = 100°47'50''$$

10.5 Transporte de coordenadas

Conforme visto na *Seção 10.3 – Cálculo de um ponto lançado ou irradiação*, pode-se determinar as coordenadas de um ponto lançado conhecendo as coordenadas do ponto de estação, o azimute do alinhamento e a distância entre a estação e o ponto lançado. Assim, considerando a sequência de cálculos para o transporte de azimutes, apresentada na seção anterior, pode-se realizar o transporte de coordenadas por meio de observações das direções horizontais e de medições das distâncias entre pares de pontos sequenciais, conforme indicado na Figura 10.5. Nesse caso, têm-se o ponto (P_1) como ponto de estação e o ponto (P_0) como ponto de referência, ambos com coordenadas conhecidas. As coordenadas dos próximos pontos do caminhamento podem ser determinadas em função das direções de ré e de vante e das distâncias horizontais entre eles, conhecidas em função das medições de campo. Os detalhes geométricos do transporte de coordenadas estão indicados na Figura 10.5.

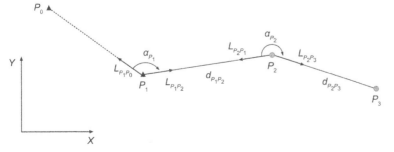

FIGURA 10.5 • Relações geométricas para o transporte de coordenadas.

Dados:

Ponto (P_0): P_0: (X_{P0}, Y_{P0})
Ponto (P_1): P_1: (X_{P1}, Y_{P1})

Medidos:

$L_{P1P0}, L_{P1P2}, L_{P2P3}, L_{P1P2}, d_{P2P3}$

Calcular:

Ponto (P_{i+1}): P_{i+1}: (X_{pi+1}, Y_{pi+1})

170 TOPOGRAFIA PARA ENGENHARIA

De acordo com a Figura 10.5, a sequência de cálculos para o transporte de coordenadas é a seguinte:

1. calcular o azimute ($Az_{P_0P_1}$) em função das coordenadas conhecidas dos pontos (P_0) e (P_1), de acordo com a equação (10.4);
2. calcular os ângulos horizontais horários (α_i), de acordo com a equação (10.7);
3. calcular o azimute de vante, de acordo com a equação (10.10);
4. calcular as coordenadas do ponto lançado (P_{i+1}), de acordo com as equações (10.11) e (10.12):

$$X_{i+1} = X_i + d_{i,\,i+1} * \operatorname{sen}\left(Az_{i,\,i+1}\right) \tag{10.11}$$

$$Y_{i+1} = Y_i + d_{i,\,i+1} * \cos\left(Az_{i,\,i+1}\right) \tag{10.12}$$

5. repetir os passos 3 e 4 até o último ponto lançado.

Exemplo aplicativo　　**10.4**

Considerando os resultados do Exemplo aplicativo 10.3 e os valores indicados na Tabela 10.4, calcular as coordenadas dos pontos (P_7) e (P_4).

■ *Solução:*
De acordo com os resultados do Exemplo aplicativo 10.3, sabe-se que: $Az_{P_1P_2} = 215°01'12''$.

Considerando o valor do azimute ($Az_{P_1P_2}$) e as direções ($L_{P_1P_2}$) e ($L_{P_2P_7}$), indicadas na Tabela 10.4, obtém-se o azimute ($Az_{P_2P_7}$) conforme indicado a seguir:

TABELA 10.4 • Valores medidos em campo

Estação	Ponto visado	Direção horizontal observada	Distância horizontal [m]
P_2	P_1	67°59'45''	–
	P_7	228°51'21''	494,812
P_7	P_2	0°00'00''	–
	P_4	111°17'37''	600,725

$$Az_{P_2P_7} = \left(215°01'12'' - 180°\right) + \left(228°51'21'' - 67°59'45''\right) = 195°52'48''$$

Pela Tabela 10.4 sabe-se que $d_{P_2P_7} = 494,812$ m. Assim, de acordo com as equações (10.11) e (10.12), têm-se:

$$X_{P_7} = 6.676,216 + 494,812 * \operatorname{sen}\left(195°52'48''\right) = 6.540,823 \text{ m}$$

$$Y_{P_7} = 11.633,531 + 494,812 * \cos\left(195°52'48''\right) = 11.157,603 \text{ m}$$

Para o cálculo das coordenadas do ponto ($P4$), deve-se calcular o ($Az_{P_7P_4}$) e utilizar a distância ($d_{P_7P_4}$) indicada na Tabela 10.4. Assim, considerando o valor do azimute ($Az_{P_2P_7}$) calculado e as direções horizontais ($L_{P_7P_2}$) e ($L_{P_7P_4}$) indicadas na Tabela 10.4, têm-se:

$$Az_{P_7P_4} = \left(195°52'48'' - 180°\right) + \left(111°17'37'' - 00°00'00''\right) = 127°10'25''$$

$$X_{P_4} = 6.540,823 + 600,725 * \operatorname{sen}\left(127°10'25''\right) = 7.019,485 \text{ m}$$

$$Y_{P_4} = 11.157,603 + 600,725 * \cos\left(127°10'25''\right) = 10.794,624 \text{ m}$$

10.6　Orientação de azimute por meio de visadas múltiplas

Pela facilidade atual de se gerar múltiplos pontos de coordenadas conhecidas em uma mesma área, em muitas situações, para a determinação do azimute de uma nova visada, recomenda-se realizar observações de direções angulares horizontais aos vários pontos de coordenadas conhecidas para aumentar a confiança do valor do azimute calculado. Tem-se assim a situação geométrica ilustrada na Figura 10.6.

A sequência de cálculo para a determinação do azimute (Az_{PQ}) desejado pode ser realizada como indicado na Tabela 10.5.

Notar que a incógnita de orientação da direção de referência (Ω) é calculada pela média das incógnitas de observação individuais (ω_i). Ela somente deve ser calculada se os valores dos erros residuais (v_i) forem inferiores a uma tolerância preestabelecida. Uma vez calculada, ela pode ser utilizada para o cálculo dos azimutes dos pontos desconhecidos remanescentes.

Notar também que os ângulos (α_i) foram inseridos na figura para facilidade de compreensão. Eles correspondem exatamente aos valores das direções observadas.

CÁLCULOS TOPOMÉTRICOS **171**

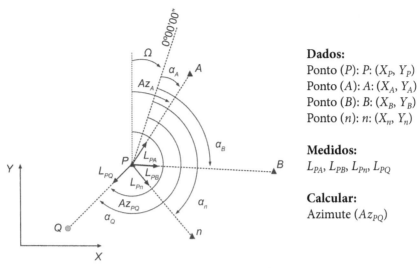

Dados:
Ponto (P): $P: (X_P, Y_P)$
Ponto (A): $A: (X_A, Y_A)$
Ponto (B): $B: (X_B, Y_B)$
Ponto (n): $n: (X_n, Y_n)$

Medidos:
$L_{PA}, L_{PB}, L_{Pn}, L_{PQ}$

Calcular:
Azimute (Az_{PQ})

FIGURA 10.6 • Relações geométricas para a determinação de azimute por meio de visadas múltiplas.

TABELA 10.5 • Sequência de cálculo para determinação do azimute (Az_{PQ})

Ponto visado	Azimute calculado (Eq. 10.4)	Ângulo horizontal horário	Incógnita de orientação (ω_i)	Azimute provisório	Erro residual
A	Az_{PA}	$\alpha_A = L_{PA}$	$\omega_A = Az_{PA} - \alpha_A$	$Az'_{PA} = \alpha_A + \Omega$	$v_A = Az_{PA} - Az'_{PA}$
B	Az_{PB}	$\alpha_B = L_{PB}$	$\omega_B = Az_{PB} - \alpha_B$	$Az'_{PB} = \alpha_B + \Omega$	$v_B = Az_{PB} - Az'_{PB}$
n	Az_{Pn}	$\alpha_n = L_{Pn}$	$\omega_n = Az_{Pn} - \alpha_n$	$Az'_{Pn} = \alpha_n + \Omega$	$v_n = Az_{Pn} - Az'_{Pn}$
Q	-	$L_{PQ} = \alpha_Q$	-	-	-
			$\Omega = \dfrac{\sum \omega}{n}$	$Az_{PQ} = \alpha_Q + \Omega$	

Exemplo aplicativo 10.5

Conforme a ilustração da Figura 10.6, a partir de um ponto (P) de coordenadas conhecidas, foram realizadas as medições de campo indicadas na Tabela 10.6. Considerando as coordenadas dos pontos (A), (B), (C) e (Q) apresentadas nesta tabela, calcular o azimute do alinhamento PQ.

■ *Solução:*
Conforme a sequência de cálculos indicada na Tabela 10.5, têm-se os resultados indicados na Tabela 10.7. O erro residual máximo igual a 3″ obtido no cálculo é considerado aceitável para a medição realizada.

TABELA 10.6 • Valores medidos em campo e coordenadas conhecidas

Estação	Ponto visado	Direção horizontal observada	X [m]	Y [m]
P $X = 5.000,000$ m $Y = 10.000,000$ m	A	14°34′04″	5.254,368	10.514,587
	B	102°12′07″	5.777,513	9.654,853
	C	145°25′22″	5.356,893	9.152,742
	Q	190°18′37″	-	-

TABELA 10.7 • Resultados da sequência de cálculo para determinação do azimute (Az_{PQ})

Ponto visado	Azimute calculado (Eq. 10.4)	Ângulo horizontal horário (α_i)	Incógnita de orientação (ω_i)	Azimute provisório	Erro residual
A	26°18′14″	$\alpha_A = 14°34′04″$	$\omega_A = 11°44′10″$	26°18′11″	$v_A = 3″$
B	113°56′14″	$\alpha_B = 102°12′07″$	$\omega_B = 11°44′06″$	113°56′14″	$v_B = -1″$
C	157°09′27″	$\alpha_C = 145°25′22″$	$\omega_C = 11°44′05″$	157°09′29″	$v_C = -2″$
Q	-	$\alpha_Q = 190°18′37″$	-	-	-
		$\Omega = 11°44′07″$	$Az_{PQ(cal)} = 202°02′44″$		

10.7 Determinação de elementos de implantação planimétrica de pontos por meio de coordenadas conhecidas

A implantação planimétrica de um ponto sobre o terreno por meio de coordenadas conhecidas é um procedimento corrente nas obras de Engenharia Civil. O objetivo é localizar a posição de um ponto no terreno conhecendo suas coordenadas planimétricas (X,Y). Para tanto, o engenheiro necessita ter pelo menos dois pontos de apoio já implantados no local, ou seja, com coordenadas conhecidas no mesmo sistema de coordenadas dos pontos a serem implantados. Esses pontos de apoio serão tomados como referências para a implantação dos novos pontos com coordenadas conhecidas, obtidas por meio do projeto elaborado.

O exemplo típico da implantação de pontos por coordenadas é o caso de uma obra de Engenharia para a qual se tem disponível uma rede de pontos de apoio. Com base na localização desses pontos, representados graficamente em ambiente CAD, o projetista elabora o seu projeto e, a partir daí, gera uma lista de pontos a serem implantados no terreno, cujas coordenadas podem ser obtidas por intermédio da representação gráfica ou, analiticamente, por meio de cálculos topométricos. Os pontos a serem implantados, em geral, são vértices de linhas de centro de paredes de edifícios, centro de estacas de fundação de pilares, eixos de arruamentos de loteamentos, vértices de lotes e muitos outros dessa mesma natureza. Os detalhes da situação geométrica geral dos elementos de implantação de pontos estão indicados na Figura 10.7.

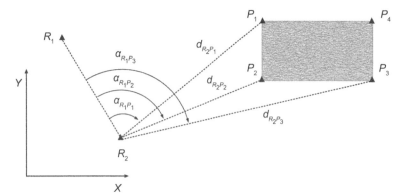

Dados:
Ponto (R_1): R_1: (X_{R_1}, Y_{R_1})
Ponto (R_2): R_2: (X_{R_2}, Y_{R_2})
Ponto (P_i): P_i: (X_{P_i}, Y_{P_i})

Calcular:
Ângulo horizontal horário em (R_2):
α_{R1P1}, α_{R1P2}, α_{R1P3}
Distância horizontal:
d_{R1P2}, d_{R2P2}, d_{R2P3}

FIGURA 10.7 • Relações geométricas para a determinação de elementos de implantação de pontos por coordenadas.

De acordo com a Figura 10.7, tem-se a seguinte sequência de cálculo para a implantação planimétrica de um ponto:
1. de acordo com a equação (10.4), calcular os azimutes (Az_{R2R1}) e (Az_{R2Pi}), em função das coordenadas conhecidas dos pontos (R_1), (R_2) e (P_i);
2. calcular o ângulo horizontal horário (α_{R1Pi}) para cada ponto a ser implantado, de acordo com a equação (10.13):

$$\alpha_{R2Pi} = Az_{R1Pi} - Az_{R2R1} \tag{10.13}$$

Generalizando a equação (10.13), obtém-se a equação geral para a implantação de pontos de acordo com a equação (10.14):

$$\alpha_{i,i+1} = Az_{vante} - Az_{ré} = Az_{i,i+1} - Az_{,i-1} \tag{10.14}$$

3. calcular a distância horizontal (d_{R2Pi}) para cada ponto a ser implantado, de acordo com a equação (10.2).

Têm-se, assim, os elementos de implantação para o ponto (P_{i+1}), que são os ângulos horizontais horários $(\alpha_{i,i+1})$, em relação à linha de referência, e as distâncias horizontais $(d_{i,i+1})$ entre o ponto de estação e cada um dos pontos a serem implantados.

Com os valores calculados, a implantação, com uma estação total, pode ser realizada da seguinte forma:
1. instalar o instrumento em um dos pontos de apoio, que seja mais prático para realizar as implantações;
2. visar o ponto de apoio de ré e zerar o valor da direção horizontal do instrumento;
3. girar o instrumento até que se tenha em seu visor a indicação do valor do ângulo horizontal horário de implantação do ponto desejado;
4. orientar o auxiliar de campo na direção da luneta do instrumento;
5. mantendo o auxiliar de campo na direção do alinhamento de implantação, medir distâncias consecutivas até que ele esteja exatamente na orientação e na distância de implantação calculada. Em seguida implantar o ponto.

Nota: a implantação de pontos por coordenadas é um procedimento de campo frequentemente utilizado em obras de Engenharia em geral. Pela facilidade de uso e recursos das estações totais atuais e pelo fato de as coordenadas de todos os pontos de um projeto estarem disponíveis em meio digital, esse é um procedimento rápido e confiável, principalmente quando são utilizadas estações totais robóticas.

Exemplo aplicativo 10.6

Considerando os dados indicados na Tabela 10.8 e sabendo que uma estação total será instalada sobre o ponto (P_4) e orientada sobre o ponto (P_3), calcular os elementos de implantação dos pontos (P_2) e (P_7).

TABELA 10.8 • Coordenadas conhecidas

Ponto	X [m]	Y [m]
P_2	6.676,216	11.633,531
P_3	8.105,479	11.360,951
P_4	7.019,485	10.794,624
P_7	6.540,823	11.157,603

■ *Solução:*
Seguindo a sequência de cálculo indicada na seção anterior, deve-se calcular os azimutes das direções P_4P_3, P_4P_2 e P_4P_7. Em seguida, calculam-se os ângulos horizontais horários e as distâncias de implantação dos pontos (P_2) e (P_7). Os resultados estão indicados na Tabela 10.9.

TABELA 10.9 • Resultados dos cálculos

Alinhamento	ΔX [m]	ΔY [m]	Azimute	Ângulo horizontal horário de implantação	Distância horizontal de implantação [m]
P_4P_3	1.085,995	566,326	62°27'31,6"	–	–
P_4P_2	–343,269	838,907	157°44'46,7"	157°44'46,7" – 62°27'31,6" = 95°17'15,1"	906,421
P_4P_7	–478,662	362,978	307°10'25,4"	307°10'25,4" – 62°27'31,6" = 244°42'53,8"	600,725

10.8 Interseção a ré (ou recessão)

A determinação das coordenadas de um ponto por meio do método da *Interseção a ré* consiste em estacionar um teodolito ou uma estação total sobre o ponto (P), cujas coordenadas se deseja determinar e realizar observações de direções a três pontos (A), (B) e (C) de coordenadas conhecidas, conforme indicado na Figura 10.8. Nessa situação, as coordenadas planimétricas do ponto de estação (P) são determinadas sem a necessidade da medição de distâncias entre os pontos observados. Trata-se de um método de determinação de coordenadas útil para os casos em que não é possível ou é dificultoso medir distâncias entre os pontos visados.

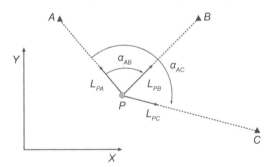

Dados:
Ponto (A): A: (X_A, Y_A)
Ponto (B): B: (X_B, Y_B)
Ponto (C): C: (X_C, Y_C)

Medidos:
L_{PA}, L_{PB}, L_{PC}

Calcular:
Coordenadas de (P): P: (X_P, Y_P)

FIGURA 10.8 • Relações geométricas da interseção a ré.

A solução do problema é alcançada considerando-o como a interseção de três retas, cujos azimutes são conhecidos. Assim, de acordo com a equação (10.7), têm-se:
$\alpha_{AB} = L_{PB} - L_{PA}$ conforme equação (10.7)
$\alpha_{AC} = L_{PC} - L_{PA}$ conforme equação (10.7)

As equações para a determinação das coordenadas do ponto (P) são as seguintes:

$$\operatorname{tg}\varphi = \frac{(X_A - X_B) * \cot(\alpha_{AB}) - (X_A - X_C) * \cot(\alpha_{AC}) + (Y_B - Y_C)}{(Y_A - Y_B) * \cot(\alpha_{AB}) - (Y_A - Y_C) * \cot(\alpha_{AC}) - (X_B - X_C)} \quad (10.15)$$

$$Y_P = Y_A + \frac{(X_A - X_B) * [\cot(\alpha_{AB}) - \operatorname{tg}(\varphi)] - (Y_A - Y_B) * [1 + \cot(\alpha_{AB}) * \operatorname{tg}(\varphi)]}{1 + \operatorname{tg}^2(\varphi)} \quad (10.16)$$

$$X_P = X_A + (Y_P - Y_A) * \operatorname{tg}(\varphi) \quad (10.17)$$

Observar que, trocando o índice (B) por (C) na equação (10.16), obtém-se outra equação semelhante para o cálculo de (Y_p).
Nota: por se tratar de um método de cálculo sem redundância de dados, para que a medição produza resultados consistentes, é necessário medir as direções horizontais com precisão elevada e evitar ângulos agudos no vértice das observações.

Exemplo aplicativo 10.7

Deseja-se calcular as coordenadas do ponto (P_5) por interseção a ré. Para tanto foram visados os pontos (P_1), (P_3) e (P_2), nesta ordem, obtendo-se os valores indicados na Tabela 10.10. Com os dados indicados na Tabela 10.11, calcular as coordenadas do ponto (P_5).

TABELA 10.10 • Valores medidos em campo

Estação	Ponto visado	Direção horizontal observada
	P_1	19°35'45"
P_5	P_3	148°49'46"
	P_2	274°39'22"

■ *Solução:*
Para facilitar a aplicação das equações, os pontos medidos foram renomeados de acordo com as indicações das equações (10.15) a (10.17) e incluídos na Tabela 10.11.

Assim, seguindo a sequência de cálculo indicado na seção anterior, têm-se os valores calculados apresentados na Tabela 10.12.

TABELA 10.11 • Coordenadas conhecidas

Ponto	X [m]	Y [m]	
P_1	7.453,743	12.743,125	A
P_3	8.105,479	11.360,951	B
P_2	6.676,216	11.633,531	C

TABELA 10.12 • Valores calculados para a determinação das coordenadas do ponto (P_5)

α_{AB} = 129°14'01,0"	α_{AC} = 255°03'37,0"	$X_A - X_B$ = -651,736 m	cotg(α_{AB}) = -0,816557397
$X_A - X_C$ = 777,527 m	cotg(α_{AC}) = 0,266821931	$Y_B - Y_C$ = -272,580 m	$Y_A - Y_B$ = 1.382,174 m
$Y_A - Y_C$ = 1.109,594 m	$X_B - X_C$ = 1.429,263 m	tgφ = -0,018268954	
X_{P5} = 7.469,860 m	Y_{P5} = 11.860,900 m		

10.9 Interseção a ré com redundância de visadas

Para obter resultados mais consistentes na determinação das coordenadas do ponto (P), o engenheiro pode aumentar a quantidade de visadas, conforme indicado na Figura 10.9. Haverá, nesse caso, mais visadas do que as estritamente necessárias. O problema torna-se sobredeterminado e a solução consistirá, então, em calcular "as melhores coordenadas" para o ponto (P), considerando as diferentes combinações de visadas. A solução geralmente adotada para o cálculo desse tipo de medição é por meio de um ajustamento de observações pelo Método dos Mínimos Quadrados (MMQ). Existem, porém, algumas variantes de cálculo derivadas do ajustamento que produzem resultados igualmente rigorosos, como o método de cálculo apresentado na sequência.

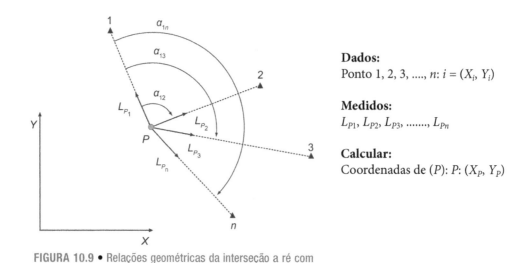

Dados:
Ponto 1, 2, 3, ..., n: $i = (X_i, Y_i)$

Medidos:
$L_{P1}, L_{P2}, L_{P3}, ..., L_{Pn}$

Calcular:
Coordenadas de (P): $P: (X_P, Y_P)$

FIGURA 10.9 • Relações geométricas da interseção a ré com excesso de visadas.

De acordo com os valores medidos e indicados na Figura 10.9, as coordenadas do ponto (P) podem ser determinadas considerando as (n) visadas a ré combinadas três a três. Obtêm-se assim (N) interseções, conforme indicado na equação (10.18).

$$N = \frac{n*(n-1)*(n-2)}{6} \tag{10.18}$$

Se as visadas forem consideradas todas de mesma qualidade, o resultado para as coordenadas do ponto (P) pode ser obtido pela média aritmética das (N) interseções. Na maioria dos casos, entretanto, elas não possuem a mesma qualidade, uma vez que são realizadas com distâncias e posições diferentes. O resultado, nesse caso, deve ser calculado pela média ponderada das (N) interseções, adotando pesos (w_{ijk}) diferenciados para cada interseção a ré de acordo com a equação (10.19).

$$w_{ijk} = \left[\frac{\text{sen}(\alpha_{ij})}{d_{Pi} * d_{Pj}} + \frac{\text{sen}(\alpha_{jk})}{d_{Pj} * d_{Pk}} + \frac{\text{sen}(\alpha_{ki})}{d_{Pi} * d_{Pk}} \right]^2 \tag{10.19}$$

Controle: $\alpha_{ij} + \alpha_{jk} + \alpha_{ki} = 360°$

Sendo:

$1 \le i, j, k \le n$ e $i \ne j \ne k$

$\alpha_{ij} = L_{Pj} - L_{Pi}$

d_{Pi} = distâncias horizontais calculadas em função do resultado obtido para as coordenadas do ponto (P) por meio da aplicação da primeira interseção a ré.

Com os pesos calculados, os valores finais para as coordenadas do ponto (P) são calculados pela média ponderada, conforme indicado nas equações (10.20) e (10.21).

$$\overline{X}_P = \frac{W'^T * X_P}{e^T * W'} \tag{10.20}$$

$$\overline{Y}_P = \frac{W'^T * Y_P}{e^T * W'} \tag{10.21}$$

Sendo,

$$X_P = \begin{bmatrix} X_{ijk}(1) \\ X_{ijk}(2) \\ ... \\ X_{ijk}(n) \end{bmatrix} \qquad Y_P = \begin{bmatrix} Y_{ijk}(1) \\ Y_{ijk}(2) \\ ... \\ Y_{ijk}(n) \end{bmatrix} \qquad W' = \begin{bmatrix} w_{ijk}(1) \\ w_{ijk}(2) \\ ... \\ w_{ijk}(n) \end{bmatrix} \qquad e = \begin{bmatrix} 1 \\ 1 \\ .. \\ 1 \end{bmatrix}$$

Sendo que os índices (1), (2), ... (n) indicam a quantidade de interseções (i,j,k).

$\overline{X}_p$ = coordenada (X) final do ponto (P)

$\overline{Y}_p$ = coordenada (Y) final do ponto (P)

Pelo fato de haver um excesso de visadas, é possível determinar os erros residuais e, por conseguinte, as precisões $\left(s_{\overline{X}_P} \right)$ e $\left(s_{\overline{Y}_P} \right)$ das coordenadas finais calculadas para o ponto (P), por meio das equações indicadas a seguir:

$$s_{\overline{X}_P}^2 = \frac{V_X^T * W * V_X}{(N-3) * e^T * W'} \tag{10.22}$$

$$s_{\overline{Y}_P}^2 = \frac{V_Y^T * W * V_Y}{(N-3) * e^T * W'} \tag{10.23}$$

Sendo V_x e V_y os vetores dos erros residuais das coordenadas (X_p, Y_p) calculadas nas (N) interseções, em relação às coordenadas finais $\left(\overline{X}_P, \overline{Y}_P \right)$ e (W) a matriz quadrada dos pesos, conforme indicado a seguir:

$$V_X = \begin{bmatrix} \overline{X}_P - X_{ijk}(1) \\ \overline{X}_P - X_{ijk}(2) \\ .... \\ \overline{X}_P - X_{ijk}(n) \end{bmatrix} \qquad V_Y = \begin{bmatrix} \overline{Y}_P - Y_{ijk}(1) \\ \overline{Y}_P - Y_{ijk}(2) \\ .... \\ \overline{Y}_P - Y_{ijk}(n) \end{bmatrix} \qquad W = \begin{bmatrix} w_{ijk}(1) & 0 & 0 & 0 \\ 0 & w_{ijk}(2) & 0 & 0 \\ 0 & 0 & \cdots & 0 \\ 0 & 0 & 0 & w_{ijk}(n) \end{bmatrix}$$

176 TOPOGRAFIA PARA ENGENHARIA

Exemplo aplicativo · 10.8

Deseja-se calcular as coordenadas do ponto (P_5) por interseção a ré. Para tanto, foram visados os pontos (P_1), (P_6), (P_3) e (P_2), nesta ordem, obtendo-se os valores medidos em campo indicados na Tabela 10.14. Os valores das coordenadas conhecidas estão indicados na Tabela 10.13. Com os dados medidos e conhecidos, calcular as coordenadas do ponto (P_5).

TABELA 10.13 • Coordenadas conhecidas

Ponto	X [m]	Y [m]
P_1	7.453,743	12.743,125
P_2	6.676,216	11.633,531
P_3	8.105,479	11.360,951
P_6	8.008,512	12.253,361

■ *Solução:*

O primeiro passo para a solução deste exercício é determinar a quantidade de interseções a ré e as coordenadas do ponto (P_5) para cada uma delas, cujos resultados estão indicados na Tabela 10.14. Assim, tem-se:

$$N = \frac{4 * 3 * 2}{6} = 4 \ interseções$$

TABELA 10.14 • Valores medidos em campo e coordenadas calculadas para o ponto (P_5) em cada interseção

Interseção	Estação	Ponto visado	Direção horizontal $L_{P_5 P_i}$	Ângulo horizontal horário Eq. (10.7)	X_{P_5} [m]	Y_{P_5} [m]
1	P_5	P_1	19°35′45″		7.469,855	11.860,911
		P_6	74°33′58″	54°58′13″		
		P_3	148°49′46″	129°14′01″		
2	P_5	P_6	74°33′58″		7.469,853	11.860,902
		P_3	148°49′46″	74°15′48″		
		P_2	274°39′22″	200°05′24″		
3	P_5	P_3	148°49′46″		7.469,860	11.860,900
		P_2	274°39′22″	125°49′36″		
		P_1	19°35′45″	230°45′59″		
4	P_5	P_6	74°33′58″		7.469,867	11.860,909
		P_2	74°33′58″	200°05′24″		
		P_1	19°35′45″	305°01′47″		

As variáveis para os cálculos dos pesos, de acordo com a equação (10.19), e os valores dos pesos para cada interseção a ré estão indicados na Tabela 10.15.

As coordenadas do ponto (P_5) são calculadas pelas equações (10.20) e (10.21). Assim, de acordo com as Tabelas 10.14 e 10.15, têm-se:

TABELA 10.15 • Variáveis para os cálculos dos pesos das interseções a ré

Coeficientes	Interseção 1 (1,6,3)	Interseção 2 (6,3,2)	Interseção 3 (3,2,1)	Interseção 4 (6,2,1)
α_{ij}	54°58′13″	74°15′48″	125°49′36″	200°05′24″
α_{jk}	74°15′48″	125°49′36″	104°56′23″	104°56′23″
α_{ki}	230°45′59″	159°54′36″	129°14′01″	54°58′13″
$d_{P5,Pi}$	882,361 m	666,460 m	808,690 m	666,460 m
$d_{P5,Pj}$	666,460 m	808,690 m	825,569 m	825,569 m
$d_{P5,Pk}$	808,690 m	825,569 m	882,361 m	882,361 m
Controle	360°00′00″	360°00′00″	360°00′00″	360°00′00″
Peso w_{ijk} Eq. (10.19)	1	3	3	1

$$W' = \begin{bmatrix} 1 \\ 3 \\ 3 \\ 1 \end{bmatrix} \qquad X_P = \begin{bmatrix} 7.469,855 \\ 7.469,853 \\ 7.469,860 \\ 7.469,867 \end{bmatrix}$$

$$Y_P = \begin{bmatrix} 11.860,911 \\ 11.860,902 \\ 11.860,900 \\ 11.860,909 \end{bmatrix}$$

$$e^T = \begin{bmatrix} 1 & 1 & 1 & 1 \end{bmatrix}$$

$$\bar{X}_{P5} = \frac{W'^T * X_P}{e^T * W'} = \frac{59.784,824}{8} = 7.469,858 \ m$$

$$\bar{Y}_{P5} = \frac{W'^T * X_P}{e^T * W'} = \frac{94.928,448}{8} = 11.860,903 \ m$$

As precisões $\left(s_{\bar{X}_{P5}}\right)$ e $\left(s_{\bar{Y}_{P5}}\right)$ são calculadas pelas equações (10.22) e (10.23), com N = 4. Os vetores dos erros residuais e a matriz dos pesos estão indicados a seguir:

$$V_X = \begin{bmatrix} 3,2 \\ 4,6 \\ -2,6 \\ -9,2 \end{bmatrix}_{[mm]} \quad V_Y = \begin{bmatrix} -8,0 \\ 1,5 \\ 3,0 \\ -5,5 \end{bmatrix}_{[mm]} \quad W = \begin{bmatrix} 1 & 0 & 0 & 0 \\ 0 & 3 & 0 & 0 \\ 0 & 0 & 3 & 0 \\ 0 & 0 & 0 & 1 \end{bmatrix}$$

Assim, têm-se:

$$s^2_{\bar{X}_{P_5}} = \frac{V_X^T * W * V_X}{(N-3)*e^T * W'} = \frac{176,422}{8} = 22,0 \text{ mm}^2$$

$$s^2_{\bar{Y}_{P_5}} = \frac{V_Y^T * W * V_Y}{(N-3)*e^T * W'} = \frac{127,708}{8} = 16,0 \text{ mm}^2$$

Portanto, as precisões são iguais a $s_{\bar{X}_{P_5}} = 4,7$ mm e $s_{\bar{Y}_{P_5}} = 4,0$ mm.

10.10 Interseção a vante

A determinação das coordenadas de um ponto (P) por meio do método da *interseção a vante* consiste em estacionar um teodolito ou uma estação total em dois pontos (A) e (B) de coordenadas conhecidas e, a partir deles, medir as direções horizontais horárias em relação ao ponto (P). A geometria dessa medição está ilustrada na Figura 10.10. Novamente, trata-se de um método de determinação de coordenadas sem a necessidade de medir distâncias entre os pontos visados.

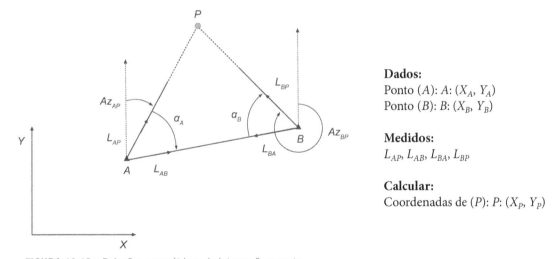

FIGURA 10.10 • Relações geométricas da interseção a vante.

De acordo com a Figura 10.10, tem-se a seguinte sequência de cálculo para a determinação das coordenadas do ponto (P):
1. calcular os azimutes (Az_{AB}) e (Az_{BA}) em função das coordenadas conhecidas dos pontos (A) e (B), de acordo com a equação (10.4);
2. calcular os ângulos horizontais horários (α_A) e (α_B) de acordo com a equação (10.7);
3. calcular o Azimute $Az_{AP} = Az_{AB} - \alpha_A$;
4. calcular o Azimute $Az_{BP} = Az_{BA} - \alpha_B$;
5. aplicar as equações indicadas a seguir:

$$Y_P = Y_A + \frac{(X_A - X_B) - (Y_A - Y_B) * \text{tg}(Az_{BP})}{\text{tg}(Az_{BP}) - \text{tg}(Az_{AP})} \tag{10.24}$$

Ou:

$$Y_P = Y_A + \frac{(X_B - X_A) - (Y_B - Y_A) * \text{tg}(Az_{BP})}{\text{tg}(Az_{AP}) - \text{tg}(Az_{BP})} \tag{10.25}$$

178 TOPOGRAFIA PARA ENGENHARIA

Invertendo (A) e (B), obtém-se também:

$$Y_P = Y_B + \frac{(X_B - X_A) - (Y_B - Y_A) * \text{tg}(Az_{AP})}{\text{tg}(Az_{AP}) - \text{tg}(Az_{BP})} \qquad (10.26)$$

E, assim,

$$X_P = X_A + (Y_P - Y_A) * \text{tg}(Az_{AP}) \qquad (10.27)$$

Ou:

$$X_P = X_B + (Y_P - Y_B) * \text{tg}(Az_{BP}) \qquad (10.28)$$

Sendo que (Az_{AP}) ou (Az_{BP}) devem ser diferentes de 90º ou 270º, uma vez que para essas direções a função tangente é não definida.

Nota: da mesma forma que o método de interseção a ré, por se tratar de um método de cálculo sem redundância de dados, para que esse tipo de medição produza resultados consistentes é necessário evitar medições com ângulos agudos em (P).

Exemplo aplicativo 10.9

Deseja-se calcular as coordenadas do ponto (P_5) por interseção a vante. Para tanto, foram utilizados os pontos (P_1) e (P_2) do Exemplo aplicativo 10.3. Os valores medidos em campo estão indicados na Tabela 10.16. Com esses dados, calcular as coordenadas do ponto (P_5).

TABELA 10.16 • Valores medidos em campo

Estação	Ponto visado	Direção horizontal observada
P_1	P_2	0°00′00″
	P_5	323°56′00″
P_2	P_1	0°00′00″
	P_5	38°59′36″

▪ *Solução:*

Notar que neste exercício o ponto (P_5) está abaixo do alinhamento P_1P_2, o ponto (P_1) está à direita do ponto (P_5) e o ponto (P_2), à sua esquerda. Assim, seguindo a sequência de cálculo indicada na seção anterior e adotando $A = P_1$ e $B = P_2$, têm-se:

$$\alpha_A = 360°00′00″ - 323°56′00″ = 36°04′00″ \qquad \alpha_B = 38°59′36″$$

Do Exemplo aplicativo 10.1, têm-se as coordenadas dos pontos (P_1) e (P_2) e o azimute $Az_{P_1P_2} = 215°01′12″$. Por meio desses valores, pode-se calcular os azimutes indicados a seguir:

$$Az_{AP_5} = 215°01′12″ - 36°04′00″ = 178°57′12″$$

$$Az_{BP_5} = 215°01′12″ - 180° + 38°59′36″ = 74°00′48″$$

Assim, por meio das equações (10.26) e (10.27), têm-se:

$$Y_{P_5} = 12.743,125 + \frac{777,527 - 1.109,594 * \text{tg}(74°00′48″)}{\text{tg}(74°00′48″) - \text{tg}(178°57′12″)} = 11.860,903 \text{ m}$$

$$X_{P_5} = 7.453,743 + (11.860,903 - 12.743,125) * \text{tg}(178°57′12′) = 7.469,859 \text{ m}$$

10.11 Interseção a vante com redundância de visadas

Da mesma forma que no caso anterior de interseção a ré com redundância de visadas, o engenheiro pode também aumentar a quantidade de visadas a vante, conforme indicado na Figura 10.11. Haverá novamente mais visadas do que as estritamente necessárias e o problema torna-se sobredeterminado. Igualmente ao caso anterior, a solução pode ser obtida utilizando uma variante do cálculo de ajustamento pelo Método dos Mínimos Quadrados, conforme indicado na sequência.

De acordo com os dados apresentados, as coordenadas do ponto (P) podem ser calculadas por meio de (n) visadas a vante combinadas duas a duas, de forma a gerar (N) interseções, conforme indicado na equação (10.29).

$$N = \frac{n(n-1)}{2} \qquad (10.29)$$

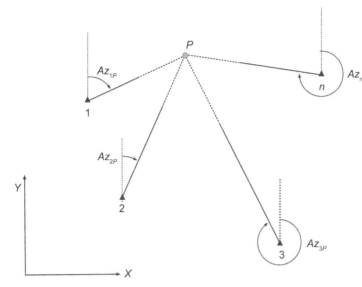

FIGURA 10.11 • Relações geométricas da interseção a vante com excesso de visadas.

Dados:
Pontos 1, 2, 3, n: (X_i, Y_i)

Medidos:
L_{iP}, $L_{i, i+1}$ Direções horizontais entre os pontos de coordenadas conhecidas e o ponto (P)

Calcular:
Coordenadas de (P): P: (X_P, Y_P)

Se as visadas forem consideradas todas de mesma qualidade, o resultado para as coordenadas do ponto (P) pode ser calculado pela média aritmética das (N) interseções. Na maioria dos casos, entretanto, elas não possuem a mesma qualidade, uma vez que elas são feitas com distâncias e posições diferentes. O resultado, neste caso, deve ser calculado pela média ponderada das (N) interseções, adotando pesos (w_{ij}) diferenciados para cada interseção a vante de acordo com a equação (10.30).

$$w_{ij} = \frac{\operatorname{sen}^2\left(Az_{jP} - Az_{iP}\right)}{d_{iP}^2 * d_{jP}^2} \tag{10.30}$$

$i = 1, 2, \ldots, (n-1) \qquad j = 1, 2, \ldots, n$

Sendo:

Az_{iP}, d_{iP} = azimute e distância calculados entre o ponto (i) e o ponto (P) calculado na primeira interseção a vante.

Com os pesos calculados, o valor final para as coordenadas do ponto (P) é calculado pela média ponderada, de acordo com as equações (10.20) e (10.21).

De forma semelhante às interseções a ré, as precisões ($s_{\bar{X}_P}$) e ($s_{\bar{Y}_P}$) das coordenadas finais do ponto (P) são obtidas por meio das equações (10.31) e (10.32), respectivamente.

$$s_{\bar{X}_P}^2 = \frac{V_X^T * W * V_X}{(N-2) * e^T * W'} \tag{10.31}$$

$$s_{\bar{Y}_P}^2 = \frac{V_Y^T * W * V_Y}{(N-2) * e^T * W'} \tag{10.32}$$

Sendo:

$$V_X = \begin{bmatrix} \bar{X}_P - X_{ij(1)} \\ \bar{X}_P - X_{ij(2)} \\ \ldots \\ \bar{X}_P - C_{ij(n)} \end{bmatrix} \qquad V_Y = \begin{bmatrix} \bar{Y}_P - Y_{ij(1)} \\ \bar{Y}_P - Y_{ij(2)} \\ \ldots \\ \bar{Y}_P - Y_{ij(n)} \end{bmatrix} \qquad W = \begin{bmatrix} w_{ij(1)} & 0 & 0 & 0 \\ 0 & w_{ij(2)} & 0 & 0 \\ 0 & 0 & \cdots & 0 \\ 0 & 0 & 0 & w_{ij(n)} \end{bmatrix}$$

$$W' = \begin{bmatrix} w_{ijk(1)} \\ w_{ijk(2)} \\ \ldots \\ w_{ijk(n)} \end{bmatrix} \qquad e = \begin{bmatrix} 1 \\ 1 \\ .. \\ 1 \end{bmatrix}$$

180 TOPOGRAFIA PARA ENGENHARIA

Exemplo aplicativo 10.10

Deseja-se calcular as coordenadas do ponto (P_5) por interseção a vante. Para tanto, foram utilizados os pontos (P_1), (P_3) e (P_2) da Tabela 10.7. Os valores medidos em campo estão indicados na Tabela 10.17. Com esses dados, calcular as coordenadas do ponto (P_5).

TABELA 10.17 • Valores medidos em campo e coordenadas calculadas para o ponto (P_5) em cada interseção

Interseção	Estação	Ponto visado	Direção horizontal $L_{P_5P_i}$	Ângulo horizontal horário (Eq. 10.7)	X_{P_5} [m]	Y_{P_5} [m]
1	P_1	P_2	0°00'00"	36°04'00"	7.469,859	11.860,903
		P_5	323°56'00"			
	P_2	P_1	0°00'00"	38°59'36"		
		P_5	38°59'36"			
2	P_3	P_1	0°00'00"	26°34'00"	7.469,861	11.860,919
		P_5	333°26'00"			
	P_1	P_3	0°00'00"	24°11'55"		
		P_5	24°11'55"			
3	P_2	P_3	0°00'00"	26°47'05"	7.469,850	11.860,911
		P_5	333°12'55"			
	P_3	P_2	0°00'00"	27°23'23"		
		P_5	27°23'23"			

■ *Solução:*

O primeiro passo para a solução deste exercício é determinar a quantidade de interseções a vante e as coordenadas do ponto (P5) para cada uma delas, cujos valores estão indicados na Tabela 10.17. Assim, tem-se:

$$N = \frac{3*2}{2} = 3 \text{ interseções}$$

As variáveis para os cálculos dos pesos e os valores dos pesos para cada interseção a vante estão indicados na Tabela 10.18. As coordenadas do ponto (P_5) são calculadas pelas equações (10.20) e (10.21). Assim, têm-se:

$$W' = \begin{bmatrix} 1,5 \\ 1 \\ 1,3 \end{bmatrix} \quad X_P = \begin{bmatrix} 7.469,859 \\ 7.469,861 \\ 7.468,850 \end{bmatrix}$$

$$Y_P = \begin{bmatrix} 11.860,903 \\ 11.860,919 \\ 11.860,911 \end{bmatrix} \quad e^T = \begin{bmatrix} 1 & 1 & 1 \end{bmatrix}$$

TABELA 10.18 • Variáveis para os cálculos dos pesos das interseções a vante

Coeficientes	Interseção 1 (1,2)	Interseção 2 (3,1)	Interseção 3 (2,3)
$Az_{P_iP_5}$	178°57'12,4"	308°11'17,0"	74°00'45,8"
$Az_{P_jP_5}$	74°00'48,4"	178°57'12,0"	308°11'13,8"
$d_{P_iP_5}$	882,369 m	808,681 m	825,571 m
$d_{P_jP_5}$	825,571 m	882,369 m	808,681 m
Peso w_{ij}	1,5	1	1,3

$$\bar{X}_{P_5} = \frac{W'^T * X_P}{e^T * W'} = \frac{27.972,736}{3,7} = 7.469,856 \text{ m}$$

$$\bar{Y}_{P_5} = \frac{W'^T * Y_P}{e^T * W'} = \frac{44.416,128}{3,7} = 11.860,910 \text{ m}$$

As precisões $(s_{\bar{x}})$ e $(s_{\bar{y}})$ são calculadas pelas equações (10.31) e (10.32) com N = 3. Os vetores dos erros residuais e a matriz de pesos estão indicados a seguir:

$$V_X = \begin{bmatrix} -2,7 \\ -4,3 \\ 6,6 \end{bmatrix}_{[mm]} \quad V_Y = \begin{bmatrix} 7,1 \\ -8,9 \\ -1,4 \end{bmatrix}_{[mm]} \quad W = \begin{bmatrix} 1,5 & 0 & 0 \\ 0 & 1 & 0 \\ 0 & 0 & 1,3 \end{bmatrix}$$

Assim, têm-se:

$$s^2_{\bar{X}_{P_5}} = \frac{V_X^T * W * V_X}{(N-2) * e^T * W'} = \frac{84,681}{3,7} = 22,6 \text{ mm}^2$$

$$s^2_{\bar{Y}_{P_5}} = \frac{V_Y^T * W * V_Y}{(N-2) * e^T * W'} = \frac{157,394}{3,7} = 42,0 \text{ mm}^2$$

Portanto, as precisões são $s_{\bar{X}_{P_5}} = 4,8$ mm *e* $s_{\bar{Y}_{P_5}} = 6,5$ mm.

10.12 Bilateração

Dá-se o nome de *bilateração* ao método de determinação de coordenadas por meio da medição de duas distâncias a um ponto (P) em relação a dois pontos de coordenadas conhecidas (A) e (B), conforme indicado na Figura 10.12. Trata-se, fundamentalmente, de um problema de interseção de duas circunferências de raios e centros conhecidos. Assim, têm-se:

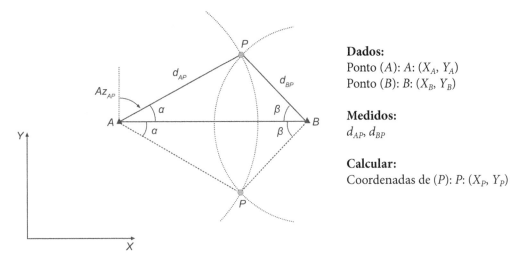

Dados:
Ponto (A): A: (X_A, Y_A)
Ponto (B): B: (X_B, Y_B)

Medidos:
d_{AP}, d_{BP}

Calcular:
Coordenadas de (P): P: (X_P, Y_P)

FIGURA 10.12 • Relações geométricas da bilateração.

Conforme indicado na Figura 10.12, existem duas soluções possíveis para a posição do ponto (P): uma solução à direita do alinhamento AB e outra à esquerda. Considerando a solução à esquerda, tem-se a seguinte sequência de cálculo:

1. calcular o azimute (Az_{AB}) em função das coordenadas conhecidas dos pontos (A) e (B), de acordo com a equação (10.4);
2. calcular a distância (d_{AB}) entre os pontos conhecidos (A) e (B), de acordo com a equação (10.2);
3. calcular os valores de (α) e (β) aplicando o teorema dos cossenos no triângulo ABP;

$$\cos(\alpha) = \frac{d_{AB}^2 + d_{AP}^2 - d_{BP}^2}{2 d_{AB} * d_{AP}} \rightarrow \alpha \tag{10.33}$$

$$\cos(\beta) = \frac{d_{AB}^2 + d_{BP}^2 - d_{AP}^2}{2 d_{AB} * d_{BP}} \rightarrow \beta \tag{10.34}$$

4. Calcular o azimute (Az_{AP}) e (Az_{BP}), de acordo com as equações indicadas a seguir:
   Solução à esquerda:

   $Az_{AP} = Az_{AB} - \alpha$ (10.35)

   $Az_{BP} = Az_{AB} + \beta \pm 180°$ (10.36)

   Solução à direita:

   $Az_{AP} = Az_{AB} + \alpha$ (10.37)

   $Az_{BP} = Az_{AB} - \beta \pm 180°$ (10.38)

5. Calcular as coordenadas do ponto (P), de acordo com as equações (10.5) e (10.6), repetidas a seguir.

$X_P = X_A + d_{AP} * \text{sen}(Az_{AP})$ $\quad X_P = X_B + d_{BP} * \text{sen}(Az_{BP})$
$Y_P = Y_A + d_{AP} * \cos(Az_{AP})$ ou $Y_P = Y_B + d_{BP} * \cos(Az_{BP})$

Exemplo aplicativo 10.11

Deseja-se calcular as coordenadas do ponto (P_5) por bilateração. Para tanto, foram utilizados os pontos (P_1) e (P_2) da Tabela 10.2. Os valores medidos em campo estão indicados na Tabela 10.19. Com esses dados, calcular as coordenadas do ponto (P_5).

TABELA 10.19 • Valores medidos em campo

Estação	Ponto visado	Distância horizontal [m]
P_1	P_5	882,371
P_2	P_5	825,571

■ *Solução:*
Seguindo a sequência de cálculo indicada para o cálculo da bilateração, tem-se:
Do Exemplo aplicativo 10.1:

$$Az_{P_1P_2} = 215°01'12,4'' \quad e \quad d_{P_1P_2} = 1.354,897 \text{ m}$$

Os valores de (α) e (β) são calculados aplicando as equações (10.33) e (10.34). Assim, têm-se:

$$\alpha = \arccos\left(\frac{1.932.758,186}{2.391.044,423}\right) = 36°04'0,1'' \quad \beta = \arccos\left(\frac{1.738.735,975}{2.237.128,074}\right) = 38°59'36,4''$$

Os azimutes $(Az_{P_1P_5})$ e $(Az_{P_2P_5})$ são calculados aplicando as equações (10.35) e (10.36). Assim, têm-se:

$$Az_{P_1P_5} = 215°01'12,4'' - 36°04'0,1'' = 178°57'12,3''$$

$$Az_{P_2P_5} = 215°01'12,4'' + 38°59'36,4'' - 180° = 74°00'48,9''$$

As coordenadas do ponto (P_5) são calculadas aplicando as equações (10.11) e (10.12). Assim, têm-se:

$$X_{P_5} = 7.453,743 + 882,371 * \text{sen}(178°57'12,3'') = 7.469,860 \text{ m}$$

$$Y_{P_5} = 12.743,125 + 882,371 * \cos(178°57'12,3'') = 11.860,901 \text{ m}$$

10.13 Multilateração

Da mesma forma que os casos anteriores de redundância de visadas, o engenheiro pode também aumentar a quantidade de distâncias medidas entre pontos de coordenadas conhecidas e o ponto (P) da bilateração, conforme indicado na Figura 10.13. Haverá mais distâncias do que as estritamente necessárias e o problema torna-se sobredeterminado. Novamente, a solução pode ser obtida utilizando-se uma variante do cálculo de ajustamento pelo Método dos Mínimos Quadrados. Assim, têm-se:

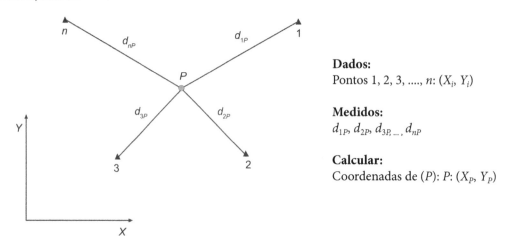

FIGURA 10.13 • Relações geométricas da multilateração.

Se existirem $n > 2$ distâncias medidas, as coordenadas do ponto (P) podem ser calculadas por meio da combinação das distâncias, duas a duas, gerando (N) bilaterações, conforme indicado na equação (10.29), repetida a seguir:

$$N = \frac{n(n-1)}{2} \qquad \text{conforme equação (10.29)}$$

Se as distâncias forem consideradas todas de mesma qualidade, o resultado para as coordenadas do ponto (P) pode ser calculado pela média aritmética das (N) bilaterações. Na maioria dos casos, entretanto, elas não possuem a mesma qualidade, uma vez que dependem das distâncias medidas e da posição relativas das direções. O resultado, neste caso, deve ser calculado pela média ponderada das (N) bilaterações, adotando pesos (w_{ij}) diferenciados para cada uma delas de acordo com a equação (10.39).

$$w_{ij} = \text{sen}^2(\gamma_{ij}) \qquad (10.39)$$
$$i = 1,2,\cdots,(n-1) \qquad j = 1,2,\cdots,n$$

Sendo (γ_{ij}) o ângulo de interseção entre duas visadas, calculado em função dos valores de (α) e (β) da bilateração e de acordo com a relação geométrica indicada na Figura 10.14.

Com os pesos (w_{ij}) calculados, o valor final para as coordenadas do ponto (P) é calculado pela média ponderada, conforme indicado nas equações (10.20) e (10.21).

Da mesma forma, as precisões ($s\bar{x}_P$) e ($s\bar{y}_P$) das coordenadas finais do ponto (P) são dadas pelas equações (10.31) e (10.32), respectivamente.

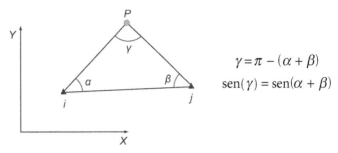

FIGURA 10.14 • Relações geométricas do triângulo da multilateração.

$\gamma = \pi - (\alpha + \beta)$
$\operatorname{sen}(\gamma) = \operatorname{sen}(\alpha + \beta)$

Exemplo aplicativo 10.12

Deseja-se calcular as coordenadas do ponto (P_5) por multilateração. Para tanto, foram utilizados os pontos (P_1), (P_2) e (P_3) da Tabela 10.11. Os valores medidos em campo estão indicados na Tabela 10.20. Com estes dados, calcular as coordenadas do ponto (P_5).

TABELA 10.20 • Valores medidos em campo

Estação	Ponto visado	Distância horizontal [m]
P_1	P_5	882,371
P_2	P_5	825,571
P_3	P_5	808,690

■ *Solução:*
O primeiro passo para a solução deste exercício é determinar a quantidade de interseções a vante e as coordenadas do ponto (P5) para cada uma delas, cujos resultados estão indicados na Tabela 10.21. Assim, tem-se:

$N = \dfrac{3 * 2}{2} = 3$ bilaterações

TABELA 10.21 • Valores calculados para as variáveis da bilateração

Bilat.	Estação	Ponto visado	Distância horizontal [m]	α	β	$Az_{P_1P_5}$	X_{P_5}[m]	Y_{P_5}[m]
1	P_1	P_5	882,371	36°04'0,1"	38°59'36,4"	178°57'12,3"	7.469,860	11.860,901
	P_2	P_5	825,571			74°00'48,9"		
2	P_3	P_5	808,690	26°34'5,8"	24°11'58,4"	308°11'11,2"	7.469,846	11.860,901
	P_1	P_5	882,371			178°57'15,4"		
3	P_2	P_5	825,571	26°47'5,1"	27°23'24,4"	74°00'45,7"	7.469,856	11.860,913
	P_3	P_5	808,690			308°11'15,2"		

Os pesos são calculados aplicando a equação (10.39), de onde se obtém os dados indicados na Tabela 10.22.

As coordenadas finais do ponto (P_5) são calculadas pelas equações (10.20) e (10.21). Assim, têm-se:

TABELA 10.22 • Valores dos pesos das interseções individuais

Coeficientes	Interseção 1 (1,2)	Interseção 2 (3,1)	Interseção 3 (2,3)
$\gamma_{P_iP_j}$	75°03'36,5"	50°46'4,3"	54°10'29,5"
Peso w_{ij}	1,6	1	1,1

$W' = \begin{bmatrix} 1,6 \\ 1 \\ 1,1 \end{bmatrix} \quad X_P = \begin{bmatrix} 7.469,860 \\ 7.469,846 \\ 7.469,856 \end{bmatrix}$

$Y_P = \begin{bmatrix} 11.860,901 \\ 11.860,901 \\ 11.860,913 \end{bmatrix} \quad e^T = \begin{bmatrix} 1 & 1 & 1 \end{bmatrix}$

$\bar{X}_{P_5} = \dfrac{W'^T * X_P}{e^T * W'} = \dfrac{27.277,087}{3,7} = 7.469,855$ m $\qquad \bar{Y}_{P_5} = \dfrac{W'^T * X_P}{e^T * W'} = \dfrac{43.311,542}{3,7} = 11.860,905$ m

As precisões $(s_{\bar{X}_{P5}})$ e $(s_{\bar{Y}_{P5}})$ são calculadas pelas equações (10.31) e (10.32) com N = 3. Os vetores dos erros residuais e a matriz de pesos estão indicados a seguir:

$$V_X = \begin{bmatrix} -4,7 \\ 8,6 \\ -1,2 \end{bmatrix}_{[mm]} \qquad V_Y = \begin{bmatrix} 3,6 \\ 3,8 \\ -8,6 \end{bmatrix}_{[mm]} \qquad W = \begin{bmatrix} 1,6 & 0 & 0 \\ 0 & 1 & 0 \\ 0 & 0 & 1,1 \end{bmatrix}$$

Assim, têm-se:

$$s^2_{\bar{X}_{P5}} = \frac{V_X^T * W * V_X}{(N-2) * e^T * W'} = \frac{108,749}{3,7} = 29,8 \text{ mm}^2$$

$$s^2_{\bar{Y}_{P5}} = \frac{V_Y^T * W * V_Y}{(N-2) * e^T * W'} = \frac{115,056}{3,7} = 31,5 \text{ mm}^2$$

Portanto, as precisões são iguais a $s_{\bar{X}_{P5}} = 5,5$ mm e $s_{\bar{Y}_{P5}} = 5,6$ mm.

10.14 Estação excêntrica

Em alguns trabalhos de campo, as condições do terreno muitas vezes podem impedir a instalação do instrumento topográfico diretamente sobre um ponto de coordenadas conhecidas (A). Dessa forma, caso o trabalho permita que as medições sejam realizadas estacionando o instrumento em uma posição próxima a esse ponto, pode-se adotar a solução denominada *estação excêntrica*, conforme ilustrado na Figura 10.15. As operações de campo são simples e exigem apenas que o operador estacione o instrumento sobre o ponto excêntrico (P) e realize as observações das direções horizontais aos pontos (A) e (B) e a medição da distância (d_{PA}).

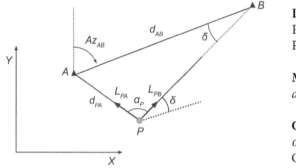

Dados:
Ponto (A): $A: (X_A, Y_A)$
Ponto (B): $B: (X_B, Y_B)$

Medidos:
d_{PA}, L_{PA}, L_{PB}

Calcular:
$\alpha_P = (L_{PB} - L_{PA})$
Coordenadas de (P): $P: (X_P, Y_P)$

FIGURA 10.15 • Relações geométricas de uma estação excêntrica.

De acordo com a Figura 10.15, tem-se a seguinte sequência de cálculo para a determinação das coordenadas do ponto (P):
1. calcular o azimute (Az_{AB}) em função das coordenadas conhecidas dos pontos (A) e (B) e de acordo com a equação (10.4);
2. calcular o ângulo horizontal horário (α_P) de acordo com a equação (5.1);
3. calcular a distância (d_{AB}) entre os pontos conhecidos (A) e (B) de acordo com a equação (10.2);
4. calcular o ângulo (δ) de acordo com a equação (10.40);

$$\text{sen}(\delta) = \frac{d_{PA}}{d_{AB}} * \text{sen}(\alpha_P) \qquad (10.40)$$

5. calcular o azimute $Az_{PB} = Az_{AB} - \delta$;
6. calcular o azimute $Az_{AP} = Az_{PB} - \alpha_P \pm 180°$;
7. calcular as coordenadas do ponto (P), de acordo com as equações (10.5) e (10.6), considerando o azimute (Az_{AB}) e as coordenadas conhecidas do ponto (A).

Exemplo aplicativo 10.13

Em uma obra, têm-se dois pontos de coordenadas conhecidas (P_1) e (P_2), conforme indicado na Tabela 10.2. Deseja-se realizar uma série de medições a partir do ponto (P_2), tomando o ponto (P_1) como ponto de orientação. Ocorre, porém, que o ponto (P_2) não pode ser ocupado com a estação total. Para solucionar o problema, decidiu-se lançar um ponto excêntrico (E_2), o qual poderá ser ocupado no lugar do ponto (P_2). Considerando os dados medidos em campo indicados na Tabela 10.23 e a Figura 10.16, calcular as coordenadas do ponto (E_2).

■ *Solução:*
Seguindo a sequência de cálculo da estação excêntrica, têm-se:

$\alpha_{E_2} = L_{E_2P_1} - L_{E_2P_2} = 95°33'55''$

$Az_{P_2P_1} = 35°01'12''$ (*calculado no Exemplo aplicativo 10.1*).

$d_{P_2P_1} = 1.354,897$ m (*calculado no Exemplo aplicativo 10.1*).

$\text{sen}(\delta) = \dfrac{87,943}{1.354,897} * \text{sen}(95°33'55'') \rightarrow \delta = 3°42'14,3''$

$Az_{E_2P_1} = 35°01'12,4'' - 3°42'14,3'' = 31°18'58,1''$
$Az_{P_2E_2} = 31°18'58,1'' - 95°33'55,0'' + 180° = 115°45'3,1''$

Em seguida, aplicando as equações (10.5) e (10.6), têm-se:

$X_{E_2} = 6.676,216 + 87,943 * \text{sen}(115°45'3,1'') = 6.755,426$ m
$Y_{E_2} = 11.633,531 + 87,943 * \cos(115°45'3,1'') = 11.595,323$ m

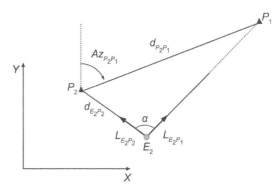

FIGURA 10.16 • Ilustração da situação do levantamento de campo.

TABELA 10.23 • Valores medidos em campo

Estação	Ponto visado	Direção horizontal observada	Distância horizontal medida [m]
E_2	P_2	00°00'00''	87,943
	P_1	95°33'55''	–

10.15 Distância entre um ponto e uma reta

O cálculo da distância entre um ponto (P) de coordenadas conhecidas e um segmento de reta determinado por dois pontos (A) e (B) de coordenadas conhecidas, conforme indicado na Figura 10.17, é um problema simples de geometria analítica que pode ser facilmente solucionado por meio da equação (10.41).

$$d_{PQ} = \dfrac{\left|(Y_B - Y_A) * X_P + (X_A - X_B) * Y_P - X_A * Y_B + X_B * Y_A\right|}{d_{AB}} \qquad (10.41)$$

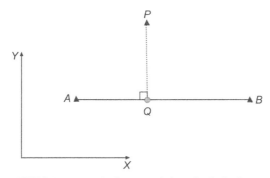

Dados:
Ponto (A): $A: (X_A, Y_A)$
Ponto (B): $B: (X_B, Y_B)$
Ponto (P): $P: (X_P, Y_P)$

Calcular:
Distância horizontal: d_{PQ}

FIGURA 10.17 • Relações geométricas da distância entre um ponto e uma reta.

Exemplo aplicativo 10.14

Considerando os dados indicados na Tabela 10.24, calcular a distância entre o ponto (E_1) e a semirreta formada pelos pontos (P_2) e (P_1).

TABELA 10.24 • Coordenadas conhecidas

Ponto	X [m]	Y [m]
P_1	7.453,743	12.743,125
P_2	6.676,216	11.633,531
E_1	7.072,450	12.635,369

■ *Solução:*
De acordo com a equação (10.41), tem-se:

$$d_{E_1,P_1P_2} = \dfrac{\left|\begin{array}{l}(11.633,531 - 12.743,125) * 7.072,450 + (7.453,743 - 6.676,216) * 12.635,369 - \\ 7.453,743 * 11.633,531 + 6.676,216 * 12.743,125\end{array}\right|}{1.354,897} = 250,423 \text{ m}$$

10.16 Interseção de dois segmentos de reta com orientações conhecidas

A determinação das coordenadas do ponto de interseção entre dois segmentos de reta com orientações conhecidas, conforme ilustrado na Figura 10.18, é um problema de geometria analítica corrente em projetos de Engenharia. A solução para esse problema é dada conforme indicado a seguir:

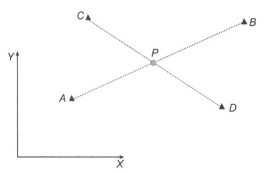

Dados:
Ponto (A): A: (X_A, Y_A)
Ponto (B): B: (X_B, Y_B)
Ponto (C): C: (X_C, Y_C)
Ponto (D): D: (X_D, Y_D)

Calcular:
Ponto (P): P: (X_P, Y_P)

FIGURA 10.18 • Relações geométricas da interseção entre dois segmentos de reta com orientações conhecidas.

Sequência de cálculo:
1. calcular os azimutes (Az_{AC}), (Az_{AB}) e (Az_{CD}) e a distância (d_{AC}) em função das coordenadas conhecidas dos pontos (A), (B), (C) e (D), de acordo com as equações (10.4) e (10.2);
2. calcular os ângulos horizontais horários em (A), (B) e (P), conforme indicado a seguir:

$$\alpha_A = Az_{AB} - Az_{AC} \tag{10.42}$$

$$\alpha_C = Az_{CA} - Az_{CD} \tag{10.43}$$

$$\alpha_P = 180° - \alpha_A - \alpha_C \tag{10.44}$$

3. calcular a distância (d_{AP}) de acordo com a equação (10.45):

$$d_{AP} = d_{AC} * \frac{\text{sen}(\alpha_C)}{\text{sen}(\alpha_P)} \tag{10.45}$$

4. calcular as coordenadas do ponto (P), de acordo com as equações (10.46) e (10.47):

$$X_P = X_A + d_{AP} * \text{sen}(Az_{AB}) \tag{10.46}$$

$$Y_P = Y_A + d_{AP} * \cos(Az_{AB}) \tag{10.47}$$

A mesma solução deve ser obtida ao se substituir o ponto (A) pelo ponto (C).

Exemplo aplicativo 10.15

Considerando as coordenadas conhecidas dos pontos (A), (B), (C) e (D) indicadas na Tabela 10.25, calcular as coordenadas do ponto (P) de interseção entre os alinhamentos AB e CD.

TABELA 10.25 • Coordenadas conhecidas

Ponto	X [m]	Y [m]
A	6.359,487	11.744,626
B	6.675,479	12.127,951
C	6.421,483	12.254,247
D	6.676,216	11.633,531

■ *Solução:*
De acordo com a sequência de cálculo indicada na seção precedente, têm-se:

$$Az_{AC} = \text{arctg}\left(\frac{61,996}{509,621}\right) = 6°56'9,7''$$

$$Az_{AB} = \text{arctg}\left(\frac{315,992}{383,325}\right) = 39°30'01,0''$$

$$Az_{CD} = \text{arctg}\left(\frac{254,733}{-620,716}\right) + 180° = 157°41'14,8''$$

$\alpha_A = 39°30'01,0'' - 6°56'09,7'' = 32°33'51,4''$

$\alpha_C = 6°56'09,7'' - 157°41'14,8'' + 180° = 29°14'54,8''$

$\alpha_P = 180° - 32°33'51,4'' - 29°14'54,8'' = 118°11'13,8''$

Por meio das coordenadas dos pontos (A) e (C), obtém-se a distância d_{AC} = 513,3781 m

$$d_{AP} = 513{,}3781 * \frac{\text{sen}(29°14'54{,}8'')}{\text{sen}(118°11'13{,}8'')} = 284{,}5854 \text{ m}$$

Com os resultados obtidos e aplicando as equações (10.46) e (10.47), têm-se:

$$X_P = 6.359{,}487 + 284{,}5854 * \text{sen}(39°30'01{,}0'') = 6.540{,}507 \text{ m}$$
$$Y_P = 11.744{,}626 + 284{,}5854 * \cos(39°30'01{,}0'') = 11.964{,}218 \text{ m}$$

10.17 Centro e raio de um círculo definido por três pontos de coordenadas conhecidas

A determinação das coordenadas do centro (P) e do tamanho do raio (R) de um círculo definido por três pontos de coordenadas conhecidas (A), (B) e (C), conforme indicado na Figura 10.19, pode ser realizada de acordo com a sequência de cálculos indicada a seguir:

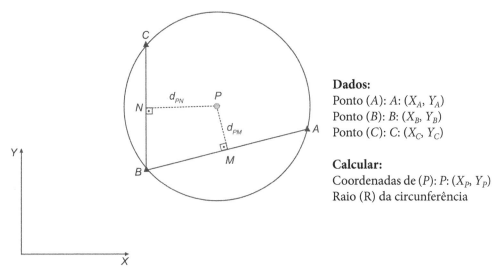

FIGURA 10.19 • Relações geométricas da circunferência definida por três pontos de coordenadas conhecidas.

Sequência de cálculo:
1. calcular os azimutes (Az_{AB}) e (Az_{BC}) em função das coordenadas conhecidas dos pontos (A), (B) e (C), de acordo com a equação (10.4);
2. calcular as coordenadas dos pontos (M) e (N), conforme indicado nas equações (10.48) e (10.49):

$$X_M = \frac{X_A + X_B}{2} \qquad Y_M = \frac{Y_A + Y_B}{2} \qquad (10.48)$$

$$X_N = \frac{X_B + X_C}{2} \qquad Y_N = \frac{Y_B + Y_C}{2} \qquad (10.49)$$

3. calcular as coordenadas do ponto (P) aplicando a sequência de cálculos da bilateração MP e NP, conforme indicado na *Seção 10.12 – Bilateração*;
4. calcular o comprimento do raio (R), considerando as coordenadas do ponto (P) e de um dos pontos (A), (B) ou (C), de acordo com a equação (10.2);
5. repetir o cálculo usando outro ponto para controlar os resultados obtidos.

10.18 Interseção de uma reta com um círculo

A interseção de um segmento de reta AB com um círculo define dois pontos (M) e (N) sobre o círculo, conforme indicado na Figura 10.20. Nessa condição, desde que se conheçam as coordenadas de dois pontos (A) e (B) da reta, as coordenadas do centro do círculo (C) e o comprimento (R) do raio, pode-se calcular as coordenadas dos pontos (M) e (N), seguindo a sequência de cálculos indicada:

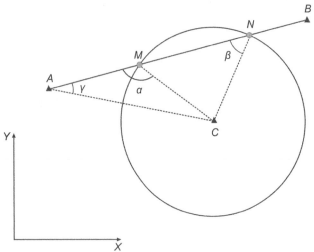

Dados:
Ponto (A): A: (X_A, Y_A)
Ponto (B): B: (X_B, Y_B)
Ponto (C): C: (X_C, Y_C)
Raio: (R)

Calcular:
Coordenadas de M: (X_M, Y_M)
Coordenadas de N: (X_N, Y_N)

FIGURA 10.20 • Relações geométricas da interseção de uma reta com um círculo.

Sequência de cálculos:

1. calcular o azimute (Az_{AB}) e (Az_{AC}) em função das coordenadas conhecidas dos pontos (A), (B) e (C), de acordo com a equação (10.4);
2. calcular a distância (d_{AC}) entre os pontos conhecidos (A) e (C), de acordo com a equação (10.2);
3. calcular o ângulo $\gamma = Az_{AC} - Az_{AB}$;
4. calcular o ângulo (α), de acordo com a equação (10.50);

$$\alpha = \operatorname{arcsen}\left(\frac{d_{AC} * \operatorname{sen} \gamma}{R}\right) \tag{10.50}$$

5. calcular o azimute (Az_{CM}), de acordo com a equação (10.51);

$$Az_{CM} = Az_{AC} + \left(180° - \gamma - \alpha\right) \pm 180° \tag{10.51}$$

6. calcular as coordenadas do ponto (M), de acordo com as equações (10.52) e (10.53):

$$X_M = X_C + R * \operatorname{sen}\left(Az_{CM}\right) \tag{10.52}$$

$$Y_M = Y_C + R * \cos\left(Az_{CM}\right) \tag{10.53}$$

7. repetir os passos 4 a 6 para o cálculo das coordenadas do ponto (N).

10.19 Coordenadas do ponto de tangência de uma reta com um círculo

A tangência de um segmento de reta, partindo de um ponto (A) qualquer de coordenadas conhecidas, com um círculo de centro (C) e raio (R) conhecidos, define dois pontos de tangência (T_1) e (T_2), conforme ilustrado na Figura 10.21. Considerando os valores conhecidos e indicados na Figura 10.21, pode-se calcular as coordenadas dos pontos (T_1) e (T_2) adotando a sequência de cálculos indicada a seguir:

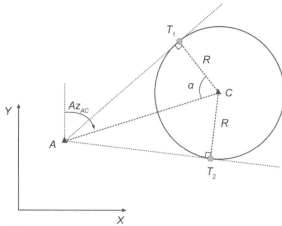

Dados:
Ponto (A): A: (X_A, Y_A)
Ponto (C): C: (X_C, Y_C)
Raio: (R)

Calcular:
Coordenadas de T_1: (X_{T1}, Y_{T1})
Coordenadas de T_2: (X_{T2}, Y_{T2})

FIGURA 10.21 • Relações geométricas da tangência de uma reta com um círculo.

Sequência de cálculos:
1. calcular a distância (d_{CA}) e o azimute (Az_{CA}) em função das coordenadas conhecidas dos pontos (A) e (C), de acordo com as equações (10.2) e (10.4);
2. calcular o ângulo (α), de acordo com a equação (10.54):

$$\alpha = \arccos\left(\frac{R}{d_{CA}}\right) \tag{10.54}$$

3. calcular os azimutes (Az_{CT_1}) e (Az_{CT_2}), de acordo com as equações (10.55) e (10.56):

$$Az_{CT_1} = Az_{CA} + \alpha \tag{10.55}$$

$$Az_{CT_2} = Az_{CA} - \alpha \tag{10.56}$$

4. calcular as coordenadas do ponto (T_i), de acordo com as equações (10.57) e (10.58):

$$X_{Ti} = X_C + R * \text{sen}\left(Az_{CTi}\right) \tag{10.57}$$

$$Y_{Ti} = Y_C + R * \cos\left(Az_{CTi}\right) \tag{10.58}$$

5. controlar os resultados verificando se $d_{CT_1} = d_{CT_2} = R$.

10.20 Determinação de coordenadas cartesianas espaciais (3D)

A determinação do posicionamento tridimensional (X,Y,H) de um ponto é um recurso de determinação de coordenadas que ganhou destaque nos últimos anos em função da disponibilidade de instrumentos topográficos com capacidade de medição sem prisma ou com capacidade de varredura *laser*. Para tanto, existem duas condições geométricas de medição que devem ser analisadas, conforme indicado a seguir:
1. Determinação das coordenadas cartesianas espaciais (3D) de um ponto com medição de distâncias.
2. Determinação das coordenadas cartesianas espaciais (3D) de um ponto sem medição de distâncias.

No caso em que se pode medir a distância entre a estação e o ponto visado, tem-se um problema simples de transformação de coordenadas polares espaciais para coordenadas retangulares espaciais, conforme apresentado na *Seção 4.9.2.1 – Transformação de coordenadas retangulares espaciais para coordenadas polares espaciais e vice-versa*. Por simplificação, diz-se, nesse caso, que se realiza uma determinação de coordenadas pelo *Método Polar*.

Quando não é possível medir a distância entre o instrumento e o ponto visado, torna-se necessário utilizar dois ou mais instrumentos topográficos visando ao mesmo ponto. Diz-se, neste caso, que se realiza uma determinação de coordenadas pelo *Método Multipolar*. Entre os vários métodos disponíveis na literatura, discute-se neste livro o método de determinação de coordenadas espaciais (3D) sem medição de distâncias denominado *Método Multipolar do Ponto Médio*.

Na sequência, apresentam-se as situações geométricas e as equações matemáticas utilizadas para ambos os métodos.

10.20.1 Método polar para medição de coordenadas cartesianas espaciais (3D) com medição de distâncias

Dá-se o nome de *método polar* para a determinação de coordenadas cartesianas espaciais (3D) ao método de determinação de coordenadas espaciais (3D) baseado na medição de direções horizontais, ângulos verticais e distâncias inclinadas entre a estação e o ponto a ser medido. Dessa forma, de acordo com a Figura 10.22 e considerando que a direção horizontal *PQ* é uma direção de azimute conhecida, as coordenadas (*X,Y,H*) do ponto (*Q*) podem ser calculadas aplicando-se as equações indicadas na sequência do texto. Assim, têm-se:

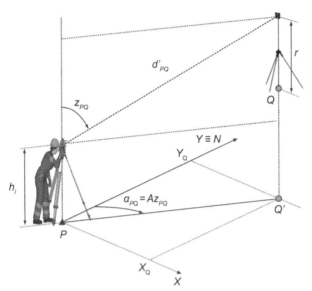

Dados:
Ponto (*P*): $P: (X_P, Y_P, H_P)$
$\alpha_{PQ} = Az_{PQ}$

Medidos:
$d'_{PQ}, Z_{PQ}, h_i, h_r$

Calcular:
Coordenadas de $Q: (X_Q, Y_Q, H_Q)$

FIGURA 10.22 • Relações geométricas do método polar.

De acordo com as relações geométricas da Figura 10.22, têm-se:

$$X_Q = X_P + d'_{PQ} * \text{sen}(z_{PQ}) * \text{sen}(Az_{PQ}) \tag{10.59}$$

$$Y_Q = Y_P + d'_{PQ} * \text{sen}(z_{PQ}) * \cos(Az_{PQ}) \tag{10.60}$$

$$H_Q = H_P + h_i - h_r + d'_{PQ} * \cos(z_{PQ}) \tag{10.61}$$

Sendo:
X_Q, Y_Q, H_Q = coordenadas do ponto (*Q*) a serem calculadas;
X_P, Y_P, H_P = coordenadas conhecidas do ponto de origem (*P*);
h_i = altura do instrumento;
h_r = altura do refletor;
d'_{PQ} = distância inclinada medida entre os pontos (*P*) e (*Q*);
Az_{PQ} = azimute do alinhamento *PQ*;
z_{PQ} = ângulo vertical zenital em (*P*).

Notar que, dependendo da precisão desejada e da distância medida, é necessário considerar nos cálculos a curvatura da Terra e a refração atmosférica para o cálculo da altitude do ponto visado.

Exemplo aplicativo 10.16

Considerando os dados das Tabelas 10.26 e os valores medidos em campo indicados na Tabela 10.27, calcular as coordenadas espaciais (*X,Y,H*) do ponto (*Q*).

TABELA 10.26 • Coordenadas conhecidas

Ponto	X [m]	Y [m]	H [m]
P	7.453,743	12.743,125	821,175

TABELA 10.27 • Valores conhecidos e medidos em campo

Estação	Ponto visado	Az_{PQ}	Distância inclinada (*d'*) [m]	Ângulo vertical zenital (*z*)
P	Q	154°45'17"	102,301 m	92°25'31"
$h = 1,561$ m	$h = 1,900$ m			

■ *Solução:*
Para a solução do problema, deve-se aplicar as equações (10.59), (10.60) e (10.61). Assim, têm-se:

$$X_Q = 7.453{,}743 + 102{,}301 * \text{sen}(92°25'31'') * \text{sen}(154°45'17'') = 7.497{,}335 \text{ m}$$

$$Y_Q = 12.743{,}125 + 102{,}3012 * \text{sen}(92°25'31'') * \cos(154°45'17'') = 12.650{,}678 \text{ m}$$

$$H_Q = 821{,}175 + 1{,}561 - 1{,}900 + 102{,}301 * \cos(92°25'31'') = 816{,}507 \text{ m}$$

10.20.2 Método multipolar do ponto médio para determinação de coordenadas cartesianas espaciais (3D) sem medição de distâncias

Dá-se o nome de *método multipolar do ponto médio* ao método de determinação de coordenadas espaciais (3D) de um ponto (P) baseado em medições de direções horizontais e ângulos verticais entre duas estações de referência (A) e (B) e o ponto (P), sem medição de distâncias, conforme indicado na Figura 10.23.

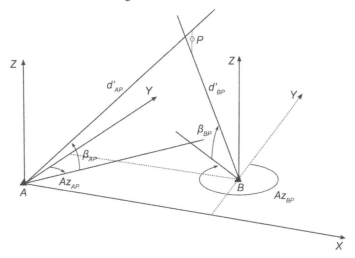

FIGURA 10.23 • Relações geométricas do método multipolar do ponto médio.

Conforme ilustrado na referida figura, as linhas de visadas são consideradas vetores espaciais que partem das estações de referência em direção ao ponto a ser calculado. Nenhuma distância foi medida. Como as semirretas não se cruzam no espaço, as coordenadas espaciais (3D) calculadas para o ponto (P) são consideradas as coordenadas do ponto médio da menor distância entre as semirretas que partem dos pontos (A) e (B).

Assim, de acordo com a Figura 10.23, têm-se:

Az_{AP}, Az_{BP} = azimutes conhecidos das visadas (AP) e (BP), calculados em função das coordenadas das estações (A) e (B) e das direções das visadas observadas a partir de cada estação;

β_{AP}, β_{BP} = ângulos verticais de altura observados entre as estações (A) e (B) e o ponto (P);

d'_{AP}, d'_{BP} = distâncias inclinadas a serem determinadas entre as estações (A) e (B) e o ponto (P) visado.

A sequência de cálculo para a determinação das coordenadas tridimensionais do ponto médio (P) está apresentada a seguir:

1. Calcular os parâmetros indicados na sequência

$$a_A = \cos(\beta_{AP}) * \text{sen}(Az_{AP}) \qquad a_B = \cos(\beta_{BP}) * \text{sen}(Az_{BP}) \tag{10.62}$$

$$b_A = \cos(\beta_{AP}) * \cos(Az_{AP}) \qquad b_B = \cos(\beta_{BP}) * \cos(Az_{BP}) \tag{10.63}$$

$$c_A = \text{sen}(\beta_{AP}) \qquad c_B = \text{sen}(\beta_{BP}) \tag{10.64}$$

$$\cos\gamma = a_A * a_B + b_A * b_B + c_A * c_B \tag{10.65}$$

$$\text{sen}^2(\gamma) = 1 - \cos^2(\gamma) \tag{10.66}$$

$$p = a_A * \Delta X_{AB} + b_A * \Delta Y_{AB} + c_A * \Delta Z_{AB} \tag{10.67}$$

$$q = a_B * \Delta X_{AB} + b_B * \Delta Y_{AB} + c_B * \Delta Z_{AB} \tag{10.68}$$

2. Considerando os parâmetros calculados, calcular as distâncias (d'_{AP}) e (d'_{BP}).

$$d'_{AP} = \frac{p - q * \cos(\gamma)}{\operatorname{sen}^2(\gamma)} \tag{10.69}$$

$$d'_{BP} = q - d'_{AP} * \cos\gamma \tag{10.70}$$

3. Considerando que as coordenadas dos pontos (A) e (B) são conhecidas e iguais a (X_A, Y_A, Z_A) e (X_B, Y_B, Z_B) e que as distâncias inclinadas entre os pontos (A), (B) e (P) são iguais a (d'_{AP}) e (d'_{BP}), respectivamente, têm-se as coordenadas espaciais (3D) do ponto (P) determinadas por meio das coordenadas dos ponto (A) e (B), conforme indicado a seguir:

$$X_{P(A)} = X_A + a_A * d'_{AP} \qquad X_{P(B)} = X_B + a_B * d'_{BP} \tag{10.71}$$

$$Y_{P(A)} = Y_A + b_A * d'_{AP} \qquad Y_{P(B)} = Y_B + b_B * d'_{BP} \tag{10.72}$$

$$Z_{P(A)} = Z_A + c_A * d'_{AP} \qquad Z_{P(B)} = Z_B + c_B * d'_{BP} \tag{10.73}$$

4. As coordenadas compensadas do ponto (P) são calculadas pela média aritmética ou ponderada das coordenadas individuais calculadas em cada visada, conforme as equações (10.74), (10.75) e (10.76)

$$\bar{X}_P = \frac{X_{P(A)} + X_{P(B)}}{2} \tag{10.74}$$

$$\bar{Y}_P = \frac{Y_{P(A)} + Y_{P(B)}}{2} \tag{10.75}$$

$$\bar{Z}_P = \frac{Z_{P(A)} + Z_{P(B)}}{2} \tag{10.76}$$

Exemplo aplicativo 10.17

Como exemplo prático, apresenta-se a seguir a aplicação do método na determinação das coordenadas tridimensionais de dois alvos situados nos extremos de uma barra horizontal de invar indicada como tendo 2,000 metros de comprimento, conforme apresentado na Figura 10.24.

As coordenadas conhecidas das estações (A) e (B) estão indicadas na Tabela 10.28, as direções e os ângulos verticais observados em campo estão indicados na Tabela 10.29.

FIGURA 10.24 • Barra horizontal de invar usada na medição de campo.

TABELA 10.28 • Coordenadas conhecidas das estações (A) e (B)

Estação	X [m]	Y [m]	Z [m]
A	1.000,000	5.000,000	100,000
B	1.031,989	5.000,000	99,152

TABELA 10.29 • Valores medidos em campo

Estação	Ponto visado	Azimute (Az)	Ângulo vertical de altura (β)
A	PE	21°06'24"	10°40'36"
	PD	22°55'17"	10°33'33"
B	PE	348°53'32"	12°02'54"
	PD	350°54'12"	12°08'19"

CÁLCULOS TOPOMÉTRICOS **193**

■ *Solução:*
Os valores dos parâmetros calculados em função das equações (10.62) a (10.76) para o ponto (PE) estão indicados na Tabela 10.30 e para o ponto (PD) na Tabela 10.31.

TABELA 10.30 • Valores resumidos dos parâmetros calculados para o ponto (*PE*)

Parâmetro	Valor calculado [m]	Parâmetro	Valor calculado [m]
a_A	0,354	q	−6,204
a_B	−0,188	d'_{APE}	59,920
b_A	0,917	d'_{BPE}	57,242
b_B	0,960	$X_{PE(A)}$	1.021,204
c_A	0,185	$Y_{PE(A)}$	5.054,932
c_B	0,209	$Z_{PE(A)}$	111,101
$\cos(\gamma)$	0,852	$X_{PE(B)}$	1.021,204
$\text{sen}^2(\gamma)$	0,274	$Y_{PE(B)}$	5.054,932
ΔX_{AB}	31,989	$Z_{PE(B)}$	111,101
ΔY_{AB}	0,000	$\overline{X}_{PE}$	1.021,204
ΔZ_{AB}	−0,848	$\overline{Y}_{PE}$	5.054,932
p	11,163	$\overline{Z}_{PE}$	111,101

TABELA 10.31 • Valores resumidos dos parâmetros calculados para o ponto (*PD*)

Parâmetro	Valor calculado [m]	Parâmetro	Valor calculado [m]
a_A	0,383	q	−5,123
a_B	−0,155	d'_{APD}	60,603
b_A	0,905	d'_{BPD}	56,842
b_B	0,965	$X_{PD(A)}$	1.023,203
c_A	0,183	$Y_{PD(B)}$	5.054,872
c_B	0,210	$Z_{PD(A)}$	111,106
$\cos(\gamma)$	0,853	$X_{PD(B)}$	1.023,203
$\text{sen}^2(\gamma)$	0,272	$Y_{PD(B)}$	5.054,873
ΔX_{AB}	31,989	$Z_{PD(B)}$	111,105
ΔY_{AB}	0,000	$\overline{X}_{PD}$	1.023,203
ΔZ_{AB}	−0,848	$\overline{Y}_{PD}$	5.054,872
p	12,092	$\overline{Z}_{PD}$	111,105

Conforme esperado e de acordo com os valores indicados nas Tabelas 10.30 e 10.31, a distância calculada entre os pontos (PE) e (PD) é igual a 2,000 m.

11 Apoio topográfico – Poligonação

11.1 Introdução

Conforme já destacado em várias oportunidades ao longo deste livro, nenhum projeto de Engenharia pode ser implementado sem a existência de uma rede de pontos de apoio. Essa rede pode ter característica puramente local, como basear-se, por exemplo, em gabaritos ou pontos distribuídos em um lote urbano de construção civil, como pode ter características regionais ou globais, com as coordenadas de seus pontos referenciadas a um sistema geodésico de referência de um país.

Para projetos de pequenas dimensões e de caráter puramente local, como em obras de construção civil, por exemplo, muitas vezes se prefere estabelecer uma rede de pontos referenciados ao plano topográfico local com coordenadas arbitrárias. Para obras de grandes dimensões, como projetos de vias de transporte, por exemplo, exige-se que eles sejam referenciados a um sistema geodésico de referência existente, por exemplo, o SGB, no caso brasileiro. Isso significa que os novos pontos de apoio a serem estabelecidos devem ter as suas coordenadas referenciadas aos pontos preexistentes da rede geodésica, ou seja, deve-se "adensar a rede".

A implantação de novos pontos para o adensamento de uma rede geodésica é de responsabilidade dos institutos geográficos de cada país. No Brasil, o IBGE é o órgão oficial responsável por toda atividade geodésica. Para os projetos individuais, entretanto, o engenheiro responsável pelo projeto deve implantar os seus próprios pontos, de acordo com as normas técnicas vigentes na sua região ou especificadas no projeto. Ele realiza, dessa forma, um adensamento da rede de pontos de apoio para os seus propósitos particulares e os utiliza de acordo com as suas necessidades. A esta rede de pontos de apoio determinados e implantados para um projeto particular, dá-se o nome de *rede de pontos de apoio topográfica*.

Geralmente, a implantação de uma rede de pontos de apoio topográfica é realizada para propósitos específicos da Engenharia, tais como:

- mapeamento topográfico de pequenas áreas;
- mapeamento cadastral de pequenas áreas;
- rede de pontos de apoio para levantamento e implantação de obras;
- rede de pontos de apoio para construção de vias de transporte;
- rede de pontos de apoio para monitoramento geodésico de estruturas;
- implantação de pontos de controle para aerofotogrametria.

Os métodos e os procedimentos de campo para a determinação das altitudes dos pontos de apoio estão descritos no *Capítulo 12 – Altimetria*. Os métodos e os procedimentos para a determinação da posição planimétrica de pontos de apoio individuais estão descritos no *Capítulo 10 – Cálculos topométricos*. Neste capítulo, discutem-se os métodos e os procedimentos para a determinação da posição planimétrica de redes de pontos de apoio, mais especificamente, aqueles relacionados com o *Método de Poligonação*. Os demais métodos disponíveis na literatura, tais como triangulação, trilateração, triangulateração e posicionamento por constelações de satélites artificiais, embora importantes e comumente utilizados para esse propósito, não fazem parte do escopo deste livro, principalmente por necessitarem de conhecimentos de ajustamento de observações pelo Método dos Mínimos Quadrados.

Além do aqui exposto, a opção pelo uso de um método de poligonação para a determinação de pontos de apoio para projetos de Engenharia, em detrimento dos demais, têm algumas vantagens que devem ser ressaltadas, conforme indicado a seguir:

- maior facilidade operacional em campo e de cálculo no escritório;
- facilidade de aplicação por se tratar de um método conhecido por praticamente todos os profissionais da área de Geomática;
- menos trabalho de reconhecimento de campo em razão de a poligonação exigir apenas o lançamento de um caminhamento sobre o terreno;
- menos dependência das condições do terreno pelo fato de o caminhamento acomodar-se às características do terreno;
- independência de figuras geométricas predefinidas;
- facilmente adaptada às condições do projeto para garantir que os pontos de apoio fiquem próximos aos dados geoespaciais a serem determinados.

Neste contexto, discutem-se a seguir os detalhes geométricos e algébricos sobre a determinação de pontos de apoio pelo Método da Poligonação.

11.2 Poligonação

Embora de uso corrente no Brasil, o uso da poligonação para os trabalhos de Engenharia tomou impulso definitivo a partir do advento dos instrumentos de medição de distâncias eletrônicas e, mais recentemente, das estações totais que facilitaram enormemente os trabalhos de implantação de redes de pontos de apoio topográfico. O procedimento de campo, nesse caso, consiste basicamente em partir de pontos já implantados da rede geodésica oficial ou recém-determinados por medições com a tecnologia GNSS e lançar os novos pontos no terreno por intermédio do estabelecimento de uma poligonal[1] geometricamente bem definida.

Estabelecer uma poligonal, em Geomática, significa realizar um caminhamento topográfico sobre o terreno, realizando um transporte de coordenadas encadeadas, conforme descrito na *Seção 10.5 – Transporte de coordenadas*.

Em função dos tipos de controles geométricos realizados nas determinações das novas coordenadas transportadas, as poligonais são classificadas, em Geomática, em *poligonais livres*, *poligonais apoiadas* e *poligonais fechadas*. Discutem-se na sequência os detalhes geométricos e algébricos de cada uma delas.

11.2.1 Poligonais livres

Conforme apresentado na *Seção 10.5 – Transporte de coordenadas*, partindo de dois pontos de coordenadas conhecidas (ou adotadas) e por meio do encadeamento de medições angulares e lineares medidas no campo, é possível estabelecer uma poligonal sobre o terreno, conforme indicado na Figura 11.1. Tem-se, nesse caso, uma poligonal geometricamente "aberta" onde os vértices (P_i) são denominados *vértices livres*, os pontos (A) e (B) são considerados *pontos fixos* (*pontos de partida* ou *pontos de referência* da poligonal) e os lados sobre os quais foram medidas distâncias são denominados *lados medidos* ou *alinhamentos* da poligonal. Para esta situação, pode-se também dizer que se tem uma poligonal aberta e topograficamente apoiada em apenas uma base topográfica.

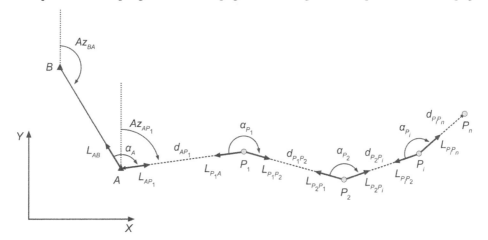

FIGURA 11.1 • Relações geométricas de uma poligonal topograficamente livre.

Na Figura 11.1, ($L_{i,\,i+1}$) e ($L_{i,\,i-1}$) são direções angulares horizontais medidas no campo, (α_i) são ângulos horizontais horários calculados em função das diferenças de direções vante e ré ($\alpha_i = L_{i,\,i+1} - L_{i,\,i-1}$) e as distâncias horizontais ($d_{i,i+1}$) são determinadas em função das medições das distâncias inclinadas ($d'_{i,\,i+1}$) e dos ângulos verticais zenitais ($z_{i,\,i+1}$) entre os vértices da poligonal. Ambos obtidos por meio do uso de uma estação total. O azimute (Az_{BA}) é obtido a partir das coordenadas conhecidas dos pontos (A) e (B).

---

[1] Poligonal é um conjunto de segmentos de reta consecutivos, não pertencentes a mesma reta, formando a figura geométrica de um polígono.

196 TOPOGRAFIA PARA ENGENHARIA

As coordenadas conhecidas dos pontos de partida (A) e (B) e as distâncias ($d_{i,\,i+1}$) podem ser topográficas/geodésicas locais ou planas geodésicas dependendo do plano de projeção considerado (PTL, PGL ou plano UTM). Neste capítulo, todas as coordenadas e distâncias utilizadas nas formulações matemáticas estão referenciadas ao Plano Topográfico Local (PTL). Os detalhes sobre as coordenadas UTM e suas transformações estão apresentados no *Capítulo 19 – Projeção cartográfica*.

Considerando a Figura 11.1, os cálculos das coordenadas dos vértices da poligonal são realizados partindo das coordenadas dos pontos (A) e (B). Assim, para o primeiro vértice livre (P_1), têm-se:

$\alpha_A = L_{AP_1} - L_{AB}$	conforme equação (5.1)
$Az_{AP_1} = Az_{BA} + \alpha_A \pm 180°$	conforme equação (10.10)
$X_{P_1} = X_A + d_{AP_1} * \mathrm{sen}(Az_{AP_1})$	conforme equação (10.5)
$Y_{P_1} = Y_A + d_{AP_1} * \cos(Az_{AP_1})$	conforme equação (10.6)

Em seguida, seguindo o mesmo raciocínio e utilizando as mesmas equações, pode-se calcular as coordenadas dos demais vértices livres da poligonal em um processo repetitivo até o último vértice, conforme apresentado a seguir:

$\alpha_i = L_{i,\,i+1} - L_{i,\,i-1}$	conforme equação (10.7)
$Az_{i,\,i+1} = Az_{i-1,\,i} + \alpha_i \pm 180°$	conforme equação (10.10)
$X_{i+1} = X_i + d_{i,\,i+1} * \mathrm{sen}(Az_{i,\,i+1})$	conforme equação (10.11)
$Y_{i+1} = Y_i + d_{i,\,i+1} * \cos(Az_{i,\,i+1})$	conforme equação (10.12)

Por se tratar de um processo sequencial, recomenda-se elaborar uma tabela de cálculo combinando todas as variáveis, conforme indicado nas Tabelas 11.2 e 11.3 apresentadas no Exemplo aplicativo 11.1.

Ao se analisar a geometria da poligonal ilustrada na Figura 11.1, nota-se imediatamente que sua principal debilidade é a falta de controle geométrico. Qualquer erro cometido nas medições angulares e lineares interferirão diretamente na qualidade das coordenadas dos vértices (P_i). Esta é a razão pela qual ela é denominada *poligonal topograficamente livre ou, simplesmente, poligonal livre*. Pela falta de controle geométrico, esse tipo de poligonal raramente é utilizado em trabalhos de Engenharia que exigem qualidade posicional. Nos casos em que o seu uso é inevitável, recomenda-se realizar séries de medições de direções angulares nas posições direta e inversa do instrumento (leituras conjugadas) e medir as distâncias de ré e de vante entre os vértices da poligonal, além de outros recursos de controle que podem melhorar a confiabilidade das medições realizadas, como determinação de ângulos pelo método de giro do horizonte, por exemplo.

Embora não haja controle posicional geométrico efetivo desse tipo de poligonal, é possível avaliar as magnitudes dos deslocamentos lateral e longitudinal da posição de qualquer de seus vértices aplicando o Princípio da Propagação de Erros Médios Quadráticos, conforme indicado na sequência. Assim, desde que tenham sido eliminados os erros grosseiros e sistemáticos das medições realizadas, mostra-se que se forem considerados apenas os erros acidentais nas medições angulares, a precisão posicional transversal do vértice (P_i), no sentido do caminhamento, pode ser calculada por meio da equação (11.1).

$$s_t = \sqrt{\frac{(2n+1)(n+1)}{6n}} * d_{\text{total}} * s_\alpha \tag{11.1}$$

em que:

s_t = precisão posicional transversal da poligonal até o vértice desejado;

n = quantidade de vértices livres ou de lados medidos da poligonal até o vértice desejado;

$d_{\text{total}} = \sum d_{i,\,i+1}$ = somatório das distâncias horizontais dos lados medidos em campo até o vértice desejado;

s_α = precisão dos ângulos horizontais horários da poligonal, em rad.

No sentido longitudinal, conhecendo as precisões lineares ($sd_{i,\,i+1}$) de cada distância medida, pode-se calcular a precisão posicional longitudinal (sl) aplicando a equação (11.2).

$$sl = \sqrt{s_{d_{1,2}}^2 + s_{d_{2,3}}^2 + \ldots + s_{d_{i,n}}^2} \tag{11.2}$$

Ou, a equação (11.3), caso as precisões lineares sejam todas consideradas iguais a (sd).

$$sl = sd * \sqrt{n} \tag{11.3}$$

Finalmente, pode-se calcular a precisão da resultante (sp) aplicando a equação (11.4).

$$sp = \sqrt{s_t^2 + s_l^2} \tag{11.4}$$

Notar que as avaliações indicadas são tanto mais eficazes quanto mais estendida em uma mesma direção for a poligonal e quanto mais uniforme forem as distâncias medidas.

Exemplo aplicativo 11.1

Considerando as coordenadas dos pontos (A) e (B) indicadas na Tabela 11.1 e os dados do levantamento de campo indicados na Tabela 11.2, calcular as coordenadas dos vértices da poligonal levantada e a precisão, na direção transversal, longitudinal e resultante, do último vértice da poligonal. Considerar que os ângulos horizontais horários calculados possuem precisões iguais a 5'' e que as distâncias foram medidas com um instrumento de precisão linear igual a 2 mm + 2 ppm. O desenho esquemático da poligonal levantada está ilustrado na Figura 11.2.

TABELA 11.1 • Coordenadas conhecidas

Ponto	X [m]	Y [m]
A	10.794,571	12.292,721
B	10.609,573	12.839,398

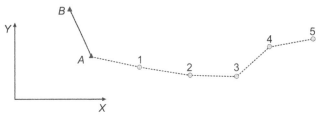

FIGURA 11.2 • Geometria da poligonal levantada.

■ *Solução:*
O primeiro passo para a solução deste exercício é calcular o azimute de partida (Az_{BA}) ou o azimute (Az_{AB}), conforme indicado a seguir:

$$Az_{BA} = \text{arctg}\left(\frac{10.794{,}571 - 10.609{,}573}{12.292{,}721 - 12.839{,}398}\right) + 180° = 161°18'14{,}2''$$

$$Az_{AB} = Az_{BA} + 180° = 341°18'14{,}2''$$

Em seguida, adotando a sequência de cálculo indicada nas Tabelas 11.2 e 11.3, obtêm-se os valores das coordenadas dos vértices livres do caminhamento. Para o cálculo das distâncias horizontais utilizou-se a equação (11.5).

$$d_{i,\,i+1} = \frac{d'_{i,\,i+1} * \text{sen}(z_{i,\,i+1}) + d'_{i+1,\,i} * \text{sen}(z_{i+1,\,i})}{2} \tag{11.5}$$

TABELA 11.2 • Valores medidos em campo e calculados

Estação	Ponto visado	Direção horizontal ($L_{i,j}$)	Distância inclinada [m] ($d'_{i,j}$)	Ângulo vertical zenital ($z_{i,j}$)	Ângulo Hz. Eq. (5.1)	Azimute Eq. (10.10)	Distância horizontal [m] Eq. (11.5)
A	B	51°22'14''	–	–	124°36'53''	341°18'14,2''	–
	1	175°59'07''	245,268	88°52'47''		105°55'07,2''	245,222
1	A	333°15'21''	245,270	91°07'11''	176°03'12''		
	2	149°18'33''	252,783	91°45'12''		101°58'19,2''	252,665
2	1	121°45'34''	252,783	88°14'50''	171°33'41''		
	3	293°19'15''	227,159	90°57'43''		93°32'00,2''	227,125
3	2	0°00'00''	227,156	89°02'14''	126°01'20''		
	4	126°01'20''	256,147	92°15'48''		39°33'20,2''	255,945
4	3	0°00'00''	256,142	87°44'12''	216°54'28''		
	5	216°54'28''	218,600	89°01'14''		76°27'48,2''	218,568
						Soma	1.199,525

Para o cálculo da precisão posicional do último vértice da poligonal deve-se aplicar as equações (11.1) a (11.4). Assim, têm-se:

$d_{total} = 1.199{,}525\,\text{m} \qquad n = 5$

$s_\alpha = \pm\,5'' = 0{,}000024241\,\text{rad}$

$s_t = \sqrt{\dfrac{11*6}{30}} * 1.199{,}525 * 0{,}000024241 = 43{,}1\,\text{mm}$

Para o cálculo da precisão longitudinal pode-se considerar a distância total da poligonal. Assim, tem-se:

$$s_l = \pm\sqrt{2^2 + (2*1,199)^2} = 3,1 \text{ mm}$$

Finalmente,

$$s_p = \sqrt{43,1^2 + 3,1^2} = 43,2 \text{ mm} = 4,32 \text{ cm}$$

TABELA 11.3 • Coordenadas finais

Estação	Ponto visado	X [m] Eq. (10.11)	Y [m] Eq. (10.12)	Vértice
A	B	10.794,571	12.292,721	A
	1			
1	A	11.030,389	12.225,463	1
	2			
2	1	11.277,558	12.173,052	2
	3			
3	2	11.504,252	12.159,054	3
	4			
4	3	11.667,245	12.356,389	4
	5			
5		11.879,741	12.407,549	5

11.2.2 Poligonais apoiadas

Para suplantar o problema da falta de controle geométrico em uma poligonal livre, recomenda-se partir de dois pontos de coordenadas conhecidas (A) e (B) e fechá-la em outros dois pontos de coordenadas conhecidas (M) e (N), conforme ilustrado na Figura 11.3. Diz-se, neste caso, que se tem uma poligonal geometricamente aberta e *topograficamente apoiada em duas bases topográficas*, uma vez que ela se restringe ao domínio dos quatro pontos de referência, de coordenadas conhecidas, já implantados no terreno. Notar que ela inicia e termina em orientações e pontos distintos. Esses pontos podem advir de uma rede geodésica ou topográfica preexistente ou serem determinados por meio de medições com instrumentos da tecnologia GNSS, para o fim exclusivo de enquadramento da poligonal. Por simplificação, este tipo de poligonal é denominado simplesmente *poligonal apoiada* ou *poligonal enquadrada*.

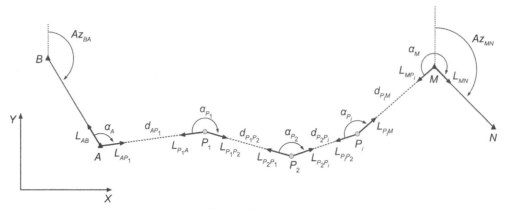

FIGURA 11.3 • Relações geométricas de uma poligonal apoiada.

11.2.3 Erros de fechamento e balanceamento de poligonais

Por serem figuras geometricamente bem definidas e, portanto, restritas a regras matemáticas, as poligonais levantadas em campo precisam ser avaliadas matematicamente para se determinar a consistência entre os valores medidos e a geometria do polígono gerado.

Como se verifica no caso específico da Figura 11.3, os pontos (A), (B), (M) e (N) são considerados fixos e, para a poligonal como um todo, foram observados em campo 10 direções angulares e 4 distâncias. Por serem medições de campo, todas elas são propícias de apresentarem erros de medição. Por este motivo, se for realizado um transporte de azimute partindo do alinhamento AB para chegar em MN, e um transporte de coordenadas partindo do ponto (A) para chegar no ponto (M), dificilmente os valores transportados concordarão com os valores conhecidos do azimute MN e das coordenadas de (M). A estas discordâncias dá-se o nome de *erros de fechamento da poligonal*, os quais permitem controlar a qualidade das medições (angulares e lineares) realizadas em campo.

As medições angulares e lineares indicadas geram três tipos de erros, que podem ser verificados em uma poligonal: um erro angular e dois erros lineares, os quais são denominados *erro de fechamento angular* e *erro de fechamento linear* (*longitudinal* e *transversal*). Os erros assim determinados devem ser comparados com valores de tolerâncias predefinidos em normas técnicas ou no edital de contratação dos serviços. Se eles forem menores ou iguais aos valores prescritos em normas ou no edital, eles

APOIO TOPOGRÁFICO – POLIGONAÇÃO **199**

podem ser distribuídos em função dos valores angulares e lineares medidos em campo e do tamanho da poligonal. Com os erros distribuídos, a poligonal torna-se geometricamente consistente para que as coordenadas de seus vértices sejam utilizadas como coordenadas de pontos de apoio.

Notar o uso do termo "balancear" para indicar a distribuição dos erros de fechamento angular e linear de uma poligonal. Esse termo é utilizado em contraposição ao termo "compensar" ou "ajustar" a poligonal, os quais são usados para os casos em que o fechamento da poligonal é realizado aplicando um cálculo de ajustamento de observações pelo Método dos Mínimos Quadrados.

Neste livro serão tratados apenas os métodos de balanceamento de poligonais, os quais não consideram a qualidade dos instrumentos de medição. O ajustamento de uma poligonal pelo Método dos Mínimos Quadrados, embora seja mais robusto e permita determinar as precisões das coordenadas dos vértices da poligonal, entre outros, extrapola os objetivos do livro. Os leitores interessados em maiores detalhes sobre esse assunto deverão consultar literatura específica.

Discutem-se na sequência os métodos de determinação e de distribuição dos erros de fechamento de uma poligonal apoiada.

11.2.3.1 *Controle angular de uma poligonal apoiada*

Considerando os parâmetros da poligonal indicada na Figura 11.3, o controle angular, ou erro de fechamento angular, de uma poligonal apoiada se dá em função do azimute de partida (Az_{BA}) e do azimute de chegada (Az_{MN}) dos pontos de enquadramento da poligonal. Assim, considerando que a grandeza com um apóstrofo designa um valor provisório, calculado em função de valores medidos, e a grandeza sem apóstrofo designa um valor fixo (conhecido), de acordo com a Figura 11.3, têm-se:

1. $$Az_{BA} = \text{arctg}\left(\frac{X_A - X_B}{Y_A - Y_B}\right) \pm 180°$$

2. $$\alpha'_i = L_{i,\,i+1} - L_{i,\,i-1}$$

3. $$Az'_{AP_1} = Az_{BA} + \alpha'_A - 180°$$
$$\vdots \qquad \vdots$$
$$Az'_{P_iM} = Az'_{P_1P_i} + \alpha'_{P_i} - 180°$$
$$Az'_{MN} = Az'_{P_iM} + \alpha'_M - 180°$$

que, generalizando, permite concluir que:

$$Az'_{MN} = Az_{BA} + \sum \alpha'_i - (n+1) * 180° \tag{11.6}$$

Eventualmente, o valor de (Az'_{MN}) deve ser corrigido de $\pm360°$ para mantê-lo entre $0°$ e $360°$.
Sendo,

Az'_{MN} = azimute provisório da direção MN;

Az_{BA} = azimute conhecido da direção BA determinado em função das coordenadas conhecidas;

$Az'_{i,\,i+1}$ = azimute provisório da direção (i, $i+1$);

α'_i = ângulo horizontal horário provisório calculado no vértice (i);

n = quantidade de vértices livres ou de lados medidos da poligonal (considera-se o último vértice visado como um vértice livre, uma vez que ele ainda não foi balanceado).

Comparando o valor do azimute provisório da direção MN (Az'_{MN}) com o valor conhecido (Az_{MN}), obtém-se o erro de fechamento angular (e_α), dado pela equação (11.7).

$$e_\alpha = Az'_{MN} - Az_{MN} \tag{11.7}$$

O valor do erro angular (e_α) pode ser *positivo* ou *negativo*. Se positivo, diz-se que o erro foi por excesso e, se negativo, diz-se que foi por falta. Este erro deve ser comparado com os valores de tolerância, conforme descrito na *Seção 11.5 – Tolerâncias para os erros de fechamento angular e linear de uma poligonal* e, em seguida, distribuído, conforme apresentado na sequência.

11.2.3.2 *Distribuição do erro de fechamento angular de uma poligonal apoiada*

Com o erro de fechamento angular (e_α) aceito, ele deve ser distribuído entre os ângulos provisórios calculados em cada vértice da poligonal. No caso em que os comprimentos dos lados da poligonal são homogêneos, ou seja, aproximadamente iguais,

200 TOPOGRAFIA PARA ENGENHARIA

recomenda-se distribuí-lo igualmente para cada ângulo provisório (α_i'). Assim, a correção angular (c_α) a ser aplicada é dada pela equação (11.8).

$$c_\alpha = -\frac{e_\alpha}{n+1} \qquad (11.8)$$

em que n é a quantidade de vértices livres ou de lados medidos da poligonal (considera-se que o último vértice é também um vértice livre).

O cálculo do ângulo horizontal corrigido, neste caso, se dá conforme indicado pela equação (11.9).

$$\alpha_i = \alpha_i' + c_\alpha \qquad (11.9)$$

sendo α_i o valor do ângulo horizontal horário corrigido (final) do vértice (i).

No caso em que os comprimentos dos lados da poligonal não são homogêneos, recomenda-se distribuir o erro de fechamento angular em função do inverso das distâncias horizontais calculadas para os lados medidos no campo. Considera-se, assim, que os erros angulares são tanto maiores quanto mais curtas as distâncias. Portanto, como em cada vértice da poligonal intervém a distância da visada ré e a distância da visada vante, o peso a ser aplicado para a distribuição do erro de fechamento angular é dado pela equação (11.10).

$$p_i = \frac{1}{d_{i,\,i-1} + d_{i,\,i+1}} \qquad (11.10)$$

em que:

p_i = peso para a distribuição do erro de fechamento angular no vértice (i);

$d_{i,\,i-1}$ = distância horizontal de ré;

$d_{i,\,i+1}$ = distância horizontal de vante.

Assim, a correção angular ($c\alpha_i$), no vértice (i), a ser aplicada é dada pela equação (11.11).

$$c_{\alpha_i} = -\frac{e_\alpha}{\sum p_i} * p_i \qquad (11.11)$$

O cálculo do ângulo horizontal horário corrigido, neste caso, se dá aplicando a equação (11.12).

$$\alpha_i = \alpha_i' + c_{\alpha_i} \qquad (11.12)$$

Considerando as equações (11.6) e (11.9) ou (11.12), verifica-se que:

$$Az_{MN} = Az_{BA} + \sum \alpha_i - (n+1)*180° \qquad (11.13)$$

Ou seja, somando todos os ângulos internos corrigidos com o azimute conhecido de partida (Az_{BA}), deve-se obter o azimute conhecido de chegada (Az_{MN}), com uma diferença de (n+1)*180°.

Em seguida, com os ângulos horizontais horários corrigidos, pode-se calcular os azimutes corrigidos (Az_{ij}) dos alinhamentos de cada lado da poligonal, conforme indicado a seguir:

$$Az_{AP_1} = Az_{BA} + \alpha_A \pm 180°$$
$$\vdots \qquad \vdots$$
$$Az_{P_iM} = Az_{P_iP_{i-1}} + \alpha_{P_i} \pm 180°$$

Como controle, o azimute final corrigido deve ser igual ao azimute conhecido da direção MN, conforme apresentado na equação (11.14).

$$Az_{MN} = Az_{P_iM} + \alpha_M \pm 180° \qquad (11.14)$$

11.2.3.3 *Controle linear de uma poligonal apoiada*

Após calcular e distribuir o erro de fechamento angular deve-se verificar o erro de fechamento linear. No caso de uma poligonal apoiada, ele pode ser calculado comparando os valores calculados e os valores conhecidos das coordenadas do ponto de chegada (M). Ele pode também ser determinado comparando a soma das projeções dos lados ij da poligonal sobre os eixos (X, Y), com a diferença de coordenadas em (X) e em (Y) entre o ponto de partida (A) e o ponto de chegada (M), conforme ilustrado nas relações geométricas da Figura 11.4.

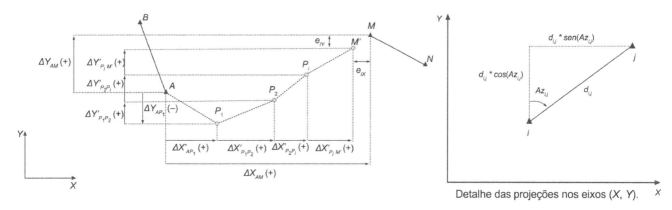

FIGURA 11.4 • Relações geométricas do fechamento linear de uma poligonal apoiada, com erro de fechamento linear.

Com os azimutes (Az_{ij}) corrigidos, conforme indicado na seção anterior, e as distâncias horizontais calculadas para cada lado medido da poligonal, obtém-se os valores das projeções parciais provisórias ($\Delta X'_{i,j}$) e ($\Delta Y'_{i,j}$) nas direções (X) e (Y), conforme apresentado a seguir:

$$\Delta X'_{AP_1} = d_{AP_1} * \text{sen}(Az_{AP_1}) \qquad \Delta Y'_{AP_1} = d_{AP_1} * \cos(Az_{AP_1})$$
$$\Delta X'_{P_iP_{i+1}} = d_{P_iP_{i+1}} * \text{sen}(Az_{P_iP_{i+1}}) \qquad \Delta Y'_{P_iP_{i+1}} = d_{P_iP_{i+1}} * \cos(Az_{P_iP_{i+1}})$$
$$\vdots \qquad \vdots \qquad \vdots \qquad \vdots$$
$$\Delta X'_{P_iM} = d_{P_iM} * \text{sen}(Az_{P_iM}) \qquad \Delta Y'_{P_iM} = d_{P_iM} * \cos(Az_{P_iM})$$

que, generalizando, fornece as equações indicadas a seguir:

$$\Delta X'_{i,i+1} = d_{i,i+1} * \text{sen}(Az_{i,i+1}) \tag{11.15}$$

$$\Delta Y'_{i,i+1} = d_{i,i+1} * \cos(Az_{i,i+1}) \tag{11.16}$$

Após os cálculos das projeções parciais provisórias em (X) e em (Y) dos lados da poligonal, pode-se calcular os valores das coordenadas provisórias (X'_M) e (Y'_M), conforme indicado a seguir:

$$X'_M = X_A + \sum \Delta X'_{i,i+1} = X_A + \sum \left[d_{i,i+1} * \text{sen}\left(Az_{i,i+1}\right) \right] \tag{11.17}$$

$$Y'_M = Y_A + \sum \Delta Y'_{i,i+1} = Y_A + \sum \left[d_{i,i+1} * \cos(Az_{i,i+1}) \right] \tag{11.18}$$

Comparando os valores das coordenadas provisórias calculadas (X'_M) e (Y'_M) com as suas coordenadas conhecidas (X_M) e (Y_M), obtém-se o erro de fechamento linear (e_{p_X}) e (e_{p_Y}) nas direções (X) e (Y), conforme apresentado nas equações (11.19) e (11.20).

$$e_{p_X} = X'_M - X_M \tag{11.19}$$

$$e_{p_Y} = Y'_M - Y_M \tag{11.20}$$

Seguindo o mesmo raciocínio, o leitor deve notar que os erros de fechamento linear em (X, Y) podem também ser calculados aplicando as equações (11.21) e (11.22), os quais permitem calcular os erros de fechamento linear com menos cálculos. A Figura 11.4 ilustra bem esse raciocínio.

$$e_{p_X} = \sum \Delta X'_{i,i+1} - \left(X_M - X_A\right) = \sum \Delta X'_{i,i+1} - \sum \Delta X_{AM} \tag{11.21}$$

$$e_{p_Y} = \sum \Delta Y'_{i,i+1} - \left(Y_M - Y_A\right) = \sum \Delta Y'_{i,i+1} - \sum \Delta Y_{AM} \tag{11.22}$$

Em função dos erros de fechamento nas direções (X) e em (Y), obtém-se o valor do erro de fechamento linear absoluto (e_P), calculado de acordo com a equação (11.23). A direção (θ) do vetor do erro de fechamento pode ser calculada pela equação (11.24) (ver Fig. 11.5).

$$e_P = \sqrt{e_{p_X}^2 + e_{p_Y}^2} \tag{11.23}$$

$$\theta = \text{arctg}\left(\frac{e_{p_X}}{e_{p_Y}}\right) \tag{11.24}$$

Como se pode notar na Figura 11.5, o erro de fechamento linear pode ser por falta ou por excesso.

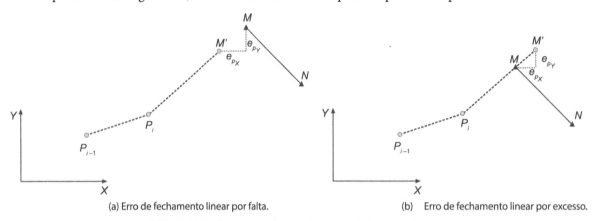

(a) Erro de fechamento linear por falta. (b) Erro de fechamento linear por excesso.

FIGURA 11.5 • Vetores resultantes do erro de fechamento linear.

A verificação da qualidade do erro de fechamento linear, em muitos casos, é feita por meio da análise da precisão linear relativa do levantamento, dado pela equação (11.25).

$$\text{Precisão linear relativa} = \frac{e_p}{\sum d_{i,\,i+1}} \qquad (11.25)$$

sendo $\sum d_{i,\,i+1}$ a soma das distâncias horizontais calculadas para cada lado medido da poligonal.

Geralmente, para padronizar a representação da precisão linear relativa, ela é indicada pela relação $1/M$ ou $1:M$, obtida pela redução da equação (11.25) ao numerador 1. Em seguida, igualmente ao erro de fechamento angular, ela deve ser comparada com valores de tolerância preestabelecidos, conforme descrito na *Seção 11.5 – Tolerâncias para os erros de fechamento angular e linear de uma poligonal* e o erro distribuído, como apresentado na sequência. Caso seja maior que o valor de tolerância, o trabalho deve ser rejeitado e refeito.

11.2.3.4 *Distribuição do erro de fechamento linear de uma poligonal apoiada*

No caso dos erros de fechamento linear (e_{p_X}, e_{p_Y}, e_p) serem iguais ou menores que os valores de tolerância preestabelecidos, eles devem ser distribuídos entre os lados medidos da poligonal. Existem na literatura vários métodos de distribuição. O mais simples deles, recomendado para os casos em que os comprimentos dos lados da poligonal são aproximadamente iguais, consiste em dividir os erros de fechamento linear igualmente para todos os lados da poligonal, ou seja:

$$c_{p_{X_{i,i+1}}} = -\frac{e_{p_X}}{n} \qquad (11.26)$$

$$c_{p_{Y_{i,i+1}}} = -\frac{e_{p_Y}}{n} \qquad (11.27)$$

Para os casos em que os comprimentos não são homogêneos, recomenda-se utilizar o *Método de Bowditch*, que distribui os erros de fechamento em função da relação entre o comprimento do lado e a soma das distâncias horizontais calculadas para cada lado medido da poligonal. Assim, têm-se:

$$c_{p_{X_{i,i+1}}} = -\frac{e_{p_X}}{\sum d_{i,\,i+1}} * d_{i,\,i+1} = -k_X * d_{i,\,i+1} \qquad (11.28)$$

$$c_{p_{Y_{i,i+1}}} = -\frac{e_{p_Y}}{\sum d_{i,\,i+1}} * d_{i,\,i+1} = -k_Y * d_{i,\,i+1} \qquad (11.29)$$

em que:

$c_{p_{X_{i,i+1}}}, c_{p_{Y_{i,i+1}}}$ = correções lineares das projeções parciais provisórias ($\Delta X'_{i,j}$) e ($\Delta Y'_{i,j}$);

e_{p_X}, e_{p_Y} = erros de fechamento linear em (X) e em (Y);

$d_{i,\,i+1}$ = distância horizontal do lado (i, $i+1$) da poligonal;

k_X, k_Y = constantes de multiplicação em (X) e em (Y);

n = quantidade de lados medidos da poligonal.

Considerando as equações (11.26) a (11.29), as correções ($c_{p_{X_{i,\,i+1}}}$) e ($c_{p_{Y_{i,\,i+1}}}$) devem ser somados aos valores das projeções provisórias ($\Delta X'_{i,\,i+1}$) e ($\Delta Y'_{i,\,i+1}$) para se obter o valor corrigido ($\Delta X_{i,\,i+1}$) e ($\Delta Y_{i,\,i+1}$) de cada projeção, conforme indicado nas equações (11.30) e (11.31).

$$\Delta X_{i,\,i+1} = \Delta X'_{i,\,i+1} + c_{p_{X_{i,\,i+1}}} \tag{11.30}$$

$$\Delta Y_{i,\,i+1} = \Delta Y'_{i,\,i+1} + c_{p_{Y_{i,\,i+1}}} \tag{11.31}$$

De onde se obtêm, finalmente,

$$X_{i,\,i+1} = X_i + \Delta X_{i,\,i+1} \tag{11.32}$$

$$Y_{i,\,i+1} = Y_i + \Delta Y_{i,\,i+1} \tag{11.33}$$

Se forem utilizadas as equações (11.28) e (11.29), inicialmente, deve-se calcular as constantes de multiplicação (k_X) e (k_Y), as quais são, em seguida, aplicadas ao valor das distâncias horizontais calculadas ($d_{i,\,i+1}$) para se obter as projeções corrigidas. Por se tratar de um processo repetitivo, para o cálculo das coordenadas finais balanceadas (finais) dos vértices da poligonal, propõe-se seguir a sequência de cálculos apresentada na solução do Exemplo aplicativo 11.2.

Exemplo aplicativo 11.2

Considerando neste caso que a poligonal do Exemplo aplicativo 11.1 foi fechada nos pontos de coordenadas conhecidas (M) e (N), conforme ilustrado na Figura 11.6, calcular os erros de fechamento angular e linear da poligonal e as coordenadas balanceadas (finais) de todos os seus vértices. As coordenadas dos pontos conhecidos estão apresentadas na Tabela 11.4 e os valores medidos em campo estão indicados na Tabela 11.5.

TABELA 11.4 • Coordenadas conhecidas

Ponto	X [m]	Y [m]
A	10.794,571	12.292,721
B	10.609,573	12.839,398
C	11.879,715	12.407,500
D	12.112,239	12.535,602

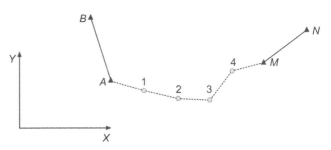

FIGURA 11.6 • Geometria da poligonal apoiada levantada em campo.

- *Solução:*

O primeiro passo para o cálculo de uma poligonal apoiada é calcular os azimutes de partida e de chegada do caminhamento. Assim, têm-se:

$$Az_{BA} = \mathrm{arctg}\left(\frac{10.794{,}571 - 10.609{,}573}{12.292{,}721 - 12.839{,}398}\right) + 180° = 161°18'14{,}2'' \qquad Az_{MN} = \mathrm{arctg}\left(\frac{12.112{,}239 - 11.879{,}715}{12.535{,}602 - 12.407{,}500}\right) = 61°08'55{,}6''$$

Em seguida, deve-se calcular os valores dos ângulos horários horizontais provisórios em cada vértice livre da poligonal, em função das diferenças entre as direções horizontais medidas em campo. Os valores calculados estão indicados na coluna destacada da Tabela 11.5.

Com os ângulos horizontais horários provisórios calculados pode-se calcular o erro de fechamento angular aplicando as equações (11.6) e (11.7). O valor da soma dos ângulos horários provisórios está indicado na Tabela 11.5. Assim, têm-se:

$$Az'_{MN} = 161°18'14{,}2'' + 979°50'51{,}0'' - 1.080°00'00'' = 61°09'05{,}2''$$

$$e_\alpha = 61°09'05{,}2'' - 61°08'55{,}6'' = 00°00'09{,}6''$$

Considerando que o erro de fechamento angular cometido neste levantamento seja menor que as recomendações indicadas pela norma técnica vigente, o próximo passo é calcular os valores das correções angulares que serão aplicados a cada ângulo horizontal provisório. Como as distâncias são razoavelmente homogêneas, a correção angular será realizada dividindo o erro angular igualmente para todos os vértices livres da poligonal. Assim, como se tem 5 vértices livres, o valor da correção é dado conforme indicado a seguir:

$$c_\alpha = -\frac{9{,}6''}{6} = -1{,}6''$$

204 TOPOGRAFIA PARA ENGENHARIA

Os valores dos ângulos horizontais horários corrigidos são calculados somando o valor da correção angular calculada a cada ângulo horizontal provisório. Os resultados dessa soma estão indicados na Tabela 11.5. Com os valores dos ângulos horizontais horários corrigidos, o próximo passo é o cálculo dos azimutes corrigidos dos alinhamentos dos lados medidos da poligonal. Esse cálculo é realizado considerando o azimute de partida e somando os ângulos horizontais horários corrigidos correspondentes. Os valores dos azimutes corrigidos estão incluídos na Tabela 11.5.

Com a poligonal balanceada angularmente, o próximo passo é verificar o erro de fechamento linear. Para tanto, é necessário calcular os valores das distâncias horizontais de cada lado da poligonal para, em seguida, calcular as projeções parciais provisórias nas direções (X) e (Y). As distâncias horizontais médias são calculadas de acordo com a equação (11.5). Os valores calculados para as distâncias horizontais e para as projeções parciais provisórias estão indicados na Tabela 11.6. Por meio das projeções provisórias calculadas pode-se determinar os valores dos erros de fechamento linear da poligonal e a precisão linear relativa do levantamento aplicando as equações (11.17) a (11.25). Assim, têm-se:

$$X'_M = 10.794,571 + 1.085,161 = 11.879,732 \text{ m}$$

$$Y'_M = 12.292,721 + 114,852 = 12.407,573 \text{ m}$$

$$e_{P_X} = 11.879,732 - 11.879,715 = 0,017 \text{ m}$$

$$e_{P_Y} = 12.407,573 - 12.407,500 = 0,073 \text{ m}$$

$$e_P = \sqrt{0,017^2 + 0,073^2} = 0,075 \text{ m}$$

$$\sum d_{ij} = 1.199,523 \text{ m}$$

$$\text{Precisão linear relativa} = \frac{0,075}{1.199,523} \approx \frac{1}{16.035}$$

Considerando que o valor da precisão do fechamento linear está abaixo da tolerância indicada, pode-se realizar o balanceamento linear da poligonal. Para tanto, é necessário calcular as correções lineares nas direções dos eixos (X) e (Y), as quais serão aplicadas às projeções provisórias indicadas na Tabela 11.6. Os valores das correções calculadas estão indicados na Tabela 11.6 e as respectivas projeções corrigidas constam na Tabela 11.7. Para as correções aplicou-se o Método de Bowditch, segundo as equações (11.28) e (11.29), de onde se obtêm:

$$k_X = -\frac{0,017}{1.199,523} = -1,45755 * 10^{-5} \qquad k_Y = -\frac{0,073}{1.199,523} = -6,06360 * 10^{-5}$$

Finalmente, com as projeções parciais corrigidas calculadas, pode-se calcular os valores das coordenadas finais (balanceadas) dos vértices livres da poligonal. Os resultados obtidos estão indicados na Tabela 11.7. O leitor deve notar que as Tabelas 11.5, 11.6 e 11.7 são encadeadas e estão apresentadas individualmente em função das restrições de espaço em uma página de livro. Para o cálculo em uma planilha eletrônica elas devem, evidentemente, ser juntadas.

TABELA 11.5 • Valores medidos em campo e valores calculados parciais

Estação	Ponto visado	Direção horizontal ($L_{i,j}$)	Distância inclinada [m] ($d'_{i,j}$)	Ângulo vertical zenital ($z_{i,j}$)	Ângulo Hz. provisório Eq. (5.1)	Ângulo Hz. corrigido Eq. (11.12)	Azimute corrigido Eq. (10.10)
A	B	51°22'14"	–		124°36'53"	124°36'51,4"	341°18'14,2"
	1	175°59'07"	245,268	88°52'47"			105°55'05,6"
1	A	333°15'21"	245,270	91°07'11"	176°03'12"	176°03'10,4"	
	2	149°18'33"	252,783	91°45'12"			101°58'16,0"
2	1	121°45'34"	252,783	88°14'50"	171°33'41"	171°33'39,4"	
	3	293°19'15"	227,159	90°57'43"			93°31'55,4"
3	2	0°00'00"	227,156	89°02'14"	126°01'20"	126°01'18,4"	
	4	126°01'20"	256,147	92°15'48"			39°33'13,8"
4	3	0°00'00"	256,142	87°44'12"	216°54'28"	216°54'26,4"	
	M	216°54'28"	218,596	89°01'14"			76°27'40,2"
M	4	17°56'58"	218,600	90°58'45"	164°41'17"	164°41'15,4"	
	N	182°38'15"					61°08'55,6"
			Soma		979°50'51"	979°50'41,4"	

TABELA 11.6 • Distâncias, projeções parciais e correções lineares

Estação	Ponto visado	Distância horizontal [m] Eq. (11.5)	$\Delta X'_{i,j}$ [m] Eq. (11.15)	$\Delta Y'_{i,j}$ [m] Eq. (11.16)	$C_{PX_{i,j}}$ [m] Eq. (11.28)	$C_{PY_{i,j}}$ [m] Eq. (11.29)
A	B					
	1	245,222	235,819	−67,256	−0,004	−0,015
1	A					
	2	252,665	247,170	−52,407	−0,004	−0,015
2	1					
	3	227,125	226,694	−13,993	−0,003	−0,014
3	2					
	4	255,945	162,986	197,340	−0,004	−0,016
4	3					
	M	218,566	212,492	51,167	−0,003	−0,013
M	4					
	N					
Soma		1.199,523	1.085,161	114,852		

TABELA 11.7 • Projeções corrigidas e coordenadas finais

Estação	Ponto visado	$\Delta X_{i,j}$ corrigido [m] Eq. (11.30)	$\Delta Y_{i,j}$ corrigido [m] Eq. (11.31)	X [m] Eq. (11.32)	Y [m] Eq. (11.33)	Vértice
A	B			10.794,571	12.292,721	A
	1	235,815	−67,271			
1	A			11.030,386	12.225,450	1
	2	247,166	−52,423			
2	1			11.277,552	12.173,028	2
	3	226,691	−14,006			
3	2			11.504,243	12.159,021	3
	4	162,983	197,325			
4	3			11.667,226	12.356,346	4
	M	212,489	51,154			
M	4			11.879,715	12.407,500	M
	N					
Soma		1.085,144	114,779			

11.2.3.5 Análise da distribuição dos erros de fechamento de uma poligonal apoiada

Ao se verificar a distribuição final dos erros de fechamento linear de uma poligonal apoiada, nota-se que a regra de distribuição dos erros lineares possui o efeito de deslocar todos os pontos provisórios acumuladamente segundo a direção do erro linear absoluto (e_p), conforme ilustrado na Figura 11.7.

Este exemplo mostra os efeitos ilógicos da distribuição do erro de fechamento. Os lados como P_3P_4, que são paralelos à direção do erro de fechamento, sofrem modificações nas distâncias e não sofrem modificações angulares. Os lados como P_1P_2, que são perpendiculares à direção do erro de fechamento, não sofrem modificações nas distâncias e sofrem modificações angulares. Os demais lados em outras condições sofrem modificações angulares e lineares.

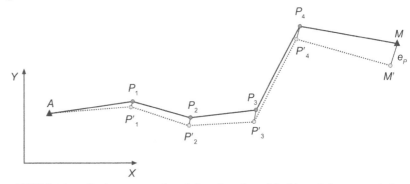

FIGURA 11.7 • Deslocamentos dos vértices da poligonal devido ao balanceamento linear.

O modo de distribuição de (e_p) age, portanto, de maneira diferente sobre os lados da poligonal em função de suas orientações em relação a orientação do erro de fechamento. Como, em princípio, as medições possuem todas as mesmas precisões, essa distribuição diferenciada é ilógica.

A primeira solução para este problema é implantar a poligonal de forma que ela seja a mais retilínea possível. Outra solução é realizar o seu balanceamento pelo Método de Similitude, conforme descrito a seguir.

11.2.3.6 Balanceamento de poligonal apoiada pelo Método de Similitude

Para a aplicação do Método de Similitude, realiza-se o cálculo da poligonal como um caso de poligonal livre, ou seja, não se distribui o erro de fechamento angular (e_α) nem os erros de fechamento linear (e_{P_X}) e (e_{P_Y}). Realiza-se apenas o transporte de coordenadas, conforme já visto, até se obter as coordenadas (X, Y) do ponto (M'), de acordo com a ilustração da Figura 11.8.

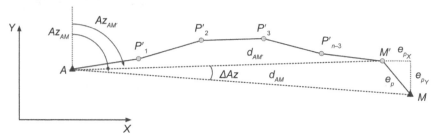

FIGURA 11.8 • Geometria dos erros de fechamento da poligonal apoiada.

De acordo com a Figura 11.8, têm-se:

$Az_{AM'} = \text{arctg}\left(\dfrac{X_{M'} - X_A}{Y_{M'} - Y_A}\right) \pm 180$ conforme equação (10.4)

$Az_{AM} = \text{arctg}\left(\dfrac{X_M - X_A}{Y_M - Y_A}\right) \pm 180$ conforme equação (10.4)

$d_{AM'} = \sqrt{\Delta X_{AM'}^2 - \Delta Y_{AM'}^2}$ conforme equação (10.2)

$d_{AM} = \sqrt{\Delta X_{AM}^2 - \Delta Y_{AM}^2}$ conforme equação (10.2)

$\Delta Az = Az_{AM} - Az_{AM'}$ (11.34)

Fator de escala $k = \dfrac{d_{AM}}{d_{AM'}}$ (11.35)

Com estes valores calculados, deve-se proceder como indicado a seguir:

1. Rotacionar o primeiro lado da poligonal AP_1' com o ângulo de rotação (ΔAz). Assim, tem-se:

$Az_{AP_1} = Az_{AP_1'} + \Delta Az$ (11.36)

2. Em seguida, calcular os azimutes corrigidos dos demais lados da poligonal, conforme indicado a seguir:

$Az_{P_1 P_2} = Az_{AP_1} + \alpha'_{P_1} - 180°$

$\vdots \qquad \vdots$

$Az_{i,i+1} = Az_{i-1,i} + \alpha'_i - 180°$

3. Na sequência, corrigir cada comprimento do lado da poligonal pelo fator de escala (k):

$d_{i,i+1} = k * d'_{i,i+1}$ (11.37)

sendo $(d'_{i,i+1})$ a distância horizontal calculada para cada lado da poligonal em função das distâncias inclinadas medidas em campo.

4. Com os azimutes e as distâncias corrigidos, pode-se calcular os valores finais para os vértices livres da poligonal. Assim, têm-se:

$X_{i,i+1} = X_i + d_{i,i+1} * \text{sen}(Az_{i,i+1})$ conforme equação (10.5)

$Y_{i,i+1} = Y_i + d_{i,i+1} * \cos(Az_{i,i+1})$ conforme equação (10.6)

APOIO TOPOGRÁFICO – POLIGONAÇÃO **207**

Exemplo aplicativo   11.3

Considerando os valores medidos em campo indicados para a poligonal do Exemplo aplicativo 11.2, realizar o seu balanceamento aplicando o Método da Similitude.

■ *Solução:*

A Tabela 11.8 apresenta os valores medidos em campo e os valores para os ângulos horizontais e azimutes provisórios calculados.

TABELA 11.8 • Valores medidos em campo e valores provisórios

Estação	Ponto visado	Direção horizontal ($L_{i,\,j}$)	Distância inclinada [m] ($d'_{i,\,j}$)	Ângulo vertical zenital ($z_{i,\,j}$)	Ângulo Hz. provisório Eq. (5.1)	Azimute provisório Eq. (10.10)
A	B	51°22′14″	–	–	124°36′53″	341°18′14,2″
	1	175°59′07″	245,268	88°52′47″		105°55′07,2″
1	A	333°15′21″	245,270	91°07′11″	176°03′12″	–
	2	149°18′33″	252,783	91°45′12″		101°58′19,2″
2	1	121°45′34″	252,783	88°14′50″	171°33′41″	–
	3	293°19′15″	227,159	90°57′43″		93°32′00,2″
3	2	0°00′00″	227,156	89°02′14″	126°01′20″	–
	4	126°01′20″	256,147	92°15′48″		39°33′20,2″
4	3	0°00′00″	256,142	87°44′12″	216°54′28″	–
	M	216°54′28″	218,596	89°01′14″		76°27′48,2″
M	4	17°56′58″	218,600	90°58′45″	–	
	N	182°38′15″	–	–		

A Tabela 11.9 mostra os valores das distâncias horizontais calculadas por meio das distâncias inclinadas e dos ângulos verticais, as projeções parciais e as coordenadas provisórias para os vértices livres da poligonal.

TABELA 11.9 • Distâncias, projeções parciais e coordenadas provisórias

Estação	Ponto visado	Distância horizontal [m] Eq. (11.5)	$\Delta X'_{i,j}$ [m] Eq. (11.15)	$\Delta Y'_{i,j}$ [m] Eq. (11.16)	X' [m] provisório Eq. (11.32)	Y' [m] provisório Eq. (11.33)	Vértice
A	B	–	–	–	10.794,571	12.292,721	A
	1	245,222	235,818	–67,258			
1	A				11.030,389	12.225,463	1
	2	252,665	247,169	–52,411			
2	1				11.277,558	12.173,052	2
	3	227,125	226,694	–13,998			
3	2				11.504,252	12.159,054	3
	4	255,945	162,992	197,335			
4	3				11.667,245	12.356,389	4
	M	218,566	212,494	51,159			
M	4				11.879,739	12.407,548	M
	N	–	–	–			

Com as coordenadas provisórias calculadas pode-se calcular os valores para o fechamento da poligonal de acordo com as equações apresentadas para a solução geométrica dos erros de fechamento de uma poligonal apoiada. Assim, têm-se:

$$Az_{AM'} = 83°57′34,9″ \qquad Az_{AM} = 83°57′43,6″$$

$$d_{AM'} = 1.091,226 \text{ m} \qquad d_{AM} = 1.091,197 \text{ m}$$

$$\Delta Az = 00°00′8,6″ \qquad \textit{Fator de escala } k = 0,999973511$$

Com esses parâmetros calculados pode-se dar prosseguimento ao cálculo da poligonal, conforme indicado na Tabela 11.10.

TABELA 11.10 • Azimutes, distâncias, projeções parciais e coordenadas finais

Estação	Ponto visado	Azimute corrigido Eq. (11.36)	Distância horizontal corrigida Eq. (11.37)	$\Delta X_{i,j}$ [m] Eq. (11.15)	$\Delta Y_{i,j}$ [m] Eq. (11.16)	X [m] Eq. (11.32)	Y [m] Eq. (11.33)	Vértice
A	B					10.794,571	12.292,721	A
	1	105°55'15,8"	245,216	235,809	−67,266			
1	A					11.030,380	12.225,455	1
	2	101°58'27,8"	252,658	247,160	−52,420			
2	1					11.277,541	12.173,035	2
	3	93°32'08,8"	227,119	226,687	−14,007			
3	2					11.504,228	12.159,028	3
	4	39°33'28,8"	255,938	162,996	197,323			
4	3					11.667,224	12.356,351	4
	M	76°27'56,8"	218,560	212,491	51,149			
M	4					11.879,715	12.407,500	M
	N							

11.2.4 Poligonais fechadas

Uma poligonal é considerada *fechada* quando ela inicia e termina em um só ponto e em uma só direção, formando um polígono, conforme indicado na Figura 11.9. Nesse caso, o vértice (A) é o ponto de início e término das medições é o ponto (B) é o ponto de orientação. Para os propósitos deste livro, diz-se que se tem uma *poligonal fechada apoiada em dois pontos*.

Na Figura 11.9, os ângulos horizontais horários (α_i) são calculados em função das diferenças de direções vante e ré ($\alpha_i = L_{i,\,i+1} - L_{i,\,i-1}$) e as distâncias horizontais ($d_{i,\,i+1}$) são determinadas em função das medições das distâncias inclinadas ($d'_{i,\,i+1}$) e dos ângulos verticais zenitais ($z_{i,\,i+1}$) entre os vértices da poligonal, ambos obtidos por meio do uso de uma estação total.

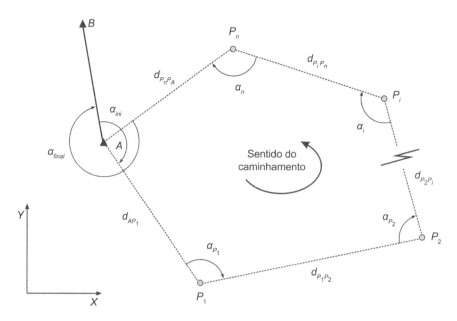

FIGURA 11.9 • Poligonal fechada apoiada em dois pontos.

Pela conformação da poligonal, o vértice (A) possuirá dois ângulos (α_A) calculados em função das direções ($L_{AP1} - L_{AB}$) e ($L_{AB} - L_{APn}$), que, para generalização de identificação, serão denominados, neste livro, como (α_{ini}) para o ângulo de partida e (α_{final}) para o ângulo de chegada.

11.2.4.1 Tipos de poligonais fechadas

Com relação ao caminhamento, uma poligonal fechada pode ser *horária* ou *anti-horária*. Ela é considerada horária quando o caminhamento é realizado no sentido horário e anti-horária quando no sentido anti-horário. Se no sentido horário, serão determinados *ângulos externos* ao polígono, conforme indicado na Figura 11.10a. Se no sentido anti-horário, serão determinados *ângulos internos* ao polígono, como mostra a Figura 11.10b.

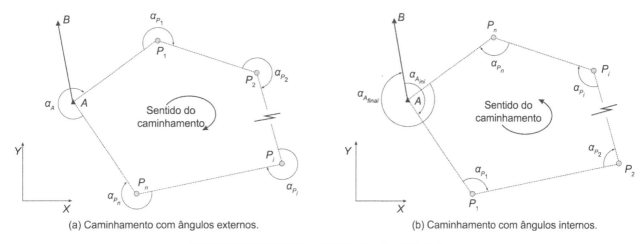

FIGURA 11.10 • Relações angulares da poligonal fechada.

No caso em que a poligonal fechada é orientada em um dos lados do polígono, em vez de uma base topográfica, tem-se uma poligonal fechada com referencial local. Conforme ilustrado na Figura 11.11, o ponto de início e término da poligonal é o ponto (P_1) e o ponto de orientação é o vértice livre anterior (P_n). Em uma poligonal deste tipo são observadas as direções angulares ($L_{i,\,i-1}, L_{i,\,i+1}$), as distâncias inclinadas e os ângulos verticais zenitais entre os vértices. Os ângulos de partida (α_{ini}) e de chegada (α_{final}) são os mesmos e iguais a (α_i).

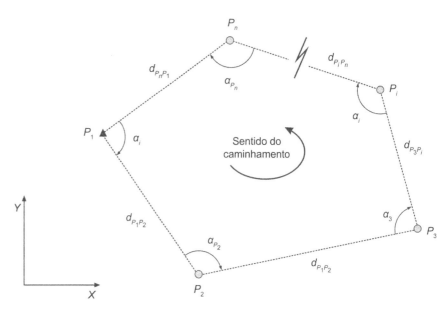

FIGURA 11.11 • Poligonal fechada com referencial local.

11.2.4.2 Controle angular de uma poligonal fechada apoiada em dois pontos

O controle angular, ou cálculo do erro de fechamento angular, de uma poligonal fechada e apoiada em dois pontos é realizado de forma semelhante ao controle angular de uma poligonal apoiada. A diferença, nesse caso, é que os pontos de partida e de chegada são os mesmos e, conforme já citado, para diferenciar os ângulos de partida e de chegada, eles são denominados (α_{ini}) e (α_{final}), respectivamente. Dessa forma, considerando a Figura 11.12 e de forma semelhante ao caso da *Seção 11.2.3.1 – Controle angular de uma poligonal apoiada*, têm-se:

1. $Az'_{BA} = \text{arctg}\left(\dfrac{X_A - X_B}{Y_A - Y_B}\right) \pm 180°$

2. $\alpha'_i = L_{i,\,i+1} - L_{i,\,i-1}$

3. $Az'_{AP_1} = Az_{BA} + \alpha'_{ini} \pm 180°$
   $Az'_{P_1P_i} = Az'_{AP_1} + \alpha'_1 \pm 180°$
   $Az'_{P_nA} = Az'_{P_iP_n} + \alpha'_{P_n} \pm 180°$
   $Az'_{AB} = Az'_{P_nA} + \alpha'_{final} \pm 180°$

que, generalizando, permite concluir que:

$$Az'_{AB} = Az_{BA} + \sum \alpha'_i - (n+1)*180°$$ (11.38)

em que:

Az'_{AB} = azimute provisório da direção (AB);

Az_{BA} = azimute conhecido da direção (BA) determinado em função das coordenadas conhecidas;

$Az'_{i,\,i+1}$ = azimute provisório da direção $(i,\,i+1)$;

$\sum \alpha'_i = \alpha'_{P_i} + \alpha'_{ini} + \alpha'_{final}$ = somatório de todos os ângulos horários provisórios;

n = quantidade de vértices livres ou de lados medidos da poligonal (considera-se o vértice (A) como um vértice livre, uma vez que ele ainda não foi balanceado).

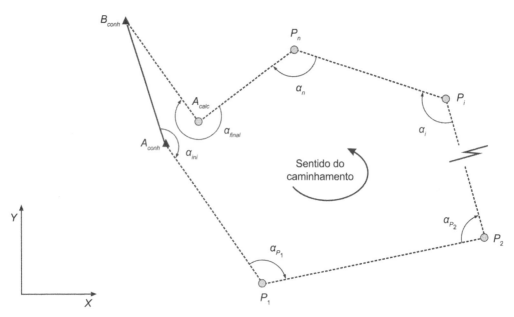

FIGURA 11.12 • Erro de fechamento angular de uma poligonal fechada e apoiada em dois pontos.

Comparando o valor do azimute provisório da direção AB (Az'_{AB}) com o valor conhecido (Az_{AB}), obtém-se o erro de fechamento angular (e_α), dado pela equação (11.39).

$$e\alpha = Az'_{AB} - Az_{AB}$$ (11.39)

Após calcular o erro de fechamento angular (e_α), ele deve ser comparado com os valores de tolerância preestabelecidos, conforme descrito na *Seção 11.5 – Tolerâncias para os erros de fechamento angular e linear de uma poligonal* e, em seguida, distribuído, conforme apresentado na sequência.

11.2.4.3 Distribuição do erro de fechamento angular de uma poligonal fechada

Com o erro de fechamento angular aceito, igualmente ao caso de poligonais apoiadas, ele deve ser distribuído entre os ângulos provisórios calculados em cada vértice da poligonal. Assim, a correção angular (c_a) do erro de fechamento de uma poligonal fechada e apoiada em dois pontos é realizada exatamente da mesma forma que para uma poligonal apoiada, ou seja:

$c_\alpha = -\dfrac{e\alpha}{n+1}$ conforme equação (11.8)

$\alpha_i = \alpha'_i + c_\alpha$ conforme equação (11.9)

ou,

$c_{\alpha_i} = -\dfrac{e\alpha}{\sum p_i}*p_i$ conforme equação (11.11)

$\alpha_i = \alpha'_i + c_{\alpha_i}$ conforme equação (11.12)

E, finalmente, de forma semelhante ao caso da poligonal apoiada, no final do balanceamento deve-se ter:

$$Az_{AB} = Az_{BA} + \sum \alpha_i - (n+1)^*180° \tag{11.40}$$

Ou seja, somando todos os ângulos internos corrigidos com o azimute conhecido de partida (Az_{BA}), deve-se obter o azimute conhecido de chegada (Az_{AB}) com uma diferença de (n+1)*180°.

Em seguida, com os ângulos horizontais horários corrigidos, pode-se calcular os *azimutes corrigidos* (Az_{ij}) de cada lado da poligonal, conforme indicado a seguir:

$$Az_{AP_1} = Az_{BA} + \alpha_{ini} \pm 180°$$

$$\vdots \qquad \vdots$$

$$Az_{P_iA} = Az_{P_iP_{i-1}} + \alpha_{P_i} \pm 180°$$

Como controle, se deve obter o azimute conhecido da direção AB, conforme apresentado na equação (11.41).

$$Az_{AB} = Az_{P_iA} + \alpha_{final} \pm 180° \tag{11.41}$$

No caso de uma poligonal fechada com referencial local, conforme ilustrada na Figura 11.11, o erro de fechamento angular pode ser calculado considerando apenas a condição geométrica da soma dos ângulos internos ou externos de um polígono, como indicado a seguir.

A soma dos *ângulos internos* de um polígono pode ser calculada de acordo com a equação (11.42).

$$\sum \alpha_i = (n-2)^*180° \tag{11.42}$$

A soma dos *ângulos externos* de um polígono pode ser calculada de acordo com a equação (11.43).

$$\sum \alpha_i = (n+2)^*180° \tag{11.43}$$

Assim, o erro de fechamento angular (e_α) para uma poligonal fechada com referenciamento local e com caminhamento no sentido anti-horário (ângulos internos) é calculado de acordo com a equação (11.44).

$$e_\alpha = \sum \alpha_i - (n-2)^*180° \tag{11.44}$$

O erro de fechamento angular (e_α) para uma poligonal fechada com referenciamento local e com caminhamento no sentido horário (ângulos externos) é calculado de acordo com a equação (11.45).

$$e_\alpha = \sum \alpha_i - (n+2)^*180° \tag{11.45}$$

em que:

α_i = ângulo interno ou externo calculado a partir das direções medidas em campo;

n = quantidade de vértices da poligonal.

O valor da correção angular, neste caso, é calculado pela equação (11.46)

$$c_\alpha = -\frac{e_\alpha}{n} \tag{11.46}$$

Os demais cálculos seguem os mesmos raciocínios descritos para o caso de uma poligonal fechada e apoiada em dois pontos, apresentados anteriormente.

11.2.4.4 *Controle linear de uma poligonal fechada*

Após calcular e distribuir o erro de fechamento angular de uma poligonal fechada deve-se verificar o erro de fechamento linear. O procedimento de cálculo, neste caso, considera que a soma das projeções dos lados da poligonal nos eixos (X) e (Y) devem ser iguais a zero. A Figura 11.13 ilustra as projeções dos lados nos respectivos eixos. Notar que ao partir do ponto inicial e voltar ao mesmo ponto, se não houvesse erro linear, as somas das projeções em (X) e (Y) deveriam ser iguais a zero.

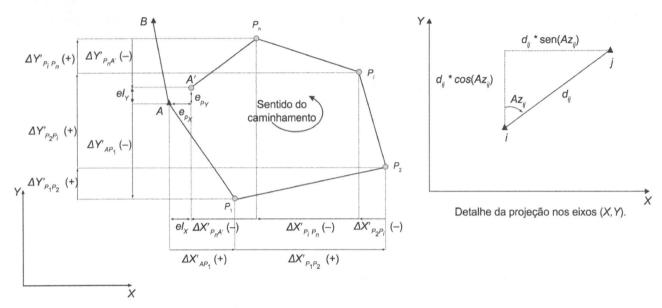

FIGURA 11.13 • Relações geométricas do fechamento linear de uma poligonal fechada, com erro de fechamento linear.

Assim, de acordo com a Figura 11.13, têm-se:

$\Delta X'_{i,\,i+1} = d_{i,\,i+1} * \text{sen}(Az_{i,\,i+1})$ conforme equação (11.15)

$\Delta Y'_{i,\,i+1} = d_{i,\,i+1} * \cos(Az_{i,\,i+1})$ conforme equação (11.16)

Caso não houvesse erro de fechamento linear no levantamento, ter-se-ia:

$$\sum \Delta X'_{i,\,i+1} = 0 \qquad (11.47)$$

$$\sum \Delta Y'_{i,\,i+1} = 0 \qquad (11.48)$$

Porém, pelo fato de sempre ocorrer erros nas medições das distâncias no campo, as condições impostas pelas equações (11.47) e (11.48) não são satisfeitas e, por isso, haverá um erro de fechamento linear (e_{p_X}) com relação ao eixo (X) e um erro de fechamento linear (e_{p_Y}) com relação ao eixo (Y), que podem ser calculados de acordo com as equações (11.49) e (11.50).

$$e_{p_X} = \sum \Delta X'_{i,\,i+1} \qquad (11.49)$$

$$e_{p_Y} = \sum \Delta Y'_{i,\,i+1} \qquad (11.50)$$

Em função dos erros de fechamento em (X) e em (Y), obtém-se o valor do erro de fechamento linear absoluto (e_p), calculado de acordo com a equação (11.23). A direção do vetor do erro de fechamento (θ) pode ser calculada pela equação (11.24) (ver Fig. 11.14).

$e_p = \sqrt{e_{p_X}^2 + e_{p_Y}^2}$ conforme equação (11.23)

$\theta = \text{arctg}\left(\dfrac{e_{p_X}}{e_{p_Y}}\right)$ conforme equação (11.24)

Como se pode notar na Figura 11.14, o erro de fechamento linear pode ser por falta ou por excesso.

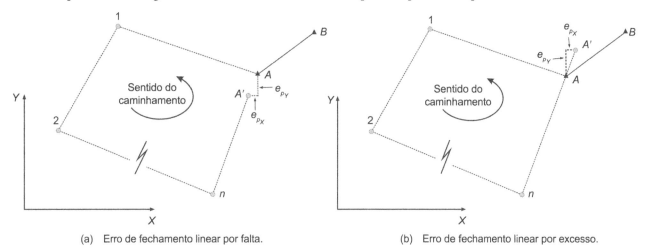

(a) Erro de fechamento linear por falta. (b) Erro de fechamento linear por excesso.

FIGURA 11.14 • Vetores resultantes do erro de fechamento linear.

Igualmente ao caso de uma poligonal apoiada, a verificação da qualidade do erro de fechamento linear de uma poligonal fechada, na maioria das vezes, é feita por meio da análise da precisão linear relativa, conforme indicado na equação (11.25).

$$\text{Precisão linear relativa} = \frac{e_p}{\sum d_{i,\,i+1}} \qquad \text{conforme equação (11.25)}$$

Após determinado, o erro de fechamento linear deve ser comparado com valores de tolerância preestabelecidos, como descrito na *Seção 11.5 – Tolerâncias para os erros de fechamento angular e linear de uma poligonal*, e o erro distribuído, conforme apresentado na sequência.

11.2.4.5 *Distribuição do erro de fechamento linear de uma poligonal fechada*

Com o erro de fechamento linear absoluto (e_p) aceito, ele deve ser distribuído entre os lados medidos da poligonal. Também, neste caso, recomenda-se realizar uma distribuição uniforme do erro de fechamento linear entre os lados da poligonal, se as distâncias forem homogêneas, ou aplicar o *Método de Bowditch*, se elas não forem homogêneas. Assim, têm-se:

Para distâncias homogêneas:

$$c_{p_{X_{i,i+1}}} = -\frac{e_{p_X}}{n} \qquad \text{conforme equação (11.26)}$$

$$c_{p_{Y_{i,i+1}}} = -\frac{e_{p_Y}}{n} \qquad \text{conforme equação (11.27)}$$

Para distâncias não homogêneas:

$$c_{p_{X_{i,i+1}}} = -\frac{e_{p_X}}{\sum d_{i,i+1}} * d_{i,i+1} = -k_X * d_{i,i+1} \qquad \text{conforme equação (11.28)}$$

$$c_{p_{Y_{i,i+1}}} = -\frac{e_{p_Y}}{\sum d_{i,i+1}} * d_{i,i+1} = -k_Y * d_{i,i+1} \qquad \text{conforme equação (11.29)}$$

em que:

$c_{p_{X_{i,i+1}}}, c_{p_{Y_{i,i+1}}}$ = correções lineares das projeções parciais provisórias $(\Delta X'_{i,j})$ e $(\Delta Y'_{i,j})$;

e_{p_X}, e_{p_Y} = erros de fechamento linear em (X) e em (Y);

$d_{i,i+1}$ = distância horizontal do lado $(i, i+1)$ da poligonal;

$\sum d_{i,i+1}$ = soma das distâncias horizontais calculadas para cada lado medido da poligonal;

k_X, k_Y = constantes de multiplicação em (X) e em (Y);

n = quantidade de lados medidos da poligonal.

Considerando as equações (11.26) a (11.29), as correções $(c_{p_{X_{i,i+1}}})$ e $(c_{p_{Y_{i,i+1}}})$ devem ser somadas aos valores das projeções provisórias $(\Delta X'_{i,i+1})$ e $(\Delta Y'_{i,i+1})$ para se obter o valor corrigido $(\Delta X_{i,i+1})$ e $(\Delta Y_{i,i+1})$ de cada projeção, conforme indicado nas equações (11.30) e (11.31).

Se forem utilizadas as equações (11.28) e (11.29), inicialmente, deve-se calcular as constantes de multiplicação (k_X) e (k_Y), as quais são, em seguida, aplicadas aos valores das distâncias calculadas ($d_{i,i+1}$) para se obter as projeções corrigidas. Assim, têm-se:

$\Delta X_{i,i+1} = \Delta X'_{i,i+1} + c_{p_{X_{i,i+1}}}$ \qquad conforme equação (11.30)

$\Delta Y_{i,i+1} = \Delta Y'_{i,i+1} + c_{p_{Y_{i,i+1}}}$ \qquad conforme equação (11.31)

De onde se obtêm, finalmente,

$X_{i,i+1} = X_i + \Delta X_{i,i+1}$ \qquad conforme equação (11.32)

$Y_{i,i+1} = Y_i + \Delta Y_{i,i+1}$ \qquad conforme equação (11.33)

Por se tratar de um processo repetitivo, para o cálculo das coordenadas finais balanceadas (totais) dos vértices da poligonal, propõe-se seguir a sequência de cálculos apresentada na solução do Exemplo aplicativo 11.4.

Exemplo aplicativo 11.4

Considerando as coordenadas dos pontos (A) e (B) indicados na Tabela 11.11 e os dados do levantamento de campo indicados na Tabela 11.12, calcular os erros de fechamento, a precisão e as coordenadas finais (balanceadas) dos vértices da poligonal. A Figura 11.15 ilustra a geometria da poligonal levantada em campo. Notar que, por simplificação de cálculo para o leitor, os dados de campo indicam as distâncias horizontais médias, as quais foram evidentemente calculadas em função das distâncias inclinadas e dos ângulos verticais zenitais, que não estão incluídos na tabela.

TABELA 11.11 • Coordenadas conhecidas

Ponto	X [m]	Y [m]
A	9.701,147	12.199,247
B	9.601,587	12.302,258

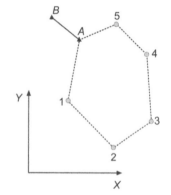

FIGURA 11.15 • Geometria da poligonal levantada em campo.

■ *Solução:*
De forma semelhante ao cálculo da poligonal apoiada, o primeiro passo para o cálculo de uma poligonal fechada e apoiada em dois pontos é calcular os azimutes de partida e de chegada do caminhamento. Assim, têm-se:

$Az_{BA} = \text{arctg}\left(\dfrac{9.701,147 - 9.601,587}{12.199,247 - 12.302,258}\right) + 180° = 135°58'33,6''$

$Az_{AB} = 135°58'33,6'' + 180° = 315°58'33,6''$

Em seguida, deve-se calcular os valores dos ângulos horários horizontais provisórios entre os lados da poligonal, em função das diferenças entre as direções medidas em campo. Os valores calculados estão indicados na coluna destacada da Tabela 11.12.

Com os ângulos horizontais horários provisórios calculados pode-se calcular o erro de fechamento angular aplicando as equações (11.38) e (11.39). O valor da soma dos ângulos horários provisórios está indicado na Tabela 11.12. Sabendo que (n=6), têm-se:

$Az'_{AB} = 135°58'33,6'' + 1.080°00'06,0'' - 1.260°00'00'' = 315°58'39,6''$

$e\alpha = 315°58'39,6'' - 315°58'33,6'' = 00°00'06''$

Considerando que o erro de fechamento angular atende às exigências do projeto e que os comprimentos dos alinhamentos não são homogêneos, o balanceamento do erro será realizado aplicando o princípio do inverso da distância apresentado nas equações (11.10) e (11.11). Assim, para o vértice (A), por exemplo, têm-se os valores indicados a seguir. Notar que se utilizou a distância conhecida entre os pontos (A) e (B), dada pelas coordenadas indicadas na Tabela 11.11. Os demais valores, bem como os valores correspondentes às correções, e os ângulos horizontais horários corrigidos estão indicados diretamente na Tabela 11.12.

$p_A = \dfrac{1}{340,371 + 143,260} = 0,00207$ \qquad $c_{\alpha_i} = -\dfrac{6''}{0,01400} * 0,00207 = -0,88613''$

APOIO TOPOGRÁFICO – POLIGONAÇÃO **215**

Com os valores dos ângulos horizontais horários corrigidos, o próximo passo é o cálculo dos azimutes corrigidos dos alinhamentos dos lados da poligonal, considerando o azimute de partida e somando os ângulos horizontais horários corrigidos correspondentes. Os valores dos azimutes corrigidos estão incluídos na Tabela 11.13.

Com a poligonal balanceada angularmente, o próximo passo é verificar o erro de fechamento linear. Para tanto é necessário calcular os valores das projeções parciais provisórias nas direções (X) e (Y), os quais estão indicados na Tabela 11.13.

Por meio das projeções parciais provisórias pode-se determinar o valor do erro de fechamento linear da poligonal e a precisão linear do levantamento aplicando as equações (11.49), (11.50), (11.23) e (11.25). Assim, têm-se:

$$e_{p_X} = \sum \Delta X'_{i,\,i+1} = 0,063 \text{ m} \qquad\qquad e_{p_Y} = \sum \Delta Y'_{i,\,i+1} = 0,037 \text{ m}$$

$$e_p = \sqrt{0,063^2 + 0,037^2} = 0,073 \text{ m}$$

$$\sum d_{ij} = 1.699,227 \text{ m}$$

$$Precisão \; linear \; relativa = \frac{0,073}{1.699,227} \approx \frac{1}{23.409}$$

Considerando que o valor da precisão do fechamento linear está abaixo da tolerância indicada, pode-se realizar o balanceamento linear da poligonal. Para tanto, é necessário calcular as correções lineares nas direções dos eixos (X) e (Y), as quais serão aplicadas às projeções provisórias parciais indicadas na Tabela 11.13. Os valores das correções calculadas e as respectivas projeções parciais corrigidas também estão indicados na Tabela 11.13. Para as correções aplicou-se o Método de Bowditch, segundo as equações (11.28) e (11.29), de onde se obtêm:

$$k_X = -\frac{0,063}{1.699,227} = -3,69105 {*} 10^{-5} \qquad\qquad k_Y = -\frac{0,037}{1.699,227} = -2,15067 {*} 10^{-5}$$

Finalmente, com as projeções parciais corrigidas, pode-se calcular os valores das coordenadas finais (balanceadas) dos vértices livres da poligonal. Os resultados obtidos estão indicados na Tabela 11.14.

O leitor deve notar que as Tabelas 11.12, 11.13 e 11.14 são encadeadas e estão apresentadas individualmente em função das restrições de espaço em uma página de livro. Para o cálculo em uma planilha eletrônica, elas devem, evidentemente, ser juntadas.

TABELA 11.12 • Valores medidos em campo e valores calculados parciais

Estação	Ponto visado	Direção horizontal ($L_{i,\,j}$)	Distância horizontal média [m]	Ângulo Hz. provisório Eq. (5.1)	Peso Eq. (11.10)	Correção angular Eq. (11.11)	Ângulo Hz. corrigido Eq. (11.12)
A	B	0°00′00″	(143,260)²	232°27′12″	0,00207	−0,88613″	232°27′11,1″
	1	232°27′12″	340,371				
1	A	0°00′00″		132°53′44″	0,00148	−0,63348″	132°53′43,4″
	2	132°53′44″	336,146				
2	1	0°00′00″		89°03′12″	0,00177	−0,75741″	89°03′11,2″
	3	89°03′12″	229,679				
3	2	0°00′00″		126°07′55″	0,00165	−0,70837″	126°07′54,3″
	4	126°07′55″	375,315				
4	3	0°00′00″		143°13′30″	0,00167	−0,71427″	143°13′29,3″
	5	143°13′30″	224,682				
5	4	0°00′00″		101°20′13″	0,00239	−1,02596″	101°20′12,0″
	A	101°20′13″	193,034				
A	5	0°00′00″		254°54′20″	0,00297	−1,27437″	254°54′18,7″
	B	254°54′20″	(143,260)				
	Soma		1.699,227	1.080°00′06″	0,01400	−6,0″	1.080°00′00,0″

---
[2] Notar que este valor corresponde à distância entre os pontos (A) e (B) calculada pelas coordenadas conhecidas. Não é uma distância medida. Ela não é, portanto, considerada na soma dos lados.

TABELA 11.13 • Azimutes, projeções parciais e correções lineares

Estação	Ponto visado	Azimute corrigido Eq. (10.10)	$\Delta X'_{i,j}$ [m] Eq. (11.15)	$\Delta Y'_{i,j}$ [m] Eq. (11.16)	$C_{P_{X_{i,j}}}$ [m] Eq. (11.28)	$C_{P_{Y_{i,j}}}$ [m] Eq. (11.29)
A	B	315°58'33,6"				
	1	188°25'44,7"	−49,893	−336,694	−0,013	−0,007
1	A					
	2	141°19'28,1"	210,061	−262,428	−0,012	−0,007
2	1					
	3	50°22'39,3"	176,913	146,472	−0,008	−0,005
3	2					
	4	356°30'33,6"	−22,851	374,619	−0,014	−0,008
4	3					
	5	319°44'02,9"	−145,220	171,444	−0,008	−0,005
5	4					
	A	241°04'14,9"	−168,947	−93,376	−0,007	−0,004
A	5					
	B	315°58'33,6"				
	Soma		0,063	0,037	−0,063	−0,037

TABELA 11.14 • Projeções corrigidas e coordenadas finais

Estação	Ponto visado	$\Delta X_{i,j}$ corrigido [m] Eq. (11.30)	$\Delta Y_{i,j}$ corrigido [m] Eq. (11.31)	X [m] Eq. (11.32)	Y [m] Eq. (11.33)	Vértice
A	B			9.701,147	12.199,247	A
	1	−49,906	−336,702			
1	A			9.651,241	11.862,545	1
	2	210,048	−262,436			
2	1			9.861,289	11.600,110	2
	3	176,905	146,467			
3	2			10.038,194	11.746,577	3
	4	−22,865	374,611			
4	3			10.015,329	12.121,188	4
	5	−145,228	171,440			
5	4			9.870,101	12.292,627	5
	A	−168,954	−93,380			
	Soma	0,000	0,000	9.701,147	12.199,247	A

Exemplo aplicativo 11.5

Considerando os dados do levantamento de campo indicados na Tabela 11.15, calcular os erros de fechamento, a precisão e as coordenadas finais dos vértices da poligonal com referencial local indicada na Figura 11.16. Novamente, por simplificação de cálculo para o leitor, os dados de campo indicam as distâncias horizontais médias, as quais foram evidentemente calculadas em função das distâncias inclinadas e dos ângulos verticais zenitais, que não estão incluídos na tabela. Como se trata de uma poligonal de referenciamento local, as coordenadas do ponto (A) serão adotadas como iguais a (5.000,000, 10.000,000) e o alinhamento A-5 será considerado como a direção do Norte adotado.

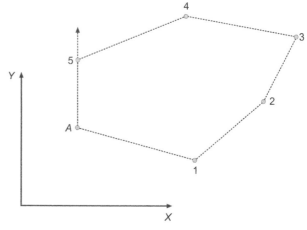

FIGURA 11.16 • Geometria da poligonal fechada com referencial local.

APOIO TOPOGRÁFICO – POLIGONAÇÃO **217**

■ *Solução:*

De acordo com a sequência de cálculos apresentada para a determinação do erro de fechamento angular de uma poligonal de referenciamento local, deve-se primeiramente calcular os ângulos horizontais horários provisórios, cujos resultados estão indicados na Tabela 11.15. Para este tipo de poligonal, como o caminhamento foi realizado no sentido anti-horário, o cálculo do erro de fechamento angular deve ser realizado aplicando a equação (11.44). Assim, tem-se:

$$e_\alpha = \sum \alpha_i - (n-2)^* 180° = 719°59'54'' - (6-2)^* 180° = -0°00'06''$$

Considerando que o erro de fechamento angular cometido é menor que as recomendações indicadas pela norma técnica vigente, o próximo passo é calcular a correção angular que será aplicada a cada ângulo horizontal provisório. Embora as distâncias não sejam homogêneas, optou-se, neste caso, pela correção angular em função da quantidade de vértices da poligonal. Assim, tem-se:

$$c_\alpha = -\frac{(-6'')}{6} = 1,0''$$

Os valores dos ângulos horizontais horários corrigidos são calculados somando o valor da correção angular calculada anteriormente a cada ângulo horizontal horário provisório. Os resultados dessa soma estão indicados na Tabela 11.15.

Com os valores dos ângulos horizontais horários corrigidos, o próximo passo é o cálculo dos azimutes corrigidos dos alinhamentos dos lados da poligonal, considerando o azimute de partida igual a 00°00'00'', e somando os ângulos horizontais horários corrigidos correspondentes. Os valores dos azimutes calculados também estão indicados na Tabela 11.15. Com a poligonal balanceada angularmente e os azimutes corrigidos calculados, pode-se verificar o erro de fechamento linear. Para tanto, é necessário calcular as projeções parciais provisórias nas direções (X) e (Y), cujos valores estão indicados na Tabela 11.15.

Por meio das projeções parciais provisórias pode-se determinar o valor do erro de fechamento linear da poligonal e a precisão linear do levantamento aplicando as equações (11.49), (11.50), (11.23) e (11.25). Assim, têm-se:

$$e_{p_X} = \sum \Delta X' = -0,011 \text{ m} \qquad e_{p_Y} = \sum \Delta Y' = 0,063 \text{ m}$$

$$e_p = \sqrt{(-0,011)^2 + (0,063)^2} = 0,064 \text{ m}$$

$$\textit{Precisão linear relativa} = \frac{0,064}{2.092,157} \approx \frac{1}{32.748}$$

Considerando que o valor da precisão do fechamento linear está abaixo da tolerância indicada, pode-se realizar o balanceamento linear da poligonal. Para tanto, é necessário calcular as correções lineares nas direções dos eixos (X) e (Y), as quais serão aplicadas às projeções parciais provisórias indicadas na Tabela 11.15. Os valores das correções calculadas e as respectivas projeções parciais corrigidas estão indicados na Tabela 11.16. Para as correções aplicou-se o Método de Bowditch, segundo as equações (11.28) e (11.29), de onde se obtém:

$$k_X = 5,45789^* 10^{-6} \qquad k_Y = -3,00443^* 10^{-5}$$

TABELA 11.15 • Dados de levantamento de campo e valores calculados

Estação	Ponto visado	Direção horizontal $(L_{i,j})$	Distância horizontal média [m]	Ângulo Hz. provisório Eq. (5.1)	Ângulo Hz. corrigido Eq. (11.12)	Azimute corrigido Eq. (10.10)	$\Delta X'_{i,i+1}$ [m] Eq. (11.15)	$\Delta Y'_{i,i+1}$ [m] Eq. (11.16)
A	5	0°00'00''	273,104	142°47'33''	142°47'34''	0°00'00''		
	1	142°47'33''				142°47'34''	165,146	−217,515
1	A	0°00'00''	402,612	50°54'16''	50°54'17''			
	2	50°54'16''				13°41'51''	95,337	391,161
2	1	0°00'00''	434,452	172°26'30''	172°26'31''			
	3	172°26'30''				6°08'22''	46,464	431,960
3	2	0°00'00''	205,325	124°42'13''	124°42'14''			
	4	124°42'13''				310°50'36''	−155,328	134,281
4	3	0°00'00''	330,476	76°28'03''	76°28'04''			
	5	76°28'03''				207°18'40''	−151,630	−293,637
5	4	0°00'00''	446,188	152°41'19''	152°41'20''			
	A	152°41'19''				180°00'00''	0,000	−446,188
	Soma		2.092,157	719°59'54''	720°00'00''		−0,011	0,063

Finalmente, com as projeções parciais corrigidas, pode-se calcular os valores das coordenadas finais (balanceadas) dos vértices livres da poligonal. Os resultados obtidos estão indicados na Tabela 11.16.

TABELA 11.16 • Projeções parciais, correções lineares e coordenadas finais

Estação	Ponto visado	$C_{P_{X_{i,j}}}$ [m] Eq. (11.28)	$C_{P_{Y_{i,j}}}$ [m] Eq. (11.29)	$\Delta X_{i,j}$ corrigido [m] Eq. (11.30)	$\Delta Y_{i,j}$ corrigido [m] Eq. (11.31)	X [m] Eq. (11.32)	Y [m] Eq. (11.33)	Vértice
A	5					5.000,000	10.000,000	A
	1	0,0015	−0,0082	165,147	−217,523			
1	A					5.165,147	9.782,477	1
	2	0,0022	−0,0121	95,339	391,149			
2	1					5.260,486	10.173,627	2
	3	0,0024	−0,0131	46,466	431,947			
3	2					5.306,953	10.605,574	3
	4	0,0011	−0,0062	−155,327	134,275			
4	3					5.151,625	10.739,849	4
	5	0,0018	−0,0099	−151,628	−293,647			
5	4					4.999,998	10.446,201	5
	A	0,0024	−0,0134	0,002	−446,201			
	Soma			0,000	0,000	5.000,00	10.000,000	A

11.2.4.6 Análise da qualidade de uma poligonal fechada

As poligonais fechadas, embora geometricamente bem definidas, possuem o inconveniente de serem referenciadas a apenas um alinhamento de orientação. Por este motivo, caso haja um erro na medição dessa orientação, todos os vértices da poligonal serão rotacionados pelo valor desse erro e, além disso, se houver um erro sistemático de escala nas distâncias medidas durante o levantamento de campo, ele não será revelado pelo balanceamento linear dos vértices da poligonal. Em ambos os casos, tem-se a mesma figura geométrica, porém, com orientação e escala incorretos. O controle da qualidade dos pontos de apoio assim determinados é, portanto, deficiente. Por essas razões e pela facilidade de se estabelecer pontos de referência por meio da tecnologia GNSS, recomenda-se evitar o uso desse tipo de poligonal e optar por poligonais apoiadas, sempre que possível.

Para diminuir o efeito do erro de orientação, um artifício frequentemente utilizado é realizar o referenciamento da poligonal por meio de dois ou mais alinhamentos de orientação, conforme ilustrado na Figura 11.17. Outro recurso útil é incluir os pontos de referência no caminhamento da poligonal, como mostrado na Figura 11.18. Nesse caso, a orientação da poligonal é definida pelo alinhamento AB, que é um lado da poligonal. Tem-se, assim, uma poligonal apoiada em que a orientação de partida é a orientação do alinhamento AB, e a orientação de chegada a do alinhamento BA.

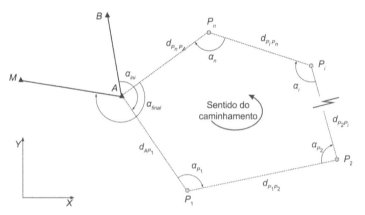

FIGURA 11.17 • Poligonal fechada apoiada em duas bases topográficas.

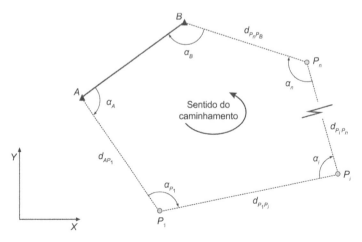

FIGURA 11.18 • Poligonal fechada apoiada em uma base topográfica incluída como lado da poligonal.

11.3 Reconhecimento de campo para o estabelecimento de uma poligonal topográfica

Todo levantamento topográfico deve preceder de um reconhecimento de campo rigoroso. O engenheiro deve preocupar-se em conhecer a área a ser levantada antes de tomar qualquer decisão e buscar conhecer de antemão as dificuldades que poderão advir durante o trabalho de campo. Somente assim ele poderá programar-se para suplantá-las e evitar desconfortos e gastos econômicos desnecessários.

No caso do levantamento de uma poligonal, a primeira exigência a ser considerada é que as estações (vértices) onde serão instalados os instrumentos topográficos sejam intervisíveis entre si. É importante ainda que a intervisibilidade seja mantida durante todo o período de uso dos pontos implantados. Além disso, a poligonal deve ter o mínimo possível de vértices e deve-se evitar lados com distâncias curtas para minimizar o efeito do erro de centragem do instrumento e do bastão de prisma. Sempre que possível, os comprimentos dos lados, incluindo a distância entre os pontos de orientação, devem ser equivalentes para que a distribuição dos erros lineares seja equânime.

O engenheiro deve também ter em mente que, como o próprio nome diz, uma rede de pontos de apoio será utilizada como suporte no levantamento dos detalhes geográficos do terreno. Eles devem, por isto, ser convenientemente posicionados para garantirem a melhor visibilidade do terreno em termos de levantamento topográfico. Se, além disso, eles forem também considerados para a implantação da obra, cabe posicioná-los de maneira a garantirem a visibilidade dos elementos do projeto a serem implantados, tendo em vista o avanço da obra. Em qualquer caso, os novos pontos de apoio devem ser implantados adequadamente para que sejam duradouros ao longo da obra e facilmente reconhecidos. Em geral, o tipo de monumento (marco topográfico) exigido é descrito nas especificações do projeto. Caso não especificados, recomenda-se adotar placas metálicas e blocos de concreto encastrados em terreno firme, plano e isento de vibrações, que facilite a instalação do instrumento de medição. Em trabalhos de levantamentos topográficos rurais, frequentemente, os pontos de apoio têm função temporal curta e, nesses casos, o engenheiro pode usar piquetes de madeira no lugar de blocos de concreto. A Figura 11.19 exibe alguns exemplos de marcos usados para a monumentalização de pontos de apoio topográfico.

(a) Pilar de concreto de centragem forçada.
(b) Marco de concreto encastrado no solo.
(c) Placa metálica de registro do marco de concreto.
(d) Piquete de madeira.

FIGURA 11.19 • Exemplos de marcos para monumentalização de pontos de apoio topográfico.

11.4 Fontes de erros na determinação de pontos de apoio por poligonação

As fontes de erros que podem ocorrer em um levantamento de uma poligonal estão relacionadas com os erros de utilização de um instrumento topográfico, conforme descritos no *Capítulo 9 – Erros instrumentais e operacionais*. Dentre eles, para o caso específico da poligonação, o erro de centragem é o mais relevante. Por esta razão, para os trabalhos de alta precisão, recomenda-se aplicar o princípio da centragem forçada, conforme descrito na *Seção 8.2.5 – Base nivelante*. O trabalho de campo, nesse caso, pode ser realizado por meio da utilização de três tripés, duas bases nivelantes e dois suportes de prisma, conforme ilustrado na Figura 11.20.

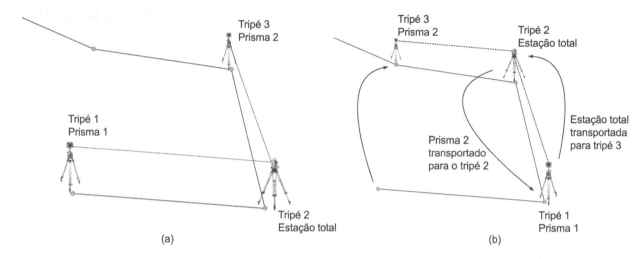

FIGURA 11.20 • Sequência de procedimentos de campo para a poligonação com centragem forçada.

Como ilustrado na Figura 11.20, o processo se inicia instalando um dos tripés munido com base nivelante, suporte de prisma e prisma sobre a estação de ré (tripé 1, prisma 1). Em seguida, o instrumento deve ser instalado sobre o vértice subsequente da poligonal (tripé 2, estação total) e um terceiro tripé, munido com base nivelante, suporte de prisma e prisma, sobre o vértice de vante (tripé 3, prisma 2). Com esta configuração estabelecida no terreno, medem-se as direções e as distâncias de ré e de vante a partir do vértice de instalação do instrumento, conforme ilustração da Figura 11.20a. Em seguida, deve-se adotar a seguinte sequência de passos (conforme ilustração da Fig. 11.20b):

1. Transladar o tripé 1 com todos os seus acessórios para o próximo vértice da poligonal, tornando-o o próximo tripé 3 com prisma 2.
2. Intercambiar o prisma com seu porta-prisma, do tripé 3, com a estação total sem a base nivelante, do tripé 2, tornando-o o próximo tripé 1 com prisma 1.
3. O tripé 3, que recebe a estação total, torna-se agora o tripé 2 com estação total.
4. Repetir o procedimento até que o final da poligonal seja alcançado.

Outro recurso que pode ser adotado para melhorar a qualidade do fechamento de uma poligonal é utilizar pontos de orientação intermediários, conforme ilustrado na Figura 11.21. Este recurso pode servir para controlar o desenvolvimento da poligonal ou para melhorar a orientação para o seu balanceamento.

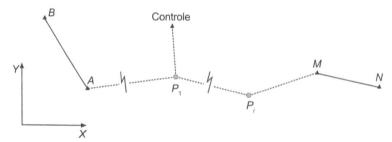

FIGURA 11.21 • Inserção de pontos de controle intermediários no caminhamento da poligonal.

11.5 Tolerâncias para os erros de fechamento angular e linear de uma poligonal

Para que os erros de fechamento angular e linear possam ser distribuídos, conforme já indicado, é necessário que eles sejam menores que os valores de tolerância preestabelecidos em normas técnicas ou nos editais de contratação de serviços. Em geral, eles são estabelecidos em função do tipo de trabalho a ser realizado e do instrumento utilizado.

Apresentam-se a seguir as principais considerações geométricas e algébricas utilizadas para o estabelecimento dos valores de tolerância adotados para a verificação dos erros de fechamentos angular e linear de poligonais topográficas.

11.5.1 Tolerâncias para o erro de fechamento angular

De acordo com o Princípio de Propagação de Erros Médios Quadráticos, se todos os ângulos horizontais horários de uma poligonal (apoiada ou fechada) forem determinados por meio de direções observadas com o mesmo instrumento e o mesmo método de medição, de maneira que se possa considerar que todos eles possuem a mesma precisão (s_α), a precisão da soma (s_w) desses ângulos pode ser determinada considerando a sequência de equações indicadas a seguir:

Seja,

$$w = \sum \alpha_i = \alpha_1 + \alpha_2 + \dots + \alpha_n \tag{11.51}$$

Considerando,

$$s_{\alpha 1} = s_{\alpha 2} = \dots = s_{\alpha n} = s_\alpha \tag{11.52}$$

tem-se:

$$s_w^2 = n * s_\alpha^2 \quad \rightarrow \quad s_w = s_\alpha * \sqrt{n} \tag{11.53}$$

em que:

n = quantidade de ângulos horizontais calculados para a poligonal;

s_α = precisão dos ângulos horizontais da poligonal.

O valor (s_w) representa, portanto, o erro angular máximo esperado para o fechamento da poligonal. Ocorre, porém, que, em virtude de incertezas das discrepâncias entre os valores medidos, o erro angular máximo determinado não é absoluto e se situa em um intervalo de confiança a ser determinado em função do nível de confiança adotado. Assim, para um nível de confiança igual a 0,95, considera-se que existe uma probabilidade de 95 % do erro angular máximo se situar no intervalo de confiança dado pela expressão indicada a seguir:

$$P = \left[\left(-1,96 * s_\alpha * \sqrt{n} \right) < s_w < \left(+1,96 * s_\alpha * \sqrt{n} \right) \right] = 0,95 \tag{11.54}$$

Se, por exemplo, uma poligonal de 10 lados for medida com um instrumento cuja precisão dos ângulos determinados for igual a 5″, o intervalo de confiança do erro angular máximo de fechamento é igual a $P = \left(-31'' < s_w < +31'' \right) = 0,95$.

Considera-se, portanto, que a tolerância a ser adotada para a aceitação de um erro de fechamento angular, a um nível de confiança de 95 %, é dada pela equação (11.55).

$$T_\alpha = \pm 1,96\, s_\alpha * \sqrt{n} \tag{11.55}$$

É importante notar que a tolerância dada pela equação (11.55) considera apenas as incertezas (erros) provenientes das medições angulares realizadas em cada vértice da poligonal. Não se está considerando as precisões das coordenadas dos pontos de referência, ou seja, as precisões dos azimutes de partida e de chegada da poligonal. Para que eles sejam considerados, o valor da tolerância a ser adotada é dado pela equação (11.56).

$$T_{(Az+\alpha)} = \sqrt{2}\, s_{Az} + 1,96\, s_\alpha * \sqrt{n} \tag{11.56}$$

com:

$T(az + \alpha)$ = tolerância para o erro de fechamento angular total;

s_A = precisão dos azimutes dos alinhamentos de referência.

As normas técnicas disponíveis em vários países adotam a formulação da equação (11.55) para a definição da tolerância do erro de fechamento angular, substituindo o valor 1,96 por uma constante de multiplicação (k) definida em função do nível de qualidade esperada para o levantamento. Adota-se, assim, a expressão matemática dada pela equação (11.57), sendo que, nesse caso, em vez de se levar em conta a precisão do ângulo determinado pelas orientações angulares medidas em campo, se considera a precisão angular nominal do instrumento de medição. Então, tem-se:

$$T_\alpha = k * s_\alpha * \sqrt{n} \tag{11.57}$$

em que:

T_α = tolerância para o erro de fechamento angular;

s_α = precisão angular nominal do instrumento de medição utilizado;

n = quantidade de ângulos horizontais calculados para a poligonal.

TOPOGRAFIA PARA ENGENHARIA

Como exemplo de valores de tolerância, apresentam-se na Tabela 11.17 os valores de (k) sugeridos pelos autores e na Tabela 11.18 os valores regulamentados pelo *Federal Geographic Data Committee* (FGDC) dos Estados Unidos.

No caso brasileiro, a Norma Técnica NBR 13133:2021 indica que a tolerância para o erro de fechamento angular deve ser calculada segundo a equação (11.58).

TABELA 11.17 • Valores para a constante (k) sugeridos pelos autores

Qualidade do levantamento	k
Alta	1 a 1,96
Boa	1,97 a 2,58
Regular	2,59 a 5,0
Baixa	Acima de 5,0

TABELA 11.18 • Valores para a constante (k) regulamentados pelo FGDC

Qualidade do levantamento	k
Primeira ordem	2
Segunda ordem, Classe I	3
Segunda ordem, Classe II	5
Terceira ordem, Classe I	10
Terceira ordem, Classe II	20
Construção	60

$$T_\alpha = \left(3s_\alpha * \sqrt{n}\right) + 10'' \tag{11.58}$$

Segundo a NBR 13133:2021, o valor de s_α é a precisão nominal para a finalidade do trabalho, sendo adotado para as poligonais principais um valor inferior a $5''$ e, para as poligonais secundárias, um valor inferior a $10''$. Na equação (11.58), o valor de $10''$ é uma constante adotada por medida de segurança.

11.5.2 Tolerâncias para o erro de fechamento linear

Os valores a serem determinados para a tolerância do erro de fechamento linear são diferentes para uma poligonal apoiada e para uma poligonal fechada. Apresentam-se na sequência os detalhes algébricos considerados para cada uma delas.

11.5.2.1 *Tolerâncias para o erro de fechamento linear de uma poligonal apoiada*

O valor da tolerância do erro de fechamento linear para uma poligonal apoiada pode ser calculado considerando as equações (11.1), (11.2) e (11.4). Assim, conforme já indicado anteriormente, têm-se:

$$s_t = \sqrt{\frac{(2n+1)(n+1)}{6n}} * d_{\text{total}} * s_\alpha \left[\text{rad}\right] \qquad \text{conforme equação } (11.1)$$

$$s_l = \sqrt{s_{d_{1,2}}^2 + s_{d_{2,3}}^2 + \ldots\ldots + s_{d_{i,n}}^2} \qquad \text{conforme equação } (11.2)$$

$$s_p = \sqrt{s_t^2 + s_l^2} \qquad \text{conforme equação } (11.4)$$

Da mesma forma que o caso do erro de fechamento angular, o valor (s_p) representa o erro linear máximo esperado para o fechamento linear da poligonal. Assim, da mesma forma que o caso anterior, se for aceito um nível de confiança igual a 95 % para as medições realizadas, a tolerância final é dada pela equação (11.59).

$$T_{pa} = 1,96 * \sqrt{s_t^2 + s_l^2} \tag{11.59}$$

Adotando o mesmo conceito de se considerar a constante de multiplicação (k), em função da qualidade do levantamento, tem-se:

$$T_{pa} = k * \sqrt{s_t^2 + s_l^2} \qquad \rightarrow \qquad T_{pa} = k * s_p \tag{11.60}$$

em que:

T_{pa} = tolerância para o erro de fechamento linear de uma poligonal apoiada;

k = constante de multiplicação em função da qualidade do levantamento;

s_t = precisão transversal considerando a precisão nominal do instrumento de medição;

s_l = precisão longitudinal considerando a precisão nominal do instrumento de medição.

APOIO TOPOGRÁFICO – POLIGONAÇÃO **223**

11.5.2.2 *Tolerâncias para o erro de fechamento linear de uma poligonal fechada*

A tolerância do erro de fechamento linear para uma poligonal fechada também é dada em função das precisões longitudinal e transversal da poligonal. Assim, mostra-se que o valor da tolerância com um nível de confiança igual a 95 % pode ser determinado pela equação (11.61) e, se for considerado um fator (k), em função do tipo de levantamento, pela equação (11.62).

$$T_{pf} = 1,96 * \sqrt{s_l^2 + s_\alpha^2 * \sum_{i=2}^{n} d_i^2} \tag{11.61}$$

$$T_{pf} = k * \sqrt{s_l^2 + s_\alpha^2 * \sum_{i=2}^{n} d_i^2} \tag{11.62}$$

em que:

T_{pf} = valor da tolerância para o erro de fechamento linear de uma poligonal fechada;

s_l = precisão longitudinal considerando a precisão nominal do instrumento de medição;

d_i = comprimento de cada lado da poligonal;

s_α = precisão angular dos ângulos medidos, para a equação (11.61), e a precisão nominal do instrumento de medição utilizado, para a equação (11.62).

Para a escolha do fator de multiplicação (k), tanto para as poligonais apoiadas como para as poligonais fechadas, recomenda-se utilizar os mesmos valores indicados na Tabela 11.17.

Outra maneira de se determinar o valor da tolerância linear para o erro de fechamento linear de poligonais apoiadas ou fechadas, adotada pela maioria das normas internacionais, é pela comparação do valor da precisão linear relativa, dada pela equação (11.25), com um valor de tolerância expresso na forma (1:M). As Tabelas 11.19 e 11.20 apresentam os valores de tolerâncias regulamentados pelo *Federal Geographic Data Committee* (FGDC) e sugeridos pelos autores, respectivamente.

TABELA 11.19 • Valores para a tolerância do erro de fechamento linear regulamentados pelo FGDC

Qualidade do levantamento	Precisão relativa
Primeira ordem	1:100.000
Segunda ordem, Classe I	1:50.000
Segunda ordem, Classe II	1:20.000
Terceira ordem, Classe I	1:10.000
Terceira ordem, Classe II	1:5.000
Construção	1:2.500

TABELA 11.20 • Valores para a tolerância do erro de fechamento linear propostos pelos autores

Qualidade do levantamento	Precisão relativa	Aplicação	Observações
Alta	1:50.000 ou melhor	Pontos de controle para trabalhos de Engenharia de alta precisão como em túneis, monitoramento de estruturas e outros.	Exige o uso de estações totais com precisão angular da ordem de 1″ e precisão linear da ordem de 1 mm + 1 ppm e centragem forçada.
Boa	Entre 1:10.000 e 1:50.000	Trabalhos gerais de Engenharia, tais como construção civil, rodovias, locação de obras, levantamentos cadastrais urbanos, loteamentos e outros.	Podem ser usadas estações totais com precisão angular entre 2″ e 7″ e precisão linear da ordem de 2 mm + 2 ppm. Recomenda-se o uso de centragem forçada.
Regular	Entre 1:5.000 e 1:10.000	Trabalhos de cadastro rural, pré-projetos de Engenharia Civil, obras de drenagem e outros.	Podem ser usadas estações totais com precisão angular igual ou inferior a 7″ e precisão linear igual ou inferior a 3 mm + 3 ppm.
Baixa	Entre 1:500 e 1:5.000	Trabalhos de cadastro rural, movimentos de terra, mapeamento em escalas reduzidas e outros.	Podem ser usadas estações totais com precisão angular igual ou inferior a 7″ e precisão linear igual ou inferior a 5 mm + 5 ppm.

No caso brasileiro, a NBR 13133:2021 indica um valor de tolerância relativa mínima igual a 1:12.000 para todas as finalidades de levantamentos topográficos e sugere que, em casos especiais, deve ser adotada uma tolerância adequada e estabelecida em comum acordo entre o contratante e o contratado.

Exemplo aplicativo **11.6**

Para a aplicação dos conceitos de tolerâncias apresentados, considere que os levantamentos indicados nos Exemplo aplicativos 11.2 e 11.4 foram realizados com um instrumento de precisão angular igual a 5″ e precisão linear nominal igual a 2 mm + 2 ppm. Considerando as precisões indicadas e os resultados obtidos nesses exemplos aplicativos, determinar o nível de tolerância aceito em cada levantamento, aplicando todos os conceitos de tolerância apresentados.

Solução:

A solução deste exemplo está dividida em duas partes. A primeira considera os conceitos de tolerâncias indicados nas seções anteriores, cujos resultados estão apresentados na Tabela 11.21. Os valores de (k) foram calculados aplicando as equações das tolerâncias e considerando os erros angulares e lineares indicados nos resultados de cada exemplo.

TABELA 11.21 • Parâmetros de tolerância e verificações dos resultados

Exemplo aplicativo	n	Erro angular obtido	k (angular) Eq. (11.57) Tabela 11.17	Erro linear obtido [mm]	Precisão relativa obtida Tabela 11.20	k (linear) Tabela 11.17
11.2	5	9,6"	Eq. 11.57: $k = \dfrac{9,6''}{5'' * \sqrt{5}} = 0,9$ (alta)	75	$\dfrac{1}{16.035}$ (boa)	Eq. 11.60: $k = \dfrac{75}{43,2} = 1,7$ (alta)
11.4	6	6"	Eq. 11.57: $k = \dfrac{6''}{5'' * \sqrt{6}} = 0,5$ (alta)	73	$\dfrac{1}{23.409}$ (boa)	$s_l = \sqrt{2^2 + (2*1,699)^2} = 3,1$ mm $0,000024241^2 * 5,10*10^{11} = 299,8$ mm Eq. 11.62: $k = \dfrac{73}{\sqrt{3,1^2 + 299,8}} = 4,1$ (regular)

A segunda parte da solução deste exemplo aplicativo considera os conceitos de tolerância indicados na NBR 13133:2021, cujos resultados estão apresentados na Tabela 11.22.

TABELA 11.22 • Parâmetros de tolerância considerando a NBR 13133:2021

Exemplo Aplicativo	Fechamento angular			Fechamento linear		
	Erro angular obtido	Tolerância angular	Resultado	Erro linear obtido	Tolerância linear	Resultado
11.2	10"	43"	Aceito!	1:16.000	1:12.000	Aceito!
11.4	6"	47"	Aceito!	1:23.400	1:12.000	Aceito!

11.6 Detecção de erros grosseiros em uma poligonal

Quando os erros de fechamento angular ou linear são maiores que as tolerâncias especificadas, pode-se recorrer a artifícios geométricos para localizar qual foi o vértice ou o lado da poligonal onde o erro pode ter sido cometido, desde que se considere que somente um dos erros tenha sido cometido em somente um vértice ou em somente um lado da poligonal.

Apresenta-se a seguir um procedimento para a detecção do erro grosseiro de fechamento angular e outro para a detecção do erro grosseiro de fechamento linear.

11.6.1 Detecção do erro grosseiro de fechamento angular

Para o caso de uma poligonal apoiada, o procedimento geométrico para a detecção do erro grosseiro de fechamento angular consiste em desenhar a poligonal partindo de lados opostos, ou seja, de (A) para (M) e depois de (M) para (A), conforme ilustrado na Figura 11.22. Ao realizar este procedimento, deverá haver um vértice no qual as poligonais desenhadas nos sentidos opostos se interceptam. Esse deve ser o vértice contaminado pelo erro grosseiro.

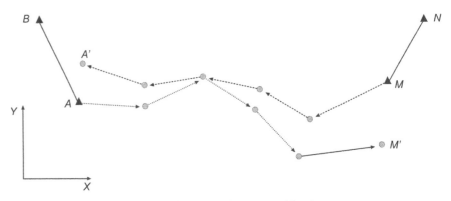

FIGURA 11.22 • Poligonais desenhadas com partidas de pontos opostos.

Existe também um modelo matemático, conhecido como *Fórmula de Brönnimann*, que permite calcular a coordenada do vértice contaminado pelo erro angular grosseiro, conforme indicado nas equações (11.67) e (11.68).

$$X = \frac{X_C + X'_C}{2} - \frac{Y_C - Y'_C}{2} * \cotg\left(\frac{e_\alpha}{2}\right) \qquad (11.63)$$

$$Y = \frac{Y_C + Y'_C}{2} + \frac{X_C - X'_C}{2} \cotg\left(\frac{e_\alpha}{2}\right) \qquad (11.64)$$

em que:

X, Y = coordenadas do vértice sobre o qual foi cometido o erro angular grosseiro;

X_c, Y_c = coordenadas conhecidas do ponto de chegada da poligonal;

X'_c, Y'_c = coordenadas provisórias calculadas para o ponto de chegada da poligonal;

e_α = erro de fechamento angular.

Exemplo aplicativo   11.7

Considerando os dados do Exemplo aplicativo 11.3, admitir que houve um erro de anotação no valor do ângulo da visada vante no vértice 2 da poligonal. No lugar da direção 293°19′15″ na visada 2-3, anotou-se 295°19′15″. Com base nesse novo valor da direção observada, aplicar o conceito de detecção de erro grosseiro de fechamento angular apresentado na seção anterior.

- *Solução:*

Ao se realizar o cálculo do fechamento angular da poligonal com o novo valor da direção do lado 2-3 verifica-se que houve um erro de fechamento angular igual a 2°00′09,6″. Como esse erro excede o valor do erro angular admissível para este tipo de poligonal, pode-se aplicar o conceito de detecção de erro grosseiro de fechamento angular. Para tanto, deve-se realizar o cálculo dos valores das coordenadas do vértice final da poligonal sem aplicar as correções angular ou lineares. Obtêm-se, assim, os valores das coordenadas indicados na Tabela 11.23.

TABELA 11.23 • Coordenadas calculadas e conhecidas do vértice (M) da poligonal

Vértice	X [m]	Y [m]
M'	11.887,556	12.386,390
M	11.879,715	12.407,500

Em seguida, aplicando as equações (11.67) e (11.68), obtêm-se as coordenadas do vértice provável de ocorrência do erro grosseiro.

$$X = 11.883,635 - 10,555 * \cotg\left(\frac{2°00'09,6''}{2}\right) = 11.279,741 \text{ m}$$

$$Y = 12.396,945 - 3,920 * \cotg\left(\frac{2°00'09,6''}{2}\right) = 12.172.642 \text{ m}$$

Pelos valores calculados verifica-se que o vértice (2) é o vértice provável da ocorrência do erro grosseiro.

11.6.2 Detecção do erro grosseiro de fechamento linear

No caso da detecção do erro grosseiro de fechamento linear, o procedimento se baseia no cálculo do azimute do vetor resultante do erro de fechamento linear (ep). Considera-se que o lado que possui a medida linear contaminada pelo erro grosseiro é aquela cuja direção é paralela à direção do vetor do erro de fechamento linear. Assim, tem-se:

$$Az_{e_p} = \arctg\left(\frac{e_{p_X}}{e_{p_Y}}\right) \qquad (11.65)$$

Com a direção do erro conhecida, procede-se a busca do lado com direção paralela à direção do erro de fechamento.

Exemplo aplicativo   11.8

Considerando os mesmos dados do Exemplo aplicativo 11.3, admitir, nesse caso, que não houve erro angular grosseiro, mas sim um erro grosseiro na medição da distância do lado 2-3 da poligonal. Em vez dos valores 227,159 metros e 227,156, anotou-se 237,159 e 237,156 metros. Com base nesse novo valor da distância inclinada medida, aplicar o conceito de detecção de erro grosseiro de fechamento linear apresentado na seção anterior.

- *Solução:*

Como não houve erro grosseiro de medição angular, o erro de fechamento angular é o mesmo obtido na solução do Exemplo aplicativo 11.3. Porém, como houve erro de leitura ou de anotação da distância do lado 2-3, ao se calcular o erro de fechamento linear, se obtêm os valores $\Delta X = 10,004$ m e $\Delta Y = -0,568$ m, ou seja, uma precisão igual a 1:121, que é muito maior que o valor admissível para este tipo de poligonal. Assim, aplicando a equação (11.69), obtém-se:

$$Az_{e_p} = \arctg\left(\frac{10,004}{-0,568}\right) + 180° = 93°\,14'\,59''$$

O valor obtido é bastante próximo do valor da direção (azimute) do lado 2-3, o que mostra que o erro grosseiro na medição da distância deve ter ocorrido na medição do comprimento desse lado.

11.7 Determinação de pontos de apoio em rede

Além do levantamento de pontos de apoio por meio de poligonais, o engenheiro pode optar pelo uso de redes de triangulação, redes de trilateração ou ambos, como alternativa para a determinação dos pontos de apoio. Tais redes são indicadas para casos específicos, por exemplo, em obras de construção civil de alta precisão, construção de túneis, monitoramento geodésico de estruturas etc.

11.7.1 Rede de triangulação

Uma rede de triangulação consiste em uma série de triângulos justapostos, conforme indicado na Figura 11.23. A consistência geométrica se dá pela medição de uma base (por exemplo, o lado *AB*) e das direções dos lados de cada triângulo. Com base nos valores dos ângulos calculados e da base medida, obtêm-se os valores das coordenadas de cada vértice dos triângulos.

Em princípio, os cálculos de uma rede de triangulação seriam baseados nos métodos de cálculos topométricos indicados no capítulo sobre esse assunto. Porém, por se tratar de uma rede de triângulos, o processamento é realizado aplicando-se técnicas de ajustamento pelo Método dos Mínimos Quadrados. Para maior consistência da rede, geralmente, mede-se também outra linha de base (por exemplo, o lado *JK*), a qual é incluída no cálculo do ajustamento.

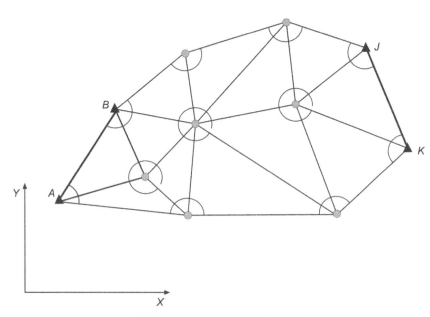

FIGURA 11.23 • Rede de triangulação.

O georreferenciamento da rede se dá em função das coordenadas conhecidas dos pontos das linhas de base.

11.7.2 Rede de trilateração

Uma rede de trilateração também consiste em uma série de triângulos justapostos, conforme indicado na Figura 11.23. A diferença, nesse caso, é que, no lugar de se medir os ângulos internos de cada triângulo, medem-se os comprimentos dos lados. Novamente, em princípio, os cálculos poderiam basear-se nos métodos de cálculos topométricos indicados no capítulo sobre esse assunto. Porém, por se tratar de uma rede de triângulos, o processamento é feito aplicando técnicas de ajustamento pelo Método dos Mínimos Quadrados.

Um procedimento comum no estabelecimento de redes de pontos de apoio é combinar medições de triangulação com medições de trilateração. Diz-se, neste caso, que se estabelece uma rede de *triangulateração*. O processo de cálculo continua o mesmo. Para mais detalhes sobre as redes indicadas, o leitor deverá consultar literatura especializada.

12 Altimetria

12.1 Introdução

A determinação de um ponto para a Geomática somente está completa se, além das coordenadas topográficas locais (X, Y) ou planas (E, N),[1] estiver também determinada a altitude (H) do ponto. É por meio das variações das altitudes entre os pontos que se representa o relevo de um terreno para os projetos de Engenharia. Projetos de vias de transporte, saneamento, distribuição de água potável, canais, obras de construção civil, terraplenagem, entre outros, são exemplos clássicos de aplicações que exigem o conhecimento do relevo ou das diferenças de níveis para a sua execução.

Dá-se o nome de *Altimetria* à área da Geomática que trata dos métodos e das técnicas utilizadas para a determinação de altitudes e/ou cotas e suas diferenças de níveis para a representação do relevo ou para a implantação de pontos com elevações conhecidas sobre o terreno. Ao conjunto de operações de campo realizadas para a determinação das altitudes, cotas ou diferenças de alturas entre pontos, dá-se o nome de *levantamento altimétrico* ou *nivelamento topográfico*. O estudo dos métodos e das técnicas para a realização de tais levantamentos e suas relações com os sistemas de referência oficiais é o objetivo deste capítulo.

Para os leitores menos habituados com os conceitos usados em Altimetria, apresenta-se a seguir o significado de alguns termos importantes que serão usados ao longo do texto. São eles:

Altura: dimensão de um corpo da base ao topo.

Elevação: distância vertical entre uma superfície de nível, tomada como referência, e uma localização geográfica.

Altitude: valor da elevação de um ponto com relação a um *datum* altimétrico oficial, conforme *Seção 3.4.2.1 – Sistema geodésico brasileiro – Datum altimétrico*.

Cota: valor da elevação de um ponto com relação a uma superfície de nível qualquer, definida como referência pelo usuário.

Desnível: diferença de altitude, de altura elipsoidal ou de cota entre dois pontos.

Plano de Referência (PR): plano horizontal gerado por um instrumento topográfico devidamente instalado e que serve de referência horizontal para determinar as altitudes e/ou cotas de pontos.

Superfície de nível: superfície equipotencial contínua perpendicular à linha de prumo.

Relevo: conjunto de formas e irregularidades que moldam a superfície da crosta terrestre.

Rampa (i%): quociente entre a distância vertical (ΔH) e a distância horizontal (d) entre dois pontos.

$$i \% = \frac{\Delta H}{d} * 100 \tag{12.1}$$

12.2 Nivelamento topográfico

Conforme já citado, realizar um nivelamento topográfico significa determinar a diferença de elevação entre dois pontos da superfície terrestre ou próximos a ela. No caso da altitude, isso significa determinar a diferença de elevação entre a superfície de nível que passa pelo ponto considerado e a superfície geoidal.[2] Ocorre, porém, que a superfície geoidal situa-se

---

[1] Para mais detalhes, ver *Capítulo 19 – Projeção cartográfica*.

[2] Mais efetivamente a superfície do quase-geoide.

aproximadamente no nível do mar, o que torna impossível realizar cada medição de diferença de altitude partindo dela, razão pela qual os institutos geodésicos de cada país disponibilizam para suas respectivas regiões uma rede de pontos de altitudes conhecidas, denominados Referências de Nível (*RN*). Assim, sempre que se necessita determinar a altitude de um novo ponto, a diferença de altitude deve ser medida partindo do ponto de (*RN*) mais próximo.

Para as medições das diferenças de elevações entre pontos da superfície terrestre é preciso também considerar que as superfícies de nível são superfícies de potencial gravitacional constante com relação à Terra, o que as aproximam da forma da Terra, conforme ilustrado na Figura 12.1. Desse modo, pela dificuldade de se modelar rigorosamente cada superfície de nível, a determinação da diferença de elevação é realizada por meio do estabelecimento de um plano horizontal de referência, tangente a ela no local da medição,[3] conforme indicado simplificadamente na Figura 12.1. Têm-se, assim, a denominada *altitude nivelada* e seus respectivos *pontos nivelados*, os quais já não pertencem a uma superfície de nível, e sim à tangente a ela.

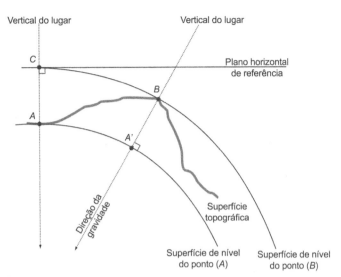

FIGURA 12.1 • Plano horizontal e superfícies de nível.

Como as superfícies de nível são apenas campos de gravidade, a única orientação possível e a um custo acessível, em qualquer lugar da superfície terrestre (ou próximo a ela), é a direção da vertical do lugar, dada pelos níveis de bolha[4] dos instrumentos de medição topográfica ou por um fio de prumo. Por esta razão, ela é a referência vertical obrigatória utilizada em todos os trabalhos de Engenharia.

Por meio da vertical do lugar define-se o *plano horizontal de referência*.

Utilizar um plano horizontal de referência, em substituição à superfície de nível, para determinar altitudes de pontos restringe, evidentemente, o alcance dos lances de nivelamento, além de interferir nos valores calculados em razão da separação gradual entre o plano horizontal e à superfície de nível. Adicione-se a essas circunstâncias o efeito da refração atmosférica vertical na definição do plano horizontal e o não paralelismo das superfícies de nível,[5] conforme indicado na Figura 12.2, e se tem um modelo físico complexo para a determinação de altitudes de pontos sobre a superfície terrestre. Para as aplicações na Engenharia, contudo, em virtude das dimensões reduzidas das áreas de trabalho, várias simplificações são permitidas sem causar alterações importantes

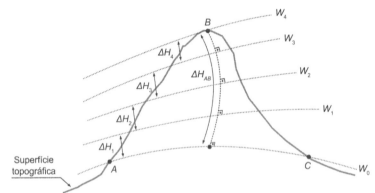

FIGURA 12.2 • Ilustração do não paralelismo das superfícies de nível.

nos valores determinados, o que torna os modelos matemáticos utilizados mais simples de serem aplicados.

A simplificação mais importante adotada em Engenharia é a desconsideração do efeito do não paralelismo das superfícies de nível, que, como ilustrado na Figura 12.2, faz com que o somatório das diferenças de altitudes parciais ($\Delta H i$) entre dois pontos (*A*) e (*B*) seja diferente da diferença de altitude real (ΔH_{AB}) entre eles, tornando a diferença de nível calculada dependente do trajeto percorrido. Esse efeito é minimizado para caminhamentos curtos como aqueles utilizados em projetos de Engenharia.

Os efeitos da curvatura das superfícies de nível e da refração atmosférica vertical nos resultados de um nivelamento são tratados ao longo deste livro. Os efeitos do não paralelismo das superfícies equipotenciais, contudo, extrapola os objetivos desta obra. Assim, todos os cálculos apresentados ao longo deste capítulo, por serem relacionados com aplicações correntes da Engenharia, desconsideram o não paralelismo das superfícies de nível.

As referências de nível (RN) disponibilizadas no Brasil até meados de 2018 eram determinadas pelo IBGE, exclusivamente, por intermédio de observações de nivelamento topográfico, aplicando, em geral, a correção do não paralelismo das superfícies

---

[3] Perpendicular à linha de prumo (vertical) do lugar.
[4] Ver *Capítulo 8 – Instrumentos topográficos*.
[5] O que as superfícies de nível têm de constante entre elas é a diferença de potencial e não a distância, o que faz com que o valor da diferença de nível calculado por meio de um nivelamento topográfico dependa do trajeto percorrido.

equipotenciais, porém, sem a inclusão de informações gravimétricas diretas (medidas em campo). A partir de 2018, entretanto, conforme já citado no *Capítulo 3 – Referências geodésicas e topográficas*, o IBGE incorporou medições gravimétricas sobre as referências de nível e realizou um novo ajustamento da rede altimétrica brasileira. Com isto, os novos valores de altitude das (RN) passaram a ser vinculados ao campo da gravidade terrestre e, por conseguinte, mais adequados ao fenômeno hidrostático, de grande interesse para os projetos de Engenharia. As novas altitudes são agora referenciadas ao *quase-geoide* e denominadas *altitudes normais*, conforme discutidas em detalhes na *Seção 3.4.2 – Sistema Geodésico de Referência Altimétrica (SGRA)*.

Para a Engenharia, as novas altitudes da rede altimétrica não interferem nos valores dos desníveis calculados por nivelamentos topográficos para distâncias curtas, indicadas pela literatura como aquelas inferiores a 10 km. Por outro lado, ela permite que os nivelamentos de longa distância, implementados com observações da gravidade, tenham valores de fechamento condizentes com a técnica de nivelamento empregada.

Para os propósitos de aplicação da Geomática em Engenharia, existem quatro métodos de nivelamento topográfico empregados rotineiramente. São eles:

- método de nivelamento geométrico;
- método de nivelamento trigonométrico;
- método de nivelamento com a tecnologia GNSS;
- método de nivelamento *laser*.

Apresentam-se a seguir as formulações matemáticas e os procedimentos de campo recomendados para a aplicação de cada um deles.

12.3 Nivelamento geométrico

Dá-se o nome de nivelamento geométrico ao método de determinação das diferenças de altitudes ou de cotas entre pontos da superfície terrestre por meio da medição da distância vertical entre cada um deles e um plano horizontal de referência, gerado por intermédio de um nível topográfico, conforme apresentado na *Seção 8.5 – Nível topográfico*. Notar que, nesse caso, fundamentalmente, não se está determinando a diferença de elevação entre duas superfícies de nível, e sim entre dois planos horizontais.

Conforme ilustrado na Figura 12.3a, por intermédio da interseção da linha de visada da luneta do nível topográfico com uma mira graduada, conforme mostra a Figura 12.3b, é possível determinar diferenças de elevações no terreno por meio da medição de diferentes alturas em diferentes posicionamentos da mira no terreno, como indicado na sequência do texto.

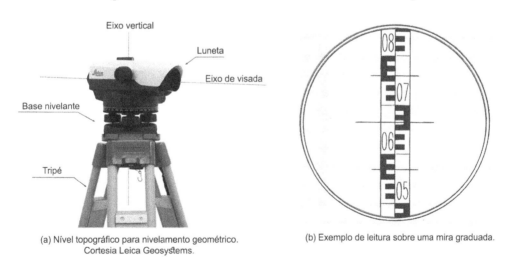

(a) Nível topográfico para nivelamento geométrico. Cortesia Leica Geosystems.

(b) Exemplo de leitura sobre uma mira graduada.

FIGURA 12.3 • Ilustração de um nível topográfico e mira graduada para nivelamento geométrico.
Fonte: adaptada de Leica Geosystems: Manual do usuário Leica NA730.

Quando o nível topográfico é estacionado e nivelado sobre o terreno, de maneira que o seu eixo vertical coincida com a vertical do lugar, a luneta, por meio do seu eixo óptico de visada (linha de visada) girando em torno do eixo vertical do instrumento, estabelece um plano horizontal, tangente à superfície de nível que passa pelo centro do instrumento. O nível topográfico assim instalado sobre o terreno, em conjunto com a mira graduada instalada na posição vertical sobre diferentes pontos do terreno, permite realizar medições de diferenças de elevações com precisões da ordem do milímetro, conforme indicado na Figura 12.3b, o que para os trabalhos convencionais de Engenharia é suficiente. Notar que, em Engenharia, muitos profissionais preferem utilizar os termos *diferença de nível* ou *desnível* no lugar de *diferença de elevação*.

Conforme ilustrado na Figura 12.4, a diferença de elevação entre dois pontos (A) e (B) é calculada por meio da diferença entre as distâncias verticais determinadas pelos valores das leituras dos pontos de interseção do plano horizontal com a mira vertical, instalada sobre os pontos (A) e (B), que, por esta razão, são denominados *pontos de nivelamento*.

O procedimento de campo para a realização das medições indicadas na Figura 12.4 consiste em instalar adequadamente o nível topográfico entre os pontos de nivelamento (A) e (B) (não necessariamente sobre o alinhamento AB), visar a mira posicionada verticalmente sobre o ponto (A) e realizar a leitura do valor de coincidência do retículo da luneta do instrumento com a graduação da mira, denominada *leitura de ré* ou *visada ré* (Lr). O valor lido corresponde à distância vertical entre a base da mira que toca o terreno e o plano de referência horizontal, estabelecido pela linha de visada da luneta. Em seguida a mira deve ser deslocada para o ponto (B) e o processo repetido, agora com visadas denominadas *leituras de vante* ou *visadas vante* (Lv).

O cálculo da diferença de nível entre os pontos (A) e (B) pode ser realizado de duas maneiras:

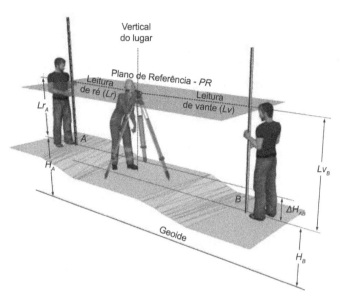

FIGURA 12.4 • Relações geométricas do nivelamento geométrico.

- por intermédio da diferença entre as leituras de ré e de vante (desnível);
- por intermédio do cálculo da altitude do plano horizontal do instrumento, denominado *Plano de Referência* (PR).

Considerando a Figura 12.5 é fácil notar que a diferença entre a *leitura de ré* (Lr) e a *leitura de vante* (Lv) resulta na diferença de nível (ΔH) **do ponto de vante com relação ao ponto de ré**. Isso significa que, se o valor de (ΔH) for positivo, o ponto de vante estará mais alto que o de ré, e vice-versa. Assim, tem-se:

$$\Delta H = Lr - Lv \qquad (12.2)$$

Ou seja,

$$\Delta H_{AB} = Lr_A - Lv_B \qquad (12.3)$$

$$\Delta H_{BA} = Lr_B - Lv_A \qquad (12.4)$$

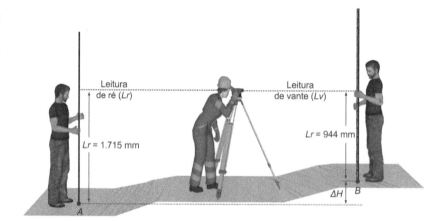

FIGURA 12.5 • Leituras de ré e de vante em um nivelamento geométrico.

Conhecendo o valor de (H_A), pode-se calcular o valor de (H_B), de acordo com a equação (12.5).

$$H_B = H_A + \Delta H_{AB} \qquad (12.5)$$

E, da mesma forma,

$$\Delta H_{AB} = H_B - H_A = Lr_A - Lv_B \qquad (12.6)$$

Pode-se também calcular a diferença de nível entre os pontos de nivelamento (A) e (B) somando o valor da leitura de ré ao valor da altitude (ou da cota) do ponto (A), para se obter a altitude (ou cota) do plano de referência (PR). Em seguida, a altitude (ou cota) do ponto (B) pode ser calculada subtraindo o valor da leitura de vante do valor de (PR). Assim, têm-se:

$$PR = H_A + Lr_A \qquad (12.7)$$

$$H_B = PR - Lv_B \qquad (12.8)$$

Em termos de comparação, o método de diferença de nível, em geral, é mais indicado para linhas de nivelamento, uma vez que permite verificar os cálculos mais facilmente. Já o método da altura do plano de referência é mais adequado para nivelamento geométrico composto, conforme apresentado nas próximas seções, e para aplicações em implantações de obra. O engenheiro deve escolher aquele que lhe seja mais intuitivo.

Para que as leituras na mira possam ser realizadas corretamente e com precisão milimétrica, os pontos (A) e (B) não devem estar muito distantes do instrumento. Geralmente, algumas dezenas de metros apenas. Na maioria das vezes, não mais que 40 a 50 metros. Para mais detalhes, ver *Seção 12.6.3 – Fontes de erro em um nivelamento geométrico em função das condições ambientais e geométricas*.

Exemplo aplicativo 12.1

Considerando as leituras nas miras indicadas na Figura 12.5 e sabendo que a altitude do ponto (A) é igual a 785,147 metros, calcular a altitude do ponto (B) pelos dois métodos de cálculo de nivelamento geométrico indicados.

■ *Solução:*
Aplicando o método da diferença de leituras, tem-se:

$\Delta H_{AB} = Lr_A - Lv_B = 1.715 - 944 = 771 \text{ mm} = 0,771 \text{ m}$

A altitude do ponto (B) é calculada aplicando a equação (12.5).

$H_B = 785,147 + 0,771 = 785,918 \text{ m}$

Aplicando o método da altura do plano de referência, primeiramente, é necessário calcular a altitude do plano de referência (PR), conforme indicado a seguir:

$PR = 785,147 + 1,715 = 786,862 \text{ m}$

Em seguida, obtém-se a altitude do ponto (B) aplicando a equação (12.8).

$H_B = 786,862 - 0,944 = 785,918 \text{ m}$

Para facilidade de estudo, classifica-se o nivelamento geométrico em *nivelamento geométrico simples* e *nivelamento geométrico composto*, conforme indicado nas seções seguintes.

12.3.1 Nivelamento geométrico simples

Dá-se o nome de *nivelamento geométrico simples* quando as medições de campo podem ser realizadas por meio de uma única instalação do nível topográfico no terreno. As diferenças de elevações, nesse caso, são determinadas pelas diferenças entre os valores lidos nas miras instaladas sobre os pontos de nivelamento. As limitações para a aplicação deste procedimento é a distância entre os pontos a serem nivelados e a variação do relevo, uma vez que ele somente pode ser aplicado quando todos os pontos de nivelamento puderem ser visualizados de uma única estação. A aplicação típica desse tipo de nivelamento é em pequenas áreas, por exemplo, em canteiros de obra de construção civil em que o relevo é relativamente plano ou no levantamento de seções transversais nos projetos de rodovias, conforme indicados nos exemplos na sequência.

Exemplo aplicativo 12.2

Deseja-se calcular as diferenças de cotas entre os quatro pontos de um terreno, conforme indicado na Figura 12.6. Para tanto, foi realizado um nivelamento geométrico simples obtendo-se os dados de campo indicados na Tabela 12.1. Considerando os valores medidos, calcular as diferenças de cotas com relação a um dos pontos tomado como referência.

■ *Solução:*
Neste caso, o nível foi estacionado na melhor posição para que fosse possível visar os quatro pontos de nivelamento. Em seguida, procedeu-se às leituras das miras colocadas nos pontos (A), (B), (C) e (D), sucessivamente. Por se tratar de um nivelamento onde não se tem nenhum ponto de altitude conhecida, o operador adotou a cota igual a 100,000 metros para

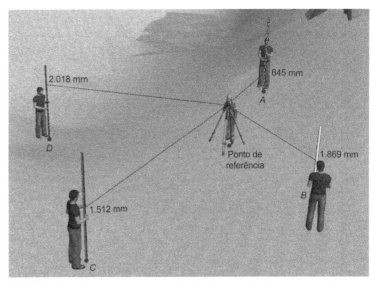

FIGURA 12.6 • Ilustração da geometria do nivelamento simples de um terreno.

o ponto (A). Ressalta-se que o valor da cota adotada deve ser tal que não gere valores de cotas negativas para os demais pontos de nivelamento.

Aplicando o método de cálculo baseado na determinação da altura do plano de referência, tem-se a seguinte sequência de cálculo:

- calcular a cota do plano de referência de acordo com a equação (12.7);
- calcular as cotas dos demais vértices do terreno de acordo com a equação (12.8).

Os resultados dos cálculos estão indicados nas colunas destacadas da Tabela 12.1.

TABELA 12.1 • Valores medidos em campo e resultados dos cálculos

Ponto	Leitura de ré [mm]	Leitura de vante [mm]	Plano Ref. [m] (Eq. 12.7)	Cota [m] (Eq. 12.8)	Diferença de cota [m] (Eq. 12.6)
A	645		100,645	100,000	
B		1.869		98,776	–1,224
C		1.512		99,133	–0,867
D		2.018		98,627	–1,373

Exemplo aplicativo 12.3

Outro exemplo típico de nivelamento simples é o caso do levantamento da seção transversal de uma rodovia, conforme indicado na Figura 12.7. Considerando que os pontos do terreno podem ser visualizados a partir de uma única instalação do nível topográfico, calcular as altitudes dos pontos visados de acordo com os valores medidos em campo e indicados na Tabela 12.2. Sabe-se que a altitude do ponto (RN) é igual a 815,325 metros.

FIGURA 12.7 • Ilustração da geometria do nivelamento da seção transversal de uma rodovia.

■ Solução:

De acordo com a Figura 12.7, o nível topográfico foi instalado em um ponto qualquer do terreno que permitisse visualizar todos os pontos de interesse para a determinação da seção transversal da rodovia e que não estivesse a mais de 50 metros do ponto mais distante. Em seguida, como existe um ponto de referência de nível (RN), recomenda-se realizar a primeira visada (visada ré) sobre ele.

Aplicando o método de cálculo baseado na diferença de nível, têm-se os resultados indicados nas colunas destacadas da Tabela 12.2.

TABELA 12.2 • Valores medidos em campo e resultados dos cálculos

Ponto visado	Leitura de ré [mm]	Leitura de vante [mm]	Desnível [m] (Eq. 12.2)	Altitude [m] (Eq. 12.5)
RN	337			815,325
A		1.051	–0,714	814,611
B		1.613	–1,276	814,049
C		1.642	–1,305	814,020
D		1.640	–1,303	814,022
E		1.506	–1,169	814,156
F		659	–0,322	815,033

12.3.2 Nivelamento geométrico composto

Dá-se o nome de *nivelamento geométrico composto* quando a medição de campo precisa ser executada por intermédio de várias instalações do nível topográfico no terreno ao longo dos trechos a serem nivelados. Ele pode ser entendido, portanto, como uma sucessão de nivelamentos geométricos simples, ou seja, cada estação do nível topográfico corresponde a um nivelamento simples, em que se nivela um trecho (ou seção) do nivelamento total. Aplica-se esse tipo de nivelamento para os casos em que o terreno possui desníveis acentuados ou para os casos em que os pontos extremos do nivelamento estão distantes um do outro e exigem, por isto, várias instalações do instrumento ao longo do trajeto. Exemplos típicos desse tipo de nivelamento são, por exemplo, aqueles relacionados com o nivelamento do eixo de uma rodovia, em redes de esgoto, em instalações de adutoras e outros.

Pelo fato de os operadores dos instrumentos (nível e mira) precisarem se deslocar em um percurso conveniente para visar todos os pontos do nivelamento, diz-se que o nivelamento geométrico composto é feito por intermédio de um *caminhamento*. Se durante o caminhamento o operador do instrumento visa apenas um ponto de ré e um ponto de vante para cada instalação do nível topográfico, diz-se que se realiza um caminhamento simples. Se houver mais de uma visada vante efetuada a partir da mesma estação, diz-se que se realiza um *caminhamento misto*. Apresentam-se a seguir os detalhes destes dois tipos de caminhamentos.

12.3.2.1 *Caminhamento simples*

A Figura 12.8 ilustra um exemplo típico de um caminhamento simples, em que são realizadas somente uma visada ré e uma visada vante em cada instalação do nível topográfico durante o caminhamento entre os pontos (A) e (N). O procedimento de campo, neste caso, consiste em posicionar uma mira sobre o ponto (A) e instalar o nível topográfico em uma posição conveniente para realizar o caminhamento no sentido de (A) para (N). Em seguida, realiza-se a primeira leitura de ré, denominada (Lr_A). Desloca-se, em seguida, a mira para um ponto intermediário (B) e se realiza uma leitura de vante, denominada (Lv_B). Na sequência, des-

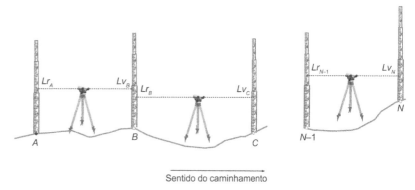

FIGURA 12.8 • Nivelamento por caminhamento simples.

loca-se o nível topográfico para a próxima posição, no sentido do caminhamento, de maneira que se possa visar o ponto (B), sobre o qual se realiza uma nova leitura de ré (Lr_B). Da mesma forma, se realiza uma nova leitura de vante sobre o ponto (C), denominada (Lv_C).

O processo é assim repetido até que se alcance o ponto (N), por meio da leitura de ré (Lr_{N-1}) e da leitura de vante (Lv_N). Os pontos intermediários sobre os quais foram realizadas as leituras de ré são denominados *pontos de mudança*, os quais, no caso da figura, são os pontos (B), (C) e (N–1).

Conforme indicado na Figura 12.8, o leitor deve notar que, para este tipo de nivelamento, não existe nenhuma razão para que as posições das miras intermediárias e das instalações do nível topográfico estejam necessariamente sobre o mesmo alinhamento. As posições devem garantir apenas que as miras sejam intervisíveis e que as distâncias entre o instrumento e as leituras de ré e as de vante sejam aproximadamente iguais.

Considerando a Figura 12.8, tem-se a seguinte sequência de cálculo para as diferenças de nível:

$\Delta H_{AB} = Lr_A - Lv_B$

$\Delta H_{BC} = Lr_B - Lv_C$

$\Delta H_{CD} = Lr_C - Lv_D$

....

$\Delta H_{(N-1)-(N)} = Lr_{N-1} - Lv_N$

$\Delta H_{AN} = \sum Lr - \sum Lv$ (12.9)

Como já visto, conhecendo a altitude do ponto (A) pode-se calcular a altitude do ponto (N), de acordo com a equação (12.5).

Se for aplicado o procedimento de cálculo baseado na determinação do plano de referência, é preciso considerar que, para cada mudança de posição do nível topográfico, haverá um novo plano de referência. O restante do cálculo não se altera.

Para que seja possível realizar os cálculos no escritório é necessário anotar os dados coletados em campo em uma planilha de coleta de dados, ou caderneta de campo. Embora essa planilha seja prerrogativa do operador do instrumento, ela deve sempre conter espaços para anotação do identificador do ponto visado, da leitura de ré, da leitura de vante, das distâncias das visadas, das altitudes de pontos conhecidos e para observações gerais sobre as medições. Alguns operadores preferem separar as leituras de ré e de vante repetindo o identificador do ponto em uma linha suplementar, como indicado na Planilha de Levantamento 1. Outros preferem manter uma linha única para as leituras de ré e de vante, como indicado na Planilha de Levantamento 2. Estes são apenas alguns exemplos de planilhas. Existem muitos outros. O leitor deverá adotar a planilha que lhe parecer mais adequada e que evite ambiguidades de anotações.

Planilha de Levantamento 1

Operador: Data: Porta mira: Início: Mira: Fim: Local:
Instrumento:

Ponto visado	Leitura de ré [mm]	Leitura de vante [mm]	Distância [m]	Altitude [m]	Observação
A	1.230			745,000	RN do E1
B		2.340	32,0		
B	789				
C		1.123	22,3		

Planilha de levantamento 2

Operador: Data: Porta mira: Início: Mira: Fim: Local:
Instrumento:

Ponto visado	Leitura de ré [mm]	Leitura de vante [mm]	Distância [m]	Altitude [m]	Observação
A	1.230			745,000	RN do E1
B	789	2.340	32,0		
C		1.123	22,3		

No caso de se utilizar um nível digital,[6] as medições de campo são gravadas na memória do instrumento e os dados são disponibilizados em forma de planilha eletrônica, as quais são descarregadas para um computador por meio de programas aplicativos que acompanham o instrumento.

Exemplo aplicativo 12.4

Considerando o caminhamento indicado na Figura 12.9 e os valores medidos em campo e apresentados na Tabela 12.3, calcular a diferença de altitude entre o ponto inicial (RN) e o ponto final (C). Sabe-se que a altitude do ponto (RN) é igual a 843,871 metros.

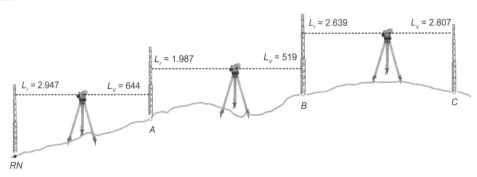

FIGURA 12.9 • Ilustração das leituras realizadas em campo.

---

[6] Para mais detalhes, ver *Seção 8.5.2 – Nível digital*.

TABELA 12.3 • Valores medidos em campo e resultados dos cálculos

Ponto visado	Valores medidos		Valores calculados	
	Leituras de ré [mm]	Leituras de vante [mm]	*Desnível* [m] *(Eq. 12.2)*	*Altitude* [m] *(Eq. 12.5)*
RN	2.947			843,871
A	1.987	644	2,303	846,174
B	2.639	519	1,468	847,642
C		2.807	−0,168	847,474
	$\sum Lr = 7.573$	$\sum Lv = 3.970$		

■ *Solução:*
Os resultados dos cálculos estão apresentados nas colunas destacadas da Tabela 12.3.
A diferença de altitude entre os pontos (C) e (RN) é calculada aplicando a equação (12.6). Assim, tem-se:

$\Delta H_{RN-C} = H_C - H_{RN} = 847,474 - 843,871 = 3,603$ m

A verificação dos cálculos é realizada aplicando a equação (12.9). Assim, tem-se:

$\Delta H_{RN-C} = \sum Lr - \sum Lv = 7.573 - 3.970 = 3.603$ mm $= 3,603$ m

12.3.2.2 *Caminhamento misto*

Diz-se que um caminhamento é misto quando são realizadas leituras de vante sobre os pontos de nivelamento que não pertencem ao caminhamento. O procedimento de campo, nesse caso, consiste em realizar a leitura de ré sobre o ponto precedente do nivelamento e, em seguida, realizar leituras de vante de vários pontos de interesse para o nivelamento, denominados *pontos irradiados* ou *pontos de detalhes*.

Em geral, recomenda-se realizar a leitura de ré e logo em seguida a leitura de vante do ponto seguinte do caminhamento (ponto de mudança) para depois realizar as leituras dos pontos irradiados. Assim, no ponto de mudança haverá duas leituras: uma de vante e uma de ré (ver Fig. 12.10).

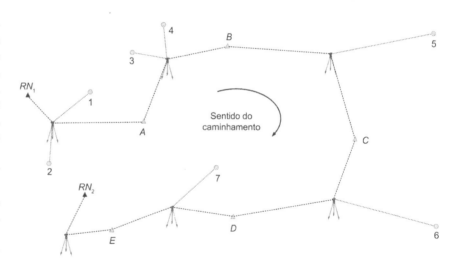

FIGURA 12.10 • Nivelamento geométrico misto.

No caminhamento da Figura 12.10 os pontos (RN_1), (A), (B), (C), (D), (E) e (RN_2) pertencem ao caminhamento. Os pontos (1) ao (7) são pontos irradiados não pertencentes ao caminhamento.

Os pontos (RN_1) e (RN_2) são pontos de altitudes conhecidas, os quais permitirão calcular o erro de fechamento, conforme descrito na *Seção 12.6 – Avaliação da qualidade de um nivelamento geométrico*. Para isso, primeiramente, calculam-se as altitudes dos pontos pertencentes ao caminhamento e, em seguida, efetua-se o fechamento e a compensação dos desníveis, conforme indicado na *Seção 12.7 – Compensação do erro de fechamento*, para depois calcular as altitudes dos pontos irradiados. O cálculo das altitudes dos pontos irradiados é realizado considerando a leitura de ré da estação correspondente. Logicamente, os desníveis dos pontos irradiados não sofrem compensação, uma vez que os eventuais erros não podem ser controlados. Esse tipo de nivelamento é empregado, por exemplo, nos casos em que se necessita determinar as altitudes de vários pontos de detalhes ao longo de um caminhamento, como no caso do nivelamento de pontos ao longo da faixa de domínio de uma rodovia, por exemplo.

Exemplo aplicativo 12.5

Considerando o caminhamento indicado na Figura 12.10 e os valores medidos em campo e apresentados na Tabela 12.4, calcular as altitudes dos pontos de mudança (*A*), (*B*), (*C*), (*D*) e (*E*) e dos pontos irradiados de (*1*) a (*7*). Sabe-se que a altitude do ponto (RN_1) é igual a 815,439 m e do ponto (RN_2) é igual a 827,544 m.

TABELA 12.4 • Valores medidos em campo e resultados dos cálculos

Ponto visado	Valores medidos			Valores calculados	
	Leitura de ré [mm]	Leitura de vante [mm]	Distância [m]	Desnível [m] (Eq. 12.2)	Altitude [m] (Eq. 12.5)
RN_1	3.817				815,439
1		2.412		1,405	816,844
2		1.509		2,308	817,747
A	3.751	344	91,4	3,473	818,912
3		2.914		0,837	819,749
4		2.564		1,187	820,099
B	3.804	1.095	69,9	2,656	821,568
5		1.932		1,872	823,440
C	3.566	902	100,4	2,902	824,470
6		2.928		0,638	825,108
D	3.727	438	90,2	3,128	827,598
7		1.912		1,815	829,413
E	1.186	2.397	70,0	1,330	828,928
RN_2		2.565	90,0	-1,379	827,549
	$\sum Lr = 19.851$	$\sum Lv = 344 + 1.095 + 902 + 438 + 2.397 + 2.565 = 7.741$			$H_{RN2(conhecido)} = $ 827,544 m

■ Solução:

Os resultados dos cálculos estão apresentados nas colunas destacadas da Tabela 12.4.

A diferença de altitude entre os pontos (RN_2) e (RN_1) é calculada aplicando a equação (12.6). Assim, tem-se:

$$\Delta H_{RN1-RN2} = 827{,}549 - 815{,}439 = 12{,}110 \text{ m}$$

A verificação dos cálculos é realizada aplicando a equação (12.9). Assim, tem-se:

$$\Delta H_{RN1-RN2} = 19.851 - 7.741 = 12.110 \text{ mm} = 12{,}110 \text{ m}$$

É importante notar que para o cálculo do somatório das leituras de vante foram consideradas apenas as leituras realizadas sobre os pontos de mudança, uma vez que as leituras de vante sobre os pontos irradiados não pertencem ao caminhamento. Notar também que o valor conhecido da altitude do ponto (RN_2) é igual a 827,544 m. Houve, assim, um erro de fechamento, o qual precisará ser compensado para o cálculo final das altitudes dos pontos medidos. Os procedimentos para essa compensação estão apresentados na Seção 12.7 – Compensação do erro de fechamento. Esta é a razão pela qual a tabela indica os valores das distâncias até os pontos de nivelamento.

12.3.2.3 Caminhamento com mira invertida

No caso de nivelamentos subterrâneos, muitas vezes ocorrem situações em que as miras são posicionadas no teto do túnel em vez de no piso do túnel, conforme indicado na Figura 12.11. Nesse caso, a mira é posicionada invertida e acima do plano de referência.

Para manter a mesma convenção de cálculo do desnível adotada para os casos anteriores basta, nesse caso, considerar as leituras feitas na mira invertida como negativas. Elas devem ser indicadas com o sinal negativo na planilha de levantamento para diferenciarem-se de possíveis outras feitas com a mira posicionada no piso do túnel. No exemplo da Figura 12.11, o resultado do cálculo do desnível indicará um valor negativo, uma vez que $L_r < L_v < 0$.

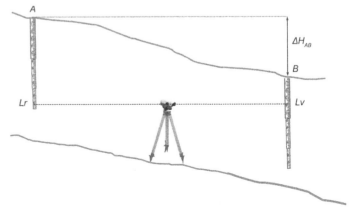

FIGURA 12.11 • Nivelamento geométrico com mira invertida.

Exemplo aplicativo 12.6

Considerando a situação da Figura 12.11 e os dados da planilha de levantamento apresentados na Tabela 12.5, calcular a diferença de cota entre os pontos (A) e (B).

TABELA 12.5 • Valores medidos em campo

Ponto visado	Leitura de ré [mm]	Leitura de vante [mm]
A	−2.915	
B		−912

- *Solução:*

A solução para este caso é dada por:

$$\Delta H_{AB} = Lr_A - Lv_B = -2.915 - (-912) = -2.003 \text{ mm} = -2{,}003 \text{ m}$$

12.4 Verificação do erro de nivelamento

Existem apenas duas maneiras para se verificar o erro ocorrido em um nivelamento. A primeira delas é realizar um nivelamento por meio de um caminhamento fechado, denominado *nivelamento e contranivelamento*, e a outra mediante um caminhamento entre duas referências de nível (RN), denominado *nivelamento apoiado*. Apresentam-se na sequência os detalhes técnicos de cada um deles.

12.4.1 Nivelamento e contranivelamento

Como o próprio nome sugere, a técnica de nivelamento e contranivelamento consiste em realizar um nivelamento por meio de um caminhamento fechado, iniciando as medições em um ponto de altitude conhecida ou adotada, realizar o caminhamento até o ponto extremo (N) do nivelamento, e retornar ao ponto inicial, conforme ilustrado na Figura 12.12. A diferença entre a altitude calculada do ponto de chegada ($RN_{(calculado)}$) e a altitude conhecida ou adotada do ponto de partida ($RN_{(conhecido)}$) indica o *erro de fechamento do nivelamento* (e_n). Assim, tem-se:

$$e_n = H_{RN(calculado)} - H_{RN(conhecido)} \quad (12.10)$$

Para que o resultado do nivelamento seja aceito, o erro de fechamento (e_n) deverá ser comparado com um valor de tolerância predefinido. Se ele for menor que a tolerância, o resultado do nivelamento será aceito, caso contrário, o trabalho deverá ser refeito.

O leitor deve notar que, conforme ilustrado na Figura 12.12, o caminhamento de ida e o caminhamento de volta não precisam passar necessariamente sobre os mesmos pontos. É importante, entretanto, manter os comprimentos dos dois caminhamentos o mais próximo possível.

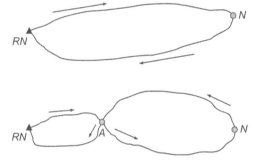

FIGURA 12.12 • Exemplos de nivelamentos fechados.

Exemplo aplicativo 12.7

Considerando os valores medidos em campo e apresentados na Tabela 12.6, calcular as altitudes dos pontos do caminhamento e verificar o erro de fechamento do nivelamento. Sabe-se que o ponto (RN) possui altitude igual a 785,547 metros.

- *Solução:*

Os resultados estão apresentados nas colunas destacadas da Tabela 12.6.

O erro de fechamento é obtido aplicando a equação (12.10). Assim, tem-se:

$$e_n = H_{RN(calculado)} - H_{RN(conhecido)} = 785{,}551 - 785{,}547 = 4 \text{ mm}$$

Como o erro de fechamento foi positivo, diz-se que o erro foi por "excesso". Se o erro de fechamento fosse negativo, dir-se-ia que o erro foi por "falta".

TABELA 12.6 • Valores medidos em campo e resultados dos cálculos

	Valores medidos		Valores calculados	
Ponto visado	Leitura de ré [mm]	Leitura de vante [mm]	Desnível [m] (Eq. 12.2)	Altitude [m] (Eq. 12.5)
RN	1.820			785,547
1		3.725	−1,905	783,642
A	833	3.749	−1,929	783,618
2		2.501	−1,668	781,95
3		2.034	−1,201	782,417
4		3.686	−2,853	780,765
B	3.460	3.990	−3,157	780,461
C	2.869	305	3,155	783,616
RN		934	1,935	785,551
	$\sum Lr = 8.982$	$\sum Lv = 8.978$		

12.4.2 Nivelamento apoiado

O erro de nivelamento também pode ser verificado se o caminhamento for realizado iniciando-o em um ponto de altitude conhecida ou adotada (*RNi*) e finalizando-o em outro ponto de altitude conhecida ou adotada (*RNf*), passando pelo(s) ponto(s) cuja altitude se deseja conhecer, por exemplo, o ponto (*A*) da Figura 12.13. A este tipo de caminhamento dá-se o nome de *nivelamento apoiado* ou *nivelamento enquadrado*. A diferença entre o desnível calculado e o desnível conhecido, entre os pontos de altitudes conhecidas, é o *erro de fechamento*. Assim, têm-se:

$$en = \Delta H_{RNi-RNf}(\text{calculado}) - \Delta H_{RNi-RNf}(\text{conhecido}) \quad (12.11)$$

$$en = H_{RNf}(\text{calculado}) - H_{RNf}(\text{conhecido}) \quad (12.12)$$

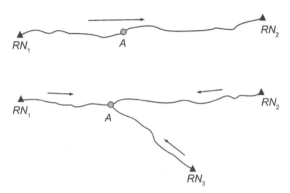

FIGURA 12.13 • Exemplos de nivelamentos apoiados.

Exemplo aplicativo 12.8

Considerando os dados do Exemplo aplicativo 12.5 e sabendo que a altitude do ponto (*RN1*) é igual a 815,439 metros e do ponto (*RN2*) igual a 827,544 metros, verificar o erro de fechamento do nivelamento aplicando as equações (12.11) e (12.12).

■ *Solução:*
Pela equação (12.11), tem-se:

$$e_n = (827{,}549 - 815{,}439) - (827{,}544 - 815{,}439) = 5 \text{ mm}$$

Pela equação (12.12), tem-se:

$$e_n = 827{,}549 - 827{,}544 = 5 \text{ mm}$$

Neste caso, observa-se que o erro de fechamento foi por "excesso" de 5 mm.

12.4.3 Nivelamento com caminhamento duplo

O nivelamento apoiado também pode ser realizado por meio de um *caminhamento duplo*, que consiste em nivelar simultaneamente dois caminhamentos paralelos e independentes saindo do ponto (*A*) e chegando ao ponto (*B*), conforme indicado na Figura 12.14. Trata-se, evidentemente, de um nivelamento fechado realizado, simultaneamente, no mesmo caminhamento.

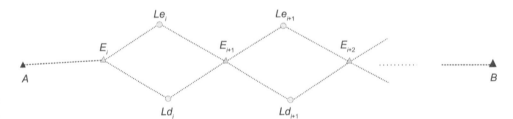

FIGURA 12.14 • Nivelamento geométrico por caminhamento duplo com duas equipes de porta-miras.

Para garantir a precisão, deve-se utilizar duas equipes de auxiliares de campo com equipamentos próprios e trabalhando independentes uma da outra. Deve-se também utilizar as sapatas de apoio de mira, conforme ilustrado na *Seção 9.4.2.5 – Erro em razão do afundamento do tripé e/ou da mira no terreno* e pintá-los com cores diferentes para as diferentes equipes de porta-miras.

Esse método de nivelamento é também denominado Método de Cholesky, em homenagem ao seu criador. O procedimento de campo para a sua aplicação é indicado a seguir.

Os pontos (Le_i), à esquerda, e os pontos (Ld_i), à direita, de acordo com o sentido do caminhamento, são posicionados a aproximadamente 1,0 metro um do outro. Em seguida, em cada estação (E_i) do nível topográfico, leem-se simultaneamente os pontos (Le_{i-1}), (Ld_{i-1}) e (Le_i), (Ld_i). Os pontos extremos (*A*) e (*B*) são lidos com as duas miras separadamente para garantir leituras independentes. O desvio absoluto entre os dois desníveis independentes entre os pontos (*A*) e (*B*), calculados para os caminhamentos esquerdo e direito, indicam o erro de fechamento do nivelamento. Se o erro for inferior à tolerância preestabelecida, adota-se como resultado do nivelamento a média aritmética dos dois desníveis. Em caso contrário, o nivelamento deve ser repetido.

Esse método deve ser usado com precaução, uma vez que não existe controle das leituras realizadas ao longo do caminhamento. Deve-se também respeitar rigorosamente a igualdade das distâncias entre as visadas de uma mesma estação. Por isso, recomenda-se fazê-las com níveis topográficos digitais e utilizar o seu medidor de distâncias para o controle dos comprimentos das visadas.

Uma variação do método descrito consiste em utilizar dois níveis topográficos (E_i) e (D_i) e uma única mira (L), conforme ilustrado na Figura 12.15. O procedimento de campo e o cálculo final do nivelamento são autoexplicativos pela ilustração da Figura 12.15.

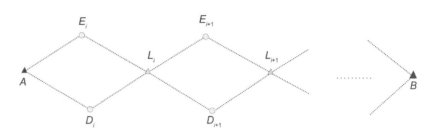

FIGURA 12.15 • Nivelamento geométrico por caminhamento duplo com dois instrumentos.

12.4.4 Nivelamento de um ponto nodal

Em alguns casos, o nivelamento apoiado pode ser realizado partindo de vários pontos de altitudes conhecidas, estabelecendo um ponto nodal, conforme ilustrado na Figura 12.16.

Os caminhamentos, neste caso, são realizados entre os pontos extremos dos caminhamentos passando pelo ponto (N). Para o cálculo da altitude do ponto (N) devem ser considerados os tramos A-N, B-N e C-N. Assim, têm-se:

$$H_{N(A)} = H_A + \sum Lr_{i_{(A)}} - \sum Lv_{j_{(A)}} \tag{12.13}$$

$$H_{N(B)} = H_B + \sum Lr_{i_{(B)}} - \sum Lv_{j_{(B)}} \tag{12.14}$$

$$H_{N(C)} = H_C + \sum Lr_{i_{(C)}} - \sum Lv_{j_{(C)}} \tag{12.15}$$

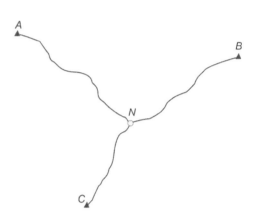

FIGURA 12.16 • Geometria do caminhamento com ponto nodal.

A altitude final do ponto (N) pode ser calculada pela média ponderada ou, em alguns casos, pela média simples das diferenças de altitudes dos caminhamentos considerando as distâncias dos caminhamentos. Assim, tem-se:

$$H_N = \frac{\dfrac{H_{N(A)}}{d_{A-N}} + \dfrac{H_{N(B)}}{d_{B-N}} + \dfrac{H_{N(C)}}{d_{C-N}}}{\sum \dfrac{1}{d}} \tag{12.16}$$

Sendo:
$H_{N(i)}$ = altitude calculada para (N) no caminhamento i–N;
d_{i-N} = comprimento do caminhamento i–N;
$\Sigma 1/d$ = somatório do inverso dos caminhamentos i–N.

A ponderação pode também ser realizada utilizando o inverso do quadrado das tolerâncias (T) indicadas na *Seção 12.6.1 – Tolerâncias para o erro de fechamento*. Assim, tem-se:

$$H_N = \frac{\dfrac{H_{N(A)}}{T_A^2} + \dfrac{H_{N(B)}}{T_B^2} + \dfrac{H_{N(C)}}{T_C^2}}{\sum \dfrac{1}{T_i^2}} \tag{12.17}$$

sendo T_i a tolerância para o nivelamento do trecho (i).

Caso existam pontos nos caminhamentos cujas altitudes precisam ser conhecidas, se deve considerar a nova altitude do ponto (N) e considerar os caminhamentos i–N como caminhamentos apoiados e, então, realizar os ajustes necessários para a distribuição dos erros de fechamento, conforme indicado na *Seção 12.7 – Compensação do erro de fechamento*.

Exemplo aplicativo 12.9

Foi realizado um nivelamento geométrico partindo dos pontos (RN006), (RN018) e (RN020) até o ponto (RN001), obtendo-se os dados apresentados na Tabela 12.7. Considerando os valores medidos em campo, calcular a altitude do ponto (RN001).

TABELA 12.7 • Valores conhecidos e calculados

Caminhamento	$\sum Lr$ [m]	$\sum Lv$ [m]	Comprimento (d) [m]	Altitude calculada do ponto (RN001) [m]
RN006-RN001 $H_{RN006} = 820{,}404$ m	3,150	12,504	293,02	**811,050**
RN018-RN001 $H_{RN018} = 821{,}632$ m	3,644	14,216	305,36	**811,060**
RN020-RN001 $H_{RN020} = 813{,}880$ m	1,467	4,295	106,30	**811,052**

■ *Solução:*
Para a solução deste exercício, considerando que os nivelamentos parciais já foram calculados, pode-se aplicar diretamente a equação (12.16). Assim, tem-se:

$$H_{RN001} = \frac{\frac{811{,}050}{293{,}02} + \frac{811{,}060}{305{,}36} + \frac{811{,}052}{106{,}30}}{\frac{1}{293{,}02} + \frac{1}{305{,}36} + \frac{1}{106{,}30}} = 811{,}053 \text{ m}$$

A solução também pode ser calculada aplicando a equação (12.17). Assim, considerando que os nivelamentos estão em conformidade com a NBR 13.133/94 (classe IN), têm-se:

$$T_{RN001-RN006} = 12 * \sqrt{0{,}293} = 6{,}5 \text{ mm} \qquad T_{RN001-RN018} = 12 * \sqrt{0{,}305} = 6{,}6 \text{ mm}$$
$$T_{RN001-RN020} = 12 * \sqrt{0{,}106} = 3{,}9 \text{ mm}$$

De onde se obtém:

$$H_{RN001} = \frac{\frac{811{,}050}{6{,}5^2} + \frac{811{,}060}{6{,}6^2} + \frac{811{,}052}{3{,}9^2}}{\frac{1}{6{,}5^2} + \frac{1}{6{,}6^2} + \frac{1}{3{,}9^2}} = 811{,}053 \text{ m}$$

12.5 Nivelamento de precisão – séries de leituras

Para alguns casos específicos, por exemplo, para o nivelamento de peças industriais, transporte de altitudes (ou cotas) de precisão, monitoramento de deformações, construções de barragens ou construções pesadas, o engenheiro precisa realizar nivelamentos considerados de "*alta precisão*". As medições, nesses casos, precisam ser realizadas por meio de níveis topográficos específicos, denominados *níveis de precisão* e com o uso de miras especiais, denominadas *miras de invar*, descritas em mais detalhes na *Seção 8.6 – Miras graduadas utilizadas em conjunto com os níveis topográficos*. Os procedimentos de campo também precisam ser realizados tomando uma série de precauções para garantir a precisão exigida. A primeira precaução a ser tomada é garantir a máxima igualdade entre as visadas de vante e de ré, que não devem se diferenciar mais que alguns decímetros. Deve-se também evitar visadas longas, mantendo-as entre 25 e 50 metros de comprimento e nunca realizar observações com linhas de visadas próximas ao nível do solo (inferiores a 50 cm). Não realizar medições com desníveis acentuados para evitar o efeito da refração atmosférica vertical diferenciada. Além disso, durante o processo de medição em campo deve-se evitar algumas ocorrências, tais como:

- vibrações nas proximidades do local onde o instrumento será instalado;
- instabilidade dos pontos de nivelamento;
- realizar redes de nivelamento e ajustes pelo Método dos Mínimos Quadrados em vez de linhas de nivelamento;
- instrumento excessivamente exposto à luz do sol. O calor pode causar deformações diferenciais nos componentes ópticos e metálicos do nível topográfico. Deve-se utilizar, nesse caso, um guarda-sol (*umbrella*), conforme ilustrado na Figura 12.17 (neste caso uma medição com estação total).

FIGURA 12.17 • Guarda-sol (*umbrella*) para proteção solar para os instrumentos topográficos.

Recomenda-se também efetuar séries de observações para controlar a qualidade dos valores observados. As séries de observações podem ser do tipo *LrLvLrLv*, *LrLvLvLr*, *LrLvLvLrLrLvLvLr* e *LrLvLvLrLvLrLrLv*. Os valores finais das leituras são calculados pela média simples das observações. Na prática, tem-se utilizado com maior frequência a série *LrLvLrLv*.

12.6 Avaliação da qualidade de um nivelamento geométrico

No caso do caminhamento do Exemplo aplicativo 12.4, o nivelamento iniciou-se no ponto (*RN*) e terminou no ponto (*C*) sem que nenhum ponto de controle, de altitude conhecida, tenha sido incluído no caminhamento, além do ponto (*RN*). Ocorre, entretanto, que, em face de vários fatores inerentes ao processo de medição, conforme indicado na *Seção 12.6.3 – Fontes de erro em um nivelamento geométrico em função das condições ambientais e geométricas*, existe uma série de erros que pode alterar o resultado do levantamento. Por esta razão, na maioria dos nivelamentos, recomenda-se fechar o caminhamento para que se possa avaliar o erro de fechamento e ter, assim, um parâmetro indicativo da qualidade do nivelamento, conforme apresentado nas seções anteriores. Os nivelamentos sem controle de fechamento devem ser evitados e somente realizados em casos de extrema necessidade.

A maneira mais indicada para controlar a qualidade de um nivelamento é fazê-lo de forma a estabelecer uma rede de nivelamento e não somente realizar um nivelamento linear fechado. A compensação desse tipo de rede, entretanto, exige conhecimentos de métodos de ajustamento de observações, que extrapolam os objetivos deste livro.

12.6.1 Tolerâncias para o erro de fechamento

Para que o erro de fechamento (e_n) possa ser compensado é necessário que ele seja menor que um valor de tolerância (T) preestabelecido. Segundo a Norma DIN 18.723, os erros acumulados a serem considerados em um nivelamento geométrico são os seguintes:

- erro em função da calagem do eixo de visada do instrumento igual a 0,5 mm para níveis não automáticos e igual a 0,1 mm para os automáticos[7] em uma leitura de 30 metros de distância;
- erro pela falta de verticalidade da mira e de leitura da altura igual a 1,0 mm em uma leitura de 30 metros de distância;
- erro em virtude da instabilidade do posicionamento da mira sobre o terreno igual a 0,5 mm.

Assim, considerando o Princípio da Propagação de Erros Médios Quadráticos, tem-se o seguinte valor para a precisão ($s_{\Delta H}$) de uma única visada:

$$s_{\Delta H} = \pm\sqrt{0,1^2 + 1^2 + 0,5^2} = \pm1,1\,\text{mm} \tag{12.18}$$

Para o desnível entre duas visadas, também pela Propagação de Erros Médios Quadráticos, tem-se a precisão dada pela equação (12.19).

$$s_{\Delta H(2\,\text{visadas})} = \pm\sqrt{2} * 1,1 = \pm1,6\,\text{mm} \tag{12.19}$$

Para um percurso de (n) desníveis, ou seja, (n) trechos, tem-se:

$$s_{\Delta H(\text{total})} = \pm1,6 * \sqrt{n} \tag{12.20}$$

Para a determinação da tolerância esperada (*Te*) deve-se considerar também a incerteza das discrepâncias entre os valores das leituras de ré e de vante. Essa incerteza é dada em função do nível de confiança, que, em geral, é igual a 95 ou 99 % de confiança. No caso de se adotar um nível de confiança igual a 95 %, pode-se considerar a seguinte equação para a determinação do valor da tolerância esperada (*Te*):

$$Te = \pm1,96 * 1,6\sqrt{n} = \pm3,1\sqrt{n} \tag{12.21}$$

Em geral, se tem entre 13 e 16 desníveis (trechos, seções, tramos) medidos em um quilômetro de nivelamento. Assim, para 16 trechos, ter-se-ia uma precisão igual a $s_{\Delta H(\text{total})} = \pm1,6 * \sqrt{16} = \pm6,4$ mm / km e uma tolerância igual a $Te = 3,1 * \sqrt{16} = \pm12,4$ mm.

O valor de tolerância admissível dado pela equação (12.21) pode ser usado para trabalhos correntes de nivelamento. As normas oficiais, contudo, são mais restritivas e adotam valores de tolerâncias em função do comprimento (*d*) do trecho nivelado, conforme indicado na equação (12.22).

$$T = k * \sqrt{d} \tag{12.22}$$

---

[7] Para mais detalhes, ver *Capítulo 8 – Instrumentos topográficos*.

242 TOPOGRAFIA PARA ENGENHARIA

em que:

T = tolerância admissível para o erro de fechamento do nivelamento geométrico;
k = constante adotada em função da qualidade do nivelamento;
d = comprimento total do trecho nivelado, em km.

O valor de (k) indicado pelas normas oficiais, em geral, é adotado em função do tipo de obra ou do nível de qualidade especificado. Nos Estados Unidos, por exemplo, o *Federal Geodetic Control Committee* (FGCC) adota os valores indicados na Tabela 12.8 e no Brasil, a norma NBR 13.133/2021 adota os valores para (k) relacionados na Tabela 12.9.

TABELA 12.8 • Valores de tolerâncias para nivelamento geométrico especificados pelo FGCC

Nível de Qualidade	Tolerância [mm] d em [km]
Primeira ordem, Classe I	$4mm\sqrt{d}$
Primeira ordem, Classe II	$5mm\sqrt{d}$
Segunda ordem, Classe I	$6mm\sqrt{d}$
Segunda ordem, Classe II	$8mm\sqrt{d}$
Terceira ordem	$12mm\sqrt{d}$

TABELA 12.9 • Valores de tolerâncias para nivelamentos geométricos especificados no Brasil

Classe Método	Instrumento[8]	Visada máxima recomendada [m]	Tolerância [mm] d em [km]	Finalidade
IN Geométrico	Nível classe 1	80	$\pm 6mm\sqrt{d}$	Transporte de altitude ou cota
	Nível classe 2		$\pm 8mm\sqrt{d}$	Rede urbana
	Nível classe 3		$\pm 12mm\sqrt{d}$	Poligonal principal

A avaliação da qualidade do nivelamento é realizada comparando diretamente o erro de fechamento (e_n) com a tolerância admissível (T). Se o erro de fechamento for menor, o trabalho é aceito e o erro de fechamento deve ser distribuído entre os desníveis calculados.

O leitor quando consultar normas técnicas deve notar que algumas delas especificam valores de tolerâncias diferentes para linhas de nivelamento e para redes de nivelamento. Os valores indicados aqui são para linhas de nivelamento.

12.6.2 Precisão do nivelamento geométrico

Outra maneira de se avaliar a qualidade de um nivelamento geométrico é pelo cálculo da sua precisão calculada em função do resultado do fechamento do caminhamento, aplicando o conceito das medições duplas da Teoria dos Erros, de onde se obtém a relação matemática indicada na equação (12.23).

$$s = \pm\sqrt{\frac{e_n^2}{2d}}$$

(12.23)

em que:

s = precisão do nivelamento, em mm/km;
e_n = erro de fechamento do caminhamento, em mm;
d = comprimento do trecho nivelado, em km.

Da mesma forma, pode-se considerar o erro da média dos resultados do fechamento por meio da equação (12.24).

$$s_m = \pm\frac{1}{2}\sqrt{\frac{e_n^2}{d}}$$

(12.24)

com (s_m) sendo a precisão da média do nivelamento, em mm/km.

Quando a extensão do trecho a ser nivelado é relativamente grande, muitas vezes opta-se pela divisão do trecho total em segmentos parciais. Nesses casos, a precisão geral do nivelamento, composto por vários trechos, pode ser dada pelas equações (12.25) e (12.26).

$$s = \pm\sqrt{\frac{E^T PE}{2n}}$$

(12.25)

$$s_m = \pm\frac{1}{2}\sqrt{\frac{E^T PE}{n}}$$

(12.26)

---

[8] Para a classificação dos níveis, consultar a norma NBR 13.133.

com:

$$E = \begin{pmatrix} e_{n1} \\ e_{n2} \\ \cdot \\ e_{nn} \end{pmatrix} = \text{vetor dos erros de fechamento;}$$

$$P = \begin{pmatrix} 1/d_1 & 0 & 0 & 0 \\ 0 & 1/d_2 & 0 & 0 \\ 0 & 0 & .. & 0 \\ 0 & 0 & 0 & 1/d_n \end{pmatrix} = \text{matriz dos pesos;}$$

n = número de trechos.

Para considerar as incertezas das medições pode-se também adotar um nível de confiança de 95 %, o que significa multiplicar os valores das equações (12.23) a (12.26) por 1,96. Assim, em lugar de se comparar o erro de fechamento, neste caso, a avaliação da qualidade do nivelamento se faz pela comparação das precisões calculadas com o valor de tolerância adotado para o nivelamento.

Exemplo aplicativo 12.10

Considerando o valor do erro de fechamento calculado no Exemplo aplicativo 12.8, calcular as precisões do nivelamento e verificar em qual nível de qualidade o trabalho se enquadra com relação aos valores indicados na Tabela 12.8.

▪ *Solução:*
De acordo com os valores obtidos nos Exemplos aplicativos 12.8 e 12.5, sabe-se que o erro de fechamento é igual a 5 mm e a que distância do nivelamento é igual a 511,90 metros. Assim, aplicando as equações (12.23) e (12.24), têm-se:

$$\text{Precisão do nivelamento } s = \pm 1,96 \sqrt{\frac{e_n^2}{2d}} = \pm 1,96 \sqrt{\frac{(5)^2}{2 * 0,5119}} = \pm 9,7 \text{ mm/km}$$

$$\text{Precisão da média } s_m = \pm 1,96 * \frac{1}{2} \sqrt{\frac{e_n^2}{d}} = \pm 1,96 * \frac{1}{2} \sqrt{\frac{(5)^2}{0,5119}} = \pm 6,8 \text{ mm/km}$$

Pela Tabela 12.8, este trabalho seria considerado como de primeira ordem, classe I ou II. O mesmo resultado seria obtido caso a avaliação fosse feita considerando diretamente o erro de fechamento.

12.6.3 Fontes de erro em um nivelamento geométrico em função das condições ambientais e geométricas

Os erros que ocorrem em um nivelamento geométrico são oriundos de diversas fontes e, como todo erro de medição, podem ser classificados em grosseiros, sistemáticos e acidentais. A confiança nos resultados obtidos é tanto maior quanto menos erros grosseiros e sistemáticos subsistirem. Por esta razão, eles devem ser evitados e, se subsistirem, corrigidos. Desta forma, é importante que o leitor saiba que a comparação com um valor de tolerância não garante que os erros grosseiros e sistemáticos ocorridos durante o nivelamento tenham sido detectados, ou seja, a tolerância não deve ser entendida como um padrão de acurácia.

Para evitar a ocorrência de erros grosseiros e sistemáticos é preciso, portanto, estabelecer rotinas de controle das medições e conhecer com relativa profundidade as relações entre o modelo físico e o modelo matemático adotados para o nivelamento geométrico. Além disso, existem algumas recomendações de procedimentos de medição que podem aumentar a confiança da qualidade dos resultados, conforme apresentados na sequência.

Os procedimentos para o ajuste e a calibração dos erros sistemáticos e a determinação dos erros acidentais relacionados aos instrumentos de medição estão apresentados no *Capítulo 9 – Erros instrumentais e operacionais*. Os detalhes sobre os erros grosseiros que podem ocorrer durante um nivelamento geométrico e os erros sistemáticos relacionados com as condições ambientais que afetam os nivelamentos geométricos estão apresentados na sequência.

12.6.3.1 *Erros grosseiros*

Os erros grosseiros mais comuns em um nivelamento geométrico estão relacionados com o nivelamento do instrumento e as leituras realizadas durante as operações de campo, conforme indicados a seguir:

- instalação defeituosa do instrumento, ou seja, instrumento mal nivelado ou em posição instável;
- leitura incorreta sobre a mira;
- erro de anotação de leitura;
- erro em função do encaixe defeituoso das partes móveis da mira, no caso de miras telescópicas.

12.6.3.2 *Erros sistemáticos relacionados com as condições ambientais*

12.6.3.2.1 Erro decorrente da influência da curvatura terrestre

Considerando por simplificação que, em razão da curvatura terrestre, as superfícies de nível são esferas concêntricas, haverá um erro (δR_0) nas leituras das visadas, conforme indicado na Figura 12.18.

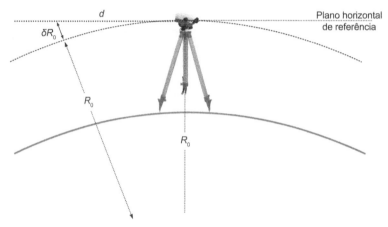

FIGURA 12.18 • Influência da curvatura da Terra no nivelamento geométrico.

De acordo com a figura, têm-se:

R_0 = raio médio local da Terra;
d = comprimento da visada;
δR_0 = correção em função da curvatura da Terra.

Notar que,

$$R_0^2 + d^2 = (R_0 + \delta R_0)^2 = R_0^2 + (2R_0 * \delta R_0) + \delta R_0^2 \qquad (12.27)$$

De onde se obtém:

$$\delta R_0 = \frac{d^2}{2R_0} - \frac{\delta R_0^2}{2R_0} \qquad (12.28)$$

Como o segundo termo da equação (12.28) é muito pequeno comparado ao primeiro, pode-se calcular o valor de (δR_0) de acordo com a equação (12.29). Assim, tem-se:

$$\delta R_0 = \frac{d^2}{2R_0} \qquad (12.29)$$

Considerando a região de São Carlos-SP, onde o raio médio local da Terra é da ordem de 6.362.000 metros, o erro de um nivelamento geométrico decorrente da curvatura da Terra para uma distância de nivelamento de 50 metros seria da ordem de 0,2 mm.

É importante ressaltar que o erro (δR_0) é o mesmo para a leitura de ré e para e leitura de vante. Assim, eles se eliminam se as leituras forem realizadas com uma mesma distância do instrumento.

12.6.3.2.2 Erro em razão da influência da refração atmosférica vertical na linha de visada

Conforme já apresentado no *Capítulo 6 – Distâncias*, em razão da refração atmosférica vertical, o feixe luminoso se propaga segundo uma curva na atmosfera e isso faz com que as leituras nas miras sejam inferiores às leituras esperadas, conforme indicado na Figura 12.19, de onde se têm:

d = distância entre o instrumento e a mira;
τ = ângulo de refração;
δk = correção em razão da refração atmosférica;
δR_0 = correção em virtude da curvatura da Terra.

Em face da curvatura terrestre, o ponto (B'), que está na mesma altitude do ponto (A'), apareceria na linha de visada na altitude (B''). Ao mesmo tempo, na prática, em função da refração atmosférica, a linha

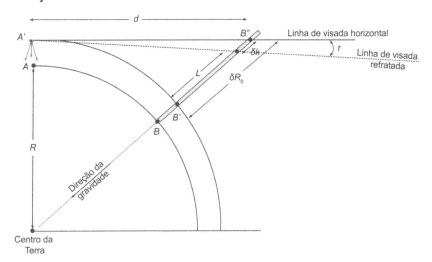

FIGURA 12.19 • Efeitos da refração atmosférica e da curvatura terrestre no nivelamento geométrico.

de visada se torna refratada e o ponto (B''), será lido na mira na altura (L). Ela sofreu, assim, um desvio igual a (δk), o qual, por ser um valor pequeno, permite considerar a relação matemática indicada na equação (12.30).

$$\tau = \frac{\delta k}{d} \tag{12.30}$$

Substituindo a equação (6.28) em (12.30), tem-se:

$$\frac{\delta k}{d} = k * \frac{d}{2R_0} \quad \rightarrow \quad \delta k = k * \frac{d^2}{2R_0} = k * \delta R_0 \tag{12.31}$$

E, assim,

$$(\delta R_0 - \delta k) = \delta R_0 * (1-k) = \frac{d^2}{2R_0} * (1-k) \tag{12.32}$$

Esta correção é muito pequena, principalmente para visadas curtas. Além disso, ela é eliminada se as leituras forem realizadas a uma mesma distância do instrumento. De toda forma, combinando o erro (δR_0) decorrente da curvatura terrestre com o erro (δk) resultante da refração atmosférica, a leitura realizada em campo sobre a mira graduada deve ser corrigida por um valor igual a ($\delta R_0 - \delta k$). Esse valor, para $k = 0,13$ e $R_0 = 6.371.000$ m, é igual a $0,00006828d^2$ [mm] para (d) em metros, o que significa um erro de 1,0 mm para uma distância da ordem de 122 m. Isso significa que para os nivelamentos correntes da Engenharia, com distâncias entre 30 e 40 m, ele é da ordem de um décimo de milímetro. Mesmo assim, para manter a influência desses erros o mínimo possível, recomenda-se que a soma das diferenças de distâncias entre as leituras de vante e de ré em um caminhamento não exceda 5 m para um nivelamento de alta precisão, podendo chegar a 20 m em um nivelamento corrente de uma obra de construção civil, por exemplo. Isto significa uma variação entre 30 cm a 1,25 m em cada trecho, em um caminhamento de 1 km (considerando 16 trechos/km), ou seja, a contagem da distância por meio de leituras estadimétricas ou por meio de passos já é suficiente para a maioria dos trabalhos de nivelamento.

Além da eliminação dos erros grosseiros e sistemáticos indicados, recomenda-se ainda seguir alguns procedimentos de campo, que podem ajudar na melhoria dos resultados do nivelamento. São eles:

- realizar nivelamentos com caminhamento duplo e séries de leituras, sempre que possível;
- em nivelamentos de alta precisão, recomenda-se verificar o fechamento de cada desnível individualmente e, se necessário, realizar mais de uma medição em cada desnível, alterando a posição do nível;
- realizar visadas máximas entre 40 e 50 m, dependendo da classe do instrumento utilizado;
- no caso do uso de um nível digital, conforme apresentado na *Seção 8.5.2 – Nível digital*, as distâncias podem ser maiores (cerca de 100 m). Recomenda-se, neste caso, realizar, pelo menos, três leituras com um desvio-padrão menor ou igual a 1,0 mm;
- nos níveis topográficos que possuam três retículos (superior, médio, inferior), recomenda-se realizar as três medições e calcular a média entre as leituras nos retículos superior e inferior para verificar a leitura do fio médio. Além disso, a leitura dos três retículos permite calcular aproximadamente a distância entre o nível e a mira, a qual é suficiente para manter a distância entre visadas recomendadas;

- verificar com cuidado a estabilidade das (RN) implantadas para garantir que elas podem ser utilizadas com segurança;
- utilizar miras de Invar sempre que possível;
- utilizar suportes de mira em trabalhos de alta precisão;
- utilizar miras com níveis de bolha firmemente conectados a elas;
- utilizar guarda-sol para proteger o instrumento, sempre que possível;
- evitar trabalhar em horários de alta flutuação luminosa da linha de visada para evitar confusão nas leituras das miras;
- calibrar o instrumento e as miras regularmente;
- evitar o uso de unidades diferentes para os valores medidos. Em geral, se utilizam milímetros para as leituras nas miras e metros para as distâncias. A adição de um zero à esquerda dos valores inferiores ao milhar é recomendável para as leituras nas miras.

12.6.4 Nivelamento geométrico recíproco e simultâneo

Em determinadas situações de campo pode ocorrer que o nivelamento geométrico não possa ser realizado mantendo as distâncias das visas ré e vante equidistantes, por exemplo, no caso da travessia de um vale ou um rio. Nesses casos, a solução é realizar um nivelamento geométrico recíproco e simultâneo, conforme ilustrado na Figura 12.20.

De acordo com esta figura, os pontos (A) e (B) estão em lados opostos de um vale. O procedimento para o nivelamento, neste caso, consiste em instalar um nível (NA) próximo ao ponto (A) e outro nível (NB) próximo ao ponto (B). O instrumento em (NA) realiza a leitura de ré em (A), igual a (Lr_A) e a leitura de vante em (B), igual a (Lv_B). O instrumento em (NB) repete o mesmo procedimento no lado inverso. Notar que as miras em (A) e em (B) não precisam estar alinhadas com os instrumentos.

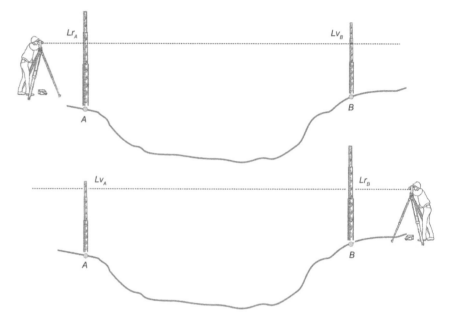

FIGURA 12.20 • Nivelamento geométrico com observações recíprocas e simultâneas.

O resultado para a diferença de nível entre os pontos (A) e (B) é dado pela equação (12.33).

$$\Delta H_{AB} = \frac{(Lr_A - Lv_B) - (Lr_B - Lv_A)}{2} \tag{12.33}$$

Pelo fato de este procedimento não permitir verificação dos resultados, recomenda-se repeti-lo diversas vezes, alterando a posição dos instrumentos. O resultado final é dado pela média aritmética dos resultados parciais. Nos casos em que não se podem utilizar dois instrumentos simultaneamente, as medições devem ser realizadas no menor espaço de tempo possível para minimizar o efeito da variação do coeficiente de refração vertical. Mesmo no caso em que se utilizam dois níveis topográficos, recomenda-se realizar medições intercambiando-os de posição para minimizar os efeitos dos erros de colimação diferentes em cada um deles.

Exemplo aplicativo 12.11

Seja o caso de um nivelamento geométrico recíproco e simultâneo em que se deseja determinar a altitude de um ponto (A) a partir do ponto (RN001) de altitude conhecida. Pelo fato de haver um rio entre os dois pontos foram realizadas as medições recíprocas indicadas a seguir:

$Lr_{RN001} = 1.537 \text{ mm}$ $Lv_A = 783 \text{ mm}$ $Lr_A = 1.361 \text{ mm}$

$Lv_{RN001} = 2.117 \text{ mm}$

Com base nos valores medidos e sabendo que a altitude do ponto (RN001) é igual a 811,060 m, calcular a altitude do ponto (A).

■ *Solução:*
Aplicando a equação (12.33) obtém-se a diferença de altitude entre os pontos (A) e (RN001), conforme indicado a seguir:

$$\Delta H_{RN001-A} = \frac{(1,537-0,783)-(1,361-2,117)}{2} = 0,755 \text{ m}$$

Assim, tem-se o seguinte valor para a altitude do ponto (A):

$$H_A = H_{RN001} + \Delta H_{RN001-A} = 811,060 + 0,755 = 811,815 \text{ m}$$

12.7 Compensação do erro de fechamento

Conforme indicadas em normas nacionais de diversos países, as tolerâncias recomendadas são dadas em função das discrepâncias entre os valores lidos nas visadas ré e nas visadas vante, com um nível de confiança igual a 95 % para cada trecho nivelado do caminhamento. Se cada trecho for considerado individualmente, aquele que ultrapassar a tolerância deverá ser medido novamente. Se for considerado o caminhamento como um todo, deve-se considerar o seu comprimento total (d) e o resultado final deve ser comparado com a tolerância. Toda vez que o erro cometido estiver abaixo do valor de tolerância, ele é aceito e deve ser compensado.

Compensar o erro de fechamento do nivelamento significa distribuí-lo entre as medições realizadas. O valor da compensação (CH) é, portanto, o oposto do valor do erro de fechamento, ou seja, $CH = -e_n$. Na prática, a compensação consiste em modificar os desníveis parciais calculados, repartindo o valor de (CH) sobre cada um deles. A este respeito existem vários métodos que podem ser utilizados, conforme mostra a sequência.

12.7.1 Compensação do erro de fechamento em função da quantidade de desníveis medidos

Neste caso, o valor da correção (CH_i) para cada desnível é calculado dividindo o valor total da compensação (CH) pela quantidade de desníveis (n), conforme indicado na equação (12.34).

$$CH_i = \frac{CH}{n} \tag{12.34}$$

Recomenda-se utilizar este tipo de compensação somente quando o erro de fechamento for menor que a precisão do desnível de um trecho, ou seja, menor que $s_{\Delta H} = \frac{T}{1,96}$. Nos demais casos, recomenda-se utilizar um dos métodos de compensação indicados na sequência.

12.7.2 Compensação do erro de fechamento em função das distâncias dos desníveis

Neste caso, considera-se que quanto maior a distância (d_i), maior a correção (CH_i) para o desnível medido, conforme indicado na equação (12.35). Notar que para a aplicação deste método de compensação é necessário ter medido as distâncias entre o instrumento e os pontos nivelados.

$$CH_i = CH * \frac{d_i}{\sum d_i} \tag{12.35}$$

12.7.3 Compensação do erro de fechamento em função dos valores absolutos dos desníveis

Neste caso, o valor da correção (CH_i) a ser aplicado para cada desnível depende do valor do desnível (ΔH_i) conforme indicado na equação (12.36).

$$CH_i = CH \frac{|\Delta H_i|}{\sum |\Delta H_i|} \tag{12.36}$$

As correções das altitudes podem ser aplicadas tanto em função dos desníveis como do plano de referência (PR). Quando se utiliza o primeiro método, as correções são aplicadas conforme indicado a seguir:

$$H_i = H_{i-1} + \Delta H_{i-1,i} + CH_i \tag{12.37}$$

Quando se utiliza o método de compensação em função do plano de referência, elas são aplicadas conforme indicado a seguir:

$$H_i = PR_i + CH_i - Lv_i \tag{12.38}$$

248 TOPOGRAFIA PARA ENGENHARIA

Em ambos os casos, as correções são aplicadas primeiramente aos pontos de mudança. Uma vez terminada a correção total do nivelamento, inicia-se o cálculo das altitudes dos pontos de detalhes (irradiados). Estes, por sua vez, sofrem alterações de altitude em função das correções das altitudes de seus respectivos pontos de ré ou das altitudes de seus respectivos planos de referência. Nenhuma verificação de erros é possível para eles. Razão pela qual eles devem ser medidos com cuidado e, sempre que possível, com leituras nos três fios estadimétricos do instrumento.

Notar que a aplicação de uma compensação em uma linha de nivelamento é apenas um mal necessário. Ela não melhora em nada os valores das medidas.

Exemplo aplicativo   12.12

Com os dados do Exemplo aplicativo 12.5, calcular as altitudes corrigidas dos pontos de nivelamento aplicando as equações (12.34), (12.35) e (12.36).

▪ *Solução:*

Os cálculos do nivelamento do Exemplo aplicativo 12.5 indicam que ocorreu um erro de fechamento em excesso de 5 mm, ou seja, deverá ser aplicada uma correção CH = -5 mm. Assim, têm-se:

a) Cálculo do valor da correção do erro de fechamento em função da quantidade de desníveis medidos:

$$CH_i = \frac{CH}{n} = \frac{-5}{6} = -0,8 \text{mm}$$

Cálculo do valor da correção do erro de fechamento em função da distância do desnível parcial.

$$CH_{RN1-A} = -5 * \frac{91,4}{511,9} = -0,9 \text{mm} \qquad CH_{AB} = -5 * \frac{69,9}{511,9} = -0,7 \text{mm}$$

$$CH_{BC} = -5 * \frac{100,4}{511,9} = -1,0 \text{mm}$$

$$CH_{CD} = -5 * \frac{90,2}{511,9} = -0,9 \text{mm} \qquad CH_{DE} = -5 * \frac{70}{511,9} = -0,7 \text{mm}$$

$$CH_{E-RN2} = -5 * \frac{90}{511,9} = -0,9 \text{mm}$$

b) Cálculo do valor da correção do erro de fechamento em função do valor absoluto de cada desnível:

$$CH_{RN1-A} = -5 * \frac{3,473}{12,110} = -1,4 \text{mm} \qquad CH_{AB} = -5 * \frac{2,656}{12,110} = -1,1 \text{mm}$$

$$CH_{BC} = -5 * \frac{2,902}{12,110} = -1,2 \text{mm}$$

$$CH_{CD} = -5 * \frac{3,128}{12,110} = -1,3 \text{mm} \qquad CH_{DE} = -5 * \frac{1,330}{12,110} = -0,5 \text{mm}$$

$$CH_{E-RN2} = -5 * \frac{-1,379}{12,110} = 0,6 \text{mm}$$

Assim, aplicando as correções calculadas, tem-se a planilha de altitudes corrigidas apresentada na Tabela 12.10.

TABELA 12.10 • Resultados dos cálculos do nivelamento

Ponto visado	Altitude calculada [m]	Altitude corrigida [m]		
		$C_{Hi} = \frac{C_H}{n}$	$C_{H_i} = C_H \frac{d_i}{\sum d_i}$	$C_{H_i} = C_H \frac{\|\Delta H_i\|}{\sum \|\Delta H_i\|}$
RN_1	815,439	815,439	815,439	815,439
1	816,844	816,844	816,844	816,844
2	817,747	817,747	817,747	817,747
A	818,912	818,911	818,911	818,911
3	819,749	819,748	819,748	819,748
4	820,099	820,098	820,098	820,098

(continua)

TABELA 12.10 • Resultados dos cálculos do nivelamento (*continuação*)

Ponto visado	Altitude calculada [m]	Altitude corrigida [m]		
		$C_{H_i} = \dfrac{C_H}{n}$	$C_{H_i} = C_H \dfrac{d_i}{\sum d_i}$	$C_{H_i} = C_H \dfrac{|\Delta H_i|}{\sum |\Delta H_i|}$
B	821,568	821,566	821,566	821,565
5	823,440	823,438	823,438	823,437
C	824,470	824,468	824,467	824,466
6	825,108	825,106	825,105	825,104
D	827,598	827,595	827,595	827,593
7	829,413	829,410	829,410	829,408
E	828,928	828,924	828,924	828,922
RN_2	827,549	827,544	827,544	827,544

Como pode ser observado nos resultados da Tabela 12.10, existem pequenas diferenças entre os métodos utilizados.

12.8 Procedimentos para a verificação da qualidade de níveis topográficos

Da mesma forma que os demais instrumentos de medição, os níveis topográficos devem ser verificados periodicamente ou antes da realização de trabalhos importantes de nivelamento. Para tanto, recomenda-se adotar as especificações indicadas na Norma ISO 17.123-2, que trata dos requerimentos para o teste da qualidade de níveis topográficos utilizados em trabalhos de nivelamento geométrico. Os resultados obtidos com os testes realizados devem ser comparados com as especificações técnicas indicadas pelo fabricante do instrumento e avaliadas de acordo com as prerrogativas do trabalho a ser empreendido.

Os procedimentos indicados pela Norma se dividem em Simplificado e Completo. O primeiro se baseia em um número limitado de medições e, portanto, não resulta na indicação de um valor de desvio-padrão significativo para a qualidade do instrumento. Trata-se de um teste indicado para a verificação da precisão de níveis topográficos para serem usados em nivelamentos de pequenas áreas, como em canteiros de obras de construção civil, por exemplo. O teste completo, por sua, vez, é recomendado para a verificação da qualidade de níveis topográficos para serem utilizados em linhas de nivelamento ou em redes de nivelamento. O desvio-padrão, neste caso, é indicado com relação a 1 km de nivelamento duplo. Os procedimentos de campo e seus respectivos cálculos estão indicados no texto da Norma. O leitor interessado deverá consultar as normas específicas para mais detalhes.

12.9 Nivelamento trigonométrico

Nos casos em que o nivelamento geométrico não pode ser realizado, como em áreas de relevo com desnível elevado, ou quando o trabalho não exigir alta precisão, pode-se lançar mão de um outro tipo de nivelamento, denominado *nivelamento trigonométrico*. Trata-se, neste caso, da determinação da diferença de elevação por intermédio da medição da distância e do ângulo vertical entre pontos da superfície terrestre, conforme indicado na Figura 12.21.

Como o leitor deve notar, neste caso, em vez do estabelecimento de um plano de referência por meio de um nível topográfico, o nivelamento é realizado por meio de uma estação total.

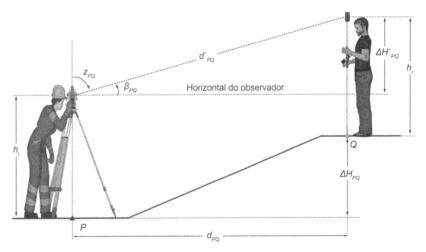

FIGURA 12.21 • Geometria do nivelamento trigonométrico.

Outra diferença com relação ao nivelamento geométrico é que, neste caso, para o nivelamento entre os pontos (P) e (Q) da Figura 12.21, a estação total é instalada sobre o ponto (P), o operador visa o prisma instalado sobre o ponto (Q) e mede o ângulo vertical de altura (β_{PQ}) ou o ângulo vertical zenital (z_{PQ}) e a distância inclinada (d'_{PQ}). O centro do instrumento encontra-se a uma altura (h_i) acima do ponto (P) e o centro do prisma a uma altura (h_r) acima do ponto (Q).

A altura do instrumento é medida com uma trena comum de aço e deve ser a distância entre o ponto no terreno sobre o qual ele está instalado e o vértice da medição (centro do instrumento), indicado no corpo da estação total, conforme ilustrado na Figura 12.22. Alguns instrumentos possuem dispositivos auxiliares próprios para essa medição e outros a realizam por meio de um medidor de distância *laser* inserido na validade do instrumento.

A altura do prisma é medida diretamente por meio de uma graduação gravada no corpo do bastão.

Nestas condições, têm-se:

$\Delta H'_{PQ}$ = distância vertical entre o centro da estação total e o centro do prisma;

ΔH_{PQ} = diferença de elevação entre (P) e (Q);

d'_{PQ} = distância inclinada entre (P) e (Q);

d_{PQ} = distância horizontal entre (P) e (Q);

β_{PQ} = ângulo vertical de altura medido com o instrumento;

z_{PQ} = ângulo vertical zenital medido com o instrumento;

hi = altura do instrumento;

hr = altura do refletor.

FIGURA 12.22 • Medição da altura do instrumento (h_i).

De onde, se obtêm:

$\Delta H'_{PQ} = d'_{PQ} * \text{sen}(\beta_{PQ})$ ou $\Delta H'_{PQ} = d'_{PQ} * \cos(z_{PQ})$ conforme equação (6.3)

$d_{PQ} = d'_{PQ} * \cos(\beta_{PQ})$ ou $d_{PQ} = d'_{PQ} * \text{sen}(z_{PQ})$ conforme equação (6.1)

O valor do desnível (ΔH_{PQ}) entre os pontos (P) e (Q) é calculado de acordo com a equação (12.39).

$$\Delta H_{PQ} = h_i + \Delta H'_{PQ} - h_r = \Delta H'_{PQ} + (h_i - h_r) = d'_{PQ} * \cos(z_{PQ}) + (h_i - h_r) \tag{12.39}$$

Se a altitude de (P) ou de (Q) for conhecida, obtém-se a altitude do outro ponto utilizando a equação (12.5). Assim, têm-se:

$$H_Q = H_P + \Delta H_{PQ} \tag{12.40}$$

$$H_P = H_Q - \Delta H_{QP} \tag{12.41}$$

As equações anteriores são gerais e válidas para quaisquer valores de (β) ou (z). O leitor deverá, porém, notar que se for usado o ângulo (β) é preciso considerar o seu sinal algébrico (+) ou (−) para o cálculo da distância vertical ($\Delta H'$). Se for usado o ângulo (z), o valor da distância vertical já terá o sinal algébrico correspondente ao valor do ângulo (z).

Uma das grandes vantagens do nivelamento trigonométrico com relação ao nivelamento geométrico é que o primeiro permite determinar diferenças de nível entre pontos distantes e com desníveis elevados. A qualidade do resultado, porém, é bem inferior ao nivelamento geométrico, conforme demonstrado na próxima seção.

Exemplo aplicativo 12.13

Foram realizadas duas visadas inclinadas entre dois alinhamentos PQ e PS, por meio das quais se obtiveram respectivamente os seguintes valores para as distâncias inclinadas e para os ângulos zenitais: 245,732 m, 292,146 m, 87°34'29" e 92°25'31". Sabendo que a altitude do ponto (P) é igual a 821,175 m, que a estação total foi instalada com uma altura igual a 1,561 m e que o prisma estava a 1,900 m acima do solo para ambos os casos, calcular a diferença de altitude entre os pontos (P) e (Q), (P) e (S) e a altitude do ponto (Q) e do ponto (S).

■ *Solução:*
Aplicando a equação (12.39), têm-se:

$\Delta H_{PQ} = 245{,}732 * \cos(87°\,34'\,29'') + (1{,}561 - 1{,}900) = 10{,}060\,\text{m}$

$\Delta H_{PS} = 292{,}146 * \cos(92°\,25'\,31'') + (1{,}561 - 1{,}900) = -12{,}702\,\text{m}$

As altitudes dos pontos (Q) e (S) são calculadas aplicando as equações (12.40) e (12.41). Assim, têm-se:

$H_Q = 821,175 + 10,060 = 831,235 \, m$

$H_S = 821,175 - 12,702 = 808,473 \, m$

12.9.1 Fórmula rigorosa para o nivelamento trigonométrico

As expressões apresentadas anteriormente são válidas somente quando a distância entre os pontos (P) e (Q) são suficientemente pequenas para que se possa desconsiderar a curvatura terrestre e a refração atmosférica vertical. Para distâncias longas será necessário aplicar expressões matemáticas que considerem tais efeitos, conforme descrito na sequência.

Seja então o caso de um nivelamento trigonométrico realizado com uma estação total estacionada sobre o ponto (P), visando o ponto (Q), conforme indicado na Figura 12.23.

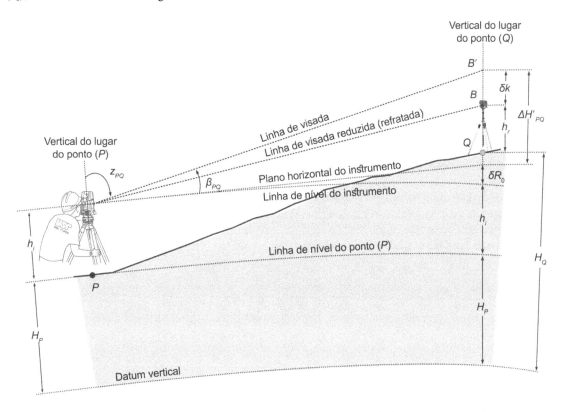

FIGURA 12.23 • Efeito da refração e da curvatura terrestre em um nivelamento trigonométrico.
Fonte: adaptada de Uren e Price (2010).

Notar pela Figura 12.23 que em razão da refração atmosférica vertical, embora a luneta do instrumento esteja orientada na direção do ponto (B'), o observador vê o ponto (B). Isso faz com que seja necessário aplicar as correções considerando-se a curvatura da Terra e a refração atmosférica, conforme indicado a seguir:

$$H_Q = H_P + h_i + \delta R_0 + \Delta H'_{PQ} - \delta k - h_r = H_P + \Delta H'_{PQ} + (h_i - h_r) + (\delta R_0 - \delta k) \tag{12.42}$$

Assim,

$$\Delta H_{PQ} = \Delta H'_{PQ} + (h_i - h_r) + (\delta R_0 - \delta k) \tag{12.43}$$

Como se sabe que:

$\delta R_0 = \dfrac{d_P^2}{2R_0}$ \qquad dado pela equação (12.29)

$\delta k = k * \dfrac{d_P^2}{2R_0}$ \qquad dado pela equação (12.31)

TOPOGRAFIA PARA ENGENHARIA

Tem-se:

$$(\delta R_0 - \delta k) = (1 - k) * \frac{\left[d'_{PQ} * \mathrm{sen}\left(z_{PQ} \right) \right]^2}{2R_0}$$

(12.44)

E, assim, tem-se a equação final para o nivelamento trigonométrico indicada a seguir:

$$H_Q = H_P + d'_{PQ} * \cos\left(z_{PQ} \right) + \left(h_i - h_r \right) + \left(1 - k \right) * \frac{\left[d'_{PQ} * \mathrm{sen}\left(z_{PQ} \right) \right]^2}{2R_0}$$

(12.45)

em que:

R_0 = raio médio local da Terra;

k = coeficiente de refração.

Notar que a diferença entre considerar ou não a curvatura da Terra e a refração atmosférica vertical é dada pela correção $(\delta R_0 - \delta k)$.[9]

No cálculo do efeito da refração atmosférica vertical, na maioria dos casos, se considera $k = 0{,}13$. Porém, como já destacado na *Seção 6.2.11 – Cálculo do valor do coeficiente de refração vertical (k)*, esse valor pode variar sensivelmente e, sempre que possível, deve ser determinado para as condições do local do levantamento. Em todo caso, considerando $k = 0{,}13$, para distâncias da ordem de 120 metros, a correção combinada dos fatores aqui mencionados é inferior a 1 mm. Ocorre, porém, que a correção cresce com o quadrado da distância. Assim, para uma distância de 1 km, a correção é da ordem de 6,8 cm e para uma distância igual a 400 metros ela é da ordem de 1 centímetro.

Conforme já citado, em face da quantidade de variáveis que interferem no resultado da medição, este tipo de nivelamento possui qualidade inferior à de um nivelamento geométrico. Em geral, se espera precisões da ordem de 3 a 4 cm em um nivelamento trigonométrico de 1 km, mesmo corrigindo a curvatura da Terra e a refração atmosférica vertical, enquanto em um nivelamento geométrico ela é da ordem de 2 a 3 mm.

Para estimar o valor da precisão ($s_{\Delta H}$) de um nivelamento trigonométrico, o leitor pode aplicar a equação (12.46).

$$s_{\Delta H} = \pm \sqrt{\left[\cos\left(z \right) * s_{d'} \right]^2 + \left[d' * \mathrm{sen}\left(z \right) * s_z \right]^2 + \frac{\left[d' * \mathrm{sen}\left(z \right) \right]^4}{4\left[R_0 * \mathrm{sen}\left(z \right) \right]^2} * s_k^2 + s_{h_i}^2 + s_{h_r}^2}$$

(12.46)

em que:

s_d = precisão linear da estação total;
s_z = precisão angular da estação total, em radianos;
s_k = precisão do coeficiente de refração;
s_{hi} = precisão da medição da altura do instrumento;
s_{hr} = precisão da medição da altura do prisma.

Assim, por exemplo, para o caso do nivelamento trigonométrico de um trecho de 100 metros realizado com uma estação total de precisão linear igual a 2 mm + 2 ppm, precisão angular igual a $5''$, precisão do coeficiente de refração igual a 0,1, precisão da medição da altura do instrumento igual a 3 mm e do prisma igual a 1 mm, cujo ângulo vertical zenital é igual a $89°00'00''$, pode-se esperar uma precisão de nivelamento igual a $s_{\Delta H} = \pm\sqrt{0{,}001 + 5{,}874 + 0{,}006 + 9 + 1} = \pm 4{,}0\,\mathrm{mm}$, desde que se corrija o efeito da curvatura terrestre e da refração atmosférica vertical. Para essa mesma distância, a precisão do nivelamento geométrico seria inferior a 1 mm. Notar que a precisão da distância tem pouca influência na determinação da precisão do nivelamento. Se a altura do instrumento e do prisma forem bem medidas, o fator decisivo é a precisão da medição angular, razão pela qual se recomenda utilizar instrumentos calibrados e realizar séries de medições nas duas faces da luneta.

Dessa forma, para os trabalhos de Engenharia em que a precisão de ± 1 cm é aceitável, pode-se realizar um nivelamento trigonométrico sem considerar a curvatura terrestre e o efeito da refração atmosférica para distâncias inferiores a 220 metros. A precisão milimétrica será dificilmente atingida.

O leitor não deve esquecer a dificuldade em se estabelecer corretamente o valor do coeficiente de refração atmosférica, que pode afetar o resultado da precisão do nivelamento trigonométrico em 1 a 2 mm. Assim, para evitar a consideração da curvatura da Terra e da refração atmosférica vertical, recomenda-se, sempre que possível, realizar nivelamentos trigonométricos por intermédio de visadas recíprocas e simultâneas, conforme apresentado na próxima seção.

---

[9] Também indicado como (*c-r*) por alguns autores.

Exemplo aplicativo 12.14

Considerando os dados do Exemplo aplicativo 6.5, calcular a altitude do ponto (Q) considerando a curvatura da Terra e a refração atmosférica vertical. Sabendo que o instrumento utilizado possui precisão linear igual a 1 mm + 1 ppm, precisão angular igual a 1″, precisão do coeficiente de refração igual a 0,04 e que as alturas do instrumento e do prisma forma medidos com precisão da ordem de 1 mm, calcular a precisão do nivelamento realizado.

■ *Solução:*
De acordo com os dados do Exemplo aplicativo 6.5, sabe-se que:

Distância inclinada = 1.045,022 m

$z_{PQ} = 84°32'58''$ $H_P = 700,456$ m
$h_i = 1,295$ m $h_r = 1,273$ m
$k = 0,422$ $R_0 = 6.362.747$ m

Assim, aplicando a equação (12.45), tem-se o seguinte valor para a altitude do ponto (Q):

$$H_Q = 700,456 + 1.045,022 * \cos(84°32'58'') + (1,295 - 1,273) + (1 - 0,422) * \frac{[1.045,022 * \operatorname{sen}(84°32'58'')]^2}{2 * 6.362.747} = 799,790 \text{ m}$$

A precisão da diferença de nível é dada pela equação (12.46). Assim, tem-se:

$$s_{\Delta H} = \pm\sqrt{0,019 + 25,437 + 11,677 + 1 + 1} = \pm 6,3 \text{ mm}$$

Ou seja, $H_Q = 799,790 \text{ m} \pm 6,3 \text{ mm}$.

12.9.2 Nivelamento trigonométrico recíproco e simultâneo

De forma semelhante ao nivelamento geométrico, também para o nivelamento trigonométrico o efeito da curvatura da Terra e da refração atmosférica vertical podem ser eliminados se as observações de campo forem realizadas de forma recíproca e simultâneas. Seja, por exemplo, o caso do nivelamento trigonométrico entre dois pontos (A) e (B), conforme indicado na Figura 12.24.

O procedimento de medição, nesse caso, pode ser exatamente igual ao indicado na *Seção 6.2.10 – Cálculo da distância elipsoidal por intermédio de visadas recíprocas e consecutivas*, ou simplificado, conforme indicado na Figura 12.24. Nesse caso, as visadas recíprocas são realizadas instalando um prisma ao lado de cada instrumento, de forma que se possa realizar leituras simultâneas e recíprocas entre os pontos (A) e (B). Assim, o instrumento instalado no ponto (A) possui altura (hi_A) e o prisma refletor instalado ao lado do ponto (B) possui altura igual a (hr_B). Do outro lado, ocorre o oposto. Assim, têm-se:

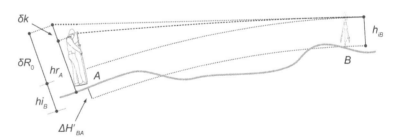

FIGURA 12.24 • Visadas recíprocas.
Fonte: Adaptada de Irvine (1974).

$$H_B = H_A + hi_A + \delta R_0 - \delta K - hr_B + \Delta H'_{AB} \tag{12.47}$$

$$H_A = H_B + hi_B + \delta R_0 - \delta K - hr_A + \Delta H'_{BA} \tag{12.48}$$

A diferença de altitude entre os pontos (A) e (B) é dada pela equação (12.49).

$$\Delta H_{AB} = \frac{1}{2}\left[(hi_A - hi_B) + (\Delta H'_{AB} - \Delta H'_{BA}) + (hr_B - hr_A)\right] \tag{12.49}$$

254 TOPOGRAFIA PARA ENGENHARIA

Exemplo aplicativo 12.15

Considerando novamente os valores medidos em campo do Exemplo aplicativo 6.5, considere-se agora as observações simultâneas e recíprocas obtidas entre os pontos (P) e (Q). Com esses dados, calcular a diferença de altitude entre os dois pontos.

■ *Solução:*
De acordo com os dados do Exemplo aplicativo 6.5, sabe-se que:

Distância inclinada $= 1.045,022$ m
$z_{PQ} = 84°32'58''$
$h_{iP} = 1,295$ m
$h_{iQ} = 1,293$ m

$z_{QP} = 95°27'21,5''$
$h_{rQ} = 1,273$ m
$h_{rP} = 1,275$ m

Assim, aplicando a equação (12.49) e considerando que as alturas dos instrumentos e dos prismas se repetem, tem-se o seguinte valor para a diferença de altitude entre os pontos (P) e (Q):

$$\Delta H_{PQ} = \frac{1.045,022 * \left[\cos\left(84° \, 32' 58,0''\right) - \cos\left(95° \, 27' 21,5''\right) \right]}{2} = 99,312 \text{ m}$$

Nota: recomenda-se aos leitores compararem os resultados deste Exemplo aplicativo com os do Exemplo aplicativo anterior. Além disso, considerando os valores indicados no Exemplo aplicativo 6.5, podem-se fazer várias outras análises e comparações interessantes.

12.9.3 Caminhamento com nivelamento trigonométrico

Embora muito pouco utilizado, podem existir situações em que é necessário realizar um caminhamento com nivelamento trigonométrico. Nesses casos, o procedimento de campo é praticamente igual ao caminhamento de um nivelamento geométrico e, da mesma forma, pode ser categorizado em caminhamento simples ou misto e deve ser fechado ou apoiado para permitir a verificação do erro de fechamento.

O procedimento de campo consiste em instalar a estação total em um ponto (S) a meio caminho da distância entre os pontos (P) e (Q) e realizar as observações de ângulos verticais e distâncias inclinadas, conforme indicado anteriormente. Assim, de acordo com a equação (12.39), têm-se:

Para a leitura de ré entre o ponto (S) e o ponto (P):

$$\Delta H_{SP} = \Delta H'_{SP} + \left(hi - hr_P\right) \tag{12.50}$$

Para a leitura de vante entre o ponto (S) e o ponto (Q):

$$\Delta H_{SQ} = \Delta H'_{SQ} + \left(hi - hr_Q\right) \tag{12.51}$$

E, assim, por se tratar de um nivelamento trigonométrico, tem-se:

$$\Delta H_{PQ} = \Delta H_{SQ} - \Delta H_{SP} = \left(\Delta H'_{SQ} - \Delta H'_{SP}\right) - \left(hr_Q - hr_P\right) \tag{12.52}$$

em que:

ΔH_{SP} = desnível entre o ponto sobre o qual o instrumento está instalado e o ponto (P);

ΔH_{SQ} = desnível entre o ponto sobre o qual o instrumento está instalado e o ponto (Q);

$\Delta H'_{SP}$ = distância vertical da visada ré;

$\Delta H'_{SQ}$ = distância vertical da visada vante;

h_i = altura do instrumento;

hr_P, hr_Q = altura dos refletores em (P) e (Q).

Exemplo aplicativo 12.16

A partir do *RN-EESC*1 de altitude igual a 845,150 metros, foi realizado um caminhamento com nivelamento trigonométrico até o ponto *RN-STT*1, cuja altitude é conhecida e igual a 815,592 metros. Os valores medidos em campo estão indicados na Tabela 12.11. A altura do prisma foi mantida fixa em todas as medições. Considerando os valores indicados, verificar o erro de fechamento no ponto *RN-STT*1.

■ *Solução:*
Como se trata de um nivelamento trigonométrico por caminhamento e com a altura do prisma fixa para todas as medições, os valores dos desníveis podem ser calculados aplicando a equação (12.52), desconsiderando o termo relativo à altura do prisma. Os valores calculados estão indicados nas colunas destacadas da Tabela 12.11.

TABELA 12.11 • Valores medidos em campo e valores calculados

Ponto visado	Leitura de ré			Leitura de vante			Desnível [m]	Altitude [m]
	Ângulo vertical	Distância inclinada [m]	Distância vertical [m]	Ângulo vertical	Distância inclinada [m]	Distância vertical [m]		
RN-EESC1	84°51'52"	23,5355	2,1067	–	–	–	–	845,150
1	86°44'31"	25,9653	1,4757	91°49'08"	24,0742	−0,7641	−2,8708	842,279
2	87°28'52"	53,0878	2,3331	90°38'55"	25,5520	−0,2893	−1,7649	840,514
3	87°04'52"	55,8535	2,8442	91°39'58"	53,1692	−1,5459	−3,8790	836,635
4	87°04'57"	65,6203	3,3399	91°34'51"	54,0200	−1,4903	−4,3344	832,301
5	85°42'03"	51,5500	3,8644	92°30'35"	65,4459	−2,8658	−6,2057	826,095
6	87°46'34"	87,1178	3,3806	91°35'43"	51,4898	−1,4334	−5,2978	820,797
7	89°05'42"	19,7056	0,3112	91°36'11"	72,2160	−2,0202	−5,4008	815,396
RN-STT1				88°45'51"	22,5358	0,4860	0,1748	**815,571**

Comparando o resultado do nivelamento com o valor conhecido da altitude do ponto RN-EESC1, verifica-se que houve um erro de fechamento igual a 21 mm. Segundo a NBR 13.133, o nivelamento trigonométrico realizado é classificado como tipo IIIN (ver Tabela 8 da referida norma). Considerando que o comprimento do trecho nivelado é aproximadamente igual a 750 metros, a tolerância para o fechamento do nivelamento é igual a 130 mm. Assim, de acordo com a NBR 13.133, o nivelamento realizado possui erro de fechamento abaixo da tolerância e pode ser aceito como de boa qualidade.

12.10 Nivelamento com a tecnologia GNSS

Antes de o leitor prosseguir com o estudo desta seção, recomenda-se consultar o *Capítulo 20 – Sistemas de navegação global* (*GNSS*).

Dá-se o nome de nivelamento com a tecnologia GNSS ao nivelamento realizado por meio de levantamentos GNSS em modo relativo (pós-processado ou *RTK*). O procedimento de campo, neste caso, consiste em instalar a antena receptora de referência sobre um ponto de coordenadas (X, Y, h) conhecidas e mover a antena receptora remota sobre os pontos cujas coordenadas se deseja conhecer. Nesse caso, as elevações obtidas para os pontos nivelados são as alturas elipsoidais, cujos valores são determinados a partir da altura elipsoidal do ponto de referência. Em condições favoráveis, é possível alcançar precisões centimétricas e até milimétricas com o uso desta tecnologia. Em geral, considera-se que a precisão altimétrica é da ordem de 1,5 a 2,0 vezes a precisão planimétrica. Um nivelamento desse tipo é extremamente rápido se comparado aos demais, principalmente, quando realizado no modo diferencial *RTK*.

Conforme ilustrado na Figura 12.25, é importante notar que as observações GNSS permitem calcular a diferença de altura elipsoidal $\Delta h_{PQ} = h_Q - h_P$ e não a diferença de altitude ortométrica $\Delta H_{PQ} = H_Q - H_P$. Dessa forma, caso se deseje conhecer o valor da diferença de altitude ortométrica, é preciso conhecer a *ondulação geoidal* para os pontos (P) e (Q). A este respeito existem três soluções que podem ser utilizadas, conforme descrito a seguir:

1. *Calcular o valor da altura geoidal para cada ponto de nivelamento e realizar as correções das alturas elipsoidais para altitude ortométrica. Os detalhes sobre este tipo de correção estão descritos na Seção 3.5.1 – Ondulação geoidal.*

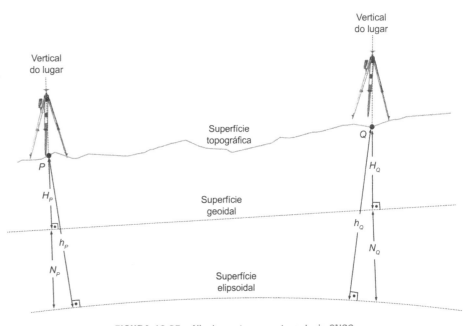

FIGURA 12.25 • Nivelamento com a tecnologia GNSS.

2. *Determinar a ondulação geoidal da região ou a altura geoidal para cada ponto de nivelamento.* Este tipo de ação exige que sejam realizadas medições gravimétricas na região de interesse.
3. *Caso se conheça o valor da altitude ortométrica do ponto onde será instalado a antena GNSS da base, esse valor pode ser indicado como se fosse a altura elipsoidal (h).* Os demais pontos medidos com o receptor remoto terão então as suas alturas relacionadas com o valor da altitude indicada para a base. Este procedimento é perfeitamente adequado para aplicações localizadas, como em pequenas obras de Engenharia Civil, onde a variação da ondulação geoidal é muito pequena. Deve-se, contudo, tomar cuidado para não aplicá-la indiscriminadamente. Nesse caso, e de acordo com a Figura 12.25, tem-se:

$$H_Q - H_P \cong h_Q - h_P \qquad (12.53)$$

Os *softwares* de processamento GNSS possuem, geralmente, um modelo geoidal incorporado, que permitem obter os valores das ondulações geoidais e a partir delas as altitudes ortométricas dos pontos a serem nivelados. O problema, porém, é que os modelos geoidais incorporados, muitas vezes, são globais e podem gerar valores inconsistentes para regiões específicas.

Outro procedimento que pode ajudar a melhorar a qualidade do nivelamento GNSS é medir as altitudes (*H*) de alguns pontos da região do nivelamento, por meio de um nivelamento geométrico clássico, determinar a variação da ondulação geoidal naquela região e considerá-la constante (linear) para os demais pontos. Pode-se, em seguida, calcular as ondulações geoidais de outros pontos por meio de uma interpolação linear tomando como base os pontos de altitudes conhecidas.

Para salientar a preocupação com o uso da tecnologia GNSS considere-se a Figura 12.26 em que se mostra a diferença entre as alturas elipsoidais e as altitudes geométricas em uma barragem. Como ilustrado, pela medição com a tecnologia GNSS, em que $h_A > h_B$, deduzir-se-ia que o ponto (*A*) está situado em uma posição mais elevada que o ponto (*B*), o que, evidentemente, não é verdade. Já pela altitude ortométrica, tem-se $H_A = H_B$.

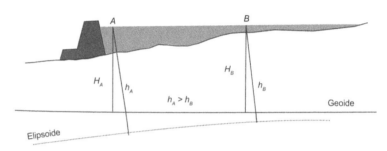

FIGURA 12.26 • Ilustração de um exemplo prático da diferença entre alturas elipsoidais e altitudes ortométricas.

Exemplo aplicativo 12.17

Como exemplo de nivelamento com a tecnologia GNSS, optou-se por realizar o rastreamento do ponto *RN001* do Exemplo aplicativo 12.9 tomando os pontos *RN006*, *RN018* e *RN020* como estações de referência. Os valores conhecidos das altitudes ortométricas das estações de referência estão indicados na Tabela 12.12. Com base nesses valores, calcular a altitude do ponto *RN001*.

TABELA 12.12 • Resultados do processamento GNSS

Estação de referência	Ponto remoto	Linha de base [m]	Altitude ortométrica calculada para o ponto RN001 [m]
RN006		220,343	811,044
RN018	RN001	269,837	811,080
RN020		105,481	811,012

■ *Solução:*
Conforme indicado na seção anterior, tendo em vista o tamanho pequeno das linhas de base, a solução do exercício pode ser obtida considerando a ondulação geoidal como constante entre os pontos rastreados. Neste caso, o processamento do rastreamento GNSS deve ser realizado indicando os valores das alturas elipsoidais das estações de referência como iguais aos valores das altitudes ortométricas conhecidas para esses pontos. Os resultados do processamento realizado nestas condições estão indicados na Tabela 12.12.

O valor da altitude do ponto RN001 pode ser calculado aplicando a equação (12.16). Assim, tem-se:

$$H_{RN001} = \frac{\dfrac{811,044}{220,343} + \dfrac{811,080}{269,837} + \dfrac{811,012}{105,481}}{\dfrac{1}{220,343} + \dfrac{1}{269,837} + \dfrac{1}{105,481}} = 811,034 \text{ m}$$

Caso as distâncias não permitam que se desconsidere a ondulação geoidal, o mesmo cálculo pode ser repetido inserindo a ondulação geoidal calculada, por exemplo, por meio do programa *MAPGEO2015* do IBGE.

12.11 Nivelamento com nível *laser*

O nivelamento com nível *laser* pode ser considerado um caso particular de nivelamento geométrico. A diferença, neste caso, é que o *nível óptico* é substituído por um *nível laser*, que gera um plano de nivelamento por meio de um feixe *laser* visível, girando continuamente em torno de um eixo vertical do instrumento e coincidente com a vertical do lugar, conforme apresentado na *Seção 8.5.3 – Nível laser* e ilustrado na Figura 12.27. Por intermédio de um sensor de feixe *laser*, fixado a uma mira graduada, o operador determina as diferenças de elevações entre quaisquer pontos em um canteiro de obra, por exemplo.

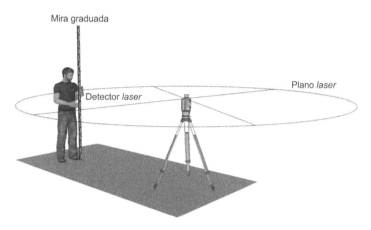

FIGURA 12.27 • Nivelamento com nível *laser*.

O nivelamento com nível *laser* é geralmente aplicado para o controle horizontal de obras de construção civil. O instrumento é instalado em um local seguro e apropriado da obra e gera continuamente um plano horizontal durante todo o período de trabalho. Todo técnico da obra, que tiver um sensor do feixe *laser* disponível, poderá utilizá-lo para nivelar elementos do canteiro de obra. O instrumento pode também ser posicionado de maneira a gerar um plano vertical ou inclinado, permitindo, assim, o seu uso em várias aplicações. O leitor interessado pode encontrar em portais de internet especializados ou de fabricantes de instrumento, indicações de utilizações em diversos campos da Engenharia e da Arquitetura.

Os níveis *laser* podem também ser usados para o controle de máquinas de escavação e de terraplenagem. Nesses casos, os sensores são instalados adequadamente nas máquinas de forma a controlarem os movimentos verticais da lâmina ou do braço das mesmas, conforme ilustrado na Figura 12.28. As aplicações neste ramo da Engenharia Civil têm aumentado nos últimos anos. Recomenda-se ao leitor interessado consultar portais da Internet especializados para atualizações periódicas das tecnologias disponíveis.

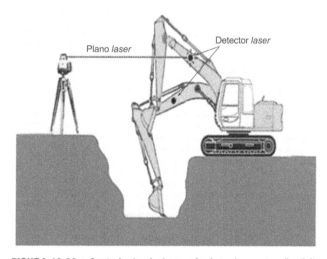

FIGURA 12.28 • Controle de nível em máquinas de construção civil.

13 Representação do relevo

13.1 Introdução

Para que um projeto de Engenharia possa ser desenvolvido ou implantado, muitas vezes, é necessário conhecer o relevo do terreno do local da obra. Os projetos de uma via de transporte, de uma barragem, de uma linha de transmissão de energia, de uma rede de distribuição de água, de uma rede de esgoto ou de um loteamento, citando apenas os mais expressivos, somente podem ser desenvolvidos se o projetista, além da localização dos elementos geográficos do terreno, dispuser também da representação do relevo da área onde ele será implantado, indicando as elevações, as depressões e os acidentes geográficos característicos do mesmo. A este respeito foram desenvolvidas, ao longo dos anos, várias formas de representação do relevo, que permitem aos profissionais da área de Geociências e de Engenharia representá-lo ou utilizá-lo adequadamente, de acordo com as necessidades de seus projetos. O estudo dos diferentes tipos de representações do relevo é o objeto deste capítulo. Neste contexto, apresenta-se na sequência uma breve descrição sobre as diversas formas de representação do relevo utilizadas em Engenharia.

13.2 Representação do relevo por meio de perfis e seções transversais do terreno

A representação do relevo de um terreno por meio do seu perfil ou de uma seção transversal do mesmo corresponde à representação gráfica de um corte vertical do relevo, mostrando as suas elevações e depressões ao longo de um alinhamento predefinido sobre o terreno.

A representação gráfica do relevo é desenhada sobre um plano reticulado, onde as distâncias são indicadas sobre o eixo horizontal e as elevações sobre o eixo vertical, conforme indicado na Figura 13.1.

Vários projetos de Engenharia utilizam-se desse tipo de representação do relevo para a definição de suas diretrizes geométricas. Um exemplo clássico é o uso do perfil

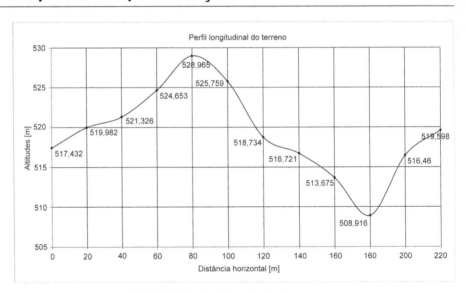

FIGURA 13.1 • Perfil longitudinal do terreno.

do terreno para a definição do traçado de uma via de transporte terrestre (rodovia ou ferrovia), como também para o projeto de um gasoduto, de uma adutora, do arruamento de um loteamento, entre outros.

O desenho do perfil ou da seção transversal de um terreno pode ser realizada por intermédio de três procedimentos de determinação de altitudes, conforme indicados a seguir:

- por intermédio de um nivelamento topográfico;
- por intermédio da interpolação de pontos sobre uma representação gráfica com curvas de nível;
- por intermédio de um Modelo Numérico de Terreno (MNT).

13.2.1 Desenho do perfil ou da seção transversal do terreno por meio de um nivelamento topográfico

O procedimento, neste caso, consiste em calcular as altitudes dos pontos característicos de um alinhamento do perfil ou de uma seção transversal, por meio da aplicação de um método de nivelamento, conforme descrito no *Capítulo 12 – Altimetria*. A operação de campo é relativamente simples, consistindo apenas no estabelecimento do alinhamento sobre o terreno e no nivelamento dos pontos característicos do relevo ao longo desse alinhamento. A escolha do método de nivelamento dependerá da precisão especificada para o projeto. Na maioria dos casos, ele é realizado por intermédio de um nivelamento geométrico composto. Existem casos, porém, em que um nivelamento trigonométrico ou um nivelamento com a tecnologia GNSS podem também atender as necessidades de projetos específicos.

A escolha dos pontos a serem nivelados depende do propósito para o qual o perfil (ou a seção transversal) será levantado. Se o projeto exigir um detalhamento completo das variações do relevo ao longo do alinhamento, o engenheiro deverá optar pela medição das altitudes de todos os pontos que indicarem uma variação do desnível do terreno. Para os demais casos, ele poderá optar pela medição das altitudes de pontos equidistantes ao longo do alinhamento, geralmente, a cada 20 metros.

O procedimento de campo para o nivelamento do perfil longitudinal ou das seções transversais é praticamente o mesmo, independentemente do método de nivelamento empregado. Inicialmente, o engenheiro deverá definir o alinhamento no campo, por meio de um método de levantamento topográfico que melhor se adapte à forma do terreno e aos equipamentos que ele tenha disponível. Em seguida, o auxiliar deverá percorrer o alinhamento posicionando a mira, no caso de um nivelamento geométrico, ou o prisma refletor, no caso de um nivelamento trigonométrico, sobre os pontos relevantes do relevo ou sobre os pontos equidistantes do perfil.

O operador do nível topográfico ou da estação total realiza, em seguida, o nivelamento dos pontos ocupados pelo auxiliar, sempre considerando as prerrogativas sobre os métodos de nivelamento apresentadas no *Capítulo 12 – Altimetria*. Caso o projeto permita usar o método de nivelamento com a tecnologia GNSS, o operador do instrumento terá apenas que caminhar sobre o alinhamento ou a seção transversal, posicionando a antena receptora GNSS sobre os pontos de interesse. No modo pós-processado,[1] será necessário dirigir o operador sobre o alinhamento. No modo RTK, a interface gráfica do receptor GNSS (coletor de dados) indicará o caminho a ser seguido e, para os casos de medição de pontos equidistantes, também os pontos a serem nivelados.

No caso específico das seções transversais, conforme ilustrado na Figura 13.2, elas são definidas perpendicularmente ao eixo do alinhamento estabelecido previamente sobre o terreno. Em geral, as seções são equidistantes entre si e possuem o mesmo comprimento em ambos os lados do eixo do alinhamento.

Um exemplo típico dos valores medidos em campo para o levantamento de uma seção transversal de terreno para uma rodovia está indicado na Tabela 13.1. Neste caso, a seção transversal possui 50 metros de cada lado do eixo do alinhamento e foram nivelados somente os pontos característicos do terreno em cada lado da seção. As Figuras 13.3a e 13.3b mostram o desenho da seção transversal em planta e em perfil, respectivamente.

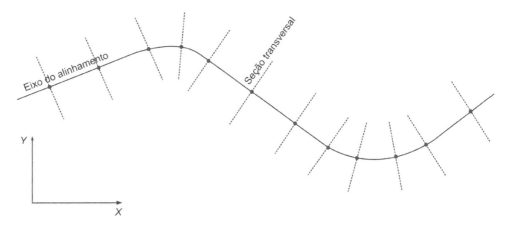

FIGURA 13.2 • Ilustração da planta de um alinhamento com seções transversais.

TABELA 13.1 • Exemplo de valores medidos em campo

Lado esquerdo (LE) [m]	Estaca	Lado direito (LD) [m]
$-\dfrac{0,80}{19,00}$, $+\dfrac{1,20}{19,00}$, $+\dfrac{0,60}{12,00}$	[112] Altitude = 845,236 m	$+\dfrac{0,80}{10,00}$, $+\dfrac{0,65}{9,00}$, $+\dfrac{1,40}{13,00}$, $+\dfrac{0,35}{9,00}$, $+\dfrac{1,20}{9,00}$

---

[1] Em face da disponibilidade de instrumentos para operação em modo RTK, as medições em modo pós-processado para nivelamento topográfico são muito pouco utilizadas.

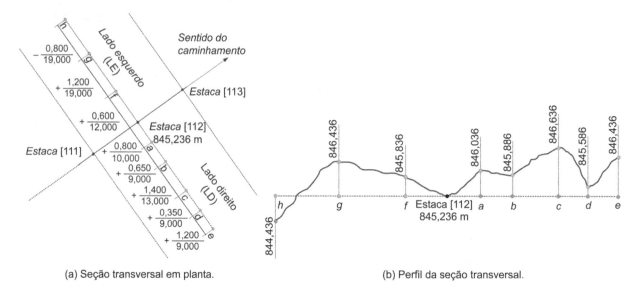

(a) Seção transversal em planta. (b) Perfil da seção transversal.

FIGURA 13.3 • Exemplo de elementos geométricos da seção transversal de terreno levantado para uma rodovia.

13.2.2 Desenho do perfil ou da seção transversal por intermédio da interpolação de pontos sobre uma representação gráfica com curvas de nível

O procedimento para a determinação do perfil (ou da seção transversal) do terreno, neste caso, consiste em traçar o alinhamento sobre o qual se deseja conhecer o perfil, sobre as curvas de nível representadas sobre uma planta topográfica e interpolar manualmente os valores das altitudes dos pontos equidistantes do alinhamento ou os valores inteiros das curvas de nível que interceptam o alinhamento. Em seguida, desenha-se o perfil considerando as altitudes inteiras ou interpoladas com suas distâncias correspondentes. A Figura 13.4 ilustra um exemplo de uma tangente com seção transversal traçada sobre as curvas de nível e o desenho do perfil da seção transversal correspondente.

Com as tecnologias de representação do relevo disponíveis atualmente, este tipo de representação de perfis de terreno é pouco utilizado. Recomenda-se o seu uso apenas para casos especiais de anteprojetos em que se têm disponíveis apenas mapas em papel. Mesmo assim, é preferível escanear o mapa e transformar as suas curvas de nível em um conjunto de pontos com altitudes conhecidas para serem usados em um modelo numérico de terreno, por meio do qual pode-se elaborar o desenho do perfil automaticamente.

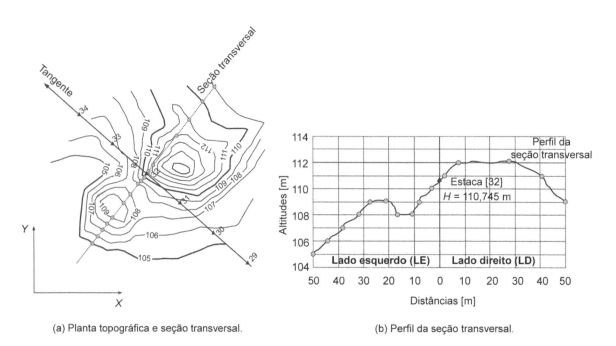

(a) Planta topográfica e seção transversal. (b) Perfil da seção transversal.

FIGURA 13.4 • Exemplo de elementos de perfil traçado a partir de uma planta com curvas de nível.

A precisão das altitudes interpoladas na planta com curvas de nível dependerá da qualidade da representação gráfica. Em geral, se obtém uma representação de perfil de baixa qualidade quando comparado aos demais métodos de desenho de perfil de terrenos.

13.2.3 Desenho do perfil ou da seção transversal por intermédio de um Modelo Numérico de Terreno (MNT)

Com o advento da Modelagem Numérica de Terreno (MNT), o procedimento de traçado de perfis ou de seções transversais por intermédio da interpolação de pontos sobre uma representação gráfica com curvas de nível praticamente perdeu a sua utilidade. Conforme descrito no *Capítulo 18 – Modelo numérico de terreno*, os sistemas de modelagem numérica de terreno permitem obter o traçado de qualquer perfil (ou seção transversal) definido sobre o modelo, bastando para isto que o usuário indique o alinhamento desejado sobre a representação gráfica da superfície modelada. Os detalhes do traçado desse tipo de perfil estão apresentados na *Seção 18.7.2 – Traçado de perfis de alinhamentos a partir de um MNT*.

13.2.4 Escalas para o desenho do perfil ou da seção transversal

Outro elemento importante a ser considerado na representação gráfica de um perfil ou da seção transversal de um terreno é a escolha das escalas do desenho. Geralmente, para evidenciar as elevações e as depressões do relevo utilizam-se escalas diferentes para as distâncias, no eixo horizontal, e para as altitudes, no eixo vertical. A relação mais comum é representar a vertical com um exagero de 10 vezes em relação à horizontal. Por exemplo, uma escala horizontal igual a 1:10.000 e a vertical igual a 1:1.000. Utiliza-se este recurso para que se tenha uma representação mais contundente das variações do relevo.

13.3 Representação do relevo por meio de pontos cotados ou nuvem de pontos

A representação do relevo por meio de pontos cotados é um processo muito simples de representação da altimetria. Ele consiste, basicamente, em plotar sobre um desenho ou uma imagem as coordenadas (*X, Y, H*) dos pontos considerados importantes para a representação do relevo em questão. A localização e a altitude dos pontos, neste caso, são determinados por levantamento e nivelamento topográficos. Na prática, é um caso típico de levantamento por nivelamentos trigonométricos ou nivelamentos com a tecnologia GNSS. Quando é necessário representar uma alta densidade de pontos,

FIGURA 13.5 • Representação do relevo por pontos cotados.
Fonte: adaptada de Prefeitura de São Paulo, GeoSampa, Mapa Digital da Cidade de São Paulo.

pode-se ainda recorrer ao uso de instrumentos de varredura *laser* terrestre ou aéreo, dependendo da acurácia exigida para o levantamento. Para casos específicos, pode-se também utilizar processos aerofotogramétricos para este fim.

A representação do relevo se dará por intermédio da superposição dos valores das altitudes dos pontos cotados sobre a planta do terreno, conforme indicado na Figura 13.5. Em geral, uma ortofoto.[2]

13.4 Representação do relevo por meio de curvas de nível

Uma curva de nível é uma *isolinha*, ou seja, uma linha desenhada em planta representando uma sequência de pontos com o mesmo valor altimétrico. É de praxe representá-las com valores inteiros de altitude ou cota. Pode-se imaginá-las como o traçado das extremidades das superfícies horizontais geradas pela interseção de vários planos horizontais paralelos com a massa do terreno, conforme indicado na Figura 13.6.

A distância vertical que separa dois planos horizontais consecutivos deve ser constante. Ela determina a equidistância entre as curvas de nível no desenho, cujo valor depende das diretrizes do projeto para o qual as curvas estão sendo representadas e da escala do desenho. Geralmente, elas são desenhadas em intervalos de 1, 5, 10, 25 e 50 metros com os valores das altitudes indicados a cada quinta curva, a qual é destacada no desenho com um traço colorido ou com espessura diferente (mais grossa).

---

[2] Para mais detalhes, ver *Capítulo 22 – Aerofotogrametria*.

Em alguns casos, além das curvas de nível, é necessário indicar também alguns pontos notáveis do terreno sobre o desenho para representar pontos críticos do mesmo, tais como, picos, depressões e outros pontos de interesse para o projeto. A Figura 13.7 ilustra um exemplo típico de uma planta topográfica com representação em curvas de nível.

A ordem dos valores altimétricos das curvas de nível indica se elas representam uma elevação ou uma depressão. Se as curvas de nível de menor valor envolverem as curvas de maior valor, tem-se uma elevação. No caso contrário, tem-se uma depressão, conforme ilustrado na Figura 13.8.

Para que a representação gráfica por meio de curvas de nível reflita ao máximo as condições altimétricas do terreno, o engenheiro deve destacar alguns acidentes geográficos elementares do relevo durante o levantamento de campo, tais como, os *talvegues*, os *espigões*, os *divisores de água*, o *pé* e a *crista de taludes*. A identificação desses acidentes geográficos auxilia no traçado das curvas de nível, uma vez que eles influirão no formato das mesmas. Da mesma forma, devem-se indicar também as zonas mortas e os muros de arrimo existentes no terreno.

Para os leitores menos habituados com os termos antes indicados, apresenta-se a seguir o significado de cada um deles.

Talvegue: o contrário de espigão. Linha mais ou menos sinuosa do fundo dos vales, pela qual correm os cursos d'água.

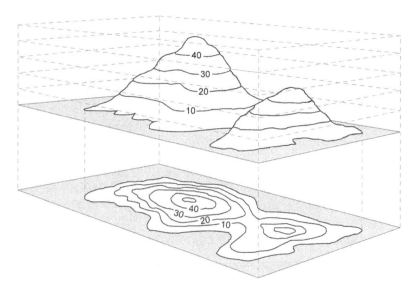

FIGURA 13.6 • Ilustração da geração gráfica de curvas de nível do relevo de um terreno.

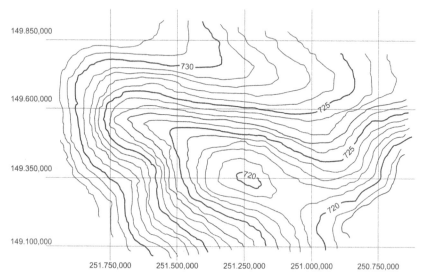

FIGURA 13.7 • Desenho topográfico com representação de curvas de nível.

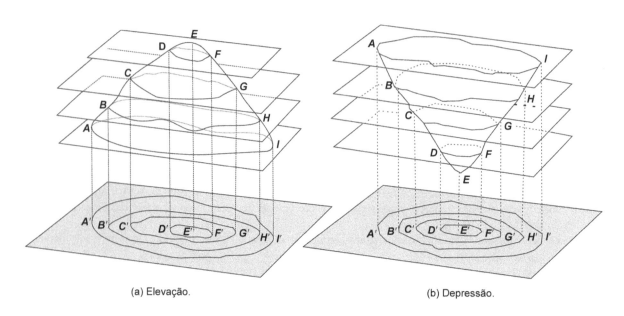

(a) Elevação.

(b) Depressão.

FIGURA 13.8 • Interpretação das curvas de nível.

Divisores de água: também designados de *divisores topográficos* ou *linha de cumeada* ou *espigão* são definidos pela linha imaginária que une os pontos das cristas das elevações do terreno que separam a drenagem da precipitação entre duas bacias topográficas adjacentes.

A Figura 13.9 ilustra um exemplo de talvegues e de divisores de água em um relevo.

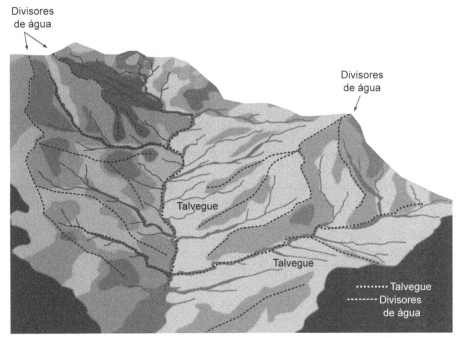

FIGURA 13.9 • Vista 3D de um relevo com indicação de acidentes geográficos.

Pé de talude: é a parte mais baixa do talude.
Crista de talude: é a parte mais alta do talude.
Zona morta: área do terreno sobre a qual não é possível representar as curvas de nível, como as áreas cobertas por vegetação densa, alagadas ou construídas.

A Figura 13.10 ilustra um exemplo de crista e pé de talude de uma rodovia.

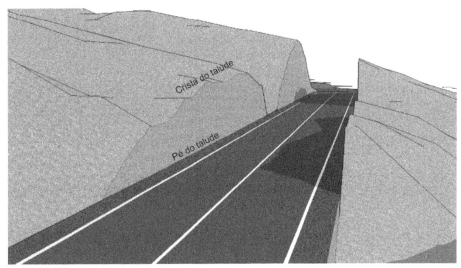

FIGURA 13.10 • Pé e crista do talude de um corte de uma rodovia.

13.4.1 Principais características das curvas de nível

Para que as curvas de nível sejam corretamente representadas, elas devem possuir as seguintes características:

1. Toda curva de nível deve se fechar em si mesmo, embora, com frequência, isso ocorra fora da planta topográfica em que ela está sendo desenhada.
2. As curvas de nível são perpendiculares à direção de máxima declividade do terreno.
3. A declividade entre duas curvas de nível consecutivas é considerada uniforme.
4. A distância horizontal entre as curvas de nível indica a taxa de declividade do terreno. Maior espaçamento indica menor declividade e vice-versa.
5. Curvas de nível irregulares indicam terreno rugoso, enquanto curvas de nível suaves indicam terreno uniforme.
6. Duas curvas de nível nunca se encontram, exceto em muros de arrimo ou em casos raros de cavidades.
7. Uma curva de nível nunca se divide em duas de mesma altitude.

13.4.2 Procedimentos de campo para a coleta de dados para a representação do relevo por meio de curvas de nível

Existem, basicamente, dois procedimentos de campo para a coleta de dados para a representação do relevo por meio de curvas de nível:

- levantamento dos pontos na forma de uma *malha regular*;
- levantamento dos pontos na forma de uma *malha irregular*.

O levantamento na forma de uma *malha regular* de pontos consiste em demarcar sobre o terreno uma área quadriculada, referenciada a algum elemento destacado do levantamento ou do terreno, que permita definir posteriormente a malha de pontos sobre a representação gráfica, ou seja, que permita o georreferenciamento da malha no desenho. Após a escolha do alinhamento de referência, procede-se à demarcação dos cruzamentos das quadrículas sobre o terreno, geralmente com pontos equidistantes a cada 20 metros. O procedimento de campo para a demarcação desses cruzamentos dependerá do tipo de instrumento topográfico disponível. Em geral, um teodolito ou uma estação total permite realizar o trabalho com rapidez e precisão. O levantamento com o uso da tecnologia GNSS em modo RTK é outra opção viável, dependendo do nível de precisão exigida pelo projeto.

Após a definição dos vértices da quadrícula sobre o terreno, cada um deles deve ser nivelado por meio de um dos métodos de nivelamento indicado no *Capítulo 12 – Altimetria*. Em casos específicos, para melhor representar o relevo, pode também ser necessário nivelar pontos notáveis do terreno, que se localizam fora dos cruzamentos da quadrícula, como no caso da existência de algum dos acidentes geográficos referidos anteriormente. A Figura 13.11 ilustra os procedimentos de campo para o levantamento altimétrico dos vértices de todas as quadrículas regulares da área, por meio de um nivelamento geométrico composto.

FIGURA 13.11 • Nivelamento de pontos de uma malha quadriculada por intermédio de um nivelamento geométrico.

O levantamento na forma de uma *malha irregular de pontos* consiste em nivelar pontos distribuídos irregularmente sobre o terreno, em função dos acidentes geográficos do mesmo. O procedimento de campo, neste caso, compreende escolher visualmente os pontos notáveis do terreno e realizar o levantamento altimétrico dos mesmos por meio de um dos métodos de nivelamento topográfico. Em geral, ele é realizado por intermédio de um nivelamento trigonométrico ou de um nivelamento com a tecnologia GNSS.

No caso do nivelamento trigonométrico, o procedimento de campo consiste em materializar uma poligonal topográfica sobre o terreno e, a partir dela, irradiar os pontos de nivelamento (ver Fig. 13.12a). No caso de nivelamento com receptores GNSS em modo RTK, o procedimento de campo equivale a deslocar-se pelo terreno, de forma planejada, medindo convenientemente os pontos de interesse de nivelamento, conforme ilustrado na Figura 13.12b.

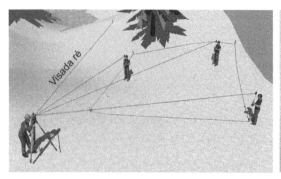 

(a) Nivelamento trigonométrico com estação total.   (b) Nivelamento com a tecnologia GNSS-RTK.

FIGURA 13.12 • Nivelamento por irradiação com estação total e com receptores GNSS-RTK.

13.4.3 Desenho das curvas de nível

O desenho das curvas de nível pode ser realizado manualmente ou por meio de um programa aplicativo de modelagem digital de terreno, conforme indicado na *Seção 18.7.1.3 – Desenho da curva de nível*. Nesta seção discute-se apenas os procedimentos para o desenho manual.

Para realizar o desenho manual das curvas de nível de determinada área de terreno é necessário conhecer os valores das altitudes ou cotas dos pontos altimétricos, indicados sobre uma planta topográfica, conforme ilustrado no exemplo da Figura 13.13. Neste caso, uma malha regular de pontos com comprimento de 20 × 20 m.

O processo de desenho consiste em determinar a localização dos pontos com valores de altitude (ou cota) inteiros, por meio de uma interpolação linear entre os valores de altitude de seus vizinhos, e conectá-los por uma linha sinuosa, que represente a curva de nível, conforme ilustrado na Figura 13.7.

Para ilustrar o processo de determinação dos pontos de altitudes com valores inteiros, considere-se a porção da malha indicada na Figura 13.14.

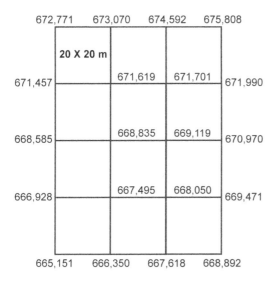

FIGURA 13.13 • Malha regular de pontos a serem interpolados para gerar curvas de nível.

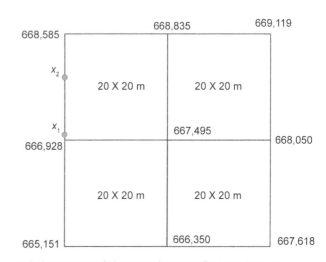

FIGURA 13.14 • Vértices para interpolação dos valores de altitudes inteiros.

Em geral, se interpolam valores considerando as arestas da malha, por exemplo, entre os pontos com altitude 668,585 e 666,928 m. Os valores inteiros a serem interpolados, neste caso, são os valores de altitudes iguais a 667,000 e 668,000 m, que estão localizados na aresta correspondente.

Considerando o ponto de altitude 667,000 m, o cálculo a ser aplicado é o seguinte:

$$\frac{668,585 - 666,928}{20,000} = \frac{667,000 - 666,928}{x_1} \rightarrow x_1 = 0,87 \text{ m}$$

Para o ponto de altitude 668,000 m, tem-se:

$$\frac{668,585 - 666,928}{20,000} = \frac{668,000 - 666,928}{x_2} \rightarrow x_2 = 12,94 \text{ m}$$

Ou seja, as curvas de altitudes 667,000 e 668,000 m estão a 0,87 e 12,94 m, respectivamente, do ponto de altitude 666,928 m. Os pontos com valores assim calculados devem ser plotados sobre a aresta correspondente no desenho. Em seguida, o processo de cálculo deve ser repetido para todas as arestas da malha de pontos.

Com todos os pontos plotados sobre a malha, se realiza o desenho das curvas de nível unindo manualmente todos os pontos de mesma altitude, conforme ilustrado na Figura 13.15.

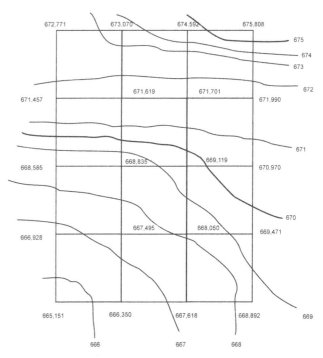

FIGURA 13.15 • Ilustração do traçado de curvas de níveis de valores inteiros obtidos por interpolação linear.

Ressalta-se que, para que as interpolações e o desenho das curvas de nível representem o relevo do terreno adequadamente, é necessário que o desenhista conheça as variações e os acidentes geográficos do relevo para realizar as interpolações necessárias.

Por muito tempo, o desenho das curvas de nível foi realizado manualmente e exigia habilidade do desenhista. Atualmente, como já citado, com as facilidades dos aplicativos dos sistemas de modelagem numérica de terreno em ambiente CAD, os traçados das curvas de nível são gerados automaticamente. Por esta razão, já não faz sentido preocupar-se com os detalhes dos procedimentos de desenho manual de curvas de nível. O princípio, entretanto, deve ser conhecido, inclusive para as análises dos resultados dos traçados automáticos.

A equidistância entre as curvas de nível deve ser escolhida em função do projeto para os qual as curvas estão sendo geradas e em função da escala da representação gráfica. A Tabela 13.2 apresenta os valores das equidistâncias sugeridas para diferentes escalas do desenho.

Para terrenos com pouca variação de altitude, as curvas de nível podem ser representadas, por exemplo, com equidistâncias de 10 cm com a inclusão de alguns pontos cotados relevantes, ou somente por pontos cotados.

TABELA 13.2 • Relação entre escala e equidistância entre curvas de nível

Escala	Equidistância
1:500	0,25 a 0,50 m
1:1.000	1,00 m
1:2.000	2,0 m
1:5.000	5,0 m
1:10.000	10,0 m
1:50.000	25,0 m
1:100.000	50,0 m

13.4.4 Traçado de curvas de nível sobre o terreno

Para algumas aplicações especiais, por exemplo, na agricultura, pode ser necessário traçar curvas de nível diretamente sobre o terreno. Trata-se de um processo simples, mas que exige experiência por parte da equipe de campo para que a demarcação das curvas sobre o terreno seja realizada eficientemente. Na maioria das vezes, as curvas a serem demarcadas sobre o terreno são curvas de cotas inteiras e não de altitudes. O procedimento de campo consiste em posicionar o nível topográfico sobre o terreno em um local adequado para o traçado da curva de nível desejada, realizar uma observação de ré sobre um ponto do terreno de cota conhecida e somar o valor desta cota com a altura do instrumento para obter a cota do plano de referência. Em seguida, em função do valor da cota da curva de nível a ser traçada, calcula-se o valor que deverá ser lido nas miras de vante para indicar, no terreno, os pontos referentes a ela. O traçado da curva de nível se dará buscando, no terreno, os pontos de contato do pé da mira com o solo, ao mesmo tempo em que se mantém a altura de leitura em relação ao plano de referência. Ver o Exemplo aplicativo 13.1 para mais detalhes.

Exemplo aplicativo 13.1

Deseja-se demarcar no campo a curva de nível inteira de valor igual a 817,000 metros a partir de um ponto de altitude conhecida igual a RN = 815,962 m. Considerando que o processo será realizado por intermédio de um nivelamento geométrico e que a leitura sobre a mira localizada sobre o ponto de altitude conhecida é igual a 1.463 mm, calcular o valor que deverá ser lido na mira de vante para localizar a curva desejada sobre o terreno.

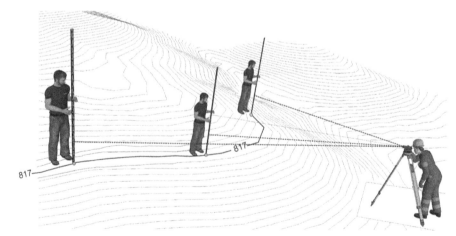

FIGURA 13.16 • Traçado de uma curva de nível sobre o terreno.

■ *Solução:*
Sabe-se que:

$$PR = H_P + Lr_P = 815{,}962 + 1{,}463 = 817{,}425 \text{ m}$$
$$H_Q = PR - Lv_Q$$
$$817{,}000 = 817{,}425 - Lv_Q \quad \therefore \quad Lv_Q = 425 \text{ mm}$$

Assim, sempre que o valor lido na mira for igual a 425 mm *a base da mesma estará sobre um ponto de altitude igual a* 817,000 m.

13.5 Representação por vista em perspectiva

Para o leigo, a representação de um terreno em forma de uma vista em perspectiva é a melhor maneira para representá-lo. Ela é intuitiva e esclarecedora. O seu uso em projetos de Engenharia Civil é, contudo, restrito a aplicações especiais, por exemplo, em projetos de urbanismo e vias de transporte. Mesmo assim, considerando a facilidade com que uma vista em perspectiva pode ser gerada atualmente, os engenheiros cada vez mais lançam mão deste recurso para a visualização de seus projetos e para a tomada de decisão sobre diferentes opções.

O desenho de um relevo em perspectiva é realizado exatamente da mesma forma que se desenha a perspectiva de qualquer objeto mediante técnicas de desenho em perspectiva. Para tanto, basta ter em mãos uma planta com pontos cotados, gerados diretamente por nivelamento topográfico ou por intermédio de uma Modelagem Numérica de Terreno, e aplicar sobre esses pontos uma técnica de desenho em perspectiva. A Figura 13.17 mostra um exemplo de uma perspectiva de alta definição desenhada por um modelo numérico de terreno.

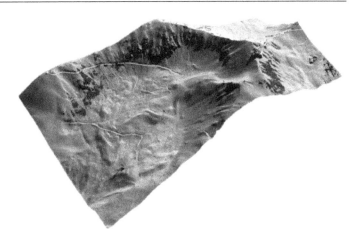

FIGURA 13.17 • Representação do relevo por meio de uma vista em perspectiva.

13.6 Bacia de contribuição

Dá-se o nome de bacia de contribuição ou bacia de drenagem à superfície do terreno formada pelo conjunto de áreas de drenagem de precipitações pluviométricas, que contribuem para o escoamento superficial da água precipitada até um ponto de convergência, denominado *ponto de escoamento* ou *exutório* da bacia. A Figura 13.18 ilustra a ocorrência de uma bacia de contribuição para determinada área de terreno. A linha pontilhada indica os limites da bacia, ou seja, a delimitação da bacia de contribuição.

As bacias de contribuição são utilizadas em Engenharia como requisitos para a elaboração de projetos de drenagem ou quando se necessita determinar a vazão de água pluvial em pontos específicos de uma área de projeto. A sua determinação é, portanto, fundamental para o dimensionamento de galerias e de tubulações em projetos de drenagem. A utilização de uma bacia de contribuição em projetos de Engenharia é um assunto tratado em disciplinas relacionadas com a Hidrologia. Neste livro discutem-se apenas os elementos básicos de uma bacia de contribuição e as recomendações para realizar o traçado de seus limites, ou seja, a determinação geométrica da bacia.

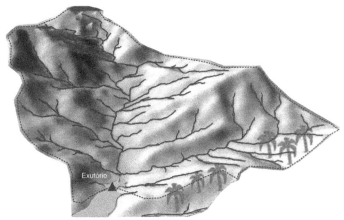

FIGURA 13.18 • Representação de uma bacia de contribuição.

A delimitação de uma bacia de contribuição é feita, manualmente, sobre uma planta topográfica com curvas de nível ou, automaticamente, por intermédio de um modelo numérico de terreno. No caso manual, o procedimento de delimitação da bacia compreende as seguintes etapas:

1. Ter em mãos uma planta topográfica com curvas de nível da região onde a bacia será delineada.
2. Estudar a planta em detalhes para familiarizar-se com as informações contidas no desenho, distinguindo, principalmente, as curvas de nível e o sentido do escoamento da água com base no relevo do terreno.
3. Definir o exutório da bacia, ou seja, o ponto final do escoamento a partir do qual será feita a delimitação da bacia. Esse ponto se localiza sempre sobre um curso d'água situado na parte mais baixa da bacia.
4. Reforçar a marcação do curso d'água correspondente sobre a planta topográfica até a sua nascente.
5. Reforçar a marcação dos afluentes (tributários) do curso d'água principal.
6. Identificar e demarcar os pontos mais elevados do terreno situados nos limites da bacia. Esses pontos são facilmente definidos em função das marcações dos afluentes realizadas na etapa anterior ou por indicações de altitudes nas próprias cartas topográficas.

7. Iniciar a demarcação dos limites da bacia iniciando-se e finalizando no exutório indicado para a bacia. Essa demarcação é feita buscando os caminhos até os pontos elevados demarcados na etapa anterior e considerando os pontos mais elevados do terreno entre as bacias adjacentes, ou seja, os divisores de água. Os limites da bacia circundam o curso d'água e as nascentes de seus tributários, conforme ilustrado na Figura 13.19. A linha divisória é demarcada considerando as curvas de nível e traçada ortogonalmente a elas.
8. Após finalizar o traçado da bacia, realizar uma revisão geral da demarcação para confirmar os limites traçados.

De acordo com o exposto, uma bacia de contribuição possui as seguintes características:

- o divisor de água, ou seja, a linha de delimitação da bacia de contribuição **nunca** corta a drenagem, exceto no exutório;
- o divisor de água passa pelas regiões mais elevadas da bacia, podendo existir pontos elevados no interior da mesma e que não fazem parte dos limites da bacia;
- o escoamento das águas sempre ocorre perpendicularmente às curvas de nível em direção ao curso da água;
- inclinação do terreno oposta às linhas de drenagem detectadas para a bacia indica regiões pertencentes a outras bacias;
- a linha de delimitação da bacia deve, obrigatoriamente, passar pelo exutório.

A Figura 13.19 ilustra um exemplo de traçado de uma bacia de contribuição com indicação das etapas de delimitação mencionadas anteriormente.

No caso do uso de um Modelo Numérico de Terreno para a delimitação de uma bacia de contribuição, o leitor deve buscar programas aplicativos específicos. O traçado, neste caso, é realizado automaticamente considerando as declividades do terreno geradas pelo método de interpolação utilizado na modelagem numérica do terreno. Depois de finalizado pelo programa aplicativo, o usuário deve realizar uma verificação criteriosa para certificar-se de que o traçado da bacia está coerente com o relevo e, se necessário, editar os posicionamentos equivocados da linha de delimitação da bacia.

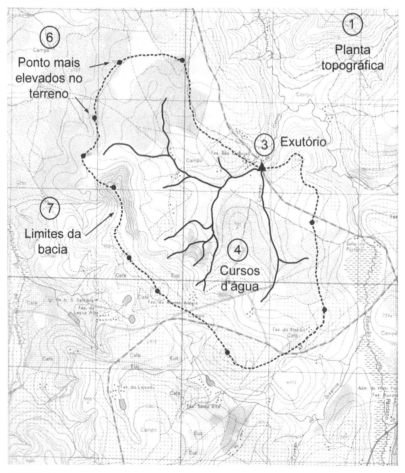

FIGURA 13.19 • Exemplo do traçado de uma bacia de contribuição com indicação das etapas de demarcação.

14 Levantamento de detalhes

14.1 Introdução

Dá-se o nome de levantamento de detalhes ao conjunto de técnicas e métodos de levantamentos topográficos para o mapeamento de uma área ou região por meio da coleta de informações sobre a localização, a orientação, as dimensões e a forma de dados geoespaciais com o objetivo de compor um sistema de informação territorial alfanumérico e gráfico para aplicações diversas em Engenharia. Destacam-se, neste contexto, os levantamentos de detalhes para suporte geométrico na elaboração de projetos de Engenharia Civil, os levantamentos cadastrais para a gestão da propriedade e uso da terra, os levantamentos para a composição de Sistemas de Informação Geográfica e outros.

As técnicas de levantamento a serem empregadas e os tipos de detalhes a serem levantados dependerão dos objetivos específicos para o qual o levantamento será realizado e determinarão os instrumentos e os procedimentos de campo a serem aplicados. Em geral, para as aplicações da Geomática, utilizam-se teodolitos, estações totais, níveis topográficos, instrumentos GNSS e escâneres *laser* terrestre. Para áreas extensas, onde o uso de tais instrumentos torna-se inviável, lança-se mão de técnicas de aerofotogrametria e de escaneamento aéreo, que permitem cobrir grandes áreas com precisão e rapidez. A discussão das especificações e das técnicas disponíveis para a coleta de tais informações é o objetivo deste capítulo.

14.2 Especificações técnicas para o levantamento de detalhes

Antes de solicitar qualquer tipo de levantamento de detalhes, o engenheiro responsável pelo projeto deve preparar as especificações técnicas indicando qual será o objetivo do levantamento, as técnicas e os métodos de levantamentos aceitos, as precisões requeridas, o tipo de detalhe a ser levantado, a metodologia a ser aplicada no tratamento e armazenamento das informações coletadas e a escala da representação gráfica do levantamento, se for o caso. Baseando-se nessas especificações é que o engenheiro responsável pelo levantamento de campo determinará os parâmetros do levantamento, conforme descritos na *Seção 14.3 – Reconhecimento de campo e planejamento do trabalho*. Além disso, deve-se também consultar as normas da ABNT e de outros órgãos nacionais e internacionais relacionados com o tipo de levantamento a ser realizado para verificar as regulamentações a serem seguidas para o projeto em questão.

14.2.1 Objetivos do levantamento

Com relação aos objetivos do levantamento, o gestor do projeto deve esclarecer os principais usos que serão dados aos detalhes a serem levantados no campo para que o engenheiro responsável pelo levantamento tenha subsídios para decidir o nível de detalhamento a ser executado. Categorizá-los em níveis de importância é outro recurso que pode facilitar e agilizar os trabalhos de campo. Ao mesmo tempo, deve-se também indicar o prazo requerido para a entrega do trabalho e os procedimentos que serão utilizados para a verificação (checagem) dos dados levantados para a aceitação definitiva do levantamento.

14.2.2 Precisão das medições

Com relação às precisões requeridas, por muito tempo elas foram definidas em função da dimensão do menor detalhe a ser levantado e da escala da representação gráfica final do levantamento. Nas condições atuais, porém, com os recursos computacionais disponíveis, é possível plotar um desenho em qualquer escala gráfica, ou seja, com os recursos de *zoom* disponíveis nos programas computacionais, a escala de um mapa digital já não é fixa. Por esta razão, a representação gráfica passa a ser uma componente importante para a definição da precisão do levantamento somente quando for especificado que a entrega do projeto se fará por processo gráfico impresso em papel, o que é raro na atualidade. Para os casos em que o levantamento será manipulado em bancos de dados, as precisões requeridas deverão ser indicadas em função das especificações técnicas do projeto para o qual o levantamento está sendo realizado ou por normas técnicas. Por exemplo, o nível de precisão exigida para um projeto de um túnel é diferente do nível de precisão de um projeto de construção de uma rodovia, de uma barragem ou de um loteamento. A especificação da precisão deve, portanto, ser aquela que garanta que a localização dos dados geoespaciais levantados esteja dentro dos limites aceitos pelos métodos de construção ou de gestão do projeto ou da obra em questão. Além disso, o engenheiro deve também considerar a precisão dos instrumentos disponíveis no mercado. Para este propósito, apresenta-se na Tabela 14.1 uma lista de instrumentos topográficos comumente utilizados em levantamentos de detalhes e suas respectivas precisões nominais.

TABELA 14.1 • Precisões nominais de instrumentos topográficos

Instrumento	Precisão nominal indicada pelo fabricante	
	Menor precisão	Maior precisão
Teodolito eletrônico – precisão angular	10″	0,5″
Estação total – precisão angular precisão linear	7″ 5 mm + 5 ppm	0,5″ 0,6 mm + 1 ppm
Nível óptico – nivelamento duplo	5 mm/1 km	0,2 mm/1 km
Nível digital – nivelamento duplo	2 mm/1 km	0,2 mm/1 km
GNSS navegação (absoluto)	3 – 15 m	2 – 5 cm (PPP-RTK)
GNSS DGPS	1 – 5 m	0,2 – 0,8 m
GNSS RTK	10 mm + 1 ppm (horizontal) 20 mm + 1 ppm (vertical)	5 mm + 0,5 ppm (horizontal) 10 mm + 0,5 ppm (vertical)
GNSS Pós-processado relativo estático	10 mm + 2 ppm (horizontal) 20 mm + 2 ppm (vertical)	3 mm + 0,1 ppm (horizontal) 3,5 mm + 0,4 ppm (vertical)
Escâner *laser* terrestre	Posição = 6 mm em 50 m	Posição = 3 mm em 50 m

A precisão do instrumento é apenas um dos componentes do erro posicional. Deve-se também considerar o erro posicional do ponto de apoio, o erro de centragem do instrumento e o erro de posicionamento do prisma refletor ou da antena receptora GNSS sobre o ponto medido, além dos demais erros acidentais tratados no *Capítulo 9 – Erros instrumentais e operacionais*. Infelizmente, nem sempre se tem disponível a precisão dos pontos de apoio. Mesmo assim, é importante que o engenheiro tenha em mente que não se devem estabelecer novos pontos sem a devida propagação dos erros. Outra prática de campo importante para garantir a qualidade das medições é a definição de procedimentos de controle, por exemplo, a determinação das coordenadas de um detalhe a partir de mais de uma estação de referência ou o uso de observações direta e inversa, no caso de estações totais e teodolitos.

14.2.3 Tipo de detalhe a ser levantado

Com relação ao detalhamento do levantamento, deve-se informar, primeiramente, se o levantamento será *planimétrico, altimétrico* ou *planialtimétrico*.

Um levantamento é dito planimétrico quando ele tem como objetivo a representação posicional e quantitativa dos elementos naturais e artificiais do terreno, sem considerar as variações do relevo, por exemplo, no caso de cadastro 2D de imóveis, levantamentos de infraestruturas e outros.

Um levantamento é dito altimétrico quando o objetivo é determinar a diferença de altitudes ou de cotas entre pontos do terreno. No caso do levantamento de detalhes, ele é aplicado para definir as variações do relevo do terreno da área levantada ou para indicar as altitudes ou cotas dos elementos medidos. São exemplos de levantamentos altimétricos os levantamentos de perfis e seções transversais de terreno e os levantamentos para a elaboração de modelos numéricos ou de superfície de terreno.

Um levantamento é dito planialtimétrico quando ele associar dados da altimetria aos dados do levantamento planimétrico, ou seja, se, além da representação posicional horizontal, ele representar também informações sobre o relevo do terreno e/ou as altitudes ou cotas dos detalhes levantados.

Depois de definir o tipo de levantamento, conforme descrito, o engenheiro responsável pelo projeto deve relacionar quais os tipos de detalhes, acima e abaixo da superfície do terreno, que devem ser levantados. A este respeito, os tipos de detalhes podem ser categorizados em quatro grupos, conforme indicado a seguir:

- *detalhes bem definidos* da superfície, aqueles que estão claramente definidos sobre o terreno, por exemplo, construções, sistema viário, benfeitorias, estruturas limítrofes e elementos naturais, tais como taludes, encostas e outros;
- *detalhes pouco definidos* da superfície, aqueles que são difíceis de serem definidos exatamente sobre o terreno, tais como margens de rios ou lagos, áreas de vegetação e outros;
- *detalhes aéreos*, como o próprio nome indica, são aqueles que se localizam acima da superfície do terreno, tais como linhas de alta tensão e linhas telefônicas, entre outros;
- *detalhes subterrâneos*, como o próprio nome indica, são aqueles que se encontram abaixo da superfície do terreno, tais como tubulações de gás, redes elétricas e redes de saneamento, entre outros.

As especificações para o levantamento devem também indicar quais detalhes devem ser representados com suas formas geométricas completas e quais podem ser representados apenas por um símbolo do elemento medido. Se houver disponibilidade, deve-se ainda incluir uma lista dos símbolos a serem utilizados na representação gráfica.

Para os levantamentos planialtimétricos, as especificações devem relacionar as técnicas e os métodos de nivelamento recomendados e o tipo de representação das elevações. Caso o levantamento altimétrico exija o estabelecimento de uma malha de pontos, deve-se indicar a equidistância máxima aceitável entre os vértices da malha. Para os pontos cotados, deve-se especificar os tipos de pontos relevantes e o espaçamento máximo aceitável entre eles.

14.2.4 Tratamento e armazenamento dos detalhes levantados

Seja qual for o objetivo das informações levantadas em campo, elas sempre precisarão ser tratadas matematicamente para gerarem um dado geoespacial, ao qual se associará um atributo para que se tenha uma informação geoespacial adequada ao projeto ao qual ela se destina. Para o seu uso ordenado e eficiente, as informações deverão ser armazenadas em bancos de dados e disponibilizadas graficamente em ambientes CAD. Para que esses processos sejam efetivos, o tipo de tratamento e de armazenamento dos detalhes levantados devem fazer parte das especificações técnicas do levantamento.

14.3 Reconhecimento de campo e planejamento do trabalho

Antes de iniciar o levantamento de detalhes propriamente dito, recomenda-se que o engenheiro responsável pelo levantamento faça um reconhecimento criterioso da área a ser levantada. Esse reconhecimento pode ser realizado por meio de uma visita *in situ* ou por meio de documentos disponíveis sobre a área, tais como escrituras, plantas ou cartas antecedentes, imagens aéreas e imagens que podem ser extraídas do Google Earth. O objetivo do reconhecimento de campo é determinar parâmetros que possam auxiliar na preparação e definições do levantamento, tais como vias de acesso, cobertura vegetal, tipo de relevo, distâncias máximas de visadas, necessidade ou não de adensamento da rede de pontos de apoio topográficos, desobstruções para o uso de medições com a tecnologia GNSS, disponibilidade de energia elétrica para recarregar baterias e outros.

Para que o levantamento de detalhes possa ser realizado, é necessário haver uma rede de pontos de apoio previamente implantada na área de projeto. Como já destacado em várias ocasiões ao longo deste livro, essa rede pode estar referenciada a um Sistema Topográfico ou Geodésico Local ou a um Sistema Geodésico de Referência nacional. Em todos os casos, deve haver um conjunto de marcos com coordenadas conhecidas implantados no terreno e que permitam a ocupação com os instrumentos topográficos a serem utilizados no levantamento. Esses marcos devem ser visitados e verificados quanto às suas condições físicas de manutenção.

Após o reconhecimento de campo, deve-se ter condições de definir os seguintes parâmetros do levantamento:

- serviços preliminares necessários para o início dos trabalhos de campo;
- quais instrumentos topográficos utilizar e em quais condições;
- métodos de medição a serem empregados;
- composição e qualificação da equipe de campo;
- material de apoio de campo, tais como acessórios, marcos e material de suporte;
- autorizações para o desenvolvimento do trabalho;
- planejamento orçamentário;
- cronograma de atividades.

A partir da definição dos parâmetros indicados, procede-se à preparação das operações de campo. Essa é a fase do trabalho que pode determinar o nível de sucesso do levantamento e deve, por esta razão, ser muito bem preparada. Nessa fase do trabalho, devem ser definidos os seguintes elementos auxiliares para o levantamento:

- tipo de codificação a ser empregado para os diferentes tipos de detalhes a serem levantados;
- preparação das listas de códigos e de atributos a serem utilizados na coleta de dados;
- instruções para as medições de campo;
- metodologia de avaliação das medições realizadas;

- sistemas de armazenamento e *backup* dos dados coletados;
- sistema para processamento dos dados;
- programas aplicativos para geração de relatórios e representações gráficas;
- instruções e metadados.

14.4 Procedimentos de campo para o levantamento de detalhes

Os procedimentos de campo para o levantamento de detalhes descritos a seguir baseiam-se no uso de estações totais, receptores GNSS e escâneres *laser* terrestres.

14.4.1 Levantamento de detalhes com estação total

Considerando que a área a ser levantada está suficientemente coberta pela rede de pontos de apoio, o procedimento de campo para o levantamento de detalhes com uma estação total consiste em estacionar o instrumento sobre um ponto de apoio, orientá-lo com uma visada ré a outro ponto da rede e proceder às medições dos detalhes por meio de uma série de medições irradiadas (ângulos e distâncias) a partir do ponto de apoio, conforme indicado na Figura 14.1. Diz-se, neste caso, que se realiza um levantamento por irradiação.

O objetivo do levantamento é, evidentemente, determinar as coordenadas planimétricas (X, Y) ou planialtimétricas (X, Y, H) dos pontos levantados, com relação ao sistema de referência adotado.

Caso o levantamento seja planialtimétrico, a posição planimétrica em (X, Y) dos pontos levantados é determinada por meio de cálculos topométricos e a altimetria (H) é determinada por meio de nivelamento trigonométrico. Pode também ocorrer a situação em que as altitudes dos pontos precisem ser determinadas por meio de nivelamento geométrico e, nesses casos, se aplicam os métodos de nivelamento apresentados no *Capítulo 12 – Altimetria*.

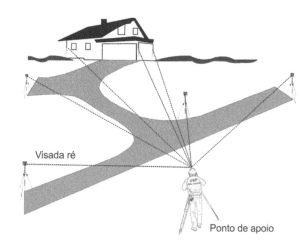

FIGURA 14.1 • Exemplo de um levantamento de detalhes com estação total.

Cada vez que se esgotam as possibilidades de medições da estação ocupada, desloca-se o instrumento para outro ponto de apoio e repete-se o procedimento.

Se o operador estiver habituado ao uso de listas de códigos inseridas na estação total e possuir um programa aplicativo que interaja adequadamente com a codificação usada no levantamento, ele poderá prescindir do uso de *croqui*[1] de campo. Caso contrário, é importante que seja desenhado um *croqui* indicando os detalhes levantados e a numeração de todos os pontos medidos, a fim de se obter uma vista gráfica total da área levantada. O operador do instrumento deve ter em mente que uma numeração bem estruturada facilitará a coleta dos dados no campo, a identificação dos pontos levantados e a manipulação da base de dados no escritório.

Nos casos em que o *croqui* de campo se constitui na única base de dados gráfica, é importante que o operador catalogue todos os dados necessários para que os profissionais de escritório possam tratar os dados adequadamente e elaborar a base de dados e a representação gráfica sem dubiedade. Em geral, um *croqui* deve representar, em planta, todos os detalhes importantes do levantamento, respeitando, da melhor maneira possível, os ângulos e as distâncias relativas medidas em campo.

Nos casos em que o levantamento de detalhes é realizado com uma estação total com capacidade para operar com listas de códigos, o operador ainda necessitará registrar os dados do levantamento em um *croqui* de campo, caso o instrumento não tenha recursos gráficos ou de captura de imagens elaborados. O detalhamento do *croqui*, nesse caso, dependerá dos recursos computacionais do instrumento. Vale a pena ressaltar, contudo, que a maioria das estações totais atuais possui capacidade para representação gráfica elaborada do levantamento na tela do instrumento, facilitando, assim, o trabalho no escritório.

As estações totais atuais possuem memória interna para armazenar os dados levantados em campo, tais como identificadores dos pontos, altura do instrumento, altura do refletor, direções horizontais, ângulos verticais, distâncias, coordenadas, atributos e observações sobre o ponto medido, além das listas de códigos. Dessa forma, a sequência de operações de campo para o levantamento de detalhes com uma estação total é a seguinte:

1. Indicar os valores da temperatura e da pressão atmosférica para a correção das distâncias que serão medidas com a estação total.
2. Verificar se a constante do prisma está corretamente indicada no instrumento.

---

[1] Dá-se o nome de *croqui*, em Geomática, ao desenho feito à mão com o objetivo de relacionar geometricamente as informações coletadas em campo durante um levantamento topográfico.

3. Indicar valores para as correções decorrentes da redução das distâncias para o plano de projeção cartográfica, se for o caso, e se o instrumento permitir a indicação de tais valores.
4. Armazenar a lista de coordenadas dos pontos de apoio topográfico na memória do instrumento.
5. Estacionar a estação total sobre o ponto de apoio mais conveniente.
6. Inserir o número do ponto na estação total – o instrumento exibirá as coordenadas do ponto para verificação.
7. Indicar a altura do instrumento e do prisma, se o levantamento for planialtimétrico com nivelamento trigonométrico.
8. Escolher o ponto de ré para orientação do instrumento e visá-lo com precisão.
9. Indicar o número do ponto e gravar a leitura da direção da visada ré.
10. Escolher o tipo de detalhe a ser levantado e aplicar a codificação e a numeração adequadas para o ponto a ser medido.
11. Guiar o auxiliar de campo até o detalhe a ser medido.
12. Realizar a leitura da distância inclinada, da direção horizontal e do ângulo vertical, armazená-las na memória do instrumento e verificar o incremento do identificador do ponto.
13. Repetir os passos 10 a 12 para os demais pontos do levantamento.

A medição propriamente dita do ponto característico do detalhe é feita por intermédio do posicionamento do bastão do prisma verticalmente sobre o ponto. Dessa forma, é imprescindível que o auxiliar mantenha o bastão prumado durante a medição para diminuir ao máximo os valores dos erros acidentais no levantamento. Recomenda-se que, sempre que possível, o prisma seja colocado na parte inferior do bastão, o mais próximo possível do ponto no terreno. Nos casos em que o centro do prisma não puder coincidir com o eixo do objeto medido, como no caso de árvores, postes e cantos de edifícios, deve-se usar o recurso de medir a distância e a direção em duas etapas, conforme indicado na Figura 14.2. Primeiramente, se mede a distância e, em seguida, a direção sobre o objeto desejado.

No caso de levantamentos cadastrais por meio de estação total e em locais que não exista uma rede de pontos de apoio disponível, muitas vezes, os profissionais realizam a implantação da rede de pontos de apoio (poligonação) e a coleta dos dados cadastrais simultaneamente, ou seja, medem-se direções horizontais, ângulos verticais e as distâncias inclinadas dos pontos da poligonal e dos detalhes na sequência do levantamento.

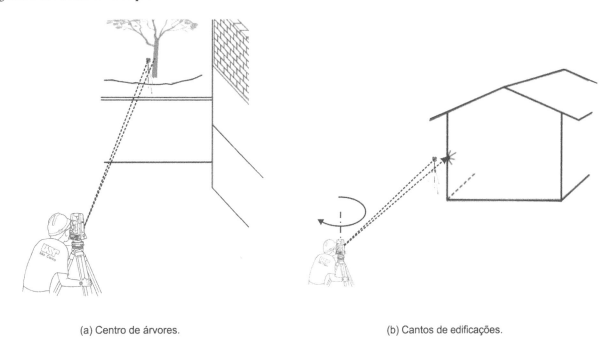

(a) Centro de árvores.   (b) Cantos de edificações.

FIGURA 14.2 • Levantamento de detalhes com medição de distância e de direção separadas.

Este é um procedimento comum, por exemplo, no caso de levantamentos cadastrais rurais para o registro de imóveis ou para o parcelamento de propriedades. Alguns profissionais preferem realizar, primeiramente, as medições dos pontos de ré e de vante da poligonal principal para, em seguida, levantar os pontos de detalhes, outros preferem medir o ponto a ré da poligonal, levantar todos os pontos relevantes de detalhes ao redor da estação e terminar com a medição do ponto a vante da poligonal. O melhor procedimento, contudo, dependerá das especificações impostas para o levantamento ou do nível de precisão exigida.

Existem também situações em que a qualidade e a localização dos pontos da rede de pontos de apoio existente não são suficientes para realizar o levantamento de todos os detalhes. Nesses casos, conforme já citado em outros capítulos, será necessário adensar a rede de pontos com uma ou mais poligonais secundárias conectadas à rede de pontos de apoio principal.

14.4.1.1 *Precisão das coordenadas dos pontos levantados com estação total*

Os elementos geométricos envolvidos com a determinação das coordenadas de um ponto por intermédio de uma estação total são: distância inclinada, direções angulares horizontais de ré e de vante e ângulo vertical. Para o cálculo das precisões das coordenadas determinadas é preciso, portanto, considerar a precisão com qual é possível medir cada um desses elementos. Além disso, como os valores das coordenadas determinadas dependem dos valores das coordenadas dos pontos de estação e de orientação do instrumento, é necessário também levar em conta as precisões das coordenadas desses pontos. Adicionalmente, pode-se ainda considerar os erros de centragem do instrumento e do bastão de prisma, o erro de medição das alturas do instrumento e do prisma e o erro de pontaria, conforme apresentado no *Capítulo 9 – Erros instrumentais e operacionais*. As precisões das coordenadas determinadas são assim calculadas por meio da propagação de todos esses erros.

Apresentar os cálculos das propagações de todos os erros citados foge do escopo deste livro. Assim, por simplificação e de acordo com a Figura 14.3, para uma estação total estacionada sobre o ponto (P), orientada sobre o ponto (Ref) e visando o ponto de detalhe (Q), têm-se as seguintes precisões a serem consideradas:

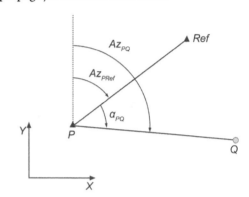

FIGURA 14.3 • Ilustração das relações geométricas para o cálculo das propagações de erros.

s_d = precisão da distância horizontal calculada, conforme equação (6.2);

s_α = precisão do ângulo horizontal determinando em função das direções de ré e de vante medidas, conforme as equações (5.16) ou (5.17);

$sX_P, sY_P, sX_{Ref}, sY_{Ref}$ = precisões das coordenadas (X, Y) dos pontos (P) e (Ref).

As precisões das coordenadas dos pontos (P) e (Ref), em geral, são conhecidas em função do ajuste da rede de pontos de apoio já realizado previamente. Caso não sejam conhecidas, elas devem ser desconsideradas na propagação dos erros. Admitindo que elas são conhecidas, tem-se:

$$s_{Az_{P\text{-}Ref}} = \pm \frac{\sqrt{2} * s}{d_{P-Ref}} \tag{14.1}$$

em que s, por simplificação e a favor da segurança, é o maior valor entre as precisões de $sX_P, sY_P, sX_{Ref}, sY_{Ref}$.

$$s_{Az_{PQ}} = \pm \sqrt{s_{Az_{P\text{-}Ref}}^2 + s_\alpha^2} \tag{14.2}$$

$$s_{X_Q} = \pm \sqrt{sX_P^2 + \text{sen}^2(Az_{PQ}) * s_d^2 + [d * \cos(Az_{PQ})]^2 * s_{Az_{PQ}}^2} \tag{14.3}$$

$$s_{Y_Q} = \pm \sqrt{sY_P^2 + \cos^2(Az_{PQ}) * s_d^2 + [d * \text{sen}(Az_{PQ})]^2 * s_{Az_{PQ}}^2} \tag{14.4}$$

Exemplo aplicativo 14.1

Considerando os valores medidos em campo para o levantamento do ponto de detalhe (Q) indicados na Tabela 14.2 e as coordenadas e suas precisões conhecidas indicadas na Tabela 14.3, calcular as coordenadas do ponto (Q) e suas respectivas precisões. A estação total utilizada possui precisão linear igual a 2 mm + 2 ppm e angular igual a 3″.

TABELA 14.2 • Valores medidos em campo

Estação	Ponto visado	Direção horizontal	Ângulo vertical zenital	Distância inclinada [m]
P	Ref	0°00′00″	–	–
	Q	35°42′56″	89°44′12″	323,112

TABELA 14.3 • Coordenadas e precisões conhecidas

Ponto	X [m]	Y [m]
P	5.000,000 ± 5 mm	10.000,000 ± 5 mm
Ref	5.044,169 ± 8 mm	10.385,381 ± 8 mm

■ *Solução:*

Para a solução deste exercício, primeiramente, é necessário calcular a precisão da distância horizontal, dada pela equação (6.2). Assim, têm-se:

Precisão da distância inclinada medida $s_{d'(PQ)} = \sqrt{2^2 + \left(2 * \dfrac{323,112}{1.000}\right)^2} = \pm 2,1$ mm

Cálculo da distância horizontal $d_{PQ} = 323,112 * \text{sen}(89°44'12'') = 323,109$ m

Cálculo da distância horizontal $d_{P\text{-}Ref} = \sqrt{(5.044,169 - 5.000,000)^2 - (10.385,381 - 10.000,000)} = 387,904$ m

Precisão do ângulo calculado $s_\alpha = 2 * 3,0'' = 6,0''$

Precisão da distância horizontal calculada:

$$s_{d(PQ)} = \pm \sqrt{\text{sen}^2(89°44'12'') * 2,1^2 + \left[323.112,000 * \cos(89°44'12'')\right]^2 * \left(\dfrac{6}{206.264,8062}\right)^2} = \pm 2,1 \text{ mm}$$

Em seguida, é necessário calcular a precisão do azimute do alinhamento de referência PRef e do azimute do alinhamento PQ, dado pelas equações (14.1) e (14.2). Assim têm-se:

$$s_{Az_{P\text{-}Ref}} = \pm \dfrac{\sqrt{2} * 8,0}{387,904 * 1.000} * 206.264,8062 = \pm 6,0''$$

$$s_{Az_{PQ}} = \pm \sqrt{6,0^2 + 6,0^2} = \pm 8,5''$$

Finalmente, conhecendo as coordenadas do ponto (P) e suas precisões, têm-se:

$X_Q = 5.000,000 + 323,109 * \text{sen}(42°15'13,6'') = 5.217,263$ m

$Y_Q = 10.000,000 + 323,109 * \cos(42°15'13,6'') = 10.239,157$ m

$$s_{X_Q} = \pm \sqrt{5,0^2 + \text{sen}^2(42°15'13,6'') * 2,1^2 + \left[323.109,000 * \cos(42°15'13,6'')\right]^2 * \left(\dfrac{8,5''}{206.264,8062}\right)^2} = 11,1 \text{ mm}$$

$$s_{Y_Q} = \pm \sqrt{5,0^2 + \cos^2(42°15'13,6'') * 2,1^2 + \left[323.109,000 * \text{sen}(42°15'13,6'')\right]^2 * \left(\dfrac{8,5''}{206.264,8062}\right)^2} = 10,4 \text{ mm}$$

Notar que neste exercício não foram considerados os erros de centragem do instrumento e do prisma e o erro de pontaria.

14.4.2 Levantamento de detalhes com receptores GNSS

Conforme apresentado no *Capítulo 20 – Sistemas de navegação global* (*GNSS*), um levantamento de detalhes com a tecnologia GNSS pode ser realizado por meio de um dos métodos de levantamento indicados a seguir:

- relativo estático;
- relativo cinemático;
- diferencial RTK.

Os dois primeiros métodos, embora possam produzir resultados consistentes, não são totalmente adequados para o levantamento de detalhes pelo fato de não permitirem a verificação da qualidade do levantamento no momento da medição, uma vez que os dados coletados devem ser pós-processados. Recomenda-se, dessa forma, o uso de medições no modo diferencial RTK, conforme indicado na Figura 14.4.

A sequência de operações de campo para o levantamento de detalhes por intermédio da tecnologia GNSS é a seguinte:

FIGURA 14.4 • Exemplo de um levantamento de detalhes com a tecnologia GNSS no modo RTK.

1. Carregar no receptor a lista de coordenadas dos pontos de apoio que serão utilizados como estações de referência.
2. Estacionar a antena do receptor da base (referência) sobre um dos pontos de apoio listados.
3. Configurar o receptor de acordo com as exigências do fabricante, medir a altura da antena e indicar o ponto de apoio ocupado.
4. Iniciar o processo de transmissão das correções diferenciais RTK.
5. Configurar o receptor remoto de acordo com as exigências do fabricante e do tipo de levantamento e medir a altura da antena receptora.
6. Escolher o tipo de detalhe a ser levantado e aplicar a codificação e a numeração adequadas para o ponto a ser medido.
7. Ocupar os pontos a serem medidos com a antena remota.
8. Verificar a qualidade da medição em curso indicada na tela do coletor de dados do instrumento.
9. Aceitar a medição e repetir o passo 7 para os demais pontos do levantamento.

Em geral, a velocidade de medição com o uso da tecnologia GNSS no modo diferencial RTK é superior ao uso de uma estação total. Deve-se, entretanto, considerar que, embora o número de pontos levantados seja maior, para o uso da tecnologia GNSS, é necessário que a área esteja desobstruída para garantir uma boa recepção dos sinais dos satélites pela antena receptora, o que nem sempre é possível. Além disso, deve-se também considerar que a precisão dos pontos levantados com uma estação total é maior do que os levantados com a tecnologia GNSS.

Tradicionalmente, a utilização da técnica de medição com a tecnologia GNSS necessita de um conjunto receptor/antena estacionado sobre um ponto de coordenadas conhecidas, emitindo correções diferenciais RTK, via *link* de rádio, para receptores remotos operando no entorno da base de referência. Dessa forma, quando a área do projeto é maior que o raio de alcance do *link* de rádio ou da capacidade do sistema GNSS em resolver a ambiguidade das ondas portadoras, é necessário deslocar a base de referência para outros pontos de apoio disponíveis na área do projeto, o que demanda tempo e disponibilidade de pontos de apoio na área. Uma solução para este problema tem sido o uso de redes de estações de monitoramento contínuo (CORS) com capacidades para gerarem correções diferenciais.

14.4.3 Levantamento de detalhes com escâner *laser* terrestre

Os detalhes técnicos sobre os sistemas de varredura *laser* terrestre estão apresentados no *Capítulo 21 – Tecnologia de varredura laser*. Os métodos de georreferenciamento e de levantamento da nuvem de pontos também estão detalhados naquele capítulo. Nesta seção, discute-se, brevemente, as operações de campo que devem ser realizadas para que a coleta dos dados seja efetiva.

Como qualquer projeto de levantamento topográfico, a coleta e o tratamento dos dados medidos com um instrumento de varredura *laser* envolvem medições de campo e operações de edição no escritório. As medições de campo, contudo, são facilitadas pelo aspecto automático das operações que, simplificadamente, consiste em obter a nuvem de pontos. Todas as demais operações geométricas para a vetorização ou a modelagem dos objetos medidos são realizadas no escritório. A Figura 14.5 ilustra, resumidamente, o fluxo operacional de um trabalho de medição topográfica por varredura *laser*.

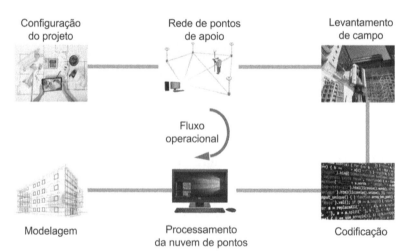

FIGURA 14.5 • Fluxo operacional para a coleta e tratamento dos dados de uma medição por varredura *laser*.

Apresentam-se, na sequência, os detalhes operacionais das etapas listadas.

14.4.3.1 *Configuração do projeto*

Para que um projeto de mapeamento ou modelagem 3D por meio de varredura *laser* seja efetivo, é necessário que as operações de campo sejam programadas em detalhes para evitar que sejam realizadas varreduras desnecessárias ou oclusões de áreas importantes. Assim, é importante considerar os seguintes aspectos do projeto para evitar problemas futuros:

- especificar em detalhes os objetivos do projeto;
- estruturar cuidadosamente as tarefas e as responsabilidades de cada membro da equipe de profissionais envolvida no projeto;
- estudar previamente os detalhes geométricos das áreas e dos objetos que serão escaneados;

- avaliar a dimensão total do levantamento;
- verificar os sistemas de coordenadas envolvidos no projeto;
- escolher criteriosamente o tipo de instrumento e os acessórios a serem utilizados;
- discutir em detalhes os métodos a serem utilizados para o georreferenciamento do instrumento. Utilizar o Google Earth, mapas existentes ou fotografias para determinar as melhores localizações dos pontos de apoio e/ou de controle da medição;
- definir o roteiro de trabalho em campo e em escritório;
- definir os programas aplicativos a serem utilizados para os processamentos dos dados coletados;
- avaliar, com cuidado, a qualidade dos *hardwares* disponíveis para os processamentos no escritório, levando em consideração a quantidade de dados, geralmente, manipulados em um levantamento por varredura *laser*;
- estabelecer os produtos finais a serem gerados e as formas de disponibilização ao cliente;
- estabelecer os formatos e as formas de armazenamento dos dados brutos e das modelagens desenvolvidas durante o projeto. Considerar que um projeto de levantamento topográfico por varredura *laser*, via de regra, manipula grandes quantidades de dados.

14.4.3.2 *Rede de pontos de apoio e levantamento de campo*

Conforme apresentado no *Capítulo 21 – Tecnologia de varredura laser*, o primeiro passo para o levantamento de detalhes com um escâner *laser* terrestre é a implantação de uma rede de pontos de apoio. Os detalhes dessa rede dependerão do tipo de georreferenciamento a ser utilizado, conforme já descrito naquela seção.

Com o georreferenciamento definido, o fluxo de trabalho a ser realizado para o levantamento de campo compreende as seguintes etapas:

1. Configurar o instrumento de acordo com o tipo de medição a ser realizada, o tipo de orientação do instrumento e o tipo de alvo a ser utilizado.
2. Instalar o instrumento adequadamente sobre um marco de coordenadas conhecidas, em caso de georreferenciamento direto, ou sobre um ponto adequado do terreno, em caso de georreferenciamento indireto.
3. Caso necessário, medir a altura do instrumento e dos alvos.
4. Indicar as correções atmosféricas e, se necessário, as geométricas, em função do tipo de sistema de referência adotado.
5. Em um georreferenciamento direto do instrumento, posicionar os alvos de medição e realizar as visadas de orientação necessárias.
6. Em um georreferenciamento indireto, posicionar os alvos nos pontos desejados ou estudar as estruturas e as medições a serem realizadas sobre elas para o georreferenciamento indireto do instrumento.
7. Configurar os parâmetros do escaneamento, tais como janela e tipo de varredura, resolução, parâmetros da câmera, filtros e outros.
8. Executar o escaneamento das cenas.

Alguns instrumentos de varredura *laser* vêm acompanhados de programas aplicativos que permitem programar a coleta de dados de campo, por exemplo, sobre cartas georreferenciadas, ou sobre o Google Maps. Nesse caso, se o instrumento for munido de um receptor e antena GNSS, ele poderá determinar a sua posição e, por meio da programação predefinida das varreduras, ele indicará ao operador a sequência de operações necessárias para cada tomada de cena.

14.4.3.3 *Trabalhos de escritório*

Após finalizar as operações de campo, dá-se início às operações de escritório. Essa é uma etapa laboriosa e que exige profissionais habilidosos e experientes. Pelo fato de o escaneamento gerar milhões de pontos no espaço, o tratamento dessa nuvem de pontos é um trabalho árduo, que não deve ser menosprezado. Resumidamente, as principais etapas operacionais nesse estágio do trabalho são as seguintes:

1. Preparar uma lista de códigos e carregá-la no programa aplicativo de processamento da nuvem de pontos gerada em campo.
2. Descarregar os dados levantados em campo para o *software* de processamento.
3. Com o auxílio de programas especializados, codificar os pontos de acordo com a lista de códigos predefinidos.
4. Gerar listas de pontos geocodificados em formatos adequados para a inserção em programas aplicativos de modelagem 3D.
5. Importar os dados para o programa aplicativo específico.
6. Realizar as modelagens, conforme especificado no projeto.
7. Gerar os produtos finais.

Os dados assim processados permitem gerar relatórios técnicos, plantas e perfis, modelos numéricos de superfície e de terreno, vistas em perspectiva e animações gráficas, entre outros. Ver o exemplo de um levantamento de detalhes ilustrado na Figura 14.6.

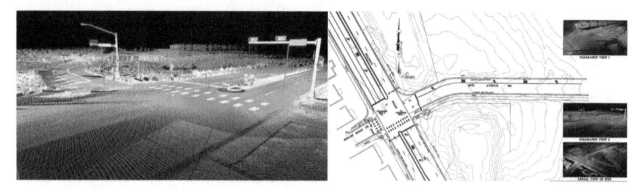

(a) Vista em perspectiva de uma nuvem de pontos.   (b) Representação gráfica em planta dos detalhes levantados por meio do escaneamento.

FIGURA 14.6 • Exemplo de um levantamento de detalhes com escâner *laser*.

14.5 Documentação técnica a ser apresentada em um trabalho de levantamento de detalhes

Após a execução da coleta dos dados de campo e do processamento no escritório, o projeto final de um levantamento de detalhes deverá vir acompanhado de uma série de arquivos que compõem a documentação técnica do projeto. A quantidade e o tipo de arquivos a serem apresentados variam em função do tipo de levantamento. Em geral, são apresentados os seguintes arquivos:

- relatório técnico;
- planilha de cálculo do levantamento;
- memorial descritivo analítico dos elementos geográficos medidos;
- planilha de cálculo de áreas e perímetros;
- monografia dos marcos da rede de apoio topográfica implantada;
- planta topográfica ou modelos 3D.

O relatório técnico deve descrever os principais aspectos técnicos do levantamento, tais como a localização do projeto, os objetivos do levantamento, as normas e especificações utilizadas, os equipamentos e os programas aplicativos utilizados, os procedimentos de campo e os métodos de cálculo empregados, *croquis*, detalhes específicos ou fotografias que auxiliem no esclarecimento dos trabalhos realizados, listas de coordenadas e outras informações geométricas consideradas indispensáveis para o entendimento do levantamento realizado. Por se tratar de um documento técnico, ele deve ser sucinto, claro e isento de erros gramaticais.

A planilha de cálculo do levantamento, em geral, é elaborada em formato eletrônico e deverá constar os valores medidos em campo, os cálculos parciais e os resultados finais das coordenadas dos pontos medidos, A ordem da apresentação dos dados deve ser aquela que permita o entendimento claro e/ou a conferência da planilha elaborada.

O memorial descritivo se refere à descrição dos elementos geográficos levantados, que podem ser naturais ou artificiais, como construções e, até mesmo, divisas de propriedades. Assim, se o levantamento de detalhes realizado contiver imóveis, pode ser necessário descrever as suas localizações, os seus proprietários, as coordenadas de seus vértices, as orientações e as dimensões dos seus perímetros, indicando confrontações e áreas.

As planilhas de cálculos de áreas e perímetros se referem aos cálculos realizados para a determinação dos valores a serem inseridos no memorial descritivo dos elementos geográficos. Elas também devem ser elaboradas em formato eletrônico e conter todos os valores necessários para a conferência dos resultados.

A monografia dos marcos da rede de pontos de apoio implantada é um documento elaborado para descrever a identificação, a localização, o tipo de monumento utilizado para a implantação dos marcos e suas coordenadas com as respectivas precisões. Ela deve indicar claramente as referências para localizar cada marco no terreno e, se possível, conter imagens que auxiliem na localização e no reconhecimento do marco.

A planta topográfica é a representação gráfica dos detalhes levantados em campo, desenhada em ambiente CAD, e que deve incluir todas as informações relativas aos objetos medidos. Em geral, deve conter:

- localização dos marcos dos pontos de apoio utilizados no levantamento;
- representação de todos os elementos levantados, incluindo curvas de nível e pontos cotados, se for o caso;
- textos elucidativos dos detalhes mais importantes levantados, ou de acordo com as especificações do projeto;
- numeração dos pontos relevantes, se solicitado;

- escala do desenho, no caso de plotagem em papel;
- localização da área do levantamento;
- data do desenho;
- sistema de referência geodésica ou topográfica utilizado;
- meridiano central do fuso e o número do fuso, no caso de projeções cartográficas;
- direção do norte da quadrícula, do norte geodésico e do valor da convergência meridiana, no caso de projeções cartográficas;
- sistema de referência altimétrico e referências de nível utilizadas;
- quadrícula do sistema de coordenadas utilizado no projeto com indicação de seus valores nas extremidades;
- legenda descrevendo os símbolos, os tipos de linhas e outras abreviações utilizadas no desenho;
- listas de coordenadas dos principais pontos de apoio usados no levantamento, se solicitado. Geralmente, prefere-se indicá-las no relatório técnico;
- listas de azimutes e distâncias entre pontos medidos, se solicitado. Dependendo da quantidade, geralmente, prefere-se indicá-las no relatório técnico;
- nome do engenheiro responsável.

A Figura 14.7 ilustra um exemplo típico de uma representação gráfica de um levantamento topográfico.

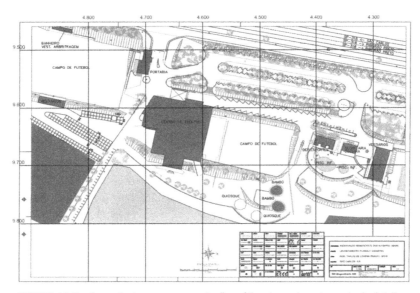

FIGURA 14.7 • Exemplo de uma representação gráfica de um levantamento de detalhes.

15 Implantação de obras

15.1 Introdução

Para que um projeto de Engenharia esteja completo ele precisa ser implantado sobre o terreno, ou seja, os elementos construtivos, como áreas de corte e aterro, fundações, eixos de pilares, eixos de paredes e muitos outros, precisam ser delineados sobre o terreno para que a obra seja realizada. A esta fase de projeto dá-se o nome de *implantação da obra* ou *locação da obra*.

De acordo com a ISO 7078:2020: *"implantar uma obra significa estabelecer os marcos e as linhas de referência que permitam definir a posição e as altitudes ou cotas dos elementos de uma construção".*

O tipo de marco, o tipo de linha de referência e os procedimentos de campo variam de acordo com o tipo de projeto. Implantar uma via de acesso, as quadras e os lotes de um loteamento, uma ponte ou um edifício, exigem procedimentos de campo diferentes, tornando, portanto, difícil estabelecer procedimentos genéricos. A solução ideal será sempre própria para cada caso e os critérios que dirigirão o engenheiro de obra a escolher uma ou outra técnica de implantação ou um ou outro instrumento de medição serão ditados pelas características do trabalho a ser realizado, tais como:

- a precisão exigida;
- o relevo e o ambiente do canteiro de obras;
- as dimensões do projeto;
- os utensílios e os instrumentos disponíveis;
- as possibilidades de controles.

O engenheiro responsável pela implantação de uma obra deve considerar que as suas intervenções fazem parte de um cronograma de obra. Dessa forma, para que o resultado de seu trabalho seja efetivo, ele deve colaborar com os demais intervenientes a fim de:

- obter todas as informações que lhe permitam georreferenciar e calcular os elementos de implantação de forma adequada;
- assegurar-se de que tem em mãos sempre os últimos documentos pertinentes à obra. Muitos erros de projeto ocorrem pelo uso de informações desatualizadas;
- estabelecer um plano de implantação acordado com os demais setores da obra. Esse plano deve consistir em um cronograma e em uma planta detalhada de implantação com numeração de eixos, distâncias e ângulos;
- se informar sobre como os elementos implantados serão utilizados para implantá-los de acordo com as necessidades dos usuários;
- assegurar-se de que a identificação dos marcos e dos alinhamentos implantados seja facilmente compreendida pelos usuários;
- indicar a posição do ponto implantado por meio de um processo de marcação que permita identificá-lo e acessá-lo com facilidade e precisão;
- realizar conjuntamente com o chefe do canteiro de obras uma visita final completa a todos os elementos implantados após cada etapa de trabalho.

Em uma obra de grandes extensões, dificilmente se poderá implantar todos os elementos de uma só vez. Por isso, para garantir a homogeneidade durante as diferentes intervenções, é importante utilizar os mesmos pontos de controle da vizinhança e verificar constantemente a qualidade de tais pontos. Uma recomendação importante é não utilizar elementos já implantados como pontos de controle ou como orientação para os cálculos das novas implantações.

Levando em conta as recomendações citadas, para o seu estudo, os métodos de implantação de obras podem ser classificados em duas categorias:

- métodos geométricos;
- métodos analíticos.

Apresentam-se a seguir os detalhes de cada um deles.

15.2 Métodos geométricos de implantação de obras

Diz-se que um método de implantação de obra é geométrico quando o estabelecimento dos marcos e das linhas de referência é realizado por meio da aplicação direta de conceitos da geometria plana. Em geral, tais métodos são preferidos para a implantação de obras de pequeno porte ou para a implantação de objetos cujas posições geométricas são referenciadas a outros elementos geométricos, tais como paralelas e ortogonalidades, no lugar de coordenadas do projeto.

As implantações, nesses casos, são realizadas, na maioria das vezes, por meio de medições diretas de distâncias com uma trena ou com um medidor de distância a *laser*. Mesmo assim, caso existam ângulos a serem implantados ou a precisão exija instrumentos sofisticados, não se deve prescindir do uso de um teodolito ou uma estação total.

A vantagem dos métodos geométricos é que eles são mais intuitivos do que os analíticos, porém, exigem maior prática do engenheiro e de seus auxiliares.

Apresentam-se a seguir os principais métodos geométricos utilizados para a implantação de uma obra.

15.2.1 Uso de gabarito de madeira

O método geométrico mais comum, usado em praticamente todas as construções residenciais e obras semelhantes é o método de implantação por meio da construção de um gabarito em madeira no entorno da construção. A montagem de um gabarito desse tipo é muito simples, consistindo apenas em travessas de madeira pregadas em montantes fixos no terreno, conforme indicado na Figura 15.1.

O gabarito assim preparado torna-se a estrutura de apoio geométrico da implantação. Ele deve, por isto, ser construído seguindo algumas regras básicas, tais como:

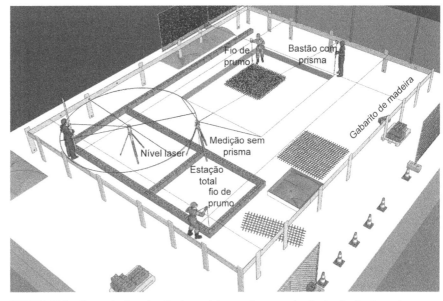

FIGURA 15.1 • Exemplo de gabarito de madeira usado para a implantação de obras de pequeno porte.

- abranger todo o perímetro da construção;
- ser fixo no solo e construído de maneira a não se mover facilmente;
- possuir pelo menos um dos lados referenciados às diretrizes da obra;
- ser esquadrejado e nivelado;
- possuir uma altura sobre o terreno que facilite a sua visualização e o seu uso como estrutura de referência.

Tomando as laterais do gabarito como alinhamentos de referência, o engenheiro traça as interseções e os alinhamentos dos elementos da obra por intermédio de fios de náilon adequadamente posicionados no gabarito. Em seguida, conforme ilustrado no exemplo da Figura 15.2, os elementos da construção são implantados com o auxílio de um fio de prumo.

Conforme indicado na Figura 15.1, os alinhamentos podem também ser estabelecidos por meio de um teodolito ou uma estação total. Nesses casos, instrumentos com prumo *laser* e com capacidade para medições sem prisma e *laser* visível podem aumentar a eficiência e a qualidade do trabalho.

No caso dos trabalhos de nivelamento no canteiro de obras, eles devem ser realizados com o auxílio de um nível topográfico e por métodos de nivelamento geométrico, conforme apresentado no *Capítulo 12 – Altimetria*. Nesta mesma conjuntura, quando a quantidade de desníveis da obra for elevada, recomenda-se utilizar um nível *laser*, como ilustrado na Figura 15.1 e de acordo com as indicações de uso apresentadas na *Seção 8.5.3 – Nível laser*.

FIGURA 15.2 • Utilização de gabarito e fio de prumo.

15.2.2 Determinação de perpendiculares

Em uma obra é frequente a necessidade de definir ângulos retos ou determinar retas perpendiculares a alinhamentos existentes. Nesses casos, desde que a precisão do traçado permita, pode-se utilizar uma das técnicas indicadas na sequência.

Traçado de ângulo reto 3-4-5: segundo Pitágoras, todo triângulo retângulo cujos catetos meçam, respectivamente, 3 e 4 (independentemente da unidade), terá a sua hipotenusa medindo 5. Esta propriedade do triângulo retângulo pode, portanto, ser utilizada para o traçado de perpendiculares em um canteiro de obras.

Conforme ilustrado na Figura 15.3, o procedimento de medição para o traçado da perpendicular é o seguinte: com o uso de uma trena marcar sobre a linha de referência, um ponto (B) a 3 unidades da base (A) da futura perpendicular. A partir do ponto (A), traçar um arco de círculo com raio igual a 4 unidades. A partir do ponto (B), traçar um arco de círculo com raio igual a 5 unidades. O lugar geométrico da interseção dos dois arcos é o ponto que define a linha perpendicular ao alinhamento AB passando pelo ponto (A). Evidentemente, todas as medições devem pertencer ao mesmo plano.

Por meio de um triângulo isósceles: sabe-se que, em um triângulo isósceles, a sua altura intercepta o ponto médio do lado oposto aos lados iguais. Essa propriedade pode, portanto, ser utilizada para o traçado de perpendiculares em um canteiro de obras.

Conforme ilustrado na Figura 15.4, o procedimento de medição para o traçado da perpendicular é o seguinte: com o uso de um fio de náilon, a partir do ponto (C), traçar um arco de círculo sobre o alinhamento AB com raio maior que a altura do triângulo. Em seguida, determinar a distância média entre os dois pontos de interseção do arco com o alinhamento AB. O lugar geométrico do ponto médio define a linha perpendicular ao alinhamento AB passando pelo ponto (C).

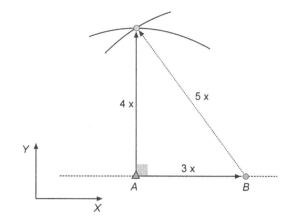

FIGURA 15.3 • Construção de uma perpendicular por meio do triângulo retângulo 3-4-5.

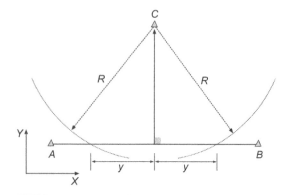

FIGURA 15.4 • Construção de uma perpendicular por meio de um triângulo isósceles.

15.2.3 Uso de teodolitos ou estações totais

Para obras de grande porte, para as quais não é possível usar um gabarito, a implantação geométrica é feita por intermédio de teodolitos ou estações totais. O instrumento, neste caso, é usado para definir alinhamentos e demarcar ângulos, geralmente, para os traçados de linhas paralelas e perpendiculares a um alinhamento de referência. O procedimento de campo varia em função do tipo de obra e do objeto a ser posicionado. Existem, contudo, alguns procedimentos padrões que devem ser conhecidos quando se deseja implantar elementos geométricos de uma obra com um teodolito ou uma estação total usando métodos geométricos. Apresentam-se a seguir os procedimentos de campo para alguns deles.

15.2.3.1 *Prolongamento de alinhamentos*

O estabelecimento de linhas retas sobre o terreno é um procedimento comum na maioria dos trabalhos de implantação de obras, principalmente na construção de estradas e loteamentos, entre outros. A situação de campo, neste caso, é a existência de uma reta cujos extremos estão demarcados no terreno. Pretende-se prolongar o traçado dessa reta partindo-se de um de seus extremos. De acordo com a Figura 15.5a, o procedimento padrão seria instalar o instrumento topográfico sobre o ponto (B), visar o ponto extremo (A) pertencente à reta, girar a luneta do teodolito em torno do seu eixo secundário (horizontal) e marcar no terreno o ponto (C) do prolongamento da mesma. Ocorre, porém, que em função de erros instrumentais, como descrito na *Seção 9.2 – Erros instrumentais e operacionais de uma estação total*, haverá um desvio do prolongamento nas direções (C_1) ou (C_2), conforme indicado na Figura 15.5b. Por esta razão, para compensar o erro instrumental, deve-se demarcar o ponto (C) com a luneta nas posições direta e inversa. Conforme indicado na figura, haverá dois pontos no terreno (C_1) e (C_2). O eixo do prolongamento é dado pelo ponto médio entre eles. Para diminuir o efeito do erro de prolongamento, recomenda-se realizar visadas ré longas e visadas vante curtas.

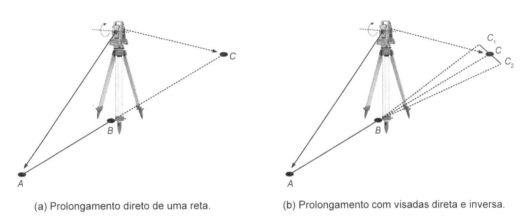

(a) Prolongamento direto de uma reta.   (b) Prolongamento com visadas direta e inversa.

FIGURA 15.5 • Procedimento de campo para o prolongamento de uma reta.

O mesmo procedimento pode ser aplicado para o caso do traçado de alinhamentos verticais, conforme indicado na Figura 15.6.

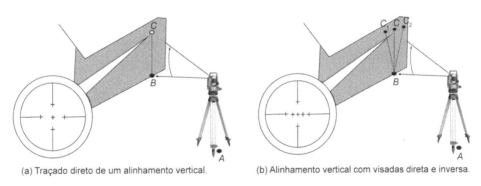

(a) Traçado direto de um alinhamento vertical.   (b) Alinhamento vertical com visadas direta e inversa.

FIGURA 15.6 • Procedimento de campo para o traçado de um alinhamento vertical.

15.2.3.2 *Alinhamento do instrumento entre dois pontos*

Nos trabalhos diários de uma obra pode ser necessário alinhar um teodolito ou uma estação total entre dois pontos existentes no terreno. Trata-se de uma operação difícil de ser realizada em face da não existência de referências para o posicionamento do instrumento. A solução para este problema consiste em estacionar o instrumento de medição sobre um ponto (C) a uma distância (d_{CP}) do alinhamento, de forma que se possa visar os pontos extremos (A) e (B) do mesmo e realizar medições de direções e distâncias ou somente de direções, conforme apresentado nas duas soluções apresentadas a seguir:

Solução com medições de distâncias: quando os pontos extremos do alinhamento podem ser ocupados com um bastão de prisma para que se possa medir as distâncias entre o ponto (*C*) e cada um deles, tem-se a situação geométrica ilustrada na Figura 15.7.

O procedimento de campo, neste caso, é o seguinte:

1. medir as direções horizontais L_{CA} e L_{CB} e as distâncias d_{CA} e d_{CB};
2. calcular o ângulo $\alpha_C = L_{CB} - L_{CA}$;
3. calcular a distância (d_{AB}) pela Lei dos Cossenos, ou seja,

$$d_{AB}^2 = d_{CA}^2 + d_{CB}^2 - 2 * d_{CA} * d_{CB} * \cos(\alpha_C) \quad (15.1)$$

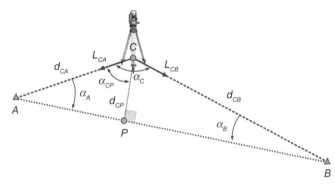

FIGURA 15.7 • Alinhamento de um instrumento topográfico entre dois pontos com medição de distâncias.

4. calcular o ângulo horizontal (α_A) pela Lei dos Senos, ou seja,

$$\frac{\text{sen}(\alpha_A)}{d_{CB}} = \frac{\text{sen}(\alpha_C)}{d_{AB}} \quad \rightarrow \quad \alpha_A = \arcsen\left[\frac{d_{CB}}{d_{AB}} * \text{sen}(\alpha_C)\right] \quad (15.2)$$

5. calcular (d_{CP}) aplicando a equação (15.3),

$$d_{CP} = \text{sen}(\alpha_A) * d_{CA} = \frac{d_{CB} * \text{sen}(\alpha_C) * d_{CA}}{d_{AB}} \quad (15.3)$$

6. calcular o ângulo (α_{CP}) de localização do ponto (*P*) por meio do triângulo retângulo *APC*.

$$\alpha_{CP} = \arccos\left(\frac{d_{CP}}{d_{CA}}\right) \quad (15.4)$$

Esta solução apresenta resultados precisos, porém, deve-se evitar realizar medições muito próximas ao alinhamento para que os ângulos (α_A) e (α_B) não sejam muito agudos.

Solução sem medições de distâncias: quando os pontos extremos do alinhamento não podem ser ocupados, mas podem ser visados com o instrumento de medição, tem-se a situação geométrica ilustrada na Figura 15.8.

O procedimento de campo, neste caso, é o seguinte:

1. ocupar a posição (*C1*) e medir as direções horizontais L_{C1A} e L_{C1B};
2. calcular o ângulo $\alpha_{C1} = L_{C1B} - L_{C1A}$;
3. mover o instrumento para a posição (*C2*), medir a distância (d_{C1C2}) e as direções horizontais L_{C2A} e L_{C2B};
4. calcular o ângulo $\alpha_{C2} = L_{C2B} - L_{C2A}$.

Nessas condições, a distância (d_{C2P}) pode ser calculada aplicando a equação (15.5),

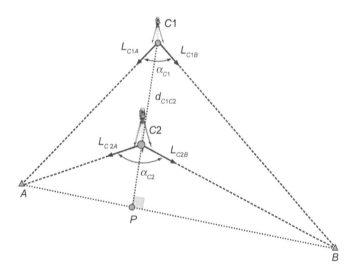

FIGURA 15.8 • Alinhamento de um instrumento topográfico entre dois pontos sem medição de distâncias.

$$d_{C2P} = d_{C1C2} * \left[\frac{\text{tg}\left(\frac{180° - \alpha_{C1}}{2}\right)}{\text{tg}\left(\frac{180° - \alpha_{C2}}{2}\right)} - 1\right]^{-1} \quad (15.5)$$

Esse método é menos preciso que o anterior e deve ser aplicado somente em situações de pouco rigor. A precisão é tanto maior quanto maior a perpendicularidade entre os alinhamentos *C1P* e *AB*. Caso a localização do ponto (*P*) calculada não seja satisfatória, o processo pode ser repetido considerando o ponto (*C2*) e o ponto (*P*) calculado.

IMPLANTAÇÃO DE OBRAS **285**

Exemplo aplicativo   15.1

Deseja-se instalar uma estação total no alinhamento entre dois pontos (A) e (B) implantados no terreno. Para tanto, instalou-se a estação total em um ponto no terreno a partir do qual fosse possível visar os pontos (A) e (B) e realizou-se as medições de campo indicadas na Tabela 15.1.

Considerando as medições realizadas, calcular a distância e o ângulo que a estação total deverá ser movida para posicioná-la no alinhamento AB.

TABELA 15.1 • Valores medidos em campo

Estação	Ponto visado	Direção horizontal	Distância [m]
C	B	171°17′30″	85,112
	A	274°40′09″	92,489

- *Solução:*
Seguindo a rotina de cálculo indicada na solução com medições de distância, têm-se:

$$\alpha_C = 274°40'09'' - 171°17'30'' = 103°22'39''$$

$$d_{AB} = \sqrt{92,489^2 + 85,112^2 - 2*92,489*85,112*\cos(103°22'39'')} = 139,430 \text{ m}$$

$$\alpha_A = \operatorname{arcsen}\left[\frac{85,112}{92,489}*\operatorname{sen}(103°22'39'')\right] = 36°25'53,9''$$

$$d_{CP} = \frac{92,489*85,112*\operatorname{sen}(103°22'39'')}{139,430} = 54,926 \text{ m}$$

$$\alpha_{CP} = \arccos\left(\frac{54,926}{92,489}\right) = 53°34'06,1''$$

Exemplo aplicativo   15.2

Seja o caso em que se deseja instalar uma estação total no alinhamento entre dois pontos (A) e (B) implantados no terreno, os quais não podem ser ocupados por um bastão de prisma para medições de distâncias. Para tanto, foram realizadas as medições de campo indicadas na Tabela 15.2. Considerando as medições realizadas, calcular a distância (d_{C2P}) para se determinar a posição do ponto (P) sobre o alinhamento AB.

TABELA 15.2 • Valores medidos em campo

Estação	Ponto visado	Direção horizontal
C1	B	120°23′30″
	A	264°21′15″
C2	B	00°00′00″
	A	163°07′28″
Distância C1–C2 = 12,288 m		

- *Solução:*
Seguindo a rotina de cálculo indicada na solução sem medições de distâncias, têm-se:

$$\alpha_{C1} = 264°21'15'' - 120°23'30'' = 143°55'30''$$

$$\alpha_{C2} = 163°07'28'' - 00°00'00'' = 163°07'28''$$

$$d_{C2P} = 12,288*\left[\frac{\operatorname{tg}\left(\dfrac{180° - 143°55'30''}{2}\right)}{\operatorname{tg}\left(\dfrac{180° - 163°11'40''}{2}\right)} - 1\right]^{-1} = 10,202 \text{ m}$$

15.2.4 Escavação de valas

A escavação de valas é outro tipo de obra que, frequentemente, necessita da intervenção de medições topográficas, principalmente para o nivelamento da inclinação da base da mesma. Este é o caso de projetos de drenagem, redes de esgoto e outros. As inclinações, nesses casos, em geral, são tênues e necessitam de um nivelamento preciso por meio do uso de nivelamentos geométricos ou níveis *laser*.

A primeira etapa de operações para esse tipo de trabalho é a implantação dos eixos das escavações. Assim, por meio das coordenadas de seus pontos extremos, indicadas no projeto, realiza-se o estaqueamento dos eixos. Em seguida, inicia-se a escavação. A largura da escavação é facilmente demarcada no terreno paralelamente ao eixo. A profundidade, por sua vez, é determinada por meio da construção de dois gabaritos construídos nas extremidades da vala e conectados por uma linha de náilon, conforme ilustrado na Figura 15.9. As relações geométricas do perfil da escavação estão indicadas na Figura 15.10.

Construir os gabaritos ao lado da área a ser escavada é outra solução utilizada. A régua de medição da profundidade, nesse caso, é construída em formato "T", de forma que, enquanto uma de suas extremidades toca a linha de náilon, a base do "T" indica a profundidade.

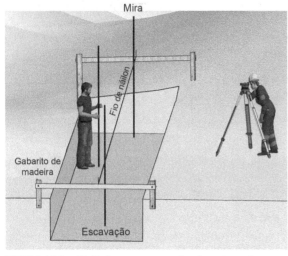

FIGURA 15.9 • Medições para operações de escavação de valas.

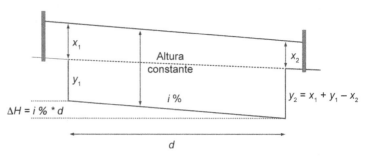

FIGURA 15.10 • Relações geométricas do perfil da escavação.

Em casos de valas muito longas, pode-se também realizar o nivelamento do fundo da escavação por meio de nivelamento geométrico direto, conforme ilustrado na Figura 15.9. Os valores a serem lidos na mira de nivelamento serão calculados em função da declividade indicada em projeto e da distância entre pontos de nivelamentos intermediários, conforme indicado na Figura 15.10.

É importante salientar que, nos casos de construção de redes de tubulações, após o nivelamento da base da vala é necessário ainda nivelar o posicionamento dos tubos para garantir que a canalização seja construída com a inclinação correta. A este respeito, conforme indicado na *Seção 8.5.3 – Nível laser*, existem instrumentos *laser* para orientação linear projetados especificamente para esse fim. Para detalhes operacionais do uso desse tipo de instrumento, o leitor deve consultar o catálogo ou o Manual de Operação do instrumento de sua escolha.

15.2.5 Controle vertical

Além do posicionamento horizontal dos pontos relevantes da obra, vários projetos exigem o posicionamento das altitudes desses pontos e a verificação da verticalidade dos elementos geométricos da obra, tais como pilares, poços de elevadores, paredes e outros. A precisão da verticalidade desses elementos é um fator importante não só pela estabilidade estrutural, como também para a economia e para a estética da construção. Para o posicionamento das altitudes dos pontos, o procedimento a ser adotado é a implantação de uma rede de pontos de RN distribuídos adequadamente no interior da área de projeto, de forma que possam ser utilizados para o nivelamento dos elementos geométricos da obra. Para a verificação da verticalidade dos elementos existem várias técnicas clássicas de controle, as quais estão descritas na sequência do texto.

A técnica de controle vertical mais comumente usada em obras de edifícios é a definição das prumadas por meio de um fio de prumo. Esse é o recurso utilizado tanto para a verificação da verticalidade de elementos estruturais de pequena altura, como pilares entre pisos de edifícios e construção de paredes, quanto para o controle da verticalidade de pilares de pontes e até mesmo da verticalidade de edifícios de pouca altura.

No caso de pequenas alturas, pode-se utilizar um fio de prumo comum adquirido em lojas de materiais de construção. Já para elementos estruturais de altura mediana se utiliza um fio de aço com um peso na sua extremidade, conforme ilustrado na Figura 15.11. Em casos de muito vento, o peso é inserido em um recipiente com material viscoso para dificultar a sua movimentação. Considera-se que um fio de prumo desse tipo, com um peso de 3 kg, possui precisão de verticalidade entre 0,5 e 1 mm por metro. Mesmo sendo razoavelmente preciso, não se recomenda o seu uso para edifícios altos.

No caso da verificação da verticalidade de pilares entre pisos de edifícios ou de elementos construtivos de pouca altura, pode-se utilizar também um nível de pedreiro posicionado na face do elemento.

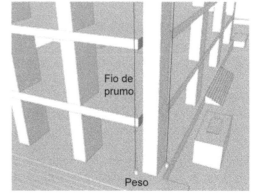

FIGURA 15.11 • Fio de prumo com peso na extremidade.

Para os casos de pilares altos em que o uso de um fio de prumo não é recomendado, pode-se lançar mão do uso um teodolito ou uma estação total, conforme ilustrado na Figura 15.12. O procedimento de campo, neste caso, consiste em estacionar o instrumento sobre o traço de uma de duas perpendiculares às faces do pilar, visar a base do pilar e orientar seu posicionamento vertical na direção do alinhamento. Em seguida, o instrumento topográfico deve ser movido para a outra perpendicular e o procedimento repetido até que se tenham as duas visadas coincidentes. Se o trabalho puder ser realizado com dois instrumentos ao mesmo tempo, a eficácia das operações é muito maior.

Para os casos de grandes obras ou de edifícios altos, pode-se utilizar um instrumento topográfico desenvolvido exclusivamente para esse fim, denominado *nível de prumada óptica zenital*. Trata-se de um instrumento que permite transferir verticais entre um mesmo alinhamento vertical por meio de uma luneta óptica ou por feixe *laser*, zenital, nadiral ou ambos, conforme ilustrado na Figura 15.13.

Em geral, a utilização desse tipo de instrumento se faz por meio de aberturas deixadas nos pisos do edifício. Com o auxílio de marcos transparentes apropriadamente instalados sobre as aberturas pode-se controlar a verticalidade desejada. A Figura 15.14 ilustra um exemplo desse tipo de instalação.

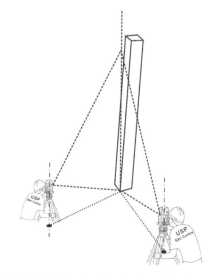

FIGURA 15.12 • Verificação da verticalidade de pilares por meio de teodolitos.

De acordo com o fabricante:
Precisão zenital: 1:45.000
Precisão nadiral: 1:2.000
Alcance máximo: 250 m

FIGURA 15.13 • Nível de prumada *laser*.
Fonte: adaptada de Suzhou FOIF Co.

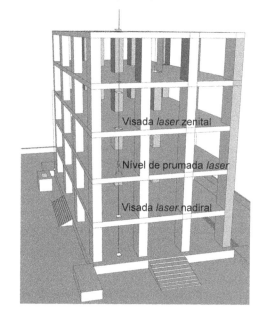

FIGURA 15.14 • Instalação de um nível de prumada *laser*.

A respeito do controle vertical de edifícios é importante salientar que à medida que a altura da construção aumenta, alguns fatores, como ventos e vibrações, causam dificuldades no controle da verticalidade por meio das técnicas indicadas, tornando necessário buscar outras alternativas de medição da verticalidade. Estudos a esse respeito têm indicado que o uso de instrumentos GNSS e de estações totais, combinados ou separados, podem produzir resultados satisfatórios. A Figura 15.15 apresenta o exemplo de uma instalação desse tipo combinando antena GNSS e prisma refletor 360°.

Aliado às medições GNSS e prumadas *laser*, tem-se utilizado também instrumentos eletrônicos de medição de inclinação, denominados *inclinômetros eletrônicos*, os quais, quando instalados em locais adequados, permitem monitorar a variação da verticalidade do edifício, como um todo ou partes dele. Para mais detalhes sobre esse assunto, o leitor deverá consultar outras referências.

FIGURA 15.15 • Instalação de antena GNSS e prisma para o controle da verticalidade de edifícios.
Fonte: cortesia de Leica Geosystems.

15.3 Métodos analíticos de implantação de obras

Diz-se que um método de implantação de obra é analítico quando a implantação dos marcos e das linhas de referência é realizada por meio do uso das coordenadas dos pontos a serem estabelecidos. Utiliza-se, para tanto, uma estação total ou um instrumento GNSS, operando no modo RTK, para o posicionamento dos pontos. Considera-se, nesse caso, que o projeto foi realizado com o uso de aplicativos CAD, os quais permitem obter as coordenadas de qualquer ponto do projeto. Atenção especial deve ser dada ao tipo de coordenadas disponível. Elas podem estar referenciadas ao Plano Topográfico Local (PTL) ou ao Plano do Sistema de Projeção UTM. Caso estejam referenciadas ao PTL, a implantação com uma estação total não exigirá a aplicação de nenhum fator de escala. Ao contrário, se elas estiverem referenciadas ao Plano do Sistema de Projeção UTM, a implantação com estação total exigirá a aplicação de fatores de escala, e a implantação com instrumentos GNSS exigirá apenas a configuração adequada do receptor para operar com coordenadas UTM. Em ambos os casos é muito importante que o engenheiro tenha controle total dos modelos de transformações e dos fatores de escalas a serem aplicados (ver *Capítulo 19 – Projeção cartográfica* para mais detalhes).

15.3.1 Implantação com estações totais

Os procedimentos de campo para a implantação analítica com uma estação total é praticamente o inverso do levantamento de detalhes descrito no *Capítulo 14 – Levantamento de detalhes*. O primeiro fator a ser considerado é a disponibilidade de uma rede de pontos de apoio topográficos na área do projeto. Tomando essa rede como referência, o procedimento de campo consiste em estacionar a estação total sobre um dos pontos de apoio, orientá-la com uma visada ré sobre outro ponto de apoio, conforme indicado na Figura 15.16, e proceder à implantação dos pontos desejados por meio de suas coordenadas previamente carregadas na memória do instrumento.

As operações de campo são realizadas por meio do aplicativo de implantação de obras disponível em todas as estações totais. Conforme já salientado em outras ocasiões neste livro, primeiramente, o operador deve armazenar na memória do instrumento as coordenadas de todos os pontos de apoio disponíveis na área e de todos os pontos que se deseja implantar. Em seguida, indica-se no *menu* do programa aplicativo quais são os pontos de instalação e de orientação do instrumento. Com essas informações gravadas no instrumento, ao escolher o ponto a ser implantado, os elementos de implantação (ângulos e distâncias) são calculados pela própria estação total, que indica no seu visor a direção e a distância a serem aplicadas. O operador deve, em seguida, girar o instrumento no ângulo indicado e orientar o auxiliar de campo para colocar o prisma na direção indicada e na distância aproximada do ponto a ser implantado. Nessa posição realiza-se a primeira medição de distância horizontal, a partir da qual o instrumento indicará quanto o auxiliar deverá se deslocar na direção da posição desejada. O processo é iterativo e as medições de distâncias sucessivas são repetidas até que a estação total indique deslocamento igual a zero.

Cada vez que se esgotam as possibilidades de implantação de pontos a partir da estação ocupada, desloca-se o instrumento para outro ponto de apoio e repete-se o procedimento. Como se pode notar, este tipo de implantação é muito simples de ser aplicado e, se bem planejado, apresenta desempenho altamente satisfatório. Os resultados dependerão, contudo, da prática e da habilidade da equipe de campo.

Caso o engenheiro necessite fazer os seus próprios cálculos dos elementos de implantação, ele deve referir-se à *Seção 10.7 – Determinação de elementos de implantação planimétrica de pontos por meio de coordenadas conhecidas*.

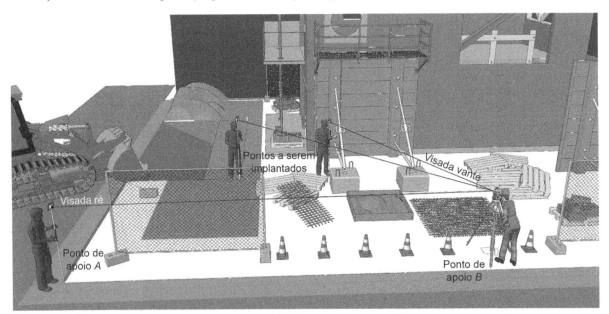

FIGURA 15.16 • Exemplo de implantação de uma obra de construção civil com uma estação total.

Para garantir a qualidade da implantação, recomenda-se que o engenheiro estabeleça regras de verificações (checagem) no campo, como implantar o mesmo ponto duas vezes a partir de posições diferentes da estação total. Outra regra simples é verificar o esquadrejamento das figuras e as distâncias entre os vértices implantados.

Dependendo do tipo de obra, por exemplo, na construção civil em locais densamente construídos, nem sempre é possível manter uma rede de pontos de apoio cujos pontos possam ser ocupados facilmente. A solução para esta situação pode ser o estabelecimento de uma rede de marcos auxiliares distribuídos nos edifícios vizinhos à obra e determinados por meio de medições com estação total com capacidade de medição sem prisma ou por meio do método de interseção a vante indicado no *Capítulo 10 – Cálculos topométricos* (ver Fig. 15.17). Com essa rede de pontos auxiliares à disposição, o engenheiro poderá efetuar as implantações necessárias posicionando a estação total no local mais apropriado para as medições e determinar a sua localização e orientação por meio do *método de interseção a ré com excesso de visadas* ou *método da estação livre*.[1] A maioria dos instrumentos já possui, inclusive, um programa aplicativo inserido em seu sistema operacional, que orienta o operador nos procedimentos de campo para a aplicação deste método. O operador deve, contudo, aplicá-lo com extremo cuidado e verificar se os resíduos obtidos após o posicionamento do instrumento estão dentro dos limites preestabelecidos para o projeto de implantação da obra. Recomenda-se, também, usar pelo menos um dos pontos auxiliares como ponto de checagem para comprovação da qualidade do posicionamento do instrumento.

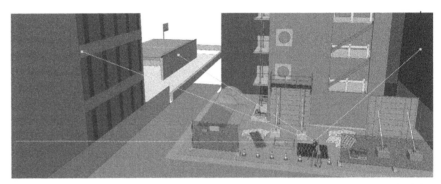

FIGURA 15.17 • Distribuição de pontos de apoio auxiliares em uma obra de construção civil.

Para os casos em que a quantidade de pontos a serem implantados é grande, o uso de estações totais robóticas pode ser uma solução com custo-benefício a ser considerada.

Outro recurso que tem sido utilizado com frequência em obras de pequeno porte é combinar o uso de gabaritos de madeira com medições com estação total. Nesse caso, o empreiteiro monta o gabarito de madeira no entorno da obra, conforme indicado na *Seção 15.2.1 – Uso de gabarito de madeira* e realiza um levantamento topográfico dos eixos das traves desse gabarito, de modo a permitir que ele seja representado sobre a representação gráfica do projeto. Em seguida, o engenheiro traça os alinhamentos de implantação do projeto sobre a representação gráfica e determina as coordenadas dos cruzamentos das linhas de implantação com os eixos das traves do gabarito desenhadas sobre a mesma representação gráfica. O próximo passo consistirá em implantar os pontos dos cruzamentos sobre as traves do gabarito com o uso da estação total, aplicando os procedimentos de implantação de pontos indicados nos parágrafos precedentes desta seção. Têm-se, assim, todos os alinhamentos de implantação da obra definidos sobre o gabarito por meio das coordenadas conhecidas.

15.3.1.1 *Precisão dos pontos implantados com estação total*

Para calcular a precisão de um ponto implantado com uma estação total é necessário considerar todos os erros sistemáticos e acidentais descritos no *Capítulo 9 – Erros instrumentais e operacionais*. A propagação de todos eles fornece a precisão da posição do ponto. Assim, para o caso da implantação de pontos a partir de uma única estação do instrumento, têm-se as precisões indicadas na sequência.

A precisão posicional no sentido transversal ao alinhamento do ponto implantado, sem levar em consideração a precisão do azimute do alinhamento de referência, é dada pela equação (15.6).

$$s_t = d * s_\alpha \qquad (15.6)$$

em que:

s_t = precisão posicional transversal do ponto implantado;
d = distância horizontal entre a estação e o ponto implantado;
s_α = precisão do ângulo horizontal considerando todos os erros instrumentais angulares, em radianos.

No sentido longitudinal, considerando o erro de centragem do instrumento (e_c) e o erro de centragem do prisma (e_p), a precisão é calculada de acordo com a equação (15.7).

$$s_l = \pm\sqrt{a^2\,\text{mm} + \left(b * d\left[\text{km}\right]\right)^2 \text{mm} + e_c^2 + e_p^2} \qquad (15.7)$$

com a, b sendo os parâmetros de precisão do distanciômetro, conforme apresentado na *Seção 7.3.2.5 – Precisão das medições com distanciômetro eletrônico*.

---

[1] O método da estação livre consiste no método de interseção a ré, conjugada com o método da multilateração, com ou sem excesso de visadas.

A precisão da resultante (s_p) pode ser calculada aplicando a equação (11.4).

$s_p = \sqrt{s_t^2 + s_l^2}$, conforme equação (11.4)

No caso de implantação sucessiva de pontos, as precisões transversais e longitudinais podem ser calculadas empregando as equações (11.1) e (11.2).

Uma recomendação prática para se determinar a precisão com que se deve implantar um ponto em uma obra é fazê-lo sempre com a metade da precisão que se necessita para o trabalho que será realizado utilizando a posição desse ponto. Por exemplo, se os métodos de construção de um pilar de uma ponte permitirem que ele seja construído com uma precisão de 1 cm, o seu centro deverá ser estabelecido no terreno com uma precisão igual a 0,5 cm.

15.3.2 Implantação com receptores GNSS

A implantação de pontos em uma construção civil com instrumentos GNSS pode ser realizada por meio do método de posicionamento diferencial no modo RTK. O modo operacional é semelhante ao levantamento de detalhes ilustrado na Figura 15.18. Da mesma forma que a implantação de pontos por meio de uma estação total, a aplicação dessa tecnologia exige também a existência de pontos de apoio topográficos ou geodésicos distribuídos na área do projeto. A vantagem, nesse caso, é que o ponto de apoio a ser ocupado pela estação de referência GNSS não precisa ser visível pelo instrumento GNSS a ser usado na implantação. Exige-se apenas que o local e a distância entre eles garantam a transmissão contínua das correções RTK. Notar que a existência de muitos obstáculos ou edifícios altos entre a estação de referência e a antena remota podem ser empecilhos para a boa comunicação entre os instrumentos.

Existem também soluções para operações de posicionamento diferencial no modo RTK para implantação de obras por meio de redes de monitoramento contínuo, conforme já descrito em seções anteriores. Os detalhes operacionais para este tipo de implantação de obras, contudo, não faz parte do escopo deste livro.

Reitera-se aqui mais uma vez o cuidado que o operador deve ter na compatibilização entre o sistema de coordenadas do sistema GNSS e o sistema de coordenadas do projeto.

A sequência de trabalho para a implantação de obras com receptores GNSS é a seguinte:

1. Inserir a lista de coordenadas dos pontos de apoio topográficos no receptor GNSS, que será instalado como base de referência.
2. Inserir a lista de coordenadas dos pontos de implantação no receptor GNSS, que será operado como receptor remoto.
3. Estacionar a antena do receptor da base de referência sobre um dos pontos de apoio disponível na área.
4. Configurar o receptor da base de referência de acordo com as exigências do fabricante, medir a altura da antena e indicar o número do ponto ocupado.
5. Iniciar o processo de transmissão das correções diferenciais RTK pela estação de referência.
6. Escolher o elemento a ser implantado e deslocar-se até ele de acordo com as indicações na tela do coletor de dados acoplado no bastão da antena receptora remota.
7. Repetir o passo 6 para os demais pontos de implantação.

Conforme indicado na Figura 15.18, os coletores de dados que operam juntamente com os receptores GNSS possuem telas gráficas para o direcionamento do operador com relação ao ponto a ser implantado. O procedimento, neste caso, consiste apenas em mover o bastão com a antena GNSS em direção ao ponto de implantação até o gráfico na tela do coletor de dados indicar que ele foi alcançado. Geralmente, um bip sonoro é emitido pelo coletor para indicar o posicionamento correto.

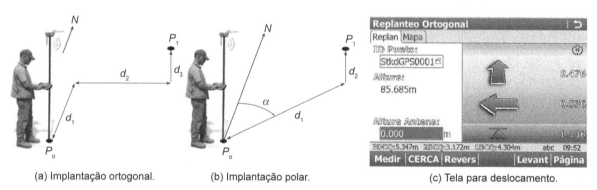

(a) Implantação ortogonal.   (b) Implantação polar.   (c) Tela para deslocamento.

FIGURA 15.18 • Implantação ortogonal e polar com um receptor GNSS.

A respeito da qualidade dos pontos implantados com instrumentos GNSS, o leitor deve consultar o fabricante. Além da precisão nominal do instrumento, o operador deve considerar ainda outros fatores, tais como a precisão do nível de bolha usado no bastão de medição e as precisões de centragem do bastão de medição e do tripé da estação de referência sobre os seus respectivos pontos. Em geral, espera-se alcançar precisões da ordem de 10 a 15 mm em posição e o dobro em altitude, em trabalhos de implantação comuns.

15.3.3 Implantação com controle de máquinas

Considerando que os projetos atuais são inteiramente numéricos e que a padronização de dados geoespaciais em formatos não proprietários e com capacidade de armazenar informações relacionadas com a Engenharia Civil já é uma realidade, abre-se uma nova perspectiva para os trabalhos de implantação de obras civis por meio da automação de máquinas, que em Geomática denomina-se, genericamente, *controle de máquinas*.

Baseado na definição da linguagem XML (*Extensible Markup Language*),[2] os profissionais da área de Engenharia Civil, especialmente aqueles ligados à construção de rodovias, desenvolveram o formato LandXML, cujo objetivo é permitir o intercâmbio preciso e definitivo de dados geoespaciais na área da Geomática para a construção civil. Dessa forma, por meio desta nova linguagem padronizada, tem-se disponível uma ferramenta de implantação de obras que permite automatizar os trabalhos de campo nos espaços 1D, 2D e 3D, conforme ilustrado na Figura 15.19.

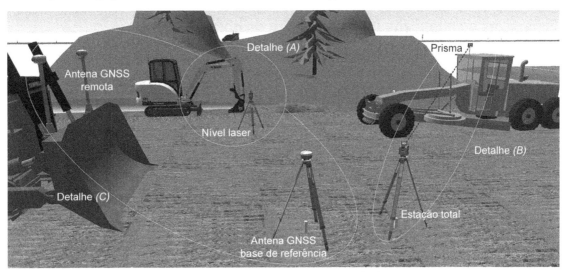

FIGURA 15.19 • Sistema de controle de máquinas.

15.3.3.1 *Sistema de controle de máquinas 1D*

Para os casos em que a máquina de construção civil é controlada apenas em altitude, tem-se um sistema de controle de máquinas 1D. Em geral, este tipo de automação de máquinas é realizado por meio de nivelamento *laser*, conforme apresentado na *Seção 12.11 – Nivelamento com nível laser*. Os tipos de máquinas comumente automatizados, neste caso, são as escavadeiras e os tratores de esteira [ver detalhe (*A*) na Fig. 15.19].

15.3.3.2 *Sistema de controle de máquinas 2D*

Nos casos em que a máquina pode ser controlada em altitude e se consideram também as inclinações e as rotações de seus implementos, tem-se um sistema de controle de máquinas 2D, conforme ilustrado na Figura 15.20.

Nesse caso, o nível *laser* controla o posicionamento vertical do implemento, enquanto os sensores inerciais, discutidos no *Capítulo 22 – Aerofotogrametria*, indicam as correções a serem realizadas no implemento para que os seus movimentos sejam realizados de acordo com o projeto. Os tipos de máquinas comumente automatizados, neste caso, são também as escavadeiras e os tratores de esteira.

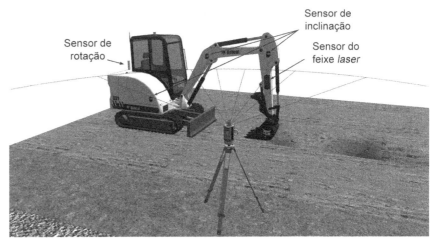

FIGURA 15.20 • Sistema de controle de máquina 2D.

---

[2] Linguagem com sintaxe codificada de forma a permitir a leitura de documentos por humanos e máquinas.

15.3.3.3 *Sistema de controle de máquinas 3D*

Nos casos em que a máquina pode ser controlada nos seus três eixos, tem-se um sistema de controle de máquinas 3D. A automatização, neste caso, se dá pela instalação de todos os sensores inerciais nos implementos no corpo da máquina e pelo posicionamento da máquina por intermédio de uma estação total ou de receptores GNSS, conforme ilustrado nos detalhes (*B*) e (*C*) da Figura 15.19. Praticamente todos os tipos de máquinas de terraplenagem e pavimentação podem ser automatizados com um sistema de controle de máquinas 3D.

A utilização dos sistemas de automação citados exige experiência por parte dos usuários e uma perfeita harmonia referencial entre os elementos geométricos do projeto e os elementos geográficos do terreno. Discutir este assunto em detalhes não faz parte do escopo deste livro. Para mais informações, o leitor interessado poderá consultar o livro sobre Projeto Geométrico de Rodovias, dos mesmos autores deste livro.

15.4 Exigências de qualidade na implantação de obras

Conforme já citado, as exigências de qualidade para a implantação de uma obra de Engenharia Civil variam em função do tipo de obra. Existem, contudo, três Normas ISO que tratam deste assunto:

- *ISO 4463-1 (1989) – Measurement methods for building – Setting out and measurement. Part 1: Planning and organization, measuring procedures, acceptance criteria.*
- *ISO 4463-2 (1995) – Measurement methods for building – Setting out and measurement. Part 2: Measuring stations and targets.*
- *ISO 4463-3 (1995) – Measurement methods for building – Setting out and measurement. Part 3: Check-lists for the procurement of surveys and measurement services.*

No caso brasileiro, a ABNT publica também a Norma 14645-3:2011 – Elaboração do "como construído" (*as built*) para edificações – Parte 3: Locação topográfica e controle dimensional da obra – Procedimento, que trata do levantamento planialtimétrico para locação topográfica e controle dimensional da obra.

Além das normas citadas, existem outras que tratam dos procedimentos e acurácias para obras específicas, por exemplo, a ABNT NBR 14931:2004 – Execução de estruturas de concreto – Procedimento, que indica valores de tolerância para execução de estruturas de concreto.

Não faz parte do escopo deste livro relacionar as normas vigentes e tampouco discutir os seus detalhes técnicos. Os leitores interessados em mais informações sobre este assunto deverão consultar outras referências e os textos das referidas normas.

16 Áreas

16.1 Introdução

A determinação de áreas de figuras geométricas é uma atividade importante para os profissionais de Geomática. Em praticamente todos os projetos de Engenharia há sempre a necessidade de calcular a área, seja da superfície do terreno seja de algum elemento geográfico do projeto. Por esta razão, praticamente todos os programas de computador aplicados à Geomática possuem módulos dedicados ao cálculo e à divisão de áreas em ambiente CAD. Desde então, calcular uma área ou dividi-la tornou-se uma atividade simples para a Engenharia. Mesmo assim, a despeito de sua facilidade computacional, apresentam-se neste capítulo os métodos mais conhecidos para o cálculo e a divisão de áreas. Antes, porém, é preciso salientar que para fins legais e administrativos, a área de um terreno é calculada segundo as *projeções horizontais* das linhas limítrofes que o delimitam sobre o Plano Topográfico Local, que é diferente da área da superfície gerada por meio de distâncias inclinadas ou por meio de projeções cartográficas.

Para o seu estudo, os métodos de cálculo de áreas podem ser classificados em:

- métodos geométricos;
- métodos analíticos;
- método mecânico.

Apresentam-se a seguir os detalhes geométricos e analíticos de cada um deles.

16.2 Métodos geométricos para o cálculo de áreas

Dá-se o nome *método geométrico* ao método de cálculo de área baseado na divisão da superfície, cuja área se deseja calcular, em figuras geométricas elementares, tais como triângulos, retângulos ou trapézios, com formulações simples e bem conhecidas para o cálculo de suas áreas (ver Fig. 16.1).

16.2.1 Área de um triângulo qualquer (Método de Heron)

$$A = \frac{1}{2} a * h_a = \frac{1}{2} b * h_b = \frac{1}{2} c * h_c \qquad (16.1)$$

$$A = \frac{1}{2} a * b * \text{sen}(\alpha_C) = \frac{1}{2} b * c * \text{sen}(\alpha_A) = \frac{1}{2} a * c * \text{sen}(\alpha_B) \qquad (16.2)$$

$$A = \sqrt{p*(p-a)*(p-b)*(p-c)} \qquad (16.3)$$

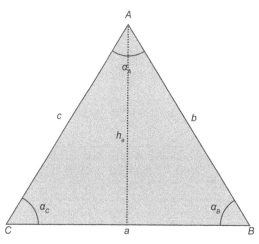

FIGURA 16.1 • Relações geométricas do triângulo.

em que A é a área calculada.

$$p = \frac{a+b+c}{2} \tag{16.4}$$

Exemplo aplicativo 16.1

Considerando os dados indicados na Tabela 16.1 e a representação geométrica da Figura 16.2, calcular a área do triângulo correspondente aplicando todas as equações indicadas na seção anterior.

TABELA 16.1 • Valores dos elementos geométricos do triângulo

Elemento geométrico	Valor
c	1.250,684 m
α_B	52°45'32"
α_C	56°23'10"

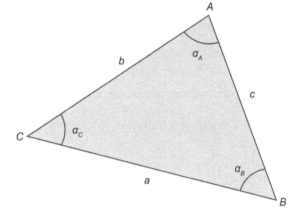

FIGURA 16.2 • Elementos geométricos do triângulo.

- *Solução:*

Para aplicar a equação (16.1), é necessário calcular o ângulo suplementar no vértice (A), a altura do triangulo referente ao ponto (A) e o comprimento do lado (a). Assim, têm-se:

$$\alpha_A = 180° - 52°45'32" - 56°23'10" = 70°51'18"$$
$$h_A = \text{sen}(52°45'32") * 1.250,684 = 995,664 \text{ m}$$
$$a = 1.250,684 * \frac{\text{sen}(70°51'18")}{\text{sen}(56°23'10")} = 1.418,743 \text{ m}$$
$$\text{Área} = \frac{1}{2} * 1.418,743 * 995,664 = 706.295,875 \text{ m}^2 = 70,630 \text{ ha}$$

Para aplicar a equação (16.2), é necessário calcular o valor de (b). Assim, têm-se:

$$b = \frac{\text{sen}(52°45'32")}{\text{sen}(56°23'10")} * 1.250,684 = 1.195,581 \text{ m}$$
$$\text{Área} = \frac{1}{2} * 1.195,581 * 1.250,684 * \text{sen}(70°51'18") = 706.295,875 \text{ m}^2 = 70,630 \text{ ha}$$

Com os valores de (a), (b) e (c) conhecidos, pode-se aplicar a equação (16.3). Assim têm-se:

$$p = \frac{1.418,743 + 1.195,581 + 1250,684}{2} = 1.932,504 \text{ m}$$
$$\text{Área} = \frac{1}{2}\sqrt{1.932,504 * 513,761 * 736,923 * 681,820} = 706.295,875 \text{ m}^2 = 70,630 \text{ ha}$$

16.2.2 Área de um trapézio

Considerando os elementos geométricos indicados na Figura 16.3, a área do trapézio pode ser calculada de acordo com a equação (16.5).

$$A = \frac{1}{2}(B+b)*h \qquad (16.5)$$

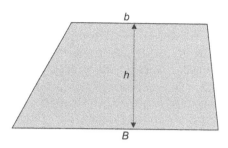

FIGURA 16.3 • Relações geométricas do trapézio.

16.2.3 Área de um quadrilátero

Considerando os elementos geométricos indicados na Figura 16.4, a área de um quadrilátero pode ser calculada dividindo-o em vários triângulos. Assim, têm-se:

$$A = \sqrt{p_1*(p_1-a)*(p_1-d)*(p_1-e)} + ... \\ \sqrt{p_2*(p_2-b)*(p_2-c)*(p_2-e)} \qquad (16.6)$$

$$p_1 = \frac{a+d+e}{2} \qquad (16.7)$$

$$p_2 = \frac{b+c+e}{2} \qquad (16.8)$$

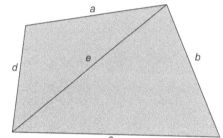

FIGURA 16.4 • Relações geométricas do quadrilátero.

Exemplo aplicativo 16.2

Considerando os dados indicados na Tabela 16.2, referentes à Figura 16.4, calcular a área do quadrilátero correspondente.

TABELA 16.2 • Valores conhecidos

Elemento geométrico	Valor [m]
a	808,679
b	1.224,791
c	906,421
d	825,571
e	1.455,023

■ *Solução:*
Com os dados do problema e aplicando as equações (16.6) a (16.8), têm-se:

$$p_1 = \frac{808,679+825,571+1.455,023}{2} = 1.544,637 \text{ m}$$

$$p_2 = \frac{1224,791+906,421+1455,023}{2} = 1.793,118 \text{ m}$$

$$\text{Área} = \left[\sqrt{1.544,636*(1.544,637-808,6789)*(1.544,636-825,571)*(1.544,636-1.455,023)} + ... \\ \sqrt{1.793,118*(1.793,118-1.224,791)*(1.793,118-906,421)*(1.793,118-1.455,023)} \right] = 823.377,493 \text{ m}^2$$

16.3 Métodos analíticos para o cálculo de áreas

Um método de cálculo de área é considerado analítico quando, em vez de se usar equações conhecidas para o cálculo de áreas de figuras geométricas elementares, são usados os dados do levantamento de campo (direções e distâncias), ou as coordenadas conhecidas dos vértices do polígono representativo da superfície, para o cálculo da área. Destacam-se, assim, os seguintes métodos.

16.3.1 Área de triângulos radiais – levantamento por irradiações

Para ilustrar este caso, considere-se que um instrumento topográfico foi instalado no centro (C) do terreno cuja área se deseja calcular e foram lidos os valores das direções horizontais (L_i), ângulos verticais zenitais e as distâncias inclinadas (d'_i) entre o ponto (C) e cada vértice (i) do terreno, conforme indicado na Figura 16.5. A área do terreno assim medido pode ser calculada de acordo com a equação (16.9). Notar que, antes de calcular a área, as distâncias inclinadas deverão ser reduzidas para distâncias horizontais (d_i). Assim, tem-se:

$$A = \frac{1}{2}\sum\left[d_i * d_{i+1} * \text{sen}\left(L_{i+1} - L_i\right)\right] \quad (16.9)$$

em que:

d_i = distância horizontal;

L_i = direções observadas.

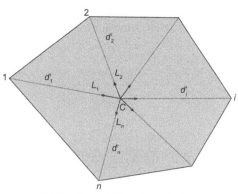

FIGURA 16.5 • Triângulos radiais.

Exemplo aplicativo 16.3

Considerando os valores medidos em campo e indicados na Tabela 16.3, calcular a área da figura correspondente.

■ *Solução:*
Para a solução deste exercício recomenda-se elaborar uma tabela conforme apresentado na Tabela 16.3.

TABELA 16.3 • Valores medidos em campo e calculados

Estação	Ponto visado	Direção horizontal	Distância horizontal [m]	sen($L_{i+1} - L_i$) (1)	$d_i * d_{i+1}$ [m²] (2)	(1)*(2) [m²]
C	1	0°00'00"	882,371	0,774573591	713.554,898	552.700,780
	2	129°14'01"	808,679	0,964609850	936.038,664	902.912,116
	3	203°56'42"	1.157,491	0,778410566	955.591,002	743.842,133
	4	255°03'37"	825,571	0,966197581	728.459,909	703.836,202
					Soma	2.903.291,231
					Área	1.451.645,615

16.3.2 Levantamento por coordenadas polares

Neste caso, um instrumento topográfico foi instalado em um ponto (C) qualquer fora do terreno cuja área se deseja calcular e foram lidas as direções (L_i), os ângulos verticais zenitais e as distâncias inclinadas (d'_i) entre o ponto (C) e cada vértice (i) do terreno, conforme indicado na Figura 16.6. Também, neste caso, a área pode ser calculada pela equação (16.9), levando em conta a mesma ressalva de se utilizar a distância horizontal.

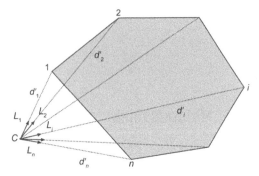

FIGURA 16.6 • Levantamento por coordenadas polares.

16.3.3 Método de Gauss – cálculo da área pelas coordenadas retangulares totais

Como o próprio nome sugere, este método de cálculo de área está baseado nas coordenadas retangulares totais dos vértices de um polígono.

Assim, considerando o polígono indicado na Figura 16.7, a área do trapézio A_{12}, que contém o lado 1-2 do polígono, é dada pela equação (16.10).

$$A_{12} = \left[\frac{y_1 + y_2}{2} * (x_2 - x_1)\right] \qquad (16.10)$$

Se forem considerados todos os lados, obtém-se a equação (16.11), que permite calcular a área de qualquer polígono por meio de suas coordenadas conhecidas.

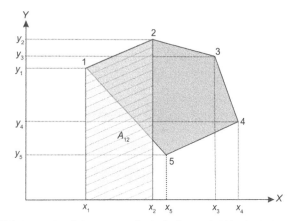

FIGURA 16.7 • Trapézios para o cálculo da área pelo Método de Gauss.

$$A = \left\{\begin{array}{l}\left[\frac{y_1 + y_2}{2} * (x_2 - x_1)\right] + \left[\frac{y_2 + y_3}{2} * (x_3 - x_2)\right] + \left[\frac{y_3 + y_4}{2} * (x_4 - x_3)\right] + \\ \left[\frac{y_4 + y_5}{2} * (x_5 - x_4)\right] + \left[\frac{y_5 + y_1}{2} * (x_1 - x_5)\right]\end{array}\right\} \qquad (16.11)$$

Generalizando a equação (16.11) para um polígono de n lados, obtém-se a equação (16.12).

$$A = \frac{1}{2}\sum\left[y_i * (x_{i+1} - x_{i-1})\right] \qquad (16.12)$$

Da mesma forma, invertendo as coordenadas (x) e (y), tem-se:

$$A = \frac{1}{2}\sum\left[x_i * (y_{i+1} - y_{i-1})\right] \qquad (16.13)$$

Os programas CAD utilizam este método para o cálculo de áreas de polígonos irregulares mesmo para aqueles com lados curvos, os quais são subdivididos em segmentos de retas.

Exemplo aplicativo 16.4

Considerando os dados indicados na Tabela 16.4, calcular a área do quadrilátero correspondente.

TABELA 16.4 • Coordenadas dos vértices do quadrilátero

Ponto	X [m]	Y [m]
1	7.453,743	12.743,125
2	8.105,479	11.360,951
3	7.019,484	10.794,624
4	6.676,216	11.633,531

- *Solução:*
A partir dos dados da Tabela 16.4 e aplicando a equação (16.12) ou (16.13), tem-se:

Área = 1.451.645,351 m²

Outra maneira de calcular a área de um polígono de coordenadas conhecidas é por meio do uso da regra mnemônica, que consiste em calcular a soma algébrica dos produtos cruzados das coordenadas retangulares dos vértices do polígono e dividi-lo por 2, conforme indicado ao lado.

Notar que as coordenadas do primeiro vértice da poligonal foram repetidas no final da sequência para fechar o polígono.

A convenção de sinais normalmente usada é considerar os produtos descendentes positivos e os produtos ascendentes negativos.

Vértice	Coordenadas retangulares
1	$X_1 \quad Y_1$
2	$X_2 \quad Y_2$
3	$X_3 \quad Y_3$
4	$X_4 \quad Y_4$
1	$X_1 \quad Y_1$

Exemplo aplicativo   16.5

Com os dados do Exemplo aplicativo 16.4, calcular a área do polígono aplicando a regra mnemônica.

■ *Solução:*
Realizando os produtos ascendentes e descendentes, obtêm-se:

$\sum produtos\ descendentes = 338.914.446,867\ m^2$

$\sum produtos\ ascendentes = -341.817.737,570\ m^2$

Realizando a soma algébrica desses valores e dividindo-a por 2, obtém-se o valor para a área calculada. Neste caso:

Área = 1.451.645,351 m²

16.4 Método mecânico para o cálculo de áreas

Para o cálculo de uma área pelo método mecânico se utiliza um instrumento denominado *planímetro polar*, o qual permite avaliar áreas de uma superfície plana limitada por uma linha de contorno qualquer desenhada com uma escala conhecida. Embora os métodos de cálculo de áreas com o uso de computadores tenham se tornado frequente, o uso do planímetro polar ainda é uma técnica de medição útil em virtude da facilidade de operação, rapidez e eficiência em sua aplicação.

Os planímetros mais antigos são de leitura analógica e constituem-se, basicamente, de duas hastes (braços articulados) e um conjunto de discos graduados e um nônio (vernier). A área medida é avaliada por meio de leituras nos discos graduados e no nônio. A Figura 16.8 apresenta um exemplo de um planímetro polar mecânico.

Os planímetros mais recentes são de leitura digital e permitem avaliar a área medida de maneira mais simplificada e mais cômoda do que os seus antecessores. A Figura 16.9 apresenta um exemplo de um planímetro polar digital.

Neste texto não serão indicados os procedimentos para o uso do planímetro. O leitor interessado deverá buscar informações no Manual de Instruções que acompanha o instrumento.

Estima-se que a precisão da área medida com um planímetro polar mecânico ou digital é da ordem de 0,2 %, ou seja, 2 m² para cada 1.000 m². Esta estimativa, entretanto, depende da forma da figura medida e da prática do operador.

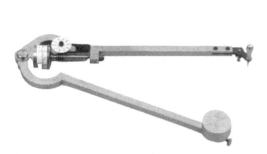

FIGURA 16.8 • Exemplo de um planímetro polar mecânico.

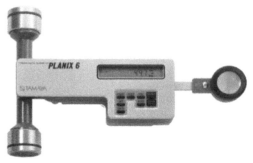

FIGURA 16.9 • Exemplo de um planímetro polar digital.
Fonte: adaptada de EESC/USP.

16.5 Uso de computadores para o cálculo de áreas

Conforme citado no início do capítulo, a maioria dos cálculos de áreas de polígonos é realizada por intermédio de programas aplicativos informatizados, que são simples de usar e produzem resultados consistentes. Geralmente, o polígono, cuja área se deseja calcular, já está desenhado na tela do computador e o cálculo é feito percorrendo as arestas do polígono com o ponteiro do cursor. Nos casos em que o polígono está desenhado sobre uma planta topográfica plotada em papel é necessário, primeiramente, digitalizá-la por intermédio de um escâner e utilizar, sem seguida, um programa aplicativo que permita transformar os tons de cinza da linha representativa do perímetro da figura em vetores representativos de suas linhas do contorno. A este respeito existem programas aplicativos extremamente eficientes, que realizam o processo de vetorização do perímetro da figura exigindo pouca interação do operador. Após a figura ter sido digitalizada, o cálculo da área torna-se um procedimento simples de cálculo de uma área de uma figura qualquer por intermédio de computador. O usuário deve estar atento para o fato da necessidade de estabelecer adequadamente a escala da figura para que a área calculada seja consistente com o desenho no papel.

16.6 Divisão de áreas

Em várias situações, após o cálculo da área do polígono, o engenheiro necessita dividi-la em parcelas menores, segundo exigências do projeto. A este respeito, existem alguns métodos que podem ser utilizados, conforme indicados na sequência.

16.6.1 Divisão de áreas triangulares

Para a divisão de áreas triangulares, apresentam-se a seguir as equações relativas a três situações distintas. São elas:

1. Dividir um triângulo em superfícies sucessivas A_1, A_2, A_3 etc., respectivamente proporcionais às relações m, n, p etc., e cujas retas partam de um mesmo vértice. De acordo com a Figura 16.10, demonstra-se que:

$$BM = \left(\frac{m * a}{m+n+p}\right) \quad (16.14)$$

$$MN = \left(\frac{n * a}{m+n+p}\right) \quad (16.15)$$

$$NC = \left(\frac{p * a}{m+n+p}\right) \quad (16.16)$$

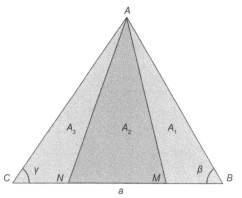

FIGURA 16.10 • Divisão de áreas triangulares por retas partindo de um mesmo vértice.

Exemplo aplicativo 16.6

Sabe-se que a superfície triangular da Figura 16.10 possui uma área igual a 383.047,78 m² e que o valor da distância CB é igual a 917,870 metros. Deseja-se dividi-la em três parcelas de forma que (A_1) seja igual a (A_3) e (A_2) seja igual à soma de $(A_1 + A_3)$. Calcular os valores das distâncias BM, MN e NC e os valores das áreas (A_1), (A_2) e (A_3).

Caso o leitor deseje verificar as áreas calculadas, deve-se considerar ainda os seguintes dados:

$AB = 931{,}184$ m $\qquad AC = 975{,}522$ m $\qquad \beta = 63°\,40'\,45''\qquad \gamma = 58°\,49'\,29''$

■ *Solução:*
De acordo com o enunciado do problema, a relação entre as áreas permite considerar: $m = 1$, $n = 2$, $p = 1$.
Assim, os resultados podem ser obtidos conforme indicado na Tabela 16.5.

TABELA 16.5 • Dados de campo e resultados dos cálculos

Proporção	Valor	a [m]	Segmento	Distância [m]	Área total [m²]	Área parcial [m²]
m	1		BM	229,468		95.761,945
n	2	917,870	MN	458,935	383.047,780	191.523,890
p	1		NC	229,468		95.761,945
Soma	4					383.047,780

2. Dividir um triângulo em superfícies sucessivas (A_1), (A_2), (A_3) etc., respectivamente proporcionais às relações m, n, p etc., e cujas retas sejam paralelas a um dos lados. De acordo com a Figura 16.11, demonstra-se que:

$$AM_1 = AB * \sqrt{\frac{m}{(m+n+p)}} \quad (16.17)$$

$$AM_2 = AB * \sqrt{\frac{m+n}{(m+n+p)}} \quad (16.18)$$

$$AN_1 = AC * \sqrt{\frac{m}{(m+n+p)}} \quad (16.19)$$

$$AN_2 = AC * \sqrt{\frac{m+n}{(m+n+p)}} \quad (16.20)$$

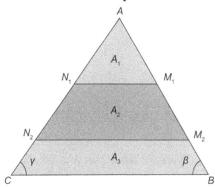

FIGURA 16.11 • Divisão de áreas triangulares por retas paralelas a um lado.

Exemplo aplicativo 16.7

Sabe-se que a superfície triangular da Figura 16.11 possui uma área igual a 383.047,780 m² e que as distâncias entre as suas arestas são iguais a $AB = 931,184$ m e $AC = 975,522$ m. Deseja-se dividi-la em três parcelas de forma que (A_1) seja igual a (A_3) e (A_2) seja igual à soma de $(A_1 + A_3)$. Calcular os valores das distâncias AM_1, AM_2, AN_1 e AN_2, e os valores das áreas (A_1), (A_2) e (A_3).

■ *Solução:*
De acordo com o enunciado do problema, a relação entre as áreas permite considerar: $m = 1$, $n = 2$, $p = 1$.
Assim, os resultados podem ser obtidos conforme indicado na Tabela 16.6.

TABELA 16.6 • Dados de campo e resultados dos cálculos

Proporção	Valor	Segmento	Distância [m]	Segmento	Dist. [m]	Área total [m²]	Área parcial [m²]
m	1	AB	931,184	AC	975,522		95.761,945
n	2	AM_1	465,592	AN_1	487,761	383.047,780	191.523,890
p	1	AM_2	806,429	AN_2	844,827		95.761,945
Soma	4						383.047,780

3. Dividir um triângulo em superfícies sucessivas (A_1), (A_2), (A_3) etc., respectivamente proporcionais às relações m, n, p etc., e cujas retas partam de um ponto comum em um dos lados. De acordo com a Figura 16.12, demonstra-se que:

$$BM = \frac{2A_1}{BQ * \text{sen}(\beta)} \quad (16.21)$$

$$CN = \frac{2A_3}{CQ * \text{sen}(\gamma)} \quad (16.22)$$

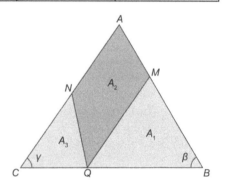

FIGURA 16.12 • Divisão de áreas triangulares por retas partindo de um mesmo ponto situado em um dos lados.

Exemplo aplicativo 16.8

Sabe-se que a superfície triangular da Figura 16.12 possui uma área igual a 383.047,780 m². Deseja-se dividi-la em três parcelas de forma que (A_1) seja igual a (A_3) e (A_2) seja igual à soma de $(A_1 + A_3)$. Sabendo que BC é igual a 917,870 m e que o ponto (Q) está a 400,000 m do vértice (C), calcular os valores das distâncias BM e CN e os valores das áreas (A_1), (A_2), (A_3) etc. Dados: $\beta = 63°40'45''$ e $\gamma = 58°49'29''$.

■ *Solução:*
De acordo com o enunciado do problema, sabe-se que:

$$A_1 = 95.761,945 \text{ m}^2 \quad A_2 = 191.523,890 \text{ m}^2 \quad A_3 = 95.761,945 \text{ m}^2$$

Assim,

$$BQ = 917,870 - 400,000 = 517,870 \text{ m}$$

$$BM = \frac{2 * 95.761,945}{517,870 * \text{sen}(63°40'45'')} = 412,607 \text{ m} \quad CN = \frac{2 * 95.761,945}{400,00 * \text{sen}(58°49'29'')} = 559,627 \text{ m}$$

16.6.2 Divisão de áreas quadriláteras

Para o caso de áreas quadriláteras, tem-se o caso da divisão do quadrilátero em superfícies sucessivas (A_1), (A_2), (A_3) etc., respectivamente proporcionais às relações m, n, p etc., e cujas retas partam de um mesmo vértice. De acordo com a Figura 16.13, demonstra-se que:

$$BN = \frac{2A_3}{AB * \text{sen}(\beta)} \tag{16.23}$$

$$DM = \frac{2A_1}{DA * \text{sen}(\gamma)} \tag{16.24}$$

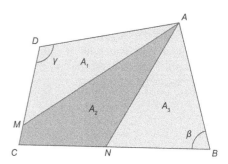

FIGURA 16.13 • Divisão de áreas quadriláteras por retas partindo de um mesmo vértice.

Exemplo aplicativo 16.9

Sabe-se que a superfície quadrangular da Figura 16.13 possui uma área igual a $A = 599.813,880$ m² e que as distâncias entre suas arestas são iguais a: $AB = 931,180$ m e $DA = 697,880$ m. Deseja-se dividi-la em três parcelas de forma que (A_1) seja igual a (A_3) e (A_2) seja igual à soma de $(A_1 + A_3)$. Calcular os valores das distâncias BN e DM e os valores das áreas (A_1), (A_2), (A_3). Dados: $\beta = 63°40'45''$ e $\gamma = 94°59'36''$.

▪ *Solução:*
De acordo com o enunciado do problema, sabe-se que:

$$A_1 = 149.953,470 \text{ m}^2, \quad A_2 = 299.906,940 \text{ m}^2, \quad A_3 = 149.953,470 \text{ m}^2$$

Assim,

$$BN = \frac{2 * 149.953,470}{931,180 * \text{sen}(63°40'45'')} = 359,325 \text{ m} \qquad DM = \frac{2 * 149.953,470}{697,880 * \text{sen}(94°59'36'')} = 431,377 \text{ m}$$

16.6.3 Divisão de polígono partindo de um ponto de coordenadas conhecidas

No caso da divisão de um polígono em duas áreas (A_1) e (A_2), partindo de um ponto de coordenadas conhecidas, conforme ilustrado na Figura 16.14, existem duas soluções possíveis. A primeira delas consiste em aplicar o princípio do método analítico de cálculo de áreas. Assim, considerando que a divisa das duas áreas parte do ponto (B) de coordenadas conhecidas, as coordenadas do ponto (F) podem ser calculadas aplicando a equação de Gauss (16.12) ou (16.13), separadamente para cada área, de forma a obter duas equações em função de (X_F, Y_F). A solução das equações fornece os valores de (X_F, Y_F).

Notar que o ponto (B) pode ser um vértice do polígono ou um ponto pertencente a um lado do polígono.

Pela Figura 16.14, o ponto (1) e o ponto (n) são, respectivamente, o primeiro e o último vértice do polígono representativo da área (A_1), o ponto $(n + m)$ é o último ponto do polígono representativo da área (A_2) e o ponto (F) situa-se sobre o lado $(1 - n + m)$. Baseando-se nessa sequência de numeração dos pontos, a segunda solução para o cálculo das coordenadas do ponto (F) é obtida aplicando as equações indicadas a seguir:

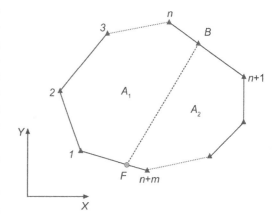

FIGURA 16.14 • Divisão de polígono partindo de um ponto de coordenadas conhecidas.

$$K_1 = \left[\sum_{i=1}^{n}(X_{i+1} * Y_i - X_i * Y_{i+1})\right] - 2A_1 \tag{16.25}$$

$$X_F = \frac{-K_1 - X_B * Y_n + X_n * Y_B + (X_B - X_1) * \left[Y_1 - X_1 * \text{cotg}(Az_{1-n+m})\right]}{Y_B - Y_1 - (X_B - X_1) * \text{cotg}(Az_{1-n+m})} \tag{16.26}$$

$$Y_F = Y_1 + (X_F - X_1) * \text{cotg}(Az_{1-n+m}) \tag{16.27}$$

Notar que (Az_{1-n+m}) corresponde ao azimute do alinhamento em que se encontra o ponto (F).

Exemplo aplicativo 16.10

Sabe-se que a superfície total do polígono da Figura 16.15 possui uma área igual a 772.700,069 m². Considerando as coordenadas de seus vértices indicadas na Tabela 16.7, calcular as coordenadas do ponto (*F*), partindo do ponto (*B*), de forma que as duas parcelas tenham áreas iguais. Aplicar os dois métodos de cálculo citados na seção anterior.

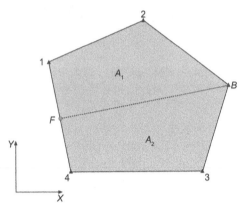

FIGURA 16.15 • Situação geométrica da divisão do polígono.

TABELA 16.7 • Coordenadas dos vértices do polígono

Ponto	X [m]	Y [m]
1	8.461,941	12.686,409
2 = n	9.120,717	12.916,735
B	9.713,294	12.556,294
3	9.533,600	12.082,090
4 = n+m	8.615,729	12.082,090

■ *Solução:*
Para resolver este problema pelo método de Gauss, deve-se elaborar duas tabelas relacionadas com as áreas (A_1) e (A_2), conforme indicado na Tabela 16.8.

TABELA 16.8 • Relação de coordenadas dos vértices das Áreas (A_1) e (A_2)

Área	Vértice	X [m]	Y [m]	Área	Vértice	X [m]	Y [m]
A_1	A	8.461,941	12.686,409	A_2	C	9.713,294	12.556,294
	B	9.120,717	12.916,735		D	9.533,600	12.082,090
	C	9.713,294	12.556,294		E	8.615,729	12.082,090
	F	X	Y		F	X	Y
	A	8.461,941	12.686,409		C	9.713,294	12.556,294

Em seguida, desenvolvendo as equações relacionadas com os vértices de cada polígono, têm-se:

$$X_F + 9,617Y_F = -127.406,042$$
$$X_F - 2,315Y_F = 20.060,370$$

Cujo resultado é igual a:

$$X_F = 8.545,240 \text{ m} \qquad Y_F = 12.359,081 \text{ m}.$$

Para o caso de aplicar as equações (16.25) a (16.27), a solução é dada conforme indicado a seguir:

$$Az_{1-n+m} = \text{arctg}\left(\frac{8.615,729 - 8.461,941}{12.082,09 - 12.686,409}\right) = 2,892400585 \text{ rad} = 165°43'20,4''$$

$$K_1 = 9.120,717 * 12.686,409 - 8.461,941 * 12.916,735 - 2 * 386.350,034 = 5.635.796,684$$

$$X_F = \left\{\frac{\begin{array}{c}-5.635.796,684 - 9.713,294 * 12.916,735 + 9.120,717 * 12.556,294 + \\ (9.713,294 - 8.461,941) * \left[12.686,409 - 8.461,941 * \text{cotg}(165°43'20,4'')\right]\end{array}}{(12.556,294 - 12.686,409) - (9.713,294 - 8.461,941) * \text{cotg}(165°43'20,4'')}\right\} = 8.545,240 \text{ m}$$

$$Y_F = 12.686,409 + (8.545,240 - 8.461,941) * \text{cotg}(165°43'20,4'') = 12.359,081 \text{ m}$$

16.6.4 Divisão de polígono por meio de um alinhamento com azimute conhecido

Muitas vezes, no lugar de se dividir o polígono por meio das coordenadas de um ponto conhecido, se deseja dividi-lo por meio de um alinhamento de azimute conhecido que intercepta dois lados do polígono, conforme ilustrado na Figura 16.16.

De forma semelhante ao caso da seção anterior, também, neste caso, haverá dois pontos de interseção com o polígono, os quais para facilidade de entendimento serão denominados pontos (B) e (F).

Baseando-se na sequência da numeração dos pontos indicada na Figura 16.16, as coordenadas dos pontos (B) e (F) podem ser determinadas conforme indicado a seguir:

Sejam:

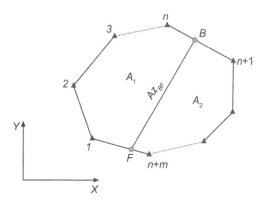

FIGURA 16.16 • Divisão de polígono partindo de um alinhamento de azimute conhecido.

$$K_2 = -\left[\frac{Y_n - Y_1 + X_1 * \cotg(Az_{1-n+m}) - X_n * \cotg(Az_{n-n+1})}{\cotg(Az_{BF}) - \cotg(Az_{1-n+m})}\right] \quad (16.28)$$

$$K_3 = \frac{\cotg(Az_{BF}) - \cotg(Az_{n-n+1})}{\cotg(Az_{BF}) - \cotg(Az_{1-n+m})} \quad (16.29)$$

$$K_4 = K_1 + X_1 * Y_1 - X_n * Y_n - \cotg(Az_{1-n+m}) * X_1^2 + \cotg(Az_{n-n+1}) * X_n^2 \quad (16.30)$$

$$K_5 = Y_n - Y_1 + \cotg(Az_{1-n+m}) * X_1 - \cotg(Az_{n-n+1}) * X_n \quad (16.31)$$

$$K_6 = \cotg(Az_{n-n+1}) - \cotg(Az_{1-n+m}) \quad (16.32)$$

Para o ponto (B), tem-se:

O valor de (X_B) é obtido pela solução da equação do segundo grau indicada a seguir:

$$(K_3 * K_6) * X_B^2 + \left[K_5 * (K_3 + 1) + K_2 * K_6\right] * X_B + (K_4 + K_2 * K_5) = 0 \quad (16.33)$$

E o valor de (Y_B) é obtido aplicando a equação (16.34).

$$Y_B = Y_n + (X_B - X_n) * \cotg(Az_{n-n+1}) \quad (16.34)$$

Para o ponto (F), tem-se:

$$X_F = K_2 + K_3 * X_B \quad (16.35)$$

$$Y_F = Y_1 + (X_F - X_1) * \cotg(Az_{1-n+m}), \text{ conforme equação (16.27)}$$

Obs.: caso a direção da linha divisória esteja no azimute 0° ou 180°, ou próximo deles, em razão da intervenção das cotangentes, as equações apresentadas nesta seção e na anterior produzem valores indefinidos. A solução, neste caso, pode ser realizar uma rotação da figura para se ter um azimute diferente para a linha divisória e voltar para a posição inicial após os cálculos das coordenadas dos pontos de interseção.

Exemplo aplicativo 16.11

Considerando a mesma área do exemplo aplicativo anterior, dividir o polígono de forma que as áreas (A_1) e (A_2) sejam iguais e a linha divisória entre as duas áreas esteja na direção do azimute $Az_{BF} = 260°25'00''$. Calcular as coordenadas dos pontos (B) e (F) de interseção da linha divisória com os respectivos lados do polígono. A Tabela 16.9 apresenta as coordenadas dos pontos e a Figura 16.17 ilustra a geometria do polígono.

TABELA 16.9 • Coordenadas dos vértices do polígono

Ponto	X [m]	Y [m]
1	8.461,941	12.686,409
2 = n	9.120,717	12.916,735
3 = n+1	9.713,294	12.556,294
4	9.533,600	12.082,090
5 = n+m	8.615,729	12.082,090

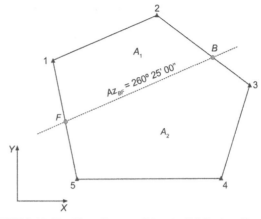

FIGURA 16.17 • Situação geométrica da divisão do polígono.

■ *Solução:*
Para a solução deste exercício é necessário, primeiramente, avaliar quais lados do polígono serão interceptados pela linha divisória. Essa avaliação pode ser feita visualmente. Caso o cálculo indique que os pontos (B) e (F) se localizam fora dos lados do polígono, repete-se o cálculo considerando a posição calculada. Neste exemplo sabe-se que o ponto (B) está no alinhamento (2-3) e o ponto (F) no alinhamento (1-5). Assim, têm-se:

$Az_{1-n+m} = 165°43'20,4''$ (calculado no exemplo aplicativo anterior)

$Az_{n-n+1} = \arctg\left(\dfrac{9.713,294 - 9.120,717}{12.556,294 - 12.916,735}\right) = 2,117267371 \text{ rad} = 121°18'37,7''$

$K_2 = -\left[\dfrac{12.916,735 - 12.686,409 + 8.461,941 * \cotg(165°43'20,4'') - 9.120,717 * \cotg(121°18'37,7'')}{\cotg(260°25'00'') - \cotg(165°43'20,4'')}\right] = 6.703,499$

$K_3 = \dfrac{\cotg(260°25'00'') - \cotg(121°18'37,7'')}{\cotg(260°25'00'') - \cotg(165°43'20,4'')} = 0,190$

$K_4 = 5.635.796,684 + 8.461,941 * 12.686,409 - 9.120,717 * 12.916,735 - \cotg(165°43'20,4'') * 8.461,941^2 +$
$\quad \cotg(121°18'37,7'') * 9.120,717^2 = 225.951.809,044$

$K_5 = 12.916,735 - 12.686,409 + \cotg(165°43'20,4'') * 8.461,941 - \cotg(121°18'37,7'') * 9.120,717 = -27.473,600$

$K_6 = \cotg(121°18'37,7'') - \cotg(165°43'20,4'') = 3,321$

Cálculo das coordenadas do ponto (B):
De acordo com as equações (16.33) e (16.34), têm-se:
$0,630 * X_B^2 - 10.418,556 * X_B + 41.782.557,455 = 0$

$X_B = 9.713,295 \text{ m}$

$Y_B = 12.916,735 + (9.713,294 - 9.120,717) * \cotg(121°18'37,7'') = 12.556,294 \text{ m}$

Notar que o ponto (B) calculado situa-se praticamente sobre o ponto (3) do polígono. Esta é evidentemente uma situação difícil de ocorrer em um caso real. Neste caso, esta situação geométrica foi condicionada para que o leitor possa verificar os seus cálculos considerando os resultados do exemplo aplicativo anterior.

Cálculo das coordenadas do ponto (F):
De acordo com as equações (16.35) e (16.27), têm-se:

$X_F = 6.703,498 + 0,190 * 9.713,294 = 8.545,240 \text{ m}$

$Y_F = 12.686,409 + (8.545,240 - 8.461,941) * \cotg(165°43'20,4'') = 12.359,082 \text{ m}$

17 Cálculo de volume

17.1 Introdução

Em muitos projetos de Engenharia é necessário realizar movimentações de terra, exigindo operações de cortes e/ou de aterros de porções determinadas do terreno, particularmente para os projetos de terraplenagem em obras de construção civil e de vias de transportes, entre outros. A movimentação de terra, neste caso, se caracteriza pelo volume de terra a ser deslocado da área do projeto para uma área de despejo ou de uma área de empréstimo para a área do projeto, ou ainda, da área de corte para uma área de aterro. Em suma, trata-se do cálculo do volume de corte e aterro necessários para atender a determinado projeto. A esse respeito, existem quatro métodos de cálculo de volumes utilizados correntemente em Engenharia, que são:

- *cálculo de volume por meio de seções transversais*: usado, particularmente, para o cálculo de movimentações de terra em projetos de predominância linear, por exemplo, nos projetos de construção de rodovias, ferrovias e canais;
- *cálculo de volume por meio de troncos de prismas de pontos de altitudes conhecidas*: usado, particularmente, para o cálculo de movimentações de terra em projetos de superfície, como nos projetos de construção de edifícios, pátios e outros;
- *cálculo de volume por meio de superfícies geradas por curvas de nível*: usado, particularmente, para cálculos de volumes de reservatórios e outros da mesma espécie;
- *cálculo de volume por meio de modelos numéricos de terreno*: usado em todos os casos.

Apresentam-se a seguir os detalhes de cada um dos métodos de cálculo citados.

17.2 Cálculo de volume por meio de seções transversais

Nos projetos de predominância linear, em geral, o cálculo da movimentação de terra é realizado em função das seções transversais dos cortes e dos aterros que serão realizados no terreno para adequar a superfície de projeto ao terreno natural. As seções transversais, neste caso, são geradas por meio de um levantamento topográfico da área de projeto e dos detalhes geométricos do projeto elaborado.

Os cálculos dos volumes são realizados considerando as áreas das seções transversais correspondentes ao eixo da obra projetada, espaçadas em distâncias regulares, geralmente a cada 20 metros. A Figura 17.1 ilustra um exemplo de um trecho de rodovia com suas seções transversais de cortes e aterros.

As formas das seções transversais variam em função do relevo natural do terreno e da localização do eixo do perfil longitudinal do projeto com relação à superfície do terreno. Cada seção é uma superfície plana vertical aproximada por uma sequência de linhas retas, que definem seções de corte, de aterro e mistas, conforme ilustrado na Figura 17.2. O cálculo da área de cada seção pode ser realizado por qualquer um dos métodos de cálculo de área indicados no *Capítulo 16 – Áreas*.

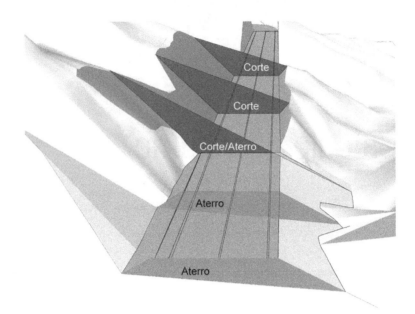

FIGURA 17.1 • Seções transversais de corte e aterro de uma rodovia.

FIGURA 17.2 • Seções transversais de corte, aterro e mista.

Com as seções transversais e o espaçamento entre elas definidos, o cálculo do volume de qualquer trecho do projeto pode ser realizado aplicando um dos métodos de cálculo de volume relacionados a seguir:

- método trapezoidal;
- método prismoidal.

17.2.1 Método trapezoidal ou método de Bezout

O método trapezoidal é um método simples de cálculo de volumes, que consiste em multiplicar o comprimento do trecho entre duas seções transversais consecutivas pela média de suas áreas (A_1) e (A_2), conforme indicado na equação (17.1).

$$V = d * \left(\frac{A_1 + A_2}{2} \right) \tag{17.1}$$

em que:
  V = volume entre as seções transversais de áreas (A_1) e (A_2);
  d = distâncias entre as seções transversais.

No caso de haver várias seções, o volume total é calculado pelo somatório dos volumes parciais gerados pela equação (17.1). Assim, considerando que as distâncias entre as seções são sempre iguais a (d), tem-se:

$$V = \frac{d}{2} * \left[(A_1 + A_2) + (A_2 + A_3) + (A_3 + A_4) + ... + (A_{n-1} + A_n) \right] \tag{17.2}$$

e, portanto,

$$V = \frac{d}{2} * \left[A_1 + A_n + 2(A_2 + A_3 + ... + A_{n-1}) \right] \tag{17.3}$$

Este método de cálculo de área pode ser aplicado a qualquer quantidade de seções transversais igualmente distanciadas e produz bons resultados em situações em que as áreas das seções são semelhantes. A precisão dos cálculos é função das distâncias e da forma das seções transversais, portanto, recomenda-se que a distância não seja superior a 20 metros e as áreas sejam calculadas com o maior rigor possível.

17.2.2 Método prismoidal ou regra de Simpson

Outra maneira de calcular o volume de movimentação de terra é considerar as seções transversais sucessivas, duas a duas, e calcular o volume do prisma formado por elas adotando um peso igual a 4 para a seção transversal intermediária de área igual a (A_m). Assim, considerando que a distância entre as duas seções é igual a (d), o volume do prisma obtido pode ser calculado pela equação (17.4).

$$V = \frac{d}{6} * [A_1 + 4A_m + A_2] \tag{17.4}$$

A área da seção transversal intermediária (A_m) não deve ser tomada como a média das áreas das seções extremas, senão não haverá diferença entre os resultados obtidos pelo método trapezoidal e prismoidal. Ela deve ser determinada pela média das alturas e das larguras das seções extremas ou determinada em projeto.

Na maioria dos casos, o cálculo é realizado considerando uma sequência de três seções transversais. Assim, desenvolvendo a equação (17.4) para uma sequência de três seções transversais, por exemplo, com áreas (A_3), (A_4) e (A_5), igualmente espaçadas com uma distância (d), o cálculo do volume entre elas pode ser realizado aplicando a equação (17.5).

$$V = \frac{d}{3} * [A_3 + 4A_4 + A_5] \tag{17.5}$$

Considerando todas as seções transversais de forma que a quantidade seja um valor *ímpar*, o volume final pode ser calculado aplicando a equação (17.6).

$$V = \frac{d}{3} * (A_1 + 4A_2 + 2A_3 + 4A_4 + A_5) \tag{17.6}$$

que, generalizando, produz a equação (17.7)

$$V = \frac{d}{3} * \left(A_1 + A_n + 4\sum \text{áreas pares} + 2\sum \text{áreas ímpares}\right) \tag{17.7}$$

Este método de cálculo de volume é considerado mais preciso que o anterior, principalmente nos casos em que as seções transversais são perpendiculares ao eixo do alinhamento e quando as áreas das seções transversais sucessivas são suficientemente diferentes para gerarem resultados duvidosos com a aplicação daquele método.

Os volumes calculados pelo método trapezoidal são geralmente maiores que os calculados pelo método prismoidal. Essa diferença pode ser compensada aplicando a *correção prismoidal* (C_p), dada pela equação (17.8). Assim, de acordo com a ilustração da Figura 17.3, tem-se:

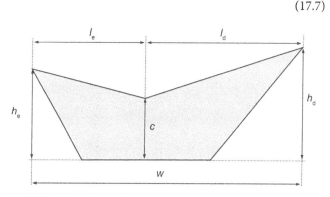

FIGURA 17.3 • Ilustração de uma seção transversal para o cálculo da correção prismoidal.

$$C_p = \frac{d}{12} * (c_1 - c_2) * (w_1 - w_2) \tag{17.8}$$

em que:

C_p = correção prismoidal para o volume;

d = distâncias entre as seções transversais;

c_1, c_2 = alturas dos centros de corte ou aterro das seções extremas (1) e (2);

w_1, w_2 = distâncias entre as estacas do *off-set* das seções extremas (1) e (2).

A correção calculada pela equação (17.8) deverá ser subtraída do volume calculado pelo método trapezoidal quando o produto ($c_1 - c_2$) * ($w_1 - w_2$) for positivo e deverá ser somada quando for negativo.

17.2.3 Cálculo de volume de trechos mistos (corte e aterro)

Para os casos em que as seções consecutivas são do mesmo tipo (somente corte ou somente aterro), o cálculo de volumes é bastante simplificado e ambos os métodos apresentados produzem bons resultados. Contudo, quando as seções são de tipos diferentes, conforme ilustrado na Figura 17.4, é necessário calcular a linha de passagem, que se encontra na posição de superfície nula.

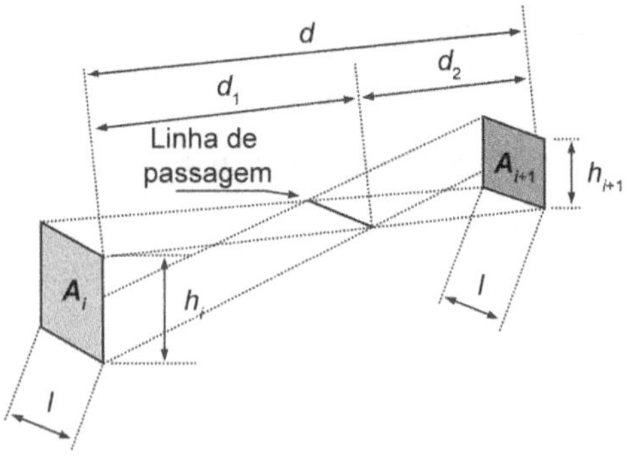

Considerando a sequência de aterro e corte ilustrada na Figura 17.4 e que as áreas das seções (A_i) e (A_{i+1}) e a distância (d) entre elas são conhecidas, os volumes podem ser calculados por meio das equações indicadas a seguir:

$$d_1 = d * \frac{A_i}{A_i + A_{i+1}} \tag{17.9}$$

$$d_2 = d * \frac{A_{i+1}}{A_i + A_{i+1}} \tag{17.10}$$

$$V_{aterro} = d_1 * \frac{A_i}{2} \tag{17.11}$$

$$V_{corte} = d_2 * \frac{A_{i+1}}{2} \tag{17.12}$$

FIGURA 17.4 • Trechos mistos e linha de passagem.

Quando as próprias seções são mistas, ou seja, possuem setor de corte e setor de aterro, deve-se calcular as áreas de cada setor separadamente e o volume deve ser calculado considerando a linha de passagem de cada setor.

Em alguns casos, por simplificação, os cálculos de volumes são realizados sem considerar as posições das linhas de passagem, ou seja, eles são calculados somando diretamente as áreas de corte ou de aterro e multiplicando pelas distâncias entre as seções.

Exemplo aplicativo 17.1

Calcular o volume de terraplenagem entre as estacas 92 a 97 do projeto geométrico de uma rodovia, cujas seções transversais estão indicadas nas Figuras 17.5 a 17.10. Considerar que o estaqueamento é de 20 metros e que os taludes são do tipo 2:1 (nas seções 92 a 95) e do tipo 3:1 (nas seções 96 e 97). Calcular os volumes utilizando os dois métodos de cálculo apresentados na seção precedente. Todos os valores de distâncias indicados estão em metro.

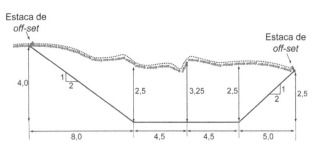

FIGURA 17.5 • Seção transversal de corte da estaca 92.

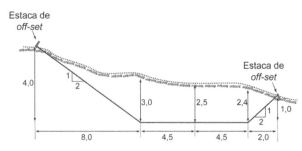

FIGURA 17.6 • Seção transversal de corte da estaca 93.

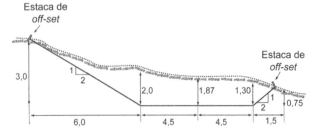

FIGURA 17.7 • Seção transversal de corte da estaca 94.

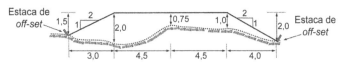

FIGURA 17.8 • Seção transversal de aterro da estaca 95.

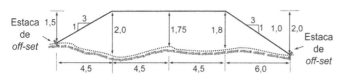

FIGURA 17.9 • Seção transversal de aterro da estaca 96.

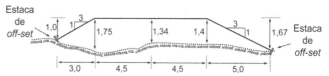

FIGURA 17.10 • Seção transversal de aterro da estaca 97.

■ *Solução:*
Cálculo das áreas das seções transversais:

Estaca 92: $A_{C-92} = \left[(2,5+3,25)*\dfrac{4,5}{2}+(3,25+2,5)*\dfrac{4,5}{2}\right]+\left(\dfrac{8*2,5}{2}\right)+\left(\dfrac{5*2,5}{2}\right)=42,13\ \text{m}^2$

Estaca 93: $A_{C-93} = \left[(3+2,5)*\dfrac{4,5}{2}+(2,5+2,4)*\dfrac{4,5}{2}\right]+\left(\dfrac{8*3}{2}\right)+\dfrac{2*2,4}{2}=37,80\ \text{m}^2$

Estaca 94: $A_{C-94} = \left[(2+1,87)*\dfrac{4,5}{2}+(1,87+1,5)*\dfrac{4,5}{2}\right]+\left(\dfrac{6*2}{2}\right)+\left(\dfrac{1,5*1,5}{2}\right)=23,42\ \text{m}^2$

Estaca 95: $A_{A-95} = \left[(2+0,75)*\dfrac{4,5}{2}+(0,75+1,0)*\dfrac{4,5}{2}\right]+\left(\dfrac{3*2}{2}\right)+\left(\dfrac{4*1}{2}\right)=15,13\ \text{m}^2$

Estaca 96: $A_{A-96} = \left[(2+1,75)*\dfrac{4,5}{2}+(1,75+1,8)*\dfrac{4,5}{2}\right]+\left(\dfrac{4,5*2}{2}\right)+\left(\dfrac{6*1,8}{2}\right)=26,33\ \text{m}^2$

Estaca 97: $A_{A-97} = \left[(1,75+1,34)*\dfrac{4,5}{2}+(1,34+1,4)*\dfrac{4,5}{2}\right]+\left(\dfrac{3*1,75}{2}\right)+\left(\dfrac{5*1,4}{2}\right)=19,24\ \text{m}^2$

Cálculo dos volumes pelo método trapezoidal (Bezout):
Aplicando a equação (17.3) para as áreas das seções 92 a 94, obtém-se o volume de corte apresentado a seguir:

$$V_{corte} = \dfrac{20}{2}*\left[42,13+23,42+2*(37,80)\right]=1.411,40\ \text{m}^3$$

$$V_{aterro} = \dfrac{20}{2}*\left[15,13+19,24+2*(26,33)\right]=870,18\ \text{m}^3$$

Pelo fato de haver seções de corte e aterro entre as estacas 94 e 95, os volumes desse trecho foram calculados aplicando as equações (17.9) a (17.12). Assim, têm-se:

$d_1 = 20*\left(\dfrac{23,42}{15,13+23,42}\right)=12,15\ \text{m}$

$d_2 = 20*\left(\dfrac{15,13}{15,13+23,42}\right)=7,85\ \text{m}$

$V_{corte}=12,15*\left(\dfrac{23,42}{2}\right)=142,26\ \text{m}^3$

$V_{aterro}=7,85*\left(\dfrac{15,13}{2}\right)=59,36\ \text{m}^3$

Volume total de terraplenagem:

$V_T = 1.411,40-870,18+142,26-59,36=624,13\ \text{m}^3$

Cálculo dos volumes pelo método prismoidal (Simpson)
Para a aplicação do método prismoidal, considerando os pares de seções sucessivas, recomenda-se elaborar uma tabela de cálculo conforme a Tabela 17.1.

TABELA 17.1 • Valores calculados para áreas e volumes entre as estacas 92 a 97

Estacas	Área seção transversal [m²] corte	Área seção transversal [m²] aterro	Volume [m³] corte	Volume [m³] aterro	Volume acumulativo [m³]
92	42,13				
$A_{m(92-93)}$	41,25		816,42		816,42
93	37,80				
$A_{m(93-94)}$	30,12		605,67		1.422,08
94	23,42				
			176,83	42,90	1.504,98
95		15,13			
$A_{m(95-96)}$		18,50		384,83	1.120,15
96		26,33			
$A_{m(96-97)}$		21,82		442,83	677,32
97		19,24			

Exemplo aplicativo 17.2

Com os dados do exemplo aplicativo anterior, calcular a correção prismoidal para cada seção transversal e o volume total para a execução da terraplenagem considerando o resultado obtido com a aplicação do método trapezoidal.

- **Solução:**

Aplicando a equação (17.8) em cada par de seções consecutivas, têm-se:

$$C_{p(92-93)} = \frac{20}{12} * (3,25 - 2,50) * (22,00 - 19,00) = 3,75 \text{ m}^3$$

$$C_{p(93-94)} = \frac{20}{12} * (2,50 - 1,87) * (19,00 - 16,50) = 2,63 \text{ m}^3$$

$$C_{p(94-95)} = \frac{20}{12} * (1,87 - 0,75) * (16,50 - 16,00) = 0,93 \text{ m}^3$$

$$C_{p(95-96)} = \frac{20}{12} * (0,75 - 1,75) * (16,00 - 19,5) = 5,83 \text{ m}^3$$

$$C_{p(96-97)} = \frac{20}{12} * (1,75 - 1,34) * (19,5 - 17,00) = 1,71 \text{ m}^3$$

Como os valores das correções prismoidais foram positivos, eles deverão ser subtraídos do volume total calculado pelo método trapezoidal, obtendo-se:

$$V_T = 624,13 - 3,75 - 2,63 - 0,93 - 5,83 - 1,71 = 609,28 \text{ m}^3$$

Em projetos de estradas (rodovias e ferrovias), para avaliar a movimentação de terra ao longo da via, é utilizado um recurso de balanceamento de volumes baseado na teoria do *Diagrama de Massas* ou *Linha de Brukner*. Os detalhes sobre o uso desse diagrama não fazem parte do escopo deste livro. Recomenda-se aos leitores interessados consultarem referências especializadas em construção de rodovias.

17.2.4 Cálculo de volume em trechos curvos

As equações apresentadas na seção anterior consideram que o trecho para o qual o volume está sendo calculado pertence à tangente, ou seja, é um trecho reto do alinhamento.

Para o caso de um trecho curvo, as seções transversais não são paralelas entre si e o cálculo do volume deverá considerar o raio da curva. A solução empregada, nesse caso, considera que o volume de uma seção constante, se deslocando sobre um eixo curvo, é igual a área dessa seção multiplicada pela distância percorrida sobre o eixo do centro de gravidade da seção. Assim, em vez de se usar o eixo do alinhamento, deve-se usar o eixo do centro de gravidade da seção, conforme indicado na Figura 17.11.

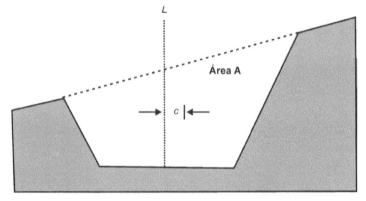

FIGURA 17.11 • Seção transversal com centro de gravidade deslocado.

Dessa forma, considerando que o eixo de gravidade está deslocado de uma distância (c) do eixo geométrico do alinhamento, tem-se a condição geométrica indicada na Figura 17.12. O cálculo do volume, nesse caso, é dado pela equação (17.13).

$$V = A * \theta * (R + c) \qquad (17.13)$$

em que:
- V = volume do trecho considerado;
- A = área da seção transversal;
- R = raio da curva;
- c = excentricidade do centro de gravidade;
- θ = ângulo no centro da curva, em radianos.

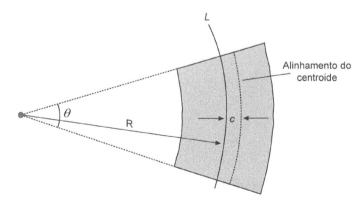

FIGURA 17.12 • Geometria da excentricidade da seção transversal em um trecho curvo.

Considerando (L) como o desenvolvimento da curva, tem-se:

$$\theta = \frac{L}{R} \tag{17.14}$$

Substituindo (17.14) em (17.13), tem-se:

$$V = \frac{L * A * (R+c)}{R} = L * \left(A + \frac{A*c}{R} \right) = L * A * \left(1 + \frac{c}{R} \right) \tag{17.15}$$

Pela equação (17.15) nota-se que, para o cálculo do volume em um trecho curvo, basta corrigir a área da seção transversal pelo coeficiente $\pm \left(1 + \frac{c}{R} \right)$, onde o sinal $\pm$ depende do lado em que se encontra a excentricidade.

17.3 Cálculo de volume por meio de troncos de prismas

Nos projetos baseados em superfícies, os trabalhos de terraplenagem, em geral, consistem no estabelecimento de plataformas sobre o relevo do terreno. O cálculo do volume, nesse caso, é realizado subdividindo a superfície total de terraplenagem em porções de pequenos elementos quadrangulares ou triangulares, conforme ilustrados nas Figuras 17.13, 17.14 e 17.17.

Notar na Figura 17.13 que foi estabelecida uma plataforma de terraplenagem horizontal, a qual gerou uma área de corte e outra de aterro. Na área de corte, a interseção da plataforma com o terreno gera um talude de corte e na área de aterro, gera um talude de aterro, também denominado *saia do aterro*.

Para o cálculo do volume de terraplenagem, toda a superfície da plataforma e de seus taludes devem ser subdivididos de forma a gerarem uma malha de pontos (regular ou irregular), conforme ilustrado na Figura 17.14a. No caso de uma malha regular, os elementos devem, preferencialmente, ser quadrados. As dimensões de cada quadrado dependem do tipo de relevo. Em geral, não ultrapassam 20 metros.

Cada elemento da malha ao ser expandido verticalmente até interceptar o relevo natural do terreno gera um tronco de prisma, conforme ilustrado na Figura 17.14b. Uma vez que se conhece as altitudes ou cotas da plataforma de terraplenagem e do terreno natural, pode-se calcular as alturas dos lados do tronco de prisma.

O volume (V) de cada tronco de prisma é calculado considerando a altura média dos vértices do prisma e a área (A) da base, conforme indicado na equação (17.16).

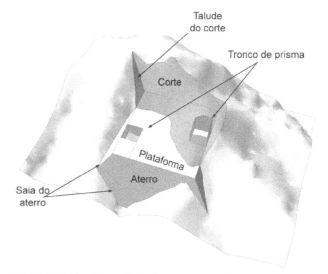

FIGURA 17.13 • Ilustração de áreas de corte e de aterro em uma terraplenagem.

$$V = \frac{\sum h_i}{n} * A \tag{17.16}$$

sendo n a quantidade de vértices do tronco de prisma e h_i, a altura de cada lado i.

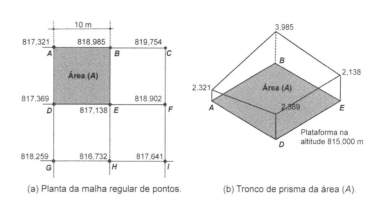

(a) Planta da malha regular de pontos.   (b) Tronco de prisma da área (A).

FIGURA 17.14 • Volume de um prisma quadrangular.

O método de cálculo de volume a ser aplicado dependerá do tipo de distribuição dos pontos sobre a área de cálculo. Apresentam-se a seguir as formulações para o método de cálculo para uma malha regular de pontos e para uma malha irregular de triângulos.

17.3.1 Cálculo de volume para uma malha regular de pontos

No caso de uma malha regular de pontos, o cálculo do volume total do terreno que terá alterações decorrentes das atividades de terraplenagem dependerá da disposição da malha sobre o terreno. Em função do arranjo da malha haverá vértices pertencentes a um, a dois, a três e a quatro elementos da malha. Considerando, por exemplo, o caso da malha quadrangular da Figura 17.15, têm-se as seguintes distribuições para os vértices:

- 5 vértices pertencentes a somente um quadrado;
- 8 vértices pertencentes a 2 quadrados;
- 1 vértice pertencente a 3 quadrados;
- 4 vértices pertencentes a 4 quadrados.

O cálculo do volume total é realizado considerando o número de vezes que o vértice se repete no interior da malha. Assim, atribuindo um peso para a altitude do ponto em função da sua posição no interior da malha, tem-se:

$$V_T = \frac{A_T}{n}\left(\sum h_1 + 2\sum h_2 + 3\sum h_3 + 4\sum h_4\right) \qquad (17.17)$$

em que:
A_T = área total da base da superfície terraplenada;
h_i = altura entre a superfície natural do terreno e a plataforma de cálculo para o vértice i;
n = somatória do número de vezes que o vértice se repete, considerando o seu respectivo peso;
$i = 1$, para os vértices que pertencem a somente um quadrado;
$i = 2$, para os vértices que pertencem a dois quadrados, e assim sucessivamente.

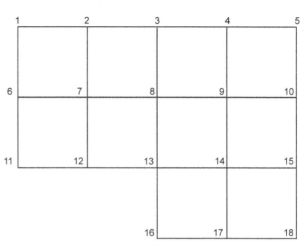

FIGURA 17.15 • Vista em planta da malha de pontos cotados para o cálculo de volume.

O cálculo do volume pode também ser realizado por meio da elaboração de seções transversais da malha regular de pontos, aplicando um dos métodos de cálculo de volume indicado na *Seção 17.2 – Cálculo de volume por meio de seções transversais*. Esse é, inclusive, o procedimento recomendado para os casos em que se têm áreas de corte e de aterro na superfície a ser terraplenada.

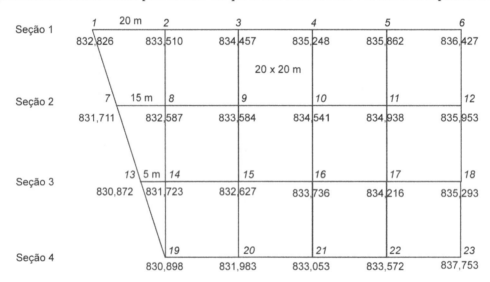

FIGURA 17.16 • Exemplo de malha regular com bordas irregulares.

Outra situação comum nos trabalhos de terraplenagem de plataformas é a ocorrência de áreas irregulares nas bordas da mesma, conforme ilustrado na Figura 17.16. A solução, nesse caso, é calcular os volumes de cada prisma de área irregular separadamente ou utilizar a equação (17.17) atribuindo pesos individuais para os vértices da malha irregular em função do tamanho da área contribuinte. No caso de haver volumes de corte e aterro, recomenda-se calcular os volumes por meio das seções na direção mais apropriada para incluir as áreas irregulares, conforme ilustrado na Figura 17.16.

Exemplo aplicativo 17.3

Considerando os valores de altitude dos pontos da malha indicada na Figura 17.16, calcular o volume de corte levando em conta que a plataforma final deverá estar na altitude 830 metros. Utilizar a equação (17.17). Para a mesma configuração de malha, calcular o volume de corte pelo método das seções transversais, considerando que a plataforma final deverá estar na altitude 834 metros.

■ *Solução:*
Para o cálculo do volume de corte para a plataforma na altitude 830 m, considerando os troncos de prismas, recomenda-se elaborar uma tabela de cálculo dos pesos, conforme a Tabela 17.2. Destaca-se que cada vértice tem um peso calculado em função das áreas em sem entorno.

TABELA 17.2 • Valores calculados dos pesos e alturas dos vértices

Vértice	Área contribuinte na malha irregular [m²]	Peso (1)	Altura do vértice (h_i) [m] (2)	(1)*(2)	Vértice	Área contribuinte na malha irregular [m²]	Peso (3)	Altura do vértice (h_i) [m] (4)	(3)*(4)
1	350	0,875	2,826	2,473	13	250	0,5+0,125	0,872	0,545
2	750	1+0,875	3,510	6,581	14	1.050	2+0,5+0,125	1,723	4,523
3		2	4,457	8,914	15		4	2,627	10,508
4		2	5,248	10,496	16		4	3,736	14,944
5		2	5,862	11,724	17		4	4,216	16,864
6		1	6,427	6,427	18		2	5,293	10,586
7	550	0,875+0,5	1,711	2,353	19	450	1+0,125	0,898	1,010
8	1.350	2+0,875+0,5	2,587	8,731	20		2	1,983	3,966
9		4	3,584	14,336	21		2	3,053	6,106
10		4	4,541	18,164	22		2	3,572	7,144
11		4	4,938	19,752	23		1	7,753	7,753
12		2	5,953	11,906					

Com os pesos calculados, pode-se calcular o volume aplicando a equação (17.17). Assim, têm-se:

$$A_T = (12*400) + \frac{20}{2}(20+15) + \frac{20}{2}(15+5) + \frac{1}{2}(5*20) = 5400 \text{ m}^2 \qquad n = 53,875$$

$$V_T = \frac{5400}{53,875}\begin{pmatrix} 2,473+6,581+8,914+10,496+11,724+6,427+2,353+8,731+ \\ 14,336+18,164+19,752+11,906+0,545+4,523+10,508+14,944+ \\ 16,864+10,586+1,010+3,966+6,106+7,144+7,753 \end{pmatrix} = 20.628,338 \text{ m}^3$$

Para o cálculo do volume de corte e aterro para a plataforma na altitude 834 metros e pelo método das seções transversais é necessário calcular as áreas das seções. Assim, têm-se:

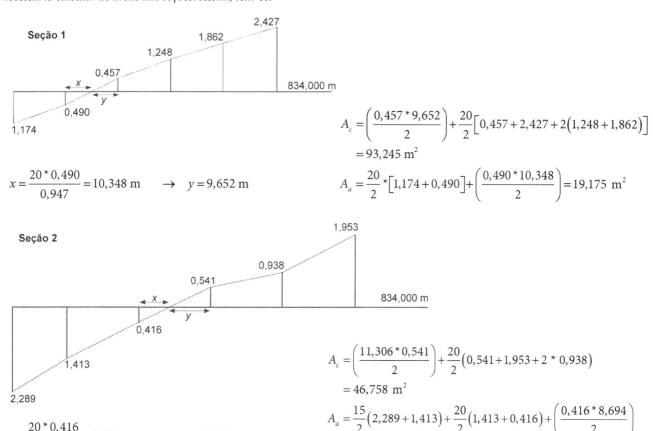

$$x = \frac{20*0,490}{0,947} = 10,348 \text{ m} \quad \rightarrow \quad y = 9,652 \text{ m}$$

$$A_c = \left(\frac{0,457*9,652}{2}\right) + \frac{20}{2}[0,457+2,427+2(1,248+1,862)]$$
$$= 93,245 \text{ m}^2$$

$$A_a = \frac{20}{2}*[1,174+0,490] + \left(\frac{0,490*10,348}{2}\right) = 19,175 \text{ m}^2$$

$$x = \frac{20*0,416}{0,957} = 8,694 \text{ m} \quad \rightarrow \quad y = 11,306 \text{ m}$$

$$A_c = \left(\frac{11,306*0,541}{2}\right) + \frac{20}{2}(0,541+1,953+2*0,938)$$
$$= 46,758 \text{ m}^2$$

$$A_a = \frac{15}{2}(2,289+1,413) + \frac{20}{2}(1,413+0,416) + \left(\frac{0,416*8,694}{2}\right)$$
$$= 47,863 \text{ m}^2$$

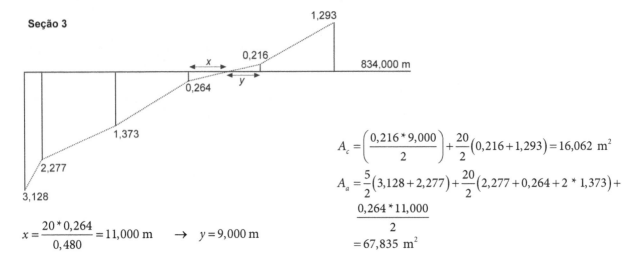

$$A_c = \left(\frac{0{,}216 * 9{,}000}{2}\right) + \frac{20}{2}(0{,}216 + 1{,}293) = 16{,}062 \text{ m}^2$$

$$A_a = \frac{5}{2}(3{,}128 + 2{,}277) + \frac{20}{2}(2{,}277 + 0{,}264 + 2 * 1{,}373) +$$
$$\frac{0{,}264 * 11{,}000}{2}$$
$$= 67{,}835 \text{ m}^2$$

$$x = \frac{20 * 0{,}264}{0{,}480} = 11{,}000 \text{ m} \quad \rightarrow \quad y = 9{,}000 \text{ m}$$

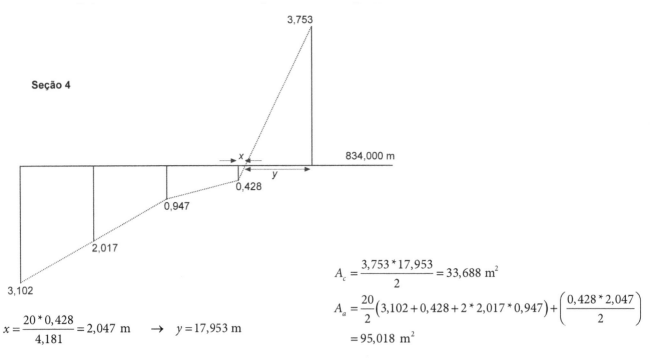

$$A_c = \frac{3{,}753 * 17{,}953}{2} = 33{,}688 \text{ m}^2$$

$$A_a = \frac{20}{2}(3{,}102 + 0{,}428 + 2 * 2{,}017 * 0{,}947) + \left(\frac{0{,}428 * 2{,}047}{2}\right)$$
$$= 95{,}018 \text{ m}^2$$

$$x = \frac{20 * 0{,}428}{4{,}181} = 2{,}047 \text{ m} \quad \rightarrow \quad y = 17{,}953 \text{ m}$$

Aplicando o método trapezoidal, têm-se os seguintes volumes de corte e aterro:

$$V_c = \frac{20}{2}\left[93{,}245 + 33{,}688 + 2(46{,}758 + 16{,}062)\right] = 2.525{,}741 \text{ m}^3$$

$$V_a = \frac{20}{2}\left[19{,}175 + 95{,}018 + 2(47{,}863 + 67{,}835)\right] = 3.455{,}891 \text{ m}^3$$

17.3.2 Cálculo de volume para uma malha irregular de pontos

O princípio de cálculo do volume de prismas baseado em uma malha irregular de pontos é semelhante ao caso de uma malha regular. A diferença, nesse caso, é que a malha é formada por uma rede de triângulos, conforme ilustrado na Figura 17.17.

Para o triângulo individual formado pelos vértices (1-2-3), por exemplo, o volume (V_1) do prisma triangular é dado pela equação (17.18).

$$V_1 = \frac{A_1}{3}(h_1 + h_2 + h_3) \tag{17.18}$$

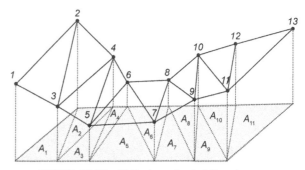

FIGURA 17.17 • Malha irregular de triângulos.

$$A_1 = abs\left[\det\begin{vmatrix} X_1 & X_2 & X_3 \\ Y_1 & Y_2 & Y_3 \\ 1 & 1 & 1 \end{vmatrix}\right] \quad (17.19)$$

sendo (X, Y) as coordenadas planorretangulares dos vértices do triângulo formado pelos vértices (1-2-3) e (A_1) a área da base desse triângulo.

O volume total da área é dado pela equação (17.20)

$$V_T = \frac{\sum\left(h_{i_{1,2,3}} * A_i\right)}{3} \quad (17.20)$$

em que:
$h_{i1,2,3}$ = alturas dos vértices do triângulo i com relação à plataforma de cálculo;
A_i = área horizontal do triângulo i.

Exemplo aplicativo 17.4

Foi realizado um levantamento altimétrico de um terreno por meio de uma malha irregular de pontos, conforme ilustração da Figura 17.18. A Tabela 17.3 apresenta os valores das coordenadas conhecidas.

Considerando que se deseja estabelecer uma plataforma na altitude 815,000 metros, calcular o volume de corte e aterro a ser efetuado no terreno.

■ *Solução:*
Para a solução deste exercício recomenda-se montar uma tabela de cálculo como indicado na Tabela 17.4 e aplicar as equações (17.18) a (17.20).

Para auxiliar o leitor na preparação da tabela, apresenta-se a seguir o cálculo do volume relativo ao triângulo (A_1).

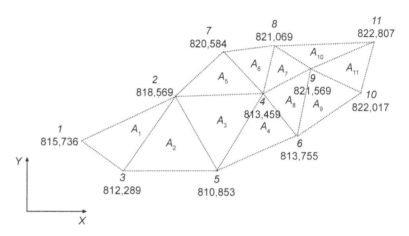

FIGURA 17.18 • Ilustração da malha de pontos.

$$A_1 = \det\begin{vmatrix} 5.236,258 & 5.245,159 & 5.258,456 \\ 10.480,369 & 10.495,148 & 10.465,965 \\ 1 & 1 & 1 \end{vmatrix} = 308,484\,\text{m}^2$$

$$V_1 = \frac{308,484 * (0,736 + 3,569 - 2,711)}{3} = 163,908\,\text{m}^3$$

TABELA 17.3 • Valores medidos em campo

Vértice	X [m]	Y [m]	H [m]
1	5.236,258	10.480,369	815,736
2	5.245,159	10.495,148	818,569
3	5.248,456	10.465,965	812,289
4	5.265,152	10.490,753	813,459
5	5.268,481	10.463,486	810,853
6	5.285,342	10.478,147	813,755
7	5.255,257	10.510,981	820,584
8	5.270,854	10.513,108	821,069
9	5.285,357	10.502,015	821,564
10	5.303,875	10.495,096	822,017
11	5.295,753	10.510,481	822,807

TABELA 17.4 • Cálculo das áreas e volumes

Triângulo	Área [m²]	Altura média [m]	Volume corte [m³]	Volume aterro [m³]
A_1 (1-3-2)	308,484	0,531	163,908	
A_2 (2-3-5)	576,216	-1,096		631,725
A_3 (2-5-4)	530,518	-0,706		374,723
A_4 (4-5-6)	508,555	-2,311		1.175,271
A_5 (7-2-4)	360,930	2,537	915,799	
A_6 (7-4-8)	336,543	3,371	1.134,374	
A_7 (8-4-9)	387,467	3,697	1.432,594	
A_8 (4-6-9)	482,084	1,259	607,104	
A_9 (9-6-10)	442,091	4,112	1.817,880	
A_{10} (8-9-11)	238,105	6,813	1.622,290	
A_{11} (9-10-11)	228,703	7,129	1.630,502	
		Total	9.324,452	-2.181,719

17.4 Cálculo de volume por meio de superfícies geradas por curvas de nível

Existem casos em que o volume pode ser calculado em função dos sólidos formados pelas áreas compreendidas por curvas de nível sucessivas de determinada superfície, conforme indicado na Figura 17.19. Nesses casos, considera-se o problema como um caso especial de cálculo de volume por meio de seções transversais, em que as superfícies compreendidas entre cada curva de nível são como uma seção transversal horizontal.

O valor da distância (d), nesse caso, deve ser substituído pelo valor da equidistância (h) entre as curvas de nível e o cálculo do volume pode ser feito empregando qualquer uma das formulações apresentadas na *Seção 17.2 – Cálculo de volume por meio de seções transversais*.

Deve-se salientar que, por se tratar de curvas de nível, poderá haver um sólido residual acima ou abaixo da última curva de nível, que não pode ser incluído no cálculo por meio das seções transversais. Propõe-se, nesse caso, que ele seja calculado separadamente aplicando o método de cálculo de volume mais adequado a sua conformação geométrica.

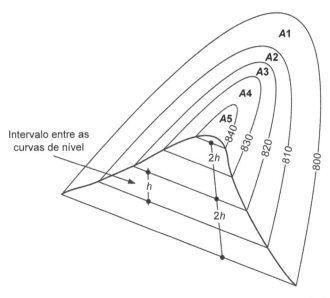

FIGURA 17.19 • Ilustração de superfícies geradas por curvas de nível.

Exemplo aplicativo 17.5

Considerando a Figura 17.19, calcular o volume de terraplenagem para a altitude 810 metros, sabendo que

$A_1 = 4.280 \text{ m}^2 \quad A_2 = 3.250 \text{ m}^2 \quad A_3 = 2.180 \text{ m}^2 \quad A_4 = 1.940 \text{ m}^2 \quad A_5 = 930 \text{ m}^2$

■ *Solução:*
Conforme indicado na Figura 17.19, as curvas de nível possuem espaçamentos de 10 metros. Dessa forma, a curva de altitude 810 metros está compreendida entre as áreas A_2 e A_3. O volume de terraplenagem pode ser calculado aplicando a equação (17.1). Assim, tem-se:

$$V = \frac{10}{2}\big[3.250 + 930 + 2(2.180 + 1.940)\big] = 62.100 \text{ m}^3$$

O volume acima da cota 840 metros foi desconsiderado.

17.5 Cota de passagem

Em determinados casos de terraplenagem de plataformas, pode ocorrer de se buscar o equilíbrio entre o volume de corte e o volume de aterro, ou seja, a quantidade de terra a ser escavada no terreno deve ser igual à quantidade a ser aterrada, conforme indicado na Figura 17.20. Busca-se, neste caso, determinar a superfície horizontal ou inclinada que gere volume de corte igual ao volume de aterro, ou seja, a condição de ($V_c = V_a$). A esta altitude (ou cota) dá-se o nome de *altitude (ou cota) de passagem ou econômica* (C_p).

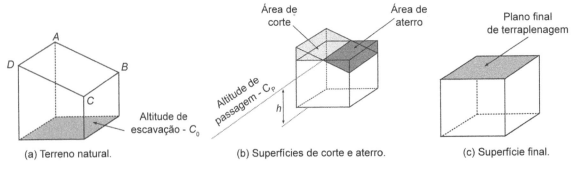

FIGURA 17.20 • Determinação da altitude de passagem.

Considerando a Figura 17.20, o problema consiste em calcular a altitude (C_p) de forma que o volume do sólido *ABCD* (Figura 17.20a) seja igual ao volume da superfície final (Figura 17.20c). Para a solução do problema, adota-se uma altitude de escavação (C_0) e calcula-se o volume de escavação (V_0) acima dessa altitude. Conforme apresentado na *Seção 17.3 – Cálculo de volume por meio de troncos de prismas*, o cálculo do volume é realizado por meio da média das alturas de todos os vértices do prisma considerado. Dessa forma, a altura média somada ao valor da altitude de escavação (C_0) indica o valor final da cota de passagem. Assim, tem-se:

$$V_T = A_T * h \tag{17.21}$$

de onde,

$$h = \frac{V_T}{A_T} \tag{17.22}$$

e, portanto,

$$C_P = C_0 + h = C_0 + \frac{V_T}{A_T} \tag{17.23}$$

em que:

V_T = volume total;

A_T = área total da terraplenagem;

h = altura média;

C_p = altitude (cota) de passagem.

Em seguida, a altitude de passagem calculada pode ser traçada no terreno indicando os pontos de altitudes iguais a (C_p), conforme ilustrado na Figura 17.21.

O cálculo do volume de corte e aterro pode ser realizado aplicando o método de cálculo de volume por meio das seções transversais ou o método de cálculo de volume por meio de troncos de prismas, conforme indicado nas seções anteriores.

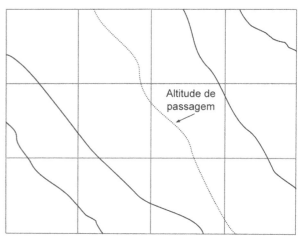

FIGURA 17.21 • Representação da altitude de passagem.

Exemplo aplicativo 17.6

Considerando os resultados do Exemplo aplicativo 17.3, calcular o valor da altitude que gera o volume de corte igual ao volume de aterro, ou seja, a altitude de passagem (econômica).

■ *Solução:*

Do Exemplo aplicativo 17.3, têm-se que:

A_T = 5.400,000 m² $\qquad V_T$ = 20.628,338 m³

Finalmente, aplicando a equação (17.23), obtém-se a altitude de passagem (econômica) conforme indicado a seguir:

$$C_P = 830,000 + \left(\frac{20.628,338}{5.400,000}\right) = 833,820 \text{ m}$$

17.6 Cálculo de volume por meio de modelos numéricos de terreno

Uma das aplicações importantes de um modelo numérico de terreno é o cálculo de volume. Trata-se de um processo de cálculo relativamente simples, exigindo que sejam criadas duas superfícies: uma a ser tomada como superfície de base e outra como superfície de terraplenagem. As duas superfícies podem advir, por exemplo, de dois levantamentos em dois estágios diferentes em uma obra ou da situação em que a superfície de base é a superfície do terreno natural e a superfície de terraplenagem é a superfície de projeto. Independentemente dos tipos de superfícies a serem comparadas, os métodos de cálculo a serem aplicados são os mesmos, conforme apresentados na sequência.

17.6.1 Método da triangulação

O método de cálculo de volume por meio de um MNT mais simples de ser aplicado consiste em determinar uma sucessão de prismas com bases triangulares, sobre a superfície de terraplenagem, e considerar o volume como igual à área horizontal de cada um deles multiplicado pela média das alturas dos seus vértices projetados sobre a superfície de base, conforme apresentado na *Seção 17.3.2 – Cálculo de volume para uma malha irregular de pontos* (ver Fig. 17.22).

Esta solução produz bons resultados para os casos em que as duas superfícies possuem triângulos mais ou menos equivalentes. Caso contrário, os resultados podem ser desastrosos.

Uma variante da solução anterior consiste em projetar o triângulo da superfície de terraplenagem sobre a superfície de base e calcular o volume do prisma compreendido pelas duas superfícies não horizontais (ver Fig. 17.23).

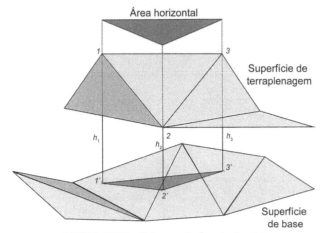

FIGURA 17.22 • Volume pela área horizontal.

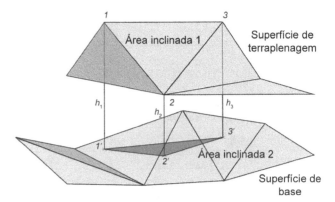

FIGURA 17.23 • Volume pelas áreas inclinadas.

O inconveniente deste método é a necessidade de calcular as áreas das duas superfícies triangulares não horizontais.

Igualmente ao caso anterior, esta solução somente produz bons resultados se as duas superfícies possuírem triângulos mais ou menos equivalentes.

A solução que produz melhores resultados consiste em projetar a superfície de terraplenagem sobre a superfície de base e calcular o volume considerando as áreas dos triângulos projetados. Esta solução tem a desvantagem de aumentar a quantidade de pontos de interpolação e, por conseguinte, o tempo de processamento, porém, não exige que as superfícies triangulares sejam equivalentes (ver Fig. 17.24).

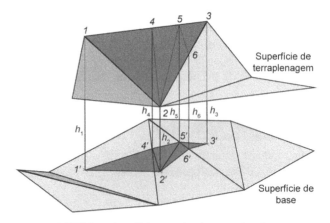

FIGURA 17.24 • Volume pelas áreas projetadas.

17.6.2 Método da malha regular

Outra solução também disponível nos programas aplicativos de cálculo de volume pela modelagem numérica de terreno é determinar uma malha retangular sobre a superfície de terraplenagem, projetar as arestas da malha sobre a superfície de base e calcular o volume considerando a média das alturas dos vértices entre as duas superfícies, conforme apresentado na *Seção 17.3.1 – Cálculo de volume para uma malha regular de pontos* (ver Fig. 17.25).

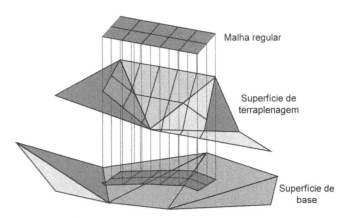

FIGURA 17.25 • Volume por interpolação de malha regular.

A qualidade do volume calculado, neste caso, depende das dimensões dos triângulos das duas superfícies e da malha regular. Quanto menor, maior a qualidade obtida, porém, maior também o custo computacional.

Seja qual for o método utilizado, o engenheiro deve ter em mente que o cálculo de volume de terraplenagem é sempre uma estimativa. A precisão da escavação, a taxa de empolamento[1] ou de compactação do solo, os tipos de materiais e a precisão dos levantamentos topográficos podem influenciar fortemente os resultados.

É importante também ressaltar que nem sempre é possível saber qual o método de cálculo de volume utilizado nos programas aplicativos de modelagem numérica de terreno. Por isso, sugere-se que sejam feitos testes para verificar a qualidade do modelo utilizado antes de aplicá-lo indiscriminadamente.

---

[1] Empolamento é o nome dado ao fenômeno característico dos solos onde há a expansão do material após a sua escavação.

Referências bibliográficas

A Mira. Sistema de coordenadas planas LTM aplicadas em projetos rodoviários. *Revista A Mira*, ano XXI, n. 159, Criciúma, SC, Brasil, 2000.

Abbas, M. A.; Lau, C. L.; Setan, H. *et al*. Terrestrial laser scanners pre-processing: registration and georeferencing. *Jurnal Teknologi*, v. 71, n. 4, p. 2180-3722, 2014.

Alba, M.; Giussani, A.; Roncoroni, F. *et al*. Review and comparison of techniques for terrestrial 3D-view georeferencing. *Proceedings of the Fifth International Symposium on Mobile Mapping Technology*, Padua, Italy, 29-31 May 2007.

American Society for Photogrammetry and Remote Sensing (ASPRS). Positional accuracy standards for digital geospatial data. Edition 1, Version 1.0. *Photogrammetric Engineering & Remote Sensing*, v. 18, n. 3, p. A1-A26, 2015.

Anderson, J. M.; Mikhail, E. M. *Surveying, theory and practice*. 7. ed. Boston, US: WCB/McGraw-Hill, 1998.

Associação Brasileira de Normas Técnicas (ABNT). *NBR 13133:1994* – Execução de levantamento topográfico.

Austin, R. *Unmanned aircraft systems*. UK: Wiley, 2010.

Barras, V. *Les implantations*. HEIG-VD – Haute Ecole d'Ingénierie et de Gestion du Canton de Vaud. Yverdon-les-Bains, Switzerland, 2015.

Barras, V. *Les relevés de terrain en 3D* – Les profils, les plans topographiques, les MNTs. HEIG-VD – Haute Ecole d´Ingénierie et de Gestion du Canton de Vaud. Yverdon-les-Bains, Switzerland, 2015.

Barrell, H.; Sears, J. E. The refraction dispersion of air for the visible spectrum. *Philosophical Transactions of the Royal Society of London. Series A, Mathematical and Physical Sciences*, v. 238, p. 1-64, 1939.

Bayoud, F. A. *Leica Geosystems Total Station Series TPS1200*. White Paper. Heerbrugg, Switzerland, 2006.

Bernd Hanspeter, W. *Development and calibration of an image assisted total station*. 168p. Doctoral dissertation. Swiss Federal Institute of Technology, Zurich, 2004.

Blitzkow, D.; Campos, I. O.; de Freitas, S. R. Altitude: o que interessa e como equacionar? *Proceedings of the 1th Simpósio Brasileiro de Ciências Geodésicas e Tecnologias da Geoinformação*, Recife, PE, Brasil, 2004.

Brabant, M. *Topographie opérationnelle*. Paris, França: Eyrolles Paris, 2012.

Bugayevskiy, L. M.; Snyder, J. P. *Map projections* – a reference manual. London: Taylor & Francis, 2000.

Burkholder, E. F. Accuracy of elevation reduction factor. *Journal of Surveying Engineering* – ASCE, v. 130, n. 3, p. 134-137, 2004.

Burkholder, E. F. Computation of horizontal/level distances. *Journal of Surveying Engineering* – ASCE, v. 117, n. 3, p.104-116, 1991.

Burkholder, E. F. *Definition and description of a Global Spatial Data Model (GSDM)*. Publicação pessoal, Circleville, Ohio, US, 1997. 30p.

Cina, A.; Dabove, P.; Manzino, A. M. *et al*. 2020. *Network Real Time Kinematic (NRTK) Positioning* – description, architectures and performances. Disponível em: https://www.intechopen.com/books/satellite-positioning-methods-models-and-applications/network-real-time-kinematic-nrtk-positioning-description-architectures-and-performances. Acesso em: jul. 2020.

Colomina, I.; Molina, P. Unmanned aerial systems for photogrammetry and remote sensing: A review. *ISPRS Journal of Photogrammetry and Remote Sensing*, v. 92, p. 79-97, 2014.

CONFEA – CREA – ABNT – MINISTÉRIO DAS CIDADES. Grupo Técnico Operacional. *Normas e Procedimentos de Engenharia para o Cadastro Urbano no Brasil*. 2019.

Cramer, M. EuroSDR Network on Digital Camera Calibration. White paper. Institute for Photogrammetry (ifp), University of Stuttgart, Stuttgart, Germany, 2004.

Crawford, W. G. *Construction surveying and layout*. 2. ed. Indiana, USA: Creative Construction Publishing Inc., 1995.

Deakin, R. E. *The standard and Abridge Molodensky coordinate transformation formulae*. Department of Mathematical and Geospatial Sciences, RMIT University, Melbourne, Australia, 2004.

Deakin, R. E. *Traverse Computation on the UTM Projection for Surveys of Limited Extent*. School of Mathematical and Geospatial Sciences, RMIT University, Melbourne, Australia, 2006.

Deumlich, F.; Staiger, R. *Instrumentenkunde der Vermessungstechnik*. 9. ed. Heidelberg: Verlag, 2002.

Deutsches Institut fur Normung. *DIN 18.723:1990 – 2*: Procedimento de campo para análise da precisão de instrumentos geodésicos – a qual trata dos procedimentos de campo para verificação e classificação de níveis.

Dzierzega, A.; Scherrer, R. Measuring with electronic total stations. *Survey Review*, v. 37, n. 287, p. 55-65, 2003.

Easa, S. M. General direct method for land subdivision. *Journal of Surveying Engineering*, v. 115, n. 4, p. 402-411, 1989.

Ehrhart, M. *Automated, total station-based verification of reflector pole heights*. 67p. Tese de doutorado – Graz University of Technology, Graz, Austria, 2012.

Everaerts, J. The use of unmanned aerial vehicles (UAVS) for remote sensing and mapping. *The International Archives of the Photogrammetry, Remote Sensing and Spatial Information Sciences*, v. XXXVII, Part B1, Beijing, 2008.

Featherstone, W. E.; Rueger, M. J. The importance of using deviations of the vertical for reduction of survey data to a geocentric datum. *The Australian Surveyor*, v. 45, n. 2, 2012.

Fraser, C. Digital camera self-calibration. *ISPRS Journal of Photogrammetry & Remote Sensing*, v. 52, n. 4, p. 149-159, 1997.

Gagnon, P.; Coleman, D. J. La géomatique-une approche systématique intégrée pour répondre aux besoins d´information sur le territoire. *CISM Journal ASCGC*, v. 44, n. 4, 1990.

García-Balboa, J. L.; Ruiz-Armenteros, A. M.; Rodríguez-Avi, J. *et al*. A field procedure for the assessment of the centring uncertainty of geodetic and surveying instruments. *Sensors*, v. 18, n. 10, p. 3187, 2018.

Ghilani, C. D.; Wolf, P. R. *Elementary surveying* – an introduction to geomatics. 12 ed. Pearson, 2007.

Gonçalves, J. A.; Madeira, S.; Sousa, J. J. *Topografia, conceitos e aplicações*. 3 ed. Lisboa, Portugal: Lidel – Edições Técnicas, 2012.

Godoy, R. *Topografia básica*. Piracicaba: ESALQ, 1988.

Greenfeld, J.S. *Least square weighted coordinate transformation formulas and their applications*. USA: Journal of Surveying Engineering, 1997.

Grimm, H.; Pache, F.; Giger, K. *Timed-pulse distance measurement with geodetic accuracy*. Suíça: Wild Heerbrugg – White paper, 1986.

Grimm, D. E.; Zogg, H-M. *Leica Nova MS50* – The new dimension in measuring technology. White Paper. Heerbrugg, Switzerland, 2013.

Grimm, D.; Kleemaier, G.; Zogg, H-M. *Leica Geosystems ATRplus*. White Paper. Heerbrugg, Switzerland, 2015.

Hengl, T.; Reuter, H. I. (eds.) *Geomorphometry*: concepts, software, applications. Amsterdam: Elsevier, 2009.

Hofmann-Wellenhof, B.; Lichtenegger, H.; Wasle, E. *GNSS* – Global Navigation Satellite Systems. GPS, Glonass, Galileo & more. New York: Springer, 2008.

Hosmer, G.L. *Geodesy*. 2. ed. New York: John Wiley & Sons, Inc., 1928.

Huguenin, L.; Gillieron, P-Y. *Conversion des coordonnées*. Suíça: EPFL, 2005.

Hutchinson, M. F.; Gallant, J. C. Digital elevation models and representation of terrain shape. In: Wilson, J. P.; Gallant, J. C. (eds.). *Terrain analysis*: principles and applications. New York: Wiley, 2000. p. 29-50.

Hutton, J.; Mostafa, M. M. R. 10 years of direct georeferencing for airborne photogrammetry. *Proceedings of the 50th Photogrammetric Week*, Stuttgart, Germany, 2005.

IBGE. *Tabelas para cálculos no Sistema de Projeção Universal Transverso de Mercator – UTM*. 2. ed. Rio de Janeiro, 1995.

International GNSS Service (IGS), RINEX Working Group and Radio Technical Commission for Maritime Services Special Committee 104 (RTCM-SC104). 2018. The Receiver Independent Exchange Format, Version 3.04. Disponível em: http://acc.igs.org/misc/rinex304.pdf. Acesso em: maio 2022.

Irvine, W. *Surveying for construction*. 2. ed. Londres: McGraw-Hill Book Co. (UK) Limited, 1974.

ISO 12858-2:1999 – Optics and optical instruments – Ancillary devices for geodetic instruments – Part 2: Tripods.

ISO 12858-3:2005 – Optics and optical instruments – Ancillary devices for geodetic instruments — Part 3: Tribrachs.

ISO 17123:2018 – Optics and optical instruments – Field procedures for testing geodetic and surveying instruments.

ISO 17123-2:2001 – Optics and optical instruments – Field procedures for testing geodetic and surveying instruments – Part 2: Levels.

ISO 17123-3:2001 – Optics and optical instruments – Field procedures for testing geodetic and surveying instruments – Part 3: Theodolites.

ISO 17123-4:2012 – Optics and optical instruments – Field procedures for testing geodetic and surveying instruments – Part 4: Electro-optical distance meters (EDM measurements to reflectors).

ISO 4463-3:1995 – Measurement methods for building – Setting-out and measurement – Part 3: Checklists for the procurement of surveys and measurement services.

ISO 9849:2017 – Optics and optical instruments – Geodetic and surveying instruments – Vocabulary.

ISO 77078:2020 – Buildings and civil engineering works – procedures for setting out, measurement and surveying – Vocabulary.

Janssen, V. A comparison of the VRS and MAC principles for network RTK. International Global Navigation Satellite Systems Society – *IGNSS Symposium* 2009, Australia.

Kahmen, H.; Reiterer, A. Videotheodolite measurement systems – State of the art. *IAPRS Volume XXXVI*, Part 5, Dresden 25-27 September 2006.

Kaplan, E. D. *Understanding GPS* – principles and applications. Artech House, 1996.

Kasser, M.; Egels, Y. *Digital photogrammetry*. London: Taylor & Francis, 2002.

Lam, S. Y. W.; Tang, H. W. C. *Role of surveyor under ISO 9000 in the construction industry*. USA: Journal of Surveying Engineering, 2002.

Lachat, E.; Landes, T.; Grussenmeyer, P. Investigation of a combined surveying and scanning device: the Trimble SX10 Scanning Total Station. *Sensors MDPI*, v. 17, n. 4, p. 730, 2017.

Lambrou, E.; Nikolitsas, K. Detecting the centring error of geodetic instruments over a ground mark through a tribrach-based optical plummet. *Appl. Geomat.*, v. 9, p. 237-45, 2017. Disponível em: https://doi.org/10.1007/s12518-017-0197-8. Acesso em: maio 2022.

Leick, A.; Rapoport, L.; Tatarnikov, D. *GPS satellite surveying*. 4. ed. New Jersey: Wiley, 2015.

Lekkerkerk, H-J. *GPS Handbook for professional GPS users*. Netherlands: Cmedia, 2007.

Lemmon, T.; Jung, R. *Trimble S6 with Magdrive Servo Technology*. Colorado, U.S.: Trimble Navigation. White Paper, 2005.

LETEC, Escola Brasileira de Agrimensura. *Curso de Atualização em Topografia*. Apostila. Criciúma, Santa Catarina: Lucas Eventos LTDA, 2015.

Li, Z.; Zhu, Q.; Gold, C. *Digital terrain modelling*. Principles and methodology. CRC Press, 2005.

Luhmann, T.; Robson, S.; Kyle S. *et al. Close-range photogrammetry and 3D imaging*. 3. ed. Berlin, Germany: De Gruyter, 2020.

Maar, H.; Zogg H-M. *WFD* – Wave Form Digitizer Technology. White Paper. Heerbrugg, Switzerland, 2014.

Martin, D.; Gatta, G. Calibration of Total Stations Instruments at the ESRF. Shapping the Change, *XXIII FIG Congress*, Munich, Germany, October 2006.

Milles, S.; Lagofun, J. *Topographie et topométrie modernes*. Paris: Eyrolles, 2011.

Ministério da Defesa. Exército Brasileiro. Departamento de Ciência e Tecnologia. *Norma para especificação técnica para produtos de conjunto de dados geoespaciais (ET-PCDG)*. 2. ed. Brasília, DF, 2016.

Ministério da Guerra, Diretoria do Serviço Geográfico. *Manual técnico, cálculos geodésicos. Terceiro fascículo*. Rio de Janeiro, 1960.

Mohamed, M. R.; Mostafa, J. H. Direct positioning and orientation systems. How do they work? What is the attainable accuracy? *Proceedings* American Society of Photogrammetry and Remote Sensing Annual Meeting, St. Louis, MO, 2001.

Morais Junior, J. T. *Estudo de comparação dos métodos de transformação de coordenadas geodésicas para coordenadas topocêntricas para fins de implantação de obras na engenharia civil*. Dissertação (Mestrado em Infraestrutura de Transportes) – EESC-USP, São Carlos, SP, 2019.

Mostafa, M. M. R. Boresight Calibration of Integrated Inertial/Camera Systems. *Proceeding* of the International Symposium on Kinematic Systems in Geodesy, Geomatics and Navigation – KIS 2001, Banff, Canada.

Novak, K. Rectification of digital imagery. *Photogrammetric Engineering & Remote Sensing*, v. 58, n. 3, p. 339-344, 1992.

Pacileo Neto, N.; Tostes, F.; Idoeta, I. V. Sistema TM – Sistema topográfico local. São Paulo: EPUSP, 2003.

Pan B.; Xie H.; Wang Z. Equivalence of digital image correlation criteria for pattern matching. *Applied Optics*, v. 49, n. 28, p. 5501-5509, 2010.

Pimenta, C. R. T.; Silva, I. da; Oliveira, M. P. *et al. Projeto geométrico de rodovias*. Rio de Janeiro: Elsevier, 2017.

Potucková, M. *Image matching and its applications in photogrammetry*. Aalborg: Institut for Samfundsudvikling og Planlægning, Aalborg Universitet. ISP-Skriftserie, No. 314. Denmark, 2004. Disponível em: vbn.aau.dk.

Ragab, K. Alternative solutions for RTK-GPS applications in building and road constructions. *Open Journal of Civil Engineering*, v. 5, p. 312-321, 2015.

Rüeger, J. M. *Electronic distance measurement* – an introduction. 4. ed. Springer-Verlag Berlin Heidelberg, Germany, 1996.

Sandau, R. (ed.) *et al. Digital Airborne Camera* – introduction and technology. Heidelberg, Germany: Springer Verlag, 2010.

Schenk, T. *Digital photogrammetry*. Laurelville, US: TerraScience, 1999. v. 1.

Scherrer, R. *Reduction of distance measured with infra-red EDM instruments*. Suíça: Wild Heerbrugg – White paper, 1995.

Schneider, F.; Dixon, D. *The new Leica digital levels DNA03 and DNA10*. Washington-DC: FIG XXII International Congress, 2002.

Schofield, W. *Engineering Surveying*. 5. ed. Oxford: Butterworth Heinemann, 2001.

Segantine, P. C. L. *GPS* – Sistema de Posicionamento Global. EESC/USP, 2005.

Shan, B. J.; Toth C. K. *Topographic laser ranging and scanning*: principles and processing, Florida, US: CRC Press, 2018.

Shih, P. T.-Y. On accuracy specification of electronic distance meter. London. *Survey Review*, v. 45, n. 331, 2013.

Šiaudinytė, L. *Research and development of methods and instrumentation for the calibration of vertical angle measuring systems of geodetic instruments*. 122p. Doctoral dissertation, Vilnius Gediminas Technical University, Lithuania, 2014.

Silva, I. *Méthodologie pour le lissage et le filtrage des données altimétriques dérivées de la corrélation d´images*. Tese de doutorado EPFL. Suíça, 1990.

Silva, I. Applications of geomatics in civil engineering. Select *Proceedings* of ICGCE 2018. Singapore: Springer, 2020.

Sokol, Š.; Bajtala, M.; Ježko, J. Verification of Selected Precision Parameters of the Trimble S8 DR Plus Robotic Total Station. *INGEO 2014* – 6th International Conference on Engineering Surveying, Prague, Czech Republic, April 2014.

Soudarissanane, S. S. *The geometry of terrestrial laser scanning* – identification of errors, modeling and mitigation of scanning geometry. 13p. Dissertação (Mestrado) – Technische Universiteit Delft, 2016.

Staiger, R. Le contrôle des instruments géodésiques. *XYZ Revue de l'Association Français de Topographie*, v. 99, n. 2, p. 39-46, 2004.

UNAVCO. Terrestrial Laser Scanning (TLS) Field Camp Manual. UNAVCO Boulder, CO, US, v. 1.3, 2013.

Uren, J.; Price, B. *Surveying for engineers*. 5. ed. Hampshire, England: Palgrave Macmillan, 2010.

van den Berg, J.; Lindberg, A. *Measuring practice on the building site*. The National Swedish Institute for Building Research. Bulletin M83:16. Gävle, Sweden, 1983.

van Sickle, J. *Basic GIS Coordinates*. Florida, US: CRC Press, 2004.

Villesuzonne, D. *Le calcul du géomètre*. Paris: Eyrolles, 1988.

Wolf, P. R.; Dewitt, B. A. *Elements of photogrammetry with applications in GIS*. 3. ed. New York: McGraw-Hill, 2000.

Woschitz, H.; Brunner, F. K. System calibration of digital levels – experimental results of systematic effects. *INGEO2002*, 2nd Conference of Engineering Surveying, November 2002, Bratislava, Slovakia.

Yanalak, M.; Baykal, O. Digital elevation model-based volume calculation using topographic data. *Journal of Surveying*, 2003.

Yang, Q. H.; Snyder, J. P.; Tobler, W. R. *Map projection transformation* – principles and applications. UK: Taylor & Francis, 2000.

Zeiske, K. Current status of the ISO standardization of accuracy determination process for surveying instruments. *Proceedings of FIG International Conference Seoul*, Korea, 2001.

Índice alfabético

As marcações em negrito correspondem aos Capítulos 18 a 23 (páginas e-1 a e-148) que encontram-se na íntegra no Ambiente de aprendizagem do GEN | Grupo Editorial Nacional.

A

Abscissa, 41
Acessórios de uma estação total, 135
Acurácia de um MNT, e-15
Aerofotogrametria, e-89, e-90
　convencional, e-90
Aerotriangulação, e-107, e-125
Ajustamento por feixes perspectivos, e-108
Ajuste, 12
Algarismos significativos, 20
Algoritmos de correlação de imagens, e-110
Alidade, 120
Alinhamento do instrumento entre dois pontos, 283
Altimetria, 227
Altitude(s), 227
　e posições das estacas do (PCV) e (PTV), e-136
　nivelada, 228
　normal, 33
　ortométrica, 33
Altura, 227
　de voo, e-120
　elipsoidal, 33
Amplitude dos fusos, e-21
Análise
　da distribuição dos erros de fechamento de uma poligonal apoiada, 205
　da qualidade de uma poligonal fechada, 218
Ângulo(s), 72
　horizontal, 72
　polar, 42
　vertical, 73
　　de altura, 73
　　zenital, 73
Antena e pré-amplificador, e-65
Aplicações
　da geomática na Engenharia, 6
　de um MNT, e-11
Apoio topográfico, 194
Aquisição das imagens, e-124
　digitais aéreas, e-94
Área(s), 293
　de um quadrilátero, 295
　de um trapézio, 295
　de um triângulo
　　qualquer, 293
　　radial, 296
ARP (antena reference point), e-66
Aumento da luneta, 126
Autocalibração, e-112
Avaliação da qualidade de um nivelamento geométrico, 241
Azimute(s), 75
　a serem considerados no Sistema de Projeção UTM, e-33
　da quadrícula, e-33
　geodésico, e-33
　plano, e-33
　verdadeiro, e-33

B

Bacia de contribuição, 267
Baixa altitude, e-120
Balanceamento de poligonais, 198
　apoiada pelo Método de Similitude, 206
Base nivelante, 124
Bastão de prisma, 138
Berço giro estabilizado (Gimbal), e-95
Bilateração, 181
Bloco aerofotogramétrico, e-108

C

Cálculo(s)
　aproximado
　　da convergência meridiana em função das coordenadas geodésicas, e-27
　　do fator de escala em função das coordenadas UTM, e-30
　da área pelas coordenadas retangulares total, 297
　da distância elipsoidal
　　considerando a curvatura da Terra, a refração atmosférica vertical e o desvio da vertical, 96
　　considerando a diferença de nível entre os pontos medidos, 96
　　por intermédio de visadas recíprocas e consecutivas, 96
　da latitude, e-24
　da longitude, e-25
　das altitudes e flechas da parábola simples, e-136
　das distâncias entre a antena receptora e os satélites, e-54
　de azimute e distância por meio de coordenadas conhecidas, 165
　de (k) conhecendo a diferença de altitude entre os pontos medidos, 97
　de um ponto lançado ou irradiação, 167

de volume, 305
 de trechos mistos (corte e aterro), 308
 em trechos curvos, 310
 para uma malha
  irregular de pontos, 314
  regular de pontos, 311
 por meio de
  modelos numéricos de terreno, 317
  seções transversais, 305
  superfícies geradas por curvas de nível, 316
  troncos de prismas, 311
 direto do valor de (k) por meio de medições recíprocas e consecutivas, 98
 do valor do coeficiente de refração vertical (k), 97
 rigoroso
  da convergência meridiana em função das coordenadas geodésicas, e-27
  do fator de escala em função das coordenadas geodésicas, e-30
 topométricos, 165

Calibração, 11
 de câmeras fotogramétricas, e-111
 de níveis topográficos, 164
 do ângulo de *boresight* e dos *offsets* da antena GNSS e do sensor IMU (*lever arms*), e-113
 do instrumento, 158
 em laboratório, e-112
 terrestre (*in situ*), e-112

Câmera
 digital, e-91
  interna, e-80
 fotográfica digital, e-91, e-120

Caminhamento, 233
 com mira invertida, 236
 com nivelamento trigonométrico, 254
 duplo, 238
 misto, 233, 235
 simples, 233

Campo de visão, 126

Características operacionais de uma estação total, 133

Cartografia, 3

Catenária, 106

Centragem forçada, 125

Centrar o instrumento, 120

Centro
 e raio de um círculo, 187
 óptico, e-91
 perspectivo, e-91

Certificado de calibração, e-112

Ciências e técnicas englobadas pela geomática, 2

Círculo(s)
 graduados para a medição angular com uma estação total, 128
 horizontal, 128

Circunferências, e-135

Classificação
 das estações totais, 133
 das projeções cartográficas, e-16
  em função
   da grandeza geométrica preservada, e-16
   da orientação da superfície de projeção, e-18
   da posição
    do centro de projeção, e-17
    relativa da superfície de projeção, e-19
   do tipo de superfície de projeção, e-17
 dos sistemas VANT segundo a aplicação em Geomática, e-122
 dos veículos aéreos não tripulados, e-119
 em função do peso máximo de decolagem, e-120

Código(s)
 livre, 133
 temáticos, 133

Código-C/A, e-50, e-58

Código-L_2C, e-50

Código-P, e-50

Coleta de dados
 de campo, e-3
 por meio de sistemas VANT, e-118

Combinações lineares entre as portadoras, e-58, e-60

Comparação entre métodos de georreferenciamento, e-84

Compensação do erro de fechamento, 247
 em função
  da quantidade de desníveis medidos, 247
  das distâncias dos desníveis, 247
  dos valores absolutos dos desníveis, 247

Compensador eletrônico, 123

Componente(s)
 de um instrumento de varredura *laser* terrestre, e-76
 diversos, e-121
 meridiana, 34
 primeiro vertical, 34
 trigonométrica, 89

Composição
 de um instrumento GNSS, e-64
 dos sistemas GNSS, e-48

Configuração
 do projeto, 276
 e apresentação dos dados geoespaciais, 7

Constante
 de adição, 158
  do prisma, 136
 de escala, 158

Construção da obra, 10

Contranivelamento, 237

Controle
 angular de uma poligonal
  apoiada, 199
  fechada apoiada em dois pontos, 209

linear de uma poligonal
 apoiada, 200
 fechada, 211
 vertical, 286

Convergência meridiana, e-26
 na projeção UTM, e-26

Conversão
 de coordenadas, 46
 de unidades angulares, 14

Coordenadas
 cartesianas planas, 41
 curvilíneas, 45
 do ponto
  de tangência de uma reta com um círculo, 188
  em uma clotoide, e-132
 elipsoidais, 45
 geográficas, 45
 pixel, e-91
 planorretangulares, 41
 polares planas, 42

Corpo do instrumento, 120

Correção(ões)
 angular(es)
  em razão do desvio da vertical, 83
  por conta da refração atmosférica lateral, 82
 atmosféricas na medição de distâncias, 114
 da direção angular horizontal para redução ao elipsoide, 83
 das distâncias medidas com um distanciômetro eletrônico, 114
 das medições angulares, 82
 do ângulo vertical zenital para redução ao elipsoide, 83

Corregistro, e-82

Correlação de imagens, e-110
 pelo método do coeficiente de correlação cruzada, e-110

Cota, 227
 de passagem, 316

Criação de malha de pontos, e-115

Crista de talude, 263

Curva(s)
 de nível, 263
 horizontal(is), e-127
  circulares, e-128
   com transição, e-131
   composta, e-129
   reversa, e-130
   simples, e-128
 verticais, e-127, e-134

D

Dado espacial, 2

Datum geodésico, 28

Definição da área de busca para correlação de imagens, e-111

326 TOPOGRAFIA PARA ENGENHARIA

Deflexão da vertical, 34
Deriva do instrumento, 157
Desenho
  assistido por computador (CAD), 4
  das curvas de nível, 265, **e-13**
  do perfil ou da seção transversal
    do terreno por meio de um nivelamento
      topográfico, 259
    por intermédio
      da interpolação de pontos sobre uma
        representação gráfica com curvas de
        nível, 260
      de um Modelo Numérico de Terreno
        (MNT), 261
Desnível, 227, 229
Desvio
  angular do feixe, 137
  da vertical, 34
  de paralelismo entre o feixe incidente e o
    feixe refletido, 137
Detalhes
  aéreos, 271
  bem definidos, 271
  pouco definidos, 271
  subterrâneos, 271
Detecção de erro grosseiro
  de fechamento
    angular, 224
    linear, 225
  em uma poligonal, 224
Determinação
  das coordenadas 3D, **e-80**
  de ângulo(s)
    horizontal, 74
    pela combinação de observações, 79
    por observação simples de direções, 78
    por série de observações (giro do
      horizonte), 80
  de coordenadas
    cartesianas espaciais (3D), 189
    dos pontos de apoio em coordenadas
      UTM, **e-36**
    planialtimétricas de pontos de apoio, 6
  de elementos de implantação
    planimétrica de pontos por meio de
      coordenadas conhecidas, 172
  de perpendiculares, 282
  de pontos de apoio em rede, 226
  direta dos parâmetros de orientação por
    meio de georreferenciamento GNSS e
    sistema inercial (IMU), **e-106**
  do valor do meridiano central do fuso do
    Sistema de Projeção UTM, **e-22**
  dos parâmetros de orientação exterior do
    modelo fotogramétrico, **e-105**
  indireta dos parâmetros de orientação
    por meio de pontos de controle, **e-105**
Diagrama de Massas, 310
Diferença

de altitude entre os pontos medidos, 97
  de elevação, 229
  de nível, 229
Direção, 72
  horizontal, 74
Dispositivo(s)
  de coleta de dados, **e-120**
  de controle do voo e de captura das
    imagens, **e-95**
  para compensação do deslocamento da
    aeronave (TDI), **e-95**
  para orientação do voo e posicionamento
    da aeronave, **e-120**
Distância(s), 86
  elipsoidal, 90
  entre um ponto e uma reta, 185
  esférica, 89
  horizontal, 86, 87, 89
    topográfica, 87
  inclinada, 86, 87
  plana, 98
  vertical considerando o Plano
    Topográfico Local, 88
Distanciômetro eletrônico, 110, 129
Distorção
  das lentes, **e-100**
  descentrada, **e-100**
  radial simétrica, **e-100**
Distribuição do erro de fechamento
  angular de uma poligonal
    apoiada, 199
    fechada, 210
  linear de uma poligonal
    apoiada, 202
    fechada, 213
Divergência do feixe *laser*, **e-78**
Divisão
  de áreas, 299
    quadriláteras, 300
    triangulares, 299
  de polígono
    partindo de um ponto de coordenadas
      conhecidas, 301
    por meio de um alinhamento com
      azimute conhecido, 303
Divisores de água, 263
Documentação técnica a ser apresentada
  em um trabalho de levantamento de
  detalhes, 278
Dupla diferença de fase, **e-58**, **e-59**

E

EDM (Electronic Distance Meter), 110
Efeito(s)
  AS (*anti-spoofing*), **e-50**
  da curvatura da Terra

e da refração atmosférica vertical na
    redução da distância inclinada para
    distâncias horizontal e elipsoidal, 95
  na redução da distância inclinada para
    distâncias horizontal e elipsoidal, 93
Efemérides
  do satélite, **e-48**
  precisas, **e-49**
  transmitidas, **e-49**
Eixo
  de visada, 121
  principal, 121
  secundário, 121
  vertical, 121
Elaboração de um projeto de Engenharia
  em coordenadas planas UTM, **e-40**
Elementos geométricos da medição
  de distâncias com uma estação total
    considerando o Plano Topográfico Local
    (PTL), 89
Elevação, 227
Elipse, 18
Elipsoide, 18, 32
Empresas de aerofotogrametria, **e-90**
Equação(ões)
  da parábola, **e-135**
  de colinearidade, **e-102**
  fundamentais da fotogrametria digital,
    e-101
  projetivas, **e-102**
Equipamento de medição, 11
Erro(s)
  acidentais, 161
  angulares
    acidentais, 154
    relacionados com o(s)
      círculos de medição angular, **e-87**
      erros de eixos de rotação do
        instrumento, **e-87**
      sistema de deflexão do feixe *laser*,
        e-87
  sistemáticos, 146
  atmosféricos, **e-72**
  cíclico, 158
  correspondente à tensão na trena, 106
  de ATR e de temperatura, 154
  de basculamento da luneta, 149, 151
  de catenária, 106
  de centragem
    da antena receptora, **e-73**
    do instrumento e do prisma refletor, 154
  de círculo, 147
  de colimação
    horizontal, 149
    vertical, 159
  de configuração dos receptores, **e-73**
  de deriva da orientação, 157
  de eixos, 149

ÍNDICE ALFABÉTICO **327**

de escala e de index da mira, 161
de excentricidade do círculo e de
graduação do limbo, 147
de fase da antena, **e-72**
de fechamento, 198, 238
angular, 198
do nivelamento, 237
linear, 198
de georreferenciamento, **e-88**
de graduação do limbo, 147
de horizontalidade
do eixo secundário, 149, 151
do retículo, 159
de índice
do círculo vertical, 147
do compensador, 148
de leituras, 105
em razão da não verticalidade da mira,
162
de nivelamento do instrumento, 157
de paralaxe, 163
de pontaria, 156, 162
de ruídos do receptor, **e-72**
de verticalidade
do eixo principal, 149, 153
do prumo (óptico, *laser*, digital), 153
decorrente(s)
da influência da curvatura terrestre, 244
de fatores ambientais, **e-88**
do multicaminhamento, **e-72**
do compensador, 162
durante a propagação dos sinais, **e-72**
em função da perda de ciclos, **e-73**
em razão
da influência da refração atmosférica
vertical na linha de visada, 245
da relatividade, **e-73**
do afundamento do tripé e/ou da mira
no terreno, 163
entre os canais do receptor, **e-72**
específicos de níveis digitais, 163
grosseiros, 244
instrumentais, **e-72**
e operacionais, 145
de um nível topográfico, 159
de uma estação total, 146
sistemáticos, **e-87**
lineares relacionados com o sistema de
medição da distância entre o escâner e
o objeto, **e-87**
na medição da altura da antena, **e-73**
operacionais, **e-73**
por conta da
alteração no comprimento da trena, 105
inclinação da baliza, 106
variação de temperatura, 105
resultantes
das propriedades da superfície refletora,
e-87
de explosões solares, **e-72**
sistemáticos, 159

de medição de distâncias, 157
relacionados com as condições
ambientais, 244
Escala(s), 19
para o desenho do perfil ou da seção
transversal, 261
Escâneres *laser*, **e-75**
Escavação de valas, 285
Escolha do ponto inicial para o traçado das
curvas de nível, **e-12**
Esfera, 19
Espaçamento dos pontos *laser*, **e-78**
Espaço
instrumento, **e-82**
objeto, **e-82**
Especificações técnicas para
coleta de dados espaciais e
padronizações, 6
levantamento de detalhes, 269
Estação
de controle terrestre (GCS), **e-119**, **e-122**
de referência, **e-58**
excêntrica, 184
fotogramétrica digital, **e-113**
GNSS, **e-120**
total, 127
assistida por imagens, 131
com varredura *laser*, 132
robótica, 129
Estacionar ou instalar o instrumento, 120
Estaqueamento do alinhamento, **e-130**
Estatística, 3
Estereopar, **e-96**
Estereoscopia, **e-98**
Estrutura dos sistemas GNSS, **e-47**
Estruturação dos dados, **e-4**
em uma malha
irregular, **e-5**
regular, **e-4**
Excentricidade do círculo, 147
Exigências de qualidade na implantação de
obras, 292

F

Fase da portadora, **e-54**, **e-55**
Fator de escala, 49
da projeção UTM, **e-29**
e translação, 60
Feixe de referência, 112
Figuras geométricas importantes para a
Geomática, 17
Fios estadimétricos, 108
Flecha, 106
Fontes de erro(s)
em um nivelamento geométrico em
função das condições ambientais e
geométricas, 243
na determinação de pontos de apoio por
poligonação, 219

nas medições por varredura *laser*, **e-86**
Formato(s)
de intercâmbio de dados GNSS, **e-63**
NMEA 0183, **e-63**
RINEX, **e-63**
Fórmula
de Brönnimann, 224
rigorosa para o nivelamento
trigonométrico, 251
Fotogrametria, 4
aérea, **e-90**
digital, **e-89**
por meio de VANT, **e-90**
terrestre, **e-90**
Fotogrametristas, **e-90**
Fotointerpretação, **e-89**
Funções de interpolação, **e-7**
Fusos, **e-20**

G

Gabarito
de busca, **e-110**
de referência, **e-110**
Geodésia, 2
espacial, 3
física, 3
geométrica, 3
Geoespacial, 2
Geoide, 32
Geoinformação, 2
Geomática, 1, 2
conceitos de, 11
importância para a Engenharia Civil, 9
vantagens dos sistemas GNSS para a, **e-52**
Geometria epipolar, **e-111**
Georreferenciamento, **e-80**
direto, **e-81**
desvantagens, **e-84**
vantagens, **e-84**
indireto, **e-82**
desvantagens, **e-84**
vantagens, **e-84**
Geração de produtos, **e-126**
Gerenciamento cadastral, 4, 5
Gestão
da obra, 10
de bancos de dados, 5
Grande altitude, **e-120**

H

Helmert 3D, 62
Hidrografia, 3

I

Imagem digital, **e-90**
Implantação
com controle de máquinas, 291

328 TOPOGRAFIA PARA ENGENHARIA

com estações totais, 288
com receptores GNSS, 290
da rede de pontos de apoio, e-138
de curvas
de transição, e-145
horizontais circulares simples, e-139
pelo método das deflexões e
comprimento da corda, e-142
verticais, e-147
de obras, 8, 280
de um projeto de Engenharia elaborado
em coordenadas UTM, e-40
dos elementos geométricos do traçado de
uma via, e-138
Importação das imagens, e-124
Inclinômetros eletrônicos, 287
Informações geoespaciais, 2
Instituições e organizações importantes
para a Geomática, 10
Instrumentos
de varredura laser, e-88
topográficos, 118
principais componentes dos, 120
Intensidade do pixel, e-91
Interface de comunicação humana, e-65
Interpolação
bilinear, e-9
do ponto de interseção da curva de nível,
e-13
linear, e-9
tridimensional
global, e-7
local, e-7
Interpretação dos resultados, e-11
Interseção
a ré, 173
com redundância de visadas, 174
a vante, 177
com redundância de visadas, 178
de dois segmentos de reta com
orientações conhecidas, 186
de uma reta com um círculo, 188
IP (International Protection), 120
Isolinha, 261

L

Laser scanner, e-75
Latitude, 45
astronômica, 35
geodésica, 35, 45
Leitura(s)
angulares para a determinação de
ângulos horizontais, 77
de ré, 230
de vante, 230
Levantamento(s)
altimétrico, 270
as-built, 8
cadastral, 4, 7

de campo por meio
de estações de referência virtual (VRS),
e-70
de posicionamento(s)
absoluto estático, e-68
cinemáticos, e-68
diferenciais, e-69
estáticos, e-67
relativo estático, e-67
de detalhes, 7, 269
com escâner laser terrestre, 276
com estação total, 272
com receptores GNSS, 275
de nuvem de pontos para modelagens
3D, 7
de perfis e seções transversais de
terrenos, 7
geodésicos, 2
hidrográfico, 8
planialtimétrico, 270
planimétrico, 270
por coordenadas polares, 296
por irradiações, 296
relativo cinemático, e-68
subterrâneo, 8
topográfico, 118
ou geodésico com a tecnologia GNSS,
e-66
Linha(s), 17
de base, e-58
de Brukner, 310
de visada, 120
Longitude, 45
astronômica, 35
geodésica, 35, 45, 46
Luneta, 126

M

Malha
irregular, 264
regular, 264, e-9
Mapa de linhas, e-114
Marca flutuante, e-99
Medição, 11
angular, 76
do feixe laser, e-79
da distância por varredura laser, e-77
de ângulos verticais, 81
de distâncias, 102
com a tecnologia GNSS, 117
com uma trena comum em um terreno
irregular, 104
regular
e horizontal, 104
inclinado, 104
eletrônica, 110
pelo método
de diferença de fase, 112
de pulso ou time of flight, 111
sem prisma, 116

indireta, 108
pelo passo médio, 102
pelo uso de
um hodômetro, 102
uma trena, 103
eletrônica, 107
Medir, 11
Memória, e-65
Mensuração técnica industrial, 8
Meridiano(s), 45
central, e-20
projetados, e-26
Metadado, 6
Método(s)
analíticos
de implantação de obras, 288
para o cálculo de áreas, 295
da malha regular, 318
da triangulação, 318
das abscissas e ordenadas, e-144
das coordenadas totais, e-139
de Bezout, 306
de Gauss, 297
de Heron, 293
de interpolação tridimensional
pela média móvel, e-7
ponderada, e-7
pontual, e-7
regional, e-8
de medição
direta de distâncias, 102
indireta de distâncias, 108
óptica de distâncias, 108
de posicionamento
absoluto, e-57
com a tecnologia GNSS, e-56
diferencial, e-62
instrumentação e operações para o
levantamento de campo, e-67
relativo, e-58
de pulso, 111
de Schreiber, 79
geométricos
de implantação de obras, 281
para o cálculo de áreas, 293
mecânico para o cálculo de áreas, 298
multipolar do ponto médio para
determinação de coordenadas
cartesianas espaciais (3D) sem medição
de distâncias, 191
polar para medição de coordenadas
cartesianas espaciais (3D) com medição
de distâncias, 190
prismoidal, 307
trapezoidal, 306
Metrologia, 12
Microprocessador, e-65
Miniprisma, 137
Miras graduadas utilizadas em conjunto
com os níveis topográficos, 143

MNT como auxílio para o projeto de vias
de transporte, **e-15**
Modelagem
da superfície, **e-7**
espacial, **e-84**
matemática dos dados e
georreferenciamento, 6
Modelo(s)
da forma da Terra, 23
de informação da construção (BIM), 6
digital
de superfície, **e-2**
de terreno, **e-2**
elipsoidal, 25
esférico, 27
estereoscópico, **e-98**
fotogramétrico, **e-99**
geoidal, 25
numérico
de superfície, **e-2**
de terreno, **e-1**
Modo
estático ou no modo cinemático, **e-57**
relativo
cinemático, **e-60**, **e-61**
estático, **e-60**
Módulo
da escala, 19
de reconhecimento automático de
prisma, 130
GNSS e sistema inercial (IMU), **e-121**
Monitoramento geodésico de estruturas, 8
Mosaico de ortofotos, **e-118**
Multilateração, 182
espacial, **e-52**

N

Nível(eis)
de bolha, 122
esférico, 122
tubular, 123
de prumada óptica zenital, 287
digital, 140
eletrônico, 123
laser, 141
óptico, 139
topográfico, 138
Nivelamento, 237
apoiado, 237, 238
com a tecnologia GNSS, 255
com caminhamento duplo, 238
com nível *laser*, 257
de precisão, 240
de um ponto nodal, 239
enquadrado, 238
geométrico, 229
composto, 233
recíproco e simultâneo, 246
simples, 231

topográfico, 227
trigonométrico, 249
recíproco e simultâneo, 253
Normas e regulamentações, 22
Norte
da quadrícula, **e-26**
geodésico, **e-26**
verdadeiro, **e-26**
Numeração dos fusos, **e-21**
Nuvem de pontos, **e-75**

O

Objetivos do levantamento, 269
Observação direta e inversa, 77
Onda
de batimento, **e-56**
modulada, 113
portadora, 113, **e-53**
Ondulação geoidal, 32
Ordenada, 41
Orientação
de azimute por meio de visadas
múltiplas, 170
exterior, **e-101**
fotogramétrica, **e-100**
interior, **e-100**
Ortofoto, **e-115**
verdadeira, **e-117**
Oscilador, **e-65**

P

Par
de imagens conjugadas, **e-96**
estereoscópico, **e-96**
Parábolas, **e-135**
Parafusos
calantes, 124
de chamada, 121
Paralaxe, 126, **e-99**
Paralelos, 45
Parâmetros
de orientação interior, **e-100**
extrínsecos, **e-101**
intrínsecos, **e-100**
Pé de talude, 263
Película
antirreflexo, 137
de reflexão, 137
Perdas de ciclo, **e-60**
Pino metálico de centragem forçada, 125
Planejamento
da obra, 9
do levantamento, **e-66**
do trabalho, 271
do voo, **e-123**
Plano, 18
de Referência (PR), 227
diretor do nível de bolha, 122

do equador, 45
horizontal
de referência, 228
do observador, 87
Poligonação, 194, 195
Poligonal(is)
apoiadas, 198
enquadrada, 198
fechadas, 208
livres, 195, 196
topograficamente livre, 196
Polígono, 17
Ponto(s), 17
de controle, **e-108**, **e-124**
natural, **e-106**
pré-sinalizado, **e-106**
de detalhes, 235
de escoamento, 267
de estação ou, simplesmente, estação, 120
de ligação, **e-108**
de máximo e de mínimo da curva
vertical, **e-136**
de medição, 120
de nivelamento, 120, 230
de partida, **e-5**
de rotação, **e-5**
de verificação, **e-108**
homólogos, **e-99**
imagem, **e-99**
irradiados, 235
nivelados, 228
objeto, **e-99**
principal, **e-102**
Posicionamento
absoluto no modo
cinemático, **e-57**
estático, **e-57**
no modo diferencial
DGPS, **e-62**
RTK, **e-62**
no modo relativo
cinemático, **e-61**
estático, **e-60**
relativo cinemático
com inicialização, **e-61**
sem inicialização, **e-61**
Precisão
da distância
horizontal reduzida ao PTL, 87
vertical calculada, 88
das coordenadas dos pontos levantados
com estação total, 274
das medições, 269
angulares, 84
com distanciômetro eletrônico, 116
do nivelamento geométrico, 242
dos pontos implantados com estação
total, 289

Princípio(s)
do posicionamento de pontos por meio da tecnologia GNSS, **e-52**
estadimétrico, 108

Prisma
360°, 137
adesivo, 137
circular, 135
refletor, 135

Procedimentos
de campo para a coleta de dados para a representação do relevo por meio de curvas de nível, 264
de campo para o levantamento de detalhes, 272
para a verificação da qualidade de níveis topográficos, 249

Processador do sinal, e-65

Processamento
das imagens, **e-125**
de dados
coletados em campo, **e-71**
com a tecnologia VANT, **e-122**

Processo hierárquico, e-111

Produtos
derivados, **e-11**
fotogramétricos, 7
gerados pela fotogrametria digital, **e-114**

Programa fotogramétrico, e-114

Projeção
azimutal, **e-18**
cartográfica, **e-16**
cilíndrica, **e-17**
normal, **e-18**
oblíqua, **e-18**
transversa, **e-18**
conforme, **e-17**
cônica, **e-18**
equidistante, **e-17**
equivalente, **e-17**
estereográfica, **e-17**
gnomônica, **e-17**
ortográfica, **e-17**
TM de Baixa Distorção, **e-42**
UTM, **e-19**

Projeto da obra, 9

Prolongamento de alinhamentos, 283

Protocolo
NTRIP, **e-64**
RTCM SC1040, **e-63**

Prumo
digital, 125
laser, 125
óptico, 125

Pseudodistância (código), e-54, e-55, e-60, e-61, e-69

Q

Quadratura da onda, 113

Qualidade
das medições por varredura *laser*, **e-86**
do vidro, 137
dos levantamentos topográficos e geodésicos com a tecnologia GNSS, **e-72**
posicional, **e-126**

R

Raio vetor, 42

Rampa, 227

Receptor, e-48
base, **e-58**

Recessão, 173

Reconhecimento de campo, 271
para o estabelecimento de uma poligonal topográfica, 219

Rede
de pontos de apoio e levantamento de campo, 277
de triangulação, 226
de triangulateração, 226
de triângulos, **e-9**
de trilateração, 226

Redução à corda, e-28

Referencial plano, 24

Referências
de Nível (RN), 228
geodésicas e topográficas, 23

Refinamento dos valores das coordenadas medidas nas imagens, e-100

Refletividade da superfície, e-79

Registro, e-82

Regra de Simpson, 307

Relatório final do trabalho, e-71

Relevo, 227

Representação
do relevo, 258
por curvas de nível, 261, **e-11**
por perfis e seções transversais do terreno, 258
por pontos cotados ou nuvem de pontos, 261
por relevo sombreado, **e-11**
por vistas em perspectiva, 267, **e-11**

Requerimentos legais e de segurança, e-123

Resolução
espacial, **e-92**
gráfica, 20
radiométrica, **e-91**

Restituição fotogramétrica, e-114

Restituidores fotogramétricos digitais, e-90

Reta, 18

Rotação dos eixos, 59

Rumo, 75, 76

S

Secante, e-19

Segmento
de controle, **e-48**
do usuário, **e-48**
espacial, **e-48**

Sensor(es)
de quadro (frame), **e-94**
de varredura
laser, **e-121**
linear, **e-94**
digital, **e-91**

Sensoriamento remoto, 4

Sentido do incremento da graduação do círculo de medição angular, 73

Séries de leituras, 240

Servomotores, 129

Simples diferença de fase, e-58

Sinais GNSS, e-48

Sistema(s)
BeiDou, **e-51**
Celeste, **e-52**
de comunicação, **e-121**
de controle de máquinas
1D, 291
2D, 291
3D, 292
de coordenadas, 40
cartesiano plano ou planorretangular, 41
espaciais, 44
geodésico, 45
geográfico, 45
imagem, **e-91**
polar plano, 42
triangular, 42
UTM, **e-20, e-40**
de deflexão do feixe *laser*, **e-79**
de Informação Geográfica (SIG), 5
de Navegação Global por Satélites (GNSS), 5, **e-47**
de posicionamento (GNSS) e inercial (IMU), **e-95**
de Projeção
Transverso de Mercator (TM), **e-34**
UTM (Universal Transversa de Mercator), **e-19**
de Referência
Linear (SRL), 40
Locais, **e-40**
fotogramétricos digitais, **e-90**
GALILEO, **e-51**
Geodésico
Brasileiro (SGB)
Datum altimétrico, 31
Datum planimétrico, 29

de Referência (SGR), 28
  Altimétrica (SGRA), 31
  Planimétrica (SGRP), 29
  ITRS, 29
  WGS84, 29
  GLONASS, **e-50**
  GPS, **e-48**
  IRNSS, **e-51**
  QZSS, **e-51**
  SBAS, **e-52**
  VANT, **e-118**
    para fotogrametria, **e-122**
    para inspeção aérea da infraestrutura, **e-122**
    para sensoriamento remoto, **e-122**
Suavização do traçado da curva de nível, **e-13**
Superfície(s)
  de nível, 227
  de referência, 23
  topográfica, 24
Suprimento de energia, **e-65**

T

Talvegue, 262
Tangente, **e-19**
Taqueometria, 108
Taqueômetros ópticos, 109
Taquimetria, 108
Taquímetros eletrônicos, 111
Tecnologia
  de varredura *laser*, **e-75**
  Light Detection and Ranging (LiDAR), 119
  WFD, 114
Tempo GNSS, **e-53**
Teodolito eletrônico, 127
Teoria dos Erros, 3
Time of flight, 111
TIN (*Triangular Irregular Network*), **e-5**
Tipo(s)
  de asa, **e-119**
  de detalhe a ser levantado, 270
  de distâncias, 86
Tolerâncias para o erro de fechamento, 241
  angular, 220
  linear, 220, 222
    de uma poligonal
      apoiada, 222
      fechada, 223
Topografia, 1, 3
Trabalhos de escritório, 277
Traçado
  de curvas de nível
    por meio de um MNT, **e-12**
    sobre o terreno, 266
  de perfis de alinhamentos a partir de um MNT, **e-14**

Transformação(ões)
  afim, 55
    com excesso de pontos homólogos, 56
  das coordenadas geodésicas para coordenadas planorretangulares no Sistema Geodésico Local (SGL), 69
  de Bursa-Wolf, 62
  de coordenadas, 46
    cartesianas
      espaciais geocêntricas para geodésicas, 63
      geocêntricas, **e-41**
        para cartesianas topocêntricas, 65
      topocêntricas para cartesianas geocêntricas, 67
    do sistema
      cartesiano geocêntrico para o sistema geodésico cartesiano topocêntrico e vice-versa, 65
      de Projeção UTM, **e-22**
      geodésico para o sistema cartesiano geocêntrico e vice-versa, 63
    entre sistemas de coordenadas planas, 47
    espaciais, 58
      com cinco parâmetros, 60
      com sete parâmetros, 62
      com três parâmetros, 60
    geodésicas
      para cartesianas espaciais geocêntricas, 63
      para coordenadas
        cartesianas topocêntricas, 68
        planorretangulares no SGL, 69, **e-41**
        UTM, **e-22**
    planas (UTM) para coordenadas planas locais (X_L, Y_L) por meio de reduções cartográficas, **e-43**
    planorretangulares
      no SGL para coordenadas geodésicas, 71
      para coordenadas polares planas e vice-versa, 47
    retangulares espaciais para coordenadas polares espaciais e vice-versa, 58
    UTM, **e-41**
      para coordenadas geodésicas (φ_g, λ_g), **e-24**
  de Helmert 2D, 48, **e-41**
  de Molodensky, 60
  entre sistemas de coordenadas cartesianos
    espaciais, 59
    planos, 48
  ortogonal, 48
    com excesso de pontos homólogos, 51
Translação dos eixos, 49
Transporte

de azimute, 168
de coordenadas, 169
Transposição de fusos UTM, **e-38**
Tratamento e armazenamento dos detalhes levantados, 271
Trenas
  comuns
    de aço, 103
    de fibra de vidro, 103
  de bolso, 103
  topográficas, 103
Triangulação, **e-5**
  de Delaunay, **e-5**
Tripé topográfico, 122
Tripla diferença de fase, **e-58**, **e-59**

U

Unidade(s)
  de base, 12
  de comando, **e-65**
  de medição inercial (IMU), **e-107**
  de medida, 12
    de natureza
      angular, 12
      linear (comprimento), 12
    de superfície, 17
    de volume, 17
  derivadas, 12
  suplementares, 12
Uso
  de computadores para o cálculo de áreas, 298
  de gabarito de madeira, 281
  de teodolitos ou estações totais, 282
Utilização de coordenadas UTM em projetos de Engenharia, **e-36**

V

Validação dos dados espaciais, 6
Veículo aéreo não tripulado (VANT), **e-119**
Verificação, 12
  do erro de nivelamento, 237
Vetor da linha de base, **e-58**
Vetorização, **e-84**
Visada(s)
  ré, 230
  vante, 230
Visualização do modelo, **e-10**
Voo fotogramétrico, **e-96**

Z

Zona morta, 263